EUL VERLAG

STEUER, WIRTSCHAFT UND RECHT

Herausgegeben von vBP StB Prof. Dr. Johannes Georg Bischoff, Wuppertal, Dr. Alfred Kellermann, Vorsitzender Richter am BGH (a. D.), Karlsruhe, Prof. (em.) Dr. Günter Sieben, Köln, und WP StB Prof. Dr. Norbert Herzig, Köln

Band 318
Stefan Königer
Die steueroptimale Übertragung von Kapitalgesellschafts-anteilen im Rahmen der vorweggenommenen Erbfolge
Lohmar – Köln 2012 • 400 S. • € 66,- (D) • ISBN 978-3-8441-0149-2

Band 319
Jörg Mödinger
Internationale Erfolgs- und Vermögensabgrenzung zwischen Stammhaus und Betriebsstätte nach der Neufassung des Art. 7 OECD-MA
Lohmar – Köln 2012 • 384 S. • € 65,- (D) • ISBN 978-3-8441-0151-5

Band 320
Sebastian Schulz
Harmonisierung der steuerlichen Gewinnermittlung in der Europäischen Union
Lohmar – Köln 2012 • 632 S. • € 83,- (D) • ISBN 978-3-8441-0152-2

Band 321
Angelika Dölker
Die Besteuerung von Personengesellschaften im internationalen Steuerrecht
Lohmar – Köln 2012 • 368 S. • € 64,- (D) • ISBN 978-3-8441-0157-7

Band 322
Sebastian Krauß
Gruppenbesteuerung nach dem Richtlinienvorschlag zur CCCTB
Lohmar – Köln 2012 • 336 S. • € 63,- (D) • ISBN 978-3-8441-0171-3

Band 323
Tom Steinbach
Latente Steuern im Einzel- und Konzernabschluss nach HGB
Lohmar – Köln 2012 • 496 S. • € 73,- (D) • ISBN 978-3-8441-0178-2

JOSEF EUL VERLAG

Reihe: Steuer, Wirtschaft und Recht · Band 323

Herausgegeben von vBP StB Prof. Dr. Johannes Georg Bischoff, Wuppertal, Dr. Alfred Kellermann, Vorsitzender Richter (a. D.) am BGH, Karlsruhe, Prof. (em.) Dr. Günter Sieben, Köln, und WP StB Prof. Dr. Norbert Herzig, Köln

Dipl.-Angl. (Uni), Dipl.-Ök. (Uni)
Dr. Tom Steinbach

Latente Steuern im Einzel- und Konzernabschluss nach HGB

Mit einem Geleitwort von Prof. Dr. Holger Karrenbrock,
Universität Kassel

EUL VERLAG

Bibliografische Information der Deutschen Nationalbibliothek

Die Deutsche Nationalbibliothek verzeichnet diese Publikation in der Deutschen Nationalbibliografie; detaillierte bibliografische Daten sind im Internet über <http://dnb.d-nb.de> abrufbar.

Dissertation, Universität Kassel, 2012

Fachbereich Wirtschaftswissenschaften
Disputation am 05. Juni 2012

ISBN 978-3-8441-0178-2
1. Auflage August 2012

JOSEF EUL VERLAG GmbH
Brandsberg 6
53797 Lohmar
Tel.: 0 22 05 / 90 10 6-6
Fax: 0 22 05 / 90 10 6-88
E-Mail: info@eul-verlag.de
http://www.eul-verlag.de

Bei der Herstellung unserer Bücher möchten wir die Umwelt schonen. Dieses Buch ist daher auf säurefreiem, 100% chlorfrei gebleichtem, alterungsbeständigem Papier nach DIN 6738 gedruckt.

Geleitwort

Mit dem Bilanzrechtsmodernisierungsgesetz (BilMoG) hat der Gesetzgeber die Bilanzierung latenter Steuern völlig neu geregelt. Während die bilanzielle Erfassung latenter Steuerzahlungen bisher auf der Grundlage des GuV-orientierten Timing-Konzeptes erfolgte, liegt der Neufassung der §§ 274 und 306 HGB nunmehr das eher bilanzorientierte Temporary-Konzept zugrunde. Ausgangspunkt der Verrechnung latenter Steuerzahlungen sind damit nicht mehr zeitlich begrenzte Abweichungen zwischen dem handels- und steuerrechtlichen Ergebnis (*timing differences*), sondern vorübergehende Ansatz- und Bewertungsdifferenzen zwischen den in Handels- und Steuerbilanz ausgewiesenen Vermögensgegenständen und Schulden (*temporary differences*).

Aufgrund dieses Konzeptionswechsels, mit dem nicht zuletzt auch eine in Teilbereichen andere Zielsetzung der bilanziellen Erfassung latenter Steuern verbunden ist, stellen sich zahlreiche Einzelfragen der Bilanzierung latenter Steuern grundsätzlich neu. Das gilt insonderheit im Hinblick auf die Berücksichtigung aktiver latenter Steuern. Zwar enthält auch die Neufassung von § 274 HGB für aktive latente Steuern wieder ein Aktivierungswahlrecht, so dass es wie bisher bei einer imparitätischen Behandlung latenter Steuerbe- und -entlastungen bleibt. Im Gegensatz zur bisherigen Rechtslage sind jedoch nach neuem Recht auch latente Steuern aus steuerlichen Verlustvorträgen zu berücksichtigen. Darüber hinaus stellt sich infolge der veränderten Zielsetzung der Berücksichtigung latenter Steuern sowie des geänderten Gesetzeswortlauts die Frage, ob die in der Vergangenheit im Zusammenhang mit dem Aktivierungswahlrecht vorhandenen bilanzpolitischen Möglichkeiten in Zukunft fortbestehen.

Hinzu kommt, dass infolge der Änderungen anderer Vorschriften die Zahl der Fälle, in denen es zu temporären und damit für die Bilanzierung latenter Steuern relevanten Abweichungen zwischen Handels- und Steuerbilanz kommt, deutlich zugenommen hat. Allein die Streichung der §§ 247 Abs. 3, 254, 273, 279 Abs. 2, 280, 281 und 285 Satz 1 Nr. 5 HGB a. F. hat in Verbindung mit der Aufgabe der von betriebswirtschaftlicher Seite häufig kritisierten Umkehrmaßgeblichkeit (§ 5 Abs. 1 Satz 2 EStG a. F.) dazu geführt, dass im Falle der Inanspruchnahme steuerlicher Sonderabschreibungen bzw. der Bildung steuerfreier Rücklagen passive latente Steuern nunmehr offen ausgewiesen werden müssen. Anders als in der Vergangenheit kann deshalb in der Bilanzierungspraxis nicht mehr aufgrund einer überschlägigen Betrachtung von einem Aktivüberhang latenter Steuern ausgegangen und unter Inanspruchnahme des Aktivierungswahlrechts auf die arbeitsintensive und höchst komplizierte Ermittlung latenter Steuerzahlungen verzichtet werden. Zahlreiche Unternehmen stehen damit nunmehr vor der Herausforderung, sich mit einem für sie bisher unbekannten (oder doch zumindest nicht relevanten) Bilanzierungsproblem auseinandersetzen zu müssen.

Die Arbeit von Tom Steinbach greift damit ein gleichermaßen theoretisch interessantes wie praktisch bedeutsames Bilanzierungsproblem auf. Ausgehend von den Zwecken des handelsrechtlichen Jahresabschlusses untersucht er sowohl für den Einzel- als auch für den Konzernabschluss wie latente Steuern in einem an diesen Zwecken orientierten Abschluss zu bilanzieren sind. Die Analyse der zum Teil äußerst komplizierten Zusammenhänge liefert dabei zahlreiche höchst interessante Einzelergebnisse, die die Erkenntnisse auf dem Gebiet der latenten Steuern wesentlich erweitern. Die Fachdiskussion auf dem Gebiet der latenten Steuern dürfte mit der Veröffentlichung der Arbeit jedenfalls belebt werden.

Die Arbeit ist aber auch für die Praxis von erheblichem Nutzen. Der mit der Anwendung der Regelungen der §§ 274 und 306 HGB konfrontierte Praktiker findet hier ein Nachschlagewerk, das sämtliche bekannten Probleme der Bilanzierung latenter Steuerzahlungen systematisch und nachvollziehbar darstellt und die zutreffenden Lösungen systematisch entwickelt.

So bleibt der Arbeit denn nicht nur die ihr gebührende Beachtung in der Fachwelt, sondern auch in der Bilanzierungspraxis zu wünschen.

Kassel, im August 2012 Prof. Dr. Holger Karrenbrock

Vorwort

Diese Arbeit ist im Rahmen meiner Tätigkeit als wissenschaftlicher Mitarbeiter am Fachgebiet für Betriebswirtschaftliche Steuerlehre an der Universität Kassel entstanden. Im Sommer 2012 wurde sie vom Fachbereich Wirtschaftswissenschaften als Dissertation angenommen. Ich möchte die Gelegenheit ergreifen, allen zu danken, die mir bei der Anfertigung dieser Dissertationsschrift Unterstützung gewährt haben.

Allen voran gebührt meinem akademischen Lehrer und Doktorvater, Herrn Professor Dr. Holger Karrenbrock, größtmöglicher Dank für die ausgezeichnete Betreuung meiner Arbeit. Seine fachlichen Hinweise haben ganz erheblich zum Gelingen dieser Arbeit beigetragen. Weiterhin ist es mir ein persönliches Anliegen Herrn WP / StB Professor Dr. Thomas Olbrich ganz herzlich dafür zu danken, dass er trotz Arbeitsüberlastung die Anfertigung des Zweitgutachtens übernommen hat. Daneben gilt mein Dank auch dem am 5.7.2010 ganz unerwartet verstorbenen Herrn Professor Dr. Bernhard Heni, der mein Interesse am Bilanziellen Rechnungswesen während meines Studiums erst weckte und mich in dem Entschluss eine Promotion anzustreben wie kein Zweiter bestärkte.

Danken möchte ich schließlich auch meinen (teils ehemaligen) Kollegen am Fachbereich 07 für die anregenden Fachdiskussionen und die stets angenehme Arbeitsatmosphäre. Namentlich erwähnen möchte ich an dieser Stelle Lisa Claußen, Lukas Helwig, Martin Reh, Andreas Wagner und Sebastian Walter. Ganz besonders danke ich Tatjana Fichtner für ihre unermüdliche Unterstützung bei der Literaturbesorgung.

Zudem bedanke ich mich von ganzem Herzen bei meiner Familie sowie bei meinen Freunden. Großer Dank gebührt dabei zum einen meiner Mutter, die sich über Jahre hinweg finanziell sehr eingeschränkt hat, um mir Abitur und Studium überhaupt zu ermöglichen. Zum anderen danke ich meiner Freundin Nadine ganz herzlich dafür, dass sie mir in schwierigen Zeiten Zuspruch und Kraft gab und mir durch ganz vielfältige Unternehmungen dabei geholfen hat, auch mal den Kopf frei zu kriegen. Meinen Freunden und meinem Bruder möchte ich dafür danken, dass sie es mir nicht übel genommen haben, wenn ich an gemeinsamen Freizeitaktivitäten viel zu spärlich teilnehmen konnte.

Kassel, im Juni 2012 Tom Steinbach

Inhaltsübersicht

Inhaltsverzeichnis

Abbildungsverzeichnis

Abkürzungsverzeichnis

A.A.	Andere Ansicht / Auffassung
AASB	Australian Accounting Standards Board
Abl.	Amtsblatt der Europäischen Union
ADS (1968 ff.)	ADLER / DÜRING / SCHMALTZ, Rechnungslegung und Prüfung der Aktiengesellschaft, 4. Aufl.
ADS (1994 ff.)	ADLER / DÜRING / SCHMALTZ, Rechnungslegung und Prüfung der Unternehmen, 6. Aufl.
ADS international	ADLER / DÜRING / SCHMALTZ, Rechnungslegung nach Internationalen Standards, bearbeitet von Gelhausen / Pape / Schruff, Teillieferung 7, August 2011
AG	Die Aktiengesellschaft (Zeitschrift)
ARAP	Aktiver Rechnungsabgrenzungsposten
BB	Betriebs-Berater (Zeitschrift)
BeckHdR	Beck'sches Handbuch der Rechnungslegung, 37. ErgL., Dezember 2011
BFuP	Betriebswirtschaftliche Forschung und Praxis (Zeitschrift)
BGBl.	Bundesgesetzblatt
BilMoG	Bilanzrechtsmodernisierungsgesetz
BiM	Bilanzen im Mittelstand (Zeitschrift)
BiRiLiG	Bilanzrichtlinien-Gesetz
Blümlich	EStG, KStG, GewStG - Loseblatt-Kommentar, begr. v. Blümlich, hrsg. v. Heuermann / Brandis, 114. Aufl., Februar 2012
BMF	Bundesministerium der Finanzen
BMJ	Bundesministerium der Justiz
BOHR	(Bonner Handbuch) Rechnungslegung, 2. Aufl., 1994 ff., 56. ErgL., August 2011
BR-Drucks.	Bundesratsdrucksache
BStBk.	Bundessteuerberaterkammer
BStBl.	Bundessteuerblatt (Zeitschrift)
BT-Drucks.	Bundestagsdrucksache
BuW	Betrieb und Wirtschaft (Zeitschrift)
c.p.	ceteris paribus (unter sonst gleichen Bedingungen)
C&L	Coopers & Lybrand (Firma)
CFl	CORPORATE FINANCE law (Zeitschrift)

CoGes	Kapitalistische Personenunternehmen i.S.d. § 264a Abs. 1 HGB
DB	Der Betrieb (Zeitschrift)
DeStatis	Statistisches Bundesamt Deutschland
DK	Der Konzern (Zeitschrift)
DPR	Deutsche Prüfstelle für Rechnungslegung e.V.
DRS	Deutscher Rechnungslegungs Standard
DRSC	Deutsches Rechnungslegungs Standard Committee e.V.
DStR	Deutsches Steuerrecht (Zeitschrift)
DStRE	Deutsches Steuerrecht Entscheidungsdienst (Zeitschrift)
DStZ	Deutsche Steuerzeitung (Zeitschrift)
EAV	Ergebnisabführungsvertrag
EBITDA	Earnings Before Interest Taxes Depreciation and Amortization
ErgL.	Ergänzungslieferung (bei Loseblattsammlungen)
ERS	Entwurf einer Stellungnahme zur Rechnungslegung
EStR	Einkommensteuerrichtlinie(n)
EZ	Erhebungszeitraum
FR	Finanz-Rundschau (Zeitschrift)
FRS	Financial Reporting Standard(s) [i.S.d. UK-GAAP]
FS	Festschrift
Gl.A.	Gleiche Ansicht / Auffassung
GmbHR	GmbH-Rundschau (Zeitschrift)
GmbH-StB	Der GmbH-Steuer-Berater (Zeitschrift)
GoB	Grundsätze ordnungsmäßiger Buchführung
GuV	Gewinn- und Verlustrechnung
h.M.	herrschende(r) Meinung
HdJ	Handbuch des Jahresabschlusses, 1984 ff., 53. Lfg., Dezember 2011
HdR-EA	Handbuch der Rechnungslegung: Einzelabschluss, 5. Aufl., 2002 ff., 14. ErgL., Februar 2012
HdR-KA	Handbuch der Rechnungslegung: Konzernabschluss, 2. Aufl., 1998
HFA	Hauptfachausschuss des IDW
HuR	Handwörterbuch unbestimmter Rechtsbegriffe im Bilanzrecht des HGB, 1986
HWRP	Handwörterbuch der Rechnungslegung und Prüfung, 3. Aufl., 2002
IAS	International Accounting Standard(s)
IASB	International Accounting Standards Board

IASC	International Accounting Standards Committee
IDW	Institut der Wirtschaftsprüfer in Deutschland
IDW-FN	Fachnachrichten des IDW (Zeitschrift)
IFA	Immobilienwirtschaftlicher Fachausschuss des IDW
IFRS	International Financial Reporting Standard(s)
IRC	Internal Revenue Code of 1986 (Bundessteuergesetz der USA)
IRS	Internal Revenue Service (= Steuerbehörde USA)
IRZ	Zeitschrift für internationale Rechnungslegung
IStR	Internationales Steuerrecht (Zeitschrift)
KoR	Kapitalmarktorientierte Rechnungslegung (Zeitschrift)
KÖSDI	Kölner Steuerdialog (Zeitschrift)
KStR	Körperschaftsteuerrichtlinie(n)
L.u.L.	Lieferung und Leistung
m.w.N.	mit weiteren Nachweisen
NWB	Neue Wirtschaftsbriefe - Steuer und Wirtschaftsrecht (Zeitschrift)
PiR	Praxis der internationalen Rechnungslegung (Zeitschrift)
PRAP	Passiver Rechnungsabgrenzungsposten
PublG-Ges	Personenunternehmen i.S.d. §§ 1, 3 Abs. 1 Nr. 1 PublG
RGBl.	Reichsgesetzblatt
RK	Rahmenkonzept (*framework*) der IFRS
ROHG-E	Entscheidungen des Reichsoberhandelsgerichts
SABI	Sonderausschuß Bilanzrichtlinien-Gesetz
SE-VO	EG-Verordnung 2157/2001 über das Statut der Europäischen Gesellschaft (SE)
SFAS	Statement of Financial Accounting Standards
SOBV	Sonderbetriebsvermögen
Stbg	Die Steuerberatung (Zeitschrift)
StbJb	Steuerberater-Jahrbuch
StuB	Steuern und Bilanzen (Zeitschrift)
StuW	Steuer und Wirtschaft (Zeitschrift)
Ubg	Die Unternehmensbesteuerung (Zeitschrift)
UK-GAAP	United Kingdom Generally Accepted Accounting Principles
UntStRefG	Unternehmensteuerreformgesetz 2008
US-GAAP	United States Generally Accepted Accounting Principles

VZ	Veranlagungszeitraum
WachsBeschlG	Wachstumsbeschleunigungsgesetz
WPg	Die Wirtschaftsprüfung (Zeitschrift)
WP-Handbuch	Wirtschaftsprüfer-Handbuch, 13. Aufl., in zwei Bänden.
ZfB	Zeitschrift für Betriebswirtschaft
zfbf	Schmalenbachs Zeitschrift für betriebswirtschaftliche Forschung
ZGR	Zeitschrift für Unternehmens- und Gesellschaftsrecht

Symbolverzeichnis

aAfA	Außerplanmäßige Abschreibung
aD	Abzugsfähige Differenz(en)
AfA	Absetzung für Abnutzung
ALS	Aktive latente Steuern
ALS^{GewSt}_{VV}	Aktive latente Steuern auf einen gewerbesteuerlichen Verlustvortrag
ALS^{KSt}_{VV}	Aktive latente Steuern auf einen körperschaftsteuerlichen Verlustvortrag
BS	Betriebsstätte(n)
EK	Eigenkapital
EK_{MW}	Eigenkapital zu Marktwerten
GE	Geldeinheiten
GoF	Geschäfts- oder Firmenwert
GoF^{E}	Endgültiger Geschäfts- oder Firmenwert in der Handelsbilanz
GoF^{StB}	Geschäfts- oder Firmenwert in der Steuerbilanz
GoF^{V}	Vorläufiger Geschäfts- oder Firmenwert in der Handelsbilanz
ΔGoF	$GoF^{V} - GoF^{StB}$
h	Gewerbesteuerlicher Hebesatz nach § 16 Abs. 1 GewStG
h_{BS_x}	Gewerbesteuerlicher Hebesatz in der x-ten Betriebsstätte, mit x = 1,2,3,…,n.
HB	Handelsbilanz
JÜ	Jahresüberschuss
L_{BS_x}	in der x-ten Betriebsstätte gezahlte Arbeitslöhne, mit x = 1,2,3,…,n.
m	Steuermesszahl i.S.d. § 11 Abs. 2 GewStG (3,5 %)
OG	Organgesellschaft
OT	Organträger
P	Kaufpreis für Zielunternehmung
PE	Periodenerfolg(e)
Rücklage FI	Rücklage für Finanzinstrumente

s	Anzuwendender Steuersatz
S_{MW}	Schulden zu Marktwerten
s^E	ertragsteuerlicher Multifaktor
s^{GewSt}	$m \times h$
$s^{GewSt}_{Zinsvortrag}$	Steuersatz zur Bewertung eines Zinsvortrags bei der Gewerbesteuer
s^{KSt}	Steuersatz i.S.d. § 23 Abs. 1 KStG
s^{SolZ}	Zuschlagsatz i.S.d. § 4 S. 1 SolZG
StB	Steuerbilanz
t_x	x-te Periode, mit x = 1, 2, 3, …, n.
UB^{GoF}	$\Delta GoF \times [s : (1 - s)]$
V_{MW}	Vermögen zu Marktwerten
VG	Vermögensgegenstand
VV	Steuerlicher Verlustvortrag
WU	Währungsumrechnung
zvD	Zu versteuernde Differenz(en)

A Einführung

1 Problemstellung

Mittels des am 29.05.2009 in Kraft getretenen Gesetzes zur Modernisierung des Bilanzrechts (BilMoG) wurden die im Wesentlichen im HGB verorteten Bilanzierungsvorschriften für Kaufleute grundlegend überarbeitet. Von den weitreichenden Änderungen betroffen sind auch die im Grundsatz nur für Kapitalgesellschaften anwendbaren Vorschriften zur Berücksichtigung latenter Steuern (§§ 274, 306 HGB). Die Reform gerade dieser Vorschriften wurde im Zuge des Gesetzgebungsverfahrens besonders kontrovers erörtert.[1] Dies ist insofern nicht verwunderlich, da mit der Neuregelung aus deutscher Sicht in zweifacher Hinsicht Neuland betreten wird.

Mit der Neufassung der §§ 274, 306 HGB geht zunächst ein **Konzeptionswechsel** hinsichtlich der Berücksichtigung latenter Steuern im Jahresabschluss einher: Das GuV-orientierte Timing-Konzept[2] wurde aufgegeben und durch das bilanzorientierte und zudem international gebräuchliche (so z.B. in IAS 12 und SFAS 109) Temporary-Konzept ersetzt. Nach dem aufwendigeren Temporary-Konzept sind Ursache der Verrechnung von latenten Steuern vorübergehende Ansatz- und Bewertungsdifferenzen zwischen Schulden, Vermögensgegenständen und Rechnungsabgrenzungsposten in der Handels- und Steuerbilanz. Der Gesetzgeber ging indessen noch einen Schritt weiter: Der wirtschaftliche Vorteil aus der künftigen Nutzung steuerlicher Verlustvorträge ist (innerhalb gewisser Grenzen) im Jahresabschluss als aktive latente Steuer abzubilden.

---

1 Insbesondere die Berücksichtigung aktiver latenter Steuern sowie aktiver latenter Steuern auf Verlustvorträge wurde scharf kritisiert. Vgl. stellvertretend die Ausführungen der Sachverständigen HENNRICH, HOFFMANN-BECKING, KÜTING, VINKEN in einer öffentlichen Anhörung zum Regierungsentwurf des BilMoG: RECHTSAUSSCHUSS DES BT (17.12.2008), S. 3, 6, 13, 28. Besonders deutlich die Worte von VINKEN: *„Glauben Sie mir: In den Bilanzanalyseprogrammen der Banken wird ein solcher Posten* [aktive latente Steuern, Anmerkung des Verf.] *rigoros gestrichen und nicht für die Bewertung von Krediten zugrunde gelegt. Wenn das so ist, dann brauchen wir keine aktivischen latenten Steuern."*

2 Vgl. einführend zur Steuerabgrenzung nach dem BiRiLiG: BIENER / BERNEKE / NIGGEMANN (1986), S. 203-207 und 353-355.

Eine zweite Konsequenz der Neuregelung ist, dass latente Steuern künftig einen **Bedeutungszuwachs** verzeichnen werden.[3] Im Gegensatz zu den USA oder Großbritannien hatten latente Steuern im deutschen Einzelabschluss nach überkommenem Recht bestenfalls ephemere[4] praktische Bedeutung.[5] Wesentlicher Grund hierfür war die Tatsache, dass in den angloamerikanischen Ländern eine eigenständige, von der handelsrechtlichen Bilanzierung losgelöste Steuerbilanz aufzustellen ist, während in Deutschland die Steuerbilanz aus der Handelsbilanz abgeleitet wird (§ 5 Abs. 1 EStG). Unterschiede zwischen handels- und steuerrechtlicher Erfolgsrechnung treten in Deutschland traditionell seltener auf als in den Ländern, die kein derartiges Maßgeblichkeitsprinzip kennen. Regelmäßig war es der Konzernabschluss, für den latente Steuern überhaupt Relevanz besaßen,[6] da es dort u.a. infolge von Konsolidierungsmaßnahmen zu zusätzlichen Abweichungen gegenüber der Steuerbilanz kam.

Dieses *„Schattendasein"*[7] bzw. dieser *„Dornröschenschlaf der latenten Steuern"*[8] wurde durch das BilMoG beendet. Zwar wurde die formelle[9] Maßgeblichkeit der Handels- für die Steuerbilanz (§ 5 Abs. 1 S. 1 EStG) beibehalten,[10] ihre Ausprägung als Umkehrmaß-

---

3 Vgl. bereits: KARRENBROCK (2008), S. 328-329.

4 Auf die umfangreichen Angabepflichten im Anhang für mittelgroße und große Kapitalgesellschaften nach § 285 Nr. 5 HGB a.F. hinsichtlich der Aufdeckung des Passivüberhangs verdeckter latenter Steuern wird hingewiesen. Vgl. hierzu ausführlich: KARRENBROCK (1993), S. 1045-1052.

5 Vgl. etwa KLEMM (1984), S. 270; RABENECK / REICHERT (2002), S. 1416; KARRENBROCK (2007), Tz. 66.

6 Vgl. KARRENBROCK (2007), Tz. 66.

7 ENGELS (2008), S. 1554.

8 HERZIG (2010b), S. 1906.

9 Nach der formellen Maßgeblichkeit sind zunächst die konkreten Wertansätze aus der Handels- in die Steuerbilanz zu übernehmen und nicht lediglich abstrakt mit den GoB vereinbare Wertansätze. Vgl. SCHEFFLER (2011), S. 20.

10 **Gl.A.** CREZELIUS (2012), § 5 EStG, Tz. 2a i.V.m. 54; HENSELMANN (2008), S. 257 ff.; FISCHER / KALINA-KERSCHBAUM (2010), S. 400; SCHENKE / RISSE (2009), S. 1957-1959; BR-DRUCKS. 344/08 (23.5.2008), S. 217; BT-DRUCKS. 16/10067 (30.07.2008), S. 124 (in Bezug auf eine Teilwertabschreibung); RICHTER (2010), S. 508, 512; SCHULZE-OSTERLOH (2011), S. 538; WEHRHEIM / FROSS (2010), S. 203.
A.A. (nach der die formelle Maßgeblichkeit nur in Gestalt der umgekehrten Maßgeblichkeit bestanden habe bzw. § 5 Abs. 1 S. 1 2. Alt. EStG eine von der Handelsbilanz losgelöste steuerliche Wahlrechtsausübung ermögliche) BUCIEK (2010), § 5 EStG, Tz. 180 ff., 201 ff.; DÖRFLER / ADRIAN (2009), S. 58-59; WEBER-GRELLET (2012), § 5 EStG, Tz. 26 (einschränkend), HERZIG / BRIESEMEISTER (2010), S. 65-66; HERZIG / BRIESEMEISTER (2009), S. 976; HERZIG (2010a), S. 3-5; BMF (2010a), S. 239 ff.; KÜNKELE / ZWIRNER (2009), S. 1278; WINKELJOHANN / BUCHHOLZ (2012), § 274 HGB (Exkurs), Tz. 122 und 125; NIEMEYER / FROITZHEIM (2011), S. 539.
Unentschieden: RÖDDER (2008/2009), S. 227-229; KAMINSKI (2009), S. 199; FÖRSTER / SCHMIDTMANN (2009), S. 1342-1346; DÖRING / HEGER (2009), S. 2066-2067.

geblichkeit[11] für GoB-widrige steuerliche Wahlrechte (§ 5 Abs. 1 S. 2 EStG a.F.) wurde zwecks Stärkung der Informationsfunktion des Jahresabschlusses jedoch abgeschafft. Konsequenterweise erfuhren die Öffnungsklauseln[12], die den Ausweis von rein steuerlich motivierten und insofern GoB-widrigen Wertansätzen oder Bilanzposten in der Handelsbilanz ermöglichten, eine ersatzlose Streichung. Mit anderen Worten, konzediert das Steuerrecht künftig Steuervergünstigungen (z.B. Sonderabschreibungen oder die Bildung steuerfreier Rücklagen), können diese nur noch in der Steuer- nicht aber in der Handelsbilanz abgebildet werden. Auch die Vorschriften zur steuerlich motivierten[13] Rechnungsabgrenzung (§ 250 Abs. 1 S. 2 HGB a.F.) wurden abgeschafft. Handels- und Steuerbilanz fallen insoweit stärker als bisher auseinander: das Aufstellen einer Einheitsbilanz wird immer unwahrscheinlicher.[14]

Dieser Effekt wird durch eine Vielzahl sonstiger Änderungen durch das BilMoG verstärkt (z.B. die geänderte Rückstellungsbewertung oder das Aktivierungswahlrecht für selbst erstellte immaterielle Vermögensgegenstände des Anlagevermögens). Ein Großteil der Änderungen in der Handelsbilanz darf entweder aufgrund des steuerlichen Bewertungsvorbehalts (§ 5 Abs. 6 EStG) oder aufgrund steuerlicher Sondervorschriften (z.B. §§ 5 Abs. 2 und 6 Abs. 1 Nr. 3a e), § 4 Abs. 5b EStG) nicht in der Steuerbilanz nachvollzogen werden. Ergo fallen Wertansätze in den beiden Bilanzen auch von dieser Seite her tendenziell auseinander.

Was sind latente Steuern nach dem Temporary-Konzept und wozu dienen sie?

---

11 Sinn der Umkehrung des Maßgeblichkeitsgrundsatzes ist die Erzwingung einer Kongruenz der Gewinnverwendung zwischen Besteuerungsinteressen des Fiskus und Entnahmeinteressen der Anteilseigner. Verzichtet der Staat beispielsweise durch Gewährung von unversteuerten Rücklagen in der Steuerbilanz temporär auf Steuerzahlungen (z.B. die Rücklage nach § 6b EStG), so soll dieser temporäre Partizipationsverzicht des Staates von den Eignern entsprechend in der Handelsbilanz durch Ausschüttungsverzicht nachvollzogen werden (Teilhabergedanke). Vgl. hierzu BÖRNER (1986/1987), S. 232. Zum Teilhabergedanken vgl. m.w.N. SCHEFFLER (2011a), S. 5.

12 Zu nennen sind hierbei die §§ 247 Abs. 3, 254, 273, 279 Abs. 2, 280 HGB a.F. Auch die Angabe nach § 285 S. 1 Nr. 5 HGB a.F. wurde gestrichen.

13 So sollte § 250 Abs. 1 S. 2 HGB a.F. das Aufstellen der Einheitsbilanz ermöglichen, weil sich der Gesetzgeber aufgrund unliebsamer BFH-Rechtsprechung (u.a. BFH, Urt. v. 26.02.1975, I R 72/703, BStBl. II 1976, S. 12) zu einer fiskalisch motivierten Änderung im EStG genötigt sah (vormals: § 5 Abs. 2 S. 3 EStG a.F.; jetzt: § 5 Abs. 5 S. 2 EStG). Vgl. m.w.N. KUDERT (1990), S. 38 f.

14 Falls der Maßgeblichkeitsgrundsatz dagegen nur materiell ausgelegt wird, sind noch weitere Abweichungen zwischen Handels- und Steuerbilanz möglich, z.B. bei der Teilwertabschreibung.

Zur Kennzeichnung des Problems ist zunächst festzustellen, dass gleiche Geschäftsvorfälle der (formellen) Maßgeblichkeit der Handels- für die Steuerbilanz zum Trotze in beiden Zahlenwerken aufgrund der unterschiedlichen Zielsetzungen[15] beider Bilanzen teils verschiedenartig abgebildet werden. Dies äußert sich im Wesentlichen darin, dass Ein- und Auszahlungen in der steuerlichen Gewinnermittlung anders als in der handelsrechtlichen Rechnungslegung periodisiert werden, d.h. zu unterschiedlichen Zeitpunkten Erfolgswirksamkeit als Erträge oder Aufwendungen entfalten. Aufgrund des Systems der doppelten Buchführung, wonach Distanzrechnung[16] und Stromgrößenvergleich[17] zum gleichen Ergebnis führen, unterscheiden sich durch die unterschiedlichen Periodisierungsregeln nicht nur die GuVen beider Rechenwerke,[18] sondern auch die Buchwerte von Schulden, Vermögensgegenständen und Rechnungsabgrenzungsposten in den beiden Bilanzen. Diese **Buchwertunterschiede** zwischen Aktiven und Passiven in der Handels- und Steuerbilanz sind Ausgangspunkt für die Berücksichtigung latenter Steuern nach dem Temporary-Konzept.

Buchwertunterschiede können entweder als *Ansatz*unterschiede oder als *Bewertungs*unterschiede in Erscheinung treten. Erstere treten auf, falls z.B. ein Vermögensgegenstand (eine Schuld) nur in einer der beiden Bilanzen angesetzt wird. So dürfen selbst erstellte immaterielle Vermögenswerte des Anlagevermögens nur in der Handelsbilanz angesetzt werden, während die hierfür benötigten Aufwendungen in der Steuerbilanz

---

15 Der wesentliche Zielkonflikt zwischen handelsrechtlicher und steuerrechtlicher Erfolgsermittlung kann bereits mit Besinnung auf die Ausführungen des Abgeordneten BROEMEL vom 16.2.1891 im Preußischen Abgeordnetenhaus verdeutlicht werden: *„Es muß dabei vor allen Dingen beachtet werden, daß die Anforderungen, welche vom Standpunkte des Handelsgesetzbuches aus an die Bilanzaufstellung gestellt werden, sich wesentlich unterscheiden von den Anforderungen, die die Steuerverwaltung an die Aufstellung der Bilanz zu stellen hat. Das Handelsgesetzbuch hat den größten Werth darauf gelegt, daß die Bilanz mit aller gebotenen Vorsicht aufgestellt wird, damit die geschäftliche Lage des Gewerbetreibenden darin in Wahrheit zum Ausdruck kommt, vor allen Dingen aber nicht besser erscheint, als sie in der That ist. Vom handelsgesetzlichen Standpunkt aus kann es völlig gleichgültig sein, ob der Gewerbetreibende bei Aufstellung seiner Bilanz mit größerer Vorsicht verfährt, als es die gesetzlichen Vorschriften erfordern. Vom Standpunkt der Steuerverwaltung umgekehrt wird die Forderung erhoben, daß der Gewerbetreibende nicht mit größerer Vorsicht verfährt, als es den handelsgesetzlichen Vorschriften und den Gebräuchen des soliden Handelsstandes entspricht.“* OHNE AUTOR (1891), S. 861.

16 Vereinfachend: Vergleich des Eigenkapitalbestands zu Beginn der Periode mit dem Eigenkapitalbestand zum Ende der Periode bereinigt um Entnahmen und Einlagen („Bestandsvergleich“). Siehe hierzu auch die Definition in § 4 Abs. 1 S. 1 EStG.

17 Der Jahresüberschuss als Differenz von Aufwendungen und Erträgen einer Periode.

18 Da der Saldo der GuV den Gewinn bzw. den Verlust einer Periode angibt, liegen mithin „Ergebnisdifferenzen“ zwischen steuerlicher und handelsrechtlicher Ergebnisrechnung vor, die Ausgangspunkt der Steuerabgrenzung vor dem BilMoG waren (Timing-Konzept).

nicht neutralisierbar (aktivierbar) sind. Anders ausgedrückt, bei Ansatzunterschieden nimmt ein Aktivum bzw. ein Passivum in einem der beiden Rechenwerke den Wert Null an. Dagegen entstehen Bewertungsunterschiede infolge der unterschiedlichen Bewertung von Schulden, Vermögensgegenständen und Rechnungsabgrenzungsposten in den beiden Bilanzen. Der Einfachheit halber, wird im Folgenden grundsätzlich nur von Buchwertunterschieden (Ansatz- und Bewertungsunterschiede) bzw. (Buchwert)Differenzen gesprochen. Ausgehend von diesen Buchwertunterschieden ist es Sinn und Zweck latenter Steuern nach dem Temporary-Konzept, die **Steuerfolgen** des künftigen Abbaus dieser Buchwertunterschiede im handelsrechtlichen Jahresabschluss **abzubilden**.

Steuerfolgen auslösende Buchwertunterschiede können entweder in Gestalt „abzugsfähiger Differenzen“ oder „zu versteuernder Differenzen“ auftreten. Letztere entstehen z.B. dadurch, dass eine Anlage in der Steuerbilanz sofort abgeschrieben wird, in der Handelsbilanz dagegen linear abzuschreiben ist. Der handelsrechtliche Buchwert der Anlage ist zunächst größer als der steuerbilanzielle Wert. Die steuerliche Sofortabschreibung hat zur Folge, dass das steuerliche Aufwandspotential bereits in der ersten Periode vollständig verbraucht ist. In späteren Perioden wird die Anlage handelsrechtlich abgeschrieben, während steuerrechtlich keine Abschreibungen mehr verrechnet werden können. Insoweit baut sich der (als „zu versteuernde Differenz“ bezeichnete) Unterschied zwischen beiden Rechenwerken sukzessive im Zeitablauf ab. Aus Sicht der Handelsbilanz wird der steuerliche Gewinn in den künftigen Perioden größer sein als das handelsrechtliche Ergebnis, welches sich um die linearen Abschreibungsbeträge vermindert. Aus dieser zu versteuernden Differenz erwächst c.p. (voraussichtlich) eine Steuermehrbelastung *gemessen am handelsrechtlichen Ergebnis* in Höhe des anzuwendenden Steuersatzes multipliziert mit der zu versteuernden Differenz.

Abzugsfähige Differenzen liegen demgegenüber vor, wenn das steuerliche Aufwandspotential in künftigen Perioden größer als das handelsrechtliche Aufwandspotential ist. Übertragen auf die Anlage, tritt dieser Fall z.B. ein, sofern die Anlage zwar in beiden Bilanzen linear abgeschrieben wird, die steuerliche Nutzungsdauer allerdings größer als die handelsrechtliche Nutzungsdauer ist. Der Buchwert der Anlage wird in der Handelsbilanz zunächst niedriger als in der Steuerbilanz sein. In den Folgeperioden wird sich diese Differenz abbauen: Der nach steuerlichen Vorschriften ermittelte

Gewinn wird im Jahr des Abbaus niedriger als das handelsrechtliche Ergebnis ausfallen. Aus der abzugsfähigen Differenz erwächst c.p. (voraussichtlich) eine Steuerminderbelastung *gemessen am handelsrechtlichen Ergebnis* im Umfang der abzugsfähigen Differenz bewertet mit dem anzuwendenden Steuersatz.

Unter (zunächst) bewusster Abstraktion von konkreten Bilanzierungsregeln des HGB wird dem Jahresabschlussadressaten eine künftige Steuermehrbelastung durch Ansatz eines **Passivpostens** für latente Steuern, eine künftige Steuerentlastung dagegen durch Ansatz eines **Aktivpostens** für latente Steuern kommuniziert. Plakativ können zu versteuernde Differenzen somit als passive Differenzen und abzugsfähige Differenzen als aktive Differenzen beschrieben werden. Unterbliebe eine Erfassung der Risiken und Chancen aus zu versteuernden und abzugsfähigen Differenzen, würde die Vermögenslage der Gesellschaft unzutreffend dargestellt. Dies liegt darin begründet, dass wirtschaftliche Vor- und Nachteile, die aus der unterschiedlichen Periodisierung von Aufwendungen und Erträgen in Steuer- und Handelsbilanz erwachsen, nicht ausgewiesen würden. In der Entstehungsperiode der abzugsfähigen (zu versteuernden) Buchwertdifferenz würde das Eigenkapital im Falle der Nichtbilanzierung aktiver (passiver) latenter Steuern zu niedrig (zu hoch) bilanziert. Bei konsequenter Berücksichtigung latenter Steuern nach dem Temporary-Konzept gibt es folglich kein unversteuertes Eigenkapital.

Allerdings sprechen gewichtige Gründe gegen eine vollständige Berücksichtigung latenter Steuern in Bilanz und GuV. Während bei passiven latenten Steuern eine wirtschaftliche Belastung in Folge des Abbaus der zu versteuernden Differenz zu erwarten ist, deren Höhe und/oder Entstehung aber noch ungewiss ist, hängt die Realisation des Steuervorteils aus dem Abbau einer abzugsfähigen Differenz vom Vorliegen künftiger positiver steuerpflichtiger Gewinne ab. Dies liegt darin begründet, dass sich der Fiskus nicht unmittelbar im Zeitpunkt des Auftretens von Verlusten mit negativen Steuerzahlungen an diesen Verlusten beteiligt, sondern allenfalls deren interperiodische Verrechnung in bestimmten Grenzen zulässt (Verlustabzug nach § 10d EStG). Mit anderen Worten, baut sich eine passive Differenz ab, so führt dies ungeachtet der Prämisse künftiger steuerpflichtiger Gewinne zu einer Steuermehrzahlung gegenüber dem handelsrechtlichen Ergebnis. Im Falle der Auflösung einer abzugsfähigen Differenz, wird sie nur dann zu einer tatsächlichen Steuerminderzahlung gegenüber dem handelsrechtlichen Ergebnis führen, sofern zu diesem Zeitpunkt steuerpflichtige Gewinne mindestens in entsprechender Höhe bestehen (oder diese Verluste im Rahmen des Verlustabzugs berücksichtigt werden können). Andernfalls geht der wirtschaftliche Vorteil aus dem Abbau der abzugsfähigen Differenz verloren.

Da das Temporary-Konzept durch seine Ausrichtung auf vorübergehende Buchwertunterschiede in Handels- und Steuerbilanz bilanzorientiert ist, werden latente Steuern auch bei erfolgsneutral erfassten Wertänderungen von Aktiven und Passiven berücksichtigt. Mit anderen Worten, die Entstehung von Buchwertunterschieden muss nicht mehr zwingend die GuV durchlaufen und sich insofern im Ergebnis niederschlagen. Die hiermit gegenüber dem Timing-Konzept einhergehende Ausdehnung des Anwendungsbereichs der Berücksichtigung latenter Steuern im Jahresabschluss wird indessen dadurch relativiert, dass erfolgsneutral erfasste Wertänderungen im Einzelabschluss nach HGB[19] praktisch nicht vorkommen. Hiervon zu trennen sind Fälle, in denen bereits im Zugangszeitpunkt erfolgsneutrale Buchwertdifferenzen entstehen und hieraus Steuerfolgen erwachsen; dies ist beispielsweise bei der Abbildung eines *asset deals* oder bei Umwandlungsfällen möglich.

Den Anstoß für die vorliegende Untersuchung liefert das **Eingreifen des BilMoG in das Gefüge der Zwecke des Jahresabschlusses**. Die Zwecke des Einzelabschlusses sind bekanntlich nicht völlig komplementär: Informations- und Ausschüttungsbemessungsfunktion verlangen teils eine unterschiedliche Bilanzierung desselben Sachverhalts. Um diesen Konflikt in Bilanz und GuV zu handhaben, bedarf es einer Rangfolge unter den Funktionen des Jahresabschlusses. Dieser hinlänglich bekannte Konflikt wurde bislang im Wesentlichen dadurch gelöst, dass der Ausschüttungsbemessungsfunktion eine dominierende Rolle in Bilanz und GuV zugedacht wurde. Allerdings hat der Gesetzgeber mit dem BilMoG nach eigener Aussage eine **Aufwertung der Informationsfunktion** bei gleichzeitiger Beibehaltung der Grundsätze ordnungsmäßiger Buchführung (GoB) und insbesondere des handelsrechtlichen Vorsichtsprinzips intendiert,[20] wobei v.a. letzteres für die Ausschüttungsbemessungs-

19 Anders aber in den IFRS, in denen teilweise Wertänderungen über die Anschaffungs- bzw. Herstellungskosten hinaus erfolgsneutral verbucht werden (z.B. bei der Neubewertung von Sachanlagen nach IAS 16).

20 Vgl. BT-DRUCKS. 16/10067 (30.07.2008), S. 35 und 45.

funktion und den Gläubigerschutz von essentieller Bedeutung ist. An anderer Stelle wird gar ausgeführt, dass *„die Gläubigerschutz- und die Informationsfunktion des handelsrechtlichen Jahresabschlusses* [nunmehr] *auf gleicher Ebene stehen."*[21] Es drängt sich daher die Frage auf, ob und inwieweit sich das Verhältnis der Ausschüttungsbemessungsfunktion und der Informationsfunktion durch das BilMoG verschoben hat.[22] Mit anderen Worten: Hat sich die „Bilanz im Rechtssinne" durch das BilMoG von einem Bilanzverständnis entfernt, nach welchem die Bilanz die Aufgabe hat, einen umsatzbezogenen Reinvermögenszuwachs zu bestimmen, der unter Ausschüttungsgesichtspunkten als überschüssig gilt?[23]

Die Identifizierung der Jahresabschlusszwecke und deren Rangfolge ist insoweit geboten, da Bilanzierungsvorschriften - so auch die Vorschriften zur Bilanzierung latenter Steuern - nur dann kritisch gewürdigt und ausgelegt werden können, sofern ein Maßstab vorgegeben ist, an dem sie zu beurteilen sind. Diesen Maßstab (und mithin eine Deduktionsbasis für handelsrechtliche GoB)[24] bilden die mit der handelsrechtlichen Rechnungslegung verfolgten Zwecke. Kurzum, erst die Schilderung der Jahresabschlusszwecke ermöglicht die Beantwortung der Frage, ob die Vorschriften zu latenten Steuern im HGB zweckadäquat für den Jahresabschluss sind.

Gegenstand dieser Abhandlung ist es insoweit, den Beurteilungsmaßstab für die Auslegung von Bilanzierungsvorschriften *nach* Verabschiedung des BilMoG abzuleiten und die neu gefassten Vorschriften zur Bilanzierung latenter Steuern hieran zu messen und auszulegen.[25] Dabei ist es erforderlich zwischen Einzel- und Konzernabschlüssen zu differenzieren, da der klassische Zielkonflikt zwischen Informations- und Ausschüttungsbemessungsfunktion bei Konzernabschlüssen nicht besteht. Auf diesen Unter-

---

21 BT-DRUCKS. 16/10067 (30.07.2008), S. 59.

22 Ein jüngerer Beitrag warnt beispielsweise vor einer „Erosion handelsrechtlicher GoB" durch das BilMoG, vgl. WEHRHEIM / FROSS (2009), S. 71 ff., insbesondere S. 91 f.

23 Zur „Bilanz im Rechtssinne" nach überkommenem Recht vgl. MOXTER (1984a), S. 149 ff.

24 *„Denn wenn die GoB deduktiv zu ermitteln sind und dabei besonders der Sinnzusammenhang und der Sinn und Zweck des Gesetzes zu berücksichtigen sind, eben diese Zwecksetzung aber durch das BilMoG im Sinne einer Stärkung der Informationsfunktion verändert worden ist, dann scheint eine Neujustierung der GoB formallogisch unausweichlich."* HENNRICHS (2011), S. 863.

25 Die Übergangsregelungen zur Bilanzierung latenter Steuern (Art. 66 Abs. 3, 5 und Art. 67 Abs. 6 EG-HGB) werden in dieser Arbeit jedoch nicht thematisiert. Rechtfertigung hierfür ist, dass derart außerordentliche Vorschriften aufgrund deren Einmaligkeit und deren eindeutiger Zweckbestimmung, nämlich den Übergang vom überkommenen zum neuen Recht zu regeln, nicht sinnvoll an den Funktionen des Jahresabschlusses gemessen werden können.

suchungen aufbauend wird schließlich am Ende der Arbeit ein Reformvorschlag für die Berücksichtigung latenter Steuern nach dem Temporary-Konzept im Einzel- und Konzernabschluss nach HGB unterbreitet, der sich konsistent an den Zwecken des Jahresabschlusses post BilMoG orientiert.

2 Aufbau der Arbeit

Um dieses Ziel zu erreichen, ist es zuvorderst geboten, die Zwecke der handelsrechtlichen Rechnungslegung nach dem HGB zu umreißen und auf den traditionellen Zielkonflikt zwischen Informations- und Ausschüttungsbemessungsfunktion einzugehen. Anhand der prominentesten Änderungen durch das BilMoG wird sodann untersucht, ob sich das Verhältnis der Jahresabschlusszwecke seit dem BilMoG zu Lasten der Ausschüttungsbemessungsfunktion verschoben und sich insoweit der Beurteilungsmaßstab für Bilanzierungsvorschriften geändert hat. All dies ist Gegenstand des **zweiten Kapitels**.

In dem sich anschließenden Grundlagenteil wird das Temporary-Konzept erklärt und die Notwendigkeit der Berücksichtigung latenter Steuern verdeutlicht. Ziel dieses **dritten Kapitels** ist es, das Rüstzeug für die sich anschließende tiefergehende Analyse der Vorschriften zur Berücksichtigung latenter Steuern im Jahresabschluss nach HGB bereitzustellen.

Die Kapitel vier bis fünf bilden den eigentlichen Kern der Arbeit. Diese Kapitel stellen zunächst eine systematisierte und problemorientierte Schilderung der neuen Rechtslage dar. Die teils deskriptiven Ausführungen werden jeweils ergänzt um kritische Stellungnahmen. Beurteilungsmaßstab sind die Jahresabschlusszwecke der „Bilanz im Rechtssinne“ nach Verabschiedung des BilMoG. Die Vorschriften der IFRS (und der US-GAAP) zu latenten Steuern (IAS 12; SFAS 109) werden nur insoweit berücksichtigt, als sie für das Verständnis oder die Kontrastierung der Vorschriften nach HGB unbedingt erforderlich sind. Mithin werden die monofunktionalen Vorschriften zur kapitalmarktorientierten Rechnungslegung nach IFRS explizit nicht als generelle Auslegungshilfe genutzt, da das zweckpluralistische und prinzipiengeleitete HGB eigenständig zu interpretieren ist.[26]

Dabei schildert das **vierte Kapitel** die Bilanzierung latenter Steuern im Einzelabschluss bei juristischen Personen, insbesondere Kapitalgesellschaften. Erst anschließend werden die wesentlichen Abweichungen der Bilanzierung latenter Steuern bei sowohl typischen als auch kapitalistischen Personenunternehmen behandelt. In diesem Teil wird auch die Frage einer freiwilligen Anwendung des § 274 HGB n.F. für typische Personenunternehmen diskutiert, welche im Schrifttum ohne nähere Auseinandersetzung bejaht wird. Hintergrund für diese nach der Rechtsform differenzierenden Herangehensweise ist die starke Rechtsformabhängigkeit der neu gefassten Vorschrift.

Die Bilanzierung latenter Steuern im Konzernabschluss ist Gegenstand des **fünften Kapitels**. Die getrennte Befassung mit dem Konzernabschluss ist schon alleine deshalb nötig, weil diesem keine Ausschüttungsbemessungsfunktion zukommt und somit der Beurteilungsmaßstab für die entsprechende Vorschrift zur Bilanzierung latenter Steuern ein anderer ist. Überdies sind die in den Einzelabschlüssen bilanzierten latenten Steuern in den Konzernabschluss zu übernehmen, so dass auch in Anbetracht dieses gestuften Vorgehens eine gesonderte Erörterung des Konzernabschlusses geboten ist.

Im **sechsten Kapitel** werden die wichtigsten Erkenntnisgewinne und Kritikpunkte zusammengefasst und ein Vorschlag für eine systematische Neuregelung der Berücksichtigung latenter Steuern unterbreitet. Dieser Vorschlag orientiert sich an den Jahresabschlussaufgaben der „Bilanz im Rechtssinne" post BilMoG.

---

26 **Gl.A.** WEHRHEIM / FROSS (2009), S. 92; MOXTER (2009), S. 8-10; HENNRICHS (2011), S. 867.

B Zwecke der handelsrechtlichen Rechnungslegung

1 Die Funktionen des HGB-Einzelabschlusses

1.1 Vorbemerkung

Die handelsrechtliche Rechnungslegung nach HGB ist keinem Selbstzweck geschuldet, sondern ein Instrument, um bestimmte Zwecke zu erreichen.[27] Im HGB sind diese Zwecke nicht kodifiziert. Die Funktionen des Jahresabschlusses müssen daher erst „gewonnen" werden. Anhaltspunkte für die Gewinnung der Zwecke des Jahresabschlusses sind die rechtsnormähnlichen GoB und die Bedürfnisse der Jahresabschlussadressaten[28]. Im Schrifttum werden dem Einzelabschluss nach HGB regelmäßig drei Zwecke zugewiesen:

a) die Dokumentationsfunktion
b) die Ausschüttungsbemessungsfunktion
c) die Informationsfunktion.[29]

Im Folgenden werden diese Jahresabschlusszwecke kurz umrissen.

1.2 Dokumentationsfunktion

Die Dokumentationsfunktion der externen Rechnungslegung beinhaltet die systematische, planmäßige und für Dritte verständliche Erfassung aller Geschäftsvorfälle in der

---

27 Vgl. HINZ (2010), B 100, Tz. 1.

28 Zu den Adressaten der externen Rechnungslegung gehören neben der Geschäftsleitung, den Eigentümern und den Gläubigern (v.a. Kreditinstitute) auch Kunden, Lieferanten, Arbeitnehmer, der Fiskus, Überwachungsorgane wie der Aufsichtsrat einer AG und die sonstige Öffentlichkeit. Hierbei ist allerdings einzuschränken, dass Unternehmungen mit mindestens einem Vollhafter als natürliche Person, es sei denn die Gesellschaft überschreitet die Größenkriterien des PublG, ihre Abschlüsse nicht publizieren müssen. Bei solchen Unternehmen ist der Zugang externer Adressaten ohne Machtposition zu den Abschlüssen begrenzt.

29 Vgl. mit leicht divergierenden Bezeichnungen: THIELE / SPELLBRINK / ZIESEMER (2002), Einführung, Tz. 21-38; HINZ (2010), B 100, Tz. 4-6, 9; PFITZER / OSER / LAUER (2011), Kap. 2, Tz. 2 ff.

laufenden Buchführung (sog. Handelsbücher) und deren Verdichtung in einen Jahresabschluss ggf. ergänzt durch weitere Bestandteile wie Lagebericht und Eigenkapitalveränderungsrechnung.[30] Es werden Urkundenbestände geschaffen, die gegen eine nachträgliche Änderung gesichert sind.[31] Die so dokumentierten Informationen eines spezifizierten Zeitraums sind Basis für die Erfüllung der anderen beiden Hauptaufgaben des Jahresabschlusses.[32]

Überdies kommt der Dokumentationsfunktion eine in der Praxis wichtige Rolle zu, denn anhand der dokumentierten Unterlagen können dolose Handlungen aufgedeckt werden. Unter dolosen Handlungen wird die Gesamtheit aller arglistigen bzw. unredlichen Handlungen subsumiert, die Gläubiger, ggf. auch Anteilseigner, die sich einer Drittorganschaft bedienen, schädigt. Hierzu zählt beispielsweise die Beiseiteschaffung von Vermögensgegenständen. Die Unterlagen sind in Rechtsstreitigkeiten und Auseinandersetzungen vorzulegen (§§ 258 ff. HGB). Eine Unterfunktion des Dokumentationszwecks ist daher die Beweissicherung (*Beweisfunktion)*.[33] Eine Verletzung der Buchführungspflichten ist v.a. im Falle der Insolvenz strafrechtlich beachtlich (§ 283b StGB).[34]

Die Gefahr anhand der Dokumentationen der vergangenen Geschäftstätigkeit entdeckt zu werden, kann auch dazu führen, dass unredliche Handlungen gar nicht erst entstehen. Diese *Präventivfunktion* wird durch die erheblichen Aufbewahrungsfristen (§ 257 HGB) gestärkt. Hierdurch wird (insbesondere kleinen, nicht in die Geschäftsführung eingebundenen) Anteilseignern wie Gläubigern gleichermaßen gedient.

---

30 Vgl. THIELE / SPELLBRINK / ZIESEMER (2002), Einführung, Tz. 23.

31 Vgl. STÜTZEL (1967), S. 323.

32 Streng genommen handelt es sich bei der Dokumentationsfunktion mehr um eine Tätigkeit als um einen eigenen Bilanzierungszweck. Eine Subsumption unter der Informationsfunktion ist denkbar. Vgl. auch die Kritik bei: SEICHT (1982), S. 36 (eine „Dokumentation“ ohne Informationsgehalt sei denkunmöglich). Gleichwohl wird hier die Dokumentationsfunktion als eigener Zweck aufgeführt, da dies allgemein üblich ist und sich aus ihr weitere Unterfunktionen ableiten lassen.

33 Vgl. HINZ (2010), B 100, Tz. 10.

34 Zu den Einzelheiten vgl. RADTKE (2006), § 283b StGB, Tz. 1-26.

1.3 Ausschüttungsbemessungsfunktion

1.3.1 Überblick

Dem HGB-Einzelabschluss kommt die Funktion der Ausschüttungsbemessung zu, während der IFRS-Einzelabschluss im Grunde ein reines Informationsinstrument ist.[35] Zweck des Jahresabschlusses nach dieser für alle Rechtsformen[36] geltenden Funktion ist es, den an die Anteilseigner ausschüttbaren Betrag zu ermitteln.[37] Was dabei als verteilungsfähiger Jahresgewinn gelten darf, wird bei typisierender Betrachtung insbesondere durch die (entgegengesetzten) Erwartungen zweier Gruppen von Adressaten eingegrenzt: Gläubiger und Eigner (Investoren).

Die Gläubiger erwarten, dass der ausschüttbare Betrag so bemessen ist, dass er keine Überentnahme ermöglicht und somit - bei haftungsbeschränkten Gesellschaften - die Haftungsbasis nicht schmälert[38]. Die Ausschüttungsbemessungsfunktion fungiert hierbei als **Ausschüttungsbegrenzung** (auch: Höchstausschüttung) und dient insoweit dem Gläubigerschutz bzw. der „Kapitalerhaltung". Traditionell ist diese Subfunktion der Ausschüttungsbemessungsfunktion im handelsrechtlichen Einzelabschluss - v.a. bei haftungsbeschränkten Gesellschaften (z.B. AG, GmbH) - am stärksten ausgeprägt.

Die Investoren haben demgegenüber einen Anspruch auf die Beteiligung am wirtschaftlichen Erfolg der Unternehmung. Sie erwarten, dass keine Überthesaurierungen stattfinden und ihnen keine erzielten Gewinne unnötig vorenthalten werden. Die Ausschüttungsbemessungsfunktion will hierbei eine **Mindestausschüttung** (auch: Eignerschutz, Aktionärsschutz, Ausschüttungssicherung) garantieren.

Die nachstehende Abbildung fasst die beiden Ausprägungen der Ausschüttungsbemessungsfunktion grafisch zusammen.

---

35 Vgl. WÜSTEMANN / BISCHOF / KIERZECK (2007), Tz. 107 ff.

36 Die Ausschüttungsbemessungsfunktion war ursprünglich ausschließlich für AG und KGaA vorgesehen. So schreibt SIMON: „*Während bei dem Einzelkaufmann der unmittelbare Zweck der Bilanz durch das Bild, welches sie von der Vermögenslage gewährt, erschöpft ist, hat sie für die Aktienvereine, ebenso wie die übrigen Handelsgesellschaften, eine unmittelbar praktische Bedeutung, in dem durch sie der Gewinn festgestellt wird, welcher etwa vertheilt werden kann.*" SIMON (1899), S. 5.

37 Vgl. SCHULZE-OSTERLOH (2006), § 42 GmbHG, Tz. 30; HINZ (2010), B 100, Tz. 6.

38 Vgl. HINZ (2010), B 100, Tz. 35.

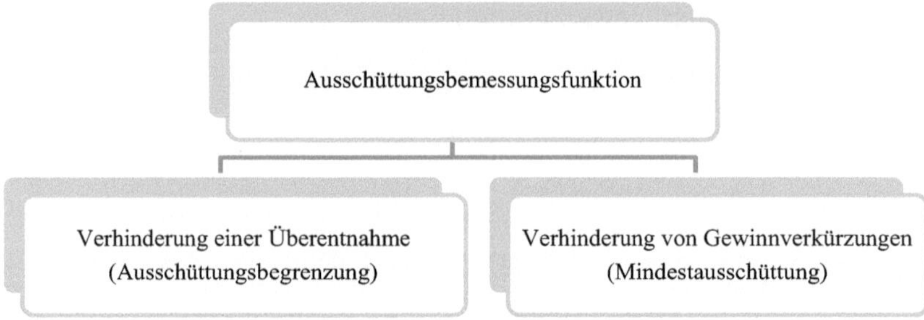

Abb. 1: Ausprägungen der Ausschüttungsbemessungsfunktion

1.3.2 Ausschüttungsbegrenzung

1.3.2.1 Vorbemerkung

Die Ausschüttungsbegrenzung begrenzt den an die Anteilseigner auskehrbaren Betrag „nach oben". Es soll sichergestellt werden, dass nur so viel Gewinn aus dem Unternehmen gezogen werden darf, wie dies nicht den Erhalt der Unternehmung gefährdet (Kapitalschutz).[39] Hintergrund ist, dass eine Überentnahme von erwirtschafteten Erfolgen die Existenz der Unternehmung und somit die Gruppe der Gläubiger bedrohen kann. Aus betriebswirtschaftlicher Sicht sind Überentnahmen deshalb zu vermeiden, weil sie den Erhalt bzw. das Wachstum der Einkommensquelle Unternehmung behindern.[40]

Die Ausschüttungsbegrenzung dient offenkundig klassischen Kreditgebern, da sie andernfalls und insonderheit bei das Haftungsprivileg genießenden Gesellschaften um die Befriedigung ihrer Forderungen (Tilgungs- und Zinszahlung) fürchten müssten. Bei diesen haftungsbeschränkten Gesellschaften bestünde, falls es keinerlei Regelungen zur Ausschüttungsbemessung gäbe, die Gefahr, dass die Eigner versuchen, einen Kredit, der über der Haftungsmasse liegt, aufzunehmen und die durch den Kredit gewonnene

---

39 Diese Ausprägung der Ausschüttungsbemessungsfunktion wird daher auch manchmal als „Kapitalerhaltungsfunktion" bezeichnet. Der Begriff der (nominellen) „Kapitalerhaltung" ist indes missverständlich, da die Beschränkung des ausschüttungsfähigen Betrags gerade kein Kapital „erhalten" kann. Das Kapital kann jederzeit durch erlittene Verluste in der Geschäftsperiode aufgebraucht werden. Wie hilflos der Gesetzgeber in Wirklichkeit bei der „Kapitalerhaltung" ist, ließ sich bei der Bankenrettung i.R.d. Finanzkrise 2007-2009 sehen. Der Begriff der Kapitalerhaltung wird indes weiter verwendet, da er sich im allgemeinen Sprachgebrauch durchgesetzt hat.

40 Vgl. LEFFSON (1987), S. 93.

Liquidität als „Gewinn" in den haftungsfreien Raum auszuschütten; mithin wird ein *moral-hazard*-Verhalten der Eigner unterstellt.[41] Weitere Gläubiger, die von der Ausschüttungsbegrenzung tendenziell profitieren, sind:

- Lieferanten (Begleichung ausstehender Rechnungen),
- Arbeitnehmer (Löhne und Gehälter sowie Betriebsrentenansprüche, sofern sie direkt vom Unternehmen gezahlt werden),
- Kunden (Anspruch auf L.u.L. sowie Gewährleistungsansprüche u.Ä.),
- der Fiskus und die Sozialversicherungsträger (Steuern und Beiträge) sowie
- Deliktsgläubiger (z.B. Schadenersatzforderungen; Produkthaftungsfälle).

Doch auch Unternehmenseigner (Aktionäre, stille Gesellschafter, Genossenschaftsmitglieder, Kommanditisten usw.) können tendenziell hierdurch geschützt werden. Dies gilt zumindest für Unternehmenseigner, die ihren Lebensunterhalt aus den periodisch wiederkehrenden Gewinnausschüttungen der Unternehmung bestreiten und denen insoweit an einer nachhaltigen Einkommensquelle gelegen ist. Andere Eigner sind demgegenüber hauptsächlich an hohen Dividenden oder kurzfristigen Spekulationsgewinnen als Entgelt für ihr Kapitalengagement interessiert oder verfolgen strategische Ziele (die Sicherung von Marktanteilen usw.). Durch die Ausschüttungsbegrenzung wird verhindert, dass eine Mehrheit von nur auf den kurzfristigen Erfolg einer Unternehmung fixierten Anteilseignern das Unternehmen „ausblutet" und am nachhaltigen Erfolg einer Unternehmung interessierte Eigner irreparabel schädigt.[42] In Deutschland wird Überausschüttungen sowohl auf Ebene der Gewinnermittlung als auch auf Ebene der Gewinnverwendung durch gesetzliche (kollektivvertragliche) Regelungen vorgebeugt.

1.3.2.2 Gewinnermittlungsebene

Überausschüttungen werden auf Ebene der Gewinnermittlung insbesondere durch folgende rechtsform*un*abhängige Bilanzierungsvorschriften vermieden:

41 Vgl. SCHREIBER (1999), S. 881.

42 Im Falle faktischer Konzernierung ist § 311 AktG für die AG bzw. die KGaA beachtlich. Hiernach besteht ein Ausgleichsanspruch der faktisch beherrschten Gesellschaft, sofern diese veranlasst wurde, ein für sich nachteiliges Geschäft einzugehen.

- die Verpflichtung zur vorsichtigen Bewertung (§ 252 Abs. 1 Nr. 4 HGB), insbesondere das Realisationsprinzip und das Imparitätsprinzip[43];
- das Anschaffungswertprinzip als Wertobergrenze (§ 253 Abs. 1 S. 1 HGB), das im Zusammenspiel mit dem Realisationsprinzip die Erfolgsneutralität von Anschaffungs- und Herstellungsvorgängen sichert, bis sich die Werthaltigkeit der betreffenden Aktiva am Markt bestätigt hat;
- das Höchstwertprinzip für Schulden;[44]
- die Pflicht zur Bildung von Drohverlustrückstellungen (§ 249 Abs. 1 S. 1 HGB) sowie das Niederstwertprinzip für Anlage- und Umlaufvermögen (§ 253 Abs. 3 S. 3, Abs. 4 HGB) als Konkretisierungen des Imparitätsprinzips;[45]
- das Prinzip der verlustfreien Bewertung, als eine Unterform des Imparitätsprinzips (§ 252 Abs. 1 Nr. 4 HGB);
- der Grundsatz der Bilanzidentität (§ 252 Abs. 1 Nr. 1 HGB).[46]

Es ist weder Ziel noch eine Notwendigkeit dieser Arbeit sämtliche dieser Vorschriften zu analysieren. Es genügt vielmehr, den Begriff der vorsichtigen Gewinnermittlung zu umreißen. Sie zeichnet sich v.a. durch zweierlei aus:

I) Abkehr vom bilanziellen Reinvermögenszuwachs als Gewinn

Durch die Vorschriften wird verhindert, dass ein Gewinn ausgewiesen wird, der Ergebnis einer Vermögensermittlung ist. Ein solcher Gewinnbegriff, der im Übrigen rein gar nichts mit einer statischen oder dynamischen Bilanzauffassung zu tun hat,[47] würde nämlich eine stringente Bewertung von Passiva und Aktiva zum beizulegenden Zeitwert (*fair value*) erforderlich machen. Für AG wurde ein solcher Gewinnbegriff bereits 1884 aufgegeben, für unbeschränkt haftende Gesellschaften aber bis zur Verabschiedung des BiRiLiG am 19.12.1985 noch vereinzelt vertreten.[48]

---

43 Vgl. HINZ (2010), B 100, Tz. 44.
44 Vgl. ausführlich: BALLWIESER (1992), S. 50 ff.
45 Vgl. BAETGE / KIRSCH / THIELE (2011), S. 136.
46 Vgl. NAUMANN / BREKER (2003), Tz. 103.
47 Vgl. MOXTER (1989), S. 233.
48 Vgl. MOXTER (1984), S. 1780-1781; MOXTER (1989), S. 233.

Dagegen handelt es sich bei einer Gewinnermittlung, die dem Realisationsprinzip gepaart mit einem Anschaffungswertprinzip als Bewertungsobergrenze verpflichtet ist, um einen **umsatzorientierten Gewinn**. Gewinn ist hiernach nicht der bilanzielle Reinvermögenszuwachs, wonach am Bilanzstichtag z.B. festgestellt wird, dass für ein in der Vergangenheit zum Preis von 100 GE erworbenes Aktivum 120 GE erlöst werden könnten. Gewinn im Sinne einer umsatzabhängigen Ertragsrealisation sind die 20 GE nur, sofern dieser Gewinn sich am Markt bestätigt hat, z.B. durch ein am Bilanzstichtag vollzogenes Veräußerungsgeschäft.

Zwar tritt auch dieser umsatzabhängige Gewinn als „Reinvermögenszuwachs"[49] in Erscheinung, dies ändert aber nichts daran, dass es sich um einen Umsatzgewinn handelt.[50] Durch die damit einhergehende Abkehr von einem Gewinnbegriff, der noch nicht am Markt bestätigte Wertsteigerungen als Gewinne ansieht, wird sichergestellt, dass nur bereits verdiente Gewinne ausgeschüttet werden. Gläubiger der Unternehmung werden hierdurch geschützt.

II) Imparitätische Behandlung von Gewinnen und Verlusten

Beizulegende Zeitwerte werden grundsätzlich nur dann angesetzt, sofern der Wert eines Vermögensgegenstandes (einer Schuld) unter (über) seine (ggf. fortgeführten) Anschaffungs- oder Herstellungskosten sinkt (steigt). Eine solch imparitätische Bewertung zum beizulegenden Zeitwert schützt wiederum v.a. die Gläubiger, da die Berücksichtigung von entstandenen Gewinnen an ungleich stärkere Voraussetzungen geknüpft ist als die Berücksichtigung bereits entstandener aber unrealisierter Verluste. Dies äußert sich besonders deutlich im Bereich der Drohverlustrückstellungen: Der Grundsatz der Nichtbilanzierung schwebender Geschäfte wird hier außer Kraft gesetzt, um die entstandenen Verluste frühzeitig zu erfassen.

Festzuhalten ist, dass durch die vorsichtige Gewinnermittlung das, was bei wirtschaftlicher Betrachtungsweise als Vermögenszuwachs gelten könnte, aus Gründen der Ausschüttungsbegrenzung und/oder der Objektivierbarkeit der Wertansätze reduziert

---

49 Ermittelbar durch Distanzrechnung: Eigenkapital am Ende der Periode abzüglich Eigenkapital am Beginn der Perioden, bereinigt um Entnahmen und Einlagen.

50 *„Der Vermögenszuwachs wird reduziert auf den „umsatzbezogenen Gewinn".“* MOXTER (1982), S. 178.

wird. Würden im HGB-Einzelabschluss unsichere, noch nicht am Markt bestätigte Gewinne antizipiert, könnte der so ermittelte Gewinn (sofern keine außerbilanzielle Gewinnverwendungsbeschränkung besteht) ausgekehrt werden. Unmittelbar einsichtig sind die hiermit andernfalls einhergehenden Gefahren für Gläubiger von haftungsbeschränkten Gesellschaften, da das Haftungspotential der Gläubiger durch Ausschüttungen unrealisierter Gewinne vermindert würde. Anschaffungswertprinzip und vorsichtige Gewinnermittlung stellen ein wirksames Mittel der Vermeidung von Überausschüttungen dar.[51]

Falsch wäre es indessen zu folgern, dass bei Gesellschaften mit mindestens einer natürlichen Person als Vollhafter die ausschüttungsbegrenzende Wirkung der vorsichtigen Gewinnermittlung keine Berechtigung hätte.[52] Bei unbeschränkt haftenden Gesellschaften - und zwar nicht nur bei der KG - hat ein vorsichtig ermittelter Gewinn Signalwirkung für die Entnahmepolitik. Entnahmen, die über den Jahreserfolg einer Periode (Differenz von Aufwendungen und Erträgen) hinausgehen, sind zwar möglich, zehren aber am Eigenkapital, was einem Kapitalentzug entspricht. So bedarf es keiner weiteren Erörterung, dass über den Periodenerfolg hinausgehende Privatentnahmen eines Einzelkaufmanns c.p. einen Substanzverlust bedingen und die Nachhaltigkeit der Einkommensquelle „Unternehmung“ gefährden. Kurzum, über den Periodenerfolg hinausgehende Entnahmen sind bei unbeschränkt haftenden Gesellschaften zwar möglich, vermindern aber das Eigenkapital mit entsprechenden Wirkungen für die Fähigkeit der Unternehmung, künftig Erfolge zu erwirtschaften und Krisen zu widerstehen. Dem Periodenerfolg kommt (auch) bei unbeschränkt haftenden Gesellschaften die Rolle einer **Entnahme- bzw. Ausschüttungsrichtgröße** zu.[53]

1.3.2.3 Gewinnverwendungsebene

Überdies werden Überausschüttungen in Deutschland durch das **Schutzsystem im Gesellschaftsrecht** vermieden.[54] Betrachtet wird insofern die (der Gewinnermittlungs-

---

[51] Dies ist nicht unumstritten. Vgl. zur Kritik und Antikritik: SCHILDBACH (2008), S. 449 ff.; WIELENBERG (2009), S. 2 ff.

[52] So bereits die Kritik bei: BÖRNER (1986/1987), S. 204 f.; MOXTER (2008), S. 1516 f. m.w.N.

[53] Zur Rolle der Ausschüttungsbegrenzung bei Personenunternehmen vgl. m.w.N. MOXTER (1984), S. 1782; MOXTER (1984a), S. 98 ff.; MOXTER (1989), S. 236 f.; KARRENBROCK (1991), S. 46-48.

[54] Vgl. NAUMANN / BREKER (2003), Tz. 25 ff.

ebene nachgelagerte) Gewinnverwendungsebene. Hierbei sind dezidierte Ausschüttungsbegrenzungen bei den haftungsbeschränkten Gesellschaftsformen anzutreffen (z.B. § 57 Abs. 3 AktG, § 30 Abs. 1 GmbHG, §§ 19 Abs. 1 S. 3, 22 Abs. 4 GenG).[55]

Bei AG wird beispielsweise durch § 57 Abs. 3 AktG eine Ausschüttung des Mindesthaftungskapitals („Gezeichnetes Kapital" nach § 272 Abs. 1 S. 1 HGB und gesetzliche Rücklage) untersagt und die Gewinnverwendungskompetenz der Organe auf den sog. Bilanzgewinn /-verlust beschränkt. Der Bilanzgewinn ist eine in § 268 Abs. 1 HGB normierte Größe und knüpft an den vorsichtig ermittelten handelsrechtlichen Jahresüberschuss /-fehlbetrag an,[56] weicht aber durch die teilweise oder vollständige Berücksichtigung von Maßnahmen der Gewinnverwendung hiervon ab. Zu letzteren zählen Einstellungen in die oder Entnahmen aus den Rücklagen. Handelsrechtliche Gewinn- und Verlustvorträge sind in den Bilanzgewinn einzubeziehen und gesondert in Bilanz oder Anhang anzugeben.

Haftungsbeschränkte Gesellschaften sind damit somit sowohl auf Gewinnermittlungs- als auch auf Gewinnverwendungsebene von der Ausschüttungsbegrenzung betroffen. Demgegenüber sind für unbeschränkt haftende Gesellschaften grundsätzlich[57] keine ausschüttungsbegrenzenden Vorschriften auf Gewinnverwendungsebene vorgesehen. Zu weit ginge es aber, hieraus zu folgern, dass die ausschüttungsbegrenzende Form der Ausschüttungsbemessungsfunktion deshalb bei unbeschränkt haftenden Gesellschaften gänzlich irrelevant sei; vielmehr fungiert der (vorsichtig ermittelte) Periodenerfolg auch bei diesen Gesellschaften als **Entnahme- bzw. Ausschüttungsrichtgröße**.

---

55 Vgl. HINZ (2010), B 100, Tz. 36 ff.

56 Damit ist zugleich auch klar, dass die Bilanzierungsregeln für Aktiva und Passiva so bestimmt wie möglich sein müssen, da andernfalls z.B. durch eine Überbewertung von Aktiva oder eine Unterbewertung von Passiva der Jahreserfolg und damit der Bilanzgewinn manipuliert werden könnte. Vgl. MOXTER (1976), S. 54.

57 § 268 Abs. 8 HGB n.F., der u.a. für die §§ 246 Abs. 2 S. 3, 248 Abs. 2 HGB n.F. relevant ist, gilt grundsätzlich nur für Anwender der ergänzenden Vorschriften, d.h. für haftungsbeschränkte Gesellschaften. Für den Kommanditisten einer KG mit zumindest einem Vollhafter als natürliche Person ist jedoch § 172 Abs. 4 HGB n.F. zu beachten, wonach die persönliche Haftung wieder aufleben kann. Dies gilt in dem Fall, dass der Kommanditist die geleistete Einlage - in welcher Form auch immer - zurückerhält oder Gewinne entnimmt, während sein Kapitalanteil negativ ist; ausschüttungsgesperrte Beträge nach § 268 Abs. 8 HGB wirken sich nicht auf die Bestimmung des Kapitalanteils aus (§ 172 Abs. 4 S. 3 HGB). Anders ausgedrückt, unsichere Erträge in Gestalt von Beträgen nach § 268 Abs. 8 HGB erhöhen den Kapitalanteil des Kommanditisten nicht. Ein Zahlenbeispiel findet sich bei: SKOLUDA / JANITSCHKE (2011), S. 366 f.

1.3.3 Mindestausschüttung

Die Mindestausschüttung begrenzt den an die Anteilseigner auskehrbaren Betrag „nach unten“. Die Anteilseigner sind hiernach vor einer gezielten Gewinnverkürzung zu schützen (Eignerschutz).[58] Im Gegensatz zur Ausschüttungsbegrenzung, die primär auf das Außenverhältnis und den Gläubigerschutz abzielt, bezieht sich die Mindestausschüttung auf das Innenverhältnis, d.h. auf die Beziehung der Anteilseigner zur Geschäftsführung. Dies ist v.a. in den Fällen von Bedeutung, in denen sich die Gesellschafter der Drittorganschaft bedienen. Hier besteht die Gefahr, dass sich z.B. der Vorstand einer Publikums-AG „verselbständigt“ und Gewinne selbst dann thesauriert, sofern diese nicht mehr für den Erhalt der Unternehmung als Einkommensquelle erforderlich sind. Hierdurch werden den Aktionären gezielt Dividendenzahlungen vorenthalten[59] und diese somit um eine Verzinsung ihres eingesetzten Kapitals gebracht.[60] Vor dem Hintergrund eines **Interessenausgleichs der Adressaten** ist dies indiskutabel. Dabei gibt es Regelungen, die eine Ausschüttungssicherung sicherstellen sollen, wiederum sowohl in Gestalt konkreter Bilanzierungsvorschriften (Gewinnermittlungsebene) als auch auf Ebene des Gesellschaftsrechts (Gewinnverwendungsebene).

Auf *Gewinnermittlungsebene* wird die Ausschüttungssicherung v.a. durch solche Bilanzierungsvorschriften sichergestellt, die eine Legung stiller Reserven unterbinden. Als ein Beispiel für eine derartige Vorschrift ist das (nunmehr rechtsform*un*abhängige) Wertaufholungsgebot (§ 253 Abs. 5 S. 1 HGB) auszumachen. Durch diese Einzelvorschrift wird verhindert, dass Aktiva[61], die in der Vergangenheit aufgrund des Niederstwertprinzips außerplanmäßig abgeschrieben wurden und bei denen zwischenzeitlich der Grund für die Wertminderung entfallen ist, weiterhin mit dem niedrigeren Wertansatz zu Buche stehen. Die Wertaufholung ist aus Sicht der Informationsfunktion zu begrüßen, weil das Aktivum andernfalls unterbewertet würde. Eine erfolgswirksame

---

58 Vgl. HINZ (2010), B 100, Tz. 45.

59 Manche Autoren sprechen gar von einem „Aushungern“ der Aktionäre. Vgl. KRONSTEIN / CLAUSSEN (1960), S. 136.

60 Zwar ist richtig, dass Thesaurierungen den Wert der Unternehmensanteile tendenziell begünstigen (Kurs steigt) und die Anteilseigner in der Folge höhere Veräußerungsgewinne vereinnahmen könnten. Allerdings vermag dies den Verzicht auf periodische Dividenden nicht rechtfertigen. Denn Anteilseigner können nicht darauf verwiesen werden, ihre Anteile zu veräußern, um über einen solchen Umweg an eine „Verzinsung“ ihres Kapitals zu gelangen.

61 Das Wertaufholungsgebot gilt handelsrechtlich nicht für den derivativen Geschäfts- oder Firmenwert (§ 253 Abs. 5 S. 3 HGB).

Zuschreibung verstößt in diesem Falle jedoch auch nicht gegen das Realisationsprinzip, da lediglich eine in der Vergangenheit vorgenommene außerplanmäßige Abschreibung, die sich am Bilanzstichtag als unnötig herausgestellt hat, rückgängig gemacht wird.[62] Eine Legung stiller Reserven wird auf diese Weise vermieden.

Zwar scheint die Legung stiller Reserven mit vordergründigem Blick auf die Buchungstechnik dem Gläubigerschutz und der vorsichtigen Gewinnermittlung unmittelbar dienlich zu sein, da im Jahr von deren Legung der ausschüttungsfähige Gewinn reduziert und mithin ein Puffer für künftige Verluste geschaffen wird. Allerdings würde über das Ziel einer Vermeidung existenzgefährdender (und damit die Einkommensquelle Unternehmung gefährdender) Überausschüttungen hinausgeschossen. Mit einem ausgewogenen Interessenausgleich zwischen (den Erwartungen von typisierten, am nachhaltigen Erfolg der Unternehmung interessierten) Aktionären und Gläubigern wäre ein derartiges Vorgehen schwerlich zu vereinbaren.[63] Tatsächlich lässt sich die Legung stiller Reserven damit nicht mit der Ausschüttungsbemessungsfunktion begründen. Vielmehr kann sie als ein typisches Beispiel dafür angesehen werden, dass die beiden Ausprägungen der Ausschüttungsbemessungsfunktion (Mindestausschüttung und Ausschüttungsbegrenzung) keinesfalls zwingend konfligieren müssen.

Auf *Ebene des Gesellschaftsrechts* sei exemplarisch § 58 Abs. 2 AktG genannt. Hiernach dürfen der Vorstand und die Hauptversammlung einer AG maximal die Hälfte des Jahresüberschusses in die Rücklagen einstellen (Beschränkung der Gewinnverwendungskompetenz). Ferner ist das Anfechtungsrecht der Hauptversammlung nach § 254 Abs. 1 AktG zu nennen, wonach ein Gewinnverwendungsbeschluss von den Aktionären angegriffen werden kann, sofern Gewinne thesauriert werden, obwohl dies bei vernünftiger kaufmännischer Beurteilung nicht erforderlich ist. Bei KG und OHG ist § 122 Abs. 1 HGB beachtlich, nach dem unbeschränkt haftende Gesellschafter zumindest 4 % ihres Kapitalanteils als Gewinn entnehmen können (dispositives Recht). Bei der GmbH unterliegen Feststellung des Jahresabschlusses und Verwendung des Jahresüber-

62 Wie hier für die Steuerbilanz: SCHEFFLER (2011), S. 256.

63 Hierfür spricht auch die höchstrichterliche Rechtsprechung zur KG (BGH, Urt. v. 29.03.1996, II ZR 263/94, BB 1996, S. 1105 ff.). Der BGH hat (nach damaligem Recht zulässige) Bilanzierungsvorschriften, die ein Legen stiller Reserven bedingen, als sog. bilanzrechtliches Grundlagengeschäft eingestuft. Durch diese Einordnung ergab sich ein explizites Zustimmungserfordernis des Kommanditisten.

schusses der Kompetenz der Gesellschafterversammlung und damit einer Kontrolle durch die Gesellschafter (§ 46 GmbHG).

1.3.4 Derivative Zahlungsbemessungsfunktionen

Im Zusammenhang mit der Ausschüttungsbemessungsfunktion werden dem handelsrechtlichen Jahresabschluss verschiedentlich „Zahlungsbemessungsfunktionen“ für steuerliche oder vertragliche Zwecke zugewiesen. Gemeint ist im ersten Fall die im deutschen Steuerrecht kodifizierte Maßgeblichkeit der Handels- für die Steuerbilanz, wonach der Jahreserfolg regelmäßig Grundlage für die Ermittlung der steuerlichen Bemessungsgrundlage Gewerbetreibender ist (§ 5 Abs. 1 EStG).[64] In der Praxis können zudem Vertragsgestaltungen beobachtet werden,[65] welche ergebnisabhängige Vergütungen für Nicht-Gesellschafter auf Basis des durch den handelsrechtlichen Jahresabschluss ermittelten Erfolgs vorsehen.[66] Kurzum, das Ergebnis der handelsrechtlichen Erfolgsermittlung vor Gewinnverwendung (Jahreserfolg) bzw. nach Gewinnverwendung (Bilanzgewinn- / -verlust) oder eine aus ihm abgeleitete Erfolgsgröße (z.B. ein EBITDA) wird als Ausgangsgröße für die Ermittlung eines Zahlungsanspruchs auserkoren.

Nach der hier vertretenen Auffassung handelt es sich bei solchen „Zahlungsbemessungsfunktionen“ keineswegs um originäre Funktionen des handelsrechtlichen Jahresabschlusses. Vielmehr wird die (ohnehin vorhandene) handelsrechtliche Erfolgsrechnung genutzt, um Synergien zu erschließen, Kosten zu sparen oder eine objektivierte Ausgangsgröße festzulegen. Dies ist zwar sinnvoll, hat aber nicht die Qualität, den Aufgabenbereich des HGB-Jahresabschlusses zu erweitern. Aus theoretischer Sicht sind solch abgeleitete Funktionen für die Auslegung von handelsrechtlichen Bilanzierungsvorschriften **irrelevant**.

---

64 Vgl. PFITZER / OSER / LAUER (2011), Kap. 2, Tz. 16 f., 24 ff.; PFAFF / STEFANI (2002), S. 691; KUßMAUL (2002), S. 378.

65 Vgl. HINZ (2010), B 100, Tz. 52.

66 Dies ist üblich bei der Bemessung der Vergütungshöhe von mezzaninen Finanzierungsinstrumenten und Tantiemen.

1.4 Informationsfunktion

1.4.1 Überblick

Auf höchstem Abstraktionsniveau ist es Zweck der Informationsfunktion nach dem HGB, den Adressaten über die wirtschaftliche Lage der Gesellschaft zu unterrichten. Die im Jahresabschluss ausgewiesenen Informationen über die wirtschaftliche Situation der Gesellschaft sollen dem Adressaten als Entscheidungshilfe dienen, inwieweit seine mit dem Unternehmen verknüpften Zielvorstellungen erreicht werden.[67] Dabei sind letztlich[68] sämtliche Zielvorstellungen finanzieller Natur.

Bei der Informationsfunktion können mehrere Ausprägungen unterschieden werden:[69]

- Selbstinformation des Bilanzierenden bzw. der Leitung.
- Rechenschaft der Leitung gegenüber den übrigen internen *stakeholdern.*
- Rechenschaft gegenüber externen *stakeholdern.*

  die Bereitstellung von Basisinformationen über die künftige Entwicklung der Unternehmung („zukunftsbezogene Rechenschaft“[70]) insbesondere gegenüber gegenwärtigen und potentiellen Investoren.

1.4.2 Selbstinformation

Die **Selbstinformation** begründet den ursprünglichen Zweck der externen Rechnungslegung.[71] Nach §§ 238 Abs. 1, 239, 242 HGB hat jeder Kaufmann die Pflicht, Bücher zu führen und Jahresabschlüsse aufzustellen, um sich über die Lage seines Unternehmens und den Stand seines Vermögens und seiner Schulden ein Bild zu machen.[72] Hierzu

---

67 Vgl. COENENBERG (1986), S. 159.

68 Auch vermeintlich nicht finanzielle Zielvorstellungen (z.B. die Erlangung von Marktmacht oder die Akquise von Unternehmen aus strategischen Gründen) dienen letzten Endes immer dazu, das Einkommen der betreffenden Unternehmung zu steigern oder zu sichern.

69 In Anlehnung an: NAUMANN (2006), S. 45.

70 Da Rechenschaft per Definition immer vergangenheitsorientiert ist, handelt es sich bei diesem Ausdruck um ein Oxymoron. Der Begriff wurde in abgewandelter Form entnommen aus: LEFFSON (1987), S. 88, der von „zukunftsbezogenen Rechenschaftsinstrumenten“ spricht.

71 Vgl. LEFFSON (1987), S. 55 f.; COENENBERG / HALLER / SCHULTZE (2012), S. 10.

72 Zur Selbstinformation vgl. m.w.N. LEFFSON (1987), S. 55 ff. sowie die Aussagen SAVARYS bei TER VEHN (1929), S. 14. *„Außer diesem Vorteil für das öffentliche Interesse ist die Buchführung der Kaufleute für diese selbst von Vorteil, um sich in ihren Geschäften zurechtzufinden. Wenn sie nämlich Bücher führen, die alle Geschäfte enthalten, entlasten sie ihr Gedächtnis, was ihren Ein- und Verkaufsgeschäften zugute kommt. Sie kennen ihre Schulden und Guthaben sowie die jähr-*

muss der Jahresabschluss klar und übersichtlich sein, den GoB entsprechen sowie zeitnah aufgestellt werden (§ 243 HGB).

Die Vermittlung eines den tatsächlichen Verhältnissen entsprechenden Bildes von der Vermögens-, Finanz- und Ertragslage (*true-and-fair view*) und die Befolgung sehr detaillierter Gliederungsvorschriften wird nur von ausgewählten[73] Gesellschaften gefordert (§§ 264 Abs. 2, 266, 275 HGB). Dies gilt auch für die auf die zukünftige Entwicklung der Gesellschaft gerichtete Lageberichterstattung (§ 289 HGB),[74] wobei größenabhängige Erleichterungen (§ 288, § 264 Abs. 1 S. 4 HGB) existieren. Kapitalmarktorientierte Kapitalgesellschaften i.S.d. § 264d HGB, die keinen Konzernabschluss aufzustellen brauchen, müssen den Jahresabschluss ferner um eine Kapitalflussrechnung und eine Eigenkapitalveränderungsrechnung erweitern; fakultativ ist eine Segmentberichterstattung (§ 264 Abs. 1 S. 2 HGB n.F.).[75]

Bei Kapitalgesellschaften ist die Selbstinformation wegen § 92 AktG und § 64 GmbHG von besonderer Bedeutung. Nach diesen Vorschriften hat die Geschäftsführung einer Kapitalgesellschaft z.B. im Falle der Überschuldung oder drohender Zahlungsunfähigkeit die Eröffnung eines Insolvenzverfahrens zu beantragen; bei einer AG ist zudem die Hauptversammlung einzuberufen.

1.4.3 Rechenschaft des Managements

Neben der Selbstinformation der Unternehmensleitung beinhaltet die Informationsfunktion auch die Rechenschaft gegenüber den übrigen internen *stakeholdern*. Vordergründig sind damit diejenigen **Rechenschaftserfordernisse** angesprochen, die aus der arbeitsteiligen Verwaltung von anvertrautem Vermögen resultieren.[76] Dies betrifft v.a. haftungsbeschränkte Gesellschaften wie die AG, die KGaA, die GmbH und die eG.

---

lichen Aufwendungen und werden, wenn sie e r k e n n e n, daß s i e in einem Jahre zuviel ausgegeben haben, die Aufwendungen im nächsten Jahre entsprechend einschränken." (Das Gesperrte im Original; indirekt spricht SAVARY damit zugleich die Rolle des Gewinns als Ausschüttungsrichtgröße an.)

73 Kapitalgesellschaften, Personengesellschaften ohne eine natürliche Person als Vollhafter, eG sowie Personengesellschaften, die die Größenkriterien des PublG überschreiten.

74 Vgl. RÜCKLE (1984), S. 58.

75 Vgl. zu dieser Neuregelung ZWIRNER / PETERSEN / KÖNIG (2012), S. 61 ff. Rund neun Prozent aller am regulierten Markt notierten Unternehmen sind nach dieser Untersuchung von der Erweiterung der Berichtspflichten betroffen.

76 Vgl. LEFFSON (1987), S. 64 ff.; HINZ (2010), B 100, Tz. 17.

Diejenigen Kapitalgeber, die nicht zugleich der Leitung angehören, sind über die Nutzung des anvertrauten Kapitals zu informieren. Informationsdefizite der Eigner gegenüber der Leitung sollen abgebaut, Insidergeschäfte erschwert werden. Gerade für nicht an der Leitung beteiligte Kapitalgeber, die nicht notwendigerweise Bilanz und GuV zu deuten wissen, sind Anhang und Lagebericht mit ihren verbalen Ausführungen von besonderem Wert. Ihnen wird so eine Kontrolle der Entscheidungen der Geschäftsführung ermöglicht. Der Jahresabschluss dient ihnen als Entscheidungsgrundlage für die Entlastung, Bestellung oder Abberufung der Geschäftsführung.

Doch wäre es falsch, diese Rechenschaftserfordernisse nur auf haftungsbeschränkte Gesellschaften zu verengen. Der Kommanditist oder ein stiller Gesellschafter sind regelmäßig von der Geschäftsführung ausgeschlossen. Nach §§ 166, 233 HGB können diese zumindest eine Abschrift des Jahresabschlusses verlangen.[77]

Eine weitere Rechenschaftsform ist der betrieblichen Mitbestimmung geschuldet. Neben Managern und Eignern stellen die Mitarbeiter die letzte Gruppe der internen *stakeholder* dar. Den von den Mitarbeitern gewählten Betriebsräten stehen teils umfangreiche Informations- und Zustimmungsrechte bei unternehmerischen Entscheidungen zu.[78] Sofern z.B. ein Wirtschaftsausschuss gemäß §§ 106 ff. BetrVG gegründet wurde, ist diesem Gremium der vollständige und testierte Jahresabschluss nicht nur vorzulegen, sondern auch zu erläutern (§ 105 Abs. 5 BetrVG).

1.4.4 Information der externen *stakeholder*

Während Selbstinformation und Rechenschaftserfordernisse der Leitung gegenüber den internen *stakeholdern* im Innenverhältnis angesiedelt sind, betrifft die Information der externen *stakeholder* das Außenverhältnis (Fremdinformation).

Zur Gruppe der externen *stakeholder* gehören insonderheit Gläubiger, Lieferanten, Kunden, der Fiskus, Gewerkschaften, Interessenverbände, potentielle Investoren, potentielle Arbeitnehmer und die sonstige interessierte[79] Öffentlichkeit. All diese Gruppen

---

77 Vgl. HINZ (2010), B 100, Tz. 18.

78 Vgl. HINZ (2010), B 100, Tz. 33.

79 Zwar könnten die Konkurrenten der (offenlegenden) Unternehmung auch als ein Bestandteil der „interessierten Öffentlichkeit" aufgefasst werden, allerdings sind deren Interessen nicht schutzwürdig und insoweit zu vernachlässigen.

erwarten vom Jahresabschluss Anhaltspunkte für ihre höchst unterschiedlichen Entscheidungen (Investitions-, Kreditvergabeentscheidungen, Entscheidung über Lieferkonditionen usw.).

Voraussetzung für die Erfüllung dieser Fremdinformation ist der Zugang der vorgenannten Parteien zum Jahresabschluss. Damit ist das Themengebiet der Offenlegung (Publizität, § 325 HGB) angesprochen.[80] Grundsätzlich werden nur bestimmte Gesellschaften zur Offenlegung von Jahresabschlusszahlen verpflichtet. Dies sind Kapitalgesellschaften, Kapitalgesellschaften & Co., Genossenschaften, Kreditinstitute, Versicherungsunternehmen sowie andere Gesellschaften (Personenunternehmungen), sofern sie die Größenkriterien des PublG überschreiten. Bei kleinen Personenunternehmungen ist die Fremdinformation somit grundsätzlich unbeachtlich. Hinreichend einflussreiche Adressaten werden jedoch auch von nicht publizitätspflichtigen Unternehmen die Vorlage von Jahresabschlüssen und/oder Steuerbilanzen verlangen, z.B. die Hausbank oder einflussreiche Zulieferer einer Unternehmung.

Bei kapitalmarktorientierten Gesellschaften ist die Offenlegungspflicht am stärksten ausgeprägt. Es werden zudem weitergehende Informationsinstrumente gefordert, u.a. Eigenkapitalveränderungs- und Kapitalflussrechnung (§ 264 Abs. 1 S. 2 HGB). Hauptgrund für die verstärkten Informationspflichten von kapitalmarktorientierten Gesellschaften, man denke in diesem Zusammenhang an die Ad-hoc-Meldungen nach § 15 WpHG, ist das Bestreben, die Funktionsfähigkeit des schnelllebigen Kapitalmarktes durch weitreichende Informationen zu garantieren (Funktionenschutz[81]).

1.4.5 Natürliche Grenzen: Zukunftsbezogene Rechenschaft

Eigen- und Fremdkapitalgeber (Lieferanten, Arbeitnehmer, der Fiskus) möchten durch den Jahresabschluss idealerweise Anhaltspunkte gewinnen, inwieweit das bilanzierende Unternehmen *künftig* dazu in der Lage ist, stetige Einkommenszahlungen in Gestalt von Ausschüttungen, Zinsen, Tilgungen (Bezahlung von Rechnungen, Löhnen, Steuern und Beiträgen) erzeugen zu können. Bereits aufgrund der Tatsache, dass der Jahresabschluss primär vergangenheitsorientiert ist und eine Erfolgsgröße auf Basis von Aufwendungen

---

80 Vgl. zur Notwendigkeit und den Grenzen der Publizität: KRONSTEIN / CLAUSSEN (1960), S. 9-29.

81 Die Informationsvermittlung durch Publizität soll einen gewissen Schutz vor Kapitalfehlinvestitionen sicherstellen. Vgl. KRONSTEIN / CLAUSSEN (1960), S. 24 f.

und Erträgen ausweist, die ihrerseits aus den „vorsichtig“ erfassten Wertänderungen einzelbewerteter Bilanzposten resultieren, liegt auf der Hand, dass er diese Aufgabe nur höchst unzureichend erfüllen kann.[82] OLBRICH spricht daher zu Recht von einer systembedingten *„Nichterfassung bestimmter wirtschaftlicher Sachverhalte, die aufgrund der ihnen anhaftenden Ungewißheit ausgegrenzt werden.“*[83]

Zugegebenermaßen beinhalten Informationen über die zukünftige Entwicklung der Unternehmung (Risiken und Chancen) theoretisch mit Abstand den größten Nutzen für die Entscheidungsfindung der Adressaten, denn Entscheidungen werden für künftiges und nicht für vergangenes Handeln getroffen.[84] Doch ist ein Ausweis zukunftsbezogener Daten im Jahresabschluss mit vielerlei subjektiven Wertungen und der Schaffung von Ermessensspielräumen verbunden, die der **Objektivierbarkeit** von Wertansätzen entgegenstehen. So sind Informationen über die künftige Entwicklung regelmäßig zwar „relevant“ aber nicht hinreichend „verlässlich“.[85] Beispielsweise geht die Approximation des Marktwertes von Aktiva durch Ansatz eines Barwerts von erwarteten Netto-Cashflows[86] mit einer Vielzahl von Unsicherheiten einher[87] und ist im HGB unzulässig. Die Geschäftsleitung könnte den hier bestehenden Bewertungsspielraum dazu nutzen, eine *„eigennützige Informationspolitik“*[88] zu betreiben, d.h. durch bewusste Fehlinformation gewisse Ziele zu erreichen. Denkbar ist, dass sich die Leitung in Phasen, in denen Gehaltsverhandlungen mit der Gewerkschaft anstehen, „arm“ rechnet. In Phasen, in denen Investoren attrahiert werden sollen, rechnet sie sich dagegen „reich“. Kurzum, es werden bilanzpolitische Spielräume geschaffen, die die Informationsvermittlung gefährden.[89]

---

82 Vgl. SCHILDBACH (2009), S. 5 f.

83 OLBRICH (1992), S. 62.

84 Vgl. im Folgenden: MOXTER (1979), S. 143 f.

85 Zu diesem Spannungsverhältnis vgl. NAUMANN (2006), S. 43 ff. Dabei ist das Begriffspaar „Relevanz“ und „Verlässlichkeit“ dem Schrifttum zum HGB eigentlich fremd, sondern entstammt den IFRS. Mit dem BilMoG erscheint der Begriff der Verlässlichkeit von Informationen nun erstmals im HGB (§ 255 Abs. 2a S. 4 HGB).

86 Dies sieht z.B. IAS 41.20-23 bei der Bestimmung des beizulegenden Zeitwerts von biologischen Vermögenswerten vor. An den Einzelabschluss nach IFRS knüpfen derweil keine Zahlungswirkungen an.

87 So müssen zunächst die künftigen Netto-Cashflows geschätzt sowie ein adäquater Diskontierungszins ermittelt werden.

88 BAREIS / ELSCHEN / SIEGEL / SIGLOCH / STREIM (1993), S. 1251.

89 In internen Rechenwerken sind bestehende Bewertungsspielräume dagegen unbeachtlich, da davon auszugehen ist, dass sich die Aufsteller interner Rechenwerke nicht selbst täuschen werden. Bei

Das Objektivierungserfordernis von Bewertungen und damit ihr Vergangenheitsbezug lässt sich ferner am Verhältnis von Managern (Agent) und Eignern (Prinzipal) verdeutlichen: die Kontrolle des Managements kann nur erfolgen, wenn die vom Management bereitgestellten Informationen frei von Manipulationen sind, d.h. die Erfolgsermittlung einer Periode von den Eignern nachvollzogen werden kann. Bestehen große Bewertungsspielräume oder sind Aktiva und Passiva nicht hinreichend exakt definiert, leidet die intersubjektive Nachprüfbarkeit und damit das Vertrauen der Adressaten in den Jahresabschluss.

Prophetie ist in einer Welt mit sich ständig wandelnden Umweltbedingungen niemals nachprüfbar.[90] Lediglich unter der Prämisse steter Umweltbedingungen kann den Jahreserfolgen eine gewisse Indikation von künftigen Gewinnen und somit der künftigen wirtschaftlichen Lage der Gesellschaft beigemessen werden. Stete Umweltbedingungen, also eine Extrapolation von Geschäftsjahrsbedingungen[91] bzw. ein Operieren auf stationären Märkten[92], können indessen kaum unterstellt werden. Zukunftsbezogene Informationen sind somit als Entscheidungshilfe für Adressaten theoretisch zwar sehr hilfreich, ihr Ausweis ist aus Gründen der Objektivier- und Nachprüfbarkeit im Jahresabschluss jedoch sehr restriktiv zu handhaben. Eine direkte Kommunikation von Informationen über die zukünftigen Einnahmeüberschüsse bzw. über das Effektivvermögen sind Finanztableaus bzw. Gesamtbewertungsmethoden vorbehalten. Diese weisen allerdings Nachteile aufgrund erheblicher Ermessensspielräume und Objektivierungsdefizite auf und eignen sich für die externe Rechnungslegung nicht.

Die Bereitstellung von Informationen über die künftige Entwicklung der Unternehmung ist im Jahresabschluss nach HGB deshalb nur schwach ausgeprägt.[93] Prognosen finden ihren Niederschlag im Wesentlichen im Bereich der Schätzung von Nutzungsdauern von Anlagegütern, bei der Vorratsbewertung und bei der Bewertung von Rückstellungen. Im Lagebericht finden sich verbale Prognoseinformationen über die künftige Entwicklung der Gesellschaft. Gesellschaften nach § 264d HGB sind zudem

öffentlich-rechtlichen Verpflichtungen wie der Aufstellung eines Jahresabschlusses, der zudem offengelegt wird, ist eine solche Annahme nicht gerechtfertigt.

90 Zur Frage der mittelbaren Prognose von Cash-Flows auf Basis von Periodengewinnen in einer Welt mit variablen Umweltbedingungen vgl. m.w.N.: STREIM (2000), S. 125 ff.

91 Vgl. MOXTER (1986), S. 151 f.

92 Vgl. SCHREIBER (1986), S. 61.

93 Vgl. LEFFSON (1987), S. 69 und 88-90; COENENBERG / HALLER / SCHULTZE (2012), S. 1097 f.

zur Aufstellung einer Kapitalflussrechnung verpflichtet. Gleichwohl vermögen Beispiele wie diese nicht die vergleichsweise geringe Bedeutung zukunftsbezogener Rechenschaft im HGB zu beseitigen.

Für die Informationsfunktion des HGB bedeutet dies, dass die wirtschaftliche Lage der Gesellschaft zwar durchaus unter Einbeziehung von künftigen Entwicklungen[94] darzustellen ist. Die primäre Vergangenheitsorientierung, welche die Nachprüfbarkeit der Wertansätze garantiert, ist als natürliche Beschränkung der Aussagefähigkeit des Jahresabschlusses aber hinzunehmen.

2 Zum Verhältnis der Jahresabschlussfunktionen

2.1 Konflikt zwischen Information und Ausschüttungsbemessung

Ohne die vollständige, richtige und systematische Erfassung und Verdichtung aller Geschäftsvorfälle im Geschäftsjahr kann weder ein maximal verteilungsfähiger Gewinn ermittelt noch können Informationen bereitgestellt werden. Insofern verhält sich die Dokumentationsfunktion auf ganzer Linie komplementär zu den übrigen Hauptaufgaben der externen Rechnungslegung. Die Dokumentationsfunktion wird daher im Folgenden ausgeblendet.

Konfliktpotential birgt dagegen das Verhältnis der beiden verbleibenden Funktionen. Zwar sind einige Komplementärbeziehungen zwischen Informations- und Ausschüttungsbemessungsfunktion nicht zu leugnen. So sind das Legen stiller Reserven und stiller Lasten sowohl aus Sicht der Informations- als auch aus Sicht der Ausschüttungsbemessungsfunktion abzulehnen - wenn auch aus unterschiedlichen Gründen.[95] Ferner benötigen beide Funktionen hinreichend objektivierbare Wertansätze und eine genaue Abgrenzung von Aktiva und Passiva. Die Informationsfunktion benötigt diese Beschränkungen, da nicht nachvollziehbare Daten kaum einen Wert für die Adressaten

---

94 So sind beispielsweise bei der Bemessung von Prozesskostenrückstellungen Prognosen hinsichtlich des Ausgangs eines Rechtsstreits zu fällen.

95 Zu den Vor- und Nachteilen von stillen Reserven vgl. MOXTER (1985), S. 1102; SIEGEL (1986), S. 422 f. Siehe ferner bereits oben B.1.3.3.

haben; die Ausschüttungsbemessungsfunktion ist dagegen auf sie angewiesen, da die Ausschüttungssperrvorschriften andernfalls ausgehöhlt werden könnten, indem z.B. die Aktiva tendenziell höher und Passiva tendenziell niedriger bewertet werden.[96]

Gleichwohl ist die Ausschüttungsbemessungsfunktion, wie oben ausgeführt, primär auf den Gläubigerschutz ausgerichtet, was eine vorsichtige und insofern **einseitig verzerrte Rechnungslegung** erfordert. Gewinne und Verluste werden erklärtermaßen imparitätisch behandelt, Rückstellungen im Zweifelsfall höher (als zu niedrig) dotiert und beim Ansatz nicht hinreichend greifbarer Aktiva, die aber womöglich signifikante Werttreiber darstellen, Zurückhaltung geübt. Dem liegt die statische Bilanzauffassung zugrunde, wonach sich der Kaufmann eher ärmer statt reicher rechnen solle, um sein Vermögen nicht zu hoch auszuweisen (Schuldendeckungskontrolle).

Eine solch pessimistisch-vorsichtige Bilanzierung mag zwar dem Gläubigerschutz dienen.[97] Durch die damit einhergehende ungleiche Gewichtung von Risiken und Chancen wird der Einblick in die wirtschaftliche Lage der Gesellschaft einseitig verzerrt. Dies steht erkennbar in Konflikt mit der Informationsfunktion. Informations- und Ausschüttungsbemessungsfunktion verlangen insofern teils eine unterschiedliche Bilanzierung desselben Sachverhalts.[98]

Wertend-normative Betrachtungen von Bilanzierungsvorschriften anhand der Hauptaufgaben der Rechnungslegung (teleologische Auslegung) werden durch diesen Zielkonflikt zwischen Ausschüttungsbemessungs- und Informationsfunktion wesentlich erschwert. Denn es ist fraglich, aus Sicht welcher der beiden konkurrierenden Aufgaben einzelne Vorschriften zu beurteilen und wie Regelungslücken in Einzelvorschriften zweckadäquat zu schließen sind. Insbesondere ist damit die versöhnliche Auffassung, wonach die Informationsfunktion („Rechenschaft") und die Ausschüttungsbemessungsfunktion („Kapitalerhaltung") in Bilanz und GuV jeweils gleichberechtigt nebeneinander stehen, für die Auslegung und Beurteilung von Rechnungslegungsvorschriften schlicht nicht operabel.[99] Ergiebiger ist es, die Erkenntnisse der **Entscheidungstheorie**

---

96 Vgl. MOXTER (1976), S. 54.

97 Dies ist umstritten. Vgl. zum Meinungsstand m.w.N.: SCHILDBACH (2008), S. 451-452; 461-463.

98 Vgl. SIEGEL (2008), S. 344 ff.

99 So aber m.w.N.: BAETGE / KIRSCH / SOLMECKE (2009), S. 1213; LEFFSON (1987), S. 98-107.

zu berücksichtigen. Die Entscheidungstheorie hat für die Verfolgung von konkurrierenden Zielen zwei Lösungsansätze erarbeitet: Zieldominanz und Zielschisma.[100]

Bei **Zieldominanz** wird eines der konkurrierenden Ziele als vorrangig festgeschrieben und mithin eine Hierarchie der Ziele festgelegt; hierarchisch weiter unten angesiedelte Ziele werden unterdrückt. Die übrigen Ziele werden nur insoweit verfolgt, als deren Verfolgung die Erreichung des dominanten Ziels nicht gefährdet, d.h. schließen sich zwei Ziele einander vollständig aus, muss nach dem Dominanzmodell eines der beiden Ziele aufgegeben werden.[101] Anders dagegen das **Zielschisma**. Hierbei werden die konkurrierenden Ziele zwar zeitgleich verfolgt, es findet jedoch eine sachliche Aufspaltung der beiden Ziele (Funktionsteilung) statt.

Werden Zieldominanz und Zielschisma auf die Jahresabschlussaufgaben übertragen,[102] so sind folgende Konstellationen denkbar:

- die Ausschüttungsbemessungsfunktion dominiert die Informationsfunktion (oder vice versa);
- beide Funktionen stehen gleichberechtigt nebeneinander, ihre gleichzeitige Verfolgung findet in unterschiedlichen Elementen des Jahresabschlusses statt. Mit anderen Worten, die Ausschüttungsbemessungsfunktion wird in Bilanz und GuV verfolgt, während die Verfolgung der Informationsfunktion auf den Anhang und ggf. Lagebericht beschränkt ist.

Der Zielkonflikt <u>*vor*</u> Verabschiedung des BilMoG wurde bei Unternehmen, die nur dem ersten Abschnitt des Dritten Buches des HGB unterlagen, seinerzeit durch das Dominanzmodell gelöst. Hintergrund war, dass unbeschränkt haftende Gesellschaften den Jahresabschluss nicht um einen Anhang erweitern brauchten und eine Funktionsteilung zwischen Bilanz und GuV aufgrund der doppelten Buchführung unmöglich war.[103] Dominierender Zweck der **„Bilanz im Rechtssinne“** war in Ansehung der durch die GoB (§ 243 Abs. 1 HGB) und das Vorsichtsprinzip (§ 252 Abs. 1 Nr. 4 HGB) geprägten Gewinnermittlung bei diesen Gesellschaften, die Ermittlung

100 Vgl. HEINEN (1976), S. 140 ff.; ENGELS (1962), S. 45 ff. Zieldominanz und Zielschisma sind Spezialfälle des Zielkompromisses, der allgemeinsten Lösungsmöglichkeit von Konflikten.

101 Für ein Anwendungsbeispiel vgl. HEINEN (1976), S. 141 f.

102 Vgl. KARRENBROCK (1991), S. 61 ff.

103 Vgl. KARRENBROCK (1991), S. 62.

des vorsichtig ermittelten und ausschüttbaren Gewinns.[104] Die Ausschüttungsbemessungsfunktion dominierte mithin die Informationsfunktion.

Von Gesellschaften, die darüber hinaus den zweiten Abschnitt des Dritten Buches des HGB zu beachten hatten, forderte § 264 Abs. 2 S. 1 HGB die Vermittlung eines den tatsächlichen Verhältnissen entsprechenden Bildes der Vermögens-, Finanz- und Ertragslage (*true-and-fair view*) der Gesellschaft. Diese Generalnorm war ein starkes Indiz für eine weitaus stärkere Ausprägung der Informationsfunktion. Gleichwohl änderte dies nichts an der Vorherrschaft der Ausschüttungsbegrenzungsfunktion.[105] Wesentlicher Grund hierfür war, dass § 264 Abs. 2 S. 1 HGB die Generalnorm gleich wieder einschränkte:[106] Die Generalnorm stand unter GoB-Vorbehalt.[107] Und da das Prinzip der vorsichtigen, umsatzgebundenen Gewinnermittlung ein Fundamentalgrundsatz dieser GoB war, konnte von einer wesentlichen Zurückdrängung der Ausschüttungsbegrenzungsfunktion in Bilanz und GuV keine Rede sein. Die Erfüllung der Informationsfunktion erfolgte primär in Anhang und ggf. Lagebericht (Funktionsteilungsmodell).[108] Aus Sicht des *gesamten* Abschlusses (Bilanz, GuV und Anhang) nahmen Informations- und Ausschüttungsbemessungsfunktion einen ungefähr gleichen Stellenwert ein.

2.2 Lösung des Zielkonflikts nach Verabschiedung des BilMoG

Der oben für den Einzelabschluss abgeleitete Zielkonflikt zwischen Ausschüttungsbemessungs- und Informationsfunktion besteht auch nach dem BilMoG fort, da der ermittelte Jahreserfolg nach wie vor Grundlage für die Gewinnverwendung ist. Allerdings hat das BilMoG eine erhebliche Anzahl von Änderungen gebracht,[109] die eher der

---

104 Vgl. MOXTER (1989), S. 236.

105 Siehe die einhelligen Stellungnahmen im „BFuP Meinungsspiegel“ zur durch das BiRiLiG eingeführten Generalklausel. Vgl. COENENBERG / FORSTER / REUTER / SIEBEN / V. WYSOCKI (1987), S. 71-75.

106 Vgl. LEFFSON (1986), S. 100; COENENBERG (1986), S. 155.

107 § 264 Abs. 2 S. 1 HGB lautet: Der Jahresabschluss der Kapitalgesellschaft hat unter Beachtung der Grundsätze ordnungsmäßiger Buchführung ein den tatsächlichen Verhältnissen entsprechendes Bild der Vermögens-, Finanz- und Ertragslage der Kapitalgesellschaft zu vermitteln.

108 Vgl. KARRENBROCK (1991), S. 65 u.a. mit Hinweis auf BÖRNER (1986/1987), S. 206.

109 Vgl. stellvertretend die Überblicksartikel: OSER / ROß / WADER / DRÖGEMÜLLER (2008), S. 675-694; OSER / ROß / WADER / DROGEMÜLLER (2009), S. 573-583.

Informationsfunktion dienlich sind. Zudem intendierte der Gesetzgeber nach eigener Aussage[110] eine Aufwertung der Informationsfunktion. Erörterungswürdig ist, ob hierdurch eine Änderung der Lösung des Zielkonfliktes eingetreten ist.

Durch das BilMoG wurde u.a. eine Vielzahl expliziter **Wahlrechte abgeschafft**. Zu nennen sind hier beispielsweise die Streichung des Teilkostenansatzes (§ 255 Abs. 2 HGB), das Verbot übervorsichtiger Bewertungen (§§ 253 Abs. 2 S. 3, Abs. 3 S. 3, Abs. 4, Abs. 5 HGB a.F.), die Streichung des Aktivierungswahlrechts für Ingangsetzungs- und Erweiterungsaufwendungen für haftungsbeschränkte Gesellschaften (§ 269 HGB a.F.) sowie die Abschaffung steuerlich motivierter Rechnungsabgrenzung (§ 250 Abs. 1 S. 2 HGB a.F.). Diese Änderungen dienen im Wesentlichen der Informationsfunktion, da der Abbau von expliziten Wahlrechten die Vergleichbarkeit von Abschlüssen erhöht. Eine Zurückdrängung der Ausschüttungsbemessungsfunktion ist damit jedoch nicht verbunden. Vielmehr ist die Abschaffung expliziter Wahlrechte auch aus Sicht der Ausschüttungsbemessungsfunktion zu begrüßen.

Dies ist unmittelbar einsichtig im Fall der Aufhebung von § 269 HGB a.F., der eine Aufwandsneutralisation für nicht werthaltige Posten vorsah und schon nach altem Recht mit einer außerbilanziellen Ausschüttungssperre belegt war. Auch die Streichung der §§ 253 Abs. 2 S. 3, Abs. 3 S. 3, Abs. 4, Abs. 5 HGB a.F., welche gezielte Unterbewertungen von Aktiva ermöglichten und mithin dem Bilanzierenden das Recht zum Legen stiller Reserven zubilligten, kann aus Sicht der Ausschüttungsbemessungsfunktion nicht kritisiert werden, da die Legung stiller Reserven mit der Mindestausschüttung unvereinbar ist. Keine Bedenken bestehen schließlich bei der Eliminierung von § 250 Abs. 1 S. 2 HGB a.F., da Zölle, Verbrauchsteuern sowie die Umsatzsteuer auf Anzahlungen aufgrund deren fehlender Verkehrsfähigkeit weder Vermögensgegenstände noch Rechnungsabgrenzungsposten im Sinne von § 250 Abs. 1 S. 1 HGB sind[111] und es sich insoweit um GoB-widrige Posten handelt, die nicht gewinnerhöhend aktiviert werden dürfen. Mithin darf dieser Teil der Reform als beiden Jahresabschlusszwecken förderlich angesehen werden.

---

110 Vgl. BMJ (8.11.2007), S. 1; BR-DRUCKS. 344/08 (23.5.2008), S. 1.

111 Vgl. HAYN (2005), B 218, Tz. 37 m.w.N.; MARX (2008), S. 202-204.

Bei der Beurteilung, inwieweit der mit der Neufassung des § 255 Abs. 2 HGB verbundene Übergang auf den (gemäßigten) Vollkostenansatz bei der Bemessung der Herstellungskosten[112] für die Ausschüttungsbemessungsfunktion schädlich sein könnte, ist es erforderlich zu untersuchen, ob dieser Übergang mit dem Zweck der Aktivierung von Herstellungskosten in Einklang steht. Die Aktivierung von Herstellungskosten verfolgt den Zweck, den Herstellungsvorgang erfolgsneutral abzubilden.[113] Dieses Ziel kann nur erreicht werden, sofern sämtliche Aufwendungen neutralisiert werden, die für den Herstellungsprozess erforderlich sind, es sei denn, es handelt sich dabei um Leerkosten oder es besteht nur ein schemenhafter Zusammenhang zum Herstellungsprozess (z.B. anteilige Kosten für eine Betriebskantine).[114] Der zweckadäquate (und berücksichtigungspflichtige) Umfang der Herstellungskosten lässt sich damit eindeutig quantifizieren. Erfolgt die Bewertung der Herstellungskosten darüber (z.B. durch Einbeziehung der Kosten für soziale Einrichtungen des Betriebs) bzw. darunter (z.B. Teilkostenansatz), hat dies eine Über- bzw. Unterbewertung der selbst erstellten Vermögensgegenstände zur Folge.[115] Dies würde einen Verstoß gegen die eine Höchst- bzw. Mindestausschüttung sicherstellende Ausprägung der Ausschüttungsbemessungsfunktion markieren. Da der Übergang auf den (gemäßigten) Vollkostenansatz eine Annäherung an eine dem Zweck der Herstellungskosten entsprechende Bilanzierung bedingt, ist auch dieser Teil der Reform aus Sicht der Ausschüttungsbemessungsfunktion zu begrüßen.

Seit dem 1.1.2010[116] ist die Abbildung rein steuerlich motivierter Wertansätze in der Handelsbilanz nicht mehr zulässig. Hintergrund ist die Abschaffung der umgekehrten Maßgeblichkeit (§ 5 Abs. 1 S. 2 EStG a.F.) und die damit einhergehende Eliminierung der handelsrechtlichen Öffnungsklauseln. Hierdurch wird einerseits eine Deformation der Handelsbilanz verhindert und mithin die Informationsfunktion gestärkt. Anderseits wird durch die Abschaffung der Öffnungsklauseln die Abbildung GoB-widriger Wertansätze im Jahresabschluss unterbunden, deren Ziel es gerade war, temporär unversteuerte Reserven zu legen. Insoweit erfährt die Ausschüttungsbemessungsfunktion

112 Auf die im Schrifttum an § 255 Abs. 2 S. 3 HGB n.F. geäußerte Kritik sei im Rahmen dieser Arbeit nur hingewiesen, vgl. hierzu KARRENBROCK (2008a), S. 140, 144.

113 Vgl. KARRENBROCK (2008a), S. 138.

114 Vgl. KARRENBROCK (2008a), S. 140, 142.

115 Vgl. ausführlich KARRENBROCK (2008a), S. 139 f.

116 Von den Übergangsregelungen im Rahmen des BilMoG sei vereinfachend abstrahiert.

durch diesen Teil der Reform eine Stärkung, da diese durch gezielte Unterbewertungen geschädigt würde.

Weniger eindeutig sind die Änderungen im Bereich der Aktivierungsfähigkeit selbst erstellter immaterieller Vermögenswerte des Anlagevermögens (§ 248 Abs. 2 HGB), der Saldierung von „Planvermögen"[117] (§§ 246 Abs. 2, 253 Abs. 1, S. 4, Abs. 2 Sätze 2-3 HGB) und der Aktivierungsfähigkeit eines Aktivüberhangs von latenten Steuern (§ 274 Abs. 1 S. 2 HGB) zu beurteilen. Eine Aktivierungsfähigkeit dieser entweder schwer zu quantifizierenden oder schlicht unsicheren Werte wurde zwecks Stärkung der Informationsfunktion zugelassen.[118] Da ein solches Vorgehen sowohl der vorsichtigen Gewinnermittlung als auch der Objektivierbarkeit von Wertansätzen entgegensteht, wurden für die aktivierten Beträge Ausschüttungs- und Abführungssperren (§ 268 Abs. 8 HGB, § 301 AktG) für Kapitalgesellschaften kodifiziert.[119] Unabhängig von der Frage, ob diese Ausschüttungssperrvorschriften in allen Fällen ausreichend wirksam sind, bleibt ein Verstoß gegen die Ausschüttungsbemessungsfunktion bestehen. Der Versuch des Gesetzgebers Verstöße gegen die Gewinnermittlungsgrundsätze (Gewinnermittlungsebene) durch außerbilanzielle Ausschüttungssperren (Gewinnverwendungsebene) zu kompensieren bzw. ungeschehen zu machen, ist mit Blick auf die damit einhergehende Schädigung des prinzipiengeleiteten HGB-Bilanzrechts **bedauerlich**.

Noch kritischer fällt die Würdigung der neugeregelten Währungsumrechnung kurzfristiger Vermögensgegenstände und Schulden (§ 256a HGB) sowie die novellierte Rückstellungsbewertung (§ 253 Abs. 2 HGB n.F.) aus. Für die Währungsumrechnung kurzfristiger Aktiva und Passiva werden aus (lapidar postulierten) *„Vereinfachungs-*

---

117 Gemeint sind insolvenzfestes und zweckgebundenes Sondervermögen.

118 MOXTER weist jedoch darauf hin, dass die gewollte Einblickserweiterung bei originären immateriellen Anlagegenständen auf Kosten der Einblickssicherheit erreicht wird und insofern der Informationsvermittlung geschadet wird. Vgl. MOXTER (2008), S. 1516-1517.

119 Für die KG gilt § 172 Abs. 4 S. 3 HGB. Hiernach sind ausschüttungsgesperrte Beträge nach § 268 Abs. 8 HGB für die Berechnung des Kapitalanteils des Kommanditisten nach § 172 Abs. 4 S. 2 HGB irrelevant. Nach Satz 2 lebt die (betragsmäßig auf die Haftsumme beschränkte) persönliche Haftung des Kommanditisten wieder auf, sofern dessen Einlage zurückgewährt wird oder Gewinne entnommen werden obwohl der Kapitalanteil des Kommanditisten unter den Wert der Einlage gefallen ist. Somit lebt die Haftung eines Kommanditisten einer KG bereits dann wieder auf, wenn nach § 268 Abs. 8 HGB für Kapitalgesellschaften ausschüttungsgesperrte Erträge ausgeschüttet werden und dadurch der Kapitalanteil unter den Wert der geleisteten Einlage sinkt. Vgl. HOFFMANN / LÜDENBACH (2009), S. 62.

gründen"[120] das Vorsichts- und das Anschaffungskostenprinzip außer Kraft gesetzt. Die novellierte Rückstellungsbewertung sieht eine generelle Abzinsungspflicht von Rückstellungen für Geld- und Sachleistungsverpflichtungen mit einer Laufzeit von mehr als zwölf Monaten vor. Zudem sind bei der Bewertung künftige Preis- und Kostensteigerungen zu berücksichtigen. Im Fall der Abzinsung zinsanteilsfreier[121] Erfüllungsbeträge wird gegen das Realisations-[122] und das Höchstwertprinzip[123] verstoßen. Im Falle der Berücksichtigung künftiger Kostensteigerungen werden das Stichtagsprinzip[124] und das Nominalwertprinzip in der Rechnungslegung sowie der Grundsatz der Pagatorik verletzt.[125] Beide Änderungen brechen somit mit einer ganzen Palette eherner Fundamentalprinzipien der Rechnungslegung[126] und ermöglichen die Antizipation unrealisierter Erträge. Besonders unverständlich ist, dass hierfür rechtsformunabhängig keine Ausschüttungssperren bestehen.

In HGB-Einzelabschlüssen ist die Ausschüttungsbemessungsfunktion gleichwohl auch nach Verabschiedung des BilMoG *tendenziell* die dominierende Funktion. Dies liegt letztlich daran, dass der Gesetzgeber für die Mehrheit der Einzelvorschriften, die einen Verstoß gegen die Ausschüttungsbemessungsfunktion bedingen, außerbilanzielle Ausschüttungssperren implementiert hat. Hierin kommt der Wille des Gesetzgebers zum Ausdruck, die Dominanz der Ausschüttungsbemessungsfunktion in Bilanz und GuV zu bewahren. Hätte der Gesetzgeber die Dominanz der Ausschüttungsbemessungsfunktion in Bilanz und GuV post BilMoG aufgeben wollen, so hätte es der Kodifikation derartiger Sperrvorschriften nicht bedurft. De facto beschränkt sich die Erfüllung der Informationsfunktion in Bilanz und GuV somit auf Gliederungs- und Ausweisvor-

---

120 BT-DRUCKS. 16/10067 (30.07.2008), S. 62.

121 D.h. sofern in der Rückstellung kein Zinsanteil (weder offen noch versteckt) enthalten ist.

122 Vgl. WOHLGEMUTH (2005), § 253 HGB, Tz. 101; ADS (1994 ff.), § 253 HGB, Tz. 200; KARRENBROCK (1994), S. 100 f.; NAUMANN / BREKER (2003), Tz. 425 und 447; KARRENBROCK (1994a), S. 1941 ff.; NAUMANN (1989), S. 280 ff.; LEFFSON (1987), S. 295 f.; BUSCH (1976), S. 158-159; THIELE / KAHLING (2002), § 253 HGB, Tz. 88 und 122 f.; BITZ / SCHNEELOCH / WITTSTOCK (2011), S. 233; KNOBBE-KEUK (1993), S. 229, 232 f., 235 f.; CLEMM (1987/88), S. 78 f., 88; AVELLA / BRINKMANN (2010), § 252 HGB, Tz. 98-100.

123 In Zeiten steigender Zinsen führt die Abzinsungsregelung zu einer Teilauflösung der Rückstellung und somit zu einem Verstoß gegen das Höchstwertprinzip. Vgl. KESSLER (2010), S. 335 f.

124 Preis- und Kostensteigerungen dürften ansonsten nur insoweit berücksichtigt werden, als sie am Abschlussstichtag verursacht sind (z.B. am Bilanzstichtag bereits erfolgte Tarifabschlüsse mit mehrjähriger Laufzeit). Vgl. NAUMANN / BREKER (2003), Tz. 453. Vgl. ferner: THIELE / KAHLING (2002), § 253 HGB, Tz. 121.

125 Vgl. NAUMANN (1989), S. 272 ff., insbesondere S. 277 und 279.

126 Zu versöhnlich insofern die Ausführungen bei: BAETGE / KIRSCH / SOLMECKE (2009), S. 1216 f.

schriften,[127] die u.a. die Kennzeichnung außerordentlicher Ergebnisbestandteile ermöglichen. Diese Aussage gilt zumindest für Bilanzierende, die nicht die ergänzenden Vorschriften des Zweiten Abschnitts zu beachten haben.

Bei haftungsbeschränkten Gesellschaften kommt dagegen das Funktionsteilungsmodell zur Anwendung: Bilanz und GuV dienen *tendenziell* der Ausschüttungsbemessungsfunktion und der Anhang mit Lagebericht, ggf. erweitert um Kapitalflussrechnung und Eigenkapitalspiegel, der Informationsfunktion. Dies liegt darin begründet, dass die Generalnorm weiterhin[128] unter GoB-Vorbehalt steht (§ 264 Abs. 2 S. 1 HGB).

In beiden Fällen ist die Einschränkung „*tendenziell*" der **Widersprüchlichkeit** des BilMoG geschuldet. So sind nicht für alle Durchbrechungen des Vorsichtsprinzips Ausschüttungssperren kodifiziert worden: die Rückstellungsbewertung und die Regelung zu Währungsumrechnung für kurzfristige Aktiva und Passiva führen zum Ausweis unrealisierter Gewinne, der nicht ernstlich unter Hinweis auf eine wirtschaftliche Betrachtungsweise oder Vereinfachungseffekte zu rechtfertigen ist. Genau hier hat der Gesetzgeber einen Weg eingeschlagen, der, sofern er nicht korrigiert wird, zu einem konzeptionslosen Rechnungslegungssystem führt.

Sind Vorschriften zur Rückstellungsbewertung oder zur Währungsumrechnung nunmehr aus Sicht der Informationsfunktion zu beurteilen? Dieses Problem wird den weitaus größten Teil der Rechnungsleger zunächst nicht tangieren, da § 253 Abs. 2 und § 256a HGB n.F. unmissverständlich eine bestimmte Vorgehensweise fordern. Theorie und kritische Rechnungsleger werden das Problem sehr wohl als Angriff auf das prinzipienbasierte HGB identifizieren. Die „Bilanz im Rechtssinne" in der Fassung des BilMoG ist folglich nicht mehr so eindeutig interpretierbar wie ihre Ausprägung in der Fassung des BiRiLiG. Spätestens wenn sich im Zeitablauf weitere „Ausnahmen" zu den Rückstellungen und umgerechneten kurzfristigen Aktiva und Passiva gesellen, wird deutlich werden, dass mit dem BilMoG der schleichende Einstieg in ein fallbezogenes Rechnungslegungssystem vollzogen wurde. Denn schlecht zu rechtfertigende Ausnahmen schaden einem prinzipienorientierten Rechnungslegungssystem massiver als einer

---

127 Vgl. STREIM / BIEKER (2009), S. 800.

128 § 264 Abs. 2 S. 1 HGB wurde durch das BilMoG nicht verändert.

bloßen Sammlung von Einzelstandards (IFRS), die von einem Rahmenkonzept lose zusammengehalten wird.

Die Prinzipienorientierung des HGB wird dieser Gefahr ohne Not ausgesetzt. Bei konsequenter Anwendung des Funktionsteilungsmodells, bestünde keine Notwendigkeit für Ausschüttungssperren (§ 268 Abs. 8 HGB), neue Wahlrechte (z.B. § 248 Abs. 2 HGB) oder gegen Fundamentalprinzipien verstoßende Wertansätze (z.B. § 253 Abs. 2 HGB) in der Bilanz. Eine konsequente Ausweitung dieses Modells für alle Kaufleute[129] löst nicht nur den Zielkonflikt zwischen Informations- und Ausschüttungsbemessungsfunktion vollends auf. Auch das **Spannungsverhältnis** innerhalb der Informationsfunktion („Relevanz" versus „Verlässlichkeit")[130] könnte so gehandhabt werden, da die vorsichtige Bilanzierung verlässliche bzw. objektivierbare Informationen braucht.

Vor diesem Hintergrund ist auf das amerikanische informationelle Gläubigerschutzsystem hinzuweisen. Hinreichend einflussreiche Kreditgeber bzw. Gläubiger schließen mit Unternehmen regelmäßig individualvertragliche Kontrakte (*covenants*), die eine dem deutschen HGB ähnliche vorsichtige Gewinnermittlung bzw. explizite Ausschüttungssperren vorschreiben.[131] Bei Licht besehen unterscheidet sich die deutsche Lösung daher primär durch ihre kollektivvertragliche Ausrichtung. Mit anderen Worten, der Gesetzgeber schreibt nichts vor, was Gläubigern - auch in den USA - nicht wichtig wäre, denn sonst würden diese keine Transaktionskosten in Kauf nehmen, um Kontrakte zu schließen, die diesen „zu modernisierenden" Regelungen weitestgehend entsprechen.

Die Nachteile eines konsequent angewandten Funktionsteilungsmodells sind nicht zu verschweigen. Zum einen droht eine Überfrachtung des Anhangs, mit entsprechend nachteiligen Konsequenzen für die eigentlich zu stärkende Informationsfunktion.[132] Dem kann durch eine Beschränkung auf die für die Situation der Gesellschaft wesentlichen Angabepflichten entgegen gewirkt werden. Zum anderen könnte eine Harmonisierung mit den IFRS nur mittelbar über den Anhang erreicht werden. Die Harmonisierung der Rechnungslegung ist indessen eine politische Entscheidung, die

---

129 Die Kodifizierung eines „schlankeren" Anhangs für Anwender des 1. Abschnitts wäre möglich.

130 Siehe oben B.1.4.5.

131 Vgl. statt vieler: ALBERTH (1997), S. 744 ff.

132 Kritik, die in diese Richtung geht, kommt u.a. von DIETER SCHNEIDER, der von einer *„Aufblähung"* der Rechnungslegung bei gleichzeitiger Verstärkung des Informationsgefälles zwischen Kapitalmarktpublikum und -insidern spricht. Vgl. SCHNEIDER (2008), S. 334 f.

sich sachlichen Argumenten entzieht. Entscheidend ist letztlich, dass die Harmonisierung mit den IFRS gerade kein Jahresabschlusszweck nach HGB ist und daher im Zweifel zurückstehen muss.

Für die Berücksichtigung latenter Steuern im Einzelabschluss nach dem HGB in der Fassung des BilMoG ist festzuhalten:

- bei Bilanzierenden, die nur die allgemeinen Vorschriften zu beachten haben, sind latente Steuern primär aus Sicht der Ausschüttungsbemessungsfunktion zu beurteilen.
- bei Bilanzierenden, die auch die ergänzenden Vorschriften zu beachten haben, sind latente Steuern in Bilanz und GuV primär aus Sicht der Ausschüttungsbemessungsfunktion zu beurteilen. Ihr Ausweis im Anhang ist dagegen an der Informationsfunktion zu messen.

C Konzeption der Bilanzierung latenter Steuern

1 Das Temporary-Konzept

1.1 Technik der Verrechnung latenter Steuern

Nach dem Temporary-Konzept bilden Ansatz- und Bewertungsunterschiede (Buchwertunterschiede) zwischen Vermögensgegenständen und Schulden sowie Rechnungsabgrenzungsposten in Handels- und Steuerbilanz den Ausgangspunkt für die Berücksichtigung latenter Steuern in der Rechnungslegung.[133] Sofern aus dem Abbau[134] dieser Buchwertunterschiede (z.B. durch Abschreibung, Veräußerung, Tilgung oder Liquidation) im Zeitablauf Steuerfolgen erwachsen, sind latente Steuern zu berücksichtigen.[135] Buchwertdifferenzen lassen sich wie folgt anhand der sie auslösenden Steuerfolgen systematisieren.

Führt die Auflösung von Buchwertdifferenzen in künftigen Perioden dazu, dass das handelsrechtliche Ergebnis geringer als der nach steuerlichen Vorschriften ermittelte Periodengewinn (im Folgenden: steuerlicher Gewinn) ist, so liegen **zu versteuernde Differenzen** vor. Für die sich aus diesem steuerlichen Mehrergebnis voraussichtlich ergebende Steuerbelastung wird ein Passivposten für latente Steuern angesetzt. Falls der künftige Abbau von Buchwertdifferenzen dagegen einen gemessen am handelsrechtlichen Ergebnis geringeren steuerlichen Gewinn bedingt, handelt es sich um **abzugsfähige Differenzen**. Die aus diesem steuerlichen Minderergebnis erwartete Steuerentlastung wird als Aktivposten für latente Steuern angesetzt. Aufgrund dieser Zusammenhänge kann vereinfachend von aktiven (= abzugsfähigen) und passiven (= zu versteuernden) Differenzen gesprochen werden.

---

133 Das Temporary-Konzept wurde erstmals in dem US-amerikanischen Rechnungslegungsstandard SFAS No. 96 verwirklicht. Vgl. LÜHRMANN (1997), S. 99 f.

134 Angloamerikanische Standards zum Temporary-Konzept (z.B. IAS 12; SFAS 109) sprechen in diesem Zusammenhang von einer „Realisation“ des Vermögensgegenstands zum Buchwert (*carrying amount is recovered / realized*) und der Begleichung bzw. Regulierung (*settled*) einer Schuld zum Buchwert.

135 Vgl. im Folgenden: KARRENBROCK (2007), Tz. 11.

Passive Differenzen liegen vor, wenn entweder ein Vermögensgegenstand (ein aktiver Rechnungsabgrenzungsposten) in der Handelsbilanz zunächst höher als in der Steuerbilanz bewertet oder eine Schuld (ein passiver Rechnungsabgrenzungsposten) in der Handelsbilanz zunächst geringer als in der Steuerbilanz bewertet wird. Entsprechendes gilt im Falle des Nichtansatzes des Vermögensgegenstandes (der Schuld) in der Steuerbilanz (Handelsbilanz). In diesen Fällen ist das steuerliche Aufwandspotential geringer als das Aufwandspotential in der Handelsbilanz. Unter sonst gleichen Bedingungen erwachsen aus solchen vorübergehenden Buchwertunterschieden künftige Steuermehrbelastungen.

Typische, aber nicht ausschließliche Ursache solcher Buchwertunterschiede zwischen Handels- und Steuerbilanz ist die unterschiedliche Erfassung von Aufwendungen und Erträgen in beiden Rechenwerken. Folglich können zu versteuernde Differenzen auch ausgehend von der GuV systematisiert werden. Zu versteuernde Differenzen entstehen dann, wenn:

a) Erträge in der Handelsbilanz früher als in der Steuerbilanz erfasst werden (z.B. der Ansatz eines Aktivums zum höheren beizulegenden Wert, während in der Steuerbilanz ein strenges Anschaffungswertprinzip gilt);
b) Aufwendungen in der Handelsbilanz später als in der Steuerbilanz erfasst werden (z.B. die lineare Abschreibung einer Maschine in der Handelsbilanz, während in der Steuerbilanz zudem Sonderabschreibungen verrechnet werden).

Aktive Buchwertdifferenzen bestehen in den umgekehrten Fällen. Wird ein Vermögensgegenstand (eine Schuld) in der Handelsbilanz zunächst niedriger (höher) als in der Steuerbilanz bewertet, so handelt es sich um eine aktive Buchwertdifferenz. Auch hier gilt entsprechendes im Falle des Nichtansatzes des Vermögensgegenstandes (der Schuld) in der Handelsbilanz (Steuerbilanz). In diesen Fällen ist das steuerliche Aufwandspotential größer als das Aufwandspotential in der Handelsbilanz. Unter sonst gleichen Bedingungen erwachsen aus solchen vorübergehenden Buchwertunterschieden künftige Steuerentlastungen.

Wiederum aus Sicht der GuV betrachtet entstehen abzugsfähige Differenzen insbesondere dann, wenn:

a) Erträge in der Handelsbilanz später als in der Steuerbilanz erfasst werden (z.B. der Ansatz von niedrigeren Buchwerten beim Tausch von Vermögensgegenständen in der handelsrechtlichen Rechnungslegung, während in der steuerlichen Gewinnermittlung der höhere gemeine Wert vorgeschrieben ist);
b) Aufwendungen in der Handelsbilanz sich früher als in der Steuerbilanz niederschlagen (z.B. das Verbot der Bildung von Drohverlustrückstellungen in der Steuerbilanz).

Nachstehende Abbildung[136] fasst die Ursachen von Buchwertunterschieden zusammen:

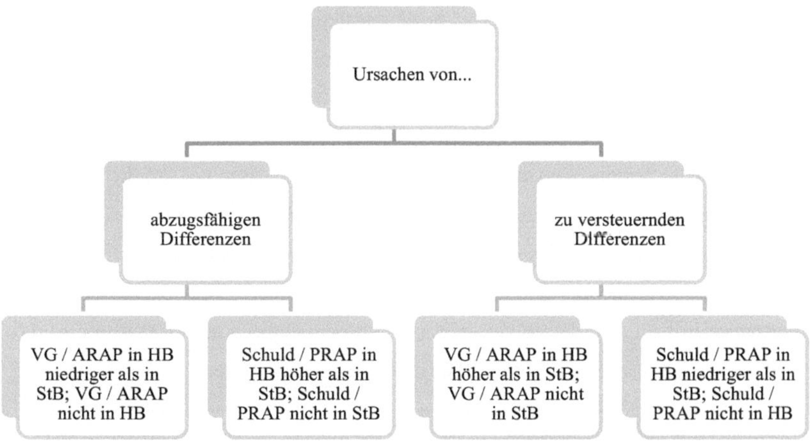

Abb. 2: Buchwertunterschiede und deren Ursachen

Zur Verdeutlichung des Gesagten dienen zwei Beispiele.

Beispiel: Zum Anfang von t1 wird eine Maschine mit einer Nutzungsdauer von drei Jahren angeschafft. In der Steuerbilanz darf diese zum von t1 sofort abgeschrieben werden; handelsrechtlich ist nur die lineare Abschreibung zulässig. Somit werden steuerrechtlich Aufwendungen früher als in der Handelsbilanz verrechnet. Die Anschaffungskosten betragen 750 GE. Der Steuersatz liegt bei konstant 30 %.

Zum Ende von t1 beträgt der Wertansatz der Maschine in der Steuerbilanz aufgrund der Sofortabschreibung Null. In der Handelsbilanz durften dagegen zum Ende von t1 nur

136 In Anlehnung an: KARRENBROCK (2007), Tz. 13.

250 GE als Abschreibung verrechnet werden, weshalb der Buchwert bei 500 GE notiert. Zwischen beiden Rechenwerke besteht somit eine Bewertungsdifferenz eines Aktivums von 500 GE. Diese Differenz gleicht sich jedoch im Zeitablauf sukzessive aus, denn während in der Steuerbilanz das Wirtschaftsgut bereits vollständig abgeschrieben wurde und somit in t2 und t3 keine steuermindernden Effekte aus diesem Gut erwachsen können,[137] werden in der Handelsbilanz in t2 und t3 jeweils 250 GE an Abschreibungen verrechnet. Zum Ende von t3 hat sich die Buchwertdifferenz abgebaut: Die Maschine wurde in beiden Rechenwerken abgeschrieben.

Es ergeben sich folgende Steuerfolgen: In t2 und t3 wird das steuerliche Ergebnis jeweils um 250 GE höher sein, da es in diesen Perioden aufgrund des Bilanzzusammenhangs an einer steuerlichen Abschreibungsgrundlage fehlt. Folglich wird auch die Steuerlast in t2 und t3 höher sein, genauer um jeweils 75 GE (0,3 x 250 GE). Um dem Bilanzadressaten diese in t2 und t3 höhere Steuerlast bereits in t1 anzuzeigen, wird ein Passivposten für latente Steuern in Höhe des kumulierten Betrags sämtlicher aus der Auflösung dieser Differenz resultierenden Steuermehrbelastungen (2 x 75 GE = 150 GE) gebildet. Da der Passivposten erfolgswirksam gebildet wird, verringert sich über die GuV das Eigenkapital der Gesellschaft um die latente Steuerbelastung. In den Folgeperioden baut sich die zu versteuernde Differenz jeweils mit 250 GE ab, so dass der Passivposten jeweils um 75 GE (250 GE x 0,3) abzuschmelzen ist.

Ermittlung latenter Steuern [GE]				
	Zugang	**t1**	**t2**	**t3**
Wertansatz in der Steuerbilanz	750	0	0	0
Wertansatz in der Handelsbilanz	750	500	250	0
zu versteuernder Unterschied	0	500	250	0
Latente Steuerschuld	0	150	75	0
Latenter Steueraufwand [+] **Latenter Steuerertrag [-]**	0	+ 150[138]	- 75[139]	- 75

137 Das steuerliche Aufwandspotential ist sozusagen Null.

138 Aufwand /an/ PLS / 150 GE.

139 PLS /an/ Ertrag / 75 GE.

Beispiel: Ein Unternehmen schließt mit einem Lieferanten in t1 einen Vertrag über die Lieferung von Rohstoffen zu einem Preis von 10.000 GE. Kurz nach dem Vertragsschluss bricht der Wert von Rohstoffen auf dem Weltmarkt ein, wovon auch das betrachtete Unternehmen betroffen ist: Der Wert der Rohstoffe beläuft sich nur noch auf 8.000 GE. Die Rohstoffe werden erst in t2 ausgeliefert; die Bezahlung erfolgt nach Auslieferung der Rohstoffe. Der Steuersatz liegt bei konstant 30 %.

Aufgrund des drohenden Verpflichtungsüberhangs in Höhe von 2.000 GE muss für das beidseitig unerfüllte schwebende Geschäft in der Handelsbilanz in t1 eine **Drohverlustrückstellung** gebildet werden, die steuerlich nicht nachvollzogen werden darf. In t2 wird der Wertverlust nunmehr auch in der Steuerbilanz durch eine Teilwertabschreibung berücksichtigt.[140] Es liegt ein Buchwertunterschied bei einem Passivum vor, genauer die Rückstellung in der Handelsbilanz nimmt einen Wert von 2.000 GE an, in der Steuerbilanz ist der Wert Null (Ansatzdifferenz). Die Differenz von 2.000 GE ist wiederum vorübergehender Natur, da der Verlust von 2.000 GE im Folgejahr steuerlich berücksichtigt wird. Der zu versteuernde Gewinn wird in t2 gemessen am handelsrechtlichen Erfolg um 2.000 GE niedriger sein. Hieraus erwächst voraussichtlich eine steuerliche Entlastung in Höhe von 600 GE (2.000 GE x 0,3).

Diese (ungewisse) steuerliche Entlastung wird dem Bilanzadressaten durch Ansatz eines Aktivpostens für latente Steuern in t1 verdeutlicht. Der Posten wird wiederum erfolgswirksam gebildet, wodurch sich über die GuV das Eigenkapital der Gesellschaft um den Betrag der latenten Steuerentlastung erhöht. Mit Eintreten der Steuerentlastung in t2, ist der gebildete Aktivposten aufzulösen, da der Grund für dessen Bildung entfallen ist.

Ermittlung latenter Steuern [GE]		
	t1	**t2**
Wertansatz in der Steuerbilanz	0	0
Wertansatz in der Handelsbilanz	2.000	0
Abzugsfähiger Unterschied	2.000	0
Latentes Steuerguthaben	600	0
Latenter Steueraufwand [+] **Latenter Steuerertrag [-]**	- 600	+ 600

140 Folglich werden Aufwendungen in der Handelsbilanz früher als in der Steuerbilanz erfasst.

Die tatsächliche Entstehung einer aus dem Abbau einer abzugsfähigen Differenz zu erwartenden Steuerminderbelastung und damit die Werthaltigkeit einer aktiven latenten Steuer sind grundsätzlich an das **Vorhandensein von steuerpflichtigen Gewinnen** in der(n) Abbauperiode(n) geknüpft. Grund hierfür ist, dass sich der Fiskus in Verlustjahren *nicht* direkt mit negativen Steuerzahlungen (Steuererstattungen) an den Verlusten beteiligt. Mit anderen Worten, die in den Steuergesetzen definierte steuerliche Bemessungsgrundlage (z.B. das „zu versteuernde Einkommen" i.S.d. EStG bzw. KStG oder der „Gewerbeertrag" i.S.d. GewStG) darf **nicht negativ** werden. Bezogen auf das obige Beispiel hinsichtlich einer steuerlich nicht anerkannten Drohverlustrückstellung wird die für t2 antizipierte Steuerminderzahlung von 600 GE grundsätzlich nur eintreten, sofern steuerpflichtiges Einkommen in Höhe von mindestens 2.000 GE erwirtschaftet wird. Beträgt die steuerliche Bemessungsgrundlage (*vor* Berücksichtigung des Abbaus der abzugsfähigen Differenz) in der Abbauperiode dagegen 0 GE, so wird die steuerliche Bemessungsgrundlage durch den Abbau der abzugsfähigen Differenz in dieser Periode nicht negativ. Die in t1 antizipierte Steuerentlastung (600 GE) tritt in t2 nicht ein.

Demgegenüber ist der Eintritt einer künftigen Steuermehrbelastung aus dem Abbau einer zu versteuernden Differenz grundsätzlich unabhängig vom steuerlichen Gewinn in der Abbauperiode. Werden in der Abbauperiode Gewinne erwirtschaftet, so tritt die Steuermehrbelastung ein, da der Abbau der zu versteuernden Differenz die steuerliche Bemessungsgrundlage noch vergrößert. Beträgt die steuerliche Bemessungsgrundlage in der Abbauperiode *vor* Berücksichtigung des Abbaus der zu versteuernden Differenz 0 GE, führt die Auflösung dieser Differenz zu einer Generierung steuerpflichtigen Einkommens in Höhe der zu versteuernden Differenz und mithin zu einer entsprechenden Steuerzahlung. Zwar kann der Abbau der zu versteuernden Differenz auch in eine Periode fallen, in der die steuerliche Bemessungsgrundlage 0 GE *nach* Berücksichtigung des Abbaus der zu versteuernden Differenz beträgt. In diesem Fall kommt es somit zu keiner Steuerzahlung, da die steuerlichen Verluste in der Abbauperiode die steuerlichen Gewinne aus dem Abbau der zu versteuernden Differenz kompensieren. Die Steuermehrbelastung tritt somit nur mittelbar ein, da der andernfalls entstehende steuerliche Verlustvortrag entsprechend vermindert wird. Daraus kann allerdings nicht die Forderung abgeleitet werden, dass eine passive latente Steuer in diesem Fall nicht zu bilden sei. Latente Steuerzahlungen unter Hinweis auf *erwartete* (d.h. am Bilanzstichtag noch nicht entstandene) steuerliche Verluste nicht bilanzieren zu wollen wäre einerseits mit dem Stichtagsprinzip unvereinbar. Zum anderen könnten Unternehmen mit einer derartigen Argumentation letztlich sämtliche Vorsorge für künftig voraussichtlich anfallende Ertragsteuerzahlungen abwenden. Daher sind passive latente Steuern unabhängig davon zu bilanzieren, ob in der(n) Abbauperiode(n) steuerliche Gewinne erwirtschaftet werden oder nicht. Passive latente Steuern sind vielmehr dann aufzulösen, wenn mit der Steuerbelastung endgültig nicht mehr zu rechnen ist, wovon erst dann auszugehen ist, wenn sich die zu versteuernde Differenz abgebaut hat.

1.2 Zweck der Verrechnung latenter Steuern

Das bilanzorientierte Temporary-Konzept bezweckt die Abbildung von aus handelsrechtlicher Sicht erwachsenden künftigen Steuerbe- und -entlastungen (Steuerfolgen), welche ihrerseits aus dem Abbau von Buchwertunterschieden zwischen Handels- und Steuerbilanz resultieren. Das Temporary-Konzept unterstellt mithin, dass die in der Handelsbilanz ausgewiesenen Vermögensgegenstände und Schulden zum Buchwert „realisiert“ werden (z.B. durch Verbrauch, Veräußerung, Tilgung oder anderweitigen Abgang) und eine etwaige Differenz zum Steuerbilanzwert versteuert wird bzw. sich steuermindernd auswirkt. Aus dem künftigen Abbau von zu versteuernden (abzugsfähigen) Differenzen voraussichtlich entstehende Steuerbelastungen (Steuerentlastungen) werden als Schuldposten (Vermögensgegenstand) auf der Passivseite (Aktivseite) der Handelsbilanz ausgewiesen.

Für die Unternehmung stellen aktive latente Steuern einen **wirtschaftlichen Vorteil** (voraussichtlich künftige Steuerminderzahlungen aus dem Abbau der abzugsfähigen Differenz) und passive latente Steuern einen **wirtschaftlichen Nachteil** (voraussichtlich künftige Steuermehrzahlungen aus dem Abbau der zu versteuernden Differenz) dar. Werden diese wirtschaftlichen Vor- und Nachteile in der Bilanz angesetzt, so wirken sie sich auf die Höhe des bilanziellen, das heißt durch Einzelbewertung ermittelten, Fortführungsvermögens an einem Bilanzstichtag aus. Dieses wird durch Addition aller Aktiva (inklusive aktiver latenter Steuern) abzüglich aller Schuldposten (inklusive passiver latenter Steuern) bestimmt. Ergebnis dieser Rechenoperation ist das Nettovermögen, auch Eigenkapital oder Fortführungsvermögen genannt. Die Frage der (Nicht)Berücksichtigung latenter Steuern beeinflusst folglich die Höhe des Eigenkapitals: aktive (passive) latente Steuern erhöhen (mindern) das Eigenkapital im Zeitpunkt ihrer Erstbilanzierung. Im Zeitpunkt ihrer Ausbuchung, d.h. im Zeitpunkt in dem die Steuerbe- bzw. -entlastung tatsächlich eintritt oder nicht mehr mit ihr zu rechnen ist, gilt das Gesagte mit umgekehrten Vorzeichen.

Das Eigenkapital stellt einen Anhaltspunkt für die Bilanzadressaten dar, wie wirtschaftlich leistungsfähig bzw. wie vermögend das bilanzierende Unternehmen zu einem Zeitpunkt ist bzw. war.[141] Zudem - und dieser Aspekt darf gerade im Zuge der derzeitigen Finanz- bzw. Bankenkrise nicht unterschätzt werden - ist das Eigenkapital ein wichtiger Indikator für die Krisenanfälligkeit einer Unternehmung, da (während Krisen) gehäuft auftretende Verluste das Eigenkapital aufzehren. Bilanzadressaten, die der Entwicklung des Eigenkapitals Signalwirkung für die künftige Prosperität der Unternehmung beimessen oder sich an auf dem Eigenkapital basierenden Kennzahlen als Maßstab für die wirtschaftliche Lage der Gesellschaft (Schuldendeckungspotential) orientieren, haben ein evidentes Interesse an der Richtigkeit dieses Wertansatzes. Insofern dient die Bilanzierung latenter Steuern den Adressaten in zweierlei Hinsicht. Zum einen werden die wirtschaftlichen Vor- und Nachteile in Gestalt künftiger Steuermehr- und -minderbelastungen durch Aktivierung bzw. Passivierung in der Bilanz aufgedeckt. Zum anderen verändert sich durch die korrespondierenden Gegenbuchungen das Eigenkapital als Indikator für die wirtschaftliche Leistungsfähigkeit der Gesellschaft.

Unterbliebe eine Bilanzierung latenter Steuern, würden Eigenkapital bzw. Nettovermögen unzutreffend ermittelt. Dies führt zu vielfältigen Problemen:

- Eine Nichtbilanzierung passiver latenter Steuern hätte zur Folge, dass das Eigenkapital um den Teil, um den die zu versteuernde Differenz künftig zu einer Steuermehrbelastung führen wird, zu hoch ausgewiesen wird. Insofern werden dem Bilanzadressaten künftige wirtschaftliche Lasten (Steuermehrbelastungen)

141 Von den in der Realität beobachtbaren *time-lags* im Zuge der derzeit geltenden Publizitätsvorschriften wird an dieser Stelle abgesehen.

nicht kommuniziert, was zu einem verzerrten Eigenkapitalausweis führt. Das Eigenkapital der Gesellschaft würde zum Teil unversteuert ausgewiesen.

- Die Nichtbilanzierung aktiver latenter Steuern würde dagegen dazu führen, dass das Eigenkapital zu niedrig ausgewiesen wird. Der wirtschaftliche Vorteil, der sich aus der späteren Umkehrung der abzugsfähigen Differenz voraussichtlich ergibt (Steuerentlastung infolge des höheren steuerlichen Aufwandspotentials), würde den Adressaten verschwiegen.
- Aufgrund der Tatsache, dass an das Eigenkapital verschiedene Kennzahlen anknüpfen, allen voran die Eigenkapitalquote, können sich Folgewirkungen aus dem verzerrten Eigenkapitalausweis ergeben. So sanktionieren Kreditverträge regelmäßig das Unterschreiten einer Mindesteigenkapitalquote, was dazu führen kann, dass ein betriebsnotwendiger Kredit außerordentlich gekündigt werden kann oder neue Kredite nur zu verschlechterten Konditionen aufgenommen werden können.[142] Zudem stellt die Eigenkapitalquote ein Indiz für potentielle Investoren dar, wie krisenresistent ein Unternehmen tendenziell ist. Die Gewinnung potentieller Anteilseigner kann maßgeblich durch die Höhe des Eigenkapitals beeinflusst werden, falls ein potentieller Investor sein Engagement von dem Erreichen oder Überschreiten einer Mindesteigenkapitalquote abhängig macht.

Weitere Konsequenzen der Nichtberücksichtigung latenter Steuern können sich dann ergeben, falls dem Periodenerfolg, wie im deutschen Einzelabschluss, darüber hinaus eine Ausschüttungsbemessungsfunktion zukommt. Sofern die latenten Steuern erfolgswirksam über die GuV gebildet werden, verändern sie zwangsläufig den Periodenerfolg. Die Nichtberücksichtigung latenter Steuern wirkt sich in einem solchen Fall auch auf den verteilbaren Gewinn aus. Im Grundsatz führt die Nichtberücksichtigung passiver (aktiver) latenter Steuern im Zeitpunkt der Entstehung der zu versteuernden (abzugsfähigen) Differenz zu einem zu hohen (geringen) Ausschüttungspotential.[143]

---

142 Dieser Einwand gilt zumindest dann, wenn aktive latente Steuern bei derartigen Kreditvergabeentscheidungen nicht ohnehin vom potentiellen Kreditgeber eliminiert werden.

143 Entsprechendes kann gelten, sofern die latenten Steuern erfolgsneutral gegen ausschüttungsoffene Rücklagen gebildet werden.

Gleichwohl richtet das Temporary-Konzept das Hauptaugenmerk auf den zutreffenden Einblick in die **Vermögenslage**[144] der Gesellschaft, indem die Adressaten über künftige Steuermehr- und -minderbelastungen informiert werden und kein unversteuertes Eigenkapital ausgewiesen wird. Um den Zweck der Bilanzierung latenter Steuern nach dem Temporary-Konzept zu veranschaulichen, sei nachstehend ein Beispiel angeführt.

Sachverhalt: Ein am Markt erfolgreich etabliertes Unternehmen erwirtschafte bereits seit Jahren stete Überschüsse von 4.000 GE p. a. Nach Steuern, aber *vor* Berücksichtigung des hier beschrieben Sachverhalts ergibt sich regelmäßig ein Ergebnis in Höhe von 2.400 GE p. a. Der Steuersatz liegt bei konstant 40 %. In t1 eines annahmeweise zehn Perioden umfassenden Betrachtungszeitraums erwerbe dieses Unternehmen ein Grundstück mit einem gemeinen Wert von 2.000 GE durch Hingabe eines anderen Grundstücks mit einem Buchwert von 1.600 GE. Dieses Tauschgeschäft werde in Handels- und Steuerbilanz unterschiedlich abgebildet. In der Handelsbilanz werde das Grundstück mit dem Buchwert des hingegebenen Grundstücks bewertet (Buchwertfortführung); in der Steuerbilanz bestehe dagegen die Verpflichtung, das Wirtschaftsgut zum gemeinen Wert anzusetzen. Im Zeitraum t2 bis t9 werde das Grundstück im Betriebsvermögen gehalten. In t7 fasse die Geschäftsleitung den Plan, das Grundstück in t10 zu veräußern. Es wird in t10 zum gemeinen Wert von 2.000 GE veräußert.

Steuerliche Gewinnermittlung [GE]			
	t1	**t2 bis t9**	**t10**
Erfolg vor Tausch- / Veräußerungsgeschäft	4.000	4.000	4.000
Ergebnisbeitrag aus Tausch- / Veräußerungsgeschäft	400	0	0
zu versteuernder Gewinn	4.400	4.000	4.000
effektive Steuern	1.760	1.600	1.600
Ergebnis nach Steuern	2.640	2.400	2.400
Steuerquote	0,4	0,4	0,4

144 Demgegenüber ist das GuV-orientierte und insoweit dynamische Timing-Konzept auf den periodengerechten Erfolgsausweis und somit auf die zutreffende Darstellung der Ertragslage ausgerichtet. Latente Steuern werden nach diesem Konzept aufgrund von Periodisierungserfordernissen angesetzt: Steuerzahlungen sollen der Periode zugeordnet werden, in der sie handelsrechtlich entstanden sind und somit als wirtschaftlich verursacht gelten. Dabei umfasst der Begriff der Steuerzahlung auch Steueraufwendungen zwecks Bildung eines Schuldpostens (z.B. einer Steuerrückstellung oder einer Steuerverbindlichkeit).

In der steuerlichen Gewinnermittlung wird der Veräußerungsgewinn bereits in t1 erfasst. Hierdurch erhöht sich der zu versteuernde Gewinn in dieser Periode um 400 GE (Unterschiedsbetrag zwischen gemeinem Wert und Buchwert). Die Steuerzahlung in t1 ist daher gegenüber den verbleibenden Perioden um 160 GE höher (400 GE x 0,4). In t10 entsteht steuerrechtlich durch den Abgang des Grundstücks dagegen kein Veräußerungsgewinn: Der Verkauf äußert sich als erfolgsneutraler Aktivtausch.

a) Lösung ohne Berücksichtigung latenter Steuern nach dem Temporary-Konzept

Ermittlung latenter Steuern [GE]			
	t1	**t2 bis t9**	**t10**
Wertansatz in der Steuerbilanz	2.000	2.000	0
Wertansatz in der Handelsbilanz	1.600	1.600	0
abzugsfähiger Unterschied (=steuerliches Aufwandspotential)	400	400	0
Latentes Steuerguthaben (abzugsfähiger Unterschied x 0,4)	160	160	0
Handelsrechtliche Erfolgsrechnung [GE]			
	t1	**t2 bis t9**	**t10**
Erfolg vor Tausch- / Veräußerungsgeschäft	4.000	4.000	4.000
Ergebnisbeitrag aus Tausch- / Veräußerungsgeschäft	0	0	400
Ergebnis vor Steuern	4.000	4.000	4.400
gesamter Ertragsteueraufwand	1.760	1.600	1.600
davon: effektiv	1.760	1.600	1.600
davon: latent	*keine Berücksichtigung*		
Ergebnis nach Steuern	2.240	2.400	2.800
Steuerquote	0,44	0,40	0,36

Im Falle der Nichtberücksichtigung latenter Steuern werden handelsrechtlich lediglich die effektiven Steuerzahlungen verrechnet.[145] In t1 sind die effektiven Steuerzahlungen gemessen am handelsrechtlichen Ergebnis um 160 GE zu hoch. Der Jahresüberschuss,

145 Diese Vorgehensweise wird auch als *tax-payable concept* bezeichnet. Vgl. KARRENBROCK (1991), S. 75 ff.

der eine Nach-Steuer-Größe darstellt, fällt entsprechend geringer aus (2.240 GE statt 2.400 GE).

In t10 löst sich die abzugsfähige Differenz von 400 GE in Folge des Abgangs des Grundstücks auf. Der zu versteuernde Gewinn in t10 (4.000 GE) ist geringer als das handelsrechtliche Ergebnis (4.400 GE). Der aus diesem steuerlichen Mindererergebnis entstehende wirtschaftliche Vorteil in Gestalt einer Steuerentlastung von 160 GE wird den Adressaten in t1 bis t9 nicht kommuniziert. **Das Eigenkapital wird in diesen Perioden zu niedrig ausgewiesen.**

b) Lösung bei Berücksichtigung latenter Steuern nach dem Temporary-Konzept

Ermittlung latenter Steuern [GE]	t1	t2 bis t9	t10
Wertansatz in der Steuerbilanz	2.000	2.000	0
Wertansatz in der Handelsbilanz	1.600	1.600	0
abzugsfähiger Unterschied	400	400	0
Latentes Steuerguthaben	160	160	0
Latenter Steueraufwand [+] Latenter Steuerertrag [-]	-160	0	160

Handelsrechtliche Erfolgsrechnung [GE]	t1	t2 bis t9	t10
Erfolg vor Tausch- / Veräußerungsgeschäft	4.000	4.000	4.000
Ergebnisbeitrag aus Tausch- / Veräußerungsgeschäft	0	0	400
Ergebnis vor Steuern	4.000	4.000	4.400
gesamter Ertragsteueraufwand	1.600	1.600	1.760
davon: effektiv	1.760	1.600	1.600
davon: latent	-160	0	160
Ergebnis nach Steuern	2.400	2.400	2.640
Steuerquote [146]	0,40	0,40	0,40

[146] Der Rechenweg für die Steuerquote in t1 lautet: (1.760 GE - 160 GE) / 4.000 GE = 0,40. Für t2-t9: (1.600 GE / 4.000 GE = 0,40. Sowie für t10: (1.600 GE + 160 GE) / 4.400 GE = 0,40.

In t1 wird eine abzugsfähige Buchwertdifferenz im Umfang von 400 GE identifiziert, die sich in t10 voraussichtlich abbaut. Für diese künftige Steuerentlastung von 160 GE wird in t1 erfolgswirksam ein Aktivposten für latente Steuern gebildet und das Eigenkapital in t1 um 160 GE erhöht. Die Vermögenslage der Gesellschaft wird dem Adressaten zutreffend vermittelt. Nebeneffekt ist,[147] dass der effektive Steueraufwand durch die latenten Steuererträge von 160 GE an das handelsrechtliche Vorsteuerergebnis angepasst wird.

In t2 bis t9 ist der Aktivposten unverändert beizubehalten, da die abzugsfähige Differenz sich noch nicht (auch nicht anteilig) abgebaut hat und die künftige Steuerentlastung nicht eintreten konnte. Dies ändert sich in t10, in der das Grundstück veräußert wird. Während der Veräußerungsakt in der Steuerbilanz lediglich einen Aktivtausch ohne zusätzliche Gewinnwirkung darstellt, entsteht handelsrechtlich der Veräußerungserfolg von 400 GE, der steuerlich bereits in t1 mit 160 GE versteuert wurde. Aufgrund des Abbaus der abzugsfähigen Differenz durch Abgang des Grundstücks ist der steuerliche Gewinn in t10 geringer als das handelsrechtliche Ergebnis. Die Steuerentlastung ist tatsächlich eingetreten, der gebildete Aktivposten von 160 GE aufwandswirksam aufzulösen. Auch hier ist der Nebeneffekt zu beobachten: die Steuerquote beträgt 40 %.

1.3 „Permanente Ergebnisdifferenzen" versus „andere Differenzen"

Das überkommene Timing-Konzept kannte sog. permanente bzw. zeitlich unbegrenzte Ergebnisdifferenzen.[148] Permanente (Ergebnis)differenzen i.S.d. Timing-Konzepts äußern sich in Gestalt von Aufwendungen (Betriebsausgaben) und Erträgen (Betriebs-

---

147 Sofern latente Steuern, wie im Regelfall, ausschließlich erfolgswirksam bilanziert werden, stellen sie sich als Korrekturposten zum handelsrechtlichen Ertragsteueraufwand dar. Dieser wird durch Addition der effektiven Ertragsteuerbelastung, welche sich auf Basis der steuerlichen Gewinnermittlung bzw. aus Steuerbescheiden ergibt, und den latenten Steueraufwendungen und -erträgen ermittelt. Das Nichtbestehen permanenter Ergebnisdifferenzen i.S.d. Timing-Konzepts unterstellt, führt die Bilanzierung der latenten Steuern dazu, dass handelsrechtlich der Steueraufwand ausgewiesen wird, der sich ergibt, falls das handelsrechtliche Ergebnis der Besteuerung unterläge (Fiktion). Hierbei handelt es sich jedoch nur um einen Reflex bzw. ein Nebenprodukt der Bilanzierung latenter Steuern und keineswegs um den eigentlichen Sinn und Zweck der Berücksichtigung latenter Steuern - schon gar nicht nach dem Temporary-Konzept.

148 Vgl. statt aller: HILLE (1982), S. 8.

einnahmen), die *entweder* in der handelsrechtlichen *oder* in der steuerrechtlichen GuV aber nie in beiden GuVen verrechnet werden.[149] Folglich führt die Verrechnung von solchen Erfolgskomponenten zu Ergebnisdifferenzen, die sich niemals umkehren. Die Summe sämtlicher steuerrechtlicher Periodenerfolge und die Summe aller handelsrechtlichen Periodenerfolge weichen voneinander ab. Formelmäßig lässt sich das folgendermaßen ausdrücken:

$$\sum PE_{Steuerliche} \neq \sum PE_{Handelsrechtliche}$$

Als typische Beispiele für permanente Ergebnisdifferenzen auslösende Sachverhalte sind steuerfreie Erträge (z.B. endgültig steuerfrei vereinnahmte Beteiligungserträge) und nicht abziehbare Aufwendungen (z.B. Geldstrafen, Personensteuern) zu nennen.

Das Temporary-Konzept kennt demgegenüber **keine** „permanenten Ergebnisdifferenzen". So stellt das Temporary-Konzept erstens nicht auf Ergebnisdifferenzen ab, sondern auf Bilanzdifferenzen. Zum anderen wird sich ausnahmslos *jede* Bilanzdifferenz zwischen Handels- und Steuerbilanz spätestens bei Liquidation[150] abbauen. Insoweit sind *Bilanz*differenzen *stets temporär* bzw. vorübergehend. Im Gegensatz zu Ergebnisdifferenzen i.S.d. Timing-Konzepts ist es daher **nicht erforderlich**, Bilanzdifferenzen i.S.d. Temporary-Konzepts nach ihrer **Dauerhaftigkeit** zu klassifizieren.[151] Dies wird vom deutschsprachigem Schrifttum nicht deutlich genug herausgestellt. Das Temporary-Konzept führt vielmehr dazu, dass mitunter auch auf Sachverhalte, die permanente Ergebnisdifferenzen i.S.d. Timing-Konzepts auslösen, latente Steuern zu berücksichtigen sind,[152] was auch im Ausland kritisiert wurde.[153] Insofern ist es nicht

---

149 Vgl. HILLE (1982), S. 8; KARRENBROCK (2007), Tz. 5.

150 In einer idealtypischen Liquidationsschlussbilanz wurden etwaige Schulden beglichen und das Vermögen veräußert, so dass nur noch ein Kassenbestand auf der Aktivseite und entsprechendes Eigenkapital auf der Passivseite ausgewiesen werden.

151 So aber statt vieler: HAHN (2011), S. 638; KÜTING / SEEL (2009a), S. 503. **Zutreffend** indes DRS 10.A4, wo u.a. ausgeführt wird: *„Die Definition der quasi-permanenten und der permanenten Differenzen ist zu streichen, da diese Kategorisierung dem >>temporary concept<< fremd ist."*

152 **Zutreffend** daher: SCHILDBACH (1998), S. 941-943; HEURUNG / KURTZ (2000), S. 1777. Das Neubewertungsmodell des IAS 16 sieht u.a. die Verrechnung steuerlich nicht anerkannter Abschreibungen im IFRS-Abschluss vor. Auf die sich ergebenden Bilanzdifferenzen werden gleichwohl latente Steuern bilanziert, obwohl durch die Verrechnung nur handelsrechtlicher Abschreibungen permanente Abweichungen zwischen handels- und steuerrechtlicher Erfolgsrechnung entstehen. **Wohl auch**: SIEGEL (2011), S. 49.

153 Die Berücksichtigung latenter Steuern auf permanente Ergebnisdifferenzen auslösende Sachverhalte war einer der Gründe, weshalb das britische Accounting Standards Board bei der Überar-

verallgemeinerungsfähig, wenn kundgetan wird, das Temporary-Konzept würde auf steuerfreie Erträge oder nicht abziehbare Betriebsausgaben, die einhellig im Schrifttum als typische Ursachen „permanenter Differenzen" genannt werden, keine Bilanzierung latenter Steuern erforderlich machen. Das ist fragwürdig.

Gleichwohl bedeutet diese Erkenntnis mitnichten, dass auf *jede* Bilanzdifferenz latente Steuern zu berücksichtigen sind. Für die Bilanzierung latenter Steuern nach dem Temporary-Konzept entscheidend sind vielmehr **zwei** Bedingungen. Das Bestehen von Bilanzdifferenzen zwischen Handels- und Steuerbilanz (erste Bedingung) und das Erwachsen von Steuerfolgen aus dem Abbau selbiger in Gestalt von künftigen Steuermehrbelastungen oder Steuerminderbelastungen (zweite Bedingung). Das Auftreten einer Bilanzdifferenz ist mithin keine hinreichende Bedingung für die Bilanzierung latenter Steuern nach dem Temporary-Konzept. Sind mit der Buchwertdifferenz keine Steuerfolgen verbunden, so ist für eine Bilanzierung latenter Steuern kein Raum. Das Auftreten von Steuerfolgen beim Abbau von Buchwertdifferenzen ist mithin eine conditio sine qua non für die Bilanzierung latenter Steuern. Buchwertdifferenzen ohne Steuerfolgen seien im Folgenden als **„andere Differenzen"** bezeichnet.[154]

Beispiel: Ein Unternehmen wird kurz vor Ende von t0 zur Zahlung einer Geldstrafe von 5.000 GE verurteilt. Die Strafe ist steuerlich nicht abzugsfähig, d.h. wird die steuerliche Bemessungsgrundlage in keinem Zeitpunkt mindern. Bezahlt wird die Geldstrafe in t1.

Handelsrechtlich muss in t0 eine Verbindlichkeit in Höhe von 5.000 GE aufwandswirksam passiviert werden. Zwar knüpft die steuerliche Gewinnermittlung über das Maßgeblichkeitsprinzip an die Handelsbilanz an, allerdings dürfen die als handelsrechtlicher Aufwand verbuchten 5.000 GE nicht als Betriebsausgabe abgezogen werden. Technisch wird dies durch eine im Rahmen der steuerlichen Gewinnermittlung erfolgende außerbilanzielle Hinzurechnung in t0 erreicht. Die Verbindlichkeit wird in der Steuerbilanz zwar aus formaler Sicht weiterhin ausgewiesen, die zur Bildung der

beitung des Standards zu latenten Steuern das Temporary-Konzept verwarf. Vgl. BRITISH ACCOUNTING STANDARDS BOARD (December 2000), S. 69-71.

154 Dieser Begriff wurde in Anlehnung an den Exposure Draft E49 des IASC vom Oktober 1994 gewählt. Vgl. IASC (HRSG.) (1994), Tz. 24. Dort wird Randziffer 24 mit den Worten „Other Differences" überschrieben. Später wird indessen missverständlich ausgeführt, dass diese anderen Differenzen keine vorübergehenden Differenzen (*„such differences are not temporary differences"*) sind. Dieser Satz wäre streng genommen nur im Timing-Konzept zutreffend. Insoweit wurden Timing- und Temporary-Konzept miteinander vermengt.

Verbindlichkeit aufgewendeten Aufwendungen wurden in der steuerlichen Gewinnermittlung von t0 aber in Gänze storniert. Materiell kommt es somit zu einer Ansatzdifferenz zwischen Handels- und Steuerbilanz von 5.000 GE.[155]

In t1 löst sich diese Ansatzdifferenz auf, da die Verbindlichkeit in beiden Bilanzen erfolgsneutral gegen ein Finanzkonto ausgebucht wird. Latente Steuern sind indessen nicht zu bilden, da aus dem Abbau der Differenz in t1 **keine** künftige Steuerbe- oder -entlastung gegenüber dem handelsrechtlichen Ergebnis resultiert. Es liegt eine „andere Differenz" vor, die keine Bilanzierung latenter Steuern begründet.

Unter Berücksichtigung der „anderen Differenzen" fasst die untenstehende Abbildung die Begriffe des Temporary-Konzeptes zusammen.

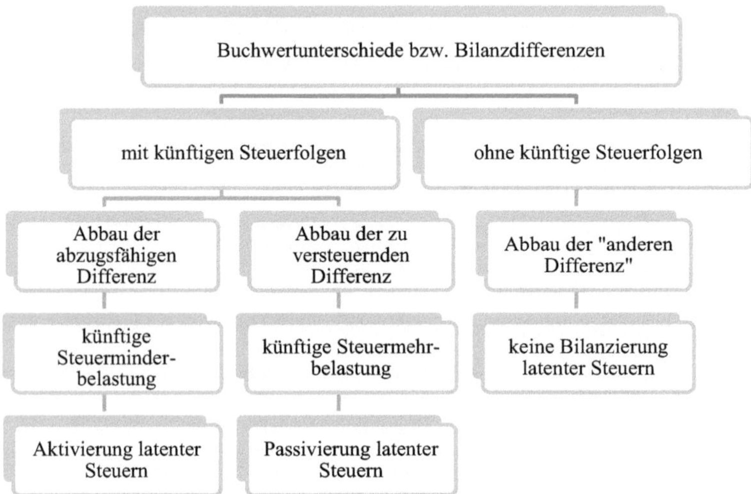

Abb. 3: Systematisierung von Buchwertunterschieden

Die Darstellung unterscheidet sich von anderen im Schrifttum vorzufindenden Schemata, weil die Unterscheidung in „permanente" und „temporäre" Bilanzdifferenzen aufgegeben wird. Das wesentliche Unterscheidungskriterium ist nicht die zeitliche Dauer (weil - im Gegensatz zu *Ergebnis*differenzen - sämtliche *Bilanz*differenzen vorüber-

155 Nebenbei sei bemerkt, dass die außerbilanzielle Korrektur in t0 zugleich eine „permanente Ergebnisdifferenz" i.S.d. Timing-Konzepts hervorruft. Auf Ergebnisdifferenzen stellt das Temporary-Konzept aber ausdrücklich nicht ab.

gehend sind), sondern das (Nicht)Vorhandensein von Steuerfolgen aus der Auflösung dieser Bilanzdifferenzen.

1.4 Erfolgsneutral entstandene Differenzen

Eine GuV-orientierte Steuerabgrenzung nach dem Timing-Konzept ist inkompatibel mit der Verrechnung latenter Steuern infolge der **erfolgsneutralen** Entstehung von Bilanzdifferenzen, da erfolgsneutrale Buchungen definitionsgemäß nicht zu Ergebnisdifferenzen führen. Dagegen schließt das Temporary-Konzept eine Berücksichtigung latenter Steuern auf erfolgsneutral entstandene Differenzen nicht aus. Es ist vielmehr erforderlich, erfolgsneutral entstandene Buchwertdifferenzen zwischen Aktiven und Passiven nach dem Temporary-Konzept zu berücksichtigen, sofern aus deren Abbau eine aus handelsrechtlicher Sicht künftige Steuermehr- oder -minderbelastung erwächst. Insoweit gelten dieselben Anforderungen wie für erfolgswirksam entstandene Bilanzdifferenzen. Schließlich macht es für einen an der Vermögenslage der Gesellschaft interessierten Adressaten des Jahresabschlusses keinen Unterschied, ob die künftige Steuermehr- oder -minderbelastung aus dem Abbau einer erfolgsneutral oder einer erfolgswirksam entstandenen Buchwertdifferenz resultiert. Dies ist sachdienlich, denn im Unterlassensfalle würde die Vermögenslage unvollständig dargestellt, weil die künftigen Steuermehr- und -minderbelastungen nicht vollständig kommuniziert werden. Das Eigenkapital würde entweder zu hoch (mangelnde Berücksichtigung von passiven latenten Steuern) oder zu niedrig (mangelnde Berücksichtigung von aktiven latenten Steuern) ausgewiesen. **Steuerfolgen aus Buchwertdifferenzen sind somit konzeptionsgetreu unabhängig davon zu berücksichtigen, ob die Buchwertdifferenz erfolgswirksam oder -neutral entstanden ist.** Dabei können erfolgsneutrale Buchwertdifferenzen entweder bereits im Zugangszeitpunkt oder erst bei Folgebilanzierung entstehen.

Im **Zugangszeitpunkt** können Buchwertdifferenzen aufgrund von Herstellungs- und Anschaffungsvorgängen sowie aufgrund von beschaffungsähnlichen Transaktionen[156] (Umwandlungsvorgänge, Ergänzungsbilanzen, *asset deal* usw.) entstehen. Durch **Folgebilanzierung** können Buchwertdifferenzen dann erfolgsneutral entstehen, wenn die

[156] Ein Zahlenbeispiel findet sich bei: ERNST & YOUNG (2010), S. 1716 f.

Aktiva oder Passiva zwar zunächst mit Anschaffungs- oder Herstellungskosten aktiviert oder passiviert wurden, Veränderungen dieses ursprünglichen Wertansatzes allerdings in beiden Rechenwerken unterschiedlich und zudem ohne Berührung der GuV berücksichtigt werden. Ein diesbezügliches Beispiel, welches in den IFRS existiert,[157] ist die Erfassung von Neubewertungsbeträgen in einem Eigenkapitalsubkonto (z.B. ein gesondert bezeichnetes Rücklagenkonto).

Näher zu untersuchen ist die Ergebniswirkung bei Bildung und Auflösung latenter Steuern im Falle von erfolgsneutral entstandenen Bilanzdifferenzen. Unproblematisch stellt sich dabei die Bildung latenter Steuern dar. Diese muss erfolgsneutral erfolgen, da bereits die Bilanzdifferenz erfolgsneutral entstanden ist und die Bildung latenter Steuern in diesem Fall selbst keinen Einfluss auf das Ergebnis haben darf. Andernfalls schlüge sich der (die Bilanzdifferenz hervorrufende) erfolgsneutral erfasste Geschäftsvorfall über die erfolgswirksame Bildung einer latenten Steuer letztlich doch mittelbar im Ergebnis nieder.

Demgegenüber bedarf die Frage der **Ergebniswirkung bei Auflösung** einer zuvor erfolgsneutral gebildeten latenten Steuer näherer Betrachtung. So spricht sich das Schrifttum zum nationalen[158] und zum internationalen[159] Recht diesbezüglich für ein differenziertes Vorgehen aus: Soweit sich die der erfolgsneutral gebildeten latenten Steuer zugrundeliegende Bilanzdifferenz erfolgswirksam (erfolgsneutral) abbaut, sei die vormals erfolgsneutral gebildete latente Steuer erfolgswirksam (erfolgsneutral) aufzulösen. Diese Vorgehensweise sei im Folgenden als „partielle Erfolgswirksamkeit“ bezeichnet. Deren Zulässigkeit ist indessen zu verneinen. So führen beispielsweise die erfolgsneutrale Bildung einer passiven latenten Steuer und ihre spätere erfolgswirksame Auflösung dazu, dass die Summe aller Periodenerfolge verfälscht wird. Im Zeitpunkt

157 Zu denken ist z.B. an die Bilanzierung von zur Veräußerung verfügbaren (*available-for-sale*) Wertpapieren nach IAS 39. Ferner können erfolgsneutrale Differenzen auch bei Anwendung der Neubewertungsmethode nach IAS 16 und IAS 38 entstehen.

158 Vgl. MAIER / WEIL (2009), S. 2735; KÜTING / SEEL (2009), S. 923 f.; KÜHNE / MELCHER / WESEMANN (2009), S. 1009 f.; ZWIRNER (2010), S. 576 f. Siehe ferner: DRS 18 (3.9.2010), Tz. 52, 55, A11.-A12; IDW-HFA (2009), Tz. 33.

159 So z.B. PELLENS / FÜLBIER / GASSEN / SELLHORN (2008), S. 231; LIENAU (2006), S. 87; RUHNKE / SCHMIDT / SEIDEL (2005), S. 82 f. und 87 f.; SCHULZ-DANSO (2009), § 25, Tz. 115-116; PAWELZIK (2012), Tz. 4066-4067; ZÜLCH / LIENAU (2004), S. 572; BAETGE / BEERMANN (1999), S. 346; RABENECK / REICHERT (2002), S. 1412; HOFFMANN / ZU PUTLITZ / SCHUBERT (2011), S. 34 f. Siehe ferner: IAS 12.58 ff.

des Abbaus der zu versteuernden Differenz steht dem tatsächlichen Eintritt der Steuermehrbelastung ein entsprechender Ertrag aus der Auflösung des *erfolgsneutral* gebildeten Postens für passive latente Steuern gegenüber. Per Saldo hat (haben) sich in der(n) Auflösungsperiode(n) die Steuermehrzahlung(en) als pagatorisch unterlegter Aufwand nicht auf die Summe der Periodenerfolge ausgewirkt. Das hat einen **Verstoß gegen das Kongruenzprinzip in der externen Rechnungslegung** (*clean surplus accounting*)[160] zur Folge, der vermieden wird, sofern die erfolgsneutral gebildete latente Steuer auch wieder erfolgsneutral aufgelöst wird.

Diese Zusammenhänge werden im Folgenden anhand eines (stark vereinfachten) Zahlenbeispiels aufgezeigt. Dabei sei die Bilanzierung latenter Steuern auf erfolgsneutral entstandene Differenzen an dieser Stelle anhand der *erfolgsneutralen Neubewertung* eines Aktivums veranschaulicht. Zwar ist zu konzedieren, dass - im Gegensatz zu den IFRS[161] - die erfolgsneutrale Neubewertung im HGB de lege lata unzulässig ist, allerdings ist die erfolgsneutrale Erfassung von Neubewertungsbeträgen besonders eingängig, während Anwendungsbeispiele für konkret im HGB vorzufindende erfolgsneutral entstandene Bilanzdifferenzen Spezialmaterie darstellen, die zudem Besonderheiten aufweisen, welche den Blick auf das Wesentliche verdecken. Insoweit ist das hier gewählte Vorgehen gerechtfertigt.

Sachverhalt: Eine Unternehmung werde am 01.01.t1 mit 1.000 GE (Bareinlage) gegründet. Der Steuersatz der Unternehmung betrage konstant 30 %. Die Leitung erwerbe noch am Gründungstag ein Wertpapierdepot zum Preis von 1.000 GE.

Bilanz zum 01.01.t1 [GE]

Wertpapier	1.000	Eigenkapital	1.000
	1.000		1.000

Am 31.12.t1 notiere das Depot bei 1.200 GE, wobei die (unrealisierte) Wertsteigerung handelsrechtlich erfolgs*neutral* unter Umgehung der GuV in einem gesonderten, ausschüttungsgesperrten Rücklagenkonto für Finanzinstrumente (*Rücklage FI*) erfasst

160 Vgl. ausführlich zum Kongruenzprinzip in der externen Rechnungslegung: SCHILDBACH (1999), S. 1813 ff.; BUSSE VON COLBE (1992), S. 126 ff.

161 Zu denken ist beispielsweise an die Bilanzierung von „zur Veräußerung verfügbaren finanziellen Vermögenswerten" (*available-for-sale financial instruments*) nach IAS 39.

werde;[162] die Wertsteigerung erhöht mithin nicht das Ausschüttungspotential in t1. Steuerrechtlich gelte eine strenge Form des Anschaffungswertprinzips, d.h. das Depot steht steuerlich weiterhin mit 1.000 GE zu Buche.

Handelsrechtlich beträgt das Aufwandspotential 1.200 GE, steuerlich nur 1.000 GE. Bei Realisierung des Depots zum Buchwert müssten mithin 200 GE versteuert werden: Es ist eine zu versteuernde Differenz von 200 GE erfolgsneutral durch Folgebilanzierung entstanden.

Wird hierauf eine passive latente Steuer erfolgsneutral[163] gebildet, hat die Bilanz folgendes Aussehen:

Bilanz zum 31.12.t1 [GE]

Wertpapier	1.200	Eigenkapital	1.000
		Rücklage FI[164]	140
		PLS	60
	1.200		1.200

Die Vermögenslage wird sowohl bei erfolgsneutralem als auch erfolgswirksamem Ansatz passiver latenter Steuern zutreffend ausgewiesen. Durch den Ansatz der passiven latenten Steuern wird ein Fremdkapitalposten in Höhe der voraussichtlich zu erwartenden Steuermehrbelastung (hier: 60 GE) ausgewiesen. Mit anderen Worten, es tritt kein unversteuertes Eigenkapital der Gesellschaft in Erscheinung. Die Eigenkapitalquote ist auf 95 % gefallen.

162 Unter zunächst bewusster Ausblendung latenter Steuern, kommt es bereits hierdurch zu einem Verstoß gegen das Kongruenzprinzip. Das lässt sich dadurch verdeutlichen, dass der Periodenerfolg gemäß GuV für den Zeitraum 01.01.t1 bis 31.12.t1 und das Ergebnis der Distanzrechnung (auch: Bilanzvergleich oder Reinvermögensvergleich) zum 31.12.t1 unterschiedlich sind. Der Periodenerfolg beträgt 0 GE, da keine Aufwendungen und Erträge verbucht wurden. Demgegenüber stellt die Distanzrechnung den Reinvermögensbestand zum Periodenende (hier: 1.200 GE) dem Reinvermögensbestand zum Periodenanfang (hier: 1.000 GE) gegenüber, wobei Entnahmen und Einlagen nicht stattgefunden haben. Ergebnis der Distanzrechnung ist ein Reinvermögenszuwachs von 200 GE. Der Verstoß gegen das Kongruenzprinzip hat dazu geführt, dass beide Gewinnermittlungsmethoden zu unterschiedlichen Ergebnissen führen.

163 Rücklage FI /an/ PLS / 60 GE.

164 Zwar wird die Rücklage FI nicht in der Steuerbilanz ausgewiesen, was insoweit eine weitere Bilanzdifferenz begründet. Hierauf sind jedoch keine latenten Steuern zu berücksichtigen, weil aus dem Abbau dieser nur handelsrechtlich in Erscheinung tretenden Sonderrücklage keine Steuerfolgen erwachsen. Es handelt sich um eine Eigenkapitaldifferenz.

Am 31.12.**t2** werde das Depot zum Buchwert bar verkauft. Durch den Abbau der zu versteuernden Differenz ist der Grund für die (erfolgsneutrale) Bildung der passiven latenten Steuer entfallen; sie wird erfolgsneutral aufgelöst. Die Rücklage FI wird ertragswirksam aufgelöst, da die Wertsteigerung des Wertpapiers realisiert wurde. Die Steuerzahlungen auf den Veräußerungserfolg werden bar entrichtet. Anschließend werde das Unternehmen sofort liquidiert. Die Liquidationsschlussbilanz sieht folgendermaßen aus:

Liquidationsschlussbilanz zum 31.12.t2 [GE]

Kasse	1.140	Eigenkapital	1.140
	1.140		1.140

Die **Totalerfolgsrechnung** der Unternehmung, die eine Zahlungsrechnung darstellt,[165] hat folgendes Aussehen [GE]:

Einzahlungen	1.200
- Auszahlungen	60
- Bareinlage	1.000
= Totalerfolg	**140**

Lösung (1): Die Periodenerfolge gemäß GuV bei **durchgängig erfolgswirksamer** Verbuchung latenter Steuern sind:

Periodenerfolg t1: - 60 GE

Periodenerfolg t2: 200 - 60 + 60 = 200 GE

Summe aller Periodenerfolge: 140 GE. Das Kongruenzprinzip wurde gewahrt.

Lösung (2): Die Periodenerfolge gemäß GuV bei **durchgängig erfolgsneutraler** Verbuchung latenter Steuern sind:

Periodenerfolg t1: 0 GE

Periodenerfolg t2: 200 - 60 = 140 GE

Summe aller Periodenerfolge: 140 GE. Das Kongruenzprinzip wurde gewahrt.

165 Zur Totalrechnung und deren Bedeutung für die periodische Rechnungslegung vgl. RIEGER (1964), S. 205-210.

Lösung (3): Die Periodenerfolge gemäß GuV bei **partiell ergebniswirksamer** Verbuchung (hier: erfolgsneutrale Bildung und erfolgswirksame Auflösung) latenter Steuern sind:

Periodenerfolg t1: 0 GE

Periodenerfolg t2: 200 + 60 - 60 = 200 GE

Summe aller Periodenerfolge: 200 GE. Das Kongruenzprinzip wurde **nicht** beachtet. Per Saldo hat sich die Bilanzierung der latenten Steuer damit auf die Summe der Periodenerfolge ausgewirkt, obwohl latente Steuern als periodisierte Steuerzahlungen den Totalerfolg nicht verändern.

Bei Betrachtung der unterschiedlichen Lösungsmöglichkeiten ist zunächst festzuhalten, dass in allen drei Fällen der Einblick in die Vermögenslage zutreffend ist und der Zweck des Temporary-Konzepts insoweit erreicht wird. Für den Einblick in die Vermögenslage ist nur entscheidend, dass aktive und passive latente Steuern vollständig in der Bilanz ausgewiesen werden. Ob ihre Bildung und Auflösung gegen die GuV erfolgt, ist ohne Belang.

Lösung (1) vermag nicht zu überzeugen. Zwar wird bei durchgängig erfolgswirksamer Bilanzierung das Kongruenzprinzip gewahrt. Gleichwohl wird der Steueraufwand auf die unrealisierte und nicht das Ausschüttungspotential erhöhende Wertsteigerung bereits in t1 ausgewiesen. Dies ist unbefriedigend, weil der Ertragsrealisationszeitpunkt i.S.d. Realisationsprinzips unstreitig in t2 liegt. Die sachlich zugehörigen Steueraufwendungen müssten daher in t2 verrechnet werden.

Erwartungsgemäß disqualifiziert sich die partiell ergebniswirksame Bilanzierung latenter Steuern (**Lösung (3)**), da es zu einem Verstoß gegen das Kongruenzprinzip kommt.

Lösung (2) ist, im Ergebnis, als kompatibel mit dem Kongruenzprinzip zu sehen. Die durchgängig erfolgsneutrale Bilanzierung latenter Steuern ist zudem sachgerecht, da auch der zutreffenden Darstellung der Ertragslage genüge getan wird.

Als Zwischenfazit ist insoweit festzuhalten, dass die Bilanzierung latenter Steuern nach dem Temporary-Konzept auch erfolgsneutral entstandene Bilanzdifferenzen umfasst, um hierdurch die Vermögenslage zutreffend darzustellen. Dabei sind die latenten Steuern grundsätzlich erfolgsneutral zu bilden und auch aufzulösen. Dagegen verstößt die partiell erfolgswirksame Bilanzierung gegen das Kongruenzprinzip in der externen Rechnungslegung.

2 Methoden der Bilanzierung latenter Steuern

2.1 Überblick

Mit der Schilderung des Grundkonzepts der Berücksichtigung latenter Steuern nach dem Temporary-Konzept ging noch keine Konkretisierung der Methode der Bilanzierung latenter Steuern einher. Vielmehr dienen die Grundkonzepte dazu, die „Bemessungsgrundlage" für die Berechnung der latenten Steuern festzulegen.[166] Beim Temporary-Konzept sind dies Buchwertunterschiede zwischen Vermögensgegenständen und Schulden, die in künftigen Perioden voraussichtlich zu Steuermehr- oder -minderbelastungen gemessen am handelsrechtlichen Ergebnis führen. Bislang ist jedoch offen geblieben, welchen bilanziellen Charakter latente Steuern aufweisen (Ansatzfrage) und wie sie zu bewerten sind (Bewertungsfrage). Angestoßen durch kaufmännische Übung,[167] wurden hierzu in der amerikanischen Literatur **drei Methoden** zur Berücksichtigung latenter Steuern im handelsrechtlichen Abschluss entwickelt.[168] Es handelt sich dabei um die Liability-, die Deferred- und die Net-of-Tax-Methode.

2.2 Liability-Methode (Verbindlichkeitsmethode)

2.2.1 Ansatz

Die Liability-Methode (Verbindlichkeitsmethode) ist bilanzorientiert. Vorrangiges Ziel dieser Methode ist es, die Vermögenslage der Gesellschaft zutreffend darzustellen,

166 Vgl. ELPRANA (2007), S. 27.
167 Vgl. BLACK (1966), S. 12.
168 Für einen geschichtlichen Überblick zur Entwicklung der Berücksichtigung latenter Steuern in den USA vgl. SCHÄFFELER (2000), S. 37-43.

weshalb sie mit dem Grundgedanken der statischen Bilanztheorie SIMONS in Einklang steht.[169] Nach dieser Methode werden passive latente Steuern als Verbindlichkeiten (Zahlungsverpflichtungen gegenüber dem Fiskus) und aktive latente Steuern als Vermögensgegenstände (Zahlungsansprüche bzw. „Forderung"[170] gegenüber dem Fiskus) begriffen. In beiden Fällen wird somit auf die künftigen Zahlungswirkungen gegenüber der Finanzverwaltung abgestellt, die aus der unterschiedlichen Erfassung von Geschäftsvorfällen in Handels- und Steuerbilanz resultieren.

2.2.2 Bewertung

Aus der Einordnung latenter Steuern als Verbindlichkeit bzw. Vermögensgegenstand im handelsrechtlichen Jahresabschluss ergeben sich Folgen für die Bewertung. Ein zutreffender Ausweis der Vermögenslage kann nur dann gelingen, wenn Verbindlichkeiten und Vermögensgegenstände mit dem Wert angesetzt werden, der ihnen bei Abgang bzw. Realisation voraussichtlich beizumessen ist.[171] Nur so werden die künftigen Zahlungswirkungen sachgerecht approximiert und die Ansprüche und Verpflichtungen gegenüber dem Fiskus zutreffend ausgewiesen.

Folge ist eine insoweit zukunftsgerichtete Bewertung mit den Steuersätzen, die voraussichtlich im Zeitpunkt der Auflösung von Differenzen zwischen Handels- und Steuerbilanz gelten werden.[172] Dies gilt sowohl für die Zugangs- als auch die Folgebewertung latenter Steuerpositionen. Da künftige Steuersätze allerdings in der Regel nicht bekannt sind, werden hilfsweise die aktuellen Steuersätze der Bewertung der Differenzen zugrunde gelegt, d.h. es wird unterstellt, dass die aktuell gültigen Steuersätze auch in den Abbauperioden gelten werden.[173] Sofern aber Tarifänderungen beschlossen wurden, sind bereits bestehende latente Steuerpositionen zu berichtigen. Dies führt dazu, dass der latente Ertragsteueraufwand bzw. -ertrag periodenfremde Bestandteile erhalten kann.[174]

---

169 Vgl. SIEGEL (2011), S. 52; HILLE (1982), S. 194; KARRENBROCK (1991), S. 110.
170 Vgl. HENNIG (1982), S. 95.
171 Vgl. HENNIG (1982), S. 95 f.
172 Vgl. BAUMANN / SPANHEIMER (2003), § 274 HGB, Tz. 35; SIEGEL (2011), S. 52.
173 Vgl. HENNIG (1982), S. 96.
174 Vgl. BAUMANN / SPANHEIMER (2003), § 274 HGB, Tz. 35

Folglich setzt sich der handelsrechtliche Ertragsteueraufwand aus mehreren Positionen zusammen:[175]

- den effektiven Steuern gemäß steuerlicher Gewinnermittlung (Steuern laut Steuerbescheid);
- den latenten Steuern, die infolge von Differenzen im Jahr der Berichtsperiode neu entstehen;
- den latenten Steuern, die infolge des Abbaus von Differenzen aufgelöst werden;
- den Berichtigungsbeträgen für in Vorperioden gebildete latente Steuern, deren Wertansatz infolge von Steuersatzänderungen oder der (Ab)Schaffung von Steuerarten angepasst werden müssen.

2.3 Deferred-Methode (Abgrenzungsmethode)

2.3.1 Ansatz

Bei der Deferred-Methode (Abgrenzungsmethode) steht nicht der zutreffende Ausweis der Vermögenslage im Fokus der Berücksichtigung latenter Steuern, sondern ein zutreffender Erfolgsausweis gemäß handelsrechtlichen Periodisierungsprinzipien (*matching principle*).[176] Es wird unterstellt, dass jeder positive bzw. negative Erfolgsbeitrag zum handelsrechtlichen Ergebnis einen exakt zurechenbaren steuerlichen Effekt aufweist, der wiederum der aus handelsrechtlicher Sicht richtigen Periode zugeordnet werden muss.[177] Mit anderen Worten, der handelsrechtliche Erfolg wird um die Auswirkungen störender steuerlicher Periodisierungsregeln bereinigt.

Die Zielsetzung des periodengerechten Gewinnausweises verdeutlicht, dass die Deferred-Methode stark von einem dynamischen Bilanzbild geprägt ist. Der Bilanz kommt hiernach die Funktion eines Abgrenzungskontos zu. Ausgedrückt in der Terminologie von SCHMALENBACH,[178] stellen aktive latente Steuern „schwebende

---

175 Vgl. im Folgenden: KARRENBROCK (1991), S. 129; IASC (HRSG.) (1979), S. 670.

176 Vgl. BLACK (1966), S. 14; NIEHUS (1974), S. 31.

177 Vgl. BLACK (1966), S. 13; HILLE (1982), S. 167; KARRENBROCK (1991), S. 110 f.; HENNIG (1982), S. 99.

178 Vgl. SCHMALENBACH (1962), S. 66-75. Aktiva (ohne liquide Mittel) bezeichnet SCHMALENBACH als *„schwebende Vorleistungen"* und Passiva (ohne Eigenkapital) als *„schwebende Nachleistungen"*.

Vorleistungen" (Ausgabe noch nicht Aufwand) passive latente Steuern „schwebende Nachleistungen" (Aufwand noch nicht Ausgabe) dar,[179] also positive und negative Kräfte im „Kräftespeicher" der Unternehmung. Latente Steuern sind nach dieser Interpretation als aktive bzw. passive Rechnungsabgrenzungsposten zu begreifen.

2.3.2 Bewertung

Da es bei der Deferred-Methode auf die Zahlungswirkungen latenter Steuern nicht ankommt, sondern der Abgrenzungscharakter im Vordergrund steht, scheidet eine zukunftsgerichtete Bewertung aus.[180] Für die Bewertung latenter Steuern bedeutet dies, dass die Bewertung zwingend mit den in der Periode der Entstehung der Differenzen gültigen Steuersätzen zu erfolgen hat.[181] Andernfalls würden periodenfremde Erträge und Aufwendungen verrechnet, was dem Ziel der periodengerechten Erfolgsermittlung zuwider liefe. Das gilt selbst dann, wenn absehbar ist, dass die Steuersätze z.B. aufgrund bereits beschlossener Gesetzesänderungen im Zeitpunkt des Abbaus der Differenzen höher oder niedriger sein werden.[182] Einmal bestehende latente Steuerpositionen werden gleichermaßen nicht an eine geänderte Steuergesetzgebung angepasst.[183]

Folglich setzt sich der handelsrechtliche Ertragsteueraufwand bei der Deferred-Methode gegenüber der Liability-Methode aus weniger Positionen zusammen:[184]

- den effektiven Steuern gemäß steuerlicher Gewinnermittlung (Steuern laut Steuerbescheid)
- den latenten Steuern, die infolge von Differenzen im Jahr der Berichtsperiode neu entstehen und
- den latenten Steuern, die infolge des Abbaus von Differenzen aufgelöst werden.

Bei der Deferred-Methode werden Steuersatz- bzw. Tarifänderungseffekte zudem immer in den Perioden berücksichtigt, in denen sich die zugrundeliegende Differenz abbaut. Dies ist zugleich der gravierende Nachteil der Deferred-Methode gegenüber der

---

179 Vgl. MOXTER (1984a), S. 33-37; KARRENBROCK (1991), S. 111.
180 Vgl. im Folgenden: BAUMANN / SPANHEIMER (2003), § 274 HGB, Tz. 34.
181 Vgl. NIEHUS (1974), S. 31; KARRENBROCK (1991), S. 111.
182 Vgl. KARRENBROCK (1991), S. 111.
183 Vgl. HENNIG (1982), S. 100; WOLLMERT (1995), S. 90.
184 Vgl. im Folgenden: IASC (HRSG.) (1979), S. 670.

Liability-Methode. Sofern die Steuersätze im Zeitablauf stark schwanken,[185] verwischt der Zusammenhang zwischen den zu versteuernden bzw. abzugsfähigen Differenzen und den hierfür nach der Deferred-Methode gebildeten latenten Steuerpositionen mehr und mehr.[186] Hingegen werden bei der Liability-Methode diese Steuersatzeffekte dagegen bereits bei Bekanntwerden bzw. Verabschiedung der Tarifänderungen berücksichtigt. Hinsichtlich der Bewertungsfrage besteht der Unterschied zwischen den beiden Methoden in der unterschiedlichen Periodisierung von Steuersatzänderungen.[187]

2.4 Net-of-Tax-Methode

Im Gegensatz zur Liability- und Deferred-Methode handelt es sich bei der Net-of-Tax-Methode um eine Bewertungs-[188] bzw. Ausweismethode[189]. Sie trifft anders als die Liability- oder Deferred-Methode mithin keine Aussage hinsichtlich der Klassifizierung latenter Steuern als Vermögensgegenstände, Schulden, aliud, Bilanzierungshilfe oder Abgrenzungsposten. Vielmehr wird jeder Schuld und jedem Vermögensgegenstand ein zugehöriger Steuereffekt zugewiesen, der sich im Wertansatz der betreffenden Schuld oder des betreffenden Vermögensgegenstands niederschlägt.[190] Ein eigener Bilanzposten „latente Steuern" erscheint nicht. Diese Methode trifft die Annahme, dass der Wert einer Schuld oder eines Vermögensgegenstandes sowohl von seinem jeweiligen wirtschaftlichen Erfolgsbeitrag (positive oder negativer „Nutzenbeitrag") als auch von seiner jeweiligen steuerlichen Absetzbarkeit bestimmt wird („Steuereffekt"). Wurden für einen Vermögensgegenstand beispielsweise Sonderabschreibungen geltend gemacht, so führt dies bei einer Net-of-Tax-Bewertung zu einem Wertabschlag, da das künftige steuerliche Abschreibungspotential geringer ist.[191] Werden dagegen Rückstellungen gebildet, die steuerlich nicht anerkannt werden, so ist das Passivum in der Handelsbilanz um den zugehörigen Steuereffekt aus der Nichtanerkennung der Rückstellung in der Steuerbilanz zu vermindern.

---

185 Zu denken ist hierbei für Deutschland an die Steuerreformen im Bereich der KSt.
186 Vgl. BAUMANN / SPANHEIMER (2003), § 274 HGB, Tz. 34; SIEGEL (2011), S. 51 f.
187 Vgl. ausführlich mit Beispielen: KARRENBROCK (1991), S. 130-137.
188 So z.B. NIEHUS (1974), S. 31; KARRENBROCK (1991), S. 122.
189 Vgl. HENNIG (1982), S. 105 (spricht von einer Ausweiskonzeption).
190 Vgl. NIEHUS (1974), S. 30; KARRENBROCK (1991), S. 122; SCHÄFFELER (2000), S. 35 f.
191 Vgl. m.w.N.: KARRENBROCK (2005), S. 773.

Beispiel: Eine Drohverlustrückstellung in Höhe von 3.000 GE werde handelsrechtlich in t1 gebildet; steuerrechtlich (s = 0,3) sei dies untersagt. Der Verlust trete in t3 tatsächlich ein. Der Net-of-Tax-Wert der Drohverlustrückstellung ermittelt sich wie folgt:

	HB („Nutzeneinbuße")	StB	abzugsfähige Differenz	Latentes Steuerguthaben („Steuereffekt")	Bewertung zu Net-of-Tax
t1	3.000	0	3.000	900	2.100
t2	3.000	0	3.000	900	2.100
t3	0	0	0	0	0

Da die Net-of-Tax-Methode bei Vermögensgegenständen und Schulden ansetzt und deren Bewertung regelt, ist sie primär bilanzorientiert. Dies legt eine der Liability-Methode entsprechende Berücksichtigung künftiger Steuersätze nahe.[192] Gleichwohl ist auch eine Anwendung aktueller Steuersätze denkbar.[193] Letzteres ist allerdings nicht zielführend, da die handelsrechtlichen Wertansätze von Vermögensgegenständen und Schulden um die zugehörigen Steuereffekte korrigiert werden sollen. Insofern muss auch hier auf die Steuersätze zurückgegriffen werden, die im Zeitpunkt gelten, in dem die steuerliche Absetzbarkeit der betreffenden Vermögensgegenstände und Schulden sich voraussichtlich tatsächlich auswirkt. Zwar kann nicht geleugnet werden, dass die Net-of-Tax-Methode nach wie vor vom jüngeren Schrifttum[194] aufgegriffen oder wenigstens mit den übrigen Methoden der Bilanzierung latenter Steuern verglichen wird. Aufgrund ihres Verstoßes gegen das Prinzip der Einzelbewertung sowie gegen das Saldierungsverbot, die zwar unterschiedlich stark ausgeprägt aber doch allen externen Rechnungslegungssystemen gemein sind, hat die Net-of-Tax-Methode jedoch keinen Eingang in die Welt der externen Rechnungslegung gefunden und somit **keinerlei praktische Bedeutung.**[195] Sie wird daher in den folgenden Kapiteln grundsätzlich ausgeblendet.

---

192 Vgl. im Folgenden: HENNIG (1982), S. 105 f.
193 Vgl. BLACK (1966), S. 23. Dies wurde von der Praxis teils aus Vereinfachungsgründen praktiziert.
194 Vgl. etwa KARRENBROCK (2008), S. 335; KARRENBROCK (2011), S. 686 f.; SIEGEL (2011), S. 53.
195 Vgl. COENENBERG / HILLE (2003), IAS 12, Tz. 32; COENENBERG / BLAUM / BURKHARDT (2010), IAS 12, Tz. 32; ADS INTERNATIONAL (2007), Abschn. 20, Tz. 56; KRUMMET (2011), S. 31.

D Bilanzierung latenter Steuern im Einzelabschluss

1 Rechtsgrundlagen und Anwendungsbereich

Die Bilanzierung latenter Steuern im Einzelabschluss ist aus formaler Sicht im Wesentlichen in § 274 HGB n.F. geregelt. Flankiert wird die Vorschrift durch eine in § 268 Abs. 8 HGB verortete Ausschüttungssperre sowie durch § 285 Nr. 29 HGB, der Angaben im Anhang regelt.

Grundsätzlich fallen nur Kapitalgesellschaften unter den Anwendungsbereich des § 274 HGB, da dieser im Zweiten Abschnitt des Dritten Buches des HGB belegen ist. Durch die Verweisvorschrift des § 336 Abs. 2 HGB wird der Anwendungsbereich auf eingetragene Genossenschaften (eG) erweitert.[196] Demgegenüber ist § 274 HGB für Personenunternehmen grundsätzlich unbeachtlich.

Für das weitere Vorgehen bedeutet dies, dass für die nachstehende Untersuchung zunächst vom typischen Fall einer i.S.d. § 267 Abs. 3 HGB „großen" juristischen Person (z.B. einer AG bzw. SE[197], GmbH oder einer eG) ausgegangen wird. Dies hat den Vorteil, dass sich eine Darstellung von größenabhängigen Erleichterungen (§§ 274a Nr. 5, 288 HGB) und rechtsformabhängigen Besonderheiten bei Personengesellschaften auf die Schilderung der Abweichungen zu diesem typischen Fall beschränken kann.

Eine weitere Rechtsquelle zur Bilanzierung latenter Steuern könnte in den diesbezüglichen Verlautbarungen des IDW[198] und des DRSC[199] zu sehen sein. Die Beachtung der Regelungen des vom BUNDESMINISTERIUM DER JUSTIZ bekanntgemachten[200] DRS 18 entfaltet für den Konzernabschluss ausweislich § 342 Abs. 2 HGB eine GoB-Vermu-

196 Weiterhin unterfallen Kreditinstitute und Finanzdienstleistungsinstitute (§ 340a HGB) sowie Versicherungsunternehmen (§ 341a HGB) dem Geltungsbereich von § 274 HGB. Die branchenspezifische Rechnungslegung dieser Unternehmen wird im Folgenden nicht weiter erörtert.

197 Siehe Art. 10 SE-VO, wonach eine SE in jedem Mitgliedstaat wie eine Aktiengesellschaft behandelt wird, die nach dem Recht des Sitzstaats (z.B. Deutschland) der SE gegründet wurde.

198 Zu nennen sind hier insbesondere IDW ERS HFA 27 (aufgehoben); IDW RS HFA 7 n.F.; IDW RS HFA 18 n.F.; IDW RH IFA 1.001.

199 Zu nennen sind v.a. DRS 10 (aufgehoben), DRS 18 sowie E-DRS 24 (= Entwurf zu DRS 18).

200 Bekanntmachung des DRS 18, in: Bundesanzeiger Nr. 133 vom 03.09.2010, Beilage 133a.

tung[201]. DRS 18 ist auf den Konzernabschluss beschränkt. Zwar empfiehlt DRS 18.7 die Anwendung auf Einzelabschlüsse, diese Empfehlung kann allerdings nur als Kompetenzüberschreitung des DRSC gewertet werden. Soweit (der sich teils stark an IAS 12 anlehnende) DRS 18 eine bestimmte Bilanzierungsweise vorschreibt, die mit § 274 HGB, den GoB oder den Zwecken des Jahresabschlusses in Konflikt steht, ist sie unzulässig und unbeachtlich. Entsprechendes gilt für Verlautbarungen des IDW, da es sich dabei lediglich um interne Richtlinien der Wirtschaftsprüfer handelt, denen kein Gesetzescharakter zukommt. Insoweit ist die Verbindlichkeit von Verlautbarungen des IDW letztlich mit denen der Richtlinien der Finanzverwaltung zu Einzelsteuergesetzen vergleichbar: Sie entfalten keine Bindungswirkung gegenüber dem Bürger. Für die vorliegende Arbeit bieten derartige Verlautbarungen somit lediglich Anhaltspunkte für eine zutreffende Bilanzierung latenter Steuern, die stets auf ihre Vereinbarkeit mit dem Gesetzeswortlaut, den GoB und den Zwecken des Jahresabschlusses zu überprüfen sind.

2 Ansatz

2.1 Bilanzieller Charakter latenter Steuern

2.1.1 Überblick

Wie aus dem Verweis auf § 266 HGB in § 274 Abs. 1 HGB hervorgeht, begreift der Gesetzgeber aktive und passive latente Steuern jeweils als Sonderposten (§ 266 Abs. 3 E. und Abs. 2 D. HGB). Was auf den ersten Blick nur als eine reine Ausweisfrage erscheint, ist jedoch für die kritische Beurteilung der Vorschrift essentiell: Die bilanzielle Einordnung latenter Steuern in das Gefüge des Jahresabschlusses nach HGB.

Im Folgenden wird daher die Frage erörtert, ob es sich bei passiven und aktiven latenten Steuern tatsächlich um einen Sonderposten (aliud, Posten eigener Art) handelt, oder ob eine Subsumption unter dem traditionellen Bilanzschema geboten wäre.

---

[201] Gesetzliche Vermutungen können durch Gegenbeweis widerlegt werden (§ 292 ZPO). Hierauf weisen hin: GROßFELD / LUTTERMANN (2005), S. 53, Abschn. F, Tz. 200.

2.1.2 Passive latente Steuern

2.1.2.1 Vorbemerkung

Bei wirtschaftlicher Betrachtung handelt es sich bei passiven latenten Steuern um (aus handelsrechtlicher Sicht) in die Zukunft verschobene Ertragsteuerzahlungen.[202] Haben Periodisierungsunterschiede zwischen der handels- und steuerrechtlichen Erfolgsrechnung dazu geführt, dass Buchwertunterschiede zwischen Handels- und Steuerbilanz bestehen, deren künftiger Abbau zu einer voraussichtlichen Steuermehrzahlung gegenüber der handelsrechtlichen Erfolgsrechnung führt (zu versteuernde Differenzen), so stellt sich das Problem passiver latenter Steuern. Mit anderen Worten, das Vermögen am Bilanzstichtag ist mit der Verpflichtung künftiger Steuerausgaben belastet. Für wirtschaftliche Lasten, muss, sofern die (abstrakte und konkrete) Bilanzierungsfähigkeit zu bejahen ist, ein Passivposten in der Bilanz angesetzt werden. Im Folgenden wird zunächst vom Vorliegen einer einzelnen zu versteuernden Differenz ausgegangen.

Erste Anhaltspunkte für eine bilanzielle Einordnung von passiven latenten Steuern können die oben skizzierten Bilanzierungsmethoden bieten. Nach der Deferred-Methode werden passive latente Steuern als passive Rechnungsabgrenzungsposten aufgefasst, die Liability-Methode interpretiert passive latente Steuern als Schulden.

2.1.2.2 Einordnung als Rechnungsabgrenzungsposten

Ein Ansatz von passiven latenten Steuern als passiver **Rechnungsabgrenzungsposten** würde im geltenden Bilanzrecht erfordern, dass die Voraussetzungen des § 250 Abs. 2 HGB erfüllt sind. Hiernach dürfen Einnahmen, die vor dem Bilanzstichtag vereinnahmt wurden, genau dann als passiver Rechnungsabgrenzungsposten ausgewiesen werden, soweit sie Ertrag für eine (hinreichend bestimmbare) spätere Periode darstellen.

Diese Voraussetzungen liegen bei passiven latenten Steuern erkennbar nicht vor:[203] aufgeschobene Ertragsteuerzahlungen stellen weder eine Einnahme vor dem Abschlussstichtag noch einen Ertrag für eine spätere Periode dar. Vielmehr handelt es sich um zum Bilanzstichtag entstandene Aufwendungen, die erst später zu Auszahlungen

---

202 Vgl. KARRENBROCK (1991), S. 5.

203 Vgl. auch KARRENBROCK (1991), S. 91, 118; HENNIG (1982), S. 161-164; SIEGEL (2011), S. 78.

führen.[204] Die Subsumption eines antizipativen Passivums unter den Rechnungsabgrenzungsposten ist nach deutschem Recht unzulässig.[205] Passive latente Steuern können im HGB somit nicht als passiver Rechnungsabgrenzungsposten ausgewiesen werden.

Dagegen begreift die Liability-Methode passive latente Steuern als **Schulden**. Das HGB kennt zwei Arten von Schulden: sichere und unsichere. Die sicheren Schulden werden als Verbindlichkeiten, die unsicheren Schulden als Rückstellungen bezeichnet.

2.1.2.3 Einordnung als Verbindlichkeit

Eine sichere Schuld im bilanzrechtlichen Sinne (Verbindlichkeit) liegt vor, wenn Höhe und Fälligkeit der zugrundeliegenden Verpflichtung des bilanzierenden Unternehmens am Bilanzstichtag bereits gewiss ist, ein Dritter die Erfüllung der Verpflichtung theoretisch einklagen kann und das Unternehmen wirtschaftlich belastet ist.[206]

Das bilanzierende Unternehmen ist durch die künftige Steuerzahlung infolge des Abbaus der zu versteuernden Differenz beschwert, denn der Fiskus ist nicht zu einer mindestens gleichwertigen Gegenleistung[207] verpflichtet.[208] Die Bedingung der wirtschaftlichen Belastung am Bilanzstichtag kann bei passiven latenten Steuern als gegeben angesehen werden.

Die aus dem Abbau der zu versteuernden Differenz resultierende Steuermehrbelastung ist am Bilanzstichtag derweil noch nicht entstanden.[209] Dies liegt darin begründet, dass durch das Entstehen der zu versteuernden Differenz Einkommensbestandteile in Höhe der zu versteuernden Differenz in die Zukunft, nämlich auf den Zeitpunkt des Abbaus der zu versteuernden Differenz, verlagert werden. Und da die Ertragsteuergesetze an die Höhe des Einkommens in einer Periode anknüpfen (§§ 4 Abs. 1, 5 Abs. 1 EStG; §§ 7, 8 KStG; §§ 6, 7 GewStG), erhöht das bloße Entstehen einer zu versteuernden Differenz nicht die aus dem Einkommen abgeleitete Steuerschuld in der Periode der Entstehung

---

204 Vgl. KARRENBROCK (1991), S. 91, 118.

205 Vgl. statt aller: COENENBERG / HALLER / SCHULTZE (2012), S. 467-469.

206 Vgl. COENENBERG / HALLER / SCHULTZE (2012), S. 408.

207 Aus volkswirtschaftlicher Sicht könnten steuerfinanzierte öffentliche Güter als Gegenleistung interpretiert werden. Diese Überlegung ist aus betriebswirtschaftlicher Sicht irrelevant.

208 Vgl. KARRENBROCK (1991), S. 113.

209 Vgl. im Folgenden bereits: KARRENBROCK (1991), S. 113.

der zu versteuernden Differenz. Somit wird durch das Entstehen der zu versteuernden Differenz lediglich die künftige Steuerschuld erhöht, nicht aber die Steuerschuld in der Berichtsperiode. Die Begleichung einer künftigen, c.p. erhöhten, Steuerschuld kann aber nicht bereits am Bilanzstichtag vom Fiskus eingeklagt werden.

Überdies scheitert die dritte Bedingung für das Vorliegen einer Verbindlichkeit. Die genaue Höhe der in Folge des Abbaus der zu versteuernden Differenz entstehenden Steuerschuld ist von vielen Eventualitäten abhängig.[210] So können Tarifänderungen eintreten (Steuersatzänderungen, das Abschaffen von Steuerarten usw.), was dazu führt, dass die künftige Steuermehrbelastung aus dem Abbau der zu versteuernden Differenz höher oder niedriger als zunächst antizipiert ausfällt. Ferner ist schlicht unsicher, ob die künftige Steuermehrbelastung wirklich zu einem Zahlungsmittelabfluss an den Fiskus führt: Falls kein steuerpflichtiges Einkommen in der Periode des Abbaus der zu versteuernden Differenz anfällt, kommt es zu keiner Ausgabe. So ist denkbar, dass in der Zeit zwischen Entstehung und Abbau der zu versteuernden Differenz Verluste entstehen, die in die Periode vorgetragen werden, in der sich die zu versteuernde Differenz abbaut. Auch ein Verlustrücktrag aus der Folgeperiode kann wirksam werden. Zusätzlich können in der Periode des Abbaus der zu versteuernden Differenz selbst operative Verluste entstehen, die eine antizipierte Steuermehrbelastung nicht eintreten lassen.[211] Ferner kann das der zu versteuernden Differenz zugrundeliegende Aktivum bzw. Passivum früher als geplant abgehen (z.B. durch Tausch, Veräußerung und dergleichen) bzw. zeitiger verbraucht sein (z.B. durch eine außerplanmäßige Abschreibung), was dazu führt, dass sich die zu versteuernde Differenz schneller als ursprünglich geplant abbaut. Kurzum, von einer der Höhe und Fälligkeit nach exakt feststehender Verpflichtung ist bei passiven latenten Steuern nicht auszugehen.

Da nur eine der drei Voraussetzungen für das Vorliegen einer Verbindlichkeit erfüllt ist, ist der Ansatz von passiven latenten Steuern als Verbindlichkeit mit dem HGB unvereinbar.[212]

---

210 Vgl. im Folgenden: KARRENBROCK (1991), S. 113.

211 Daneben können auch aktive Buchwertdifferenzen eine Steuermehrbelastung kompensieren. Aufgrund der gesetzten Prämisse, wonach zunächst von dem Vorliegen einer zu versteuernden Differenz auszugehen ist, wird dieser Fall an dieser Stelle ausgeblendet.

212 **Gl.A.**: HENNIG (1982), S. 159; KARRENBROCK (1991), S. 114; SIEGEL (2011), S. 79.

2.1.2.4 Einordnung als Verbindlichkeitsrückstellung

2.1.2.4.1 Grundsatz

Neben sicheren Schulden (Verbindlichkeiten) kennt das HGB unsichere Schulden: die Rückstellungen. Hierzu zählen zuvorderst die Rückstellungen für ungewisse Verbindlichkeiten, für die ein Passivierungsgebot besteht (§ 249 Abs. 1 S. 1, 1. Alt. HGB). Für das Vorliegen einer Verbindlichkeitsrückstellung muss die zugrundeliegende Verpflichtung nachstehende Kriterien kumulativ erfüllen:[213]

(1) Ungewissheit hinsichtlich der Höhe, des Bestehens oder der Höhe und des Bestehens am Bilanzstichtag,

(2) die Verpflichtung ist am Bilanzstichtag *entweder* sowohl rechtlich entstanden als auch wirtschaftlich verursacht *oder* zwar noch nicht rechtlich entstanden aber zumindest wirtschaftlich verursacht,

(3) die Verpflichtung muss eine Außenverpflichtung darstellen, mit deren Inanspruchnahme hinreichend sicher zu rechnen ist.

Ad (1)

Das Kriterium der Ungewissheit kann bei passiven latenten Steuern als erfüllt angesehen werden. Weder die genaue Höhe der Verpflichtung, der Zeitpunkt ihrer Fälligkeit oder das tatsächliche Entstehen können am Bilanzstichtag exakt vorhergesagt werden. Passive latente Steuern erfüllen mithin das Kriterium der Ungewissheit.[214]

Ad (2)

Von einer rechtlichen Entstehung[215] am Bilanzstichtag kann bei einer passiven latenten Steuer nicht ausgegangen werden. Die ihr zugrunde liegende zu versteuernde Differenz

---

213 Vgl. etwa MAYER-WEGELIN (2010), § 249 HGB, Tz. 32-60 (der allerdings das dritte Kriterium aufspaltet); ADS (1994 ff.), § 249 HGB, Tz. 42-78; SCHEFFLER (2010a), B 233, Tz. 105 und 140; MÜLLER (2011), S. 1047.

214 Zur Gewissheit einer Verpflichtung siehe oben D.2.1.2.3.

215 Hierzu ist es erforderlich, dass sämtliche die Leistungspflicht auslösenden Tatbestandsmerkmale erfüllt sind. Vgl. hierzu: SCHEFFLER (2010a), B 233, Tz. 112; ADS (1994 ff.), § 249 HGB, Tz. 64.

führt erst künftig zu einer Ergebniserhöhung und kann am Bilanzstichtag noch nicht eingeklagt werden.[216] Für diesen Punkt kann auf die Ausführungen zur Verbindlichkeit verwiesen werden.[217]

Allerdings steht die mangelnde rechtliche Entstehung einer Verpflichtung nicht der Passivierung einer Rückstellung für ungewisse Verbindlichkeiten entgegen, sofern die (rechtlich noch nicht entstandene) Verpflichtung am Bilanzstichtag wirtschaftlich verursacht ist.[218] Von wirtschaftlicher Verursachung einer Verpflichtung ist dann auszugehen, wenn die Ereignisse, die zum Entstehen der Verpflichtung führen, wirtschaftlich dem Berichtsjahr zuzurechnen sind.[219] Wendet man diese allgemeine Definition auf passive latente Steuern an, so bedeutet dies:

- Das Ereignis, das zum Entstehen der Verpflichtung führt, ist das Entstehen der zu versteuernden Differenz infolge unterschiedlicher Periodisierungsregeln zwischen Handels- und Steuerbilanz.
- Die entstehende Verpflichtung ist die c.p. künftige Steuermehrzahlung infolge des Abbaus dieser zu versteuernden Differenz.

Zu klären bleibt nur noch, ob diese künftige Verpflichtung zur Steuermehrzahlung wirtschaftlich dem abgelaufenen Geschäftsjahr zuzurechnen ist. Zur Beantwortung dieser Frage kann auf den Grundsatz der sachlichen Abgrenzung von Ausgaben und

---

216 Unstrittig, vgl. etwa MÜLLER (2011), S. 1048; LÜDENBACH / FREIBERG (2011), S. 1582; LÜDENBACH (2011), S. 69.

217 Siehe oben D.2.1.2.3.

218 Vgl. ADS (1994 ff.), § 249 HGB, Tz. 69, dort: Fall 1; GAIL (1987), S. 59 f.; KRAUS (1988), S. 145 ff.; NAUMANN (1991), S. 532 f.; MÜLLER (1981), S. 137-139.
Im Schrifttum und zwischen dem I. und IV. Senat des BFH ist dagegen heftig umstritten, ob es genügt, wenn der Zeitpunkt der rechtlichen Entstehung *vor* ihrer wirtschaftlichen Verursachung liegt. Vgl. etwa m.w.N. MAYER-WEGELIN (2010), § 249 HGB, Tz. 43; CHRISTIANSEN (2009), S. 2214; ADS (1994 ff.), § 249 HGB, Tz. 69. Ein Anwendungsfall sind beispielsweise die (der Höhe nach nicht exakt feststehenden) Entsorgungskosten für ein Atomkraftwerk, die im Zeitpunkt der ersten Inbetriebnahme zwar rechtlich entstehen, allerdings nur künftigen Erträgen zuzuordnen sind und insoweit (noch) nicht wirtschaftlich verursacht sind. Dieser Meinungsstreit kann für die vorliegende Untersuchung derweil dahinstehen, da die rechtliche Entstehung bei passiven latenten Steuern unstrittig nicht erfüllt ist.

219 Vgl. ADS (1994 ff.), § 249 HGB, Tz. 65. Steuerrechtlich ist wirtschaftliche Verursachung gegeben, sofern *„der Tatbestand, von dessen Verwirklichung ihre Entstehung abhängt, in dem betreffenden Wirtschaftsjahr im Wesentlichen bereits verwirklicht ist und die Verbindlichkeit damit so eng mit dem betrieblichen Geschehen dieses Wirtschaftsjahres verknüpft ist, dass es gerechtfertigt ist, sie wirtschaftlich als eine bereits am Bilanzstichtag bestehende Verbindlichkeit zu behandeln."* BFH, Urt. v. 10.12.1992, XI R 34/91, BStBl. II 1994, S. 158. Vgl. ferner zum steuerrechtlichen Verursachungskriterium: BFH, Urt. v. 01.08.1984, I R 88/80, BStBl. II 1985, S. 44; BFH, Urt. v. 23.10. 1985, I R 227/81, BStBl. II 1992, S. 600.

Einnahmen (§ 252 Abs. 1 Nr. 5 HGB) zurückgegriffen werden.[220] Trotz des Übergangs auf das Temporary-Konzept ist dies auch weiterhin zweckdienlich, da die zu versteuernden Differenzen wie gehabt Ausfluss unterschiedlicher Periodisierungsregeln in Handels- und Steuerbilanz sind. Ausgaben sind nach dem Grundsatz der Abgrenzung von Aufwendungen der Sache nach genau dann wirtschaftlich verursacht (und folglich als Aufwendungen im Jahresabschluss zu erfassen), wenn sie am Bilanzstichtag bereits erzielten (und nicht etwa künftigen) Erträgen in der handelsrechtlichen Erfolgsrechnung zugeordnet werden können (Alimentationsprinzip).[221] Wirtschaftliche Verursachung eines Passivums ist somit in der Periode gegeben, in der die dazugehörigen Erträge (bzw. Minderaufwendungen infolge von handelsrechtlicher Aufwandsneutralisation) handelsrechtlich realisiert werden, wobei sich letzteres aus dem Realisationsprinzip ergibt.

Passive latente Steuern haben ihre Ursache grundsätzlich darin, dass Erträge in der Handelsbilanz früher (bzw. Aufwendungen später) als in der Steuerbilanz berücksichtigt werden. Wirtschaftliche Verursachung einer latenten Steuerverpflichtung ist somit in der Periode anzunehmen, in der die zu versteuernde Differenz (aufgrund unterschiedlicher Periodisierungsregeln in Handels- und Steuerbilanz) entstanden ist. Die einer passiven latenten Steuer zugrundeliegende Verpflichtung ist bis zum Bilanzstichtag wirtschaftlich verursacht.[222]

---

220 Vgl. zu dieser Vorgehensweise bereits m.w.N. KARRENBROCK (1991), S. 115 f.

221 Vgl. MOXTER (2007), S. 117-120; MOXTER (1989), S. 235; KARRENBROCK (1991), S. 115; WEBER-GRELLET (2012), § 5 EStG, Tz. 381 und 386; MOXTER (2004), S. 1098; BFH, Urt. v. 28.06.1989, I R 86/85, BStBl. II 1990, S. 550; BFH, Urt. v. 25.08.1989, III R 95/87, BStBl. II 1989, S. 893; BFH, Urt. v. 17.12.1998, IV R 21/97, BStBl. II 2000, S. 116; NAUMANN / BREKER (2003), Tz. 440; KUPSCH (1987), § 249 HGB, Tz. 11; MOXTER (1992), S. 433 f.; BGH, Urt. v. 28.01.1991, II ZR 20/90, DB 1991, S. 962 f.; SIGLER (2011), S. 1479 ff.; FG Niedersachsen, Urt. v. 18.12.2008, 10 K 120/04, DStRE 2009, S. 972 (mittlerweile aufgehoben und an das FG zurückverwiesen durch BFH, Urt. v. 08.09.2011, IV R 5/09, DStR 2011, S. 2186 ff.); EIBELSHÄUSER (1987), S. 861 ff. **Abweichend**: CHRISTIANSEN (2009), S. 2214 f.; MAYER-WEGELIN (2010), § 249 HGB, Tz. 41 m.w.N. zur Gegenauffassung.

222 **Gl.A.** GRAF V. KANITZ (2011), S. 901, 906. Wohl ebenfalls **gl.A.** MÜLLER / KREIPL (2011), S. 1703 f. (die allerdings unzutreffend ein zusätzliches negatives Ansatzkriterium (Identität der künftigen steuerlichen Zahlungsströme bei nur handelsrechtlich aufgedeckten stillen Reserven) für den Ansatz von Verbindlichkeitsrückstellungen implementieren wollen.) **Abweichend:** MÜLLER (2011), S. 1049; LÜDENBACH / FREIBERG (2011), S. 1582 f

Ad (3)

Letztes Kriterium für den Ansatz einer Verbindlichkeitsrückstellung ist das Vorliegen einer Außenverpflichtung, mit deren Inanspruchnahme ernstlich zu rechnen ist. Für das Vorliegen einer Außenverpflichtung ist es erforderlich, dass die Verpflichtung nicht nur gegen das bilanzierende Unternehmen selbst, sondern gegen einen Dritten besteht.[223] Es darf sich mithin nicht um rein innerbetriebliche Verpflichtungen[224] (z.B. Kosten für die Bearbeitung von Schadensfällen durch den Versicherer)[225] handeln. Eine Drittverpflichtung ergibt sich entweder aus dem Privatrecht (privatrechtliche Verpflichtung) oder aus dem öffentlichen Recht (öffentlich-rechtliche Verpflichtung).[226] Im Falle passiver latenter Steuern handelt es sich erkennbar um eine öffentlich-rechtliche Verpflichtung,[227] da die Verpflichtung zur Entrichtung von Steuern aufgrund von Steuergesetzen erfolgt.[228] Passive latente Steuern stellen damit eine Außenverpflichtung dar.

Zu beantworten bleibt mithin nur noch, ob das bilanzierende Unternehmen ernstlich damit rechnen muss, im Falle passiver latenter Steuern tatsächlich in Anspruch genommen zu werden. Passive latente Steuern werden in Folge des Vorliegens zu versteuernder Differenzen gebildet. Hierbei werden Einkommensbestandteile in die Zukunft verlagert.[229] Sieht man von unwahrscheinlichen Extremfällen (z.B. ein Staatsbankrott mit Erlöschen der BRD de jure) ab, so muss das Unternehmen mit an Sicherheit grenzender Wahrscheinlichkeit am Bilanzstichtag damit rechnen, dass der Fiskus in dem Zeitpunkt, in dem diese Einkommensbestandteile steuerlich als realisiert gelten, seine Steueransprüche geltend machen und auch mittels Sanktionen durchsetzen wird. Kein gewissenhafter Kaufmann darf die latenten Steuermehrbelastungen deshalb außer Acht lassen: Dies gilt insbesondere vor dem Hintergrund der Bilanzidentität / des

223 Vgl. SCHEFFLER (2010a), B 233, Tz. 106.
224 Vgl. GRUBERT (1978), S. 134.
225 Vgl. MOXTER (2007), S. 90.
226 Vgl. MAYER-WEGELIN (2010), § 249 HGB, Tz. 35.
227 Vgl. auch die Aufzählung bei KUPSCH (1987), § 249 HGB, Tz. 20.
228 Vgl. hierzu auch die Legaldefinition von Steuern in § 3 Abs. 1 AO: Steuern sind Geldleistungen, die nicht eine Gegenleistung für eine besondere Leistung darstellen und von einem öffentlich-rechtlichen Gemeinwesen zur Erzielung von Einnahmen allen auferlegt werden, bei denen der Tatbestand zutrifft, an den das Gesetz die Leistungspflicht knüpft; die Erzielung von Einnahmen kann Nebenzweck sein. (Hervorhebung durch den Verfasser).
229 Vgl. KARRENBROCK (1991), S. 115.

Kongruenzprinzips[230] bzw. des Bilanzzusammenhangs (§ 252 Abs. 1 Nr. 1 HGB bzw. § 4 Abs. 1 S. 1 EStG). Dieses Prinzip stellt sicher, dass Aufwendungen und Erträge aus der bilanziellen Rechnungslegung nicht „unter den Tisch fallen"[231] oder mehrfach verrechnet werden können. Mit der tatsächlichen Inanspruchnahme aufgrund der Außenverpflichtung in Gestalt der passiven latenten Steuern ist am Bilanzstichtag folglich ernstlich zu rechnen.

Verschiedentlich wird gefordert,[232] bei der Beurteilung der Wahrscheinlichkeit einer Inanspruchnahme aus der Verpflichtung noch das „Kriterium der Unentziehbarkeit"[233] zu prüfen. Obwohl es sich dabei *nicht* um ein selbständiges Merkmal einer bilanziellen Schuld handelt,[234] so sei dieser Aspekt gleichwohl adressiert. Einseitige Entziehbarkeit ist gegeben, wenn gegen eine Verpflichtung eine zerstörende Einrede geltend gemacht werden kann; eine derartige Verpflichtung ist weder als Verbindlichkeit noch als Verbindlichkeitsrückstellung passivierungsfähig.[235] Als typisches Beispiel für eine solche einseitige Entziehbarkeit wird regelmäßig die Einrede der Verjährung nach § 214 Abs. 1 BGB angeführt.[236] Sind zivilrechtliche Verpflichtungen des Bilanzierenden gegenüber einem Dritten am Bilanzstichtag bereits verjährt, so geht der schuldrechtliche Anspruch gegenüber dem Bilanzierenden zwar nicht unter, er kann die Erfüllung durch Erhebung der Einrede der Verjährung verweigern[237] und sich damit dem Anspruch des Gläubigers entziehen. Ist damit zu rechnen, dass der Bilanzierende diese Einrede auch tatsächlich erhebt und die Erhebung dieses Einwands aus anderen Gründen (z.B. Unwissenheit oder Loyalität zu dem Gläubiger) nicht unterlässt, braucht der Bilanzierende nicht mit der

---

230 Zum Kongruenzprinzip in der Rechnungslegung vgl. m.w.N.: ORDELHEIDE (1998), S. 515-530; GABER (2005), S. 279-295.

231 Vgl. BAETGE / ZIESEMER / SCHMIDT (2011), § 252 HGB, Tz. 21.

232 So auch: BT-DRUCKS. 16/10067 (30.07.2008), S. 67.

233 Das „Kriterium" der Unentziehbarkeit im HGB wird in der Literatur extrem uneinheitlich beurteilt. Vgl. SCHULZE-OSTERLOH (2005), S. 188. Kritisch zum - deutlich extensiveren - Unentziehbarkeitskriterium des IAS 37: MOXTER (1999), S. 521 f.

234 Vgl. WEBER-GRELLET (2012), § 5 EStG, Tz. 385.

235 Vgl. KROPFF (1973), § 152 AktG, Tz. 51.

236 Vgl. im Folgenden: SCHULZE-OSTERLOH (2005), S. 191. Weitere Beispiele finden sich bei: GRUBERT (1978), S. 192-196.

237 Anders dagegen im Steuerrecht. Nach § 232 AO erlöscht der Anspruch aus dem Steuerschuldverhältnis bei Vorliegen der Verjährungsvoraussetzungen. Insofern bedarf es der Einrede der Verjährung hier nicht.

tatsächlichen Inanspruchnahme zu rechnen.[238] Die Verpflichtung darf nicht passiviert werden, da mit ihr keine Leistungspflicht der Gesellschaft verbunden ist.

Wendet man das Kriterium der Unentziehbarkeit auf die künftige Steuerbelastung aus passiven Differenzen an, so folgt daraus kein Passivierungsverbot. Vielmehr sind einerseits aufgrund des Bilanzzusammenhangs und des Steuervollzugs keinerlei Konstellationen denkbar, in denen sich der Bilanzierende diesen künftigen Steuermehrbelastungen endgültig entziehen könnte. Schließlich werden sich selbst bei einer vom Bilanzierenden unterstellten vorzeitigen Liquidation der Unternehmung[239] die (bis dahin nicht abgebauten) passiven Differenzen zwangsläufig abbauen und müssten versteuert werden (§ 11 KStG). Anderseits bestehen auch aus Sicht des Stichtagsprinzips Bedenken, weil künftig erst entstehende Steuerbelastungen am Bilanzstichtag schwerlich verjährt sein können.

Für die bilanzielle Einordnung bedeutet dies, dass passive latente Steuern die Voraussetzungen für das Vorliegen einer Verbindlichkeitsrückstellung erfüllen.[240] Sie sind daher zwar nicht als eine sichere Schuld, sehr wohl aber als eine unsichere bilanzielle Schuld im Sinne von § 249 Abs. 1 S. 1 1. Alt. HGB aufzufassen. Aus Sicht der den Jahresabschluss tendenziell dominierenden Ausschüttungsbemessungsfunktion ist dieses uneingeschränkte Passivierungsgebot zu begrüßen. Im Falle der Nichtpassivierung wäre der im Zeitpunkt der Entstehung der zu versteuernden Differenz ausschüttbare Betrag um den Betrag der künftigen Steuermehrbelastung zu hoch. Mit anderen Worten, es würde am Bilanzstichtag keine finanzielle Vorsorge für die künftige Steuermehrzahlung getroffen.

---

238 Vgl. SCHEFFLER (2010a), B 233, Tz. 114.

239 Hiermit verbunden wäre u.a. ein Konflikt mit der Unternehmensfortführungsprämisse.

240 **Gl.A.** KARRENBROCK (1991), S. 116; HILLE (1982), S. 199 f.; KUDERT (1990), S. 205-208; KNOBBE-KEUK (1993), S. 130 f.; HENNIG (1982), S. 164-169 (mit Einschränkungen); VON WYSOCKI (1987), S. 837; SIEGEL (1986), S. 589 und 594; SIEGEL (2011), S. 79 ff. und 97 (mit Einschränkungen).
Abweichend: LÜDENBACH / FREIBERG (2010), S. 1975 (mit der Behauptung, „passive Latenzen" würden zum Stichtag keine bilanzrechtliche Schuld begründen); LÜDENBACH (2011), S. 69; MÜLLER (2011), S. 1050.

2.1.2.4.2 „Quasi-permanente Differenzen“

Wie soeben gezeigt wurde, erfüllen passive latente Steuern grundsätzlich die Voraussetzungen für den Ansatz als Verbindlichkeitsrückstellung (§ 249 Abs. 1 S. 1 HGB). Dieses Verständnis entspricht auch der bisherigen Rechtslage bis zur Verabschiedung des BilMoG (§ 131 AktG 1937; § 152 AktG 1965; § 274 HGB a.F.).[241] Zudem wird dies auch international so gesehen. So werden passive latente Steuern als Rückstellung bzw. unsichere Schuld klassifiziert (IAS 37.10 i.V.m. IAS 12.15) und im amerikanischen SFAS 109.6 werden sie als *deferred tax liabilites* bezeichnet, was mit „aufgeschobene Steuerschulden“ übersetzt werden kann. Passive latente Steuern wären damit sinnvollerweise unter den Steuerrückstellungen auszuweisen (§ 266 Abs. 3 B Nr. 2 HGB). Dessen ungeachtet verlangt der neugefasste § 274 HGB einen Ausweis als Posten eigener Art (aliud) auf der Passivseite. Die Schaffung dieses aliud erscheint vor diesem Hintergrund unnötig, unüblich und erschwert die Auslegung von Rechnungslegungsvorschriften. Etwas anderes könnte gelten, sofern es passive latente Steuern gibt, die nicht unter § 249 Abs. 1 S. 1 HGB zu subsumieren sind.

Solchen Bedenken sind offensichtlich der Gesetzgeber[242] und weite Teile des Schrifttums[243] gefolgt. Zwar wird konzediert, dass passive latente Steuern grundsätzlich als eine Verbindlichkeitsrückstellung aufzufassen sind. Es wird jedoch in Abrede gestellt, dass dies in allen Fällen gegeben ist: Sofern „quasi-permanente Differenzen“[244] vorliegen, seien die Voraussetzungen für das Vorliegen einer Verbindlichkeitsrückstellung nicht gegeben. Diese Art von Differenzen zeichnet sich dadurch aus, dass nicht genau absehbar ist, wann sich die Differenz innerhalb der Totalperiode abbaut. Als Beispiele wird v.a. die unterschiedliche Bilanzierung von nicht abnutzbarem betriebsnotwendigen Anlagevermögen genannt, so z.B. Grundstücke, Beteiligungen und Patente. Zwar können auch in diesen Fällen berücksichtigungspflichtige temporäre

241 Vgl. m.w.N. KARRENBROCK (2010), S. 636. Siehe ferner die ausführliche Darstellung bei: GRAF V. KANITZ (2011), S. 896-898.

242 Vgl. BR-DRUCKS. 344/08 (23.5.2008), S. 145; BT-DRUCKS. 16/10067 (30.07.2008), S. 67.

243 Vgl. statt vieler: KOZIKOWSKI / FISCHER (2012), § 274 HGB, Tz. 4; KÜTING / ELLMANN / LAUER (2009), Abschn. „Vor Kap. 1“, Tz. 237; OTT (2009), S. 623; SIEGEL (2011), S. 80 ff.; KÜHNE / MELCHER / WESEMANN (2009), S. 1007 f.; GRAF V. KANITZ (2011), S. 904 f.

244 Die Terminologie der „quasi-permanenten“ Differenzen existiert streng genommen nur nach dem überkommenen Timing-Konzept. Nach unzutreffender Mehrheitsmeinung wurde eine Steuerabgrenzung nach altem Recht in diesen Fällen versagt. Vgl. kritisch m.w.N.: KARRENBROCK (2007), Tz. 7; KARRENBROCK (1991), S. 94-103 und 224 f.

Differenzen vorliegen, ihr Abbau sei allerdings zu unwahrscheinlich, hinge von unternehmerischer Disposition ab (z.B. eine Veräußerungs- oder Liquidationsentscheidung) und erfolge somit nicht „automatisch". Dies stehe einer Subsumption passiver latenter Steuern unter den Verbindlichkeitsrückstellungen entgegen und spreche für einen Ausweis als aliud.

Diese widersprüchliche Auffassung ist abzulehnen,[245] denn die Voraussetzungen einer Verbindlichkeitsrückstellung sind auch bei „quasi-permanenten" zu versteuernden Differenzen gegeben. Sowohl das Kriterium der Ungewissheit als auch das der wirtschaftlichen Verursachung sind erfüllt; auf obige Ausführungen[246] wird verwiesen. Einzig könnte fraglich sein, ob mit der **tatsächlichen Inanspruchnahme** auch in diesen Fällen zu rechnen ist. Doch ist es nachgerade abwegig, zu vertreten, der Fiskus werde zukünftig auf die Besteuerung solcher Einkommensbestandteile verzichten,[247] nur weil sie aus einer „quasi-permanenten" Differenz entstanden sind. Die Bilanzidentität bzw. der Bilanzzusammenhang stellt sicher, dass steuerlich noch nicht berücksichtigte Erträge - spätestens bei Liquidation[248] - besteuert werden.[249]

Im Schrifttum findet sich zudem eine hilfreiche Fiktion, um indizienhaft zu überprüfen, ob eine ungewisse Verbindlichkeit hinreichend konkret („greifbar") und insofern berücksichtigungspflichtig ist. Hierbei wird - analog zur Teilwertdefinition in § 6 Abs. 1 Nr. 1 S. 3 EStG - von einem fiktiven Unternehmenserwerber ausgegangen, der bei der Bemessung des Gesamtpreises all jene Verpflichtungen einpreist, die hinreichend

---

245 **Gl.A.** KARRENBROCK (2010), S. 636-638; MÜLLER (2011), S. 1047 f. (gegen die Einordnung passiver latenter Steuern als Rückstellung aber die Sonderstellung „quasi-permanenter Differenzen" (zu Recht) anzweifelnd); MÜLLER / KREIPL (2011), S. 1706.

246 Siehe oben D.2.1.2.4.1 und D.2.1.2.4.2.

247 Dieser Fall steht im Gegensatz zu beispielsweise seit Jahrzehnten verwaisten Sparbüchern mit Kleinstbeträgen bei Kreditinstituten, bei denen die Kreditinstitute mit an Sicherheit grenzender Wahrscheinlichkeit davon ausgehen können, dass die Sparer ihre Spareinlagen nicht mehr geltend machen. In einem solchen Falle ist zwar eine rechtliche Verpflichtung zur Leistung vorhanden, eine tatsächliche Inanspruchnahme ist derweil völlig unwahrscheinlich; ein Vollausweis der rechtlichen Verpflichtung muss daher unterbleiben. Vgl. BFH, Urt. v. 27.3.1996, I R 3/95, BStBl. II 1996, S. 470.

248 Siehe für Körperschaftsteuerpflichtige ferner § 11 Abs. 2-4 KStG.

249 Genauso wenig würde man die Passivierungspflicht für eine Umweltschutzverpflichtung, z.B. zur Entgiftung eines betrieblichen Grundstücks, schon deswegen verneinen, wenn die Pflicht zur Abtragung und Entseuchung des oberen Erdreichs erst im Falle eines Eigentümerwechsels entsteht. Überträgt man die Auffassung des Gesetzgebers auf diesen Fall, könnte auch hier argumentiert werden, dass solange der Unternehmer keine feste Absicht gefasst hat, das Grundstück zu verkaufen oder sein Unternehmen zu liquidieren, er sich der Erfüllung dieser Verpflichtung „einseitig entziehen" könne.

konkret sind.[250] Überträgt man diese Fiktion auf passive latente Steuern, so wird ein Unternehmenserwerber sämtliche Verpflichtungen zur künftigen Steuerzahlung kaufpreismindernd einpreisen. Insbesondere wird er Teile der passiven latenten Steuern nicht allein deswegen außer Acht lassen, weil sie von unternehmerischer Disposition abhängen, die zugrundeliegenden Differenzen sich nicht „automatisch“ abbauen und/oder sich erst in ferner Zukunft realisieren.

Entscheidend ist folglich allein, dass eine zu versteuernde Differenz vorliegt und hieraus voraussichtlich künftige Steuermehrzahlungen erwachsen. Auf den genauen Zeitpunkt bzw. die Art des Abbaus dieser Differenz kommt es beim Ansatz einer Verbindlichkeitsrückstellung - im Gegensatz zur Verbindlichkeit - doch gerade nicht an: die Unsicherheit hinsichtlich Höhe, Bestehen und Fälligkeit der Verpflichtung (hier: der Steuermehrzahlung) ist eines ihrer Wesensmerkmale.[251] Unterbliebe dagegen eine Passivierung, würde das Eigenkapital unversteuert ausgewiesen, die Vermögenslage der Gesellschaft unzutreffend dargestellt und der ausschüttbare Betrag c.p. zu hoch ausgegeben. So begrüßt NAUMANN die Berücksichtigung „quasi-permanenter“ Differenzen ausdrücklich unter Hinweis auf die latenten Steuermehrbelastungen im Zusammenhang mit negativen Ergänzungsbilanzen eines Personengesellschafters, der sich dazu entschloss, seine Anteile zu verkaufen und bei dem die Veräußerungserträge durch die Steuerbelastungen teils überkompensiert wurden.[252]

Überdies ist darauf hinzuweisen, dass der Ansatz passiver latenter Steuern auf „quasi-permanente“ Differenzen nicht mit der Unternehmensfortführungsprämisse konfligiert.[253] Bei der Going-Concern-Prämisse handelt es sich um eine Bewertungsvorschrift

---

250 Vgl. KOZIKOWSKI / PASTOR (2012), § 249 HGB, Tz. 33; SCHEFFLER (2010a), B 233, Tz. 105; MOXTER (1992), S. 430.

251 Vgl. stellvertretend: HOMMEL (2011), § 249 HGB, Tz. 39-40; MAYER-WEGELIN (2010), § 249 HGB, Tz. 49-52. **Dies übersehen:** LÜDENBACH / FREIBERG (2011), S. 1583, dort Beispiel 4 (die Höhe der Steuerschuld sei völlig ungewiss und daher sei keine Subsumption unter § 249 HGB möglich). Genauso wenig überzeugt der dort anzutreffende Hinweis, wonach unsicher sei, ob es die Gewerbesteuer im Zeitpunkt des Abbaus der Differenz überhaupt noch gebe. Hier wird zum einen die Ansatz- mit der Bewertungsfrage vermengt und zum anderen die Rolle des Stichtagsprinzips verkannt.

252 Vgl. NAUMANN (2010), S. 693.

253 So aber unter Bezugnahme auf § 274 HGB a.F. statt vieler: EBERHARTINGER (2002), § 274 HGB, Tz. 44; KIRSCH (2003a), B 235, Tz. 22; KÜTING / SEEL (2010), S. 676. Ferner für das neue Recht: SIEGEL (2011), S. 81.

und nicht um eine Ansatzvorschrift.[254] Dies ergibt sich nicht nur aus der unzweifelhaften Einordnung in § 252 HGB „Allgemeine *Bewertungs*grundsätze", sondern auch aus der Entstehungsgeschichte zur Fortführungsprämisse. In seiner Entscheidung vom 03.12.1873, die das damalige zerschlagungsstatische Bilanzverständnis widerspiegelt, führt das ROHG aus:

> „Der Bilanz liegt hiernach in der That die Idee einer fingirten augenblicklichen allgemeinen Realisierung sämtlicher Activa und Passiva zum Grunde, wobei jedoch davon ausgegangen werden muß, daß in Wirklichkeit nicht die Liquidation, sondern vielmehr der Fortbestand des Geschäfts beabsichtigt wird und daß daher bei der Ermittelung und Feststellung der einzelnen Werthe derjenige Einfluß unberücksichtigt zu lassen ist, welchen eine Liquidation auf dieselben ausüben würde."[255]

Zerschlagungsstatiker wollten das Schuldendeckungspotential auf Basis des gemeinen Wertes ermitteln, allerdings ohne Berücksichtigung der besonderen Umstände einer Liquidation, z.B. Wertabschläge aus der Zwangslage des Liquidierenden (Notverkauf).[256] Hintergrund war hier der Objektivierungsgedanke, denn solche Wertabschläge sind höchst subjektiv. Verdienst von HERMANN VEIT SIMON als Begründer der Fortführungsstatik war u.a., dass er die Aktiva in „Veräußerungsgegenstände" (Umlaufvermögen) und „Betriebsgegenstände" (Anlagevermögen) unterteilte und für letztere die Bewertung zum unternehmensindividuellen „Gebrauchswert"[257] und nicht zum „Verkaufswert" forderte.[258] Dahinter stand die grundsätzliche Überlegung, dass bei einem Vermögensgegenstand, der dem Betrieb dienen soll, der Kaufmann sich nicht für dessen Veräußerungspreis (gemeiner Wert) interessiere, sondern für den Wert, den dieser für den Betrieb des Kaufmanns hat. Er trat damit bewusst[259] der zeitgenössischen Bewertungslehre entgegen. Der Kreis der Aktiven und Passiven (Ansatzfrage) ist dagegen in Zerschlagungs- und Fortführungsstatik fast völlig identisch.[260] Die Unternehmensfortführungsprämisse ist von ihrer Entstehungsgeschichte her eine *Bewertungs*vor-

---

254 Vgl. KARRENBROCK (1991), S. 224 f.

255 ROHG, Urt. v. 03.12.1873, 934/73, abgedruckt in: RÄTHE DES GERICHTSHOFES (HRSG.) (1874), S. 15-23, dort S. 19. Das Gesperrte im Original. Rechtschreibung wurde nicht angepasst. Das Urteil wird in Auszügen auch von MOXTER zitiert. Vgl. MOXTER (1976), S. 218 f.

256 Vgl. MOXTER (1976), S. 218.

257 Gebrauchswert war für ihn der Anschaffungspreis ggf. abzüglich Wertminderungen.

258 Vgl. im Folgenden: MOXTER (1976), S. 219 f.

259 Vgl. SIMON (1899), S. 291, dort heißt es: *„Diese Ansicht, daß für die Bewerthung der Bilanzposten der „objektive Werth" maßgeblich ist, erscheint uns unrichtig."*

260 Vgl. m.w.N.: MOXTER (1984a), S. 26-28.

schrift. Bei entstehungsgeschichtlich zutreffender Auslegung der Fortführungsprämisse kann der *Ansatz* einer Verbindlichkeitsrückstellung, deren Ansatzkriterien erfüllt sind, deshalb nicht unter Hinweis auf § 252 Abs. 1 Nr. 2 HGB abgewendet werden.

Außerdem müssen sich die Teile des Schrifttums, die „quasi-permanente" Differenzen nach dem Timing-Konzept unter Hinweis auf den Going Concern-Gedanken versagen, im selben Zuge aber die Berücksichtigung latenter Steuern auf ebendiese Differenzen nach dem Temporary-Konzept fordern, die Frage gefallen lassen, ob sie die **Fortführungsprämisse widerspruchslos anwenden.** Es ist schon bemerkenswert, die Berücksichtigung von Ergebnisunterschieden (Timing-Konzept), die sich erst bei Liquidation umkehren, als im Widerspruch mit dem Going Concern zu sehen, eine Berücksichtigung von Buchwertunterschieden (Temporary-Konzept), die sich erst bei Liquidation abbauen, dann aber nicht am Going Concern messen zu wollen.[261]

Doch selbst bei unzutreffender Unterstellung der Fortführungsprämisse für Ansatzfragen könnten „quasi-permanente" Differenzen nicht außer Acht gelassen werden. Sie bauen sich nicht ausschließlich durch Liquidation bzw. Zerschlagung ab, sondern durch Abgänge aller Art, d.h. auch durch räumliche Verlegung der Unternehmung erforderlich werdende Veräußerungsgeschäfte. Gerade *wegen* der Fortführungsprämisse einer Unternehmung (mit theoretisch unendlicher Lebensdauer) kann nicht seriös unterstellt werden, betriebsnotwendiges nicht abnutzbares Vermögen werde niemals im Zeitablauf in dieser Weise abgehen.

Schlussendlich kann der Nichtansatz von passiven latenten Steuern auf eine „quasi-permanente" Differenz (z.B. ein in der Handelsbilanz gegenüber der Steuerbilanz höher bewertetes Grundstück) auch nicht damit begründet werden, dass dies in dem Zeitpunkt nachgeholt werde, in dem eine den Abbau der Differenz auslösende unternehmerische Disposition tatsächlich gefasst oder absehbar werde (z.B. Entschlussfassung zum Verkauf des Grundstücks).[262] Bezogen auf das mit dem Temporary-Konzept bezweck-

[261] So aber wohl: KÜTING / SEEL (2010), S. 676 f.

[262] So aber bezogen auf § 274 HGB a.F.: KÜTING / SEEL (2010), S. 676; IDW-SABI (1988), S. 684. Sowie bezogen auf das neue Recht bei Personenunternehmen, die nicht mehr nach dem Going-Concern bilanzieren: IDW-HFA (2011), Tz. 16.

ten Ziel,[263] ändert dies nichts daran, dass in den Perioden bis zur Nachholung der Vermögensausweis unzutreffend ist, d.h. das Eigenkapital zu hoch ausgewiesen wird. Entsprechendes gilt für die Ausschüttungsbemessungsfunktion, gegen die bis zur „Nachholung“ verstoßen wird.[264] Der Hinweis auf eine mögliche Nachholung ist insoweit nicht geeignet, eine Berücksichtigung latenter Steuern auf „quasi-permanente“ Differenzen aufzuschieben.

Zusammenfassend ist festzuhalten, dass die Voraussetzungen für das Vorliegen einer Verbindlichkeitsrückstellung im HGB selbst dann gegeben sind, sofern die künftige Steuermehrbelastung aus dem Abbau einer „quasi-permanenten Differenz“ resultiert.

2.1.2.4.3 Erfolgsneutral entstandene Differenzen

Um die Vermögenslage der Gesellschaft zutreffend abzubilden, sind nach dem Temporary-Konzept auch die Steuerfolgen aus dem Abbau von erfolgsneutral entstandenen Bilanzdifferenzen im Jahresabschluss abzubilden. Im Folgenden wird untersucht, ob auch in diesem Sonderfall die Voraussetzungen für das Vorliegen einer Verbindlichkeitsrückstellung gegeben sind.

Hierbei können die Kriterien „Ungewissheit“ und „Außenverpflichtung“ mit Blick auf den oben[265] gemachten Sachvortrag weiterhin als erfüllt angesehen werden. Auch vom Nichtvorliegen der rechtlichen Entstehung der Verpflichtung am Bilanzstichtag ist weiterhin auszugehen. Insoweit kann die Untersuchung darauf beschränkt werden, ob die Verpflichtung zur künftigen Steuerzahlung aus dem Abbau einer erfolgsneutral entstandenen Bilanzdifferenz bereits im Zeitpunkt der Entstehung der Bilanzdifferenz (d.h. am Bilanzstichtag) als „wirtschaftlich verursacht“ gelten kann.

Von wirtschaftlicher Verursachung ist mit Rückgriff auf den Grundsatz der Abgrenzung von Aufwendungen der Sache nach auszugehen, sofern am Bilanzstichtag die Ausgaben

263 Bei einer Steuerabgrenzung auf Basis des Timing-Konzepts widerspräche eine solche Vorgehensweise der periodengerechten Gewinnermittlung. So käme es zu einer zusätzlichen Ergebnisverzerrung in der Periode, in der der Entschluss gefasst wird. Vgl. ausführlich mit Beispiel: KARRENBROCK (1991), S. 94 ff.

264 Siehe auch die mahnenden Worte von MOXTER hinsichtlich der Nachholung von bislang unterlassenen Altlastenrückstellungen: *„Die Nichtpassivierung erdrückender Lasten ist bekanntlich ein besonders berüchtigter Grundsatz ordnungswidriger Bilanzierung“* MOXTER (1992), S. 434.

265 Siehe oben D.2.1.2.4.1.

bereits erzielten (und nicht etwa künftigen) Erträgen in der handelsrechtlichen Erfolgsrechnung zugeordnet werden können. Dieser Zusammenhang zwischen bereits erzielten Erträgen und der Verpflichtung zur künftigen Steuerzahlung ist im Fall erfolgsneutral entstandener Differenzen nicht gegeben.[266] Dies lässt sich an der erfolgsneutral erfassten Vermögensmehrung im obigen Beispiel[267] illustrieren:

> Die (unrealisierte) Vermögensmehrung zum 31.12.t1 in Höhe von 200 GE wurde erfolgsneutral erfasst; dies löst eine erfolgsneutral entstandene zu versteuernde Differenz aus. In t2 wird die Vermögensmehrung als Ertrag ausgewiesen und muss versteuert werden. Im Zeitpunkt der Entstehung der Differenz (t1) ist die künftige Steuermehrbelastung einem *künftigen* Ertrag zuzurechnen, so dass die wirtschaftliche Verursachung am 31.12.t1 nicht vorliegt.

Wenn demnach künftige Steuermehrbelastungen infolge erfolgsneutral entstandener Bilanzdifferenzen nicht als Verbindlichkeitsrückstellung abgebildet werden können, so könnte alternativ der Ansatz als Rückstellung für drohende Verluste aus schwebenden Geschäften und Dauerschuldverhältnissen (§ 249 Abs. 1 S. 1 2. Alt. HGB) geprüft werden. Deren Ansatz ergibt sich nicht aus dem Realisationsprinzip (Rückbeziehung künftiger Aufwendungen auf erzielte Erträge), sondern aus dem Imparitätsprinzip, d.h. der Überschuss *künftiger* Aufwendungen über *künftige* Erträge wird passiviert.[268] In concreto könnte die künftige Steuermehrbelastung aus dem Abbau einer erfolgsneutral entstandenen Differenz als „drohender Verlust“ zu interpretieren sein. Allerdings scheitert ein derartiges Unterfangen bereits daran, dass Ertragsteuern gegenleistungslos sind und insoweit kein Verpflichtungsüberhang vorliegen kann. Außerdem wird die Gegenüberstellung künftiger Aufwendungen mit künftigen Erträgen aus Objektivierungsgründen auf schwebende Verträge und Dauerschuldverhältnisse (im bilanzrechtlichen Sinne) beschränkt.[269] Eine Subsumption von künftigen Steuermehrzahlungen an den Fiskus unter den Drohverlustrückstellungen scheidet daher aus.

---

266 **Gl.A.** SIEGEL (2011), S. 82.
267 Siehe oben C.1.4.
268 Vgl. MOXTER (1992), S. 435.
269 Vgl. MOXTER (1992), S. 435.

Nicht unerwähnt bleiben kann, dass es im Schrifttum[270] durchaus gewichtige Stimmen gibt, die für eine erfolgsneutrale Passivierung von künftigen Steuerbelastungen *bereits nach überkommenem Recht* im Falle von bestimmten Beschaffungsvorgängen (z.B. im Rahmen der Übernahmebilanzierung oder bei der Abbildung eines *share deals* im Konzernabschluss) eintreten. Werden beispielsweise im Rahmen eines Einbringungsvorgangs stille Reserven nur handelsrechtlich aufgedeckt, während in der Steuerbilanz des übernehmenden Rechtsträgers die Buchwerte des Einbringenden fortgeführt werden, so sei die latente Steuerbelastung infolge der Aufdeckung der stillen Reserven nach § 274 Abs. 1 i.V.m. § 249 Abs. 1 S. 1 HGB a.F. als Steuerrückstellung zu passivieren; schließlich sei die Übernahme der latenten Steuerverpflichtung aus Sicht des übernehmenden Rechtsträgers ein Teil von dessen Gegenleistung, so dass es bei einer Nichtpassivierung der Steuerverpflichtung zu einer Überbewertung der Sacheinlage komme.[271] Allerdings werden die Voraussetzungen für das Vorliegen einer Rückstellung nach § 249 HGB in diesen Fällen der Erwerbsbilanzierung von den Befürwortern dieser Auffassung nur behauptet, nicht aber geprüft.[272] Teils wird vertreten, dass die Notwendigkeit zur erfolgsneutralen Passivierung der Steuerlast eine Konsequenz aus der wirtschaftlich zutreffenden Ermittlung der stillen Reserven und Lasten sowie des Geschäfts- oder Firmenwerts sei.[273]

Zwar wird man wohl eingestehen müssen, dass es in Anbetracht der zahlreichen Befürworter einer erfolgsneutralen Passivierung von künftigen Steuerbelastungen im Rahmen der Erwerbs- und Übernahmebilanzierung nicht versagt werden kann, passive latente Steuern in diesen Fällen auch ohne Rückgriff auf § 274 HGB erfolgsneutral zu bilanzieren. Allerdings ändert dies nichts an der Tatsache, dass das Kriterium der wirtschaftlichen Verursachung im Fall erfolgsneutral entstandener Bilanzdifferenzen nicht erfüllt ist und somit der Auffassung dieser Autoren nicht gefolgt werden kann.

---

270 So etwa WP-HANDBUCH BD. 1 (2006), Abschn. F, Tz. 342; ADS (1994 ff.), § 306 HGB, Tz. 27; FÖRSCHLE / DEUBERT (2006), § 301 HGB, Tz. 82 m.w.N.; FÖRSCHLE / HOFFMANN (2008), Abschn. K, Tz. 37; BAUMANN (1998), § 306 HGB, Tz. 21; HÖRTNAGL (2009), § 24 UmwG, Tz. 25; SCHNICKE / FISCHER (1995), § 306 HGB, Tz. 11; ADS (1994 ff.), § 301 HGB, Tz. 94 f. m.w.N.; ADS (1994 ff.), § 255 HGB, Tz. 67 m.w.N.; LANFERMANN (1987), S. 300.

271 So z.B. WP-HANDBUCH BD. 1 (2006), Abschn. F, Tz. 342 (dort mit der widersprüchlichen Forderung, Steuerbelastungen infolge „quasi-permanenter" Differenzen nicht zu passivieren).

272 So bei WP-HANDBUCH BD. 1 (2006), Abschn. F, Tz. 342; HÖRTNAGL (2009), § 24 UmwG, Tz. 25.

273 So ADS (1994 ff.), § 301 HGB, Tz. 94 mit Verweis auf LANFERMANN (1987), S. 300.

Insgesamt ist daher festzuhalten, dass die Steuermehrbelastung aus dem Abbau einer erfolgsneutral entstandenen Bilanzdifferenz nicht unter § 249 Abs. 1 S. 1 HGB zu fassen ist, da es an der wirtschaftlichen Verursachung der Verpflichtung mangelt. Die oben[274] an der Entscheidung des Gesetzgebers geäußerte Kritik, passive latente Steuern als Sonderposten und nicht als Rückstellung auszuweisen, ist insoweit abzumildern.

Gleichwohl hat der Gesetzgeber damit einen **wenig informativen Mischposten** geschaffen, der einerseits in weit überwiegender Zahl aus Rückstellungen besteht und andererseits - in seltenen Fällen - um erfolgsneutral gebildete passive latente Steuern angereichert wird, die nicht unter das tradierte Bilanzschema fallen. Dieses Ergebnis kann insoweit **nicht befriedigen.**[275] Die Bilanzadressaten werden über den tatsächlichen Umfang der Rückstellungen getäuscht und über den bilanziellen Charakter passiver latenter Steuern fehlgeleitet. Wenn der Wille des Gesetzgebers umgesetzt werden soll, nach dem auch solche Steuermehrbelastungen, die aufgrund von erfolgsneutral entstandenen Differenzen am Bilanzstichtag absehbar werden, in Bilanz und GuV (und nicht nur im Anhang) zu bilanzieren sind, so bedarf es hierfür einer bilanziellen Sonderregelung. Das Gros passiver latenter Steuern sollte dagegen gesondert unter den Steuerrückstellungen ausgewiesen werden.

2.1.3 Aktive latente Steuern

2.1.3.1 Vorbemerkung

Bei wirtschaftlicher Betrachtung handelt es sich bei aktiven latenten Steuern um Ertragsteuervorauszahlungen für aus handelsrechtlicher Sicht erst künftig anfallende Erträge. Haben Periodisierungsunterschiede zwischen der handels- und steuerrechtlichen Erfolgsrechnung dazu geführt, dass Buchwertunterschiede zwischen Handels- und Steuerbilanz bestehen, die sich im Zeitablauf abbauen und zu einer voraussichtlichen Steuerminderzahlung führen (abzugsfähige Differenzen), so stellt sich das

---

274 Siehe oben D.2.1.2.4.2.

275 **A.A.** KÜHNE / MELCHER / WESEMANN (2009), S. 1007 f.; SIEGEL (2011), S. 88, die allerdings auch Steuermehrzahlungen infolge des Abbaus „quasi-permanenter Differenzen" nicht vom Rückstellungsbegriff gedeckt sehen. Bemerkenswert auch die abweichende Auffassung von EGGERT (2011), S. 320 („*Es* [= die Einordnung passiver latenter Steuern als Sonderposten, Anmerkung des Verf.] *handelt sich um eine gesetzliche Definition, die vom Gesetzgeber auch so gewollt ist. Ob sie auch richtig ist, (...), ist eine völlig andere Frage.*").

Problem aktiver latenter Steuern. Mit anderen Worten, das am Bilanzstichtag vorhandene Vermögen ist mit Steuern belastet, obwohl die dazugehörigen Erträge (aus handelsrechtlicher Sicht) noch nicht zu einer Erhöhung dieses Vermögens geführt haben. Der wirtschaftliche Wert der Ertragsteuervorauszahlung für die Perioden, in denen sich die abzugsfähige Differenz abbaut, soll dem Jahresabschlussadressaten bereits in der Berichtsperiode kommuniziert werden. Wirtschaftliche Werte finden ihren Niederschlag auf der Aktivseite der Bilanz. Im Folgenden wird zunächst vom Vorliegen einer einzelnen abzugsfähigen Differenz ausgegangen.

2.1.3.2 Einordung als Rechnungsabgrenzungsposten

Für den Ansatz einer aktiven latenten Steuer als Rechnungsabgrenzungsposten im HGB kommt es nur darauf an, ob aktive latente Steuern die Voraussetzungen von § 250 Abs. 1 HGB erfüllen. Inhaltlich handelt es sich bei aktiven transitorischen Rechnungsabgrenzungsposten typischerweise um vertraglich oder öffentlich-rechtlich fixierte finanzielle Vorleistungen des bilanzierenden Unternehmens, bei denen ein Anspruch auf zeitlich bestimmte Gegenleistungen erworben wird. Nach § 250 Abs. 1 HGB sind Ausgaben, die zwar vor dem Abschlussstichtag anfallen aber Aufwand für eine bestimmte Zeit nach diesem Stichtag sind, aktiv abzugrenzen. Ausgehend vom Wortlaut müssen drei Bedingungen kumulativ erfüllt sein.[276] Erstens muss eine „Ausgabe vor dem Stichtag“ vorliegen, zum anderen hat diese Ausgabe „Aufwand einer späteren Periode“ darzustellen. Schließlich muss die Zeit nach dem Stichtag hinreichend bestimmbar sein.

Bereits die erste Voraussetzung für das Vorliegen eines Rechnungsabgrenzungspostens scheint nicht erfüllt zu sein. So stellen aktive latente Steuern zwar Steuervorauszahlungen für handelsrechtlich erst in einer späteren Periode entstehende Gewinne dar, allerdings müssen diese Steuervorauszahlungen bis zum Bilanzstichtag nicht zwangsläufig zu einem Zahlungsmittelabfluss an den Fiskus geführt haben. Denkbar ist, dass lediglich eine Steuerverbindlichkeit bilanziert wurde. Doch steht diese mangelnde Zahlungsunterlegung einer Ausgabe i.S.d. § 250 Abs. 1 HGB nicht entgegen, da unter

---

276 Vgl. im Folgenden statt vieler: HÖMBERG / KÖNIG (2009), § 250 HGB, Tz. 21 ff.; WIEDMANN (2003), § 250 HGB, Tz. 6; KUPSCH (2002), § 250 HGB, Tz. 15.

dem Begriff der Ausgabe nach ganz h.M.[277] neben baren und unbaren Zahlungsvorgängen auch Verbindlichkeitszunahmen, Forderungsabnahmen oder Tauschvorgänge zu fassen sind. Einer aktiven latenten Steuer liegt somit eine Ausgabe vor dem Stichtag zugrunde.

Die zweite Voraussetzung für das Vorliegen eines aktivischen transitorischen Rechnungsabgrenzungspostens ist, dass die Ausgaben ihre Erfolgswirkung (Aufwand) erst zu einem späteren Zeitpunkt entfalten. Maßgeblich hierfür sind die handelsrechtlichen Periodisierungsprinzipien,[278] genauer der Zeitpunkt der wirtschaftlichen Verursachung der Ausgabe.[279] Liegt dieser Zeitpunkt nach dem Bilanzstichtag, so handelt es sich bei der Ausgabe um Aufwand einer späteren Periode. Ausgaben sind nach dem Grundsatz der Abgrenzung von Aufwendungen der Sache nach genau dann wirtschaftlich verursacht (und folglich als Aufwendungen im abgelaufenen Geschäftsjahr zu erfassen), wenn sie am Bilanzstichtag bereits erzielten (und nicht etwa künftigen) Erträgen in der handelsrechtlichen Erfolgsrechnung zugeordnet werden können. Abzugsfähige Differenzen haben ihre Ursache typischerweise darin, dass Erträge in der Handelsbilanz später als in der Steuerbilanz erfasst werden. Insoweit kann die Steuervorauszahlung (= die Ausgabe i.S.d. Vorschrift) infolge der Entstehung einer abzugsfähigen Differenz zu diesem Zeitpunkt nur (aus handelsrechtlicher Sicht) künftigen Erträgen zugeordnet werden. Damit aber ist die wirtschaftliche Verursachung in der Entstehungsperiode der Differenz (noch) nicht gegeben. Folglich ist die Ausgabe i.S.d. Vorschrift kein Aufwand für das abgelaufene Geschäftsjahr, sondern Aufwand für eine Zeit nach dem Abschlussstichtag. Dies spricht dafür, die zweite Voraussetzung als erfüllt anzusehen.

Allerdings legt der BFH[280] den Aufwandsbegriff bei transitorischen Rechnungsabgrenzungsposten aus Objektivierungsgründen äußerst restriktiv aus.[281] Ungeachtet des Wort-

---

[277] Vgl. BAETGE / KIRSCH / THIELE (2011), S. 522; HÖMBERG / KÖNIG (2009), § 250 HGB, Tz. 22; ADS (1994 ff.), § 250 HGB, Tz. 25-27; TRÜTZSCHLER (2010), § 250 HGB, Tz. 56; KUPSCH (2002), § 250 HGB, Tz. 18-25; ELLROTT / KRÄMER (2012), § 250 HGB, Tz. 18; HAYN (2005), B 218, Tz. 17; TIEDCHEN (2006), Tz. 71; HOFFMANN / LÜDENBACH (2012), § 250 HGB, Tz. 28. **A.A.** SCHULZE-OSTERLOH (2006), § 42 GmbHG, Tz. 178 (nur Zahlungs- und Tauschvorgänge).

[278] Siehe hierzu bereits oben D.2.1.2.4.1.

[279] Vgl. TIEDCHEN (2006), Tz. 75; TRÜTZSCHLER (2010), § 250 HGB, Tz. 60; SCHULZE-OSTERLOH (2006), § 42 GmbHG, Tz. 179 m.w.N.

[280] BFH, Urt. v. 12.8.1982, IV R 184/79, BStBl. II 1982, S. 696; BFH, Urt. 25.10.1994, VII R 65/91, BStBl. II 1995, S. 312; BFH, Urt. v. 19.06.1997, IV R 16/95, BStBl. II 1997, S. 808. Siehe ferner folgende Urteile in Bezug auf PRAP, bei denen auch eine zeitbezogene Gegenleistung gefordert

lauts von § 250 Abs. 1 HGB liegt Aufwand i.S.d. Vorschrift hiernach nur vor, sofern **zusätzlich** ein unmittelbarer Zusammenhang zwischen der Ausgabe und einer zeitbezogenen **Gegenleistung** besteht.[282] Soweit ersichtlich, folgt der überwiegende Teil des Schrifttums dieser restriktiven Auslegung.[283] Steuern werden per Definition ohne Gegenleistung erhoben (§ 3 Abs. 1 AO); dies grenzt sie von z.B. vorausbezahlten Mieten, Versicherungsprämien, Gebühren oder Beiträgen ab. Im Falle aktiver latenter Steuern scheitert dieser Zusammenhang zwischen Ausgabe und zeitbezogener Gegenleistung aufgrund des Fehlens einer konkreten Gegenleistung. Nur falls den strengeren Objektivierungskriterien des BFH gefolgt wird, ist die zweite Voraussetzung nicht erfüllt.

Das dritte Kriterium, welches die Bestimmtheit des Zeitraums erfordert, in dem die Ausgabe erfolgswirksam wird, ist in der Literatur umstritten.[284] Nach überkommener Auffassung musste die Zeit, in der sich der Aufwand realisiert, kalendermäßig exakt bestimmbar sein, d.h. Anfangs- und Endzeitpunkt mussten bekannt sein. Angestoßen durch Entscheidungen des BFH legt eine sich auf dem Vormarsch befindliche Auffassung[285] ein weniger strenges Kriterium zugrunde: eine Bestimmung des Zeitraums, oder zumindest eines Mindestzeitraums, durch Rückgriff auf rechnerische Methoden (z.B. Schätzungen auf Basis von Statistiken) reicht aus.[286] Bezogen auf aktive latente Steuern wäre somit erforderlich, dass sich der voraussichtliche Anfangs- und Endzeitpunkt des Zeitraums vom Abbau der abzugsfähigen Differenz annähernd

wird: BFH, Urt. v. 17.07.1974, I R 195/72, BStBl. II 1974, S. 684; BFH, Urt. v. 31.05.1967, I 208/63, BB 1967, S. 1155; BFH, Urt. v. 24.8.1983, I R 16/79, BStBl. II 1984, S. 273.

281 Vgl. MOXTER (2007), S. 72 f. m.w.N.

282 Vgl. HÖMBERG / KÖNIG (2009), § 250 HGB, Tz. 33-35; HAYN (2005), B 218, Tz. 19 f.; H 5.6 EStR („zeitbezogene Gegenleistung"); FG Hessen, Urt. v. 06.11.2008, 9 K 2244/04, DStRE 2010, S. 329; WINNEFELD (2006), Abschn. D, Tz. 724.

283 Vgl. ELLROTT / KRÄMER (2012), § 250 HGB, Tz. 20 (differenzieren nach im abgelaufenen Jahr empfangenen Gegenleistungen und erst künftig zu erwartenden Gegenleistungen); KUPSCH (2002), § 250 HGB, Tz. 26 ff.; TRÜTZSCHLER (2010), § 250 HGB, Tz. 60 (spricht von einer wirtschaftlichen Entstehung oder dem Zufluss des Gegenwerts); KIRSCH (2011a), § 250 HGB, Tz. 66 ff.; HÖMBERG / KÖNIG (2009), § 250 HGB, Tz. 33. **Anders aber:** HOFFMANN (2010), S. 82 (sieht in der Gegenleistung mangels expliziter Erwähnung im Gesetzeswortlaut kein gesetzliches Tatbestandsmerkmal).

284 Vgl. zum Meinungsstand: TIEDCHEN (2006), Tz. 85 ff.

285 Vgl. m.w.N. TRÜTZSCHLER (2010), § 250 HGB, Tz. 66.

286 Vgl. BFH, Urt. v. 09.12.1993, IV R 130/91, BStBl. II 1995, S. 202; H 5.6 EStR, „Bestimmte Zeit"; BMF (1995), S. 491.

bestimmen[287] lässt. Dies mag beim Abbau abzugsfähiger Differenzen zwar als erfüllt anzusehen sein.[288] Doch fehlt es am kalenderzeitproportionalen Abbau der Leistungsverpflichtung.[289] Im Gegensatz zu Mieten oder Versicherungsprämien werden Ertragsteuern auf Basis des zu versteuernden Einkommens eines Wirtschaftsjahres bzw. Erhebungszeitraums ermittelt und lassen sich auch nicht sinnvoll auf die einzelnen Monate des Wirtschaftsjahres verteilen. Somit können Ertragsteuern nicht kalenderzeitproportional abgerechnet werden.

Der Ansatz einer aktiven latenten Steuer als Rechnungsabgrenzungsposten ist mit dem HGB unvereinbar,[290] da nur zwei (bei strenger Auslegung des § 250 HGB: nur eine) der drei Voraussetzungen des § 250 Abs. 1 HGB erfüllt sind (ist).

2.1.3.3 Einordnung als Vermögensgegenstand

Die abstrakte Bilanzierungsfähigkeit eines Vermögensgegenstandes ist im HGB nicht legaldefiniert.[291] Aufgrund von § 246 Abs. 1 S. 1 HGB, in dem eine Übersicht über das Vermögen und die Schulden gefordert wird, ist das Vorliegen eines Vermögensgegenstands dann zu bejahen, wenn diesem ein abgrenzbares Nutzenpotential innewohnt, das der Schuldendeckung oder -begleichung dienen kann (**statisches Bilanzverständnis**).[292] Durch die statische Ausrichtung der Aktivierungskonzeption wird der Ausschüttungsbemessungsfunktion gedient, da andernfalls Werte, die nicht zur Begleichung von Schulden geeignet sind, aktiviert werden könnten und somit den ausschüttbaren Gewinn erhöhten. Kennzeichen dieser statischen Aktivierungskonzeption sind dann auch die strengen Anforderungen, die an die Objektivierung dieses Nutzenpotentials gestellt

---

287 Zur Zulässigkeit der Schätzung vgl. m.w.N. BAETGE / KIRSCH / THIELE (2011), S. 526 f.; BFH, Urt. v. 09.12.1993, IV R 130/91, BStBl. II 1995, S. 202; BFH, Urt. v. 25.10.1994, VIII R 65/91, BStBl. II 1995, S. 312. Eine Schätzung wird teils aufgrund des Vorsichtsprinzips nur für passive transitorische Rechnungsabgrenzungsposten zugelassen. Vgl. CREZELIUS (1998), S. 638. Insoweit trägt diese Diskussion für aktive latente Steuern nichts bei.

288 So z.B. HILLE (1982), S. 203; JONAS (1980), S. 234.

289 Vgl. im Folgenden bereits: KARRENBROCK (1991), S. 121 f.

290 **Gl.A.** BALLWIESER (2009), B 131, Tz. 63; SIEGEL (2011), S. 90 f.

291 Vgl. statt aller: COENENBERG / HALLER / SCHULTZE (2012), S. 76; THIELE (2002), § 246 HGB, Tz. 31; ADS (1994 ff.), § 246 HGB, Tz. 9.

292 Vgl. BAETGE / KIRSCH / THIELE (2011), S. 157 f.; SCHULZE-OSTERLOH (2006), § 42 GmbHG, Tz. 77.

werden. So wird nicht nur[293] vorausgesetzt, dass der Vermögensgegenstand selbständig bewertbar[294] ist, sondern auch in Geld umgewandelt werden kann, d.h. ihm eine **selbständige Verkehrsfähigkeit** zukommt.[295]

Was unter selbständiger Verkehrsfähigkeit konkret zu verstehen ist, ist zwar im Detail umstritten;[296] nach ganz h.M.[297] muss der Vermögensgegenstand aber hierzu einzeln zu veräußern sein; dies ist bei Sachen, Rechten und Patenten unproblematisch. Doch auch potentiell entgeltliche Nutzungsüberlassungen z.B. bei mit einem vertraglichen oder gesetzlichen Veräußerungsverbot belegten Schutzrechten werden als ausreichend gesehen.[298] Insoweit sind konkrete individuelle Verwertbarkeitsbeschränkungen irrelevant;[299] auch die unfreiwillige Verwertbarkeit im Wege einer Pfändung wird als ausreichend gesehen.[300] Alles in allem genügt es somit, dass ein isolierbarer wirtschaftlicher Vorteil gegenüber einem Dritten verwertet und so ein Beitrag zur Schuldendeckung geleistet werden kann. Nicht ausreichend ist es, wenn der wirtschaftliche Vorteil nur mit der gesamten Unternehmung verwertet werden kann, also für eine Verwertung das Unternehmen verkauft werden müsste.[301]

Während eine selbständige Bewertbarkeit und ein potentielles wirtschaftliches Nutzenpotential bei aktiven latenten Steuern noch als erfüllt angesehen werden können, erfüllen sie das Kriterium der selbständigen Verkehrsfähigkeit nicht. Zwar wird der künftige Abbau der abzugsfähigen Differenz zu einer Reduktion des steuerlichen Gewinns führen. Am Bilanzstichtag ergibt sich hieraus wegen § 38 AO kein Steuererstattungsanspruch, da der Tatbestand, an den das Gesetz die Leistungspflicht

---

293 Für das Vorliegen eines Wirtschaftsgutes - dem Pendant des Vermögensgegenstandes im Steuerrecht - genügt nach h.M. indessen das Teilkriterium der selbständigen Bewertbarkeit. Vgl. m.w.N. WINNEFELD (2006), Abschn. D, Tz. 419.

294 Hierfür ist es erforderlich, dass eine abgrenzbare Bewertung des Gutes innerhalb des Gesamtvermögens als Einzelheit möglich ist. Dies ergibt sich aus dem Einzelbewertungsgrundsatz. Zum Kriterium der selbständigen Bewertbarkeit vgl. MOXTER (1987), S. 1847-1849; MOXTER (2007), S. 8 f.

295 Vgl. THIELE (2002), § 246 HGB, Tz. 35.

296 Vgl. m.w.N. BAETGE / KIRSCH / THIELE (2011), S. 160 f.; THIELE (2002), § 246 HGB, Tz. 35-45.

297 Vgl. WINNEFELD (2006), Abschn. D, Tz. 416; THIELE (2002), § 246 HGB, Tz. 45; ADS (1994 ff.), § 246 HGB, Tz. 20; KIRSCH (2011), § 246 HGB, Tz. 56.

298 Vgl. WINNEFELD (2006), Abschn. D, Tz. 420; KIRSCH (2011), § 246 HGB, Tz. 56.

299 Vgl. COENENBERG / HALLER / SCHULTZE (2012), S. 76.

300 Vgl. TIEDCHEN (1991), S. 59; SCHULZE-OSTERLOH (2006), § 42 GmbHG, Tz. 77; ADS (1994 ff.), § 246 HGB, Tz. 28; THIELE (2002), § 246 HGB, Tz. 45.

301 Vgl. BAETGE / KIRSCH / THIELE (2011), S. 163-164.

knüpft, erst **nach** dem Bilanzstichtag erfüllt ist. Somit besteht kein abtretungsfähiger[302] Erstattungsanspruch gegen den Fiskus, also auch kein in irgendeiner Form verwertbarer Beitrag zur Schuldendeckung.

Überdies ist ungewiss, ob aus der Reduktion des steuerlichen Gewinns in der Periode des Abbaus der abzugsfähigen Differenz jemals eine Steuerminderzahlung in der am Bilanzstichtag erwarteten Höhe entstehen wird. Sollten in der Abbauperiode beispielsweise operative Verluste erwirtschaftet werden, wirkt sich der Abbau der abzugsfähigen Differenz nicht aus, denn das „zu versteuernde Einkommen" (§ 2 Abs. 5 EStG) kann nicht negativ werden,[303] was zur Folge hat, dass sich der Fiskus in Verlustjahren nicht mit negativen Steuerzahlungen beteiligt. Der Eintritt der Steuerminderzahlung ist damit aber grundsätzlich davon abhängig, dass in der Abbauperiode positive steuerliche Gewinne in entsprechender Höhe erzielt werden. Somit sind die tatsächlich eintretenden Steuerfolgen, die aus dem Abbau einer abzugsfähigen Differenz erwachsen können, unbestimmt. Der wirtschaftliche Vorteil aus einer derart unsicheren Steuerminderzahlung kann nicht als abstrakt bilanzierungsfähiger Vermögensgegenstand aufgefasst werden. Aufgrund dieser Ungewissheit sind aktive latente Steuern daher (analog zu passiven latenten Steuern, die ungewisse Verbindlichkeiten darstellen) als „ungewisse Forderungen" zu begreifen.[304] Aktive latente Steuern erfüllen somit nicht die Voraussetzungen für das Vorliegen eines Vermögensgegenstands:[305] Sie können nicht gewinnerhöhend aktiviert werden.[306]

Im Gegensatz zur Passivierung ungewisser Verbindlichkeiten steht die Aktivierung „ungewisser Forderungen" mit der vorsichtigen Gewinnermittlung in Konflikt. So verstößt der Ansatz einer aktiven latenten Steuer gegen das Realisationsprinzip (§ 252 Abs. 1 Nr. 4 HGB).[307] Das Realisationsprinzip ist zwar zuvorderst ein allgemeiner Be-

---

302 Vgl. HENNIG (1982), S. 172 f.

303 In einem solchen Fall kämen allenfalls steuerliche Verlustvorträge oder ein Verlustrücktrag in Betracht; doch auch diese verlangen, dass zumindest irgendwann einmal steuerliche Gewinne erwirtschaftet werden.

304 Vgl. KARRENBROCK (1991), S. 117.

305 **Gl.A.** NEUMANN (1992), S. 94; HENNIG (1982), S. 173; KARRENBROCK (1991), S. 117; HILLE (1982), S. 201; SIEGEL (2011), S. 92.

306 Demgegenüber stellen aktive latente Steuern einen Vermögenswert (*asset*) im Abschluss nach IFRS dar und werden unter der Bezeichnung „Aktive latente Steuern" gesondert ausgewiesen. Vgl. KARRENBROCK (2007), Tz. 163 und 186.

307 Vgl. KARRENBROCK (1991), S. 127. Zuletzt auch: SIEGEL (2011), S. 152.

wertungsgrundsatz, wirkt sich aber ebenfalls auf den Kreis der Aktiven und Passiven aus.[308] Überträgt man die umsatzgebundene Ertragsrealisation auf die Bilanzierung von Forderungen, die nicht aus Umsatzgeschäften stammen, so gelten diesbezügliche Erträge erst dann als realisiert, wenn mit ihnen eine rechtswirksame Vermögensänderung verbunden ist.[309] Die Steuerfolgen aus dem Abbau einer abzugsfähigen Differenz wären erst mit Ausfertigung des Steuerbescheids erfolgswirksam zu berücksichtigen. Zu diesem Zeitpunkt aber, kann von einer unsicheren Forderung keine Rede mehr sein.

2.1.3.4 Einordnung als Bilanzierungshilfe oder Sonderposten

Da aktive latente Steuern weder die Voraussetzungen für den Ansatz als Rechnungsabgrenzungsposten noch als Vermögensgegenstand erfüllen, liegt eine Erörterung eines Ansatzes als *Bilanzierungshilfe* nahe. Schließlich stufte das überkommene Recht nach dem BiRiLiG den Aktivüberhang an latenten Steuern als Bilanzierungshilfe ein (§ 274 Abs. 2 S. 1 HGB a.F.). Allerdings dekretierte der Gesetzgeber sowohl im Referenten-[310] als auch im Regierungsentwurf[311] zum BilMoG, dass eine Einordnung aktiver latenter Steuern als Bilanzierungshilfe ausscheide und somit nur ein Ausweis als *Sonderposten* in Betracht kommen könne. Eine inhaltliche Rechtfertigung für diese Einordnung sucht man in den Gesetzesmaterialien vergebens.

Bilanzierungshilfen stellen „Billigkeitsmaßnahmen" dar[312] und sind im HGB nicht legaldefiniert, was sie besonders auslegungsbedürftig macht.[313] Sie treten de facto in zwei Ausprägungen auf:[314]

> **Typ A**: ausschüttungsgesperrte Posten, die zwar (abstrakte) Bilanzierungsfähigkeit als Rechnungsabgrenzungsposten oder Vermögensgegenstand besitzen, für die jedoch nur ein Aktivierungswahlrecht (und keine -pflicht) vorgesehen ist (z.B. § 248 Abs. 2 HGB n.F.).

---

308 Vgl. MOXTER (1984a), S. 163.

309 Vgl. LEFFSON (1987), S. 269 f.; SCHÄFER (1977), S. 30 f.

310 Vgl. BMJ (8.11.2007), S. 139.

311 Vgl. BR-DRUCKS. 344/08 (23.5.2008), S. 146; BT-DRUCKS. 16/10067 (30.07.2008), S. 67.

312 Vgl. RICHTER (1990), Tz. 1.

313 Vgl. statt aller: KALABUCH (1994), S. 322.

314 Systematisierung in Anlehnung an: BALLWIESER (2009), B 131, Tz. 3.

Typ B: ausschüttungsgesperrte Posten, die nicht bilanzierungsfähig als Rechnungsabgrenzungsposten oder Vermögensgegenstand sind, aber trotzdem aktiviert werden dürfen (z.B. §§ 269, 274 HGB a.F.).

Den beiden Typen ist gemeinsam, dass es sich um Aktivierungswahlrechte handelt, wobei für den aktivierten Betrag eine explizite Ausschüttungssperre kodifiziert ist. Analog hierzu sieht der neugefasste § 274 HGB hinsichtlich der Aktivierung eines Aktivüberhangs an latenten Steuern sowohl ein Wahlrecht als auch eine Ausschüttungssperre vor. **Gemessen an diesen Gemeinsamkeiten scheint bei § 274 Abs. 1 S. 2 HGB n.F. der Typ B einer Bilanzierungshilfe vorzuliegen.**

Letztlich entscheidend für die Beurteilung, ob eine Bilanzierungshilfe vorliegt, sind die mit ihr verfolgten Zwecke.[315] Die Gründe, die für die Existenz von Bilanzierungshilfen genannt werden, sind ausgesprochen vielfältig. So war Zweck für die Bilanzierungshilfe gemäß § 269 HGB a.F. die Vermeidung von Unterbilanzen und somit die Verhinderung von gesellschaftsrechtlichen Verlustanzeigepflichten (§ 92 Abs. 1 AktG).[316] Die überkommene Bilanzierungshilfe des § 274 Abs. 2 HGB a.F. sollte dagegen die Bildung von steuerlich nicht anerkannten Aufwandsrückstellungen gemäß § 249 Abs. 2 HGB a.F. erleichtern, weil *„das Jahresergebnis nur in Höhe des zurückgestellten Betrages und nicht auch noch in Höhe der darauf zunächst zu bezahlenden Steuern belastet wird"*[317].[318] Demgegenüber wurde das Aktivierungswahlrecht des § 248 Abs. 2 S. 1 HGB n.F. hauptsächlich deswegen implementiert, um es (in innovativen Branchen tätigen) kleinen und mittelständischen Unternehmen zu ermöglichen, durch die Aktivierung selbst erstellter immaterieller Vermögensgegenstände des Anlagevermögens die Außendarstellung und die Kapitalbeschaffung zu verbessern.[319] Auf den

---

[315] Vgl. zu dieser Vorgehensweise: BUSSE VON COLBE (1986), 89 f.

[316] Für weitere im zeitgenössischen Schrifttum angeführte Gründe vgl. COMMANDEUR (1986), S. 49 ff.; KALABUCH (1994), S. 323 f.

[317] BT-DRUCKS. 10/4268 (18.11.1985), S. 107.

[318] Kritisch hierzu: MATSCHKE (1986), § 274 HGB, Tz. 9 f.; KARRENBROCK (1991), S. 212 f.

[319] Vgl. BMJ (8.11.2007), S. 97 f.; BR-DRUCKS. 344/08 (23.5.2008), S. 106; BT-DRUCKS. 16/10067 (30.07.2008), S. 49. **Stellungnahme**: Zwar mag es zutreffen, dass originäre immaterielle Vermögensgegenstände des Anlagevermögens für kleinere und mittelständische Unternehmen in innovationsträchtigen Branchen in der Tat eine besondere Bedeutung haben. Die Absicht des Gesetzgebers mit § 248 Abs. 2 HGB n.F. derartigen Gesellschaften die Kapitalaufnahme zu erleichtern, ist jedoch naiv. Potentielle Kreditgeber werden, sofern sie sich nicht gleich die Steuerbilanz (§ 5 Abs. 2 EStG!) vorlegen lassen, diese unsicheren Posten - wie wohl jede Bilanzierungshilfe oder jeden „per Fiktion" zum Vermögensgegenstand erhobenen Aktivposten -

kleinsten gemeinsamen Nenner gebracht, werden Bilanzierungshilfen aus „bilanzfremden Gründen“ gewährt.[320] Bilanzfremde Gründe leisten keinen Beitrag zu den tradierten Jahresabschlusszwecken.[321] Dies ist denknotwendig, da andernfalls gemäß dem Vollständigkeitsgebot des Jahresabschlusses für diese Posten Aktivierungspflicht bestehen müsste. Im Folgenden wird untersucht, ob in § 274 Abs. 1 S. 2 HGB n.F., der die Bilanzierung aktiver latenter Steuern im HGB grundsätzlich regelt, eine Bilanzierungshilfe zu erblicken ist. Hiervon ist (nicht) auszugehen, sofern mit § 274 Abs. 1 S. 2 HGB n.F. (k)ein bilanzfremder Grund verwirklicht werden sollte. Für die Ableitung des Zwecks der Vorschrift werden die Gesetzesmaterialien zum BilMoG ausgewertet.

Der Gesetzgeber hat den Übergang auf das Temporary-Konzept und die (zunächst vorgesehene) Ansatzpflicht für aktive latente Steuern ausdrücklich mit der Stärkung der Informationsfunktion[322] des Jahresabschlusses gerechtfertigt.[323] Die Befolgung der Informationsfunktion steht zwar, wie oben gezeigt,[324] nicht zwangsläufig mit der Ausschüttungsbemessungsfunktion in Einklang, allerdings ginge es (u.a. mit Blick auf die Ausschüttungssperre) zu weit, darin einen bilanzfremden Grund zu sehen. **Die Einordnung aktiver latenter Steuern als Sonderposten erscheint daher angebracht.**

Zweifel an dieser Auslegung können aber mit Blick auf das in § 274 Abs. 1 S. 2 HGB n.F. enthaltene **Wahlrecht** entstehen. Schließlich schädigt jede Form eines Wahlrechts die Informationsfunktion,[325] weil die Vergleichbarkeit von Abschlüssen erschwert wird.[326] Es ist daher inkonsequent, wenn die bilanzielle Einordnung aktiver latenter Steuern als Sonderposten mit der Informationsfunktion begründet wird, im gleichen Zuge das Wahlrecht (für aktive latente Steuern) diesen Informationsgewinn aber wieder zu Nichte macht. Mit dem Hinweis auf eine Stärkung der Informationsfunktion kann die Einordnung aktiver latenter Steuern als Sonderposten **nicht eindeutig** begründet werden. Mithin ist es zusätzlich erforderlich, die gesetzgeberischen Beweggründe für die Kodifizierung des Wahlrechts herauszuarbeiten. Im Folgenden wird anhand der

ersatzlos streichen bzw. die erfolgte Aufwandsneutralisation bei einer Kreditvergabeentscheidung revidieren.

320 Vgl. LAMERS (1981), S. 98; COMMANDEUR (1986), S. 32.
321 Vgl. COMMANDEUR (1986), S. 32.
322 Zur Bedeutung latenter Steuern für den Einblick in die Vermögenslage siehe oben C.1.2.
323 Vgl. BMJ (8.11.2007), S. 139; BR-DRUCKS. 344/08 (23.5.2008), S. 146.
324 Siehe oben B.2.
325 Zu Recht kritisch daher: VAN HALL / KESSLER (2010), S. 475.
326 Vgl. KARRENBROCK (1991), S. 127, dort: Fn. 106.

Gesetzeshistorie zum BilMoG untersucht, ob der Gesetzgeber das Wahlrecht für den Ansatz einer aktiven latenten Steuer aus einem bilanzfremden Grund (dies spräche für die Einordnung als Bilanzierungshilfe) oder aus keinem bilanzfremden Grund (dies spräche für die Einordnung als Sonderposten) gewährt hat.

Während ursprünglich die Informationsfunktion als wesentliche Rechtfertigung für die Aktivierungspflicht gesehen wurde,[327] kristallisierte sich angestoßen durch die Stellungnahme des Bundesrates im Laufe des Gesetzgebungsverfahrens ein weiteres Motiv heraus: Eine Aktivierungspflicht werde den Unternehmen einen hohen Ermittlungs- und Dokumentationsaufwand verursachen, so dass ein generelles Aktivierungswahlrecht (bzw. eine Erweiterung des § 274a HGB) geboten sei.[328] Dieser Erwägungsgrund zielt demnach auf einen (erhofften) Vereinfachungseffekt durch Gewährung eines Aktivierungswahlrechts ab und steht mit einem der Oberziele des BilMoG in Einklang, die Unternehmen von unnötigen Kosten zu befreien.[329] Hintergrund für diese Überlegung könnte die bisherige Praxis im Einzelabschluss gewesen sein, wonach bei (wenig arbeitsintensiver) überschlägiger Betrachtung regelmäßig ein Aktivüberhang latenter Steuern angenommen werden konnte, auf dessen Aktivierung verzichtet wurde. Dieser Vorstoß wurde zwar zunächst ausdrücklich von der Bundesregierung unter Hinweis auf die Informationsfunktion zurückgewiesen.[330] In der Begründung zur Beschlussempfehlung des Rechtsausschusses wurde dagegen unter Bezugnahme auf die Ausführungen des Bundesrates das Aktivierungswahlrecht (unter Beibehaltung der „Gesamtdifferenzenbetrachtung") als ausreichend gesehen.[331] Das Aktivierungswahlrecht wurde dann auch so verabschiedet. Ausgehend von der Gesetzeshistorie ist das in § 274 Abs. 1 S. 2

---

[327] Vgl. BMJ (8.11.2007), S. 139; BR-Drucks. 344/08 (23.5.2008), S. 146.

[328] Vgl. Bundesrat (04.07.2008), S. 118 f.

[329] Vgl. BMJ (8.11.2007), S. 1 f.; BR-Drucks. 344/08 (23.5.2008), S. 1 f.; BT-Drucks. 16/10067 (30.07.2008), S. 1 f.

[330] Vgl. Bundesregierung (30.07.2008), S. 123. Dort heißt es u.a.: *„Die Einführung eines Wahlrechts zur Aktivierung latenter Steuern würde es den Unternehmen an die Hand geben, über die Aktivierung zu entscheiden. Mit der Modernisierung des Bilanzrechts ist demgegenüber angestrebt, Bilanzierungswahlrechte (...) zu beseitigen, um die Vergleichbarkeit des handelsrechtlichen Jahresabschlusses auf nationaler und internationaler Ebene zu verbessern und bilanzpolitische Maßnahmen einzudämmen."*

[331] Vgl. BT-Drucks. 16/12407 (24.03.2009), S. 87.

HGB n.F. enthaltene Aktivierungswahlrecht folglich als eine **Vereinfachungsnorm**[332] zu begreifen.

Kennzeichen von Vereinfachungsnormen ist, dass sie aus Kosten-Nutzen-Abwägungen dem Bilanzierenden ein gewisses Maß an Ungenauigkeit (z.B. bei Verbrauchsfolgeverfahren; Festbewertung) zugestehen.[333] Solche Wirtschaftlichkeits- bzw. Wesentlichkeitserwägungen geschuldete Vorschriften stehen nicht mit den tradierten Jahresabschlusszwecken in Konflikt, sondern sind ein sinnvolles Instrument, die komplexe Realität mit vertretbarem Aufwand in Jahresabschlüssen abzubilden. Es ist nicht überzeugend, in der Kodifikation von Vereinfachungsnormen per se die Einräumung der Verfolgung bilanzfremder Gründe durch den Bilanzierenden zu sehen. Aktive latente Steuern sind folglich keine Bilanzierungshilfe,[334] sondern ein Sonderposten, dessen Ansatz (nach Auffassung des Gesetzgebers) jedoch aus Gründen der Vereinfachung unterbleiben darf.

2.2 Anwendungsfälle passiver latenter Steuern

2.2.1 ...aufgrund zu versteuernden Buchwertdifferenzen

Grundsätzliche Ursache von zu versteuernden Differenzen ist die unterschiedliche Periodisierung von Aufwendungen und Erträgen in Handels- und Steuerbilanz. Da es ist nicht das Ziel dieser Arbeit ist, eine vollständige Aufzählung aller Geschäftsvorfälle, die eine solch unterschiedliche Periodisierung zur Folge haben, zu leisten, seien beispielhaft nur Folgende genannt:[335]

- Das Steuerrecht konzediert für ausgewählte aktive Wirtschaftsgüter unter bestimmten Voraussetzungen erhöhte Absetzungen oder Sonderabschreibungen (vgl. z.B. § 7i, § 7h, § 7g Abs. 5 EStG). Diese aus sozial- und wirtschaftspolitischen Gründen konzedierten temporären Unterbewertungen von Aktiva sind

---

332 Das geltende Handelsrecht sieht eine nicht unerhebliche Zahl von Vereinfachungsvorschriften unter Beachtung der GoB vor, die teilweise explizit kodifiziert sind (siehe § 240 Abs. 3 und Abs. 4, § 241, § 256 HGB) oder teilweise als ungeschriebene aber dennoch GoB-konforme Regelung gelten (z.B. die Bewertungsfreiheit für geringwertige Wirtschaftsgüter in der Handelsbilanz).

333 Vgl. BAETGE (1986), S. 9 f.; SIEGEL (1986), S. 420.

334 **Gl.A.** SIEGEL (2011), S. 92.

335 Eine sehr umfangreiche Übersicht über mögliche Anwendungsfälle findet sich bei: WINKELJOHANN / BUCHHOLZ (2012), § 274 HGB, Exkurs, Tz. 121 ff.

handelsrechtlich unzulässig, d.h. Aufwendungen werden steuerlich früher als handelsrechtlich verrechnet.

- Langfristige Rückstellungen sind in der Steuerbilanz grundsätzlich mit 5,5 %, Pensionsrückstellungen mit 6 % abzuzinsen (§§ 6 Abs. 1 Nr. 3a e); 6a Abs. 3 S. 2 Nr. 3 EStG). Handelsrechtlich sind langfristige Rückstellungen grundsätzlich mit einem laufzeitadäquaten von der Bundesbank vorgegebenen Durchschnittszinssatz abzuzinsen (§ 253 Abs. 2 HGB); dieser wird nur ausnahmsweise mit dem fixen steuerlichen Zins übereinstimmen. Liegt der handelsrechtliche Diskontfaktor über dem steuerlichen, so liegen c.p. zu versteuernde Differenzen vor. Die (unterstellten) Zinserträge aus Abzinsung der Rückstellungen werden in der Steuerbilanz später als in der Handelsbilanz erfasst.

Der Wortlaut des § 274 Abs. 1 S. 1 HGB beschränkt sich auf einen Vergleich der handels- und steuerrechtlichen Wertansätze von Vermögensgegenständen, Schulden und Rechnungsabgrenzungsposten. Insoweit ist fraglich, ob auch Differenzen zwischen Posten, die keinen Vermögensgegenstand, Rechnungsabgrenzungsposten oder keine Schuld darstellen, zu berücksichtigen sind.[336] In praxi ist insbesondere zu denken an:

- den „Verrechnungsbetrag“ nach § 246 Abs. 2 S. 3 HGB, dessen Bildung nur handelsrechtlich zulässig ist;[337]
- „steuerfreie“ Rücklagen (z.B. die Ersatzbeschaffungsrücklage nach R 6.6 EStR und die Rücklage nach § 6b EStG), die aufgrund der gestrichenen Öffnungsklauseln nicht mehr in der Handelsbilanz gebildet werden dürfen.[338]

Bereits aus § 268 Abs. 8 S. 3 HGB ist eindeutig herauszulesen, dass der Gesetzgeber mit der vermeintlichen Beschränkung des Wortlauts in § 274 HGB mitnichten den Anwendungsbereich verengen wollte. Für den „Verrechnungsbetrag“ nach § 246 Abs. 2 S. 3 HGB besteht eine Ausschüttungssperre **abzüglich der hierfür gebildeten passiven latenten Steuern**. Diese Regelung hat klarstellenden Charakter.

Eine Verengung des Anwendungsbereichs ist überdies nicht sachdienlich, da andernfalls für künftige Steuermehrbelastungen nur allein deshalb keine Vorsorge getroffen

336 So auch die Fragestellung bei: KIRSCH (2009), S. 512.
337 **Gl.A.** SIEGEL (2011), S. 107 f.
338 **Gl.A.** SIEGEL (2011), S. 109 f.; WEIDMANN (2011), S. 2109.

würde, weil die Bilanzdifferenz nicht zwischen Vermögensgegenständen, Schulden und Rechnungsabgrenzungsposten besteht, sondern zwischen Sonderposten. Eine solche verengte Auslegung des Wortlauts ist mit der Bilanz im Rechtssinne unvereinbar, die den vorsichtig ermittelten, verteilungsfähigen Gewinn bestimmen will.[339] Überdies hätte dies zur Folge, dass das Temporary-Konzept zu einer gemessen am Timing-Konzept weniger umfassenden Berücksichtigung latenter Steuern führte. Dies ist insoweit widersinnig, als durch den Einbezug z.B. erfolgsneutral entstandener Differenzen im Temporary-Konzept der Anwendungsbereich vergrößert werden sollte. Weiterhin ist anzumerken, dass nach der hier vertretenen Auffassung, selbst wenn der Wortlaut des § 274 HGB contra legem verengt ausgelegt würde, in diesen Fällen ohnehin eine Verbindlichkeitsrückstellung nach § 249 HGB zu bilden ist. Aus alledem folgt: Die scheinbare Beschränkung des § 274 HGB nur auf solche Differenzen, die zwischen Vermögensgegenständen, Schulden und Rechnungsabgrenzungsposten bestehen, ist unbeachtlich. Entscheidend ist einmal mehr, ob aus den Differenzen voraussichtlich eine künftige Steuermehrbelastung entsteht.

2.2.2 ...aufgrund außerbilanzieller Korrekturen

Die bisherigen Ausführungen gingen davon aus, dass ausschließlich vorübergehende Differenzen zwischen dem Handelsbilanzwert und dem Steuerbilanzwert von Aktiva und Passiva die Berücksichtigung latenter Steuern begründen können. Zwar markieren solche Bilanzdifferenzen den Regelfall im bilanzorientierten Temporary-Konzept, allerdings sieht das geltende Steuerrecht einen nicht unwesentlichen Katalog von **außerbilanziellen** Hinzurechnungen und Kürzungen[340] vor. Zu diesen Hinzurechnungs- und Kürzungsvorschriften zählen beispielsweise die umfangreichen § 4 Abs. 5 und 5b EStG, §§ 8b, 9, 10 KStG und §§ 8, 9 GewStG. Diese außerbilanziellen Ergebniskorrekturen beeinflussen den Steuerbilanzwert nicht, da sie außerhalb der Bilanz vorgenommen werden;[341] sie ändern lediglich die steuerliche Bemessungsgrundlage, auf welche das bilanzorientierte Temporary-Konzept aber nicht abstellt. Dabei ist jedoch einzuschränken, dass es sich bei den allermeisten dieser außerbilanziellen Ergebniskorrek-

339 **Ähnlich**: KIRSCH (2009), S. 512.

340 Vereinzelt wird auch von „Zu- und Abrechnungen“ gesprochen. Inhaltlich gibt es zwischen diesen Begriffen keinen Unterschied.

341 Für ein Beispiel siehe oben C.1.3.

turen ohnehin um sog. „andere Differenzen" handelt, die keine künftige Steuerbelastung bzw. -entlastung auslösen können. Als solche sind sie weder nach dem Timing- noch nach dem Temporary-Konzept zu berücksichtigen.

Gleichwohl sind nicht alle der Zu- und Abrechnungsvorschriften unbeachtlich.[342] Praktisch relevant ist z.B. der Fall des § 7g EStG n.F. Hierbei darf unter bestimmten Voraussetzungen ein sog. **Investitionsabzugsbetrag** in Höhe von 40 % der geplanten Anschaffungskosten für bewegliches abnutzbares Anlagevermögen (z.B. technische Anlagen) zunächst außerbilanziell abgezogen werden, in einem späteren Geschäftsjahr wird dieser Abzugsbetrag wieder hinzugerechnet. Der Vorteil für den Steuerpflichtigen liegt in einer Steuerstundung und somit in der Ausnutzung von Liquiditäts- und Zinseffekten, bei sinkenden Steuersätzen zudem positiven Steuersatzeffekten.[343] In diesem Fall ist zu klären, ob der außerbilanziell wertkorrigierte Posten als „steuerlicher Wertansatz" i.S.d. § 274 HGB zu interpretieren ist.

Ausgehend vom Grundgedanken des bilanzorientierten Temporary-Konzeptes, liegt es zunächst nahe, ausschließlich die Bilanzwerte zu vergleichen. Hierbei wären die bilanziellen Wertansätze in beiden Bilanzen gegenüberzustellen, um zu versteuernde Differenzen zu identifizieren. Unterstützt wird diese Auslegung des Gesetzeswortlauts u.a. durch die Ausführungen zu § 274 HGB in der Regierungsbegründung:[344] die Bilanzorientierung des Temporary-Konzepts wird dort hervorgehoben. Teile des Schrifttums sprechen sich dann auch explizit gegen eine Berücksichtigung außerbilanzieller Korrekturen bei dem Bilanzvergleich nach § 274 HGB aus[345] oder nehmen

---

342 **Gl.A.** SIEGEL (2011), S. 102.

343 Derartige Zins- und Steuersatzeffekte mögen zwar betriebswirtschaftlich von Belang sein. Im Rahmen der externen Rechnungslegung werden solche Effekte aber nicht abgebildet.

344 Vgl. BT-DRUCKS. 16/10067 (30.07.2008), S. 67.

345 So z.B. GESAMTVERBAND DER DEUTSCHEN VERSICHERUNGSWIRTSCHAFT E.V. (2009), S. 3-5; HOFFMANN / LÜDENBACH (2012), § 274 HGB, Tz. 9 (die Berücksichtigung von außerbilanziellen Modifikationen sei nicht vom Wortlaut des § 274 HGB gedeckt); SPANHEIMER / SIMLACHER (2010), § 274 HGB, Tz. 9 (es würden keine künftigen Steuerwirkungen eintreten); BSTBK (HRSG.) (30.10.2009), S. 1; LÜDENBACH / FREIBERG (2011), S. 1580 (nicht vom Gesetzeswortlaut gedeckt); WEIDMANN (2011), S. 2110 f. (aus Gründen der Rechtssicherheit sei eine eng am Wortlaut orientierte Auslegung von § 274 HGB geboten).
Stellungnahme zu WEIDMANN: Es ist widersprüchlich, wenn er sich in seinem Artikel hinsichtlich außerbilanzieller Korrekturen auf eine wortgetreue Auslegung von § 274 HGB beruft, dann aber an späterer Stelle von „Bilanzpostenorientierung" spricht. Der Wortlaut von § 274 HGB spricht eindeutig nicht von Bilanzposten, sondern einzelnen Vermögensgegenständen und Schulden. Außerdem tritt das Gegenteil von Rechtssicherheit ein, wenn für künftige Steuermehrbelastungen keine Vorsorge getroffen wird.

nicht zur Problematik Steuerfolgen auslösender außerbilanzieller Wertkorrekturen Stellung.[346]

Das IDW und der DRSC sprechen sich hingegen dafür aus,[347] außerbilanzielle Hinzurechnungen und Kürzungen bei der Bestimmung des steuerlichen Wertansatzes zu berücksichtigen, sofern die außerbilanziellen Korrekturen nicht endgültig sind (und insoweit keine Steuerfolgen auslösen). Die Auffassung von IDW und DRSC ist jedenfalls mit dem Wortlaut von § 274 HGB zu vereinbaren, da das Gesetz in § 274 HGB nicht (nur) vom „Steuerbilanzwert" spricht, sondern vielmehr vom „steuerlichen Wertansatz". Insoweit steht der Wortlaut von § 274 HGB einer Berücksichtigung außerbilanzieller Korrekturen beim Bilanzvergleich nicht entgegen. Bei Inanspruchnahme des Investitionsabzugsbetrags sind damit passive latente Steuern anzusetzen.[348]

Diese weite Auslegung des Wortlauts von § 274 HGB ist aber auch sachdienlich, da sie sowohl mit dem Sinn und Zweck des Temporary-Konzepts als auch mit der den Jahresabschluss dominierenden Ausschüttungsbemessungsfunktion im Einklang steht. Selbst wenn der Terminus des „steuerlichen Wertansatzes" mit dem des „Steuerbilanzwerts" gleichgesetzt und so der Anwendungsbereich des § 274 HGB contra legem verengt würde, könnte im Fall von § 7g EStG n.F. eine Berücksichtigung passiver latenter Steuern in der Periode der Vornahme des Abzugsbetrags nicht etwa vermieden werden. Zwar liefe § 274 HGB in diesem Fall ins Leere, allerdings machte die allgemeine Regelung nach § 249 Abs. 1 S. 1 HGB die Passivierung einer Verbindlichkeitsrückstellung erforderlich. Für die zu erwartende Steuermehrbelastung wäre somit auch bei verengter Lesart des § 274 HGB entsprechend Vorsorge zu treffen; die Ausschüttungsbemessungsfunktion würde so bewahrt. Doch würde durch das Nebeneinander von latenten Steuern auf Buchwertdifferenzen und latenten Steuern auf außerbilanzielle Wertkorrekturen eine Reihe von Folgeproblemen entstehen. So wäre fraglich, wie beide „Arten" passiver latenter Steuern im Jahresabschluss auszuweisen, zu

---

346 So z.B. bei: PETERSEN / ZWIRNER (2009), S. 481.

347 Vgl. IDW-HFA (2009), Tz. 10; IDW (HRSG.) (11.03.2011), Tz. 20; DRS 18 (3.9.2010), Tz. 37.

348 **Gl.A.** ZIMMERT (2010), S. 827; VINKEN / SEEWALD / KORTH / DEHLER (2009), S. 102; BERTRAM (2010), § 274 HGB, Tz. 18; KÜHNE / MELCHER / WESEMANN (2009), S. 1010; OTT (2009), S. 624; SIEGEL (2011), S. 110 ff.; IDW (HRSG.) (11.03.2011), Tz. 20.
Bereits nach altem Recht bestand eine Verpflichtung zum Ansatz passiver latenter Steuern. Vgl. ausführlich mit Beispiel: HIRSCHBERGER (2007), S. 2273.

bewerten und ggf. zu saldieren wären. Durch eine entsprechend weite Auslegung des Begriffs „steuerlicher Wertansatz“ entstehen diese Probleme erst gar nicht.

Keine Zustimmung verdient jedoch die Begründung, die KESSLER ET AL. für die (zutreffende) weite Auslegung des Terminus „steuerlicher Wertansatz“ im HGB anführen. So setzen diese den Begriff des „steuerlichen Wertansatzes“ nach HGB mit dem in IAS 12 verwendeten Begriff des „Steuerwertes“[349] (*tax base*) gleich.[350] Ungeachtet der teils erheblichen Unterschiede zwischen der Berücksichtigung latenter Steuern nach IAS 12 und HGB, ist ein solches Vorgehen schon im Ansatz verfehlt, da es sich bei den IFRS um ein völlig anderes Rechnungslegungssystem mit anderen Funktionen handelt, welches zudem keiner direkten Kontrolle durch die Bundesregierung unterliegt. Für eine Vermischung nationaler und internationaler Fachtermini ist daher weder Raum noch Bedarf.[351]

2.2.3 ...aufgrund von § 248 Abs. 2 HGB

Die Vorschrift des § 248 Abs. 2 HGB n.F. sieht ein Aktivierungswahlrecht für selbst erstellte immaterielle Vermögensgegenstände des Anlagevermögens vor.[352] Diese (handelsrechtlich erfolgende) Aufwandsneutralisierung darf wegen § 5 Abs. 2 EStG nicht in der Steuerbilanz nachvollzogen werden. Der Aufwand wird in der Steuerbilanz früher als in der Handelsbilanz erfasst. Es entsteht eine zu versteuernde Differenz. Auch der Gesetzgeber geht von einer Passivierungspflicht latenter Steuern in diesem Fall aus, was sich aus dem Wortlaut von § 268 Abs. 8 S. 1 HGB eindeutig ergibt.

Fraglich könnte sein, ob im Fall des handelsrechtlichen Aktivierungswahlrechts nach § 248 Abs. 2 HGB in Wirklichkeit eine „andere Differenz“ vorliegt. Schließlich ist die Behandlung des (nur handelsrechtlich aktivierungsfähigen) selbst erstellten immateriellen Vermögensgegenstands im Zeitpunkt seiner Aktivierung steuerlich abge-

---

349 Zum Begriff des Steuerwertes nach IAS 12 vgl. KARRENBROCK (2007), Tz. 149 ff.

350 Vgl. KESSLER / LEINEN / PAULUS (2009), S. 716, Fn. 7 sowie VAN HALL / KESSLER (2009), S. 392, wobei sich in der 2. Auflage kein entsprechender Hinweis mehr findet.

351 Gänzlich **a.A.**: HOFFMANN / LÜDENBACH (2012), § 274 HGB, Tz. 10-12. Verständlich ist derweil, dass der Berufsstand der Wirtschaftsprüfer an der Harmonisierung der Rechnungslegung ein ganz besonderes Interesse hegt, da sich insoweit Humankapital noch flexibler als bislang einsetzen lässt.

352 Zutreffend kritisch hierzu: MOXTER (2008), S. 1515-1517.

schlossen.[353] Hierfür könnte ferner sprechen, dass § 248 Abs. 2 HGB n.F. dem überkommenen § 269 HGB a.F. von seiner Wirkung her nicht unähnlich ist, da in beiden Fällen Aufwendungen, die handelsrechtlich aktiviert werden, steuerlich unmittelbar als Betriebsausgabe abgezogen werden und eine passivische Steuerabgrenzung auf Ingangsetzungs- und Erweiterungsaufwendungen nach altem Recht abgelehnt wurde.[354]

Diese Gleichsetzung von § 269 HGB a.F. mit § 248 Abs. 2 HGB n.F. ist fragwürdig.[355] Buchungstechnisch handelt es sich zwar in beiden Fällen um eine (nur handelsrechtlich erfolgende) Aufwandsneutralisation. Allerdings sind neutralisierte Aufwendungen i.S.d. § 269 HGB bereits nicht abstrakt bilanzierungsfähig, neutralisierte Aufwendungen nach § 248 HGB n.F. (z.B. Patente) dagegen schon.[356] Im Gegensatz zu einer Aktivierung von Aufwendungen nach § 269 HGB kann daher nicht behauptet werden, die steuerliche Gewinnermittlung sei „richtiger“ als die handelsrechtliche Erfolgsrechnung, weshalb eine Periodisierung von Steuerzahlungen erkennbar abwegig sei.[357]

Zum anderen macht die steuerlich abschließende Behandlung den Ansatz von passiven latenten Steuern gerade nicht obsolet. Im Jahr der Aktivierung werden handelsrechtliche Erträge in Gestalt von Minderaufwendungen ausgewiesen, die noch nicht versteuert wurden. Soweit von einer Passivierung latenter Steuern abgesehen wird, ist das gegenwärtige Vermögen mit künftigen Ausgaben belastet und es erhöht sich das Ausschüttungspotential im Jahr der Aufwandsneutralisation entsprechend um die Gesamtheit der neutralisierten Aufwendungen. Wird vereinfachend davon ausgegangen, dass diese aktivierten Beträge bereits im Folgejahr zum Buchwert (Prämisse des Temporary-Konzepts) verbraucht oder veräußert werden, so wird der effektive Steueraufwand c.p. größer als der fiktive Steueraufwand sein. Es kommt mithin zu einer gemessen am handelsrechtlichen Erfolg tatsächlichen Steuermehrbelastung. Bei einer Nichtpassivierung latenter Steuern stehen dem Eintritt der Steuermehrbelastung keine entsprechenden Erträge aus der Auflösung der passiven latenten Steuer gegenüber.

---

353 Vgl. MÜLLER / KREIPL (2011), S. 1703, soweit Gesellschaften tangiert sind, die § 274 HGB nicht direkt anwenden.

354 Zur kontroversen Diskussion hinsichtlich der Steuerabgrenzung auf passive timing differences nach § 269 HGB a.F. vgl. KARRENBROCK (1991), S. 240 ff.

355 **Gl.A.** GRAF V. KANITZ (2011), S. 903.

356 Vgl. ADS (1994 ff.), § 248 HGB, Tz. 12.

357 Zu einer entsprechenden Argumentation in Bezug auf § 269 HGB a.F. vgl. KARRENBROCK (1991), S. 242 f.

Wurden die Erträge aus der Aktivierung der Aufwendungen i.S.d. § 248 Abs. 2 HGB ausgeschüttet, so besteht hier die Gefahr, dass in dem Jahr in dem die Steuermehrbelastung eintritt, keine ausreichenden Mittel für deren Begleichung zur Disposition stehen. Mit der Zielsetzung des Einzelabschlusses, nur einen vorsichtig ermittelten, ausschüttungsfähigen Gewinn auszuweisen (Ausschüttungsbemessungsfunktion) ist eine derartige Bilanzierung nicht zu vereinbaren. Dies sei nachstehend verdeutlicht.

Beispiel: Eine Unternehmung (s = 0,3 = const.) erwirtschafte *vor* Berücksichtigung des nachstehenden Sachverhalts einen Gewinn von 1.000 GE in t0. Die Unternehmung neutralisiere in t0 durch Ausübung von § 248 Abs. 2 HGB Aufwendungen für ein selbst erstelltes Patent im Umfang von 200 GE. Der handelsrechtliche Gewinn erhöht sich in t0 um 200 GE und wird ausgeschüttet. Passive latente Steuern werden annahmegemäß nicht passiviert.

In t1 werde das Patent vollständig außerplanmäßig abgeschrieben, der handelsrechtliche Gewinn *nach* Verrechnung der außerplanmäßigen Abschreibungen aber *vor* Ertragsteuern betrage Null. Da das Patent steuerrechtlich wegen § 5 Abs. 2 EStG nicht aktiviert werden konnte, beträgt das „zu versteuernde Einkommen" in t1 c.p. 200 GE. Dies ruft eine effektive Steuerschuld und somit eine Zahlungsverpflichtung in Höhe von 60 GE hervor. Da der effektiven Steuerschuld bei Nichtpassivierung latenter Steuern in t0 keine entsprechenden Erträge infolge einer Auflösung in t1 gegenüberstehen, kommt es zu einem Jahresfehlbetrag von 60 GE. Durch die Nichtpassivierung latenter Steuern in t0 wird es der Unternehmung ermöglicht, Ausschüttungen vorzunehmen, von denen am Bilanzstichtag davon ausgegangen werden kann, dass ein Teil dieser Ausschüttungen für künftig anfallende Ertragsteuern benötigt wird.

Diese Gefahren für die Ausschüttungsbemessungsfunktion werden bei einer Passivierung latenter Steuern vermieden. Weiterhin wird ein Ausweis von unversteuertem Eigenkapital verhindert. Zugleich wird einer periodengerechten Gewinnermittlung gedient, indem die künftigen Steuerzahlungen der Periode angelastet werden (t0), in der die Erträge (hier in Gestalt von Minderaufwand) handelsrechtlich entstanden sind. Daraus ergibt sich ferner, dass der Aufwand zur Bildung passiver latenter Steuern wirtschaftlich verursacht ist. Selbst in den Fällen, in denen § 274 HGB keine Anwendung findet, besteht somit eine Berücksichtigungspflicht nach § 249 HGB.

Die hier geäußerte Kritik an einer Nichtberücksichtigung passiver latenter Steuern im Falle von § 248 Abs. 2 HGB kann im Übrigen nicht mit Hinweis auf § 268 Abs. 8 S. 1 HGB[358] oder gar gesellschaftsrechtliche Regelungen von GmbH-, Aktien- und Insolvenzrecht entkräftet werden.[359] Eine derartige Argumentation läuft auf eine unzulässige Vermengung von Gewinnverwendung und Gewinnermittlung hinaus und ebnet den Weg in eine wenig erstrebenswerte Welt, in der eine prinzipienlose Gewinnermittlung existiert, deren Unzulänglichkeiten (v.a. für den Gläubigerschutz) durch das Gesellschaftsrecht ausgebügelt werden sollen. Letztlich ist dies der Versuch, den Gläubigerschutzgedanken aus der Gewinnermittlungsebene zu verbannen und ihn dorthin abzuschieben, wo er weniger stört: die Gewinnverwendungsebene.

2.3 Anwendungsfälle aktiver latenter Steuern

2.3.1 Grundsatz

Obwohl der Gesetzgeber sowohl aktive als auch passive latente Steuern als aliud auffasst und sich insoweit für aktive latente Steuern eine den passiven latenten Steuern analoge Bilanzierung anböte, sieht § 274 Abs. 1 S. 2 HGB in Abweichung zu S. 1 keine Pflicht, sondern nur ein (Vereinfachungsüberlegungen geschuldetes)[360] Wahlrecht für den Ansatz einer sich aus dem Abbau einer abzugsfähigen Differenz ergebenden Steuerentlastung vor. Wird von dem Wahlrecht Gebrauch gemacht, ist die Ausschüttungssperre nach § 268 Abs. 8 S. 2 HGB zu beachten. Hiernach darf der Betrag aus der Aktivierung einer aktiven latenten Steuer nicht vom Unternehmen ausgeschüttet oder abgeführt werden, wenn die nach der Ausschüttung verbleibenden frei verfügbaren Rücklagen zuzüglich eines Gewinnvortrags und abzüglich eines Verlustvortrags nicht mindestens dem Betrag der aktivierten latenten Steuer entsprechen.[361]

358 So MÜLLER / KREIPL (2011), S. 1705 (Gläubigerschutzargument liefe ins Leere).
359 So MÜLLER / KREIPL (2011), S. 1706.
360 Siehe hierzu oben D.2.1.3.4.
361 Es wird zunächst weiterhin davon ausgegangen, dass nur *eine* abzugsfähige Differenz vorliegt.

Die grundsätzlichen Ursachen von abzugsfähigen Differenzen sind wiederum äußerst vielfältig und seien hier in Ermangelung zusätzlicher Erkenntnisgewinne nur exemplarisch aufgeführt.[362] Zu nennen sind:

- Aufwandswirksame Zölle bzw. Verbrauchsteuern sowie USt auf Anzahlungen. Für sie besteht in der Handelsbilanz ein Aktivierungsverbot (§ 250 HGB n.F.). Steuerrechtlich liegt eine Aktivierungspflicht als Rechnungsabgrenzungsposten vor (§ 5 Abs. 5 S. 2 Nr. 1 und 2 EStG).
- Abzinsungspflicht langfristiger Rückstellungen, sofern der Marktzins für die Bewertung in der Handelsbilanz (§ 253 Abs. 2 S. 1 HGB) größer als 5,5 % (§ 6 Abs. 1 Nr. 3a e) EStG) bzw. bei Pensionsrückstellungen größer als 6 % (§ 6a Abs. 3 S. 3 EStG) ist.
- Berücksichtigung von Preis- und Kostensteigerungen bei der Bewertung von Rückstellungen in der Handelsbilanz (§ 253 Abs. 1 S. 2, Abs. 2 HGB).[363] Steuerrechtlich dürfen Preis- und Kostensteigerungen nur unter strenger Beachtung des Stichtagsprinzips berücksichtigt werden (§ 6 Abs. 1 Nr. 3a f) EStG).
- Eine steuerlich langsamere Abschreibung einer Maschine, z.B. durch eine steuerrechtlich längere Nutzungsdauer (z.B. aufgrund der Normierungen in der geltenden, vom BMF herausgegebenen AfA-Tabelle für das abnutzbare Anlagevermögen).
- Nach § 253 Abs. 3 S. 4 HGB n.F. ist es handelsrechtlich erlaubt, außerplanmäßige Abschreibungen bei Finanzanlagen selbst dann vorzunehmen, wenn es sich nur um eine voraussichtlich *vorübergehende* Wertminderung handelt. Steuerrechtlich darf nur bei voraussichtlich *dauernder* Wertminderung abgeschrieben werden (§ 6 Abs. 1 Nr. 2 S. 2 EStG). Wird demnach eine Finanzanlage handelsrechtlich bei einer nur vorübergehenden Wertminderung außerplanmäßig abgeschrieben, so darf steuerrechtlich eine Teilwertabschreibung nicht erfolgen. Es kommt mithin zu einer abzugsfähigen Bilanzdifferenz.

---

362 Eine sehr umfangreiche Übersicht über mögliche Anwendungsfälle findet sich wiederum bei: WINKELJOHANN / BUCHHOLZ (2012), § 274 HGB, Exkurs, Tz. 121 ff.

363 Vgl. BT-DRUCKS. 16/10067 (30.07.2008), S. 52, wo es u.a. heißt: „(...) *wird mit der Verwendung des Begriffs „Erfüllungsbetrag" ausdrücklich klargestellt, dass bei der Rückstellungsbewertung in der Zukunft - unter Einschränkung des Stichtagsprinzips - künftige Preis- und Kostensteigerungen zu berücksichtigen sind.*"

Hinsichtlich der Frage inwieweit auch Differenzen zwischen Sonderposten (und nicht nur zwischen den explizit im HGB genannten Vermögensgegenständen, Rechnungsabgrenzungsposten und Schulden) eine Buchwertdifferenz begründen können, sei auf obige Ausführungen verwiesen.[364] Zwar kann § 249 HGB in Bezug auf aktive latente Steuern nicht bemüht werden. Allerdings ist eine ungleiche Auslegung des Wortlauts nicht begründbar, zumal sich § 274 Abs. 1 S. 2 auf S. 1 bezieht. Das muss dann auch für die Einbeziehung außerbilanzieller Wertkorrekturen und somit die weite Auslegung des Begriffs „steuerlicher Wertansatz" gelten.[365]

2.3.2 Zum Erfordernis künftiger Gewinne bei Auflösung der Bilanzdifferenzen

Der Eintritt einer Steuerminderzahlung aus dem Abbau einer abzugsfähigen Differenz ist vom **Erwirtschaften künftiger steuerlicher Gewinne** abhängig.[366] Werden (aus Sicht des Bilanzstichtags) in der Periode, in der sich die abzugsfähige Differenz abbaut, keine steuerpflichtigen Gewinne erwartet, so muss eine Aktivierung unterbleiben, da es an der „sich ergebenden" Steuerentlastung i.S.d. § 274 Abs. 1 S. 2 HGB fehlt. Die Aktivierbarkeit des wirtschaftlichen Vorteils in Gestalt einer aktiven latenten Steuer ist somit anhand des künftigen Vorhandenseins steuerpflichtiger Gewinne zu beantworten.

Es wird deshalb (in Anlehnung an das internationale Recht)[367] verschiedentlich gefordert, von der Unternehmung aufgestellte Prognosen über die künftigen steuerlichen Ergebnisse als weiteres Ansatzkriterium heranzuziehen.[368] Die Prognose über die Erzielung künftiger steuerlicher Gewinne, mit der die Werthaltigkeit von aktiven latenten Steuern belegt werden soll, sei anhand einer (steuerartenspezifischen[369] **Planungsrechnung**) plausibel zu machen.[370] Im Falle einer mittels Planungsrechnung plausibel gemachten positiven (negativen bzw. nicht ausreichend positiven) Gewinnprognose dürfen aktive latente Steuern (nicht) angesetzt werden.

---

364 Siehe oben D.2.2.1.
365 Siehe oben D.2.2.2.
366 Siehe oben C.1.1.
367 Vgl. hierzu SCHULZ-DANSO (2009), § 25, Tz. 52.
368 Vgl. DRS 18 (3.9.2010), Tz. 17 S. 1; HARTMANN (2011), S. 22 f.; GELHAUSEN / FEY / KÄMPFER, Abschn. M, Tz. 11; HOFFMANN / LÜDENBACH (2012), § 274 HGB, Tz. 34a.
369 Getrennte Planungen für Körperschaft- und Gewerbesteuer. Vgl. SCHULZ-DANSO (2009), § 25, Tz. 64.
370 Vgl. SIEGEL (2011), S. 144.

Bei näherem Hinsehen entpuppen sich diese Planungsrechnungen als wenig hilfreich und unnötig. Durch die Berücksichtigung von betriebswirtschaftlichen Planungsrechnungen bei der Aktivierung latenter Steuern werden mittelbar unsichere, nicht intersubjektiv nachprüfbare Werte im Jahresabschluss abgebildet. Die Berücksichtigung von Unsicherheit ist im HGB zwar kein Novum, sondern kommt z.B. zwangsläufig bei der Bewertung von Rückstellungen zum Tragen. Allerdings erfordert eine derartige Planungsrechnung letztlich eine Schätzung von künftig erzielbaren finanziellen Überschüssen der Unternehmung, um eine (positive oder negative) Gewinnprognose abgeben zu können. Damit werden die Grenzen zwischen einer notgedrungen ermessenslastigen Finanzplanung und der primär vergangenheitsorientierten externen Rechnungslegung verwischt.

Ein weiterer Kritikpunkt ist die schiere Zahl an Kriterien und Indizien, die laut Schrifttum und wiederum in Anlehnung an IAS 12 für das Erwirtschaften künftiger Gewinne sprechen könnten. Zu nennen sind hier beispielsweise:[371]

- Der Abschluss profitabler Verträge, die als schwebende Geschäfte eigentlich nicht zu bilanzieren wären,
- Maßnahmen der Steuergestaltung (z.B. *Sale-and-Lease-Back*-Transaktionen; die Absicht stille Reserven durch Veräußerungsgeschäfte zu heben usw.),[372]
- Abschluss einer Restrukturierungsphase[373] (z.B. Abstoßung eines negative Deckungsbeiträge erwirtschaftenden Teilbetriebs),
- ein Wertanstieg von Vermögensgegenständen über deren Anschaffungskosten hinaus
- oder die Prognose einer positiven Branchenentwicklung.[374]

Bei der Vielzahl der Kriterien, wird es der Unternehmensleitung im Rahmen einer Planungsrechnung leicht fallen, die Erwirtschaftung künftiger steuerlicher Gewinne

---

371 Vgl. BERGER (2006), S. 2474; IDW-HFA (2009), Tz. 7; KESSLER / LEINEN / PAULUS (2009), S. 722.

372 Dabei sind die Details stark umstritten. So wird einerseits vertreten, das Vorhandensein einer Steuergestaltungsmaßnahme reiche für eine Gewinnprognose aus. Von anderer Seite wird gefordert, dass die Steuergestaltungsmaßnahmen zumindest fest geplant und dokumentiert sind. Wieder andere Autoren fordern, dass die Steuergestaltungsmaßnahmen bereits initiiert wurden bzw. ein Beschluss der Leitung vorliegt. Vgl. zum Meinungsstand: SCHÄFER / SUERMANN (2010), S. 2748 f. (in Bezug auf IAS 12); MEYER / KOHL (2010), S. 445 m.w.N.; SIEGEL (2011), S. 148.

373 Vgl. im Folgenden: SCHULZ-DANSO (2009), § 25, Tz. 78.

374 Vgl. LIENAU / ERDMANN / ZÜLCH (2007), S. 1096; SCHULZ-DANSO (2009), § 25, Tz. 78.

(irgendwie) plausibel zu machen und somit die Aktivierungsfähigkeit zu bejahen. Bei diesem Grad an Beliebigkeit kann aber von den Planungsrechnungen nur ein geringer Mehrwert für den Jahresabschluss ausgehen; im Gegenteil, es kommt zu Scheinobjektivierungen.

Mit Blick auf die **Going-Concern-Prämisse** (§ 252 Abs. 1 Nr. 2 HGB) stellen sich Planungsrechnungen bei einem *unbeschränkten Prognosehorizont*[375] schließlich als verzichtbar dar.[376] Wenn in künftigen Perioden nicht mehr von Gewinnen ausgegangen werden kann, dann wird sich kein rational handelndes Wirtschaftssubjekt mehr finden, das das Unternehmen betreiben wird. In einem solchen Fall dürfte ohnehin nicht mehr nach der Going-Concern-Prämisse bilanziert werden. Umgekehrt heißt das: Solange ein Unternehmen nach der Going-Concern-Prämisse bilanziert,[377] kann die latente Steuerentlastung aus dem Abbau einer abzugsfähigen Bilanzdifferenz aufgrund des Wahlrechts von § 274 Abs. 1 S. 2 HGB angesetzt werden. Weitergehender Gewinnprognosen oder Planungsrechnungen bedarf es von daher nicht.

Dem kann man auch nicht entgegen halten, dass sich die abzugsfähigen Differenzen ggf. in anderen Perioden abbauen als die künftigen steuerlichen Gewinne auftreten.[378] Zwar tritt in diesem Fall die Steuerentlastung nicht in der Periode ein, in der sich die abzugsfähige Differenz abbaut, allerdings wird hierdurch ein steuerlicher Verlustvortrag geschaffen (oder erhöht), der in Deutschland unbegrenzt vortragsfähig ist (§ 10d Abs. 2 EStG). Bei einem *unbegrenzten Prognosehorizont* einer Unternehmung, die unter der Annahme der Unternehmensfortführung bilanziert, ist davon auszugehen, dass irgend-

375 **Zutreffend** daher der Hinweis von: GELHAUSEN / FEY / KÄMPFER, Abschn. M, Tz. 11; WENDHOLT / WESEMANN (2009), S. 67.

376 **Gl.A.:** IDW-HFA (1999), Tz. 55 (in Bezug auf aktive latente Steuern auf Verlustvorträge nach IAS 12); LIENAU (2006), S. 140 f. (mit Einschränkungen); KARRENBROCK (2007), Tz. 175; MEYER / LOITZ / LINDER / ZERWAS (2010), S. 110 (in Bezug auf aktive latente Steuern auf Verlustvorträge); LIENAU / ERDMANN / ZÜLCH (2007), S. 1095 (mit Einschränkungen). **Wohl auch:** WOLLMERT (1995), S. 95 f. (in Bezug auf aktive latente Steuern auf unbeschränkt vortragsfähige steuerliche Verluste). **Abweichend** in Bezug auf aktive latente Steuern auf Verlustvorträge nach IAS 12: ADS INTERNATIONAL (2007), IAS 12, Tz. 100 (unter Hinweis auf die mit der Ausweitung des Betrachtungshorizonts einhergehende Unsicherheit); SCHÄFER / SUERMANN (2010), S. 2747 (unter Hinweis auf steigende Unsicherheit und Unwägbarkeiten des Ertragsteuerrechts); SCHICK (2008), IAS 12, Tz. 84 (der Going-Concern werde in IAS 12.29 nicht explizit berücksichtigt); BALLWIESER / KURZ (2011), Abschn. 17, Tz. 36-37 (der Going-Concern werde in IAS 12.29 nicht explizit berücksichtigt).; BÖSSER / PILHOFER (2008), S. 302. **Unklar:** KIRSCH (2003a), B 235, Tz. 122.

377 Vgl. hierzu detailliert: SCHERRER / HENI (2009), S. 85 ff.

378 **Abweichend** in Bezug auf aktive latente Steuern auf Verlustvorträge: COENENBERG / BLAUM / BURKHARDT (2010), IAS 12, Tz. 87.

wann positive steuerliche Gewinne auftreten, gegen die der steuerliche Verlustvortrag aufgerechnet werden kann. Der unendliche Prognosehorizont lässt unterschiedliche Zeithorizonte dahinstehen.

Nur in besonderen Fällen muss trotz Vorliegen der Going-Concern-Prämisse eine detaillierte Planungsrechnung zwecks Erbringung des Nachweises einer positiven Gewinnprognose gefordert werden. Denkbar ist beispielsweise, dass die Unternehmung weit überwiegend steuerfreie Auslandserträge erwirtschaftet: Da diese Erträge mithin kein steuerpflichtiges Einkommen darstellen, kann deren alleiniges Vorliegen die Werthaltigkeit der Steuerentlastung aus dem Abbau der abzugsfähigen Differenz nicht begründen.[379] Entsprechendes gilt, sofern ein Unternehmen nur durch Fehlbeträge ausgleichende Zuschüsse eines Gesellschafters am Leben erhalten wird.[380] Eine weitere Ausnahme kann in profitablen Unternehmen erblickt werden, deren Leitung das Unternehmen in absehbarer Zeit liquidieren will. Wurde beispielsweise eine Projektgesellschaft für die Errichtung eines Chemiewerks gegründet, so bilanziert diese Unternehmung zwar nach dem Going-Concern, es ist aber von vornherein klar, dass diese Projektgesellschaft nach Beendigung des Projekts geschlossen wird. Insoweit kann hier nicht von einem unendlichen Zeithorizont ausgegangen werden, so dass es einer Planungsrechnung bedarf.

Wurde dagegen die Going-Concern-Prämisse ausnahmsweise bereits aufgegeben,[381] so folgt hieraus keine generelle Versagung der Aktivierbarkeit latenter Steuern.[382] Die Liquidation eines ertragschwachen gleichwohl substanzstarken Unternehmens kann beispielsweise mit erheblichen steuerpflichtigen Veräußerungserfolgen in Grund und Boden verbunden sein. Folglich bedarf es auch dann betrieblicher Planungsrechnungen, um eine positive Gewinnprognose abgeben zu können. Dabei stellt sich der Einwand der Nachprüfbarkeit der Wertansätze hier nur in beschränktem Maße: Die Aufgabe der Going-Concern-Prämisse hat regelmäßig zur Folge, dass das Unternehmen ohnehin bald nicht mehr existiert. Insoweit wird der Prognosezeitraum und diesbezügliche Unsicherheit natürlich beschränkt.

---

379 Vgl. IDW-HFA (1999), Tz. 55; LIENAU (2006), S. 141 (in Bezug auf die Werthaltigkeit eines steuerlichen Verlustvortrags).

380 Gedanke entnommen aus: SCHICK (2008), IAS 12, Fn. 45, der aber unentschlossen ist.

381 Zum Zeitpunkt der Aufgabe der Prämisse vgl. ausführlich SCHERRER / HENI (2009), S. 88-90.

382 **Ähnlich:** IDW-HFA (2011), Tz. 15.

2.3.3 Grundsätzliche Wirkungsweise der Ausschüttungssperre

An anderer Stelle wurde bereits ausgeführt,[383] dass eine aktive latente Steuer auf eine abzugsfähige Bilanzdifferenz einen Sonderposten darstellt. Es wurde ferner festgestellt, dass die Aktivierung eines solchen Postens nicht mit dem Realisationsprinzip vereinbar ist und somit mit der dominierenden Funktion der „Bilanz im Rechtssinne", einen vorsichtigen Gewinn zu ermitteln, nicht im Einklang steht. Hierauf reagierte der Gesetzgeber durch Kodifikation einer Ausschüttungssperre für Kapitalgesellschaften (§ 268 Abs. 8 S. 2 HGB und § 285 Nr. 28 HGB), mit welcher dem Vorsichtsprinzip und dem Gläubigerschutzgedanken Rechnung getragen werden soll.[384] Gewinne dürfen somit nur ausgeschüttet (bzw. abgeführt[385]) werden, wenn die nach der Ausschüttung verbleibenden frei verfügbaren Rücklagen[386] zuzüglich eines Gewinnvortrags und abzüglich eines (handelsrechtlichen) Verlustvortrags mindestens dem Betrag entsprechen, um den die aktiven latenten Steuern die passiven latenten Steuern übersteigen (sog. Aktivüberhang). Die eingangs gesetzte Prämisse, wonach nur *eine* abzugsfähige Differenz vorliegt, erlaubt es, die grundsätzliche Wirkungsweise der Ausschüttungssperre zu veranschaulichen.

Wurde eine aktive latente Steuer von 100 GE gewinnerhöhend aktiviert, so dürfen diese 100 GE nur dann ausgeschüttet werden, falls nach der erfolgten Ausschüttung wenigstens 100 GE in den frei verfügbaren Rücklagen zuzüglich eines Gewinnvortrags und abzüglich eines Verlustvortrags verbleiben. Mit anderen Worten, der Jahresüberschuss als Ergebnis der GuV wurde zwar um die - aus Sicht des Realisationsprinzips unsicheren - 100 GE erhöht. Soweit aber keine sicheren Gewinne aus Vorperioden bestehen (in den frei verfügbaren Rücklagen bzw. als Gewinnvortrag) oder in der Berichtsperiode in mindestens entsprechender Höhe erwirtschaftet wurden, dürfen diese 100 GE nicht das Unternehmen verlassen. Letztlich wird (nur) die Ausschüttung ermöglicht, die sich

---

383 Siehe oben D.2.1.3.4.

384 Vgl. BT-DRUCKS. 16/10067 (30.07.2008), S. 67; LANFERMANN / RÖHRICHT (2009), S. 1216.

385 Siehe § 301 S. 1 AktG n.F.

386 Zu den frei verfügbaren Rücklagen i.S.d. Vorschrift zählen v.a. die jederzeit auflösbaren „anderen Gewinnrücklagen" und ggf. die satzungsmäßigen Rücklagen, soweit diese gemäß Satzung explizit für die Ausschüttung zur Verfügung stehen. Ferner können bei einer AG die Teile der Kapitalrücklagen, die nach § 272 Abs. 2 Nr. 4 HGB zugeführt wurden, als verfügbar gesehen werden. Die anderen Teile der Kapitalrücklagen (§ 272 Abs. 2 Nrn. 1-3 HGB), die gesetzliche Rücklage (für UG: § 5a Abs. 3 GmbHG; für AG und KGaA: § 150 Abs. 1 AktG) sowie die Rücklage nach § 272 Abs. 4 HGB sind nicht frei verfügbar. Vgl. ausführlich LANFERMANN / RÖHRICHT (2009), S. 1217 f.

bei strenger Anwendung des Realisationsprinzips ergeben hätte, allerdings mit dem **optischen Vorteil** des erhöhten Gewinnausweises.

Grundsätzlich vermag die außerbilanzielle Ausschüttungssperre (Gewinn*verwendungs*-beschränkung) daher die vom Gesetzgeber ermöglichte Ausnahme von der vorsichtigen Gewinn*ermittlung* - § 274 Abs. 1 S. 2 HGB stellt nichts anderes dar - zumindest hinsichtlich des verteilbaren Gewinns bei Kapitalgesellschaften zu beseitigen. Dies ändert allerdings rein gar nichts daran, dass durch die gesetzlich gewollte Einbeziehung unsicherer Erträge in die handelsrechtliche Erfolgsrechnung, die **Gewinnermittlung** insoweit prinzipienloser und damit **„unsauber"** geworden ist.

2.3.4 Aktive latente Steuern auf vortragsfähige Sachverhalte

2.3.4.1 Überblick

Der Ansatz aktiver latenter Steuern wird ausweislich des Wortlauts von § 274 Abs. 1 S. 4 HGB von abzugsfähigen Bilanzdifferenzen auf steuerliche Verlustvorträge erweitert, deren Nutzung innerhalb von fünf Jahren zu erwarten ist. Aus den Gesetzesmaterialien[387] ergibt sich ferner, dass der Ansatz aktiver latenter Steuern auf (mit steuerlichen Verlustvorträgen) wirtschaftlich vergleichbare Sachverhalte für zulässig gehalten wird.[388] Hierzu zählen v.a. Steuergutschriften und Zinsvorträge. Daneben werden der EBITDA-Vortrag und der „Spendenvortrag" nach § 9 Abs. 1 Nr. 2 KStG im Schrifttum als berücksichtigungsfähig genannt.[389]

2.3.4.2 Aktive latente Steuern auf einen steuerlichen Verlustvortrag

2.3.4.2.1 Wirkungsweise und Vereinbarkeit mit dem Temporary-Konzept

§ 274 Abs. 1 S. 4 HGB sieht vor, dass steuerliche Verlustvorträge bei der Berechnung aktiver latenter Steuern in Höhe der *innerhalb der nächsten fünf Jahre* zu erwartenden Verlustverrechnung zu berücksichtigen sind. Bei Kapitalgesellschaften und Genossenschaften fallen unter den Anwendungsbereich dieser Vorschrift körperschaftsteuerliche

387 Vgl. BT-DRUCKS. 16/10067 (30.07.2008), S. 67.
388 Vgl. PRINZ / RUBERG (2009), S. 346.
389 Vgl. SPANHEIMER / SIMLACHER (2010), § 274 HGB, Tz. 45.

(§ 8 Abs. 1 Satz 1 KStG i.V.m. § 10d EStG) und gewerbesteuerliche Verlustvorträge (§ 10a GewStG).

Aus konzeptioneller Sicht ist diese Vorschrift bemerkenswert, weil latente Steuern aufgrund des Temporary-Konzepts nur auf Basis von Steuerfolgen auslösenden Bilanzdifferenzen bilanziert werden. Ein steuerlicher Verlustvortrag begründet aber **keine Bilanzdifferenz**. Insbesondere darf die Vorschrift nicht etwa dahingehend verstanden werden, es müsse eine Differenz zwischen handels- und steuerrechtlichem Verlustvortrag am Bilanzstichtag gebildet und hierauf der Steuersatz angewendet werden. Vielmehr ist der steuerliche Verlustvortrag grundsätzlich als Ganzes mit dem Steuersatz zu bewerten. Worin liegt dabei die Ratio?

Ein steuerlicher Verlustvortrag verbrieft das Recht, eventuell in künftigen Perioden entstehende positive steuerpflichtige Ergebnisse mit diesen Verlusten zu verrechnen.[390] Der hiermit erhoffte wirtschaftliche Vorteil in Gestalt einer Steuerminderbelastung gegenüber der Situation, in der die Gewinne nicht bzw. nicht teilweise gegen einen steuerlichen Verlustvortrag aufgerechnet werden können, soll im Jahresabschluss gezeigt werden. Da das Temporary-Konzept letztlich dem Bilanzadressaten die künftigen Steuermehr- und -minderbelastungen kommunizieren will, ist der Ausweis aktiver latenter Steuern auf steuerliche Verlustvorträge konsequent, auch wenn die Fokussierung auf Steuerfolgen auslösende Bilanzdifferenzen hierdurch aufgegeben wird. Damit ist allerdings auch klar, dass die Beschränkung auf steuerliche Verlustvorträge innerhalb der nächsten fünf Jahre seit dem Bilanzstichtag nicht mit dem Temporary-Konzept zu vereinbaren ist.

2.3.4.2.2 Unvereinbarkeit mit dem Realisationsprinzip

Der Eintritt der aus einem Verlustvortrag resultierenden Steuerminderbelastung ist hochgradig ungewiss, weil er grundsätzlich das Vorhandensein künftiger steuerlicher Gewinne voraussetzt.[391] Die bereits bei aktiven latenten Steuern auf abzugsfähige Bilanzdifferenzen geäußerten Bedenken gelten bei aktiven latenten Steuern auf steuerliche Verlustvorträge daher analog. **Der Ansatz aktiver latenter Steuern verstößt**

---

390 Vgl. KARRENBROCK (1991), S. 165.

391 Vgl. NIEHUS (1974), S. 32 f.

gegen das Realisationsprinzip und müsste bei Geltung allgemeiner Regelungen unterbleiben.

Dabei stellt sich der Verstoß gegen das Realisationsprinzip hier im verstärkten Maße. So können Verlustvorträge an einem Bilanzstichtag notwendigerweise nur dann bestehen, sofern in vorangegangenen Perioden (oder zumindest in der Berichtsperiode) Verluste erlitten wurden.[392] Erlittene Verluste sind aber alles andere als ein Indiz für das Erwirtschaften künftiger Gewinne, sondern zeugen tendenziell von einer **sinkenden wirtschaftlichen Leistungsfähigkeit** der Unternehmung.[393]

In der Logik des Gesetzgebers, der Gewinnverwendungsbeschränkungen als Heilmittel für Verstöße gegen die vorsichtige Gewinnermittlung ausersehen hat, ist es daher erforderlich, dass die Ausschüttungssperre des § 268 Abs. 8 S. 2 HGB auch aktive latente Steuern auf steuerliche Verlustvorträge erfasst. Nur so kann die Ausschüttungsbemessungsfunktion gewahrt werden. Da § 268 Abs. 8 S. 2 HGB von „aktiven latenten Steuern in der Bilanz“ spricht und insoweit keine Differenzierung vornimmt, unterfallen auch aktive latente Steuern infolge eines steuerlichen Verlustvortrags der Ausschüttungssperre.

Zurückhaltung bei der Aktivierung liegt im Eigeninteresse der Unternehmen, da aktive latente Steuern auf steuerliche Verlustvorträge im hohen Maße prozyklisch wirken und *„zum Mühlstein am Halse“*[394] werden können. Dabei ergibt sich die prozyklische Wirkung aus folgendem Zusammenhang. In Zeiten des Aufschwungs sind die Gewinnaussichten der Unternehmen regelmäßig positiv, d.h. bestehende steuerliche Verlustvorträge erscheinen am Bilanzstichtag werthaltig zu sein und die Voraussetzungen für eine Aktivierung latenter Steuern sind typischerweise gegeben. Sobald eine Krise eintritt und die Gewinne der Unternehmen folglich rückläufig sind, verschlechtern sich auch die Gewinnaussichten, die eine tatsächliche Realisation der in guten Zeiten bilanzierten aktiven latenten Steuern zweifelhaft erscheinen lassen. Dies wird regelmäßig

---

392 Vom Kauf steuerlicher Verlustvorträge von defizitären Unternehmen durch prosperierende Unternehmen wird abstrahiert. Mit Blick auf § 8c KStG, der einen Untergang von steuerlichen Verlustvorträgen im Falle eines Wechsels der Anteilseigner vorsieht, ist der Handel mit steuerlichen Verlustvorträgen wenig bedeutsam. Beachte aber die Stille-Reserven-Klausel des § 8c KStG.

393 Vgl. statt aller: KARRENBROCK (1991), S. 165; HILLE (1982), S. 79; BLACK (1966), S. 95; SCHILDBACH (1998), S. 945.

394 SCHILDBACH (1998), S. 945.

eine aufwandswirksame Ausbuchung der aktiven latenten Steuern erforderlich machen, die das ohnehin (aufgrund der Krise) rückläufige Ergebnis zusätzlich belastet.[395]

Ungeachtet dieser prozyklischen Wirkung ist davon auszugehen, dass Unternehmen die Möglichkeit einer Aktivierung latenter Steuern auf Verlustvorträge verstärkt nutzen werden. Dies liegt in den Ansatzvoraussetzungen für aktive latente Steuern auf steuerliche Verlustvorträge begründet, die das Erwirtschaften künftiger steuerpflichtiger Gewinne in den nächsten fünf Jahren voraussetzen. Ein Unternehmen, das auf am Bilanzstichtag vorhandene steuerliche Verlustvorträge keine aktiven latenten Steuern bilanziert, täte letztlich kund, dass es nicht erwartet, in den nächsten fünf Jahren ausreichend steuerliche Gewinne zu erzielen mit denen es die steuerlichen Verluste verrechnen kann.[396] Es ist nur allzu verständlich, dass ein Unternehmen, welches Investoren an sich binden oder neue Investoren gewinnen will, eine solche Außendarstellung vermeiden will. Soweit sie kapitalmarktorientiert sind, besteht damit selbst für eher konservativ bilanzierende Unternehmen der Anreiz, Verstöße gegen das Realisationsprinzip zu begehen, um so nicht Misstrauen gegen die eigene Unternehmung zu schüren. Letztlich ist auch von dieser Seite ein Aktivierungsverbot für aktive latente Steuern zu fordern.

2.3.4.2.3 Konkretisierung der „zu erwartenden Verlustverrechnung"

Die Frage, in welchem Umfang eine Verlustverrechnung innerhalb von fünf Jahren „zu erwarten" (§ 274 Abs. 1 S. 4 HGB) und somit eine Bilanzierung aktiver latenter Steuern auf einen steuerlichen Verlustvortrag zulässig ist, lässt sich nicht anhand des Wortlauts von § 274 HGB beantworten.[397] Unmittelbar einsehbar ist, dass die Verlustverrechnungsbeschränkungen im deutschen Steuerrecht zu beachten sind. Verluste können zwar gemäß § 10d Abs. 2 EStG unbegrenzt vorgetragen werden, allerdings darf vom „Gesamtbetrag der Einkünfte" (§ 2 Abs. 3 EStG) in jedem Veranlagungszeitraum

395 Wie erheblich Wertberichtigungen auf aktive latente Steuern ein Unternehmen beeinträchtigen können, konnte z.B. bei der GENERAL MOTORS CORPORATION beobachtet werden. Der Konzern musste im dritten Quartal des Jahres 2007 rund 39 Milliarden US-Dollar an aktiven latenten Steuern abschreiben. Vgl. GENERAL MOTORS CORPORATION (2007), S. 74 und 111 ff. Am 01.06.2009 war der Konzern insolvent. Vgl. VLASIC / BUNKLEY (01.06.2009), S. A1.

396 Vgl. KARRENBROCK (2007), Tz. 175; KESSLER / LEINEN / PAULUS (2009), S. 723; SCHULZE-OSTERLOH (2008), S. 68.

397 Vgl. LÜDENBACH (2010a), S. 784 f.

zunächst nur ein Sockelbetrag in Höhe von einer Mio. Euro abgezogen werden. Darüber hinausgehende Verluste können nur zu 60 % des eine Mio. Euro übersteigenden Gesamtbetrags der Einkünfte abgezogen werden (§ 10d Abs. 2 S. 1 EStG, sog. Mindestbesteuerung). Diese einkommensteuerliche Regelung gilt wegen der Verweisvorschriften im KStG (§§ 7, 8 KStG) und GewStG (§ 7 GewStG) auch für Körperschaften. Folglich können aktive latente Steuern auch nur auf die (nach steuerlichen Vorschriften) im jeweiligen Veranlagungszeitraum als verrechnungsfähig geltenden steuerlichen Verlustvorträge bilanziert werden.

Komplexer zu beurteilen ist das Erfordernis künftiger steuerlicher Gewinne für die künftige Nutzung von steuerlichen Verlustvorträgen. Aufgrund der oben gesetzten Prämisse, wonach keine Bilanzdifferenzen neben dem steuerlichen Verlustvortrag bestehen, ist eine Verlustnutzung nur dann wahrscheinlich, sofern mit künftigen steuerlichen Gewinnen zu rechnen ist, gegen die der steuerliche Verlustvortrag aufgerechnet werden kann. Im Vergleich zur Beurteilung der Realisierbarkeit abzugsfähiger Differenzen[398] treten bei steuerlichen Verlustvorträgen zusätzliche Komplikationen auf.

Im Gegensatz zu abzugsfähigen Differenzen kann bei steuerlichen Verlustvorträgen aufgrund der sich aus § 274 Abs. 1 S. 4 HGB ergebenden Beschränkung des Planungshorizonts auf fünf Jahre nicht auf eine detaillierte **Planungsrechnung** für künftige steuerliche Gewinne verzichtet werden. Schließlich ist bei einem auf fünf Jahre *begrenzten Prognosehorizont* in der Tat unsicher, ob genau in diesem Zeitraum steuerliche Gewinne erzielt werden. Dabei können die bereits an anderer Stelle[399] genannten, zahlreichen Indizien (z.B. profitable Vertragsschlüsse) für die künftige Erwirtschaftung steuerlicher Gewinne herangezogen werden. Dies gilt zumindest so lange, wie den (für die Schaffung des steuerlichen Verlustvortrags ursächlichen) Verlusten keine negative Signalwirkung für die künftige Prosperität der Unternehmung zuzusprechen ist. Hiervon ist auszugehen, sofern die Verluste aufgrund außerordentlicher und einmaliger Situationen, wie z.B.[400]

- einmalige Produktionsausfälle infolge einer Naturkatastrophe,

---

398 Siehe oben D.2.3.2.
399 Siehe oben D.2.3.2.
400 Vgl. HILLE (1982), S. 80; BLACK (1966), S. 95 f.; BOLIK / LINZBACH (2010), S. 1587.

- der Verlust eines Frachters, der mit dem Totalverlust der Ladung einhergeht,
- eine versehentliche Unterbepreisung eines gewichtigen Auftrags,
- eine Totalabschreibung eines nicht betriebsnotwendigen Wertpapierdepots,
- eine Abschreibung einer bedeutenden Auslandsbeteiligung infolge einer Enteignung,[401]

entstanden sind. Auch das Schrifttum fordert die Aufstellung von Planungsrechnungen bei der Ermittlung aktiver latenter Steuern aufgrund von steuerlichen Verlustvorträgen.[402]

Liegen den Verlustvorträgen demgegenüber nicht derartige Sondereffekte zugrunde, so sind besonders strenge Anforderungen an eine positive Gewinnprognose zu stellen. Größte Zurückhaltung ist damit bei Unternehmen geboten, die auf eine **Verlusthistorie** steuerlicher Ergebnisse zurückblicken[403] (z.B. Unternehmen mit strukturellen Defiziten oder veraltetem Produktportfolio oder bei Start-Up-Unternehmen[404]). Künftige steuerliche Gewinne können nach der hier vertretenen Auffassung nur dann plausibel gemacht werden, wenn mit an Sicherheit grenzender Wahrscheinlichkeit davon ausgegangen werden kann, dass die bisherigen **Verlustträger beseitigt** wurden (z.B. durch eine am Bilanzstichtag bereits initiierte Stilllegung defizitärer Teilbetriebe)[405] oder bei Start-Up-Unternehmen bereits unterschriebene Verträge vorliegen[406] und am Stichtag nahezu sicher ist, dass diese gewinnbringend bedient werden können. Insbesondere kann bei Unternehmen mit einer Verlusthistorie nicht auf positive branchenspezifische Entwicklungen oder förderliche wirtschaftliche Rahmenbedingungen und dergleichen verwiesen werden, um eine positive Gewinnprognose zu begründen.[407]

Teile des Schrifttums sehen dies allerdings weniger streng.[408] Bereits der Hinweis auf Deregulierung, höhere Auftragsbestände gegenüber Vorjahren oder die Amortisation

---

401 Vgl. HILLE (1982), S. 80.

402 Vgl. SPANHEIMER / SIMLACHER (2010), § 274 HGB, Tz. 39; PRINZ (2011), § 274 HGB, Tz. 41; MAIER / WEIL (2009), S. 2732; HOFFMANN / LÜDENBACH (2012), § 274 HGB, Tz. 38.

403 Vgl. statt aller: KARRENBROCK (2007), Tz. 175.

404 Vgl. ADS INTERNATIONAL (2007), IAS 12, Tz. 96.

405 **Ähnlich:** HOFFMANN / LÜDENBACH (2012), § 274 HGB, Tz. 36 f.

406 Vgl. ADS INTERNATIONAL (2007), IAS 12, Tz. 96. KPMG (HRSG.) (2009/10), S. 798, Tz. 3.13.210.80.

407 **Gl.A.** HOFFMANN / LÜDENBACH (2012), § 274 HGB, Tz. 38-40; BERGER (2006), S. 2474 (eine Verlusthistorie schafft ein Maß an Unsicherheit, das schwer zu widerlegen sein dürfte).

408 So z.B. in Bezug auf IAS 12: LIENAU / ERDMANN / ZÜLCH (2007), S. 1096 f. m.w.N.; SCHÄFER / SUERMANN (2010), S. 2743; LIENAU (2006), S. 139.

der für den steuerlichen Verlustvortrag ursächlichen Aufwendungen (beispielsweise Werbeaufwand) könne *trotz Verlusthistorie* einen substanziellen Hinweis für künftige Gewinne und somit die Realisation eines steuerlichen Verlustvortrags sprechen.[409] Im Falle von § 274 HGB ist dem **nicht** zu folgen, da den Unternehmen erstens ein zu großer Gestaltungsspielraum gewährt würde und zweitens das allgemeine Vorsichtsprinzip im HGB zu beachten ist.[410] Gerade dieser Hinweis auf das Vorsichtsprinzip ist ausschlaggebend für die Erkenntnis, dass die substanziellen Hinweise, die das Schrifttum regelmäßig bei Kommentierung des IAS 12.35 nennt, für den HGB-Abschluss **nicht** ausreichend sind.

Der explizite Hinweis des Gesetzgebers, wonach das allgemeine Vorsichtsprinzip im HGB bei der Bilanzierung latenter Steuern zu beachten ist, mag für die Auslegung des Gesetzestexts hilfreich sein und eine unkritische Übertragung der im IFRS-Schrifttum genannten Kriterien auf das HGB verhindern. Allerdings ist es schon bemerkenswert widersprüchlich, wenn der Gesetzgeber das Realisationsprinzip als Unterform des Vorsichtsprinzips auf dem Altar der Harmonisierung der Rechnungslegung durch Kodifizierung von § 274 Abs. 1 S. 2 und S. 4 HGB zunächst „opfert", um sich anschließend hinsichtlich der Wahrscheinlichkeit künftiger Gewinne wiederum auf das Vorsichtsprinzip zu berufen. Dieser Widerspruch stellt ein **Menetekel für die kommende Prinzipienlosigkeit des HGB** dar.

Würden dagegen auch „weiche" Kriterien für das Vorliegen einer positiven Gewinnprognose zugelassen, besteht die Gefahr, dass es zu widersinnigen Ergebnissen käme, wie das folgende Beispiel zeigt.

Beispiel: Ein Unternehmen (s = 0,3 = const.) hat im Laufe von t0 erhebliche Aufwendungen für einen Werbefeldzug und die Forschung getätigt. Die Aufwendungen dürfen (aus den bekannten Gründen[411]) weder handels- noch steuerrechtlich aktiviert werden. In Ermangelung positiver Ergebnisbeiträge kommt es zu einem steuerlichen Verlustvortrag im Umfang von 300 GE. Bilanzdifferenzen existieren annahmeweise nicht.

---

409 Vgl. SCHULZ-DANSO (2009), § 25, Tz. 77 f.

410 Vgl. BT-DRUCKS. 16/10067 (30.07.2008), S. 67; BT-DRUCKS. 16/12407 (24.03.2009), S. 87; IDW-HFA (2009), Tz. 6; DRS 18 (3.9.2010), Tz. 24; HERZIG / BOHN / GÖTSCH (2009), S. 2617; IDW-IFA (2010), Tz. 10.

411 Zweifel an der Werthaltigkeit sowie unlösbare Bewertungs- und Abgrenzungsprobleme.

Soweit das Unternehmen jetzt plausibel machen kann („gute Auftragslage"), die Vorteile aus dem Werbefeldzug bzw. der Forschungstätigkeit würden künftig zu positiven steuerlichen Ergebnissen in Höhe von mindestens 300 GE führen bzw. sich amortisieren, könnten aktive latente Steuern auf diesen steuerlichen Verlustvortrag (90 GE) bilanziert werden. Mithin werden dreißig Prozent der *nicht aktivierungsfähigen* Aufwendungen für Forschung und den Werbefeldzug letztlich doch gewinnerhöhend aktiviert, unterliegen aber einer Ausschüttungssperre.

Erschwerend können bei verlustträchtigen Unternehmen die Vorschrift des § 8c KStG[412] sowie einschlägige Vorschriften im UmwStG[413] zum Tragen kommen.[414] Denkbar ist, dass Unternehmen mit einer Verlusthistorie nur durch Anteilseignerwechsel (Zuführung zusätzlichen Kapitals; Abfindung lästiger Gesellschafter) oder Verschmelzungen von der Verlust- in die Gewinnzone manövriert werden können. Die vorgenannten Vorschriften sehen unter bestimmten Bedingungen einen (ggf. teilweisen) Untergang der steuerlichen Verlustvorträge vor, was entsprechend im Rahmen der Planungsrechnung zu berücksichtigen ist.[415]

2.3.4.2.4 Prognosehorizont

§ 274 Abs. 1 S. 4 HGB fordert, dass nur solche steuerlichen Verlustvorträge bei der Berechnung aktiver latenter Steuern zu berücksichtigen sind, die sich innerhalb von fünf Jahren nach dem Bilanzstichtag auswirken. Negativ formuliert dürfen aktive latente Steuern nicht auf einen steuerlichen Verlustvortrag bilanziert werden, wenn selbiger erst *nach* fünf Jahren seit dem Stichtag gegen steuerpflichtiges Einkommen aufgerechnet werden kann. Dies ist bemerkenswert, da das deutsche Steuerrecht (zurzeit) keinen Verfall von steuerlichen Verlustvorträgen aufgrund von Zeitablauf vorsieht. Eine derartige Beschränkung des Prognosehorizonts - wie dies auch für den Detailplanungszeitraum bei Unternehmensbewertungen üblich ist - wurde implementiert, um die

412 § 8c KStG gilt auch für die Gewerbesteuer.

413 Siehe nur § 12 Abs. 3 S. 2 UmwStG.

414 Vgl. PRINZ (2011), § 274 HGB, Tz. 42.

415 Indessen sieht das Steuerrecht teils Ausnahmen vor. Eine Möglichkeit, den Untergang von Verlustvorträgen nach § 8c KStG zu verhindern, könnte in der Stille-Reserven-Klausel erblickt werden. Vgl. hierzu: MEYER / KOHL (2010), S. 442 ff.

Nachvollziehbarkeit der Wertansätze nicht zu gefährden.[416] So werden mit zunehmendem Prognosehorizont die Einschätzungen naturgemäß unsicherer.[417] Die Beschränkung des Zeithorizonts auf fünf Jahre ist indessen nicht mit dem Sinn und Zweck des Temporary-Konzepts zu vereinbaren, da es insoweit zu einem unvollständigen Vermögensausweis kommt.[418]

SIEGEL vertritt die Auffassung,[419] dass die Beschränkung auf fünf Jahre nicht nur für aktive latente Steuern auf steuerliche Verlustvorträge gelte, sondern auch für abzugsfähige Bilanzdifferenzen. Mit Blick auf die unzweideutigen Ausführungen in den Gesetzesmaterialien[420] ist dieser Mindermeinung aber nicht zu folgen. Der beschränkte Prognosehorizont gilt ausschließlich für aktive latente Steuern auf steuerliche Verlustvorträge.

Zu betonen ist, dass es sich bei der Vorschrift des § 274 Abs. 1 S. 4 HGB um eine Muss-Vorschrift handelt. Insbesondere ist der Fünf-Jahres-Zeitraum auch dann auszuschöpfen, sofern das bilanzierende Unternehmen vorgibt, über keine Planungen zu verfügen, aus denen hervorgeht, wie die am Bilanzstichtag vorhandenen steuerlichen Verlustvorträge in den nächsten fünf Jahren voraussichtlich genutzt werden können.[421] Dies ist stringent, da andernfalls die zwischenbetriebliche Vergleichbarkeit der Jahresabschlüsse erschwert würde. Erforderlichenfalls muss sich das Unternehmen daher der statistischen Extrapolation bedienen.[422]

Nur spärlich diskutiert wird, wie im Falle des gleichzeitigen Auftretens von Verlusten und Gewinnen innerhalb einer Planungsrechnung zu verfahren ist.[423] Im HGB muss

---

416 Vgl. BR-DRUCKS. 344/08 (23.5.2008), S. 145; BT-DRUCKS. 16/12407 (24.03.2009), S. 67; GELHAUSEN / FEY / KÄMPFER, Abschn. M, Tz. 32; ENGELS (2008), S. 1558.

417 Vgl. statt vieler: LIENAU / ERDMANN / ZÜLCH (2007), S. 1095.

418 Vgl. die Kritik bei: PRINZ / RUBERG (2009), S. 348, die die Beschränkung des Prognosehorizonts mit Blick auf die Ausschüttungssperre für nicht erforderlich halten.

419 SIEGEL (2011), S. 142 f.

420 *„Um die Aktivierung latenter Steuern auf Verlustvorträge nachprüfbar und praktikabel zu gestalten, dürfen diese bei der Ermittlung der aktiven latenten Steuern zudem nur berücksichtigt werden, soweit zu erwarten ist, dass sie innerhalb der auf den Bilanzstichtag folgenden fünf Geschäftsjahre zur Verlustverrechnung herangezogen werden.“* BT-DRUCKS. 16/10067 (30.07.2008), S. 67 (Unterstreichung durch den Verf.).

421 Vgl. im Folgenden: KÜHNE / MELCHER / WESEMANN (2009), S. 1098.

422 Vgl. IDW-HFA (2009), Tz. 13; DRS 18 (3.9.2010), Tz. 19; GELHAUSEN / FEY / KÄMPFER, Abschn. M, Tz. 32; LOITZ (2009a), S. 711.

423 So aber bei SCHÄFER / SUERMANN (2010), S. 2749 f., die allerdings IAS 12 kommentieren, der keine Beschränkung des Prognosehorizonts auf fünf Jahre vorsieht.

eine Planungsrechnung einen Zeitraum von fünf Jahren umfassen. Werden innerhalb dieser Zeit entweder nur Gewinne oder nur Verluste erwartet, so ist die Wirkung auf die Realisierbarkeit von steuerlichen Verlustvorträgen offenkundig unproblematisch. Soweit aber innerhalb dieses Zeitraums sowohl Verluste als auch Gewinne antizipiert werden, ist unsicher, ob die Gewinne und Verluste miteinander saldiert werden müssen (Gesamtbetrachtung) oder ob eine differenzierte Betrachtung erforderlich ist.

Die Frage ist unter Berücksichtigung der geltenden Steuergesetze zu beantworten, da die tatsächliche Nutzung steuerlicher Verlustvorträge nur in den Grenzen des geltenden Ertragsteuerrechts zulässig ist. Ertragsteuern werden für Veranlagungszeiträume (z.B. Wirtschaftsjahre nach § 4a EStG i.V.m. § 7 KStG oder Erhebungszeiträume nach § 14 GewStG) festgesetzt, so dass eine Zusammenfassung erwarteter künftiger Gewinne und Verluste unterschiedlicher Perioden einer Vermengung von Bemessungsgrundlagen unterschiedlicher Veranlagungszeiträume gleichkäme. Eine Gesamtbetrachtung ist mit dem geltenden Ertragsteuerrecht daher nicht zu vereinbaren. Demgemäß muss eine *differenzierte Betrachtung* der erwarteten Gewinne und Verluste innerhalb des 5-Jahres-Zeitraums erfolgen. Dabei werden die zeitlich nah am Bilanzstichtag liegenden steuerlichen Gewinne mit dem am Bilanzstichtag bestehenden steuerlichen Verlustvortrag verrechnet, d.h. ähnlich einem *first-in-first-out*-Verfahren.[424] Falls die am Bilanzstichtag bestehenden steuerlichen Verlustvorträge mit im Rahmen der Planungsrechnung erwarteten künftigen steuerlichen Gewinnen verrechnet werden können, ist ein Ansatz von aktiven latenten Steuern auf steuerliche Verlustvorträge zulässig. Soweit nun steuerliche Verluste innerhalb der fünf Jahre antizipiert werden, gilt Folgendes:

Treten die steuerlichen Verluste erst *nach* den prognostizierten Gewinnen auf, so bestehen keine Bedenken, die künftigen steuerlichen Gewinne mit den am Bilanzstichtag bestehenden steuerlichen Verlustvorträgen zu verrechnen. Die später prognostizierten Verluste führen schließlich nicht dazu, dass die erwartete Verlustverrechnungsmöglichkeit untergeht.[425] Wird dagegen in der Planung mit steuerlichen Verlusten *vor* etwaigen steuerlichen Gewinnen gerechnet, so ist diese Information zu vernachlässigen. Sollten die erwarteten steuerlichen Verluste später tatsächlich eintreten, erhöht sich

---

424 Ähnlich in Bezug auf IAS 12: SCHÄFER / SUERMANN (2010), S. 2750.

425 Ähnlich in Bezug auf IAS 12: SCHÄFER / SUERMANN (2010), S. 2750.

lediglich der Bestand der steuerlichen Verlustvorträge, was in einer neuen Planungsrechnung zu berücksichtigen ist.

Beispiel: Ein Unternehmen (s = 0,3 = const.) verfügt zum Ende von t0 über steuerliche Verlustvorträge im Umfang von insgesamt **2.000 GE**. Die Planungsrechnung ergibt, dass mit folgenden steuerlichen Ergebnissen (Gewinne und Verluste) zu rechnen ist:

Periode	Erwarteter steuerlicher Erfolg	Verrechnung mit am Stichtag bestehendem VV
t0	Irrelevant	*Bestand VV*: 2.000 GE
t1	- 1.000 GE	Irrelevant
t2	- 1.000 GE	Irrelevant
t3	- 1.000 GE	Irrelevant
t4	- 1.000 GE	Irrelevant
t5	+ 5.000 GE	Verrechnung vollständig möglich

Die unzulässige *Gesamtbetrachtung* ergibt einen „Gesamterfolg" in Höhe von + 1.000 GE. Zum Ende von t0 wäre eine Aktivierung latenter Steuern auf den steuerlichen Verlustvortrag dementsprechend nur in Höhe von 300 GE möglich. Diese Gesamtbetrachtung ist aber unzulässig, da sie ein Steuerrecht fingiert, das es schlicht nicht gibt.

Bei der *differenzierten Betrachtung* ist ein Ansatz von aktiven latenten Steuern auf steuerliche Verlustvorträge insoweit zulässig, als die am Bilanzstichtag (Ende von t0) bestehenden steuerlichen Verlustvorträge mit im Rahmen der Planungsrechnung erwarteten künftigen steuerlichen Gewinnen verrechnet werden können. Dies ist hier vollständig gegeben, da in der Periode t5 mit ausreichenden steuerlichen Gewinnen (größer-gleich 2.000 GE) zu rechnen ist. Aktive latente Steuern dürfen somit auf den gesamten Bestand an steuerlichen Verlustvorträgen bilanziert werden (600 GE).

Gegen die differenzierte Betrachtung kann im Übrigen nicht eingewandt werden, ihre Anwendung käme einem unzulässigen „Rosinenpicken" gleich, da zwar künftige steuerliche Gewinne, nicht aber künftige steuerliche Verluste bei der approximativen Bestimmung der Nutzbarkeit steuerlicher Verlustvorträge berücksichtigt würden. Dieser Vorwurf ist unberechtigt, da die steuerlichen Verluste genau dann berücksichtigt werden, wenn sie tatsächlich eintreten. Bezogen auf das vorstehende Beispiel sei nunmehr angenommen, dass die prognostizierten steuerlichen Verluste *zum Ende von t1* tatsächlich eintreten. Hierdurch erhöht sich c.p. der Bestand steuerlicher Verlustvorträge zum Ende von t1 um 1.000 GE auf 3.000 GE. Die Beurteilung der Nutzbarkeit der insoweit erhöhten steuerlichen Verlustvorträge ist insoweit (am Ende von t1) anhand einer neuen Planungsrechnung aufzumachen. Aus alledem folgt: Werden in einer Planungsrechnung sowohl steuerliche Gewinne als auch steuerliche Verluste erwartet, so ist nur auf die steuerlichen Gewinne im Planungszeitraum abzustellen. Die Regelungen zur Mindestbesteuerung (§ 10d Abs. 2 S. 1 EStG) sind dabei zu beachten.

2.3.4.3 Aktive latente Steuern und Steuergutschriften

Regierungen belohnen verschiedentlich aus wirtschafts- und sozialpolitischer Sicht gewünschte Verhaltensweisen (z.B. die Einstellung von Langzeitarbeitslosen oder das Betreiben von Grundlagenforschung) mit sog. Steuergutschriften (*tax credits*). Dabei handelt es sich um grundsätzlich nicht rückzahlbare Gutschriften, die von der Steuerschuld der steuerpflichtigen Unternehmung (nicht: der steuerlichen Bemessungsgrundlage) abgezogen werden können.

Wird in der Periode, in der die Steuergutschrift entsteht, ausreichend steuerpflichtiges Einkommen erwirtschaftet (und somit eine entsprechende Steuerschuld generiert), so mindert die Steuergutschrift die zu zahlende Steuerverbindlichkeit bzw. generiert einen als Forderung zu aktivierenden Erstattungsanspruch. Die Frage der Bilanzierung latenter Steuern stellt sich nicht. Soweit aber nicht ausreichend positive steuerliche Gewinne (und somit keine ausreichende Steuerschuld) für die sofortige Inanspruchnahme der Steuergutschrift zur Disposition stehen, können diese insoweit nicht genutzten Steuergutschriften rückgetragen oder vorgetragen werden. Steuergutschriften können somit eine **intertemporale Komponente** aufweisen.

Dabei stellt sich ein Rücktrag aus Sicht der Bilanzierung latenter Steuern als unbeachtlich dar. Der Rücktrag der Steuergutschrift führt (analog zu einem Verlustrücktrag) zu einer Korrektur der für die vorangegangene Periode festgesetzten Steuerschuld.[426] Somit kommt nur eine Kürzung der Steuerverbindlichkeiten oder eine Bilanzierung als For-

---

[426] Vgl. statt aller (in Bezug auf einen steuerlichen Verlustrücktrag): WOLLMERT (1995), S. 95.

derung in Betracht, wobei es im Fall der Steuergutschrift noch nicht mal einer Bewertung mit dem Steuersatz bedarf.

Im Gegensatz zu direkt in der Berichtsperiode verrechneten oder rückgetragenen Steuergutschriften erfüllen **vorgetragene Steuergutschriften** ersichtlich nicht die Voraussetzungen, die an das Vorliegen einer Forderung bzw. eines Vermögensgegenstandes geknüpft werden können. Ob die Unternehmung in künftigen Perioden ausreichend steuerpflichtige Gewinne (und mithin eine ausreichend hohe Steuerschuld) erwirtschaften wird, ist nämlich analog zu aktiven latenten Steuern auf Bilanzdifferenzen oder steuerliche Verlustvorträge völlig offen. Aus Sicht des Bilanzstichtags ist die erhoffte Steuerminderung in Gestalt einer vorgetragenen Steuergutschrift bestenfalls als ungewisse Steuerforderung zu sehen, deren Aktivierung weder mit dem Realisationsprinzip noch mit der Ausschüttungsbemessungsfunktion zu vereinbaren ist und somit bei Geltung allgemeiner Regeln unterbleiben muss. Wegen der Äußerungen in den Gesetzesmaterialen[427] kann es aber nicht untersagt werden, derartige vorgetragene Steuergutschriften bei der Berechnung aktiver latenter Steuern zu berücksichtigen (§ 274 Abs. 1 S. 4 HGB).

Die praktische Relevanz der Berücksichtigung von Steuergutschriften dürfte sich für nach HGB bilanzierende Unternehmen allerdings in ausgesprochen engen Grenzen halten. Soweit ersichtlich, bestehen in den geltenden Ertragsteuergesetzen Deutschlands zurzeit **keine Anwendungsfälle** für derart vortragsfähige Steuergutschriften. Insbesondere ist der Auffassung von HANNO KIRSCH entgegenzutreten,[428] nach der Körperschaftsteuerguthaben gemäß § 37 KStG einen Anwendungsfall für Steuergutschriften darstellten.[429] Das ist schon deshalb unzutreffend, weil das am 31.12.2006 verbleibende Körperschaftsteuerguthaben betragsmäßig festgestellt wurde und grundsätzlich ab 2008 in zehn gleichen Jahresbeträgen ausgezahlt wird (§ 37 Abs. 5 KStG).[430] Damit aber besteht der Anspruch auf Auszahlung des unverzinslichen Körperschaftsteuerguthabens unabhängig vom Erwirtschaften künftiger Gewinne. Der Anspruch ist als vollwertige, steuerfreie (§ 37 Abs. 7 S. 1 KStG) Forderung auszuweisen und stellt keinen Anwen-

427 Vgl. nur BT-DRUCKS. 16/10067 (30.07.2008), S. 67.

428 **Gl.A.** PRINZ (2011), § 274 HGB, Tz. 43.

429 Vgl. KIRSCH (2009c), Fach 4a, § 274 HGB (BilMoG), Tz. 79; KIRSCH (2009), S. 515; STOLLENWERK / SCHERFF (2009), S. 197 (mit Verweis auf KIRSCH).

430 Vgl. ausführlich m.w.N. BAUSCHATZ (2009), § 37 KStG, Tz. 8, 156 ff.

dungsfall für aktive latente Steuern in Gestalt einer Steuergutschrift dar. Demgegenüber existieren in anderen Steuerjurisdiktionen, z.B. den USA, zahlreiche potentielle Anwendungsfälle.[431] Die Bilanzierung aktiver latenter Steuern auf vortragsfähige Steuergutschriften hätte analog zur Bilanzierung latenter Steuern auf steuerliche Verlustvorträge zu erfolgen; u.a. müssten die Beschränkung des Prognosehorizonts, das allgemeine Vorsichtsprinzip und die Ausschüttungssperre beachtet werden.

2.3.4.4 Aktive latente Steuern vor dem Hintergrund der Zinsschrankenregelung

2.3.4.4.1 Inhalt der Zinsschrankenregelung

Betrieblich veranlasste Vergütungen für Fremdkapital (im Folgenden: Zinsaufwand) werden handelsrechtlich als Aufwand verbucht. Steuerlich wird allerdings die Abzugsfähigkeit von Zinsaufwand unter bestimmten Voraussetzungen beschränkt. Die Zinsschrankenregelung (§ 4h EStG, § 8a KStG) stellt eine Besonderheit der steuerlichen Gewinnermittlung bei der Berücksichtigung von Zinsaufwand dar. Die Regelung sieht vor, dass Zinsaufwand nur innerhalb gewisser Grenzen abgezogen werden darf und somit u.U. der steuerlichen Bemessungsgrundlage wieder hinzuzurechnen ist. Sinn und Zweck der als Gegenfinanzierungsmaßnahme zur Unternehmensteuerreform 2008 zu begreifenden Maßnahme ist es, asymmetrische Finanzierungsstrukturen von Konzernen zulasten Deutschlands sowie eine übermäßige Gesellschafterfremdfinanzierung bei Körperschaften zu verhindern.[432] Hiernach gelten Zinsaufwendungen eines Wirtschaftsjahres[433] als unbeschränkt abzugsfähig, soweit ihnen Zinserträge desselben Jahres gegenüber stehen (§ 4h Abs. 1 S. 1 EStG). Im Falle eines negativen Zinssaldos (Zinsaufwand größer Zinsertrag), darf dieser nur bis zur Höhe des verrechenbaren EBITDA abgezogen werden. Das verrechenbare steuerliche EBITDA ist definiert als dreißig Prozent des nach steuerlichen Vorschriften modifizierten handelsrechtlichen Jahreserfolgs (§ 4h Abs. 1 S. 2 i.V.m. Abs. 3 S. 1 i.V.m. § 5 Abs. 1 S. 1 EStG) vor dem Abzug von Zinsen und Abschreibungen. Übersteigt der negative Zinssaldo das verrechenbare EBITDA, so bestimmt § 4h Abs. 1 S. 5 EStG, dass der übersteigende

---

431 Vgl. IRC Title 26, Subtitle A, Chapter 1, Subchapter A, Part IV, Subpart D, Sections 40-45F.

432 Vgl. FÖRSTER (2007), § 4h EStG, Tz. 2-4; BT-DRUCKS. 16/4841 (27.03.2007), S. 31, 35, 47 f.

433 Für die folgenden Ausführungen wird unterstellt: Wirtschaftsjahr = Geschäftsjahr = Kalenderjahr.

Betrag als **„Zinsvortrag"** in die folgenden Wirtschaftsjahre vorzutragen ist. Der zeitlich unbegrenzt vortragsfähige Zinsvortrag erhöht dabei die Zinsaufwendungen künftiger Wirtschaftsjahre (§ 4h Abs. 1 S. 6 EStG). Findet die Zinsschrankenregelung in einem Folgejahr keine Anwendung (und werden ausreichende Gewinne erwirtschaftet), so resultiert aus dem Zinsvortrag eine Steuerminderbelastung.

Zu betonen ist, dass die Zinsschrankenregelung nicht stets zur Anwendung gelangt, da § 4h Abs. 2 a) bis c) EStG einige Ausnahmetatbestände (Freigrenze von 3 Mio. Euro; Konzernklausel; Eigenkapitalvergleich) aufzählt. Für Körperschaften gelten die Konzernklausel und der Eigenkapitalvergleich jedoch nur mit zusätzlichen Einschränkungen (§ 8a Abs. 2 und Abs. 3 KStG). Weiterhin ist zu beachten, dass zahlreiche Vorschriften bestehen, die im Falle von Veränderungen der Anteilseignerstruktur ein Untergehen des Zinsvortrags zur Folge haben (§ 4h Abs. 5 EStG, § 8a Abs. 1 S. 3 KStG).

Zur Verdeutlichung findet sich nachstehend ein Beispiel (s = 0,3 = const.).[434]

GuV für 2011

Material	11 Mio.	Umsätze	20 Mio.
AfA	4 Mio.	Zinsertrag	0,5 Mio.
Zinsaufwand	5,5 Mio.		
	20,5 Mio.		20,5 Mio.

Der Jahresüberschuss für 2011 beträgt 0 Mio.

Es liegt ein negativer Zinssaldo in Höhe von 5 Mio. vor.

Ausnahmevorschriften nach § 4h Abs. 2 EStG greifen in 2011 annahmeweise nicht.

Ermittlung des EBITDA 2011

Gewinn vor Zinsschranke	0 Mio.
+ AfA	4 Mio.
+ negativer Zinssaldo	5 Mio.
EBITDA	9 Mio.
30 % von 9 Mio.	2,7 Mio.

434 In Anlehnung an SCHEFFLER (2012), S. 259 f.

Abziehbar in 2011:	2,7 Mio.	
	0,5 Mio.	
	3,3 Mio.	
Nicht abziehbar in 2011:	5,5 Mio.	
	-3,3 Mio.	
	2,3 Mio.	zgl. **Zinsvortrag** für 2012 ff.

Der steuerpflichtige Gewinn im Jahr 2011 beträgt somit 2,3 Mio.

Im Jahr 2012 finde die Zinsschranke keine Anwendung, da in 2012 annahmeweise keine Zinsaufwendungen mehr entstehen. Mithin bestehen Zinsaufwendungen nur in Höhe der vorgetragenen 2,3 Mio., die die Freigrenze von 3 Mio. unterschreiten. Werden mindestens steuerpflichtige Gewinne in Höhe des Zinsvortrags erwirtschaftet, so resultiert aus dem Zinsvortrag eine Steuerminderzahlung in Höhe von 0,69 Mio.

Fraglich ist, ob die erwartete Steuerminderzahlung aus der Nutzung eines Zinsvortrags den Ansatz einer aktiven latenten Steuer nach § 274 HGB begründen kann.

2.3.4.4.2 Aktive latente Steuern auf einen Zinsvortrag

Der wirtschaftliche Vorteil des Zinsvortrags liegt in der Chance begründet, in künftigen Perioden bislang aufgrund von § 4h EStG nicht abziehbare Zinsaufwendungen tatsächlich geltend machen zu können. Die hieraus voraussichtlich erwachsende Steuerminderzahlung ist mit dem wirtschaftlichen Vorteil aus der Nutzung eines steuerlichen Verlustvortrags durchaus vergleichbar. Insoweit könnte hier eine Bilanzierung aktiver latenter Steuern auf innerhalb der nächsten fünf Jahre nutzbare Zinsvorträge gefordert werden, sofern die Nutzbarmachung durch eine Planungsrechnung fundiert wird. Für eine analoge Anwendung des § 274 Abs. 1 S. 4 HGB auf Zinsvorträge spricht zudem die Einlassung des Gesetzgebers in den Gesetzesmaterialien.[435] Weiterhin finden die restriktiven Regelungen zur Mindestbesteuerung nach § 10d Abs. 2 EStG im Gegensatz zu Verlustvorträgen auf unbeschränkt vortragsfähige Zinsvorträge keine Anwendung.

---

[435] Vgl. BT-DRUCKS. 16/10067 (30.07.2008), S. 67.

Allerdings entpuppt sich eine derartige Forderung bei näherem Hinsehen als überaus problematisch. Denn während die Realisation des wirtschaftlichen Vorteils aus einem steuerlichen Verlustvortrag grundsätzlich[436] das Vorhandensein steuerlicher Gewinne (unter Beachtung der Mindestbesteuerung) in den nächsten fünf Perioden voraussetzt, kommen bei der Realisation des Vorteils aus einem Zinsvortrag **weitere Voraussetzungen** hinzu.[437] Um einen bestehenden Zinsvortrag in Höhe eines Euro im Folgejahr nutzen zu können, müsste das Unternehmen nicht etwa nur Gewinne in Höhe des Zinsvortrags erzielen, sondern ein steuerliches EBITDA in 3,33-facher Höhe[438] des Zinsvortrags erwirtschaften. Wird der (für den Zinsvortrag ursächliche) jährliche Nettozinsaufwand zudem im Zeitablauf als konstant angenommen,[439] so bedarf es gar dem 6,67-fachen des Zinsvortrags als zusätzliches EBITDA, um den bestehenden Zinsvortrag nutzen zu können.[440] Von derart starken EBITDA-Zuwächsen wird in den allermeisten Fällen nicht auszugehen sein, so dass ein Ansatz von aktiven latenten Steuern auf einen Zinsvortrag grundsätzlich zu unterbleiben hat.[441]

Damit ist die Aktivierbarkeit latenter Steuern nicht in jedem Fall zu versagen, denn zwei weitere Optionen zur Nutzbarmachung von Zinsvorträgen sind denkbar:

a) Eine künftige Veränderung der Finanzierungsstruktur der Unternehmung.

b) Die Herbeiführung der Ausnahmevorschriften des § 4h Abs. 2 EStG.

Die Änderung der Kapitalstruktur ist durch eine Substitution von Fremd- durch Eigenkapital oder (in begrenztem Maße) durch Sachverhaltsgestaltung[442] möglich. Sofern hierdurch eine nachhaltige Absenkung der periodischen Zinsausgaben erzielt wird, die ein regelmäßiges Unterschreiten der 30%-Grenze des § 4h Abs. 1 S. 2 EStG zur Folge hat, führt dies bei *gleichbleibendem* EBITDA dazu, dass bestehende Zinsvorträge peu-a-

436 Von einem möglichen Untergang steuerlicher Verlustvorträge durch Vorschriften wie § 8c KStG wird an dieser Stelle abstrahiert.

437 Vgl. BOLIK / LINZBACH (2010), S. 1588; HERZIG / BOHN / GÖTSCH (2009), S. 2618 f. sowie LOITZ / NEUKAMM (2008), S. 200 ff. (in Bezug auf IAS 12).

438 Dies ergibt sich aus der 30%-Grenze des § 4h Abs. 1 EStG, nach der ein negativer Zinssaldo grundsätzlich nur in Höhe von 30 % des steuerlichen EBITDA abgezogen werden darf. Rechenweg (1 : 0,3 = 3,33). Vgl. RÖDDER / STANGL (2007), S. 484.

439 Diese Konstellation ist regelmäßig erfüllt, da Zinsausgaben meistens periodisch-wiederkehrende Aufwendungen darstellen.

440 Vgl. BEUßER (2009), S. 50.

441 **Gl.A.** RÖDDER / STANGL (2007), S. 484.

442 Zu denken ist an die Aktivierung von Zinsen als Herstellungskosten, Leasing, Factoring und die Verschuldung in einer Niedrigzinswährung. Vgl. BEUßER (2009), S. 50.

peu abgeschmolzen werden. Weiterhin bleibt es der Leitung anheimgestellt, Maßnahmen zu ergreifen, um im verstärkten Maße Zinserträge zu generieren. Hierdurch wird c.p. der negative Zinssaldo verringert und Raum für eine Nutzbarmachung von Zinsvorträgen geschaffen. Einzuschränken ist, dass eine derartige Änderung der Kapitalstruktur nicht für alle Unternehmen durchführbar ist, so dass der praktische Nutzen begrenzt ist.

Vielversprechender stellt sich die zweite Option dar. Durch die Herbeiführung der Ausnahmevorschriften des § 4h Abs. 2 EStG in einem Jahr, findet die Zinsschranke in dem betreffendem Jahr keine Anwendung, so dass sämtliche Zinsvorträge unmittelbar und in voller Höhe genutzt werden können.[443] Stehen den kumulierten Zinsvorträgen ausreichend[444] steuerliche Gewinne gegenüber, tritt eine Steuerminderbelastung tatsächlich ein. Ist das nicht der Fall, wird der nicht genutzte Teil des Zinsvortrags in einen steuerlichen Verlustvortrag transformiert.[445] Allerdings ist die Inanspruchnahme der Ausnahmevorschriften an harte Bedingungen geknüpft. Insbesondere das Unterschreiten der Freigrenze des § 4h Abs. 2 S. 1 a) EStG wird sich regelmäßig nur durch eine (schwierig erreichbare) Veränderung der Kapitalstruktur erreichen lassen. Weiterhin könnte die Herauslösung aus einer Konzernstruktur erwogen werden,[446] um die Ausnahmevorschrift des § 4h Abs. 2 S. 1 b) EStG anwenden zu können.[447] Körperschaften haben derweil § 8a Abs. 2 KStG zu beachten, nach dem diese Ausnahmevorschrift nur unter den in § 8a Abs. 2 KStG genannten Voraussetzungen anwendbar ist. Hierdurch wird der tatsächliche Nutzen der Ausnahmevorschrift für Körperschaften relativiert. Entsprechende Bedenken gelten für den Eigenkapitalvergleich (§ 4h Abs. 2 S. 1 c) EStG i.V.m. § 8a Abs. 3 KStG).[448]

Aus alledem folgt, ist aus Sicht der Unternehmung künftig nicht mit

- entsprechend hohen EBITDA-Zuwächsen;
- einer ausreichenden Veränderung der Kapitalstruktur oder

---

443 Vgl. FISCHER / WAGNER (2008), S. 1875; HERZIG / BOHN / GÖTSCH (2009), S. 2616.

444 Das steuerliche EBITDA in dem betreffenden Jahr muss größer-gleich dem negativen Zinssaldo desselben Jahres zuzüglich der kumulierten Zinsvorträge der Vorjahre sein. Vgl. HERZIG / BOHN / GÖTSCH (2009), S. 2616.

445 Vgl. FISCHER / WAGNER (2008), S. 1875; HERZIG / BOHN / GÖTSCH (2009), S. 2616.

446 Gefahren ergeben sich aber aus § 4h Abs. 5 EStG.

447 Zum Kriterium der Konzernzugehörigkeit vgl. FISCHER / WAGNER (2008), S. 1876 f.

448 Zum Eigenkapitalvergleich vgl. FISCHER / WAGNER (2008), S. 1877 f.

- der Inanspruchnahme der Ausnahmevorschriften

zu rechnen, so ist ein am Bilanzstichtag vorhandener Zinsvortrag als nicht werthaltig zu qualifizieren. In dieser Konstellation besteht die Gefahr, dass der Zinsvortrag vielmehr von Jahr zu Jahr anwächst[449] und im Zeitpunkt der Liquidation der Unternehmung oder im Falle eines schädlichen Beteiligungserwerbs (§ 4h Abs. 5 EStG) ungenutzt verfällt. Kann der Bilanzierende eine solche *„Zinsvortragsfalle"*[450] bzw. einen *„permanenten Zinsvortrag"*[451] nicht nachvollziehbar ausschließen, muss ein Ansatz von aktiven latenten Steuern unterbleiben. Umgekehrt gilt: Beabsichtigt der Bilanzierende die Aktivierung latenter Steuern auf einen Zinsvortrag, so muss die für fünf Jahre aufzustellende Planungsrechnung nicht nur die steuerlichen Ergebnisse prognostizieren, sondern auch sämtliche Maßnahmen berücksichtigen, die eine tatsächliche Nutzung der Zinsvorträge wahrscheinlich machen. Werden diese Nachweise nicht erbracht oder sind derartige Umstrukturierungen nicht geplant,[452] hat der Ansatz aktiver latenter Steuern auf einen Zinsvortrag zu unterbleiben.

Doch selbst wenn die Zulässigkeit einer Aktivierung latenter Steuern auf einen Zinsvortrag nur unter sehr restriktiven Bedingungen zulässig ist, so ist die Zinsschrankenregelung bei der Aufstellung einer steuerlichen Planungsrechnung (zur Plausibelmachung der Werthaltigkeit aktiver latenter Steuern auf steuerliche Verlustvorträge) zu berücksichtigen. Die Beschränkung der Abzugsfähigkeit von Zinsen in einem Jahr steigert das Ergebnis vor Verlustabzug desselben Jahres und führt grundsätzlich zu einem erhöhten Verlustabzug, soweit das steuerliche Ergebnis vor Verlustabzug positiv und der bestehende steuerliche Verlustvortrag ausreichend hoch ist.[453] Mit anderen Worten, die Erkenntnis, dass **steuerlich nicht abzugsfähige Zinsen die steuerliche Bemessungsgrundlage erhöhen**, ist bei der (im Rahmen der Ermittlung latenter Steuern auf steuerliche Verlustvorträge aufzustellenden) Planungsrechnung zu berücksichtigen. Die

---

449 Dabei wird das Risiko der Nichtnutzung u.a. dadurch verschärft, dass die Regelung des § 4h Abs. 2 S. 1 a) EStG als eine Freigrenze und nicht als Freibetrag ausgestaltet ist. Vgl. HERZIG / BOHN / GÖTSCH (2009), S. 2615; BEUßER (2009), S. 49; FISCHER / WAGNER (2008), S. 1875.

450 BEUßER (2009), S. 50.

451 BRÄHLER / BRUNE / HEERDT (2008), S. 293.

452 Ohnehin darf bezweifelt werden, ob es sinnvoll ist, tiefgreifende Umstrukturierungen vorzunehmen, nur um die Nachteile aus einer kritikwürdigen Steuervorschrift abzumildern.

453 Vgl. HERZIG / BOHN / GÖTSCH (2009), S. 2616, 2619.

Nutzung des Verlustvortrags wird insoweit wahrscheinlicher.[454] Umgekehrt wird eine (am Bilanzstichtag bereits) absehbare künftige Inanspruchnahme des Zinsvortrags das künftige steuerliche Ergebnis in der Periode der Nutzung des Zinsvortrags c.p. reduzieren; auch diese Erkenntnis ist in der Planungsrechnung zu berücksichtigen.[455]

2.3.4.4.3 Erweiterung um EBITDA-Vorträge

Zum besseren Verständnis wurde die Zinsschrankenregelung bislang nur vereinfacht dargestellt. Tatsächlich wurde die Regelung durch das WachsBeschlG um sog. EBITDA-Vorträge erweitert,[456] was zu einer Entschärfung der Regelung aus Sicht der Steuerpflichtigen zugleich aber zu einem höheren Komplexitätsgrad geführt hat.

Ein EBITDA-Vortrag nach § 4h Abs. 1 S. 3 EStG entsteht dann, sofern das **verrechenbare EBITDA** i.S.d. § 4h Abs. 1 S. 2 EStG größer als der negative Zinssaldo ist und die Zinsschranke somit in dem betreffenden Jahr nicht zur Anwendung kommt. Der EBITDA-Vortrag wird gemäß § 4h Abs. 1 S. 3 und S. 4 EStG bis zu fünf Jahren vorgetragen und erhöht das verrechenbare EBITDA künftiger Perioden. Reicht in einer späteren Periode das verrechenbare EBITDA nicht aus, um ein Eingreifen der Zinsschranke zu verhindern, so wird das verrechenbare EBITDA um etwaige EBITDA-Vorträge aus Vorjahren erhöht. In Wirtschaftsjahren, in denen eine der Ausnahmeregelungen des § 4h Abs. 2 EStG greift, entsteht kein EBITDA-Vortrag.

Neben diesen **periodischen EBITDA-Vorträgen** nach § 4h EStG sieht § 52 Abs. 12d S. 5 EStG schließlich einen **außerordentlichen EBITDA-Vortrag** als krisenentschärfende Maßnahme vor.[457] *Auf Antrag* erhöhen zu ermittelnde EBITDA-Vorträge für die Wirtschaftsjahre, die nach dem 31. Dezember 2006 beginnen und vor dem 1. Januar 2010 enden, das verrechenbare EBITDA des ersten Wirtschaftsjahres, das nach dem 31. Dezember 2009 endet.[458] Der außerordentliche EBITDA-Vortrag setzt sich somit aus drei EBITDA-Vorträgen für 2007, 2008 und 2009 zusammen und erhöht das verrechen-

---

454 Vgl. ENGELS (2008), S. 1557; WENDHOLT / WESEMANN (2009), S. 70.

455 Vgl. bereits in Bezug auf IAS 12: LOITZ / NEUKAMM (2008), S. 199.

456 Vgl. KESSLER / DIETRICH (2010), S. 241; KESSLER / LINDEMER (2010), S. 472 .

457 Das Schrifttum spricht in diesem Zusammenhang teils von fiktiven EBITDA-Vorträgen. Vgl. HERZIG / LIEKENBROCK (2010), S. 691.

458 Für ein Zahlenbeispiel zum außerordentlichen EBITDA-Vortrag vgl. KIRSCH (2010), S. 479 ff.

bare EBITDA des Wirtschaftsjahres, das nach dem 31.12.2009 endet. Dessen Vortragsfähigkeit von fünf Jahren beginnt somit erst nach dem 31.12.2009 abzulaufen.[459]

Zur Verdeutlichung des periodischen EBITDA-Vortrags sei das obige[460] Beispiel zum Zinsvortrag aufgegriffen. Das Beispiel wird um das Jahr 2010 erweitert, wobei sämtliche Daten des Jahres 2011 auch für das Jahr 2010 gelten. Lediglich die Umsatzerlöse betragen 40 (statt 20) Mio.

GuV für 2010

Material	11 Mio.	Umsätze	40 Mio.
AfA	4 Mio.	Zinsertrag	0,5 Mio.
Zinsaufwand	5,5 Mio.		
Gewinn	20 Mio.		
	40,5 Mio.		40,5 Mio.

<u>Ermittlung des EBITDA **2010**</u>		<u>Ermittlung des EBITDA **2011**</u>	
Gewinn v. Zinsschranke 2010	20 Mio.	Gewinn v. Zinsschranke 2011	0 Mio.
+ AfA	4 Mio.	+ AfA	4 Mio.
+ negativer Zinssaldo	5 Mio.	+ negativer Zinssaldo	5 Mio.
EBITDA 2010	29 Mio.	EBITDA 2011	9 Mio.
30 % von 29 Mio.	8,7 Mio.	30 % von 9 Mio.	2,7 Mio.
		Nicht abziehbar ohne EBITDA-Vortrag (5 - 2,7)	2,3 Mio.
		Nutzung des EBITDA-Vortrags 2010	2,3 Mio.
Abziehbar in 2010:	5,5 Mio.	Abziehbar in 2011:	5,5 Mio.
EBITDA-Vortrag 2010:	8,7 Mio.	Verbleibender EBITDA-Vortrag in 2011:	**3,7 Mio.**
	- 5 Mio.		- 2,3 Mio.
	3,7 Mio.		**<u>1,4 Mio.</u>**

[459] **Gl.A.** HERZIG / LIEKENBROCK (2010), S. 691 m.w.N. zum Meinungsstand.

[460] Siehe oben D.2.3.4.4.1.

Der EBITDA-Vortrag aus dem Jahr 2010 in das Jahr 2011 hat dazu geführt, dass in 2011 sämtliche Zinsaufwendungen als Betriebsausgabe abgezogen werden durften.

Der wirtschaftliche Vorteil aus der Inanspruchnahme des EBITDA-Vortrags ist je nach Lage des Einzelfalls entweder die Vermeidung eines Zinsnachteils (**Typ 1**) oder die Vermeidung einer endgültigen Steuermehrbelastung (**Typ 2**).[461] Ist davon auszugehen, dass ein Zinsvortrag auch ohne den EBITDA-Vortrag in Zukunft genutzt werden kann (z.B. wegen einer fest geplanten Substitution von Fremd- durch Eigenkapital), so liegt dem Vorteil des EBITDA-Vortrags nur ein Zinseffekt zugrunde: Der EBITDA-Vortrag führt dazu, dass das Steuerminderungspotential in Gestalt des Zinsvortrags zügiger realisiert werden kann als dies durch eine Umstrukturierung geschehen könnte. Falls dagegen nicht damit zu rechnen ist, dass das Steuerminderungspotential in Gestalt des Zinsvortrags jemals gehoben wird (z.B. aufgrund der Unmöglichkeit die Kapitalstruktur zu verändern, „Zinsvortragsfalle"), so führt ein EBITDA-Vortrag dazu, dass ein (ohne den EBITDA-Vortrag) wertloser Zinsvortrag doch realisiert werden kann. In diesem Fall kommt dem EBITDA-Vortrag mehr als nur ein Zinseffekt zu.

Zwar sind die bei Typ 1 auftretenden Zinseffekte aus betriebswirtschaftlicher Sicht keinesfalls unbeachtlich, allerdings kann im handelsrechtlichen Jahresabschluss nicht jeder betriebswirtschaftlich begründbare Finanzierungseffekt abgebildet werden. Darüber hinaus setzt die Aktivierung einer latenten Steuer nach § 274 HGB eine künftige Steuerminderbelastung bzw. verhinderte Steuermehrbelastung voraus. Hieran mangelt es aber bei Typ 1.[462]

Eine abweichende Würdigung ergibt sich bei Typ 2: Ohne den EBITDA-Vortrag verfiele der Zinsvortrag ungenutzt, durch den EBITDA-Vortrag kann er genutzt werden. Letztlich ergibt sich dadurch eine Steuerminderbelastung, die nach § 274 Abs. 1 S. 4 HGB anzusetzen sein könnte. Allerdings wird der Ansatz einer aktiven latenten Steuer auch in diesem Fall für unzulässig erachtet.[463] Hintergrund sind die unlösbaren Probleme, die mit einer Prognose des Vorteils von Typ 2 einhergehen. Im Zeitpunkt des

---

461 Vgl. im Folgenden: HERZIG / LIEKENBROCK (2010), S. 693; EPPINGER / SEEBACHER (2010), S. 481 f.

462 **Gl.A.** HERZIG / LIEKENBROCK (2010), S. 693.

463 Vgl. im Folgenden: HERZIG / LIEKENBROCK (2010), S. 693.

Entstehens des EBITDA-Vortrags müsste plausibel gemacht werden, dass Typ 2 des Vorteils aus einem EBITDA-Vortrag künftig gezogen wird. Dies aber würde erforderlich machen, dass am Bilanzstichtag belegt wird, dass die Zinsschranke innerhalb der nächsten fünf Jahre zur Anwendung kommt und der EBITDA-Vortrag zur Verrechenbarkeit eines ansonsten wertlos verfallenden Zinsvortrags führen wird. Eine Planungsrechnung wird in diesem Fall an ihre Grenzen stoßen und auch nicht mehr nachvollziehbar sein.

Weiterhin können EBITDA-Vorträge in Einzelfällen auch ungenutzt untergehen (§ 4h Abs. 5 S. 1-2 EStG). Zwar gilt § 4h Abs. 5 S. 3 EStG nicht für EBITDA-Vorträge, so dass § 8c KStG nicht analog auf EBITDA-Vorträge anzuwenden ist. Das Risiko eines Untergangs durch Umstrukturierungen und Anteilseignerwechsel ist daher geringer. Dagegen bereitet die automatische Verwertung von EBITDA-Vorträgen im Fall eines negativen steuerlichen EBITDA bei gleichzeitigem Vorhandensein eines negativen Zinssaldos Probleme.[464] Aufgrund der Tatsache, dass das verrechenbare EBITDA im Falle eines negativen steuerlichen EBITDA Null ist,[465] werden die EBITDA-Vorträge vorangegangener Wirtschaftsjahre bis zur Höhe des negativen Zinssaldos aufgebraucht, obwohl bei dieser Konstellation keine Belastungswirkung aus der Zinsschrankenregelung entsteht, da das steuerliche Ergebnis bereits vor Abzug der Zinsen negativ ist.[466] Der EBITDA-Vortrag wird somit lediglich in einen steuerlichen Verlustvortrag transformiert. Zur Veranschaulichung sei das vorstehende Beispiel wie folgt erweitert:

GuV für 2012

Material	21 Mio.	Umsätze	20,5 Mio.
AfA	4 Mio.	**Verlust**	**10 Mio.**
Zinsaufwand	5,5 Mio.		
	30,5 Mio.		30,5 Mio.

464 Vgl. im Folgenden: HERZIG / LIEKENBROCK (2010), S. 691.

465 Vgl. BOHN / LOOSE (2011), S. 1248.

466 Hierauf weisen hin: HERZIG / LIEKENBROCK (2010), S. 691.

<u>Ermittlung des EBITDA **2012**</u>

Gewinn v. Zinsschranke 2012	- 10 Mio.		
+ AfA	4 Mio.	Nicht abziehbar in 2012 (5,5 - 1,4), zgl. **Zinsvortrag** 2013 ff.	4,1 Mio.
+ negativer Zinssaldo	5,5 Mio.		
negatives EBITDA	-0,5 Mio.	EBITDA-Vortrag 2012:	0 Mio.
30 % von negativem EBITDA	0 Mio.		
Verbleibender EBITDA-Vortrag aus Vorjahr (2011)	1,4 Mio.		
Abziehbar in 2012:	1,4 Mio.		

Obwohl der für 2011 festgestellte verbleibende EBITDA-Vortrag im Jahr 2012 verbraucht wurde, war damit keine Steuerersparnis verbunden, da der steuerliche Gewinn vor dem Abzug der Zinsen bereits negativ war. Insoweit hat der EBITDA-Vortrag in Höhe von 1,4 Mio. lediglich den steuerlichen Verlust erhöht und stellt Verlustverrechnungspotential (§ 10d EStG) dar.

Werden in der Planungsrechnung der kommenden fünf Jahre negative steuerliche Ergebnisse (vor positiven steuerlichen Ergebnissen) erwartet, so ist zudem das Risiko eines Untergangs der EBITDA-Vorträge zu berücksichtigen. Eine Aktivierung latenter Steuern auf einen EBITDA-Vortrag ist daher aufgrund der gravierenden Anforderungen, die an eine Planungsrechnung für die Berücksichtigung aktiver latenter Steuern auf einen EBITDA-Vortrag zu stellen wären, abzulehnen.[467]

Dass EBITDA-Vorträge selbst keinen Ansatz aktiver latenter Steuern begründen können, bedeutet nicht, dass sie für die Bilanzierung latenter Steuern irrelevant sind. Insbesondere können sie für die Bilanzierung latenter Steuern auf Zins- oder Verlustvorträge bedeutsam sein.[468] Dem liegt folgende Überlegung zugrunde: Falls die Zinsschrankenregelung in einem Jahr Anwendung findet, so führt der nichtabzugsfähige

---

467 **Gl.A.** HERZIG / LIEKENBROCK (2010), S. 693 f. (mit Einschränkungen, „in den allermeisten Fällen"). **Abweichend** wohl für IAS 12: EPPINGER / SEEBACHER (2010), S. 482 (bei hinreichender Sicherheit folge Aktivierungspflicht).

468 Vgl. im Folgenden: HERZIG / LIEKENBROCK (2010), S. 693 f.

Zinsaufwand grundsätzlich zur Generierung von steuerpflichtigem Einkommen („Ergebnisbeitrag“).[469] Dieser „Ergebnisbeitrag“ ist im Rahmen der Ermittlung latenter Steuern auf steuerliche Verlustvorträge aufzustellenden Planungsrechnung zu berücksichtigen; aktive latente Steuern auf steuerliche Verlustvorträge können infolge des „Ergebnisbeitrags“ in einem stärkeren Maße bilanziert werden, da die tatsächliche Nutzung der steuerlichen Verlustvorträge infolge der hinzugerechneten Zinsen wahrscheinlicher wird.[470] Entsteht nun zusätzlich ein EBITDA-Vortrag, so steht der in der Planungsrechnung unterstellte „Ergebnisbeitrag“ nicht mehr bzw. nicht mehr vollständig für eine Verlustnutzung zur Verfügung, da der EBITDA-Vortrag die Wahrscheinlichkeit für das Eingreifen der Zinsschranke (und damit für die Entstehung eines „Ergebnisbeitrags“) verringert. In der Folge ist die steuerliche Planungsrechnung anzupassen und eine (infolge des „Ergebnisbeitrags“) gebildete aktive latente Steuer (teilweise) aufzulösen.

Wird im Rahmen der Planungsrechnung in einer Periode ein steuerlicher Verlust (vor Anwendung der Zinsschranke) erwartet und greift in dieser Periode die Zinsschranke, so führt der EBITDA-Vortrag in diese Periode dazu, dass mehr Zinsaufwendungen abziehbar sind. Somit vergrößert sich der antizipierte steuerliche Verlust entsprechend. Der EBITDA-Vortrag wird somit in einen steuerlichen Verlustvortrag transformiert, für den *im Zeitpunkt seines tatsächlichen Entstehens* der Ansatz einer aktiven latenten Steuer zu prüfen ist.

Besonderheiten ergeben sich schließlich aufgrund des außerordentlichen EBITDA-Vortrags. Ein gleichzeitiges Bestehen von (periodischen) EBITDA-Vorträgen und einem Zinsvortrag ist zwar aufgrund der Ermittlungsmethodik des § 4h Abs. 1 EStG ausgeschlossen.[471] Sofern der Antrag auf Feststellung des außerordentlichen EBITDA-Vortrags gestellt wurde, kann dieser Sonderfall eintreten.[472] In diesem Fall könnte vertreten werden, aktive latente Steuern auf den bestehenden Zinsvortrag zu bilanzieren, soweit sie durch den außerordentlichen EBITDA-Vortrag gedeckt sind.[473] Ein derartiges Vorgehen ist aber nur zulässig, sofern im Rahmen der Planungsrechnung belegt wird, dass

---

469 Dies gilt nicht, sofern das steuerliche Ergebnis vor Abzug der Zinsaufwendungen bereits negativ ist. In diesem Fall wird der steuerliche Verlust lediglich geringer.

470 Siehe bereits oben D.2.3.4.4.2., letzter Absatz.

471 Vgl. BIEN / WAGNER (2009), S. 2633.

472 Vgl. HERZIG / LIEKENBROCK (2010), S. 693; BIEN / WAGNER (2009), S. 2633, dort Fn. 32.

473 Vgl. im Folgenden: HERZIG / LIEKENBROCK (2010), S. 693.

in der Periode, in der der außerordentliche EBITDA-Vortrag gegen einen bestehenden Zinsvortrag aufgerechnet wird, ein steuerpflichtiger Gewinn mindestens in Höhe des verrechenbaren Zinsvortrags erwirtschaftet wird. Andernfalls würde die Nutzung des außerordentlichen EBITDA-Vortrags lediglich einen steuerlichen Verlustvortrag erschaffen oder vergrößern.

2.3.4.5 Aktive latente Steuern und Spendenvortrag

Während Spenden und Mitgliedsbeiträge für gemeinnützige, mildtätige und kirchliche Zwecke handelsrechtlich sonstige betriebliche Aufwendungen darstellen, dürfen steuerrechtlich rechtsformübergreifend[474] derartige Aufwendungen nur innerhalb gewisser Höchstgrenzen[475] als Betriebsausgabe abgezogen werden. Soweit diese Höchstgrenzen in einem Jahr überschritten werden, können die übersteigenden Beträge als Spendenvortrag auf künftige Wirtschaftsjahre übertragen und dort (wiederum im Rahmen der Höchstgrenzen) abgezogen werden (§§ 10b Abs. 1 S. 9 EStG, 9 Abs. 1 Nr. 2 S. 9 KStG, 9 Nr. 5 S. 8 GewStG).

Ein Ansatz aktiver latenter Steuern auf die künftige Steuerminderbelastung infolge der Nutzung eines Spendenvortrags (unter Beachtung der Höchstgrenzen) ist mit Blick auf § 274 Abs. 1 S. 4 HGB möglich.[476] Hierfür ist die Aufstellung einer fünfjährigen Planungsrechnung erforderlich, in der mit ausreichenden steuerlichen Gewinnen zu rechnen ist.

2.3.4.6 Fazit

Die Berücksichtigung aktiver latenter Steuern auf steuerliche Verlustvorträge ist mit Realisationsprinzip und Ausschüttungsbemessungsfunktion unvereinbar, aus Sicht des Temporary-Konzepts, das einen zutreffenden Einblick in die Vermögenslage ermöglichen will, allerdings konsequent. Daher ist die (in § 274 Abs. 1 S. 4 HGB erfolgende) Beschränkung des Prognosehorizonts auf fünf Jahre aus Sicht des Temporary-Konzepts

---

474 Ausnahmen bestehen für Einzelunternehmen und Personenunternehmen, die Zuwendungen in den Vermögensstock bestimmter Stiftungen leisten. Vgl. SCHEFFLER (2012), S. 301.

475 Entweder 20 % des Einkommens oder 0,4 % der Summe der Umsätze und der aufgewendeten Löhne und Gehälter (§§ 10b Abs. 1 S. 1 EStG, 9 Abs. 1 Nr. 2 S. 1 KStG, 9 Nr. 5 S. 1 GewStG).

476 **Gl.A.** SPANHEIMER / SIMLACHER (2010), § 274 HGB, Tz. 45.

inkonsequent, hingegen aus Objektivierungsgründen zu begrüßen, da die Unsicherheit mit Ausdehnung des Prognosehorizonts ansteigt. Der Nachweis der Werthaltigkeit eines steuerlichen Verlustvortrags ist anhand von steuerlichen Planungsrechnungen zu führen, die arbeitsaufwendig zu erstellen sind. Dabei sind u.a. die Regelungen zur Mindestbesteuerung (§§ 10d Abs. 2 EStG, § 10a GewStG) und mögliche Gefahren für den Bestand an steuerlichen Verlustvorträgen (z.B. § 8c KStG) zu berücksichtigen. Durch das Erfordernis, einen Ansatz aktiver latenter Steuern auf steuerliche Verlustvorträge nur auf Basis von (nicht intersubjektiv nachprüfbaren) Planungsrechnungen vornehmen zu dürfen, kann der Verstoß gegen das Realisationsprinzip nicht geheilt werden. Die Ausschüttungssperre erfasst daher zutreffend aktive latente Steuern auf steuerliche Verlustvorträge. Gleichwohl wird etwas als Ertrag ausgewiesen, das bei Geltung allgemeiner Regeln kein Ertrag ist. Die Regelung ist daher abzuschaffen.

Eine Ausweitung von § 274 Abs. 1 S. 4 HGB auf mit steuerlichen Verlustvorträgen *vergleichbare Sachverhalte* begegnet aus Sicht des Temporary-Konzepts zwar keinen Bedenken und kann mit dem zutreffenden Einblick in die Vermögenslage gerechtfertigt werden. Die bereits in Bezug auf steuerliche Verlustvorträge hinsichtlich des Realisationsprinzips geäußerten Bedenken gelten hier analog.

Zudem führt die Ausdehnung der Aktivierung latenter Steuern auf vergleichbare Sachverhalte zu einem abermals erhöhten Ermittlungsaufwand latenter Steuern. Es sind weitere Prognosen und das Treffen von Annahmen nötig, die die Nachvollziehbarkeit von Wertansätzen in noch stärkerem Maße gefährden; dies wirkt bei der Werthaltigkeitsbeurteilung von Zinsvorträgen besonders schwer. Dabei ist allerdings zu betonen, dass selbst wenn aktive latente Steuern auf EBITDA-Vorträge (Zinsvorträge) nicht (nur selten) bilanzierungsfähig sind, diese steuerlichen Detailvorschriften für die zutreffende Ermittlung der künftigen Realisierbarkeit einer aktiven latenten Steuer auf steuerliche Verlustvorträge eine Bedeutung gewinnen. Gerade diese Interdependenzen zwischen Zins-, EBITDA- und Verlustvorträgen stellen die Bilanzierenden vor große Herausforderungen. Anwendungsfälle für Steuergutschriften sind demgegenüber in Deutschland schlicht nicht existent und der Einfluss von Spendenvorträgen auf die Lage der Unternehmung ist regelmäßig von untergeordneter Bedeutung.

2.3.5 Ansatzstetigkeit des Wahlrechts

Der durch das BilMoG implementierte § 246 Abs. 3 HGB bestimmt, dass die auf den vorhergehenden Jahresabschluss angewandten Ansatzmethoden beizubehalten sind (Ansatzstetigkeit). Hierdurch wird klargestellt, dass die bislang im HGB kodifizierte Bewertungsstetigkeit (§ 252 Abs. 1 Nr. 6 HGB), von der nur in begründeten Ausnahmefällen abgewichen werden darf (§ 252 Abs. 2 HGB), explizit auch für Ansatzwahlrechte gilt. Fraglich ist, ob das Wahlrecht des § 274 Abs. 1 S. 2 HGB hiervon erfasst wird.

Ziel von Ansatz- und Bewertungsstetigkeit ist es, die Vergleichbarkeit von Jahresabschlüssen zu erhalten und sicherzustellen, dass art- und funktionsgleiche Bilanzierungsobjekte *„nicht ohne sachlichen Grund nach unterschiedlichen Methoden angesetzt und bewertet werden dürfen"*[477]. Der Bilanzierende soll nicht zu jedem Bilanzstichtag Wahlrechte anders ausüben können (Einschränkung von Ermessensentscheidungen). Wurden in einem Jahr beispielsweise optionale Komponenten in die Herstellungskosten einbezogen, so muss der Bilanzierende diese Komponenten grundsätzlich auch in den Folgejahren einbeziehen. Allerdings wäre es verfehlt, diese grundsätzliche Zielsetzung von Stetigkeitsnormen zum Dogma zu erheben. Ergiebiger ist, die Wahlrechte im Bilanzrecht nach den mit ihnen verfolgten Zwecken zu systematisieren und zu untersuchen, inwieweit es im Hinblick auf diese Zwecke sinnvoll ist, Stetigkeit zu fordern.

Grundsätzlich lassen sich Wahlrechte in manipulationsspezifische und manipulations*un*spezifische Wahlrechte einteilen.[478] Die Erstgenannten werden vom Gesetzgeber ausdrücklich deshalb gewährt, um bilanzfremde Zwecke zu erfüllen. Die Forderung nach Stetigkeit bei der Ausübung solch manipulationsspezifischer Wahlrechte würde deren Sinn und Zweck konterkarieren,[479] weshalb Stetigkeit nicht zu fordern ist.[480] Ein konkretes Beispiel war § 274 Abs. 2 HGB a.F.; mit dieser Bilanzierungshilfe sollte

---

477 IDW-HFA (2011b), Tz. 4.

478 Zu manipulationsspezifischen Wahlrechten vgl. BÖRNER / KRAWITZ (1977), S. 53 ff.; BÖRNER (1986/1987), S. 220.

479 Vgl. KALABUCH (1994), S. 55 f.

480 **Gl.A.** KALABUCH (1994), S. 324. **Wohl auch**: RICHTER (1990), Tz. 5 (spricht von einem uneingeschränkten Aktivierungswahlrecht). **Mit Einschränkungen**: COMMANDEUR (1986), S. 90 f., 101 f. und 134 f. (Ansatz einer Bilanzierungshilfe nur, wenn mindestens ein Zweck der Bilanzierungshilfe erreicht wird; keine Ansatzstetigkeit, jedoch ergänzende Erläuterungen im Anhang).

ausweislich der Gesetzesmaterialien zum BiRiLiG[481] die Bildung von steuerlich nicht anerkannten Aufwandsrückstellungen erleichtert werden.

Demgegenüber werden manipulations*un*spezifische Wahlrechte[482] aus Vereinfachungsgründen, Wesentlichkeits- oder Wirtschaftlichkeitserwägungen konzediert.[483] Ein gewisses Maß an Unschärfe im Bilanzrecht wird vom Gesetzgeber insoweit in Kauf genommen. Doch muss die Inanspruchnahme solcher Wahlrechte stets GoB-konform erfolgen. So müssen nach dem Wortlaut einschlägiger Vereinfachungsvorschriften wie den §§ 241, 256 HGB die Verfahren stets den GoB entsprechen. Also solche dürfen sie im Zeitablauf nicht gezielt dazu eingesetzt werden, den Erfolg zu manipulieren (z.B. zum Zwecke der Gewinnegalisierung). Dies ist auch sachdienlich, denn die willkürliche Inanspruchnahme von Vereinfachungswahlrechten im Zeitablauf würde die Vergleichbarkeit von Jahresabschlüssen erschweren. Der Jahresabschlussadressat muss schließlich nicht damit rechnen, dass ein aus Vereinfachungsgründen gewährtes Wahlrecht zur gezielten, bilanzpolitischen Ergebnismanipulierung eingesetzt wird. In diesen Fällen ist Stetigkeit grundsätzlich zu fordern.

Oben wurde bereits ausführlich dargelegt, dass das Aktivierungswahlrecht des § 274 Abs. 1 S. 2 HGB aufgrund der Gesetzesmaterialen als eine Vereinfachungsvorschrift[484] und somit als ein manipulations*un*spezifisches Wahlrecht einzustufen ist. Folglich muss der Stetigkeitsgrundsatz beachtet werden.[485]

Die Pflicht zur Beachtung des Stetigkeitsgrundsatzes hat wichtige Konsequenzen.[486] Entscheidet sich der Bilanzierende bereits im ersten Jahresabschluss, der nach den Vorschrift des BilMoG aufgestellt wird, für die Aktivierung von latenten Steuern, so ist er für spätere Geschäftsjahre an diese Entscheidung gebunden. Zwar kann er in begründeten Ausnahmefällen hiervon abweichen (§ 246 Abs. 3 S. 2 HGB), doch sind hinreichende Gründe für einen Übergang zum Aktivierungsverzicht nur schwierig

---

481 Vgl. BT-Drucks. 10/4268 (18.11.1985), S. 107.

482 Zu manipulations*un*spezifischen Wahlrechten vgl. Börner / Krawitz (1977), S. 57; Börner (1986/1987), S. 219.

483 Vgl. Kalabuch (1994), S. 43 f.

484 Siehe oben D.2.1.3.4.

485 **Gl.A.** Karrenbrock (2011), S. 686; Bertram (2010), § 274 HGB, Tz. 29 f.; DRS 18 (3.9.2010), Tz. 16; IDW-HFA (2009), Tz. 12; Wendholt / Wesemann (2009), S. 67; IDW-HFA (2011b), Tz. 7.

486 Vgl. im Folgenden: Karrenbrock (2011), S. 686.

denkbar. BERTRAM spricht deshalb von einer *„Ansatzfalle"*, aus der sich Unternehmen allenfalls durch umwandlungsrechtliche Gestaltungen befreien könnten.[487] Einen begründeten Ausnahmefall könnte die Einbeziehung oder Entlassung aus einem Konzernverbund darstellen.[488]

Verzichtet der Bilanzierende dagegen im ersten Jahresabschluss nach dem BilMoG auf eine Aktivierung, so unterliegt auch diese Entscheidung der Stetigkeit. Ein Methodenwechsel ist somit grundsätzlich nicht möglich. Allerdings ist der Gesetzesbegründung zum BilMoG an mehreren Stellen zu entnehmen, dass der Gesetzgeber den Ausweis von aktiven latenten Steuern als die Informationsfunktion fördernd ansieht. Insoweit liegt hier ein begründeter Ausnahmefall i.S.d. § 246 Abs. 3 S. 2 HGB vor.[489] Dabei ist aber fraglich, ob die Aktivierung nur die im Jahr der erstmaligen Aktivierung neu entstehenden aktiven latenten Steuern erfasst oder ob eine Nachholung erforderlich ist. Würde man eine solche Nachaktivierung nicht zulassen, so käme es zum Ansatz von Teilbeträgen bzw. Zwischenwerten an aktiven latenten Steuern.[490] Insoweit ist zu untersuchen, ob Teilaktivierungen zulässig sind.

2.3.6 Teilbeträge

Der Ansatz von Teilbeträgen bzw. Zwischenwerten bei Ausübung des § 274 Abs. 1 S. 2 HGB ist im Gesetz nicht geregelt und wird auch nicht in den Gesetzesmaterialen erwähnt. Die Beantwortung der Frage nach der Zulässigkeit einer solchen Teilaktivierung von künftigen Steuerminderbelastungen ist daher durch teleologische Auslegung zu ermitteln.

Wie oben erörtert wurde,[491] handelt es sich bei § 274 Abs. 1 S. 2 HGB um ein manipulations*un*spezifisches Wahlrecht, welches der Gesetzgeber als Mittel zur Reduktion des Ermittlungs- und Dokumentationsaufwands beim Ansatz latenter Steuern und mithin als Vereinfachungsnorm begreift. Damit sind keine Gründe ersichtlich, die eine Teilaktivierung rechtfertigen könnten. Vielmehr besteht die Gefahr, dass Teilaktivierungen lediglich zur Erweiterung des bilanzpolitischen Instrumentariums genutzt

487 Vgl. BERTRAM (2010), § 274 HGB, Tz. 33.
488 So der Hinweis bei GELHAUSEN / FEY / KÄMPFER, Abschn. M, Tz. 16 m.w.N.
489 **Gl.A.** BERTRAM (2010), § 274 HGB, Tz. 32; KARRENBROCK (2011), S. 686.
490 Vgl. KARRENBROCK (2011), S. 686.
491 Siehe oben D.2.3.5.

werden, was als eine Bedrohung der Informationsfunktion zu sehen wäre. Außerdem würden Teilaktivierungen Nebenrechnungen[492] erforderlich machen, die dem vom Gesetzgeber intendierten Vereinfachungseffekt entgegenstehen. Aus alledem folgt, dass Teilaktivierungen weder vom Wortlaut noch vom Sinn und Zweck der Vorschrift gedeckt sind. Der Ansatz von Teilbeträgen ist somit unzulässig.[493] Für die Stetigkeitsfrage bedeutet dies, dass Nachholungen zumindest dann geboten sind, als es andernfalls zum Ansatz von Teilbeträgen käme.

KARRENBROCK weist darauf hin,[494] dass sich gegenüber dem überwundenen Recht der bilanzpolitische Spielraum in Bezug auf das Aktivierungswahlrecht für latente Steuern „spürbar verringert" habe, da § 274 Abs. 2 HGB a.F. als manipulationsspezifisches Wahlrecht einzustufen und der Ansatz von Teilwerten zulässig sowie Stetigkeit nicht zu fordern war. Dem ist aus theoretischer Sicht beizupflichten. Aus praktischer Sicht ist derweil anzumerken, dass der § 274 Abs. 2 HGB a.F. in Verbindung mit der (damals noch geltenden) umgekehrten Maßgeblichkeit von der Praxis im Einzelabschluss dahingehend eingesetzt wurde, einen Ausweis aktiver latenter Steuern in Gänze zu vermeiden, um so die Arbeitsbelastung, die eine Ermittlung latenter Steuern verursacht, zu minimieren. Insoweit wurde das (aus heutiger Sicht) damals theoretisch vorhandene, umfangreichere bilanzpolitische Potential (im Einzelabschluss) von der Praxis überwiegend nicht genutzt.

2.4 Ergebniswirksamkeit bei Bilanzierung latenter Steuern

2.4.1 Ergebniswirkung bei Bildung latenter Steuern

Das HGB äußert sich nicht zur Frage der Ergebniswirkung bei *Bildung* latenter Steuern. Es existiert keine explizite Regelung, die bestimmt, ob (und wann) latente Steuern

---

492 Es müsste protokolliert werden, auf welche Bilanzdifferenzen bei Vermögensgegenständen und Schulden und vortragsfähige Sachverhalte tatsächlich in welchem Umfang aktive latente Steuern angesetzt wurden und welches „Aktivierungspotential" nicht ausgeschöpft wurde. In diesem Sinne wohl: LOITZ (2009), S. 914 f.

493 **Gl.A.** BERTRAM (2010), § 274 HGB, Tz. 28; DRS 18 (3.9.2010), Tz. 15; KARRENBROCK (2011), S. 685; IDW-HFA (2009), Tz. 11; SPANHEIMER / SIMLACHER (2010), § 274 HGB, Tz. 37; KÜTING / SEEL (2009), S. 924; KOZIKOWSKI / FISCHER (2012), § 274 HGB, Tz. 14; GELHAUSEN / FEY / KÄMPFER, Abschn. M, Tz. 15; PRINZ / RUBERG (2009), S. 346 f.; SIEGEL (2011), S. 160 f. **Offen gelassen:** LOITZ (2009), S. 914 f.

494 Vgl. KARRENBROCK (2011), S. 688.

erfolgswirksam oder -neutral zu bilanzieren sind.[495] Offensichtlich sah der Gesetzgeber hier keinerlei Klärungsbedarf.[496] Und tatsächlich entstehen Ansatz- und Bewertungsdifferenzen in den weitaus meisten Fällen erfolgswirksam. Es ist völlig unbestritten, dass die Bildung latenter Steuern in diesen typischen Fällen erfolgswirksam erfolgt.[497] Analog zu laufenden Steuerzahlungen werden latente Steuern mithin über die GuV gebildet.

Dabei können die Bilanzdifferenzen entweder im Zugangszeitpunkt[498] (z.B. durch Bildung einer Drohverlustrückstellung, deren Ansatz steuerlich untersagt ist) oder durch Folgebilanzierung (z.B. durch zügigere Abschreibung eines Aktivums in der Handels- gegenüber der Steuerbilanz) entstehen. Allerdings kommt der Systematisierung anhand des Entstehungszeitpunkts im Fall von erfolgswirksam entstandenen Bilanzdifferenzen keine materielle Bedeutung zu und wird daher nicht weiter verfolgt.

Aufgrund der Bilanzorientierung des Temporary-Konzepts können Differenzen jedoch vereinzelt auch **erfolgs*neutral*** entstehen. Von einer erfolgsneutral entstandenen Bilanzdifferenz ist dann zu sprechen, sofern der die Differenz auslösende Geschäftsvorfall weder das handelsrechtliche noch das steuerrechtliche Ergebnis berührt. Im HGB manifestieren sich erfolgsneutral entstandene Differenzen ausschließlich im Zugangszeitpunkt und nicht durch Folgebilanzierung.[499] Aus Gründen der sprachlichen Vereinfachung seien erfolgsneutral im Zugangszeitpunkt entstandene Bilanzdifferenzen im Folgenden als **„erfolgsneutrale Differenzen“** bezeichnet.

Erfolgsneutrale Differenzen erwachsen aus Anschaffungsgeschäften und ihnen (bei wirtschaftlicher Betrachtung) gleichgestellten Beschaffungsvorgängen, die in Handels-

---

495 § 274 Abs. 2 S. 3 HGB schreibt lediglich vor, dass die *Veränderung* (bereits) bilanzierter latenter Steuern in der GuV als Aufwand und/oder Ertrag gesondert unter dem Posten „Steuern vom Einkommen und Ertrag“ zu erfolgen hat.

496 Hierfür spricht der Hinweis in BR-DRUCKS. 344/08 (23.5.2008), S. 145. *„Da eine erfolgsneutrale Erfassung von Wertänderungen handelsrechtlich gegenwärtig grundsätzlich nicht zulässig ist, resultieren aus dem konzeptionellen Übergang vom GuV-orientierten Konzept auf das bilanzorientierte Konzept für die Aufstellung des handelsrechtlichen Jahresabschlusses keine signifikanten Auswirkungen für den handelsrechtlichen Jahresabschluss.“*

497 So dann auch: DRS 18 (3.9.2010), Tz. 50.

498 Von einer Differenz im Zugangszeitpunkt ist zu sprechen, wenn Buchwertunterschiede von Vermögensgegenständen, Schulden und Rechnungsabgrenzungsposten, bereits im Zeitpunkt deren erstmaliger Erfassung entstehen.

499 Anders in den IFRS, die u.a. eine erfolgsneutrale Fair-Value-Bewertung von Vermögenswerten zulassen (vgl. z.B. IAS 39.55 (b), *available-for-sale* Finanzinstrumente). Siehe oben C.1.4.

und Steuerbilanz verschiedenartig abgebildet werden. Da aber sowohl der Anschaffungskostenbegriff in Handels- und Steuerbilanz grundsätzlich deckungsgleich als auch das Erfolgsneutralitätsprinzip[500] in beiden Bilanzen zu beachten ist, sind konkrete Anwendungsfälle für erfolgsneutral im Zugangszeitpunkt entstandene Differenzen **ausgesprochen selten** und stellen Spezialmaterie dar. Zu nennen sind hier beispielsweise[501] Umwandlungsfälle (z.B. Verschmelzungen), Sacheinlagen und die Aufstellung steuerlicher Ergänzungsbilanzen. Das Auftreten erfolgsneutraler Differenzen sei im Folgenden am Beispiel einer Verschmelzung gezeigt.

Für den übernehmenden Rechtsträger besteht bei Verschmelzungen, Aufspaltungen und Abspaltungen von Kapitalgesellschaften *handelsrechtlich* das Bewertungswahlrecht des § 24 UmwG.[502] Hiernach dürfen entweder die (regelmäßig höheren) tatsächlichen Anschaffungskosten angesetzt werden. Alternativ ist der Ansatz fiktiver Anschaffungskosten zulässig. Damit gemeint sind die Wertansätze, die in der (handelsrechtlichen) Schlussbilanz des übertragenden Rechtsträgers angesetzt werden (§ 17 Abs. 2 S. 2 UmwG).

Steuerrechtlich sind beim übernehmenden Rechtsträger zunächst zwingend die Werte aus der steuerlichen Schlussbilanz des übertragenden Rechtsträgers zu übernehmen (§ 4 Abs. 1, § 12 Abs. 1 S. 1 UmwStG). Dabei besteht für den übertragenden Rechtsträger wiederum ein steuerliches Bewertungswahlrecht (§§ 3, 11 Abs. 1 UmwStG). Zu erfolgsneutralen Differenzen im Zugangszeitpunkt kann es folglich bei Einbringungen von Kapitalgesellschaften (§§ 11-13, 15-19 UmwStG) immer dann kommen, sofern die bestehenden Wahlrechte in Handels- und Steuerbilanz unterschiedlich ausgeübt werden.

Beispiel: Die A-AG wird auf die B-AG verschmolzen. Die B-AG bewertet das Gesellschaftsvermögen von A handelsrechtlich gemäß den tatsächlichen Anschaffungskosten (§ 24 UmwG), was zu einem Aufdecken stiller Reserven führt. Steuerrechtlich wird das Gesellschaftsvermögen der A dagegen mit einem hiervon abweichenden Wert (z.B.

500 Dieses Prinzip kann aus dem Realisationsprinzip abgeleitet werden. Vgl. LEFFSON (1987), S. 251; MOXTER (2003a), S. 147; MOXTER (2007), S. 184; FÜLBIER / KUSCHEL / SELCHERT (2010), § 252 HGB, Tz. 90

501 Weiterhin gab es in der Vergangenheit erfolgsneutrale Teilwertaufstockungen bei ehemals gemeinnützigen Wohnungsunternehmen, vgl. PAPST (1991), S. 448 ff.; IDW-IFA (2010), Tz. 4-5, 8-11. Obwohl es sich um Altfälle handelt, sind diese aufgrund langer Nutzungsdauern noch relevant.

502 Zu möglichen Ausnahmen vgl. WP-HANDBUCH BD. 2 (2008), Abschn. E, Tz. 87 ff.

Buch- oder Zwischenwert) angesetzt (§ 12 Abs. 1 S. 1 i.V.m. § 11 Abs. 2 UmwStG). Es kommt zu erfolgsneutral entstandenen zu versteuernden Differenzen im Verschmelzungszeitpunkt.

Wenn demnach erfolgsneutrale Differenzen im HGB ausschließlich im Zugangszeitpunkt entstehen und sich die Bilanzierung von Anschaffungsvorgängen am Erfolgsneutralitätsprinzip zu orientieren hat, so kann die erfolgsneutrale Bildung latenter Steuern in diesen Fällen auf das Erfolgsneutralitätsprinzip gestützt werden. Schließlich stellt das Erfolgsneutralitätsprinzip sicher, dass sich Anschaffungsvorgänge im Jahresabschluss als erfolgsneutrale Vermögensumschichtungen niederschlagen. Würde eine latente Steuer auf eine erfolgsneutrale Differenz erfolgswirksam bilanziert werden, so hätte dies zur Folge, dass erfolgsneutral erfasste Geschäftsvorfälle über die erfolgswirksame Bildung latenter Steuern sich doch mittelbar im Ergebnis niederschlügen und somit das Erfolgsneutralitätsprinzip verletzt würde. **Um diesen Verstoß gegen das Erfolgsneutralitätsprinzip zu vermeiden, ist es zulässig, latente Steuern erfolgsneutral zu bilden obwohl § 274 HGB hierzu keine explizite Regelung vorsieht.** Konsequenterweise spricht sich dann auch das Schrifttum - teils unter Berufung auf die IFRS[503] - für eine entsprechende Vorgehensweise aus.[504]

Die Frage des **Gegenkontos** für die erfolgsneutrale Bildung latenter Steuern ist im HGB[505] nicht abschließend geklärt. Soweit durch eine (in Handels- und Steuerbilanz unterschiedlich abzubildende) beschaffungsähnliche Transaktion ein Firmenwert entsteht,[506] ist dieser als „Gegenkonto" für die erfolgsneutrale Bildung latenter Steuern zu

503 Siehe nur IAS 12.57 f. und IAS 12.61 A. Die Bilanzierung latenter Steuern hat mit der Bilanzierung des die Bilanzdifferenz auslösenden Geschäftsvorfalls konsistent zu sein.

504 Vgl. IDW-HFA (2009), Tz. 33; NAUMANN (2010), S. 698; KÜTING / SEEL (2009), S. 923; WENDHOLT / WESEMANN (2009), S. 72; HOFFMANN / LÜDENBACH (2012), § 274 HGB, Tz. 17; KOZIKOWSKI / FISCHER (2012), § 274 HGB, Tz. 10-12 (mit Einschränkungen); DRS 18 (3.9.2010), Tz. 51; SIEGEL (2011), S. 163.

505 Demgegenüber werden in den IFRS erfolgsneutral zu bildende latente Steuern entweder gegen ein gesondert bezeichnetes Rücklagenkonto (z.B. die Neubewertungs- oder Währungsumrechnungsrücklage) oder den „sonstigen Gesamterfolg" *(other comprehensive income)* gebucht. Vgl. IAS 12.61 ff. Für eine Übersicht der nach IFRS einschlägigen gesonderten Rücklagenkonten vgl. VON EITZEN / DAHLKE (2008), S. 43; HOFFMANN / ZU PUTLITZ / SCHUBERT (2011), S. 44.

506 Im Rahmen eines Umwandlungsvorgangs kann ein Firmenwert geschaffen werden, sofern der übernehmende Rechtsträger bei einer Verschmelzung *nicht* die handelsrechtliche Buchwertverknüpfung (= fiktive Anschaffungskosten) wählt und der Wert der Gegenleistung das übernommene Reinvermögen zu Marktwerten übersteigt. Vgl. WP-HANDBUCH BD. 2 (2008), Abschn. E, Tz. 74.

nutzen.[507] Falls kein Firmenwert geschaffen wird, können latente Steuern hilfsweise erfolgsneutral zu Lasten oder zu Gunsten der Kapitalrücklagen gebildet werden.[508] Dies gilt zumindest dann, soweit durch den Beschaffungsvorgang ohnehin die Kapitalrücklagen (§ 272 Abs. 2 HGB) tangiert werden,[509] z.B. im Falle einer Kapitalerhöhung durch Sacheinlage.[510] Demgegenüber schließt der eindeutige Wortlaut von § 272 Abs. 3 HGB ein „Anbuchen" der Gewinnrücklagen aus.[511] Aus Gründen der Klarheit und Übersichtlichkeit (§ 243 Abs. 2 HGB) sollte nach hier vertretener Auffassung erwogen werden, erfolgsneutral erfasste Eigenkapitalmehrungen und Eigenkapitalminderungen infolge der erfolgsneutralen Bilanzierung latenter Steuern (soweit die latenten Steuern nicht gegen einen Firmenwert gebucht wurden) in einem **gesonderten Rücklagenkonto** (§ 265 Abs. 5 HGB) zu erfassen. Somit fungiert dieses gesonderte Rücklagenkonto als Gegenkonto. Dieses Konto könnte als **„Korrekturposten für die erfolgsneutrale Bilanzierung latenter Steuern"** bezeichnet werden. Es stellt einen Korrekturposten zum Eigenkapital dar. Das Konto kann auch negativ werden und mindert insoweit das Ausschüttungspotential der Kapitalgesellschaft. Ist das Rücklagenkonto dagegen positiv, erhöht sich das Ausschüttungspotential aufgrund von § 268 Abs. 8 S. 2 HGB nicht, da diese Vorschrift nicht zwischen erfolgsneutral und erfolgswirksam gebildeten aktiven latenten Steuern differenziert und insoweit auch erfolgsneutral gebildete aktive latente Steuern mit einer Ausschüttungssperre belegt.

Als Grundsatz ist insoweit festzuhalten, dass

a) latente Steuern auf erfolgswirksam entstandene Bilanzdifferenzen erfolgswirksam über die GuV zu bilden sind (typischer Fall).
b) latente Steuern auf erfolgsneutral entstandene Bilanzdifferenzen erfolgsneutral zu bilden sind (Ausnahme).

---

507 Vgl. SPANHEIMER / SIMLACHER (2010), § 274 HGB, Tz. 63; WENDHOLT / WESEMANN (2009), S. 72 m.w.N.

508 Vgl. HOFFMANN / LÜDENBACH (2012), § 274 HGB, Tz. 27.

509 Vgl. HOFFMANN / LÜDENBACH (2012), § 274 HGB, Tz. 27.

510 Vgl. WP-HANDBUCH BD. 2 (2008), Abschn. E, Tz. 75 ff. Der Anteilseigner des übertragenden Rechtsträgers erhält als Gegenleistung für die Vermögensübertragung neue Anteile des übernehmenden Rechtsträgers. Eine positive Differenz zwischen dem Zeitwert des übernommen Vermögens und der Nominalkapitalerhöhung wird in die Kapitalrücklage (§ 272 Abs. 2 Nr. 1 HGB) eingestellt.

511 **Gl.A.** KOZIKOWSKI / FISCHER (2012), § 274 HGB, Tz. 12. **A.A.** HOFFMANN / LÜDENBACH (2012), § 274 HGB, Tz. 20 (der die „anderen Gewinnrücklagen" als Gegenkonto nutzen will).

Im Folgenden wird untersucht, wie die so gebildeten latenten Steuern folgebilanziert werden müssen.

2.4.2 Ergebniswirkung bei Folgebilanzierung latenter Steuern

2.4.2.1 ... bei erfolgswirksam gebildeten latenten Steuern

Weit überwiegend werden latente Steuern erfolgswirksam über die GuV gebildet. Fraglich könnte die Ergebniswirkung im Rahmen der Folgebilanzierung sein. § 274 Abs. 2 S. 3 HGB schreibt vor, dass Erträge und Aufwendungen aus der Veränderung (bereits bilanzierter) latenter Steuern gesondert in der GuV unter dem Posten „Steuern vom Einkommen und Ertrag" auszuweisen sind. Damit wird nicht nur eine Ausweisfrage gelöst, sondern gleichzeitig festgelegt, dass die Folgebilanzierung latenter Steuern grundsätzlich ergebniswirksam zu erfolgen hat. Doch selbst unter Ausblendung von § 274 Abs. 2 S. 3 HGB ist eine erfolgswirksame Folgebilanzierung zuvor erfolgswirksam gebildeter latenter Steuern gleich aus mehreren Gründen zu fordern.

Zum einen wird durch die erfolgswirksame Bildung und Auflösung latenter Steuern (im Fall von erfolgswirksam entstandenen Differenzen) eine zutreffende Periodisierung der Steuerzahlungen erreicht. Aufwendungen realisieren sich gemäß § 252 Abs. 1 Nr. 5 HGB nach dem Grundsatz der sachlichen Abgrenzung zum Zeitpunkt der zugehörigen Umsätze. Wendet man dieses allgemeine Prinzip auf Ertragsteuern an, so sind Steueraufwendungen der Periode anzulasten, in der die sachlich dazugehörigen Erträge *handelsrechtlich* entstanden sind.[512] Dieses Ziel wird bei einer erfolgswirksamen Bilanzierung latenter Steuern auf erfolgswirksam entstandene Bilanzdifferenzen erreicht. Zur Verdeutlichung findet sich nachstehend ein Beispiel.

Beispiel: Zum Ende von t1 werde ein Grundstück mit einem gemeinen Wert von 1 Mio. GE durch ein profitables Tauschgeschäft erworben: Das hingegebene Grundstück habe nur einen Wert von 0,8 Mio. GE.[513] Handelsrechtlich besteht in diesem Fall u.a. die Möglichkeit, das neue Grundstück mit dem Buchwert des getauschten Gebäudes

[512] Siehe bereits oben D.2.1.2.4.1.

[513] Ein solcher Fall ist keinesfalls unrealistisch. Das hingegebene Grundstück kann für den Tauschpartner einen (aus subjektiver Sicht) höheren Wert aufweisen, weil dieses Grundstück z.B. aufgrund seiner Lage eine Erweiterung des Geschäftsbetriebs ermöglicht.

einzubuchen. Steuerlich muss es dagegen mit dem gemeinen Wert von 1 Mio. GE angesetzt werden, wobei der Veräußerungsgewinn von 0,2 Mio. GE sofort zu versteuern ist. Bereits im Zugangszeitpunkt des Grundstücks, d.h. zum Ende von t1, besteht eine entsprechend hohe aktive Bilanzdifferenz, für die der Ansatz einer aktiven latenten Steuer gemäß § 274 Abs. 1 S. 2 HGB grundsätzlich möglich ist. Da die abzugsfähige Differenz erfolgswirksam durch die steuerliche Erfassung des Veräußerungsgewinns entstanden ist, sind die latenten Steuern über die GuV zu bilden. Zum Ende von t1 ist der tatsächliche Steueraufwand aus handelsrechtlicher Sicht zu hoch; der erfolgswirksame Ansatz einer entsprechend hohen latenten Steuer korrigiert den Steueraufwand.

Die spätere Auflösung der aktiven latenten Steuer hat gleichermaßen über die GuV zu erfolgen. Dies wird z.B. deutlich, sofern das Grundstück zum Ende von t2 zum gemeinen Wert veräußert wird. Während in der Steuerbilanz kein steuerpflichtiger Gewinn erwächst, kommt es in der Handelsbilanz zu einem Ertrag in Höhe von 0,2 Mio. GE. Durch die erfolgswirksame Auflösung der zuvor erfolgswirksam gebildeten aktiven latenten Steuer werden die Steueraufwendungen t2 angelastet. Dies ist die Periode, in der die zugehörigen Erträge handelsrechtlich entstanden sind. Der Einblick in der Ertragslage ist zutreffend.

Auf der anderen Seite steht die erfolgswirksame Bildung und Auflösung latenter Steuern im Fall von erfolgswirksam entstandenen Bilanzdifferenzen auch mit der Ausschüttungsbemessungsfunktion im Einklang. Dies wird besonders deutlich bei passiven Differenzen. Im Fall der erstmaligen Bildung einer „steuerfreien Rücklage" (z.B. nach § 6b EStG), deren Bildung handelsrechtlich unterbleiben muss, wird durch eine erfolgswirksame Passivierung einer latenten Steuer das Ausschüttungspotential nach unten korrigiert. Wird die „steuerfreie Rücklage" zu einem späteren Zeitpunkt ausgebucht und entfällt somit der Grund für die zuvor gebildete passive latente Steuer, so steht der tatsächlich eintretenden Steuermehrbelastung ein entsprechender Ertrag aus der Auflösung der passiven latenten Steuer gegenüber. Das Ausschüttungspotential dieser Periode bleibt somit per Saldo konstant.

Als Fazit ist festzuhalten, dass erfolgswirksam gebildete latente Steuern auch wieder erfolgswirksam aufgelöst bzw. folgebilanziert werden müssen. Dies ergibt sich sowohl aus § 274 Abs. 2 S. 3 HGB als auch aus § 252 Abs. 1 Nr. 5 HGB. Darüber hinaus ist ein derartiges Vorgehen aus Sicht der Ausschüttungsbemessungsfunktion geboten.

2.4.2.2 … bei erfolgsneutral gebildeten latenten Steuern

Soweit ausnahmsweise eine erfolgsneutral gebildete latente Steuer angesetzt wurde, ist zu analysieren, wie diese folgebilanziert werden muss. Das Schrifttum zu § 274 HGB n.F. spricht sich für ein differenziertes Vorgehen aus:[514] Soweit sich die der erfolgsneutral gebildeten latenten Steuer zugrundeliegende Bilanzdifferenz erfolgswirksam (erfolgsneutral) abbaut, ist die vormals erfolgsneutral gebildete latente Steuer erfolgswirksam (erfolgsneutral) aufzulösen. Diese Sichtweise deckt sich mit DRS 18,[515] den (nicht eindeutigen) Regelungen des IAS 12.58 ff., Stellungnahmen[516] zum internationalen Recht sowie der Auffassung des IDW.[517] Allerdings wurden oben bereits ausführlich gezeigt,[518] dass die partielle Ergebniswirksamkeit bei Bildung und Auflösung latenter Steuern gegen das **Kongruenzprinzip** in der Rechnungslegung (*clean surplus accounting*)[519] verstößt. Insoweit werden die Gefahren für dieses Prinzip von den Meinungsführern dieser Auffassung entweder vollumfänglich verkannt, oder aber marginalisiert.[520]

---

514 Vgl. nur: MAIER / WEIL (2009), S. 2735 (unter Berufung auf § 274 Abs. 2 S. 3 HGB und die zutreffende Darstellung der Ertragslage); KÜTING / SEEL (2009), S. 923 f. (unter Hinweis auf konzeptionelle Stringenz, sofern sich die zugrundeliegende Differenz erfolgswirksam abbaut); KÜHNE / MELCHER / WESEMANN (2009), S. 1009 f.; ZWIRNER (2010), S. 576 f.

515 Vgl. DRS 18 (3.9.2010), Tz. 52, 55, A11.-A12.

516 So z.B. PELLENS / FÜLBIER / GASSEN / SELLHORN (2008), S. 231; LIENAU (2006), S. 87; RUHNKE / SCHMIDT / SEIDEL (2005), S. 82 f. und 87 f.; SCHULZ-DANSO (2009), § 25, Tz. 115-116; PAWELZIK (2012), Tz. 4066 f.; ZÜLCH / LIENAU (2004), S. 572; BAETGE / BEERMANN (1999), S. 346; RABENECK / REICHERT (2002), S. 1412.

517 Vgl. IDW-HFA (2009), Tz. 33.

518 Siehe oben C.1.4.

519 Vgl. ausführlich zum Kongruenzprinzip in der externen Rechnungslegung: SCHILDBACH (1999), S. 1813 ff.; BUSSE VON COLBE (1992), S. 126 ff.

520 So bei: RUHNKE / SCHMIDT / SEIDEL (2005), S. 82 f.; LIENAU (2006), S. 91 f.; MAIER / WEIL (2009), S. 2735, die sich für eine partiell ergebniswirksame Bilanzierung latenter Steuern bei (durch andere Vorschriften hervorgerufenen) permanenten Durchbrechungen des Kongruenzprinzips stark machen. Allerdings ist es mitnichten der Zweck latenter Steuern durch andere Vorschriften hervorgerufene Durchbrechungen des Kongruenzprinzips abzumildern. Den Autoren ist der Vorwurf zu machen, dass diese sich insoweit für einen **kompensatorischen Fehler** einsetzen.
Ferner bei: KÜTING / SEEL (2009), S. 923. Dort heißt es: „*Die Auflösung der* [erfolgsneutral gebildeten, Anmerkung des Verf.] *latenten Steuern hätte dann korrespondierend zu dem zugrundeliegenden Sachverhalt erfolgswirksam zu geschehen und würde zu einer Angleichung des Steueraufwands an das handelsrechtliche Ergebnis führen. Diese Vorgehensweise hat zwar einen*

Die Beachtung des Kongruenzprinzips in der Rechnungslegung nach HGB wird traditionell aus § 252 Abs. 1 Nr. 1 HGB abgeleitet.[521] Das Kongruenzprinzip ist zwar in allen externen Rechnungslegungssystemen der Welt beheimatet, denn es stellt eine Verbindung zum Ursprung der Finanzbuchführung her: Der pagatorischen Erfolgsrechnung. Insbesondere in Deutschland wird es - auch post BilMoG - sehr konsequent durchgehalten[522] und dies obwohl die IFRS - an denen sich das BilMoG teils orientiert - Verstöße gegen das Kongruenzprinzip *„wie einen Bauchladen“*[523] vor sich hertragen. Will man das Kongruenzprinzip, welches sowohl mit der **Informationsfunktion** (Beschränkung der Bilanzpolitik auf einzelne Periodenerfolge, nicht aber die Summe aller Periodenerfolge) als auch mit der **Ausschüttungsbemessungsfunktion** (Unmöglichkeit, Aufwendungen und Erträge nicht, mehrfach oder nicht vollständig zu erfassen) harmoniert, bewahren, so muss eine erfolgsneutral (erfolgswirksam) gebildete latente Steuer grundsätzlich auch erfolgsneutral (erfolgswirksam) wieder aufgelöst bzw. folgebilanziert werden. Die bislang unbestrittene Auffassung, latente Steuern partiell ergebniswirksam zu bilanzieren, ist daher mit Blick auf § 252 Abs. 1 Nr. 1 HGB als **contra legem** zu verwerfen.

Gegen die hier vertretene Auffassung kann im Übrigen nicht eingewandt werden, dass sie mit § 274 Abs. 2 S. 3 HGB unvereinbar sei. Zwar ist richtig, dass es sich bei dieser Vorschrift um keine reine Ausweisvorschrift handelt. Allerdings sieht § 274 Abs. 2 S. 3 HGB bereits die erfolgsneutrale *Bildung* latenter Steuern nicht vor. Somit ist es wenig überzeugend, sich bei der Frage der Bildung latenter Steuern vom Wortlaut des § 274 Abs. 2 S. 3 HGB zu lösen, um sich dann bei der Frage der Auflösung der erfolgsneutral gebildeten latenten Steuern auf selbige zu stützen und die Vorschrift damit ausgesprochen eng auszulegen.

Verstoß gegen das Kongruenzprinzip zur Folge, ist jedoch konzeptionell stringent.“; SIEGEL (2011), S. 163, Fn. 1043 (mit Verweis auf Ebenda). **Stellungnahme:** Diese Autoren übersehen, dass die Angleichung des Steueraufwands an das handelsrechtliche Ergebnis gerade nicht (!) primärer Zweck des Temporary-Konzepts ist. Zudem wird hier bestritten, dass die Angleichung des Steueraufwands die Qualität besitzt, einen Verstoß gegen § 252 Abs. 1 Nr. 1 HGB zu rechtfertigen, da sich eine Relativierung von § 252 Abs. 1 Nr. 1 HGB dem Wortlaut von § 274 HGB nicht entnehmen lässt.

521 Vgl. stellvertretend: LEFFSON (1987), S. 225; WINKELJOHANN / BÜSSOW (2012), § 252 HGB, Tz. 3 f.; BAETGE / ZIESEMER / SCHMIDT (2011), § 252 HGB, Tz. 21-23; HOFFMANN / LÜDENBACH (2012), § 252 HGB, Tz. 6.

522 **Gl.A.** MAIER / WEIL (2009), S. 2735. **Einschränkend**: SCHILDBACH (2009), S. 96.

523 THEILE / PAWELZIK (2004), S. 98.

2.5 Zwischenergebnis

Misst man die Vorschriften zum Ansatz von latenten Steuern an der den HGB-Einzelabschluss dominierenden Ausschüttungsbemessungsfunktion, so stellt sich die Neuregelung des § 274 HGB durch das BilMoG in weiten Teilen als kritikwürdig dar.

Zwar ist die in § 274 Abs. 1 S. 1 HGB kodifizierte umfassende Passivierungspflicht für passive latente Steuern zu begrüßen. Die Ausführungen zum bilanziellen Charakter passiver latenter Steuern in den Gesetzesmaterialen (und damit die vom Gesetzgeber vorgenommene Einordnung passiver latenter Steuern als aliud) wurden jedoch als unrichtig widerlegt. Passive latente Steuern erfüllen weit überwiegend die Voraussetzungen für das Vorliegen einer Verbindlichkeitsrückstellung (§ 249 Abs. 1 S. 1 HGB) und zwar auch soweit ihnen eine „quasi-permanente Differenz" zugrunde liegt. Diese Passivierungspflicht ist auch aus Sicht der Ausschüttungsbemessungsfunktion einsichtig, da am Bilanzstichtag andernfalls für künftige Steuermehrbelastungen nicht ausreichend finanzielle Vorsorge getroffen würde. Passive latente Steuern sind unter daher dem tradierten Bilanzschema (Steuerrückstellungen) subsumierbar, der vom Gesetzgeber angeordnete Ansatz als Sonderposten ist abzulehnen.

Lediglich im Fall der erfolgsneutralen Bilanzierung einer passiven latenten Steuer auf erfolgsneutral entstandenen Bilanzdifferenzen scheitert nach der hier vertretenen Auffassung eine Subsumption unter § 249 HGB, da von einer wirtschaftlichen Verursachung der Verpflichtung in diesem Fall nicht auszugehen ist.[524] Allerdings wird damit die Kritik an der Lösung des Gesetzgebers keineswegs aufgegeben; der vom Gesetzgeber geschaffene „Mischposten" täuscht Adressaten vielmehr über den Umfang der Rückstellungen.

Eine andere Würdigung ergibt sich im Falle aktiver latenter Steuern auf einerseits abzugsfähige Bilanzdifferenzen und auf steuerliche Verlustvorträge andererseits. Richtig ist zwar, dass das Temporary-Konzept zwangsläufig erfordert, dass sowohl passive als auch aktive latente Steuern in der Bilanz ausgewiesen werden, da andernfalls nur künftige Steuerrisiken nicht aber Steuerchancen der Gesellschaft in die Darstellung

---

[524] Siehe oben D.2.1.2.4.3.

der Vermögenslage einflössen und somit ein verzerrter Einblick in die Lage der Gesellschaft gewährt würde. Allerdings sind aktive latente Steuern weder als Rechnungsabgrenzungsposten noch als Vermögensgegenstand bzw. Forderung abstrakt bilanzierungsfähig, so dass für sie nach allgemeinen Regelungen ein uneingeschränktes **Aktivierungsverbot** gilt. Durch die Ermöglichung der Aktivierung latenter Steuern (Wahlrecht) lässt der Gesetzgeber vielmehr Verstöße gegen das Realisationsprinzip zu. Hierdurch wird ein gefährlicher Weg beschritten, da insoweit ein Vermögenszuwachs ausgewiesen wird, der nicht durch einen Umsatzakt verdient und insoweit realisiert wurde. Dies stellt einen Rückschritt in die Zeit vor der Aktienrechtsnovelle von 1884[525] (das „Geburtsjahr" des Realisationsprinzips für Aktienvereine) dar, in welcher der Vermögenszuwachs auf Basis von Tageswerten und unter Berücksichtigung von unrealisierten Wertsteigerungen ermittelt wurde. Dabei stünde ein Aktivierungsverbot auch mit der Ausschüttungsbemessungsfunktion des Jahresabschlusses als dominierender Aufgabe im Einzelabschluss im Einklang, denn die Aktivierung hypothetischer Steuerforderungen **darf das Ausschüttungspotential nicht erhöhen**.

Diesen Verstoß gegen das Realisationsprinzip auf Gewinnermittlungsebene sieht der Gesetzgeber durch die Kodifikation einer auf diese unsicheren Erträge abgestimmten Gewinnverwendungsbeschränkung (Ausschüttungssperre) als geheilt an. Unter der (restriktiven) Prämisse, wonach nur eine abzugsfähige Differenz bzw. ein vortragsfähiger Sachverhalt vorliegt, wurde gezeigt,[526] dass eine Ausschüttungssperre grundsätzlich dazu geeignet ist, eine Gläubigergefährdung auszuschließen. Der Gesetzgeber sieht eine derartige Lösung offensichtlich als einen „Königsweg" an, da er so das (international bereits in weiten Teilen relativierte und zunehmend im deutschen Schrifttum als „antiquiert" geltende) Realisationsprinzip zurückdrängen und gleichzeitig eine Gläubigergefährdung durch außerbilanzielle Ausschüttungssperrvorschriften verhindern kann. Der für eine Periode *ermittelte Gewinn*, ist mithin nicht deckungsgleich mit dem in dieser Periode *verteilungsfähigen Gewinn*. Insgesamt führt der Ansatz einer aktiven latenten Steuer daher zum Ausweis eines unsicheren Gewinns infolge „moderner Bilanzierungsregeln" und damit zu einer c.p. erhöhten Eigenkapitalquote bei gleichzeitiger Beschränkung der Gewinnverwendungskompetenz über diesen unsich-

525 Vgl. hierzu MOXTER (1984), S. 1780 ff.; HOMMEL / BERNDT (2009), S. 2190 f.
526 Siehe oben D.2.3.3.; D.2.3.4.2.2.

eren Gewinnanteil. Doch ändert dieser „Kunstgriff“ nichts an der Tatsache, dass durch § 274 Abs. 1 S. 2 HGB die Gewinnermittlung insoweit prinzipienloser geworden ist. Besonders vor dem Hintergrund der Bilanzierung latenter Steuern auf steuerliche Verlustvorträge stellt sich dieses Problem in verschärfter Weise, da eine diesbezügliche Nichtaktivierung latenter Steuern durch eine Gesellschaft der Ankündigung gleichkommt, dass selbige in den nächsten fünf Jahren keine ausreichenden positiven steuerlichen Gewinne erwirtschaften wird.[527] Mit derart gesetzten Anreizen wird das Gros der deutschen Bilanzierenden schleichend an die **prinzipienlose Gewinnermittlung** gewöhnt, so dass künftige Verstöße gegen das Realisationsprinzip noch einfacher durchgesetzt werden können.

Die Ermittlung der Höhe der aktiven latenten Steuern stellt eine der arbeitsträchtigsten Aufgaben in der externen Rechnungslegung dar. Während das Erfordernis künftiger steuerpflichtiger Gewinne im Fall von abzugsfähigen Bilanzdifferenzen aufgrund des unbeschränkten Prognosehorizonts mit Blick auf den Going-Concern grundsätzlich als gegeben angenommen werden kann, gilt Abweichendes für aktive latente Steuern auf steuerliche Verlustvorträge.[528] Aufgrund des nur fünf Jahre umfassenden Prognosehorizonts müssen detaillierte und nur schwerlich intersubjektiv nachprüfbare Steuerplanungsrechnungen aufgestellt werden, um die Werthaltigkeit der steuerlichen Verlustvorträge zu untermauern. Treten in der (fünf Perioden umfassenden) Steuerplanungsrechnung Verluste und Gewinne auf, so sind nur die Gewinne zu berücksichtigen; eine Saldobetrachtung ist unzulässig.[529] Die Anforderungen an die Planungsrechnungen sind dann besonders ausgeprägt, sofern das Unternehmen eine Verlusthistorie aufweist. Allerdings ist zu betonen, dass aufgrund der vielfältigen Indizien, die im Schrifttum für das künftige Erwirtschaften von steuerlichen Gewinnen genannt werden, die besonderen Anforderungen an die Planungsrechnungen in Wirklichkeit nur zu einer **Scheinobjektivierung** beitragen. Nach hier vertretener Auffassung müssen daher die Verlustverursacher sicher identifiziert und mit deren Abstoßung bereits begonnen worden sein, um aktive latente Steuern auf steuerliche Verlustvorträge im Falle einer Verlusthistorie bilanzieren zu können. Dessen ungeachtet stellen Planungsrechnungen rein betriebswirt-

527 Siehe oben D.2.3.4.2.2.
528 Siehe oben D.2.3.2. und D.2.3.4.2.3.
529 Siehe oben D.2.3.4.2.4.

schaftliche Rechnungen dar, die stark subjektiv sind, und demjenigen, der sie aufstellt, erhebliche Ermessensspielräume bieten. Insoweit ist bei deren Verwendung in der externen Rechnungslegung Zurückhaltung geboten, d.h. deren Verwendung ist auf das absolute Mindestmaß zu beschränken. Insoweit wäre ein Aktivierungsverbot für aktive latente Steuern auch dahingehend zu favorisieren, als die Aufstellung dieser Planungsrechnungen (für die Werthaltigkeitsbeurteilung einer aktiven latenten Steuer) sodann unterbleiben könnte.

Entsprechende Bedenken gelten hinsichtlich der Bilanzierung aktiver latenter Steuern auf Steuergutschriften, Zinsvorträge, EBITDA-Vorträge und sonstige vortragsfähige Sachverhalte. Allen ist gemein, dass ihr Ansatz gegen das Realisationsprinzip verstößt und wiederum Planungsrechnungen aufzustellen sind. Erschwerend kommt bei diesen Sachverhalten hinzu, dass die Prognose der Werthaltigkeit noch schwieriger als bei steuerlichen Verlustvorträgen ist, da das künftige Erwirtschaften steuerlicher Gewinne nicht als Beurteilungsgrundlage für deren Werthaltigkeit ausreicht und teils Interdependenzen zu steuerlichen Verlustvorträgen bestehen.

Keinen Bedenken begegnet demgegenüber die Klassifizierung aktiver latenter Steuern als „Sonderposten", da aktive latente Steuern nicht unter dem traditionellen Bilanzschema subsumierbar sind. Weiterhin ist zu begrüßen, dass der Gesetzgeber das Wahlrecht für aktive latente Steuern als Vereinfachungsnorm begreift und es somit (im Gegensatz zu § 274 Abs. 2 HGB a.F.) als manipulations*un*spezifisches Wahlrecht einzustufen ist. Damit geht einher, dass das Wahlrecht stetigkeitsgebunden auszuüben ist und der Ansatz von Zwischenwerten ausscheidet. Beides ist nicht zu beanstanden.

In § 274 Abs. 2 S. 3 HGB lässt sich eine grundsätzliche Pflicht zur erfolgswirksamen Bildung latenter Steuern erblicken. Im typischen Fall einer erfolgswirksam entstandenen Differenz wird hierdurch sowohl der Sinn und Zweck des Temporary-Konzepts als auch eine zutreffende Periodisierung der Steuerzahlung erreicht. In Ausnahmefällen können Bilanzdifferenzen erfolgsneutral entstehen. Es wurde gezeigt,[530] dass in diesen Fällen die latenten Steuern erfolgsneutral zu bilden und auch wieder aufzulösen sind, da andernfalls gegen das Kongruenzprinzip in der Rechnungslegung (§ 252 Abs. 1 Nr. 1

[530] Siehe oben C.1.4 und D.2.4.2.2.

HGB) verstoßen wird. Dieser Verstoß wird von der bislang unbestrittenen h.M. entweder verkannt oder marginalisiert.

3 Bewertung

3.1 Überblick

Für die bisherigen Ausführungen wurde der Steuersatz, mit dem eine abzugsfähige oder eine zu versteuernde Differenz (sowie ggf. ein steuerlicher Verlustvortrag) zu bewerten ist, stets vorgegeben. In Wirklichkeit ist es am Bilanzierenden, den jeweils anzuwendenden Steuersatz zu bestimmen. Dabei schreibt § 274 Abs. 2 S. 1 HGB die Bewertung mit den unternehmensindividuellen Steuersätzen vor, die im Zeitpunkt des Abbaus der Differenzen gültig sein werden. Unterschiedliche Steuersätze für aktive oder passive Differenzen sind nicht vorgesehen.[531]

Der Gesetzgeber hat sich ausweislich des Wortlauts von § 274 Abs. 2 S. 1 HGB für eine Bewertung auf Basis künftiger Steuersätze und somit für die Anwendung der Liability-Methode[532] entschieden. Damit wird bei der Bewertung von Bilanzdifferenzen (von steuerlichen Verlustvorträgen) auf diejenigen Steuersätze abgestellt, die im Zeitpunkt der Auflösung der Differenzen (der tatsächlichen Nutzung der steuerlichen Verlustvorträge) gelten werden.

Latente Steuern werden nicht diskontiert (§ 274 Abs. 2 S. 1, 2. Hs. HGB). Ausnahmen bestehen nicht.

§ 274 Abs. 2 S. 2 HGB schreibt zudem vor, dass die für aktive und passive latenten Steuern ausgewiesenen Posten aufzulösen sind, sobald die Steuerbe- oder -entlastung eintritt oder nicht mehr mit ihr zu rechnen ist. Damit wird sowohl eine fortdauernde Werthaltigkeitsprüfung für aktive latente Steuern zum Ende eines jeden Bilanzstichtags

531 Es wäre nicht denkunmöglich unterschiedliche Steuersätze für einerseits aktive und passive Differenzen andererseits vorzuschreiben. So könnten niedrigere Steuersätze (z.B. ein 20 %iger Abschlag) für aktive Differenzen vorgeschrieben werden, um der Unsicherheit bei aktiven latenten Steuern auf diese Weise pauschalierend Rechnung zu tragen. Ein derartiges Vorgehen findet aber weder im Gesetz eine Grundlage noch ist eine derartige Vermischung von Ansatz- und Bewertungsfragen aus systematischer Sicht in irgendeiner Weise wünschenswert.

532 Siehe oben C.2.2.

vorgeschrieben als auch die Pflicht zur Überprüfung der passiven latenten Steuern festgelegt.

3.2 Bestimmung des anzuwendenden Steuersatzes

3.2.1 Orientierung am künftigen Steuersatz und Stichtagsprinzip

Aktive und passive Differenzen werden bei Anwendung der Liability-Methode „zukunftsgerichtet“ bewertet. Durch Rückgriff auf den Steuersatz, der bei Abbau der zu bewertenden Differenz voraussichtlich gilt, wird die Vermögenslage am Bilanzstichtag zutreffend dargestellt. Dies steht mit der Zielsetzung des Temporary-Konzepts im Einklang, wonach diejenigen Steuerfolgen abzubilden sind, die im Zeitpunkt des Abbaus der zugrundeliegenden Differenzen gelten. Dies kann denknotwendig nur dann gelingen, sofern die Bewertung aktiver und passiver Differenzen mit dem Steuersatz erfolgt, der in der Periode gilt, in der sich die Differenzen abbauen und mithin in die steuerliche Bemessungsgrundlage dieser Periode einfließen. Zudem wird durch die Orientierung am künftigen Steuersatz bei passiven Differenzen die Ausschüttungsbemessungsfunktion erfüllt, da am Bilanzstichtag nur durch eine Aufwandsverrechnung, die sich an künftigen Steuermehrbelastungen orientiert, ausreichend finanzielle Vorsorge getroffen wird.[533] Beide Aspekte seien anhand eines Beispiels verdeutlicht.

Beispiel: Aufgrund eines Veräußerungserfolgs wird zu Beginn von t1 eine unversteuerte Rücklage in der Steuerbilanz gebildet (1.000 GE), die in der Handelsbilanz nicht ausgewiesen werden darf. Am Ende von t1 (Bilanzstichtag) liegt somit eine zu versteuernde Differenz von 1.000 GE vor. Die Rücklage wird in t3 vollständig aufgelöst und muss versteuert werden. In t1 beträgt der Steuersatz 15 %. Am Bilanzstichtag steht bereits fest, dass der Steuersatz in t3 jedoch 20 % betragen wird. Nur durch Bewertung mit dem Steuersatz in der Auflösungsperiode (20 %) wird die passive latente Steuer am Bilanzstichtag in ausreichender Höhe ausgewiesen. Der Ansatz der passiven latenten Steuer in Höhe von 200 GE genügt <u>einerseits</u> der Ausschüttungsbemessungsfunktion. Für die voraussichtliche Steuermehrbelastung infolge des Abbaus der zu versteuernden

---

533 Vgl. bereits: NIEHUS (1974), S. 33.

Differenz wird genügend finanzielle Vorsorge getroffen. Die 200 GE werden im Unternehmen zunächst „eingesperrt". Ausgeschüttet werden können somit nur 800 GE. Dies ist gleichzeitig der Nach-Steuer-Ergebnisbeitrag aus dem Veräußerungsgeschäft, so dass gegen eine Ausschüttung dieses Betrags (auch aus Gläubigersicht) keine Bedenken bestehen. Andererseits wird ein zutreffender Einblick in die Vermögenslage sichergestellt. Durch Aufbau des zusätzlichen Passivpostens vermehrt sich das Eigenkapital nur um 800 GE. Unversteuertes Eigenkapital tritt nicht in Erscheinung.

Demgegenüber erübrigt sich die Frage, ob die zukunftsgerichtete Bewertung aktiver Differenzen mit der Ausschüttungsbemessungsfunktion zu vereinbaren ist. Hiergegen spricht bereits, dass der Ansatz aktiver latenter Steuern selbst gegen das Realisationsprinzip und damit gegen einen der Eckpfeiler der vorsichtigen Gewinnermittlung verstößt. Damit aber konfligiert der Ansatz aktiver latenter Steuern von vornherein mit der Ausschüttungsbemessungsfunktion, so dass es nicht angebracht ist, die Frage der Bewertung aktiver Differenzen an der Vereinbarkeit mit eben dieser Funktion zu messen. Dies wirft die Frage nach einem geeigneten Ersatzbeurteilungsmaßstab auf. Anders formuliert, wenn der Gesetzgeber mit § 274 Abs. 1 S. 2 und S. 4 HGB gegen die Ausschüttungsbemessungsfunktion verstoßen hat und damit u.a. die Informationsfunktion stärken wollte, dann muss es in Fällen, in denen die Ausschüttungsbemessungsfunktion als Beurteilungsmaßstab erkennbar ungeeignet ist, zulässig sein, die Informationsfunktion als subsidiären Beurteilungsmaßstab anzuwenden. Mit Blick auf den zutreffenden Ausweis der Vermögenslage und eine einheitliche Bewertung von aktiven und passiven Differenzen ist die Orientierung am künftigen Steuersatz auch bei aktiven Differenzen nicht zu beanstanden.

Ungeachtet der grundsätzlichen Orientierung am künftigen Steuersatz werden in praxi die aktuellen Steuersätze für eine Bewertung herangezogen.[534] Dies wird teils damit gerechtfertigt, dass die künftigen Steuersätze im Regelfall (und insonderheit bei langfristigen Differenzen) nicht bekannt sind und subjektive Prognosen über die künftige Entwicklung des Steuersatzes (Plansteuersätze) nicht als hinreichend objektivierbar gelten[535] und die Vergleichbarkeit von Abschlüssen beeinträchtigen.[536]

---

534 Vgl. BT-Drucks. 16/10067 (30.07.2008), S. 68.
535 Vgl. Maier / Weil (2009), S. 2734.

Zwar sind dies berechtigte Einwände, den eigentlichen Grund für die überwiegende Nutzung aktueller Steuersätze bildet indes das **Stichtagsprinzip** in der Rechnungslegung[537] (§§ 242 Abs. 1, § 252 Abs. 1 Nr. 3, 4 HGB), nach dem alle bis zum Bilanzstichtag angefallenen Geschäftsvorfälle im Jahresabschluss zu berücksichtigen sind und die Verhältnisse des Bilanzstichtags für die Bewertung maßgeblich sind.[538]

Primärer Sinn und Zweck des Stichtagsprinzips ist es, die Wertfindung zu objektivieren,[539] woraus sich ergibt, dass grundsätzlich nur von den am Bilanzstichtag vorliegenden (und insoweit objektivierten) Wertverhältnissen auszugehen ist.[540] Künftige Steuersätze sind hiernach nur dann zu berücksichtigen, sofern der künftige Steuersatz am Bilanzstichtag weder der Höhe noch dem Grunde nach unsicher ist. Hiervon ist erst auszugehen, sofern die künftige Änderung des Steuersatzes am Bilanzstichtag **eindeutig feststeht**. Unter Berufung auf IAS 12.48 und sowie die Gesetzesmaterialien[541] wird im jüngeren Schrifttum[542] zutreffend die Auffassung vertreten, dass eine Steuersatzänderung genau dann eindeutig feststeht, sobald die maßgebende Körperschaft im Gesetzgebungsverfahren die Änderung des Tarifs beschlossen habe (*substantially enacted*). Maßgebende Körperschaft sei in Deutschland der Bundesrat[543] bzw. der Ausschuss i.S.d. Art. 77 Abs. 2 GG (Vermittlungsausschuss[544]).

Welches die maßgebende Körperschaft ist, hängt aber entscheidend davon ab, ob der Bundesrat dem vom Bundestag verabschiedeten Gesetz zustimmen muss oder nicht.[545] Ausweislich Art. 105 Abs. 3 GG bedürfen Bundesgesetze über Steuern, deren Aufkommen den Ländern oder den Gemeinden (Gemeindeverbänden) ganz oder zum Teil zufließt, der Zustimmung des Bundesrates. Das Zustimmungserfordernis richtet sich damit nach der Steuerart, deren Tarif angepasst werden soll. Für Kapitalgesellschaften

536 Vgl. LOITZ / RÖSSEL (2002), S. 647.

537 Zum Stichtagsprinzip vgl. FÜLBIER / KUSCHEL / SELCHERT (2010), § 252 HGB, Tz. 70 ff.; SCHULZE-OSTERLOH (2006), § 42 GmbHG, Tz. 322 f.; WINKELJOHANN / PHILIPPS (2012), § 242 HGB, Tz. 6; BITZ / SCHNEELOCH / WITTSTOCK (2011), S. 124.

538 Vgl. SCHILDBACH (2009), S. 88; PITTROFF / SCHMIDT / SIEGEL (2011), B 161, Tz. 118.

539 Vgl. ausführlich KAMMANN (1988), S. 112 ff., 145 ff.

540 Vgl. im Folgenden: KARRENBROCK (1991), S. 139 f.

541 Vgl. BT-DRUCKS. 16/10067 (30.07.2008), S. 68.

542 Vgl. statt aller: SPANHEIMER / SIMLACHER (2010), § 274 HGB, Tz. 58; ADS INTERNATIONAL (2007), Abschn. 20, Tz. 25; ENGELS (2008), S. 1556; DRS 18 (3.9.2010), Tz. 46-47; WENDHOLT / WESEMANN (2009), S. 67; HOFFMANN / LÜDENBACH (2012), § 274 HGB, Tz. 56.

543 Vgl. BT-DRUCKS. 16/10067 (30.07.2008), S. 68; DRS 18 (3.9.2010), Tz. 48.

544 Vgl. HOFFMANN / LÜDENBACH (2012), § 274 HGB, Tz. 56.

545 Zutreffend differenzieren dann auch: SPANHEIMER / SIMLACHER (2010), § 274 HGB, Tz. 58.

sind folgende Ertragsteuerarten von Relevanz:[546] Körperschaftsteuer und Solidaritätszuschlag sowie die Gewerbesteuer.

Da es sich bei der **Körperschaftsteuer** (wie auch bei der Einkommensteuer) um eine Gemeinschaftssteuer (Art. 106 Abs. 3 GG) handelt und eine Änderung des Körperschaftsteuersatzes somit die Einnahmen der Länder tangiert, ist die Zustimmung des Bundesrats einzuholen (Art. 105 Abs. 3 GG). Eine Änderung des Körperschaftsteuersatzes würde somit erst in dem Zeitpunkt als beschlossen gelten können, sobald der Bundesrat bzw. der Vermittlungsausschuss der Gesetzesänderung zugestimmt hat. Zu diesem Zeitpunkt gilt die Steuersatzänderung sowohl dem Grunde als auch der Höhe nach als hinreichend objektiviert.

Demgegenüber steht das Aufkommen aus dem **Solidaritätszuschlag** ausschließlich dem Bund zu (Art. 106 Abs. 1 Nr. 6 GG). Eine Änderung des Zuschlagsatzes würde somit bereits dann als beschlossen gelten, sofern der Bundestag das Gesetz verabschiedet hat. Einer Zustimmung des Bundesrates bedarf es nicht.

Hinsichtlich der **Gewerbesteuer**, die eine Kommunalsteuer (Art. 106 Abs. 6 GG) ist, muss differenziert werden. Eine Änderung im GewStG (z.B. eine Änderung der Steuermesszahl (§ 11 Abs. 2 GewStG) oder des Mindesthebesatzes (§ 16 Abs. 4 S. 2 GewStG)) ist wegen Art. 105 Abs. 3 GG zustimmungspflichtig. Weitaus relevanter ist aber, dass sich der Tarif der Gewerbesteuer nicht nur nach der Steuermesszahl, sondern auch nach dem gewerbesteuerlichen Hebesatz (§ 16 Abs. 1 GewStG) bemisst. Selbiger ist aufgrund der Hebesatzautonomie der Kommunen (Art. 106 Abs. 6 S. 2 GG) durch einen Beschluss über die Festsetzung oder Änderung des Hebesatzes (§ 16 Abs. 3 GewStG) festzulegen. Diese Beschlüsse werden durch den Gemeinde- oder den Stadtrat gefasst und sind vom zuständigen Gemeindeoberhaupt bekanntzumachen. Eine Änderung des Hebesatzes gilt insoweit erst mit **Beschluss des zuständigen Rats** als konkretisiert. Beschlussentwürfe oder Absichtsbekundungen des Gemeindeoberhaupts oder Stadtkämmerers sind dagegen nicht ausreichend.

546 Kapitalgesellschaften und Genossenschaften sind Steuersubjekte i.S.d. KStG (§ 1 Abs. 1 KStG) und des GewStG (§ 2 Abs. 1 und 2 GewStG). Zudem unterliegt die festgesetzte Körperschaftsteuer einer Ergänzungsabgabe, dem Solidaritätszuschlag (§ 2 Nr. 3 SolZG).

In aller Regel werden Steuersatzänderungen nicht einzeln verabschiedet, sondern in „Steuergesetzpaketen“ (z.B. dem UntStRefG 2008), die neben Tarifen unterschiedlicher Steuerarten zugleich Bemessungsgrundlagen und Verfahrensvorschriften teilweise neu regeln. Insoweit kann als Regelfall davon ausgegangen werden, dass Steuergesetze zustimmungspflichtig sind und damit vom Bundesrat bzw. dem Vermittlungsausschuss abgesegnet werden müssen.

Fürderhin muss auf die Rolle des Bundespräsidenten (Art. 54 ff. GG) hingewiesen werden. Der Bundespräsident (oder der Präsident des Bundesrates als dessen Stellvertreter (Art. 57 GG)) kann die Ausfertigung, d.h. die Unterzeichnung, eines von Bundestag oder Bundesrat beschlossenen Gesetzes verweigern (Art. 82 Abs. 1 GG). Dies hat zur Folge, dass das Gesetz nicht zu Stande kommt. Insoweit besitzt der Bundespräsident ein faktisches **Vetorecht**. Soweit Indizien dafür bestehen, dass der Bundespräsident ein Gesetz (z.B. wegen verfassungsrechtlicher Zweifel oder aus formellen Gründen) nicht unterschreiben wird, darf nicht auf den Beschluss der maßgebenden Körperschaft abgestellt werden. Folgende Fallkonstellationen sprechen als Indiz für die Ausübung des faktischen Vetos des Bundespräsidenten:

- Es wurde ein zustimmungspflichtiges Gesetz von der Regierung, die nur im Bundestag über eine Mehrheit verfügt, am Bundesrat vorbei beschlossen.
- Der Bundespräsident und/oder der Bundesrat haben bereits Bedenken hinsichtlich der Verfassungsmäßigkeit des (die Steuersatzänderung beinhaltenden) Gesetzes geäußert.
- Die Tarifänderung betrifft lediglich einen Teil der Steuerpflichtigen einer Steuerart (siehe nur § 32c Abs. 2 EStG i.d.F. VZ 2007).

In seltenen Ausnahmefällen wie diesen ist es erforderlich, auf den Zeitpunkt der Ausfertigung des Gesetzes durch den Bundespräsidenten abzustellen. Auf die Veröffentlichung des (beschlossenen und vom Bundespräsidenten gegengezeichneten) Gesetzes im Bundesgesetzblatt (und somit das formelle Inkrafttreten) kommt es aber nicht an.[547]

Das Stichtagsprinzip erfordert somit, dass eine Steuersatzänderung, die bereits *vor oder am* Bilanzstichtag (z.B. 31.12.t1) beschlossen wurde, und von welcher der

[547] Vgl. HOFFMANN / LÜDENBACH (2012), § 274 HGB, Tz. 56.

Bilanzierende bereits *vor oder am* Bilanzstichtag erfuhr, im Jahresabschluss t1 zu berücksichtigen ist. Dies ergibt sich aus dem Wortlaut des § 252 Abs. 1 Nr. 3 HGB, der eine Bewertung *zum Abschlussstichtag* vorschreibt. Bislang mit aktuellen Steuersätzen bewertete Differenzen sind anzupassen. Zur Veranschaulichung sei das obige Beispiel wie folgt abgewandelt:

Beispiel: Alles wie vor, allerdings werde die Tariferhöhung in der Abbauperiode (20 %) erst im Laufe von t2 beschlossen.

Am Bilanzstichtag von t1 wird der aktuelle Steuersatz (15 %) zur Bewertung der Differenz genutzt, da zu diesem Zeitpunkt die Höhe des künftigen Steuersatzes nicht feststeht. Die passive latente Steuer beträgt zunächst 150 GE. Sowohl das Stichtagsprinzip als auch die in § 274 HGB kodifizierte Liability-Methode machen es jedoch erforderlich, dass die passive latente Steuer am Bilanzstichtag von t2 um 50 GE auf 200 GE aufgestockt wird.

Eine Steuersatzänderung, die bereits *vor oder am* Bilanzstichtag (z.B. 31.12.t1) beschlossen wurde, und von der der Bilanzierende erst *nach* dem Bilanzstichtag aber vor der Auf- bzw. Feststellung[548] des Jahresabschlusses erfuhr, ist gleichermaßen im Jahresabschluss t1 zu berücksichtigen. Auch dies ist mit dem Stichtagsprinzip zu vereinbaren, da es sich um Informationen handelt, welche die bis zum Bilanzstichtag eingetretenen Ereignisse erhellen (**Wertaufhellungsprinzip**[549]).

Etwas anderes gilt bei einer Steuersatzänderung, die erst *nach* dem Bilanzstichtag (z.B. *nach* dem 31.12.t1) beschlossen wurde, und von welcher der Bilanzierende *vor* der Auf- bzw. Feststellung des Jahresabschlusses erfährt. In diesem Fall liegt eine **wertbegründende Information**[550] vor;[551] sie darf nicht im Jahresabschluss t1 berücksichtigt wer-

---

548 Streng genommen ist wegen des Wortlauts von § 252 Abs. 1 Nr. 4 HGB auf den Tag der Aufstellung abzustellen. Allerdings ist der Tag der Aufstellung letztlich nicht definiert, so dass de facto sanktionslos der Jahresabschluss bis zu seiner Feststellung geändert werden kann. Ist er einmal festgestellt, so müssen hinreichende Gründe für eine erneute Änderung vorliegen. Vgl. SCHILDBACH (2009), S. 89.

549 Zum Wertaufhellungsprinzip vgl. BAETGE / ZIESEMER / SCHMIDT (2011), § 252 HGB, Tz. 96 f.; FÜLBIER / KUSCHEL / SELCHERT (2010), § 252 HGB, Tz. 70 f.; MOXTER (2003), S. 2559 ff.

550 Zur Unterscheidung von wertaufhellenden und wertbegründenden Informationen vgl. PITTROFF / SCHMIDT / SIEGEL (2011), B 161, Tz. 119 f.; SCHILDBACH (2009), S. 88 f.

den, da das Ereignis (= Steuersatzänderung) erst nach dem Bilanzstichtag eingetreten ist. Das gilt selbst dann, wenn bis zum 31.12.t1 bereits Indizien für eine künftige Tarifänderung (z.B. diesbezügliche Zeitungsartikel oder Absichtserklärungen von Politikern) bestanden. Sofern diese (in Bilanz und GuV nicht zu berücksichtigende) Tarifänderung für die Lage der Gesellschaft wesentlich ist, kann hierüber aber im Lagebericht (§ 289 Abs. 2 Nr. 1 HGB) zu berichten sein.

3.2.2 Imparitätische Berücksichtigung von Steuersatzänderungen

Mit Blick auf das allgemeine Vorsichtsprinzip (§ 252 Abs. 1 Nr. 4, 1. Hs. HGB), wonach sich der Kaufmann eher ärmer statt reicher rechnen soll, könnte eine imparitätische Berücksichtigung von Steuersatzänderungen bei der Bewertung latenter Steuern gefordert werden. Bereits in der Vergangenheit wurden derartige Überlegungen angestellt.[552] Bejahte man eine imparitätische Berücksichtigung von Steuersatzänderungen bei Bewertung einer aktiven latenten Steuer, so wären Steuersatzsenkungen zu berücksichtigen, Tariferhöhungen dagegen nicht. Im Falle der imparitätischen Bewertung einer passiven latenten Steuer wären Steuersatzerhöhungen einzubeziehen, die Beachtung von Tarifermäßigungen schiede hingegen aus.

Im Folgenden wird untersucht, ob eine imparitätische Berücksichtigung von Steuersatzänderungen aus Gründen der Vorsicht im Jahresabschluss nach HGB zu fordern ist. Hierbei ist zweifach zu differenzieren. Zum einen hinsichtlich passiver und aktiver latenter Steuern; zum anderen hinsichtlich der Frage, was aus theoretischer Sicht (Soll-Konzept) und aus tatsächlicher Sicht (Ist-Konzept) zu fordern ist.

---

551 Dies entspricht auch dem internationalen Recht, da IAS 10.22 (h) Steuerreformen explizit als wertbegründende Ereignisse einstuft.

552 Vgl. für das überkommene Recht: SIEGEL (1984), S. 1914 (bei der Bewertung passiver latenter Steuern sei bei künftig erwarteten Tarifermäßigungen das Vorsichtsprinzip zu beachten); IDW-SABI (1986), S. 672 (aus Vereinfachungs- und Vorsichtsgründen bestünden bei der Bewertung passiver latenter Steuern im Allgemeinen keine Einwendungen gegen die Passivierung einer steuerlichen Maximalbelastung, solange nicht davon ausgegangen werden können, dass dies aus speziellen Gründen angebracht sei). **Ablehnend**: KUPSCH / EDER (1988), S. 527; KARRENBROCK (1991), S. 140-145.

a) Aktive latente Steuern

Die Frage der Bewertung aktiver latenter Steuern würde sich bei Geltung allgemeiner Regelungen (**Soll-Konzept**) erübrigen, da aktive latente Steuern hiernach bereits nicht ansatzfähig sind.

Tatsächlich (**Ist-Konzept**) hat der Gesetzgeber durch Kodifizierung des § 274 Abs. 1 S. 2 HGB den Ansatz aktiver latenter Steuern explizit zugelassen. Den hiermit billigend in Kauf genommenen Verstoß gegen das Vorsichtsprinzip (Gewinnermittlungsebene) sieht er durch Implementierung einer Ausschüttungssperre (Gewinnverwendungsebene) als geheilt an. Hält man am Vorsichtsprinzip als Beurteilungsmaßstab fest, so müssen bei Beurteilung der Ist-Situation dann aber auch beide (eigentlich voneinander zu trennenden) Ebenen gemeinsam berücksichtigt werden. Da bei einer Steuersatzerhöhung, eine aktive latente Steuer c.p. noch erhöht würde, verschärft sie den Verstoß gegen das Realisationsprinzip. Im gleichen Maß erhöht sich aber c.p. die Ausschüttungssperre, so dass (aus Sicht des Gesetzgebers) hieraus keine zusätzliche Gefahr erwächst. Im Falle einer Tarifermäßigung reduziert sich c.p. die aktive latente Steuer ohnehin und so auch der ausschüttungsgesperrte Betrag. Für eine imparitätische Berücksichtigung von Steuersatzänderungen bei aktiven latenten Steuern ist mit Blick auf die Ausschüttungssperre, die entsprechend höher oder niedriger ausfällt, somit kein Raum.

Auf der anderen Seite ist es aber auch vertretbar einzuwenden, dass es wenig konsequent ist, die Bewertung von aktiven latenten Steuern am Vorsichtsprinzip zu messen, obwohl bereits ihr Ansatz gegen ebendieses Prinzip verstößt.[553] Diese Auffassung hätte zur Folge, dass man die Bewertung entweder auf Basis des Wortlauts auszulegen hätte. Dann aber bietet § 274 HGB für eine imparitätische Bewertung aktiver latenter Steuern keinen Anhaltspunkt (§ 274 Abs. 2 S. 1 HGB). Alternativ kann anhand von Sinn und Zweck des Sonderpostens argumentiert werden. Der Ansatz von aktiven latenten Steuern wurde (trotz des Verstoßes gegen das Realisationsprinzip) vom Gesetzgeber zugelassen, um einen zutreffenden Einblick in die Vermögenslage (wie vom Temporary-Konzept intendiert) zu ermöglichen. Doch auch hiermit ist eine imparitätische Bewertung von aktiven latenten Steuern nicht zu vereinbaren: Um den Betrag der nicht

553 So auch bereits für das überkommene Recht: KARRENBROCK (1991), S. 255 f.; BEINE (1995), S. 543 (der auf KARRENBROCK verweist).

berücksichtigten Tariferhöhung (Tarifermäßigung) würden die künftigen Steuerminderzahlungen zu niedrig (hoch) ausgewiesen.

b) Passive latente Steuern

An anderer Stelle wurde bereits dargelegt,[554] dass passive latente Steuern aus theoretischer Sicht grundsätzlich zu den Verbindlichkeitsrückstellungen zählen (**Soll-Konzept**). Völlig unproblematisch ist eine bis zum Stichtag beschlossene Tariferhöhung, da dies zu einer erhöhten Dotierung der Rückstellung für passive latente Steuern führt. Dagegen könnte die Berücksichtigung einer Steuersatzermäßigung Bedenken begegnen, hätte dies doch eine Teilauflösung der Rückstellung zur Folge, die gegen das Höchstwertprinzip verstoßen könnte. Allerdings hat KARRENBROCK bereits ausführlich belegt, dass eine Reduktion der Rückstellung infolge einer bereits beschlossenen Steuersatzminderung vorzunehmen ist.[555] Im Soll-Konzept ist die Notwendigkeit einer imparitätischen Berücksichtigung von Steuersatzänderungen bei der Bewertung von passiven latenten Steuern nicht ersichtlich.

Tatsächlich fasst der Gesetzgeber passive latente Steuern als aliud auf (**Ist-Konzept**). Somit ist fraglich, ob die im Rahmen des Soll-Konzepts (aus den Regeln zur Bewertung von Rückstellungen) abgeleitete Ablehnung einer imparitätischen Berücksichtigung von Steuersatzänderungen bei der Bewertung von passiven latenten Steuern auch im Ist-Konzept anwendbar ist. Hierfür spricht jedenfalls, dass der Gesetzgeber selbst zugesteht, dass passiven latenten Steuern *„teilweise der Charakter von Rückstellungen"*[556] zukomme.

Doch selbst wenn man eine analoge Anwendung der Bewertungsgrundsätze für Rückstellungen auf passive latente Steuern ablehnt, so ändert dies nichts daran, dass der

554 Siehe oben D.2.1.2.4.1.

555 Die Berücksichtigung einer Steuersatzermäßigung bei der Rückstellungsbewertung stellt zwar einen Verstoß gegen das Höchstwertprinzip dar, weil der Zugangswert der Rückstellung unterschritten wird. Allerdings wird eine Rechtfertigung für eine Abweichung vom Höchstwertprinzip zumindest dann angenommen, soweit der Anschaffungswert der ungewissen Verbindlichkeit nachhaltig und auch bei objektiver Betrachtung verändert wurde. Genau dies liegt bei einer bereits beschlossenen Steuersatzreduktion vor, denn der Steuersatz stellt einen die Höhe der Rückstellung für passive latente Steuern bestimmenden Faktor dar. Die Rückstellung ist um den Steuersatzeffekt aufzulösen. Vgl. ausführlich m.w.N.: KARRENBROCK (1991), S. 143-145. Davon abgesehen ist durch die generelle Abzinsungspflicht von Rückstellungen seit Verabschiedung des BilMoG ohnehin fraglich, ob das Höchstwertprinzip nicht massiv relativiert wurde.

556 BT-DRUCKS. 16/10067 (30.07.2008), S. 67.

Wortlaut von § 274 Abs. 2 S. 1 HGB die Bewertung mit Steuersätzen im Zeitpunkt des Abbaus der Differenzen verlangt und insoweit nicht zwischen Tarifermäßigungen und Steuersatzerhöhungen differenziert. Zudem ist § 274 Abs. 2 S. 2 HGB zu beachten, nach dem ein Posten für passive latente Steuern aufzulösen ist, sobald die Steuerbelastung eintritt oder nicht mehr mit ihr zu rechnen ist. Eine bereits beschlossene Steuersatzminderung führt aber gerade dazu, dass mit der (ursprünglich) antizipierten Steuerbelastung nicht mehr zu rechnen und eine teilweise Auflösung geboten ist. Schlussendlich wird das Temporary-Konzept in § 274 HGB verwirklicht.[557] Der mit dem Temporary-Konzept intendierte zutreffende Einblick in die Vermögenslage der Gesellschaft wird aber nur dann erreicht, wenn eine bestehende passive latente Steuer bei einer bereits beschlossenen Steuersatzreduktion (Steuersatzerhöhung) entsprechend aufgelöst (aufgestockt) wird. Andernfalls werden Steuerbelastungen ausgewiesen, von denen am Bilanzstichtag bereits vermutet werden kann, dass sie in dieser Höhe gar nicht eintreten.

Als Fazit ist festzuhalten, dass eine imparitätische Berücksichtigung von Steuersatzänderungen - trotz Vorsichtsprinzip - im HGB keine Stütze findet und auch nicht mit dem Temporary-Konzept vereinbar ist. Sowohl Steuersatzsenkungen als auch Steuersatzerhöhungen sind bei der Bewertung von aktiven und passiven Differenzen (sowie ggf. steuerlichen Verlustvorträgen) zu berücksichtigen. Dies steht in Einklang mit der vom Gesetzgeber intendierten Stärkung der Informationsfunktion: Risiken und Chancen (aus der Steuergesetzgebung) werden gleich gewichtet.

3.2.3 Kombinierter Steuersatz bei Kapitalgesellschaften

Die approximative Ermittlung des bei Kapitalgesellschaften anzuwendenden Regelsteuersatzes hat sich seit dem BiRiLiG erheblich vereinfacht. Dies liegt nicht etwa daran, dass relevante Ertragsteuerarten abgeschafft wurden. Im Gegenteil: der Solidaritätszuschlag wurde im Jahre 1991 eingeführt. Allerdings ist die Gewerbesteuer seit dem UntStRefG 2008 keine abzugsfähige Betriebsausgabe mehr. Ferner ist der Steuersatz bei der Körperschaftsteuer seit Abschaffung des Anrechnungsverfahrens und dem Übergang auf das Halb- bzw. Teileinkünfteverfahren (§ 3 Nr. 40 EStG) nicht mehr von

557 Vgl. BT-Drucks. 16/10067 (30.07.2008), S. 67.

der Gewinnverwendung abhängig. Mit anderen Worten, der Steuersatz[558] ist bei Ausschüttung und Thesaurierung identisch.[559] Zudem handelt es sich bei den für Kapitalgesellschaften relevanten Steuerarten (Körperschaft- (KSt), Gewerbesteuer (GewSt) und Solidaritätszuschlag (SolZ) auf die Körperschaftsteuer) um proportionale Tarife, so dass die Höhe des Steuersatzes unabhängig von der Bemessungsgrundlage ist.[560] Die Ermittlung der Höhe des Regelsteuersatzes bei Kapitalgesellschaften und Genossenschaften gestaltet sich daher unproblematisch. Hierbei kann auf ein Ermittlungsmodell der Betriebswirtschaftlichen Steuerlehre zurückgegriffen werden: die auf GERD ROSE zurückgehende Teilsteuerrechnung.[561] Aufgabe der Teilsteuerrechnung ist es, Aufschluss über die Steuerbe- oder -entlastung zu geben, die durch eine betriebswirtschaftliche Größe (z.B. das „zu versteuernde Einkommen") hervorgerufen wird.[562] Im Wesentlichen werden dabei die verschiedenen Steuersätze unterschiedlicher Ertragsteuerarten zu einem Multifaktor bzw. kombinierten Ertragsteuersatz (s^E) verdichtet. Im Falle einer Kapitalgesellschaft sind dies der Körperschaftsteuersatz (s^{KSt}) in Höhe von 15 % (§ 23 KStG), der Solidaritätszuschlagssatz (s^{SolZ}) in Höhe von 5,5 % (§ 4 Satz 1 SolZG) auf die Körperschaftsteuer sowie der Gewerbesteuertarif (s^{GewSt}). Letztgenannter besteht aus zwei Komponenten. Zum einen ist dies die Steuermesszahl (m) in Höhe von 3,5 % (§ 11 Abs. 2 GewStG). Zum anderen wird der Tarif durch den Hebesatz (h) determiniert (§ 16 GewStG), der von der hebesatzberechtigten Gemeinde festgesetzt wird und somit von Kommune zu Kommune schwankt. Im Bundesdurchschnitt betrug der Gewerbesteuerhebesatz in Deutschland im Jahr 2010 (2009) rund 390 % (387 %).[563] Die Bewertung erfolgt somit anhand kommunalspezifischer Teilsteuer-

558 In den Jahren 1999-2000 betrug der Körperschaftsteuersatz beispielsweise bei Thesaurierung 40 % und bei Ausschüttung der Gewinne 30 %. Vgl. für eine Übersicht über die Entwicklung der Körperschaftsteuersätze seit 1977: ROSER (2009), § 23 KStG, Tz. 1.

559 In einem Körperschaftsteuersystem mit gespaltenem Steuertarif hat die Bewertung ausschließlich mit dem Thesaurierungssteuersatz (und nicht mit dem Steuersatz bei Ausschüttung) zu erfolgen. Vgl. ausführlich: KARRENBROCK (1991), S. 256-261.

560 Bei progressiven Tarifen (z.B. § 32a EStG) ist die Höhe des Steuersatzes von der Gewinnhöhe abhängig. Der Bilanzierende stünde vor dem Dilemma, dass er die Höhe seines künftigen Gewinns in der jeweiligen Abbauperiode kennen müsste, um den Steuersatz in der Abbauperiode der Bilanzdifferenz ermitteln zu können. Vgl. HENNIG (1982), S. 222 ff. Das internationale Recht (IAS 12.49) sieht in Fällen wie diesen eine approximative Bewertung mit Durchschnittsteuersätzen vor.

561 Zur Teilsteuerrechnung vgl. grundlegend: ROSE (1973), S. 1 ff. Für Multifaktoren seit dem UntStRefG 2008 vgl. MARX / HETEBRÜGGE (2007), S. 2381 ff.

562 Vgl. für diese Definition: SCHEFFLER (2010), S. 7.

563 Vgl. DESTATIS (17.08.2011), S. 1.

sätze. Formelmäßig lässt sich der Multifaktor (s^E) einer Kapitalgesellschaft oder einer Genossenschaft folgendermaßen ausdrücken:

$$s^E = (1 + s^{SolZ})\, s^{KSt} + s^{GewSt}$$

$$s^E = (1 + 0{,}055)\, 0{,}15 + m \times h$$

$$s^E = (1{,}055)\, 0{,}15 + 0{,}035 \times h$$

Beispiel: Eine in *Durchschnittshausen* ansässige GmbH unterliege einem GewSt-Hebesatz i.H.v. 390 %.

$s^E = (1{,}055)\, 0{,}15 + 0{,}035 \times 390\,\% = 0{,}15825 + 0{,}035 \times 3{,}9 = 0{,}15825 + 0{,}1365 = 0{,}29475$

Die GmbH unterliegt einem Regelsteuersatz in Höhe von 29,475 %.

Die Höhe des bundes*un*einheitlichen Hebesatzes bei der Gewerbesteuer ist indessen nicht die einzige Komplikation bei der Ermittlung des Multifaktors. Beachtlich ist zudem, dass infolge des § 4 Abs. 1 S. 2 GewStG i.V.m. §§ 28 ff. GewStG erforderlichenfalls eine Zerlegung des Steuermessbetrags vorzunehmen ist.[564] Eine Zerlegung ist insbesondere dann erforderlich, wenn ein Gewerbebetrieb mehrere Betriebsstätten i.S.d. § 12 AO unterhält, die wiederum in mehreren Gemeinden belegen sind (mehrgemeindliche Betriebsstätten). Ein weiterer Anwendungsfall ist eine Betriebsstätte, die sich aufgrund ihrer Größe über mehrere Gemeinden erstreckt.[565] Schlussendlich kann eine Zerlegung dann erforderlich sein, wenn eine Betriebsstätte innerhalb eines Erhebungszeitraums in eine andere Gemeinde verlegt wird.

Für die Bestimmung der Teilsteuersätze ist diese Zerlegung immer dann ein Problem, wenn die Hebesätze zwischen den Gemeinden schwanken, in denen die Betriebsstätten belegen sind. Das Problem lässt sich lösen, indem der in § 29 GewStG geregelte Zerlegungsmaßstab auf Basis der in den Betriebsstätten gezahlten Arbeitslöhne (L_{BS}) in allgemeiner Form in der Formel für die Ermittlung des Gewerbesteuertarifs (s^{GewSt}) berücksichtigt wird. Es ist:

---

564 Zur Zerlegung vgl. einführend: SCHEFFLER (2012), S. 307 f.; KUßMAUL (2010), S. 368 f.; SCHNEELOCH (2008), S. 175. Vertiefend: GÜROFF (2009), § 28 GewStG, Tz. 1 ff.

565 Vgl. SCHEFFLER (2012), S. 308.

$$s^{GewSt} = m \cdot \left[\frac{L_{BS1}}{L} \cdot h_{BS1} + \frac{L_{BS2}}{L} \cdot h_{BS2} + \ldots + \frac{L_{BSn}}{L} \cdot h_{BSn} \right]$$

$$s^{GewSt} = m \cdot \left[\sum_{x=1}^{n} \frac{L_{BSx}}{L} \cdot h_{BSx} \right]$$

Beispiel: Eine GmbH unterhält zwei Betriebsstätten (BS1 und BS2). Der Hebesatz in der Gemeinde, in der BS1 (BS2) belegen ist, beträgt 400 % (200 %). Voraussichtlich werden Arbeitslöhne in Höhe von insgesamt 340.000 GE gezahlt. Hiervon entfallen rund 300.000 GE (40.000 GE) auf BS1 (BS2).

$$s^{E} = (1{,}055)\ 0{,}15 + s^{GewSt} = 0{,}15825 + 0{,}035 \cdot \left[\frac{300.000}{340.000} \cdot 4 + \frac{40.000}{340.000} \cdot 2 \right] = 0{,}15825 + 0{,}132 = 0{,}29025$$

Die GmbH unterliegt einem Regelsteuersatz in Höhe von 29,025 %.

Die allgemeine Formel für die Bestimmung des Multifaktors bei Kapitalgesellschaften lautet damit: $s^{E} = (1 + s^{SolZ}) \cdot s^{KSt} + m \cdot \left[\sum_{x=1}^{n} \frac{L_{BSx}}{L} \cdot h_{BSx} \right]$.

Bei der Formel ist kritisch zu bemerken, dass derartige Berechnungen Prognosen über die Höhe der insgesamt gezahlten Arbeitslöhne und deren Verteilung auf die beteiligten Betriebsstätten erfordern,[566] die niemals zu 100 % intersubjektiv nachprüfbar sind. Da regelmäßig Erfahrungswerte vorliegen, fällt dieser Einwand nicht allzu stark ins Gewicht. Probleme sind somit auf die Fälle beschränkt, in denen keine Erfahrungswerte vorliegen (z.B. bei Gründungsunternehmen) oder gravierende Umstrukturierungen stattgefunden haben bzw. geplant sind.

Nicht in allen Fällen können die mittels Teilsteuerrechnung bestimmten Regelsteuersätze der Unternehmung für die Bewertung aller Einzeldifferenzen angewendet werden. Vielmehr können für einzelne Differenzen unterschiedliche Steuersätze zur Anwendung kommen.[567] Wurde beispielsweise ein Veräußerungsgewinn steuerrechtlich in eine unversteuerte Rücklage eingestellt (passive Differenz) und sieht das Steuerrecht zudem einen Sondersteuersatz für derartige Veräußerungsgewinne vor, so darf diese passive

---

[566] Vgl. KIRSCH (2002), S. 1876; LIENAU (2006), S. 59.

[567] Vgl. hierzu auch IAS 12.51 f.

Differenz nicht mit dem Regelsteuersatz des bilanzierenden Unternehmens bewertet werden.[568] Dies ergibt sich bereits aus dem Temporary-Konzept, das auf Bilanzdifferenzen zwischen *einzelnen* Vermögensgegenständen und Schulden abstellt. Weiterhin ist zu bemerken, dass aufgrund des Inlandscharakters der Gewerbesteuer[569] der auf eine ausländische Betriebsstätte entfallende Gewinn nicht der Gewerbesteuer unterliegt. Ausländischen Betriebsstätten zuzurechnende Bilanzdifferenzen sind insoweit grundsätzlich auf Basis der ausländischen Steuersätze zu bewerten.[570]

3.2.4 Besonderheiten bei vortragsfähigen Sachverhalten

Die Bewertung von steuerlichen Verlustvorträgen wird in praxi dadurch verkompliziert, dass körperschaftsteuerliche und gewerbesteuerliche Verlustvorträge nicht immer gleich hoch sein müssen.[571] Dies liegt in den unterschiedlichen Hinzurechnungen und Kürzungen im KStG und im GewStG begründet, die die Höhe der steuerlichen Bemessungsgrundlage beeinflussen. Eine weitere Ursache für das Auseinanderfallen von steuerlichen Verlustvorträgen ist, dass das GewStG im Gegensatz zum KStG keinen Verlustrücktrag vorsieht.[572] Insgesamt können *drei Fallkonstellationen* identifiziert werden:

a) Körperschaftsteuerlicher und gewerbesteuerlicher Verlustvortrag sind am Stichtag gleich hoch.
b) Der körperschaftsteuerliche Verlustvortrag ist am Stichtag größer als der gewerbesteuerliche Verlustvortrag.[573]
c) Der körperschaftsteuerliche Verlustvortrag ist am Stichtag kleiner als der gewerbesteuerliche Verlustvortrag.[574]

---

568 Insbesondere in ausländischen Steuerjurisdiktionen (z.B. Singapur, Hongkong) können die Steuerfolgen aus dem Abbau einer Bilanzdifferenz von der Verwendungsart (z.B. Nutzung oder Veräußerung) des betreffenden Wirtschaftsguts abhängig sein. Vgl. FREIBERG (2011), S. 328.

569 Steuerobjekt ist der *inländische* Gewerbebetrieb (§ 2 Abs. 1 S. 1 GewStG).

570 Vgl. ausführlich: HOFFMANN / LÜDENBACH (2012), § 274 HGB, Tz. 57.

571 Vgl. VON EITZEN / HELMS (2002), S. 825; SCHÄFFELER (2006), S. 154; SCHULZ-DANSO (2009), § 25, Tz. 64; MEYER / LOITZ / LINDER / ZERWAS (2010), S. 65; HOFFMANN / LÜDENBACH (2012), § 274 HGB, Tz. 59.

572 Vgl. VON EITZEN / HELMS (2002), S. 825.

573 Dieser Fall kann z.B. durch Anwendung der Hinzurechnungsvorschrift des § 8 Nr. 1 GewStG eintreten, die gewerbesteuerliche Verluste vermindert. Vgl. bereits für § 8 Nr. 1 GewStG a.F.: SCHÄFFELER (2006), S. 155, die diesen Fall als besonders praxisrelevant einstuft.

Sind die steuerlichen Verlustvorträge unterschiedlicher Steuerarten gleich hoch (Fall a)), bestehen keine Bedenken gegen die Benutzung des oben hergeleiteten allgemeinen Multifaktors, um die Verlustvorträge zu bewerten. Allerdings wird dieser Fall nur sehr selten eintreten. In den realistischeren Fällen b) und c) müssen die Verlustvorträge nicht nur getrennt nach Steuerarten erfasst, sondern auch getrennt bewertet werden.

Beispiel: Am Bilanzstichtag verfüge eine GmbH über einen körperschaftsteuerlichen (150 GE) und einen gewerbesteuerlichen Verlustvortrag (100 GE). Der Hebesatz betrage 400 %.

Bewertung des körperschaftsteuerlichen Verlustvortrags:

$$ALS^{KSt}_{VV} = 1{,}055 \times 0{,}15 \times 150 \text{ GE} = 23{,}74 \text{ GE}$$

Bewertung des gewerbesteuerlichen Verlustvortrags:

$$ALS^{GewSt}_{VV} = 0{,}035 \times 4 \times 100 \text{ GE} = 14 \text{ GE}$$

Insgesamt können Steuerentlastungen in Höhe von **37,74 GE** aktiviert werden (unter Vernachlässigung der Prüfung weiterer Kriterien für die Aktivierbarkeit).

Wird hiervon aus Vereinfachungsgründen abgesehen, so besteht stets die Gefahr, dass die aktiven latenten Steuern unzutreffend ermittelt werden. Dies hätte zur Folge, dass der Einblick in die Vermögenslage der Gesellschaft verzerrt und die Informationsfunktion beschädigt wird. Der Einsatz eines ertragsteuerlichen Multifaktors ist bei der Bewertung von steuerlichen Verlustvorträgen daher grundsätzlich **unzulässig**. Wird dennoch im Falle betragsmäßig unterschiedlicher gewerbe- und körperschaftsteuerlicher Verlustvorträge ein ertragsteuerlicher Multifaktor angewendet, so kann es hierdurch je nach Lage des Einzelfalls zu einer Über- oder Unterbewertung aktiver latenter Steuern kommen. Dies hängt davon ab, ob

- Fall b) oder Fall c) vorliegt,
- der effektive Gewerbesteuersatz größer[575] oder kleiner[576] als der Körperschaftsteuersatz zzgl. SolZ in Höhe von derzeit 15,825 %[577] ist *und*

[574] Dieser Fall kann eintreten, sofern für Zwecke der Körperschaftsteuer von einem Verlustrücktrag Gebrauch gemacht wurde, der gewerbesteuerlich nicht vorgenommen werden darf.

[575] Dieser Fall tritt ein, sofern der gewerbesteuerliche Hebesatz größer-gleich 452,15 % ist.

- der ertragsteuerliche Multifaktor entweder auf:
    - o den gewerbesteuerlichen Verlustvortrag oder
    - o den körperschaftsteuerlichen Verlustvortrag oder
    - o das arithmetische Mittel aus der Summe der beiden Verlustvorträge

angewendet wird.

Bei vorgetragenen **Steuergutschriften**[578] stellt sich die Frage nach der Bewertung mit einem Steuersatz nicht, da Steuergutschriften (im Gegensatz zu steuerlichen Verlustvorträgen oder aktiven Bilanzdifferenzen) nicht die steuerliche Bemessungsgrundlage reduzieren, sondern direkt von der Steuerschuld abgezogen werden.

Bei der Bewertung der künftigen Steuerentlastungen aus einem Zinsvortrag ist die (praktisch sehr bedeutsame) Hinzurechnungsvorschrift des § 8 Nr. 1 a) GewStG zu beachten.[579] Hiernach werden ein Viertel der Schuldentgelte dem Gewerbeertrag wieder hinzuaddiert, soweit der in § 8 Nr. 1 GewStG geregelte Freibetrag von 100.000 Euro im Erhebungszeitraum überschritten wird.[580] Das in einem Zinsvortrag gespeicherte Zinsabzugspotential kann in einer künftigen Periode gewerbesteuerlich nur zu drei Vierteln geltend gemacht werden. Soweit § 8 Nr. 1 a) GewStG nicht bereits bei der Ermittlung der Höhe des gewerbesteuerlichen Zinsvortrags in der Planungsrechnung berücksichtigt wurde,[581] muss spätestens bei der Bewertung des gewerbesteuerlichen Zinsvortrags mit einem entsprechend geminderten gewerbesteuerlichen Teilsteuersatz gearbeitet werden. Formelmäßig lässt sich das wie folgt ausdrücken: $s_{Zinsvortrag}^{GewSt} = 0{,}75 \cdot m \cdot \left[\sum_{x=1}^{n} \frac{L_{BSx}}{L} \cdot h_{BSx} \right]$.

---

576 Dieser Fall tritt ein, sofern der gewerbesteuerliche Hebesatz kleiner als 452,15 % ist. Aufgrund des Mindesthebesatzes von 200 % (§ 16 Abs. 4 S. 2 GewStG), kann der effektive Gewerbesteuersatz die Grenze von 7 % nicht unterschreiten.

577 Ermittlung: $(1 + s^{SolZ})\, s^{KSt} = (1 + 0{,}055)\, 0{,}15 = 0{,}15825 \rightarrow 15{,}825\ \%$.

578 Siehe oben D.2.3.4.3.

579 Vgl. MEYER / LOITZ / LINDER / ZERWAS (2010), S. 126.

580 Aufgrund der Freigrenze von drei Mio. Euro in § 4h Abs. 2 EStG geht es regelmäßig um Summen jenseits des Freibetrags von 100.000 Euro.

581 Nach dieser Lösung wäre ein Zinsvortrag im Umfang von 1.000 GE (unter sonst gleichen Bedingungen) aufgrund von § 8 Nr. 1 a) GewStG gewerbesteuerlich nur mit 750 GE in der Planungsrechnung zu berücksichtigen. Vgl. MEYER / LOITZ / LINDER / ZERWAS (2010), S. 127 f.

3.3 Abzinsung latenter Steuern

Aktive und/oder passive latente Steuern sind ausnahmslos nicht abzuzinsen. Dies ergibt sich aus dem unzweideutigen Wortlaut von § 274 Abs. 2 S. 1 HGB.[582] Der Gesetzgeber begründet das Verbot damit, dass es sich bei aktiven und passiven latenten Steuern um bilanzielle Sonderposten handele, die nicht abzuzinsen seien.[583] Teils begründet das Schrifttum das Abzinsungsverbot auch mit der Harmonisierung der Rechnungslegung sowie praktischen Schwierigkeiten der Abzinsung und deren Nachprüfbarkeit (z.B. die Ermittlung des Abbauzeitpunkts der Differenzen).[584] Da die Begründung des Gesetzgebers ausgesprochen formal und die des Schrifttums zu pauschal ist, sei im Folgenden - ungeachtet des eindeutigen Wortlauts - kurz darauf eingegangen, *warum* eine Abzinsung überhaupt gefordert werden könnte und *ob* eine Abzinsung latenter Steuern mit der (den Einzelabschluss dominierenden) Ausschüttungsbemessungsfunktion zu vereinbaren ist. Dies gilt insbesondere auch deshalb, weil im jüngeren Schrifttum vereinzelt für eine Zeitwertbilanzierung latenter Steuern plädiert wird.[585]

Grundlegende Rechtfertigung für eine Abzinsung (und somit den Ansatz von Barwerten) stellt die Erkenntnis dar, dass Geld zu unterschiedlichen Zeitpunkten einen unterschiedlichen Wert hat.[586] Ein Geldbetrag, der sofort vereinnahmt wird, hat einen höheren Wert als ein gleich hoher Geldbetrag, der erst in einem Jahr vereinnahmt wird. Dies ergibt sich daraus, dass der sofort vereinnahmte Geldbetrag entweder sofort konsumiert (sofortiger gegenüber erst künftigem Nutzengewinn) oder zinsbringend angelegt bzw. zur Einsparung von Sollzinsen verwendet werden kann. Rational agierende Wirtschaftssubjekte haben demnach eine Präferenz, Einzahlungen möglichst früh zu vereinnahmen und Auszahlungen möglichst spät zu leisten. Im Falle mehrperiodiger Vorteilhaftigkeitsvergleiche (z.B. bei Investitionsentscheidungen) ist es somit regelmäßig erforderlich, Ein- und Auszahlungen unterschiedlicher Perioden auf einen Betrachtungs-

---

582 Sowohl die IFRS (IAS 12.53) als auch US-GAAP (SFAS 109.66 c)) sehen ein Abzinsungsverbot vor. Weiterhin besteht ein Abzinsungsverbot nach australischem Recht (AASB 112.53). Demgegenüber sieht UK-GAAP ein Wahlrecht zur Abzinsung latenter Steuern (FRS 191, Tz. 42-54) vor.

583 Vgl. BT-Drucks. 16/10067 (30.07.2008), S. 68.

584 Vgl. Engels (2008), S. 1557; Siegel (2011), S. 180 f.

585 Vgl. Breitkreuz / Müßig (2011), S. 1247 ff. (in Bezug auf IAS 12).

586 Zur Zeitpräferenz des Geldes vgl. mit Beispiel: Drukarczyk / Schüler (2009), S. 7 ff.

zeitpunkt zu beziehen und damit vergleichbar zu machen. Dies geschieht durch Abzinsung (bei Endwertbetrachtung: durch Aufzinsung) künftiger Ein- und Auszahlungen.

Aktive latente Steuern stellen bei wirtschaftlicher Betrachtung Steuervorauszahlungen für handelsrechtlich erst später entstehende Erträge dar. Soweit vereinfachend davon ausgegangen wird, dass aus dem Abbau einer abzugsfähigen Differenz eine kassenwirksame Steuererstattung im Zeitpunkt des Abbaus resultiert, ist klar, dass der Ansatz des Nominalbetrags (im Zeitpunkt der Einbuchung der latenten Steuer) den Vorteil aus der Steuererstattung überzeichnet. Der durch die Steuervorauszahlung hervorgerufene Liquiditätsabfluss führt schließlich dazu, dass das Unternehmen mit diesen liquiden Mitteln zwischenzeitlich nicht „arbeiten" kann. Dem Unternehmen entgehen vereinfachend gesagt Zinserträge (negativer Finanzierungseffekt einer unverzinslichen ungewissen Steuerforderung). Dabei wird der Entgang umso größer sein, je höher der Zins ist und je später sich der Abbau der abzugsfähigen Differenz vollzieht.

Umgekehrt handelt es sich bei *passiven latenten Steuern* um aufgeschobene Steuerzahlungen. Die tatsächliche Steuerzahlung und damit die Liquiditätseinbuße(n) wird (werden) erst in der (den) Abbauperiode(n) der zugrundeliegenden Differenz(en) eintreten. Somit kann das Unternehmen mit der zwischenzeitlich gewonnenen Liquidität Erträge erwirtschaften, die einen Teil der künftigen Belastung kompensieren (positiver Finanzierungseffekt einer unverzinslichen ungewissen Steuerverbindlichkeit). Zusammenfassend ist festzuhalten, dass die Steuerzahlung (Steuererstattung) eines bestimmten Nominalbetrags, die erst in Zukunft erfolgt, weniger belastend (weniger wert) ist als die sofortige Auszahlung (Vereinnahmung) dieses Nominalbetrags. Die Diskontierung einer künftigen Steuerzahlungsverpflichtung bzw. Steuererstattung mit dem Zins für eine Anlageform (z.B. eine quasi-risikolose Bundesanleihe oder die Reinvestition im Unternehmen) unterstellt, dass zwischenzeitlich Erträge in Höhe der erzielbaren Rendite (z.B. in Höhe des Zinses einer Bundesanleihe oder der (zu bestimmenden!) internen Unternehmsrendite) erwirtschaftet werden bzw. verloren gehen. Die Forderung latente Steuern mit ihren Barwerten anzusetzen, ist insoweit **betriebswirtschaftlich begründbar**, da die Bilanzierung von Nominalwerten diese unstreitig vorhandenen Finanzierungseffekte außer Acht lässt.

Allerdings ist fraglich, ob der Ansatz von Barwerten in Fällen wie diesen mit der Ausschüttungsbemessungsfunktion des HGB im Einklang steht.[587] Diese Funktion des HGB wird u.a. durch das Realisationsprinzip verwirklicht, wonach Gewinne nur dann zu berücksichtigen sind, soweit sie am Abschlussstichtag realisiert sind. Im Falle der Abzinsung einer **passiven latenten Steuer** würde der Nominalwert der passiven latenten Steuer aber um die künftigen Zinserträge vermindert. Dies widerspricht eindeutig dem Realisationsprinzip,[588] da die Zinserträge sich in diesem Fall nicht am Markt bestätigt haben und somit nicht zum Abschlussstichtag realisiert sind. Die Ermöglichung der Entnahme dieser unsicheren Erträge ist mit der Ausschüttungsbemessungsfunktion unvereinbar.

Zudem hätte eine derartige Bilanzierung zur Folge, dass in der Abbauperiode der zu versteuernden Differenz nur der um den Zinsertrag geminderte Betrag der tatsächlich eintretenden Steuermehrbelastung gegenüber steht. Mit anderen Worten, die ertragswirksame Auflösung der latenten Steuer reicht nicht aus, um die Steuermehrzahlung zu kompensieren. Damit aber wird nicht ausreichend finanzielle Vorsorge für künftig entstehende Ausgaben getroffen, die am Bilanzstichtag wirtschaftlich verursacht sind.

Beispiel: Eine Unternehmung (s = 0,3 = const.) bildet zum Ende von t0 eine „steuerfreie" Rücklage in der Steuerbilanz, die handelsrechtlich nicht gebildet werden darf. Die Rücklage im Umfang von 1.000 GE wird zum Ende von t1 in Gänze aufgelöst; die diesbezügliche Steuermehrzahlung wird sofort bezahlt. Liquide Mittel werden im Unternehmen reinvestiert (12 %).

Die Buchungssätze lauten dann wie folgt:

---

587 Verneinend zum alten Recht: KARRENBROCK (1991), S. 263-267. Zutreffend auch der Hinweis bei GROH: *„Richtig ist sicherlich, daß im Wege der Abzinsung die zeitlich auseinanderliegenden Aufwendungen und Erträge vergleichbar gemacht werden; das ist jedoch Finanzmathematik und nicht Bilanzrecht."* GROH (1988a), S. 32. Ähnlich in Bezug auf die Abzinsung von Verbindlichkeiten: CLEMM (1987/88), S. 88 (*„Der Einwand, daß das Unternehmen infolge der späten Fälligkeit der Verbindlichkeit entsprechende Kapitalbeträge behalten könne und daß ihm hieraus Erträge („Zinsen") erwachsen würden, ist betriebswirtschaftlich zwar bedenkenswert, aber m.E. bilanzrechtlich unbeachtlich."*).

588 **Gl.A.** NEUMANN (1992), S. 287; REINER (2008), § 274 HGB, Tz. 30; KARRENBROCK (1991), S. 266 (dort m.w.N. in Fn. 139). Siehe ferner oben: B.2.2. (die Diskussion betreffend § 253 Abs. 2 HGB n.F. und die dort zu findenden Nachweise).

31.12.t0	Aufwand	/an/	PLS	/ 300 GE	(zgl. Nominalwert)
	PLS	/an/	Zinsertrag[589]	/ 32,14 GE	(erhöht Ausschüttung)
	Bestandskonto PLS zum 31.12.t0:			267,86 GE [590]	(zgl. Barwert)
31.12.t1	PLS	/an/	Ertrag	/ 267,86 GE	
	Aufwand	/an/	Bank	/ 300 GE	

Per Saldo ergibt sich zum 31.12.t1 mithin ein „Mehraufwand" von 32,14 GE. Durch Passivierung des Nominalbetrags am 31.12.t0 wäre dies vermeidbar gewesen.

Die Abzinsung passiver latenter Steuern ist daher mit der Ausschüttungsbemessungsfunktion nicht zu vereinbaren.[591] Das in § 274 Abs. 2 S. 1 HGB kodifizierte Verbot ist zu begrüßen, da es mit der dominierenden Funktion im HGB in Einklang steht.

Fraglich ist damit nur noch, ob die Abzinsung **aktiver latenter Steuern** mit der Ausschüttungsbemessungsfunktion kompatibel ist. Doch ist die Aktivierung latenter Steuern (Ansatz) von vornherein mit Realisationsprinzip und Ausschüttungsbemessungsfunktion unvereinbar, so dass die Frage der Abzinsung nicht hieran gemessen werden kann.

Mit Blick auf die zutreffende Darstellung der Vermögenslage ist eine Abzinsung aktiver latenter Steuern jedoch abzulehnen. Dies liegt darin begründet, dass, wie gezeigt wurde, die Abzinsung passiver latenter Steuern unzulässig ist und es somit zu einem Nebenher von Barwerten (für aktive latente Steuern) und Nominalbeträgen (für passive latente Steuern) käme. Eine derartige Ungleichbehandlung ist einerseits mit dem Sinn und

589 Der Zinsertrag errechnet sich im vorliegenden Fall wie folgt: Die überschüssige Liquidität von 300 GE wird im Unternehmen vom 1.1.t1 bis zum 31.12.t1 zu 12 % angelegt. Zum 31.12.t1 beträgt der Zinsertrag somit 300 (0,12) = 36 GE. Der Barwert dieses Zinsertrags beträgt am 31.12.t0 exakt 32,14 GE.

590 Der Barwert der latenten Steuer kann mittels der bekannten Barwertformel errechnet werden: $\frac{300}{1{,}12^1} = 267{,}86$ GE. Um den Zinsertrag (32,14 GE) zu ermitteln, ist im vorliegenden Fall dann dieser Barwert (267,86 GE) mit dem Nominalwert (300 GE) zu vergleichen.

591 Die Abzinsung einer passiven latenten Steuer stellt nur dann keinen Verstoß gegen das Realisationsprinzip dar, sofern in der passiven latenten Steuer zugrundeliegenden Verpflichtung ein (offener oder versteckter) Zinsanteil enthalten ist. Vgl. ausführlich m.w.N. KARRENBROCK (1994a), S. 1942. Hiervon kann aber schon allein deshalb nicht ausgegangen werden, weil es sich bei einer Ertragsteuerverpflichtung um eine öffentlich-rechtliche Verpflichtung handelt. Letztere enthalten keinen Zinsanteil. Vgl. GROH (1988a), S. 32 (bei Zahlungsverpflichtungen, die nicht auf Austauschgeschäften beruhen, müsse für eine Abzinsung der Verpflichtung ein geringerer Ablösebetrag bekannt sein); GROH (1988), S. 1921; KUPSCH (1989), S. 61; KARRENBROCK (1991), S. 266; NEUMANN (1992), S. 286; KARRENBROCK (2007), Tz. 47.

Zweck des Temporary-Konzepts, d.h. der Vermittlung eines zutreffenden Einblicks in die Vermögenslage der Gesellschaft, nicht zu vereinbaren. Es ist schließlich inkonsequent, wenn man aus betriebswirtschaftlicher Sicht bestehende positive Finanzierungseffekte (bei passiven latenten Steuern) bei der Darstellung der Vermögenslage der Gesellschaft nicht berücksichtigte, negative Finanzierungseffekte (bei aktiven latenten Steuern) dagegen schon. Andererseits kann diese Ungleichbehandlung auch nicht mit der traditionell imparitätischen Bewertung im HGB-Bilanzrecht gerechtfertigt werden, wonach beispielsweise unverzinsliche Forderungen abgezinst werden, unverzinsliche Rückstellungen dagegen (unter Abstraktion von § 253 Abs. 2 HGB n.F.) nicht. Dies liegt darin begründet, dass es sich bei aktiven latenten Steuern nicht um einen Vermögensgegenstand bzw. eine (gewisse) Forderung handelt, sondern um einen Sonderposten, auf den allgemeine Bewertungsprinzipien nicht übertragen werden können.

Das generelle Abzinsungsverbot für latente Steuern (§ 274 Abs. 2 S. 1 HGB) ist damit auf ganzer Linie zu begrüßen. Soweit einige Adressaten (z.B. Investoren) Auskünfte über Barwerte passiver und aktiver latenter Steuern begehren, sind sie auf rein betriebswirtschaftliche Rechenwerke verwiesen. Derartige Rechenwerke werden in der Regel nur vom Unternehmen selbst aufgestellt (als Bestandteil des internen Rechnungswesen) oder im Rahmen einer *due diligence*-Prüfung.

3.4 Fortschreibung latenter Steuern

Zu jedem Bilanzstichtag muss überprüft werden, ob die in einer Vorperiode identifizierte und bewertete latente Steuer weiterhin mit dem ursprünglichen Wertansatz berücksichtigt werden darf. Dies ergibt sich aus § 274 Abs. 2 S. 2 HGB und gilt unabhängig davon, ob es sich um eine aktive oder eine passive latente Steuer handelt.

Mögliche Gründe für eine Anpassung des Wertansatzes sind zahlreich. Grundsätzlich ist zwischen Änderungen in den Steuergesetzen (z.B. Steuersatzänderung, Abschaffung von steuerlichen Vergünstigungen, Abschaffung einer Steuerart), und Änderungen bei der zugrundeliegenden Bilanzdifferenz (z.B. Abgang einer Maschine, die bisher eine Bilanzdifferenz verursachte) bzw. dem zugrundeliegenden vortragsfähigen Sachverhalt (z.B. Untergang eines steuerlichen Verlustvortrags durch § 8c KStG) zu unterscheiden.

Bei aktiven latenten Steuern auf Bilanzdifferenzen kann zudem der Wegfall der Going-Concern-Prämisse Abwertungen erforderlich machen. Im Falle vortragsfähiger Sachverhalte (z.B. steuerlichen Verlustvorträgen) sind überdies zu jedem Bilanzstichtag neue Planungsrechnungen (mit geänderten Schätzungen und Wahrscheinlichkeiten) aufzustellen, deren geänderte Daten typischerweise zu Anpassungen führen werden. Weiterer Anpassungsbedarf wird infolge eines Rechtsformwechsels (z.B. von einer Kapitalgesellschaft in eine Personengesellschaft oder umgekehrt) bestehen.[592] Aufgrund der Rechtsformabhängigkeit des deutschen Steuerrechts ändert sich hierdurch der Steuersatz, dem die Unternehmung bislang unterlegen hat. In einem solchen Fall sind die ursprünglich im Einzelabschluss bilanzierten latenten Steuern umzubewerten.

Die Notwendigkeit zum Bilanzstichtag wiederkehrender Überprüfungen ist der Zielsetzung des Temporary-Konzepts geschuldet, das den Ausweis künftiger Steuermehr- und -minderbelastungen bezweckt. Würden sich im Zeitablauf ergebende und hinreichend objektivierte Veränderungen nicht berücksichtigt, obwohl diese die Höhe der künftigen Steuermehr- und -minderzahlungen voraussichtlich beeinflussen, so hätte dies den Ausweis einer fiktiven Vermögenslage zur Folge. Eine entsprechende Forderung kann auch aus dem Stichtagsprinzip abgeleitet werden. Hiernach ist bei der Bewertung von den Verhältnissen am Stichtag auszugehen. Haben sich die Verhältnisse am Bilanzstichtag gegenüber der Vorperiode geändert, sind latente Steuern mit entsprechenden Änderungen zu bewerten.

Anpassungen an **erfolgswirksam** gebildete latente Steuern, die aufgrund von Änderungen des Steuersatzes oder anderweitigen Tarifänderungen (wie z.B. der Abschaffung von Steuerarten, die Begrenzung von Bemessungsgrundlagen usw.) erforderlich werden, sind unstreitig erfolgswirksam zu erfassen. Soweit latente Steuern ausnahmsweise **erfolgs*neutral*** gebildet wurden, so müssen Veränderungen an diesen erfolgsneutral gebildeten latenten Steuern gleichermaßen erfolgsneutral erfasst werden,[593] da andernfalls gegen das Kongruenzprinzip verstoßen wird.[594]

---

592 Vgl. LIENAU (2006), S. 113, dort in Bezug auf einen Unternehmenszusammenschluss, der zugleich einen Rechtsformwechsel zur Folge hatte.

593 **Abweichend** die bisher unbestrittene Gegenauffassung im Schrifttum, allerdings ohne Begründung: GELHAUSEN / FEY / KÄMPFER, Abschn. M, Tz. 45; IDW-HFA (2009), Tz. 33, Satz 3; DRS 18 (3.9.2010), Tz. 54 und 55, Satz 3; KÜHNE / MELCHER / WESEMANN (2009), S. 1010; HAHN

3.5 Zwischenergebnis

Die in § 274 HGB enthaltenen Regelungen zur Bewertung latenter Steuern sind nicht zu kritisieren. Im Falle *passiver latenter Steuern* wird durch die Orientierung am künftigen Steuersatz (Liability-Methode) sichergestellt, dass tatsächlich für diejenigen Steuermehrbelastungen Vorsorge getroffen wird, mit denen am Bilanzstichtag künftig voraussichtlich zu rechnen ist. Dabei sind steuerlasterhöhende und -senkende Elemente (z.B. Steuersatzerhöhungen und -senkungen) gleichermaßen zu berücksichtigen. Dies entspricht zugleich der Zielsetzung des Temporary-Konzepts, einen zutreffenden Einblick in die Vermögenslage zu gewährleisten.

Auch im Falle *aktiver latenter Steuern* ist die Orientierung am künftigen Steuersatz uneingeschränkt zu begrüßen. Zwar kann in diesem Fall nicht die Ausschüttungsbemessungsfunktion als Beurteilungsmaßstab herangezogen werden, da bereits der Ansatz aktiver latenter Steuern mit der Bemessung eines „vorsichtig" ermittelten entziehbaren Betrags völlig unvereinbar ist. Allerdings ist es wenig überzeugend, passive Differenzen mit künftigen Steuersätzen und aktive Differenzen mit gültigen Steuersätzen zu bewerten. Ein solches Vorgehen würde den Einblick in die Vermögenslage der Gesellschaft verzerren und stünde nicht mit der Informationsfunktion in Einklang. Diese Argumente lassen sich zudem gegen eine (aus dem allgemeinen Vorsichtsprinzip ableitbare) imparitätische Berücksichtigung von Steuersatzänderungen bei der Bewertung von aktiven Differenzen ins Feld führen, zumal die Zulässigkeit eines derartigen Vorgehens nicht nur nicht vom Wortlaut des § 274 Abs. 2 S. 1 HGB gedeckt ist, sondern vielmehr in erkennbarem Widerspruch zu § 274 Abs. 2 S. 2 HGB steht.

Die Orientierung an künftig geltenden Steuersätzen ist nicht gleichzusetzen mit einer Bewertung zu Plansteuersätzen. Vielmehr erfordert das Stichtagsprinzip, dass nur *bis zum* Bilanzstichtag bereits beschlossene Steuersatzänderungen für die Bewertung herangezogen werden dürfen. Als bereits beschlossen gelten Steuersatzänderungen dann,

(2011), S. 660. **Demgegenüber** schreibt IAS 12.60 Satz 3, 2. Hs. vor, dass Anpassungen bereits bilanzierter Steuern (z.B. infolge von Steuersatzänderungen) nur insoweit erfolgswirksam vorgenommen werden müssen, als sich die latente Steuern auf Posten bezieht, die ursprünglich erfolgswirksam bilanziert wurden.

594 Siehe hierzu bereits oben: C.1.4. sowie D.2.4.2.2.

wenn die maßgebende Körperschaft der Änderung zugestimmt hat; da Steuergesetze regelmäßig zustimmungspflichtig sind, ist dies überwiegend der Bundesrat.

Die Ermittlung von Regelsteuersätzen gestaltet sich - nicht zuletzt aufgrund der Vereinfachungen infolge des UntStRefG 2008 - durch Anwendung der Teilsteuerrechnung als einfach. Komplikationen treten regelmäßig nur bei der Gewerbesteuer auf, sofern aufgrund mehrerer Betriebsstätten eine Zerlegung des Steuermessbetrags erforderlich ist. Diese Komplikation wurde durch Aufstellung einer allgemeingültigen Formel gelöst.

Steuerliche Verlustvorträge sind steuerartenspezifisch zu ermitteln und zu bewerten, da durch Zu- und Abrechnungen (außerbilanzielle Korrekturen) einerseits und die Nichtzulässigkeit eines Verlustrücktrags bei der Gewerbesteuer andererseits gewerbesteuerlicher und körperschaftsteuerlicher Verlustvortrag regelmäßig voneinander abweichen. Bei der Bewertung von Zinsvorträgen ist zudem die Vorschrift des § 8 Nr. 1 a) GewStG zu berücksichtigen. Vorgetragene Steuergutschriften sind einer Bewertung mit einem Steuersatz nicht zugänglich. Spezialitäten wie diese sind zwar in § 274 HGB nicht geregelt, allerdings wäre es auch nicht zielführend, sämtliche Komplikationen der Ertragsteuergesetze in § 274 HGB regeln zu wollen.

Die Abzinsung von latenten Steuern ist betriebswirtschaftlich durchaus begründbar. Allerdings ist es nicht Sinn und Zweck des Jahresabschlusses sämtliche aus betriebswirtschaftlicher Sicht vorhandenen Finanzierungseffekte abzubilden. Vielmehr bestehen gravierende Bedenken gegen eine Abzinsung von passiven latenten Steuern, da diese als öffentlich-rechtliche Verpflichtungen keinen Zinsanteil enthalten. Insoweit verstieße eine Abzinsung gegen das Realisationsprinzip. Das Abzinsungsverbot ist aus Sicht der Ausschüttungsbemessungsfunktion daher im Fall von passiven latenten Steuern nur konsequent. Zwar kann die Ausschüttungsbemessungsfunktion wiederum nicht als Maßstab für Bewertungsfragen von aktiven Differenzen bemüht werden, allerdings widerspräche der gleichzeitige Ansatz von Nominalwerten bei passiven latente Steuern und Barwerten bei aktiven latenten Steuern dem zutreffenden Einblick in die Vermögenslage und wäre dem Adressaten nicht zu vermitteln. Das Abzinsungsverbot in § 274 HGB ist somit nicht zu beanstanden.

Unproblematisch ist schließlich auch die in § 274 Abs. 2 S. 2 HGB enthaltene Regelung zur regelmäßigen Überprüfung bereits bilanzierter Steuern. Da aus Sicht des Bilanzstichtags künftige Steuerfolgen abgebildet werden müssen und Unsicherheit der Wertansätze insoweit natürlich vorhanden ist, muss der Bilanzierende eine bereits bilanzierte latente Steuern an jedem Bilanzstichtag einer eingehenden Prüfung unterziehen. Unterbliebe dies, so würden fiktive Steuerfolgen ausgewiesen mit denen am Bilanzstichtag gerade nicht zu rechnen ist. Keine Zustimmung verdient jedoch die im Schrifttum unbestrittene Auffassung, wonach die Auswirkungen einer Tarifänderung auf bereits bilanzierte latente Steuern stets erfolgswirksam zu erfassen sein. Im Fall von erfolgsneutral gebildeten latenten Steuern führt dies zu endgültigen Verstößen gegen das Kongruenzprinzip in der Rechnungslegung und hat zu unterbleiben. Vielmehr ist eine erfolgsneutrale Erfassung erforderlich.

4 Ermittlung und Saldierung latenter Steuern

4.1 Problemstellung

Die bisherigen Ausführungen haben *entweder* eine abzugsfähige (aktive) *oder* eine zu versteuernde (passive) Differenz zum Gegenstand gehabt. Realiter ist ein solcher Fall nur ausnahmsweise gegeben. In einem durchschnittlichen Jahresabschluss tritt eine Vielzahl von Geschäftsvorfällen auf, die dazu führt, dass entsprechend viele Differenzen entstehen. Folglich sei diese restriktive **Prämisse** nunmehr **aufgegeben**. Es ist zu klären, unter welchen Bedingungen mehrere Differenzen miteinander verrechnet, d.h. saldiert, werden dürfen oder gar müssen. Dies sei als Saldierungsfrage bezeichnet.

Von der eigentlichen Saldierungsfrage gedanklich zu trennen und doch letztlich mit ihr verbunden, ist die Frage der **Ermittlungsmethodik**. Grundsätzlich sind zwei unterschiedliche Methoden anwendbar, um Abweichungen zwischen handels- und steuerrechtlicher Erfolgsrechnung festzustellen: Die Einzeldifferenzen- und die Gesamtdifferenzenbetrachtung.[595]

Die *Einzeldifferenzenbetrachtung* betrachtet jeden eine Bilanzdifferenz auslösenden Geschäftsvorfall einzeln. Jeder einzelne Geschäftsvorfall (z.B. Passivierung einer

[595] Vgl. ausführlich: HENNIG (1982), S. 79 ff.

steuerlich nicht anerkannten Rückstellung), der zu einer Abweichung zwischen Handels- und Steuerbilanz führt, wird als Einzeldifferenz gesondert aufgeschrieben. In einem zweiten Schritt wird der jeweiligen Einzeldifferenz ein Steuereffekt zugewiesen.

Kennzeichen der *Gesamtdifferenzenbetrachtung* ist demgegenüber, dass eine Globalabweichung zwischen Handels- und Steuerbilanz identifiziert wird, die um ggf. vorhandene permanente bzw. andere Differenzen bereinigt wird. Nach dem (überwundenen) Timing-Konzept war es z.B. gängige Praxis, das handelsrechtliche dem steuerrechtlichen Ergebnis eines Geschäftsjahres gegenüberzustellen und den so ermittelten Unterschiedsbetrag in Gestalt einer Ergebnisdifferenz (bereinigt um ggf. vorhandene „permanente Ergebnisdifferenzen") als Grundlage für eine Steuerabgrenzung nach dem Timing-Konzept zu nutzen.

Eine derartige Gesamtdifferenzenbetrachtung ist brillant einfach zu praktizieren. Dies erklärt auch, warum der Gesetzgeber diese Ermittlungsmethodik für das Temporary-Konzept „beibehalten" wollte.[596] Und in der Tat ist die Gesamtdifferenzenbetrachtung bei gleichzeitiger Anwendung des bilanzorientierten Temporary-Konzepts **keinesfalls denkunmöglich**.[597] Schließlich könnte ein Unterschiedsbetrag zwischen der handelsrechtlichen und der steuerrechtlichen Bilanzsumme zum Bilanzstichtag (bereinigt um ggf. vorhandene „andere Bilanzdifferenzen") als Grundlage für die Bilanzierung latenter Steuern auserkoren werden.

Allerdings darf mit Fug und Recht bezweifelt werden, ob der Gesetzgeber solch einen „bereinigten Bilanzsummenvergleich" intendierte. Mit Blick auf den eindeutigen Wortlaut von § 274 Abs. 1 HGB, der auf (Steuerfolgen auslösende) Bilanzdifferenzen zwischen *einzelnen* Vermögensgegenständen, Schulden und Rechnungsabgrenzungsposten abstellt, darf dies bereits verneint werden. Auch wäre damit die vom Gesetzgeber begehrte Angleichung an die IFRS ad absurdum geführt, da ein „Bilanzsummenvergleich" ein deutsches Unikum darstellte. Warum hat sich dann der Gesetzgeber dazu hinreißen lassen, die Beibehaltung der Gesamtdifferenzenbetrachtung in den Gesetzes-

---

596 Vgl. BT-DRUCKS. 16/12407 (24.03.2009), S. 87 f.

597 **Anders** die h.M., die die Gesamtdifferenzenbetrachtung als konzeptionell unvereinbar mit dem Temporary-Konzept erachtet. Vgl. stellvertretend: KÜTING / SEEL (2009), S. 924.

materialien zu postulieren? Die einzig logische Antwort kann nur sein, dass der Gesetzgeber den Inhalt einer Gesamtdifferenzenbetrachtung fehlinterpretiert hat.[598]

Einen Anhaltspunkt dafür, was nach (unzutreffender) Ansicht des Gesetzgebers unter einer Gesamtdifferenzenbetrachtung zu verstehen ist, kann im Referentenentwurf zum BilMoG vom 8.11.2007 erblickt werden. Dort heißt es auf Seite 169 u.a.:

> *„Führt die **aus der Saldierung aller Einzeldifferenzen resultierende Gesamtdifferenz** zu einer künftigen Steuerbelastung, so ist ein Betrag in Höhe der künftigen Steuerbelastung zurückzustellen. Führt die Gesamtdifferenz hingegen zu einer künftigen Steuerentlastung, so ist ein Betrag in Höhe der voraussichtlichen Steuerentlastung nach Satz 2 der Vorschrift unter dem Posten „Aktive latente Steuern" auszuweisen."*[599]

In diesem Passus kommt deutlich zum Ausdruck, dass der Gesetzgeber eine „Gesamtdifferenzenbetrachtung" mit einem Saldierungsgebot gleichsetzt. Das ist insbesondere auch deswegen naheliegend, weil die Gesamtdifferenzenbetrachtung unausgesprochen eine *„methodisch bedingte Saldierung"*[600] aller Differenzen zur Folge hat.[601] Dies ist unmittelbar einsichtig, da sich Globalabweichungen in praxi aus einer Vielzahl von steuerlasterhöhenden und steuerlastsenkenden Geschäftsvorfällen zusammensetzen. Insoweit ist eine (richtig verstandene) Gesamtdifferenzenbetrachtung post BilMoG unzulässig; soweit der Gesetzgeber von der Beibehaltung der „Gesamtdifferenzenbetrachtung" spricht, meint er vielmehr eine Saldierung aktiver und passiver Einzeldifferenzen.[602] Anders ausgedrückt, **der Gesetzgeber verwendet die Begriffe „Saldierung" und „Gesamtdifferenzenbetrachtung" synonym.**

Die neugefassten §§ 274, 306 HGB erfordern damit *immer* eine Einzeldifferenzenbetrachtung.[603] Wurden die Bilanzdifferenzen im Wege einer Einzeldifferenzenbetrach-

---

598 Ähnlich auch SIEGEL (2011), S. 101, der von einem anderen „Begriffsverständnis" des Gesetzgebers spricht.

599 BMJ (8.11.2007), S. 169 (Hervorhebung durch den Verf.).

600 HENNIG (1982), S. 82.

601 Anders ausgedrückt setzt sie die uneingeschränkte Saldierung aller Differenzen einer Periode voraus, was völlig unbestritten ist. Vgl. nur HENNIG (1982), S. 80 f.; KARRENBROCK (1991), S. 147.

602 Diese Fehlinterpretation der „Gesamtdifferenzenbetrachtung" findet sich sogar im Schrifttum, z.B. bei: SPANHEIMER / SIMLACHER (2010), § 274 HGB, Tz. 12.

603 Die nur vereinzelt im Schrifttum zum Timing-Konzept erhobene Forderung nach einer vereinfachenden „Gruppenbewertung" latenter Steuern, die es - grob vereinfacht - ermöglicht, mehrere Differenzen gleichartiger Ursachen zusammenzufassen, ist dagegen mit der im Temporary-Konzept verwirklichten Einzeldifferenzenbetrachtung unvereinbar und damit unzulässig. **So aber:**

tung ermittelt und ihnen ein Steuereffekt beigemessen, so stellt sich die Frage der Zulässigkeit der Saldierung. Mit anderen Worten, können oder müssen die im Wege der Einzeldifferenzenbetrachtung in einer Periode ermittelten Einzeldifferenzen miteinander verrechnet werden? Hierzu sei zunächst die Lösung des Gesetzgebers dargestellt, um sie anschließend auf ihre Vereinbarkeit mit den Funktionen des Jahresabschlusses zu untersuchen.

4.2 Lösung des Gesetzgebers

4.2.1 Vorbemerkung

Der Saldierungsfrage wurde im Gesetzgebungsprozess unstet begegnet.[604] Während der Referentenentwurf eine Saldierungspflicht in Verbindung mit einem Aktivierungsgebot vorsah, war nach dem Regierungsentwurf aus Gründen der Informationsfunktion ein Saldierungsverbot vorgesehen. Durch den Rechtsausschuss wurde sodann ein - auch international unübliches - **Saldierungswahlrecht** in Verbindung mit einem Aktivierungswahlrecht vorgeschlagen, welches Gesetz wurde.

§ 274 Abs. 1 S. 1 und S. 2 HGB legen durch den Wortlaut „insgesamt" zwar eine generelle Saldierungspflicht (Nettoausweis) nah. Allerdings postuliert Satz 3, dass die sich ergebende Steuerbe- und -entlastung auch unverrechnet ausgewiesen werden kann (Bruttoausweis). Gerechtfertigt hat der Rechtsausschuss dies im Wesentlichen mit zwei Argumenten.[605] Erstens sollte den Bilanzierenden die Möglichkeit eröffnet werden, auch weiterhin eine „Gesamtdifferenzenbetrachtung" anzuwenden; hierbei ließ sich der Rechtsauschuss offensichtlich von Vereinfachungsüberlegungen leiten. Andererseits sollte der aus Sicht des Gesetzgebers wegen der Informationsfunktion vorziehungswürdige Bruttoausweis latenter Steuern nicht verbaut werden.

Aufgrund der Tatsache, dass für passive latente Steuern Ansatzpflicht und für aktive latente Steuern ein Ansatzwahlrecht besteht,[606] hängen die Möglichkeiten der Sal-

---

SIEGEL (2011), S. 55 f. m.w.N. und S. 168 f., der dies mit Praktikabilitäts- und Wesentlichkeitserwägungen rechtfertigt.

604 Vgl. im Folgenden ausführlich: KARRENBROCK (2010), 638 f.

605 Vgl. BT-DRUCKS. 16/12407 (24.03.2009), S. 87.

606 Siehe oben D.2.3.1.

dierung und des Ausweises latenter Steuern davon ab, ob die passiven die aktiven Differenzen am Bilanzstichtag übersteigen (Passivüberhang), ob den passiven gleich hohe aktive Differenzen gegenüberstehen (betragsmäßiger Gleichstand) oder ob ein Aktivüberhang besteht.

4.2.2 Die Lösung des Gesetzgebers im Detail

4.2.2.1 Passivüberhang

Im Falle eines Passivüberhangs stehen den Bilanzierenden zwei Möglichkeiten offen. Zum einen kann der Bilanzierende entweder nur den Passivüberhang in der Bilanz ausweisen (§ 274 Abs. 1 S. 1 HGB) und insoweit eine Saldierung vornehmen (Fall 1). Alternativ besteht die Möglichkeit, den unsaldierten Bruttoausweis nach § 274 Abs. 1 S. 3 HGB vorzunehmen (Fall 2). Beide Lösungsmöglichkeiten werden nachstehend anhand eines Beispiels verdeutlicht.

Dem Beispiel liegt folgender (stark vereinfachter) Sachverhalt zu Grunde. Per 31.12.t1 bestehen passive latente Steuern von 500 GE sowie aktive latente Steuern im Umfang von 300 GE. Aus Vorjahren bestehen keine latenten Steuern; ein Gewinn wurde in t1 nicht erwirtschaftet.

Bei **Fall 1** findet eine Saldierung der aktiven und passiven latenten Steuern (und damit der aktiven und passiven Differenzen) statt. In der Bilanz passiviert wird ausschließlich der Passivüberhang von 200 GE. Das Periodenergebnis wird durch Bildung der passiven latenten Steuern um 200 GE reduziert.

GuV für Geschäftsjahr t1 [GE]

Aufwand PLS [607]	200	Verlust	200
	200		200

Bilanz zum 31.12.t1 [GE]

Vermögen	10.000	EK	10.000
		./. Verlust lt. GuV	*200*
		PLS	200
	10.000		10.000

Im anderen Fall (**Fall 2**) werden die aktiven und passiven latenten Steuern unverrechnet ausgewiesen, d.h. separat angesetzt. Die GuV weist einen Verlust von 200 GE aus.

607 Ermittelt durch außerbilanzielle Nebenrechnung: 500 GE - 300 GE = 200 GE.

GuV für Geschäftsjahr t1 [GE]

Aufwand PLS	500	Ertrag ALS	300
		Verlust	200
	500		500

Bilanz zum 31.12.t1 [GE]

Vermögen	10.000	EK	10.000
		./. Verlust lt. GuV	*200*
ALS	300	PLS	500
	10.300		10.300

Beachtlich ist bei Fall 2 die Bilanzverlängerung, welche dazu genutzt werden kann, die Bilanzsumme aufzublähen. Strebt der Bilanzierende dagegen eine Reduktion der Bilanzsumme an, so bietet sich Fall 1 an. Darüber hinaus sind die Einflüsse auf die Eigenkapitalquoten unterschiedlich. In Fall 1 sinkt die Eigenkapitalquote von 100 % auf 98 %;[608] dagegen sinkt sie beim unverrechneten Ausweis auf rund 95 % ab.[609]

Als **Zwischenfazit** ist festzuhalten, dass die vom Gesetzgeber eingeräumten Saldierungsmöglichkeiten dazu geeignet sind, bilanzpolitisch eingesetzt zu werden. Dadurch wird die Vergleichbarkeit der Abschlüsse erschwert und der Informationsfunktion geschadet. Für die Ausschüttungsbemessungsfunktion scheint die Saldierungsfrage *vordergründig* keine Rolle zu spielen, da in beiden Fällen der Jahreserfolg um 200 GE reduziert wird. Eingeschränkt werden die gestalterischen Spielräume des Bilanzierenden durch die *„Darstellungsstetigkeit"*[610] des § 265 Abs. 1 S. 1 HGB,[611] der insoweit auch für § 274 Abs. 1 S. 3 HGB gilt.[612] Hat der Bilanzierende einmal den informativeren Bruttoausweis gewählt, wird es fast unmöglich sein, wieder zum Nettoausweis zurückzukehren. Umgekehrt wird sich ein Wechsel auf den Bruttoausweis nicht schwierig gestalten, da hiermit ein besserer Einblick in die Lage der Gesellschaft verbunden ist.[613]

Theoretisch denkbar wäre es, die unverrechneten passiven latenten Steuern einer Periode auszuweisen und auf den Ausweis der aktiven latenten Steuern in Ausübung des Aktivierungswahlrechts zu verzichten (**Fall 3**). Bezogen auf das Beispiel, ergäbe sich folgendes Bild:

608 (9.800 : 10.000) x 100 = 98 %.
609 (9.800 : 10.300) x 100 = 95,15 %.
610 Begriff entnommen aus: IDW-HFA (2011b), 561, Tz. 1.
611 Zum Stetigkeitsgrundsatz in Bezug auf das Aktivierungswahlrecht siehe oben D.2.3.5.
612 Vgl. PRINZ (2011), § 274 HGB, Tz. 35; IDW-HFA (2009), Tz. 31; SIEGEL (2011), S. 188.
613 Vgl. m.w.N. SIEGEL (2011), S. 188 f.

GuV für Geschäftsjahr t1 [GE]

Aufwand PLS	500	Verlust	500
	500		500

Bilanz zum 31.12.t1 [GE]

Vermögen	10.000	EK	10.000
		./. Verlust lt. GuV	*500*
		PLS	500
	10.000		10.000

Da der Wortlaut von § 274 Abs. 1 S. 2 und S. 3 auf die sich *insgesamt* ergebende Steuerbe- bzw. -entlastung abstellt, ist eine solche Vorgehensweise jedoch contra legem.[614]

4.2.2.2 Betragsmäßiger Gleichstand

Stehen den aktiven Differenzen in gleicher Höhe passive Differenzen gegenüber, so führt dies bei einem einheitlichen Steuersatz zu einem betragsmäßigen Gleichstand von aktiven und passiven latenten Steuern. In diesem Sonderfall besteht für den Bilanzierenden ein Wahlrecht.

Dies ergibt sich zum einen daraus, dass weder eine „insgesamt ergebende" Steuermehr- noch eine „insgesamt ergebende" Steuerminderbelastung i.S.d. § 274 Abs. 1 S. 1 oder S. 2 HGB existiert. Insoweit brauchen bei Anwendung des Nettoausweises in diesem Sonderfall keine latenten Steuern ausgewiesen zu werden. Zum anderen besteht für den Bilanzierenden die Möglichkeit, den Bruttoausweis zu nutzen (§ 274 Abs. 1 S. 3 HGB). Da es sich beim betragsmäßigen Gleichstand um einen seltenen Sonderfall handelt, wird auf ein Beispiel verzichtet.

4.2.2.3 Aktivüberhang

Sofern die aktiven latenten Steuern die passiven latenten Steuern einer Periode übersteigen, liegt ein Aktivüberhang vor. In einem solchen Fall stellt § 274 HGB dem Bilanzierenden drei Alternativen zur Disposition,[615] latente Steuern im Jahresabschluss zu berücksichtigen:

Fall 1: der unsaldierte Bruttoausweis (§ 274 Abs. 1 S. 3 HGB);

---

614 Gl.A. KÜTING / SEEL (2009), S. 924; LOITZ (2009), S. 918; KARRENBROCK (2010), S. 640.

615 Vgl. KÜTING / SEEL (2009a), S. 519; KÜTING / SEEL (2009), S. 924; KARRENBROCK (2010), S. 640.

Fall 2: die Saldierung aktiver und passiver latenter Steuern mit anschließender Aktivierung des Aktivüberhangs (§ 274 Abs. 1 S. 2 HGB);

Fall 3: die Saldierung aktiver und passiver latenter Steuern mit anschließender Nichtaktivierung des Aktivüberhangs (§ 274 Abs. 1 S. 2 HGB).

Diese Lösungsmöglichkeiten werden nachstehend anhand eines Beispiels verdeutlicht, dem folgender (stark vereinfachter) Sachverhalt zu Grunde liegt. Per 31.12.t1 bestehen passive latente Steuern von 300 GE sowie aktive latente Steuern im Umfang von 500 GE. Aus Vorjahren bestehen keine latenten Steuern; ein Gewinn wurde in t1 nicht erwirtschaftet.

Fall 1 erfordert den unsaldierten Ausweis der aktiven und der passiven latenten Steuern.

GuV für Geschäftsjahr t1 [GE]

Aufwand PLS	300	Ertrag ALS	500
Gewinn	200		
	500		500

Bilanz zum 31.12.t1 [GE]

Vermögen	10.000	EK	10.000
		+ Gewinn lt. GuV	*200*
ALS	500	PLS	300
	10.500		10.500

Fall 2 führt dazu, dass nur der Aktivüberhang von 200 GE im Jahresabschluss erscheint.

GuV für Geschäftsjahr t1 [GE]

Gewinn	200	Ertrag ALS[616]	200
	200		200

Bilanz zum 31.12.t1 [GE]

Vermögen	10.000	EK	10.000
ALS	200	*+ Gewinn lt. GuV*	*200*
	10.200		10.200

Bei **Fall 3** würde analog zu Fall 2 eine Saldierung erfolgen. Der Aktivüberhang von 200 GE würde indessen nicht in der Bilanz aktiviert. Somit erscheinen die 200 GE weder in GuV noch in der Bilanz. Es ergibt sich folgendes Bild:

Bilanz zum 31.12.t1 [GE]

Vermögen	10.000	EK	10.000
	10.000		10.000

616 Ermittelt durch außerbilanzielle Nebenrechnung: 500 GE - 300 GE = 200 GE.

In den drei Fällen sind die Bilanzsummen und die Eigenkapitalquoten höchst unterschiedlich. Auf die beim Passivüberhang geäußerten gestalterischen Spielräume und die Gefahr für die Informationsfunktion wird verwiesen.[617]

Entscheidender sind indessen die Auswirkungen für die Ausschüttungsbemessungsfunktion. Während in Fall 3 kein Gewinn ausgewiesen wird, der das Ausschüttungspotential erhöht, würde selbiges bei Geltung allgemeiner Regeln in den Fällen 1 und 2 sehr wohl um 200 GE erhöht. Doch hat der Gesetzgeber für diese Fälle die bereits oben[618] in den Grundzügen dargestellte Ausschüttungssperre gemäß § 268 Abs. 8 S. 2 HGB kodifiziert. Hiernach dürfen Gewinne nur verteilt werden, sofern die nach der Ausschüttung verbleibenden frei verfügbaren Rücklagen zuzüglich eines Gewinn- und abzüglich eines Verlustvortrags wenigstens dem Betrag entsprechen, um den die aktiven latenten Steuern die passiven latenten Steuern übersteigen (*Aktivüberhang*).

Als **Zwischenfazit** ist festzuhalten, dass die unsicheren Erträge (hier: 200 GE) somit als Gewinn ausgewiesen, aber weder ausgeschüttet noch abgeführt werden können. Zwar kann man über die Eleganz einer solchen Regelung durchaus streiten, vom Ergebnis her betrachtet, kann die Ausschüttungsbemessungsfunktion durch explizite Ausschüttungssperren gewahrt werden. Diese Aussage gilt aber nur, solange die Regelung sämtliche der unsicheren Erträge tatsächlich an das Unternehmen bindet.

Hiervon kann schon allein deshalb nicht mit Gewissheit ausgegangen werden, weil sich der Wortlaut von § 268 Abs. 8 S. 2 HGB unzweideutig auf den Aktivüberhang bezieht, also den Betrag *nach* Verrechnung mit passiven latenten Steuern. Wurden aktive latente Steuern bereits mit passiven latenten Steuern verrechnet - so wie das § 274 Abs. 1 S. 1 und S. 2 HGB unstreitig erlauben - oder stehen im Fall des Bruttoausweises nach § 274 Abs. 1 S. 3 HGB den aktiven latenten Steuern entsprechend hohe passive latente Steuern (betragsmäßiger Gleichstand) gegenüber, erfasst § 268 Abs. 8 S. 2 HGB diese Beträge nicht. Mit anderen Worten, die unsicheren Erträge aus aktiven latenten Steuern werden vom Gesetzgeber nur insoweit mit einer Ausschüttungssperre belegt, wie ihnen keine passiven latenten Steuern gegenüberstehen. Damit aber hängt die Beantwortung

---

[617] Siehe oben D.4.2.2.1.

[618] Siehe oben D.2.3.3. (dort unter der Prämisse diskutiert, wonach nur eine einzelne abzugsfähige Differenz vorliegt).

der Frage, ob die Ausschüttungssperre ausreichend wirkt, von der Zulässigkeit der Saldierung aktiver und passiver Differenzen ab. Dies wird im Folgenden kritisch untersucht.

4.3 Kritik an der Lösung des Gesetzgebers

4.3.1 Überblick

Die vorstehenden Erörterungen betreffend die Saldierungsfrage haben gezeigt, dass § 274 HGB undifferenziert eine uneingeschränkte Saldierung von aktiven und passiven Einzeldifferenzen (und damit von aktiven und passiven latenten Steuern) ermöglicht. Besondere Brisanz für diese Arbeit erlangt die Saldierungsfrage deswegen, weil der Gesetzgeber die Ausschüttungssperre auf den Aktivüberhang beschränkt hat. Unsichere Erträge aus der Aktivierung aktiver latenter Steuern sind nicht ausschüttungsgesperrt, soweit ihnen entsprechend hohe passive latente Steuern gegenüberstehen.

Fraglich ist, ob diese Regelung ausreicht, um eine Gläubigergefährdung auszuschließen. Die Beantwortung dieser Frage hängt davon ab, ob die (de lege lata gegebene) Möglichkeit zur uneingeschränkten Saldierung aktiver und passiver Differenzen mit der Ausschüttungsbemessungsfunktion zu vereinbaren ist. Zur besseren Systematisierung sind folgende Fallkonstellationen zu unterscheiden:

1) Neben einer passiven (aktiven) Differenz bestehen weitere passive (aktive) Differenzen.
2) Es bestehen sowohl aktive als auch passive Differenzen und diese Differenzen bauen sich jeweils in denselben Perioden ab; dies sei als *„zeitliche Kongruenz“*[619] bzw. Phasengleichheit bezeichnet.
3) Es bestehen sowohl aktive als auch passive Differenzen, jedoch bauen sich diese Differenzen in unterschiedlichen Perioden ab; dieser Fall sei als zeitliche Inkongruenz bzw. Phasenungleichheit bezeichnet.

619 KARRENBROCK (1991), S. 146.

4.3.2 Passive oder aktive Differenzen

Werden am Bilanzstichtag *entweder* mehrere passive *oder* mehrere aktive Differenzen identifiziert, so ist deren Handhabung wenig problematisch.[620]

Im Fall multipler passiver Differenzen kann die Passvierungspflicht für die erwartete Steuermehrbelastung nicht davon abhängig gemacht werden, ob sie nur aus einem Sachverhalt oder aus mehreren Sachverhalten erwächst. Folglich bestehen keine Bedenken, zu versteuernde Differenzen, auch wenn sie aus verschiedenen Geschäftsvorfällen resultieren (und sich ggf. in unterschiedlichen Perioden auflösen), zu einer „Bemessungsgrundlage" für die Ermittlung latenter Steuern zusammenzufassen, solange der anzuwendende Steuersatz konstant ist. Sofern mehrere passive Differenzen am Stichtag bestehen, ist die Summe aller zu versteuernden Differenzen zu bilden, hierauf der entsprechende Steuersatz anzuwenden und für diese erwartete Steuermehrbelastung eine passive latente Steuern (bzw. eine Rückstellung) zu passivieren.

Eine entsprechende Argumentation kann im Fall des Vorliegens mehrerer aktiver Differenzen angewandt werden. Erwachsen aus verschiedenen Geschäftsvorfällen mehrere abzugsfähige Differenzen, so kann in Analogie zum Vorliegen von mehreren passiven Differenzen auf die Summe der Bilanzdifferenzen abgestellt werden. Auch hier ist es unerheblich, ob sich der Gesamtumfang abzugsfähiger Differenzen aus einem oder mehreren Geschäftsvorfällen ergibt. Die oben geäußerten Bedenken[621] hinsichtlich des Realisationsprinzips und der Ausschüttungsbemessungsfunktion gelten derweil fort und gewinnen mit zunehmendem Umfang der abzugsfähigen Differenzen an Brisanz.

Als **erste Faustregel** ist festzuhalten, dass mehrere aktive *oder* mehrere passive latente Steuern aus Einzelsachverhalten periodenübergreifend aggregiert werden können.

4.3.3 Passive und aktive Differenzen

4.3.3.1 Die Bedeutung der Phasengleichheit

Aus Sicht der im Einzelabschluss dominierenden Ausschüttungsbemessungsfunktion sind v.a. solche Fälle von Relevanz, in denen aktive mit passiven latenten Steuern

---

620 Vgl. im Folgenden: KARRENBROCK (1991), S. 146.

621 Siehe oben D.2.1.3.3., D.2.1.3.4., D.2.3.2., D.2.3.4.2.2.

verrechnet werden. Bei isolierter Betrachtung führt eine solche Verrechnung dazu, dass ansatzpflichtige ungewisse Verbindlichkeiten mit - bei Geltung allgemeiner Regelungen - nicht aktivierungsfähigen ungewissen „Steuerforderungen" verrechnet werden.[622]

Für den Gläubigerschutz ist dies vordergründig dann ein Problem, wenn der Ausweis einer künftigen Steuermehrzahlung unterbleibt (oder reduziert wird), weil entsprechend hohe Steuerminderzahlungen antizipiert werden.[623] Dies gilt insonderheit deswegen, weil die Realisation der Steuerminderzahlungen im Wesentlichen von dem Vorliegen steuerpflichtiger Gewinne in den Abbauperioden der abzugsfähigen Differenzen abhängt. Hieraus unter Berufung auf § 246 Abs. 2 HGB ein ausnahmsloses Saldierungsverbot zu folgern,[624] ginge allerdings zu weit.

KARRENBROCK hat für das überkomme Recht vielmehr bewiesen, dass die **Realebene des Ertragsteuerrechts** Beachtung finden muss.[625] Nichts anderes gilt für das Temporary-Konzept.[626] Schließlich bilden latente Steuern die Höhe der am Bilanzstichtag ersichtlichen künftig voraussichtlich eintretenden Steuermehr- und -minderbelastungen ab. Und diese Steuerfolgen bilden sich unstreitig als Ergebnis der steuerlichen Gewinnermittlung und hängen damit von konkreten steuerrechtlichen Bestimmungen ab.

Ertragsteuern werden nicht für einzelne Geschäftsvorfälle und damit nicht für Einzeldifferenzen festgesetzt, sondern für Veranlagungszeiträume (z.B. Wirtschaftsjahre oder Erhebungszeiträume, siehe §§ 2 Abs. 7, 4a Abs. 1 S. 1 EStG, 7 Abs. 3 KStG, 14 Abs. 2 GewStG). Bei der Berechnung von Ertragsteuern werden daher alle steuerlich relevanten Geschäftsvorfälle (und damit alle Einzeldifferenzen) des betreffenden Wirtschaftsjahres bzw. Erhebungszeitraums aggregiert. Die so ermittelte „Bemessungsgrundlage"[627] umfasst sowohl die Steuerlast erhöhende (passive) als auch sie verringernde (aktive) Komponenten dieses Zeitraums.

---

622 Bereits nach überkommenem Recht erhitzte dies die Gemüter: KNOBBE-KEUK bezeichnete dies als ein *„Unding"*. Vgl. KNOBBE-KEUK (1993), S. 132. SIEGEL titulierte die Verrechnung sogar als *„Bastard"*. Vgl. SIEGEL (1987), S. 147.

623 Vgl. bereits KLEMM (1984), S. 268.

624 Vgl. die Nachweise bei: KARRENBROCK (1991), S. 148, dort: Fn. 137.

625 Vgl. ausführlich KARRENBROCK (1991), S. 148-152.

626 **Gl.A.** KARRENBROCK (2010), S. 640 f.

627 Bei der Körperschaftsteuer handelt es sich dabei um das „zu versteuernde Einkommen" i.S.d. KStG (§§ 7,8 KStG); die Bemessungsgrundlage bei der Gewerbesteuer ist der „Gewerbeertrag" (§§ 6,7 GewStG).

Das handelsrechtliche Saldierungsverbot (§ 246 Abs. 2 S. 1 HGB) steht dem nicht entgegen: Was als ein „Posten" i.S.d. § 246 Abs. 2 HGB anzusehen ist, ergibt sich bei latenten Steuern vielmehr unter Beachtung der konkreten Steuergesetze, die eine Zusammenfassung sämtlicher steuerlasterhöhenden und -senkenden Geschäftsvorfälle eines Jahres erfordern. Als „Posten" i.S.d. § 246 Abs. 2 HGB gilt somit der für ein Wirtschaftsjahr bzw. einen Erhebungszeitraum eines Steuersubjekts ermittelte Betrag latenter Steuern. Der „Posten" ist mithin eine Bewertungseinheit, dessen willkürliche Zerschlagung einen Verstoß gegen den Einzelbewertungsgrundsatz darstellte.[628] Sowohl die Forderung nach einem pauschalen Saldierungsgebot[629] als auch nach einem undifferenzierten Saldierungsverbot geht mithin an der Realität vorbei. Vielmehr muss differenziert werden, *in welchen Perioden* sich die aktiven und passiven Differenzen abbauen.

Bauen sich aktive und passive Differenzen in der gleichen Periode ab (**Phasengleichheit; zeitliche Kongruenz**), so ist die damit verbundene Auswirkung auf die steuerliche Bemessungsgrundlage Bestandteil *eines* Wirtschaftsjahres. Eine Saldierung findet in diesem Fall im Rahmen der nationalen steuerlichen Gewinnermittlung statt. Eine Verrechnung ist insoweit nicht nur möglich, *sondern* stets und ausnahmslos *geboten*, da andernfalls die Steuermehr- oder -minderbelastungen unzutreffend ausgewiesen würden. Der Vermögensausweis wäre entweder zu optimistisch oder zu pessimistisch; entsprechendes gilt für die zulässige Ausschüttung. Als **zweite Faustregel** ist somit festzuhalten, dass bei Auftreten von aktiven und passiven Differenzen in einer Periode, die Möglichkeit der Saldierung von der zeitlichen Struktur des Abbaus der Differenzen abhängt; eine Saldierung ist jedenfalls dann geboten, wenn sich die aktiven und passiven Differenzen phasengleich abbauen. Falls sich dagegen aktive und passive Differenzen in unterschiedlichen Perioden abbauen (**Phasen*un*gleichheit; zeitliche Inkongruenz**), käme eine Saldierung einer Vermengung steuerlicher Bemessungsgrundlagenkomponenten unterschiedlicher Wirtschaftsjahre gleich. Unter Ausblendung

---

628 Vgl. ausführlich KARRENBROCK (1991), S. 150 f.

629 Vgl. DEBUS in Bezug auf das alte Recht, der in einer Saldierung bzw. Zusammenfassung aktiver und passiver latenter Steuern grundsätzlich einen Verstoß gegen das Verrechnungsverbot nach § 246 Abs. 2 HGB erblickt, welcher vom Gesetzgeber aber toleriert werde, so dass § 246 Abs. 2 HGB auf §§ 274, 306 HGB a.F. nicht anzuwenden sei. Er tritt somit für eine uneingeschränkte Saldierung ein. Vgl. DEBUS (2003), C 440, Tz. 104.

intertemporaler Verlustverrechnungsmöglichkeiten hat eine Verrechnung aktiver und passiver Differenzen in diesen Fällen zu unterbleiben.

Konsequenz aus dem Erfordernis der Berücksichtigung der zeitlichen Struktur des Abbaus der Einzeldifferenzen ist eine Verkomplizierung des Schemas zur Ermittlung latenter Steuern. So muss nicht nur eine Einzeldifferenzenbetrachtung, wie sie ohnehin für das Temporary-Konzept erforderlich ist, durchgeführt werden (**Schritt 1**). Vielmehr müssen für *jede* Periode alle steuerlichen Mehr- bzw. Mindergewinne gegenüber der Handelsbilanz aus dem Abbau der Einzeldifferenzen gesondert festgestellt werden (**Schritt 2**). Anschließend wird für *jede* Periode ein Saldo aus den steuerlichen Mehr- bzw. Mindergewinnen gegenüber der Handelsbilanz ermittelt (**Schritt 3**). Die so für die einzelnen Perioden ermittelten (aktiven oder passiven) *Periodensalden* dürfen nur insoweit verrechnet werden, als aktive mit aktiven oder passive mit passiven Salden zusammengefasst werden (**Schritt 4**). Abschließend erfolgt die Bewertung der so ermittelten kumulierten (aktiven und passiven) Periodensalden mit dem Steuersatz (**Schritt 5**).[630] Nachstehende Übersicht fasst diese Ermittlungsschritte zusammen.

Ermittlungsschema

1. Schritt	Einzeldifferenzenbetrachtung über alle Perioden hinweg.
2. Schritt	Gesonderte Feststellung aller steuerlichen Mehr- bzw. Mindergewinne gegenüber der Handelsbilanz aus dem Abbau sämtlicher Einzeldifferenzen für jede Periode.
3. Schritt	Bildung des Saldos aller steuerlichen Mehr- bzw. Mindergewinne der einzelnen Perioden ("Periodensalden").
4. Schritt	Verrechnung der Periodensalden nur soweit, als aktive mit aktiven Salden oder (!) passive mit passiven Salden zusammengefasst werden.
5. Schritt	Bewertung mit dem Steuersatz.

Abb. 4: Schema zur Ermittlung latenter Steuern unter Beachtung der zeitlichen Struktur von Differenzen

630 Dies ist nur möglich, solange davon ausgegangen werden kann, dass alle Einzeldifferenzen demselben Steuersatz unterliegen. Andernfalls müsste bereits auf Ebene der aus den Einzeldifferenzen erwachsenden steuerlichen Mehr- und Mindergewinne (Schritt 2) eine Bewertung mit dem jeweils anzuwendenden Steuersatz erfolgen.

Um die Bedeutung der Phasen(un)gleichheit des Abbaus von Bilanzdifferenzen für die Saldierung zu veranschaulichen, findet sich nachstehend ein mehrperiodiges Beispiel. Für das Beispiel wird ein Steuersatz von konstant 30 % unterstellt.

a) Lösung der Saldierungsfrage unter Beachtung zeitlicher Kongruenz

Entsprechend dem **ersten Schritt** des Ermittlungsschemas erfolgt zunächst eine Einzeldifferenzenbetrachtung über sämtliche Perioden hinweg. Im vorliegenden Fall entstehe zum Ende der Periode t1 sowohl eine abzugsfähige Differenz (aD) als auch eine zu versteuernde Differenz (zvD). Deren Abbau erfolge teils in unterschiedlichen, teils aber in denselben Perioden. In t4 haben sich beide Differenzen aufgelöst. Ziel ist es, die Höhe latenten Steuerzahlungen zum 31.12.t1 zu ermitteln.

	[GE]	**...t1**	**...t2**	**...t3**	**...t4**
Schritt 1	**Entstehung (+) oder Auflösung (-) der aD in...**	5.000	0	-2.500	-2.500
	Bestand der aD in ...	5.000	5.000	2.500	0
	Entstehung (+) oder Auflösung (-) der zvD in ...	10.000	-2.000	-1.000	-7.000
	Bestand der zvD in...	10.000	8.000	7.000	0

Im **zweiten Schritt** werden die steuerlichen Mehr- oder Mindergewinne gegenüber der Handelsbilanz aus dem Abbau der Einzeldifferenzen ermittelt. Demgegenüber bleibt der steuerliche Mehr- bzw. Mindergewinn aus der erstmaligen Entstehung der Differenzen in t1 außer Betracht, da die Bilanzierung latenter Steuern die Abbildung künftiger Steuerfolgen aus dem Abbau von Differenzen zum Ziel hat.

In t2 wird ein steuerlicher Mehrgewinn aus dem teilweisen Abbau der zu versteuernden Differenz (2.000 GE) realisiert. In dieser Periode baut sich die aktive Differenz nicht (auch nicht anteilig) ab und ist damit nicht Bestandteil der steuerlichen Bemessungsgrundlage in t2; eine Aufrechnung scheidet aus. Aus Sicht von t1 muss somit für t2 mit einer Steuermehrbelastung von 600 GE gerechnet werden.

In t3 löst sich die aktive Differenz zur Hälfte (2.500 GE) auf; zugleich bauen sich 1.000 GE von der zu versteuernden Differenz ab. Beide Sachverhalte fließen in die steuerliche

Bemessungsgrundlage von t3 ein und müssen daher saldiert werden. Andernfalls würde eine überhöhte - von der Realität des Steuerrechts losgelöste und damit unzutreffende - Steuerbelastung ausgewiesen. Aus Sicht von t1 beträgt die für t3 voraussichtlich zu erwartende Steuererstattung somit per Saldo 450 GE (1.500 GE x 0,3).

In t4 bauen sich beide Differenzen vollständig ab. Eine Saldierung beider Komponenten (Mindergewinn 2.500 GE und Mehrgewinn 7.000 GE) ist wiederum geboten, da das Steuerrecht beide Geschäftsvorfälle in der steuerlichen Bemessungsgrundlage dieses Wirtschaftsjahres erfasst. Aus Sicht der t1 beträgt die für t4 voraussichtlich zu erwartende Steuermehrbelastung somit 1.350 GE (4.500 GE x 0,3).

Schritt 2	**steuerlicher Mehr- (+) bzw. Mindergewinn (-) gegenüber HB**	…t1	…t2	…t3	…t4
	a) aus Abbau der aD in …		*0*	*-2.500*	*-2.500*
	b) aus Abbau der zvD in …		*2.000*	*1.000*	*7.000*

Anhand dieser Informationen werden in einem **dritten Schritt** Periodensalden ermittelt. Führt die Saldobildung dabei zu einem Mehrgewinn (Mindergewinn), so wird dieser als passiver (aktiver) Periodensaldo bezeichnet.

Schritt 3	**Passive [+] oder aktive [-] Periodensalden**		2.000	-1.500	4.500

Schließlich werden im **vierten Schritt** periodenübergreifend *entweder* Mehr- *oder* Mindergewinne zusammengefasst. Zum Ende der Periode t1 ist mit passiven Periodensalden von 6.500 GE zu rechnen. Dieser Wert setzt sich aus 2.000 GE (t2) und 4.500 GE (t4) zusammen. Weiterhin ist zum Ende von t1 mit einem aktiven Periodensaldo von 1.500 GE (t3) zu rechnen.

Schritt 4	**Saldierung unter Beachtung zeitlicher Kongruenz (unter Ausblendung von VV)**	…t1	…t2	…t3	…t4
	Aufsummierung aller passiven Periodensalden ab Periode …	*4.500 (t4) + 2.000 (t2)*	*4.500 (t4)*	*4.500 (t4)*	*0*
	Aufsummierung aller aktiven Periodensalden ab Periode …	*1.500 (t3)*	*1.500 (t3)*	*0*	*0*

Im fünften Schritt werden die aufsummierten aktiven und passiven Periodensalden mit dem Steuersatz (30 %) bewertet.

	Bewertung mit Steuersatz	…t1	…t2	…t3	…t4
Schritt 5	*ALS zum 31.12. der Periode…*	450	450	0	0
	PLS zum 31.12. der Periode…	1.950	1.350	1.350	0

Zum 31.12.t1 kann daher die Steuerminderbelastung von 1.500 x 0,3 = 450 GE (aufgrund des Wahlrechts) gesondert als aktive latente Steuer aktiviert werden. Die Verrechnung dieser Steuerminderbelastung mit den künftigen Steuermehrbelastungen ((2.000 + 4.500) x 0,3 = 1.950 GE) scheidet aufgrund des phasenungleichen Abbaus der aktiven und passiven Differenzen aus. In t1 müssen somit 1.950 GE an passiven latenten Steuern bilanziert werden; es dürften 450 GE an (am Stichtag nicht verrechenbaren) aktiven latenten Steuern ausgewiesen werden, wobei dieser Betrag der Ausschüttungssperre unterliegt. Eine Gläubigergefährdung ist nicht erkennbar.

b) Lösung mittels undifferenzierter Saldierung

Bei Anwendung der undifferenzierten Saldierung lässt sich der zum 31.12.t1 notwendige Betrag latenter Steuern viel schneller ermitteln:

	…t1	**…t2**	**…t3**	**…t4**
Bestand der aD in…	5.000	5.000	2.500	0
Bestand der zvD in…	10.000	8.000	7.000	0
ALS auf aD in…	1.500	1.500	750	0
PLS auf zvD in…	3.000	2.400	2.100	0
Undifferenzierte Saldierung (bei "-" Passivüberhang)	-1.500	-900	-1.350	0

Passivierungsbedarf scheint zum 31.12.t1 lediglich in Höhe von 1.500 GE zu bestehen. Aufgrund der Tatsache, dass de facto 450 GE an (unsicheren) Erträgen mit berücksichtigungspflichtigen Verpflichtungen saldiert wurden, kann eine Gläubigergefährdung nicht ausgeschlossen werden. Dabei ist zu betonen, dass die Ausschüttungssperre diese Gefahr nicht beseitigen kann, da ein Passivüberhang nicht der Ausschüttungssperre unterliegt (§ 268 Abs. 8 S. 2 HGB).[631]

Als Fazit ist festzuhalten, dass sowohl eine undifferenzierte Saldierung als auch der „Bruttoausweis" **abzulehnen** sind, weil die zeitliche Struktur der Differenzen und somit die Realebene des Steuerrechts in beiden Fällen außer Acht gelassen wird. Je nach Lage des Einzelfalls können so Steuermehr- oder -minderbelastungen ausgewiesen werden, mit deren Eintritt bei Beachtung des Steuerrechts in dieser Höhe nicht zu rechnen ist.

4.3.3.2 Erweiterung um intertemporale Verlustverrechnung

Die Saldierungsfrage wurde bislang unter Ausblendung steuerlicher Verlustkompensationsmöglichkeiten erörtert. Doch gehören intertemporale Verlustverrechnungsvorschriften genauso zur Realebene des Steuerrechts wie die Erkenntnis, dass Ertragsteuern nicht für einzelne Geschäftsvorfälle, sondern für Wirtschaftsjahre bzw. Erhebungszeiträume festgesetzt werden. Die Vorschriften zu den zeitlich unbefristeten steuerlichen Verlustvorträgen (§ 10d Abs. 2 S. 1 EStG, §§ 7, 8, 8c Abs. 1 KStG, § 10a GewStG) sind für die Saldierungsfrage von Belang.[632] Dies ergibt sich aus folgender Überlegung.

Oben wurde gesagt, dass die Saldierung von sich phasenungleich abbauenden aktiven und passiven latenten Steuern einer Saldierung unterschiedlicher steuerlicher Bemessungsgrundlagen gleichkommt und deshalb zu unterbleiben hat.[633] Durch den steuerlichen Verlustvortrag ist es aber möglich, steuerlich noch nicht genutzte Verluste eines vorangegangenen Wirtschaftsjahres mit den Gewinnen künftiger Wirtschaftsjahre zu

631 Entsprechende Bedenken bestehen zum 31.12.t2: Bei undifferenzierter Saldierung würden c.p. passive latente Steuern von 900 GE ausgewiesen werden; die so erfolgte Verrechnung der 450 GE an aktiven latenten Steuern ist aber wegen der Außerachtlassung der zeitlichen Struktur der Differenzen nicht zu rechtfertigen.

632 Demgegenüber sind steuerliche Verlustrückträge (§ 10d Abs. 1 EStG) für die Berücksichtigung latenter Steuern irrelevant. Ein Verlustrücktrag führt zu einer Erstattung bzw. Minderung der für die Rücktragsperiode festgestellten Steuerverbindlichkeiten. Mithin entstehen vollwertige Erstattungsansprüche, die als Forderungen auszuweisen sind. Vgl. HILLE (1982), S. 74; KARRENBROCK (1991), S. 153 u. 164 f.

633 Siehe oben D.4.3.3.1.

verrechnen. Wenn demnach das geltende Steuerrecht (in Grenzen)[634] eine Vermengung von Geschäftsvorfällen unterschiedlicher Wirtschaftsjahre zulässt, dann beeinflusst dies die Zulässigkeit der Saldierung von sich phasen*un*gleich abbauenden passiven und aktiven Differenzen. Zur besseren Systematisierung bietet es sich an, bei der phasenungleichen Auflösung aktiver und passiver Differenzen wiederum zwei Fälle zu unterscheiden:[635]

Fall I: Die passiven Differenzen bauen sich zeitlich *nach* den aktiven Differenzen ab;

Fall II: Die passiven Differenzen bauen sich zeitlich *vor* den aktiven Differenzen ab.

Bei **Fall I** lösen sich die aktiven Differenzen *vor* den passiven Differenzen auf. Soweit in der Abbauperiode der aktiven Differenz kein ausreichend hohes zu versteuerndes Einkommen erwirtschaftet wird, wird die antizipierte Steuerminderzahlung (in der Abbauperiode der aktiven Differenz) nicht tatsächlich eintreten. Allerdings wird der Abbau dieser aktiven Differenz c.p. einen vortragsfähigen Verlust (einen steuerlichen Verlustvortrag) schaffen. Der Vortrag des so konservierten Verlustverrechnungspotentials ist in Deutschland zurzeit zeitlich unbegrenzt möglich. Soweit in entsprechender Höhe passive Differenzen bestehen, die sich erst *nach* dem Abbau der aktiven Differenz auflösen, ist eine Saldierung aktiver und passiver Differenzen in einem solchen Fall zulässig und geboten (**Faustregel 3**). Hintergrund ist, dass der Abbau der passiven Differenz steuerpflichtiges Einkommen generiert, welches gegen den (durch den Abbau der aktiven Differenz geschaffenen) steuerlichen Verlustvortrag aufgerechnet werden kann. Eine Gefährdung der Gläubiger ist durch die Saldierung in diesen Fällen nicht erkennbar. So ist die Realisation der latenten Steuerentlastung aus dem steuerlichen Verlustvortrag zumindest in dem Maße sicher, als ihr steuerliche Mehrergebnisse aus dem Abbau passiver Differenzen gegenüberstehen.

Dies gilt im Übrigen selbst dann, wenn in der Periode, in der sich die passiven Differenzen abbauen, ein Verlust erwirtschaftet wird (Verlustphase).[636] Verglichen mit der Situation, in der sich keine passiven Differenzen in der Verlustphase abbauen, führt der

---

634 Gemeint sind die Regelungen zur „Mindestbesteuerung“ (§ 10d Abs. 2 S. 1 EStG, § 10a GewStG) und des § 8c KStG.

635 In Anlehnung an: KARRENBROCK (2010), S. 641 f.

636 Vgl. bereits: KARRENBROCK (1991), S. 156 ff. **Abweichend**: MEYER / RUBERG (2010), S. 1539; SIEGEL (2011), S. 117 (mit Verweis auf Ebenda.)

Abbau der passiven Differenzen in einer Verlustphase zwar zu einer Reduktion des steuerlichen Verlustvortrags. Künftig kommt es somit zu einer geringeren steuerlichen Entlastung soweit in fernen Perioden steuerpflichtige Gewinne unterstellt werden. **Dies ändert allerdings nichts an der Tatsache, dass aus diesen (nunmehr abgebauten) passiven Differenzen keine künftige Steuermehrbelastung mehr erwächst, die in der Bilanz auszuweisen wäre.**[637] Eine weitergehende Differenzierung in Verlust- und Gewinnphasen ist daher explizit nicht erforderlich.

Ganz anders ist der **Fall II** zu werten, bei dem sich passive Differenzen bereits *vor* den aktiven Differenzen auflösen. Im Gegensatz zu Verlusten (aus dem Abbau aktiver Differenzen) können Gewinne (aus dem Abbau passiver Differenzen) steuerrechtlich nicht „vorgetragen" werden. Damit hängt der tatsächliche Eintritt der Steuerminderbelastung aus dem Abbau der aktiven Differenz von der Erwirtschaftung steuerpflichtigen Einkommens in der Abbauperiode der aktiven Differenz ab. Das ist nachgerade unsicher. Werden in einem solchen Fall trotzdem aktive und passive latente Steuern saldiert, kann es - selbst bei einem Passivüberhang - zu Verstößen gegen das Vorsichtsprinzip und die Ausschüttungsbemessungsfunktion kommen. Aktive Differenzen dürfen somit nicht mit passiven Differenzen verrechnet werden, soweit sich die passiven Differenzen *vor* den aktiven Differenzen auflösen (**Faustregel 4**). Ein derart differenziertes Vorgehen ist vom Wortlaut des § 274 Abs. 2 S. 2 HGB gedeckt, da andernfalls eine Steuerfolge ausgewiesen würde, mit der am Bilanzstichtag gar nicht zu rechnen ist.

Die Berücksichtigung der intertemporalen Verlustverrechnungsmöglichkeiten macht eine Modifikation des obigen Schemas[638] erforderlich. Soweit in Schritt 4 kumulierte aktive und passive Periodensalden festgestellt wurden, können aktive Periodensalden bis zur Höhe zeitlich nachgelagerter passiver Periodensalden mit ebensolchen aufgerechnet werden. Diese Modifikation sei als **Schritt 5** bezeichnet; die Bewertung mit dem Steuersatz sei insoweit als **Schritt 6** benannt.

---

637 Dies verkennen MEYER / RUBERG (2010), S. 1539.

638 Siehe oben D.4.3.3.1.

Erweitertes Ermittlungsschema

1. Schritt	Einzeldifferenzenbetrachtung über alle Perioden hinweg.
2. Schritt	Gesonderte Feststellung aller steuerlichen Mehr- bzw. Mindergewinne gegenüber der Handelsbilanz aus dem Abbau sämtlicher Einzeldifferenzen für jede Periode.
3. Schritt	Bildung des Saldos aller steuerlichen Mehr- bzw. Mindergewinne der einzelnen Perioden ("Periodensalden").
4. Schritt	Verrechnung der Periodensalden nur soweit, als aktive mit aktiven Salden oder (!) passive mit passiven Salden zusammengefasst werden (Bildung kumulierter Periodensalden).
5. Schritt	Bereinigung der kumulierten Periodensalden (= 4. Schritt) um aktive Periodensalden, soweit diese durch passive Periodensalden späterer Perioden gedeckt sind.
6. Schritt	Bewertung mit dem Steuersatz.

Abb. 5: Erweitertes Schema zur Ermittlung latenter Steuern unter Beachtung der zeitlichen Struktur von Differenzen

Ein Beispiel (s = 0,3 = const.) wird nachstehend zur Verdeutlichung angeführt. Ziel ist es wiederum, die Höhe latenten Steuerzahlungen zum 31.12.t1 zu ermitteln. Im Lichte obiger Ausführungen sowie um Wiederholungen zu vermeiden,[639] wird im Folgenden nur der neu hinzugekommene Ermittlungsschritt (5. Schritt) erläutert.

---

639 Die übrigen Ermittlungsschritte wurden bereits oben an einem Zahlenbeispiel verdeutlicht, siehe oben D.4.3.3.1.

Schritt	[GE]	… t1	… t2	… t3	… t4
Schritt 1	**Entstehung (+) oder Auflösung (-) der aD in …**	5.000	-2.500	-1.000	-1.500
	Bestand der aD in …	5.000	2.500	1.500	0
	Entstehung (+) oder Auflösung (-) der zvD in …	10.000	-2.000	-8.000	0
	Bestand der zvD in …	10.000	8.000	0	0

Schritt		… t1	… t2	… t3	… t4
Schritt 2	**steuerlicher Mehr- (+) bzw. Mindergewinn (-) ggü. HB**				
	a) aus Abbau der aD in …		*-2.500*	*-1.000*	*-1.500*
	b) aus Abbau der zvD in …		*2.000*	*8.000*	*0*

Schritt		… t1	… t2	… t3	… t4
Schritt 3	**Passive [+] oder aktive [-] Periodensalden in …**		-500	7.000	-1.500

Schritt		… t1	… t2	… t3	… t4
Schritt 4	**Saldierung unter Beachtung zeitlicher Kongruenz (unter Ausblendung von VV)**				
	Aufsummierung aller passiven Periodensalden ab Periode …	*7.000 (t3)*	*7.000 (t3)*	*0*	*0*
	Aufsummierung aller aktiven Periodensalden ab Periode …	*500 (t2) + 1.500 (t4) = 2.000*	*1500 (t4)*	*1500 (t4)*	*0*

Schritt		… t1	… t2	… t3	… t4
Schritt 5	**Bereinigung der kumulierten Periodensalden (= Schritt 4) um aktive Periodensalden (= Schritt 3), soweit diese durch passive Periodensalden *späterer Perioden* gedeckt sind**				
	passive Periodensalden ab …	*7.000 (t3) - 500 (t2) = 6.500*	*7.000*	*0*	*0*
	aktive Periodensalden ab …	*2.000 - 500 (t2) = 1.500*	*1.500*	*1.500*	*0*

Schritt		… t1	… t2	… t3	… t4
Schritt 6	**Bewertung mit Steuersatz**				
	PLS zum 31.12. der Periode…	1.950	2.100	0	0
	ALS zum 31.12. der Periode…	450	450	450	0

Erläuterung zu Schritt 5: Der aktive Periodensaldo von t2 (500 GE) ist mit dem passiven Periodensaldo von t3 (7.000 GE) zu verrechnen, da sich die aktive Differenz *vor* der passiven Differenz abbaut. Sollte in t2 kein steuerpflichtiges Einkommen vorliegen und die Steuerminderzahlung deshalb nicht eintreten können, entsteht ein steuerlicher Verlustvortrag in Höhe von 150 GE. Dieser steuerliche Verlustvortrag kann in t3 vorgetragen werden, in der sich die passive Differenz von 7.000 GE abbaut. Da der Abbau der passiven Differenz zu steuerpflichtigem Einkommen führt, gegen das der steuerliche Verlustvortrag von 150 GE aufgerechnet werden kann, ist keine Gläubigergefährdung ersichtlich.[640]

Demgegenüber darf der aktive Periodensaldo von t4 (1.500 GE) *nicht* mit dem passiven Periodensaldo von t3 (7.000 GE) verrechnet werden. Zwar würde der Abbau der aktiven Differenz in t4 - soweit kein steuerpflichtiges Einkommen vorhanden ist - einen steuerlichen Verlustvortrag in Höhe von 1.500 GE schaffen. Im Gegensatz zum aktiven Periodensaldo von t2 kehren sich hier aber keine passiven Differenzen zu einem späteren Zeitpunkt um, so dass die Realisierung des Steuervorteils die Erwirtschaftung steuerpflichtigen Einkommens voraussetzt. Die Zulässigkeit der Saldierung eines derart ungewissen Steuervorteils mit ansatzpflichtigen Verpflichtungen ist zu verneinen.

Zum 31.12.t1 müssen (dürfen) daher nur 1.950 GE (450 GE) an passiven (aktiven) latenten Steuern bilanziert werden. Würde man die Verlustkompensationsmöglichkeiten dagegen vernachlässigen, d.h. die latenten Steuerzahlungen bereits auf Basis von Schritt 4 ermitteln, so müssten 2.100 GE[641] (dürften 600 GE[642]) an passiven (aktiven) latenten Steuern bilanziert werden.

4.3.4 Einfluss vorhandener Verluste auf die Ermittlung latenter Steuern

Vorstehende Ausführungen gingen stillschweigend von der Prämisse aus, dass am Bilanzstichtag kein Verlust erwirtschaftet wurde. Diese Voraussetzung wird jetzt aufge-

---

640 Fällt der Abbau der passiven Differenz in eine Verlustphase, so führt der Abbau der passiven Differenz zu einer Reduktion des steuerlichen Verlustvortrags. Eine Steuerbelastung aus dieser abgebauten passiven Differenz resultiert aber auch dann nicht.

641 Rechenweg: 0,3 x 7.000 GE = 2.100 GE.

642 Rechenweg: 0,3 x 2.000 GE = 600 GE.

geben. Bestehen am Bilanzstichtag steuerliche Verluste,[643] so können diese grundsätzlich entweder durch einen steuerlichen Verlustrücktrag oder Verlustvortrag (ggf. auch beides zugleich) steuerlich berücksichtigt werden. Dabei hat der Verlustrücktrag keine Auswirkung auf die Ermittlung latenter Steuern.[644] Ein Verlustrücktrag führt zu einer Erstattung bzw. Minderung der für die Rücktragsperiode festgestellten Steuerverbindlichkeiten. Mithin entstehen vollwertige Erstattungsansprüche, die als Forderung (oder Minderung an Verbindlichkeiten) auszuweisen sind.[645]

Demgegenüber kann der steuerliche Verlustvortrag für die Berücksichtigung latenter Steuern mehrfach von Belang sein.[646] Dies ergibt sich bereits aus § 274 Abs. 1 S. 4 HGB, der es ermöglicht, aktive latente Steuern auf steuerliche Verlustvorträge zu bilanzieren, sofern die Nutzung der Verlustvorträge innerhalb der nächsten fünf Jahre wahrscheinlich ist. Fürderhin sind steuerliche Verlustvorträge für die Frage der Saldierung aktiver Differenzen und passiver Differenzen von Belang, soweit sich aktiven Differenzen vor den passiven Unterschieden abbauen, da die Auflösung von aktiven Differenzen zur Schaffung eines steuerlichen Verlustvortrags führen kann, der seinerseits mit passiven Differenzen verrechnet werden kann. Doch selbst wenn keine aktiven Differenzen existieren, **sind** am Bilanzstichtag vorhandene steuerliche Verlustvorträge mit passiven Differenzen **aufzurechnen**. Dies basiert auf folgender Überlegung.

Passive Differenzen müssen mit steuerlichen Verlustvorträgen verrechnet werden, da eine aus dem Abbau der passiven Differenzen bestehende Steuermehrbelastung nur insoweit eintritt, wie sie nicht durch den (am Bilanzstichtag vorhandenen) steuerlichen Verlustvortrag kompensiert wird. Passivierungsbedarf für latente Steuern besteht insoweit nur in Höhe des den steuerlichen Verlustvortrag übersteigenden Betrags bewertet mit dem Steuersatz. Der Eintritt der Steuerentlastung aus dem steuerlichen Verlustvortrag ist wegen der vorhandenen passiven Differenzen, deren Abbau für sich genommen steuerpflichtiges Einkommen generiert, so gut wie sicher. Denn selbst wenn sich die passiven Differenzen in einer Verlustphase abbauen und diese Verluste größer als die passiven Differenzen sind, bestehen gegen eine Verrechnung der passiven

---

643 Dabei ist es einerlei, ob die steuerlichen Verluste durch die Geschäftstätigkeit oder durch den Abbau von aktiven Differenzen entstanden sind.

644 Vgl. ausführlich KARRENBROCK (1991), S. 153 und 164-165.

645 Vgl. statt aller: VON EITZEN / HELMS (2002), S. 824.

646 Vgl. im Folgenden bereits für das überkommene Recht: KARRENBROCK (1991), S. 165 ff.

Differenzen mit steuerlichen Verlustvorträgen keine Bedenken. Zwar kann es hierdurch nicht zu einer Steuerentlastung aus dem steuerlichen Verlustvortrag kommen, eine Steuermehrbelastung aus dem Abbau der passiven Differenzen tritt aber (wegen der Verlustphase) nicht ein.[647] Mangelnde Vorsorge und eine Gläubigergefährdung sind somit *unabhängig von den Ergebnissen künftiger Geschäftsjahre* nicht erkennbar.

Allerdings ist zu beachten, dass die vorzeitige Realisation des steuerlichen Verlustvortrags aufgrund des Erwirtschaftens künftiger Gewinne vor Abbau der passiven Differenzen eine **Nachholung** passiver latenter Steuern erforderlich macht. Dies liegt darin begründet, dass steuerliche Verlustvorträge nur einmal gegen steuerpflichtiges Einkommen aufgerechnet werden können. Wurden sie zunächst gegen passive Differenzen aufgerechnet, dann aber anderweitig „verbraucht“, so besteht die Verpflichtung zur Nachpassivierung latenter Steuern.[648] Mithin ist die Frage, ob und in welchem Umfang mit künftigen Steuerbe- und -entlastungen zu rechnen ist, **zu jedem Bilanzstichtag** neu **zu prüfen**.[649]

Mit Blick auf den Wortlaut von § 274 Abs. 1 S. 4 HGB sowie die Ausführungen des Rechtsausschusses[650] ist zu hinterfragen, ob eine Berücksichtigung steuerlicher Verlustvorträge im Rahmen der Verrechnung mit passiven latenten Steuern *jenseits* des fünfjährigen Prognosehorizonts[651] („5-Jahres-Grenze“) zulässig ist. Zwar ist die Begrenzung des Prognosehorizonts als Typisierung zu sehen, die ein gewisses Maß an Prognosesicherheit und Nachvollziehbarkeit der Wertansätze sicherstellen soll.[652] Allerdings ist die Regelung hinsichtlich der Berücksichtigung eines Passivüberhangs jenseits der fünf Jahre **verfehlt**. Eine eng am Wortlaut gehaltene Auslegung hätte zur Folge, dass Steuermehrbelastungen ausgewiesen werden, mit deren Höhe aufgrund der steuerlichen Verlustvorträge gar nicht zu rechnen ist. Dies markiert einerseits einen Verstoß gegen § 274

---

647 **Gl.A.** RUBERG (2011), S. 209.

648 Vgl. KARRENBROCK (1991), S. 170.

649 Zur Notwendigkeit fortwährender Überprüfungen bereits bilanzierter latenter Steuern siehe D.3.4.

650 Vgl. BT-DRUCKS. 16/12407 (24.03.2009), S. 87. *„Ist eine Verlustverrechnung erst zu einem späteren Zeitpunkt* [als fünf Jahren; Anmerkung des Verf.] *zu erwarten, dürfen die Verlustvorträge nicht - auch nicht bloß zur Verrechnung mit passiven latenten Steuern - herangezogen werden.“*

651 Vgl. hierzu bereits oben D.2.3.4.2.3 und D.2.3.4.2.4.

652 Vgl. LÜDENBACH / FREIBERG (2010), S. 1974.

Abs. 2 S. 2 HGB, nach der ein solcher Posten sofort wieder anteilig aufzulösen wäre.[653] Andererseits ist dies nicht mit dem Sinn und Zweck der Bilanzierung latenter Steuern nach dem Temporary-Konzept zu vereinbaren: Durch den Ausweis von Steuermehr- und -minderbelastungen, von deren künftigem Eintreten am Bilanzstichtag gar nicht ausgegangen werden kann, wird die Vermögenslage unzutreffend dargestellt. Folgerichtig sprechen sich beachtliche Teile des Schrifttums[654] und auch DRS 18.A5-A6 für eine Außerachtlassung der 5-Jahres-Grenze bei der Saldierung aus. Der Wortlaut von § 274 Abs. 1 S. 4 HGB ist hiernach so zu interpretieren, dass die 5-Jahres-Grenze lediglich solche Fälle erfasst, bei denen der aktivierungsfähige Aktivüberhang latenter Steuern berechnet werden soll. Daraus folgt: Der Aufstellung einer steuerlichen Planungsrechnung für die Berücksichtigung aktiver latenter Steuern aus steuerlichen Verlustvorträgen[655] bedarf es nur insoweit, als die Nutzung der steuerlichen Verlustvorträge nicht durch am Bilanzstichtag bestehende passive Differenzen gedeckt ist.[656]

Zur Veranschaulichung sei das Gesagte nachstehend verdeutlicht.

Sachverhalt 1: Eine Unternehmung (s = 0,3 = const.) verfüge am Bilanzstichtag (31.12.t0) über aktive Differenzen im Umfang von 2.000.000 Euro. Passive Differenzen liegen nicht vor. Ferner existiere ein steuerlicher Verlustvortrag in Höhe von 10.000.000 Euro. Das Unternehmen geht davon aus, dass es diese steuerlichen Verluste zu 40 % innerhalb der nächsten fünf Jahre nutzen werde. Die restlichen 60 % werden

---

[653] Vgl. KARRENBROCK (22.12.2009), S. 1. Für die Einlassung von SIEGEL (2011), S. 140, nach der § 274 Abs. 1 S. 4 HGB als lex specialis zu § 274 Abs. 2 S. 2 HGB aufzufassen sei und diese Vorschrift insoweit derogiere, besteht kein Anhaltspunkt.

[654] Vgl. KÜHNE / MELCHER / WESEMANN (2009), S. 1058; KARRENBROCK (2010), S. 642 f.; OSER / ROß / WADER / DROGEMÜLLER (2009), S. 580; IDW-HFA (2009), Tz. 14; SPANHEIMER / SIMLACHER (2010), § 274 HGB, Tz. 42; BERTRAM (2010), § 274 HGB, Tz. 49.
Anders aber: LÜDENBACH / FREIBERG (2010), S. 1974; HOFFMANN / LÜDENBACH (2012), § 274 HGB, Tz. 41 f.; LÜDENBACH (2010a), S. 785; SIEGEL (2011), S. 140 f. (nach dem der Wortlaut von § 274 HGB für eine restriktivere Auslegung des Verrechnungszeitraums spreche. Aufgrund zwingender wirtschaftlicher Argumente sei eine Reform allerdings zu begrüßen).

[655] Siehe oben D.2.3.4.2.3.

[656] **Abweichend** mit dem Hinweis, dass passiven Differenzen keinen generellen Indikator für die Verrechenbarkeit von steuerlichen Verlustvorträgen darstellten, da nicht ausgeschlossen werden könne, dass sich die passiven Differenzen in einer Verlustperiode abbauen: MEYER / RUBERG (2010), S. 1539. **Späterer Meinungswechsel, ohne dies kundzutun**: MEYER / RUBERG (2010a), S. 2098. Im Übrigen ist die von den Autoren gemachte Einschränkung hinsichtlich dem „rechtlichen Fortbestand der Verlustvorträge" zurückzuweisen. Zwar ist richtig, dass Vorschriften wie § 8c KStG steuerliche Verlustvorträge vernichten können, allerdings müssen am Bilanzstichtag konkrete Hinweise darauf bestehen, dass diese Vorschrift überhaupt greifen wird. Sobald die steuerlichen Verlustvorträge unterzugehen drohen, ist vielmehr eine Nachpassivierung latenter Steuern erforderlich.

voraussichtlich erst *nach* fünf Jahren genutzt werden können. In welcher Höhe können aktive latente Steuern zum 31.12.t0 angesetzt werden?

Lösung: § 274 Abs. 1 S. 4 HGB führt dazu, dass aktive latente Steuern nur auf 2.000.000 Euro zuzüglich 4.000.000 Euro zu bilanzieren sind, also 1.800.000 Euro. Die restlichen 6.000.000 Euro an steuerlichen Verlustvorträgen dürfen bei der Berechnung des Aktivüberhangs an latenten Steuern am Bilanzstichtag wegen der **5-Jahres-Grenze** nicht berücksichtigt werden. Da im Beispiel keine ausreichenden passiven Differenzen bestehen, ist die Befolgung der 5-Jahres-Grenze zwingend.

Sachverhalt 2: Am Bilanzstichtag (31.12.t0) einer Unternehmung (s = 0,3 = const.) bestehe eine passive Differenz in Höhe von 1.600.000 Euro, die sich in *t10* (also *nach* Ablauf von fünf Jahren) abbauen wird. Ferner wurde in t0 ein Jahresfehlbetrag erwirtschaftet, der zur Festsetzung eines steuerlichen Verlustvortrags in Höhe von 1.600.000 Euro am Bilanzstichtag führt. Aufgrund der Regelungen zur Mindestbesteuerung (§ 10d Abs. 2 S. 1 EStG, §§ 7, 8 KStG, § 10a GewStG) können von den 1.600.000 Euro in t10 voraussichtlich nur 1 Mio. Euro zuzüglich 60 % von 600.000 Euro, also 1.360.000 Euro, geltend gemacht werden. In welcher Höhe sind passive latente Steuern am 31.12.t0 auszuweisen?

Lösung: Bei Befolgung der hier geforderten Vorgehensweise besteht - **ungeachtet der 5-Jahres-Grenze des § 274 Abs. 1 S. 4 HGB** - Passivierungsbedarf zum 31.12.t0 nur in Höhe von 72.000 Euro.[657]

Zusätzlich zu Sachverhalt 2 sei nunmehr jeweils angenommen, dass ...

a) zum Ende von t6 steuerpflichtige Gewinne in Höhe von 1.600.000 Euro erwirtschaftet werden. Welchen Wert nimmt die passive latente Steuer für die passive Differenz c.p. zum 31.12.t6 an?
b) sich die passive Differenz zum Ende von t10 komplett abbaut und bis zum Ende von t10 keine steuerpflichtigen Gewinne („schwarze Null") erwirtschaftet wurden. Welchen Wert nimmt die passive latente Steuer zum 31.12.t10 an und ist eine Gläubigergefährdung aufgrund der Nichtbeachtung der 5-Jahres-Grenze ersichtlich?

[657] (1.600.000 - 1.360.000) x 0,3 = 72.000 Euro.

c) sich die passive Differenz zum Ende von t10 komplett abbaut und das Unternehmen zum Ende von t10 einen Verlust in Höhe von 1.800.000 Euro erleide. Welchen Wert nimmt die passive latente Steuer zum 31.12.t10 an und ist eine Gläubigergefährdung aufgrund der Nichtbeachtung der 5-Jahres-Grenze ersichtlich?

Zu a) Zwar erzielt das Unternehmen in t6 steuerpflichtige Gewinne in Höhe von 1.600.000 Euro, allerdings kann der in t0 festgestellte steuerliche Verlustvortrag in Höhe von 1.600.000 Euro in t6 aufgrund der Mindestbesteuerung (§ 10d Abs. 2 S. 1 EStG) nur in Höhe von 1.360.000 Euro genutzt werden.

Die teilweise Inanspruchnahme (= der Verbrauch) der steuerlichen Verlustvorträge in t6 macht zunächst eine Aufstockung der bislang bilanzierten passiven latenten Steuer (72.000 Euro) um 408.000 Euro[658] auf 480.000 Euro erforderlich, da sich die passive Differenz noch nicht abgebaut hat. Allerdings ist die Bestimmung der passiven latenten Steuer zum 31.12.t6 damit noch nicht abgeschlossen, weil sich der verbleibende steuerliche Verlustvortrag zum 31.12.t6 auf 240.000 Euro beläuft. Da selbiger nunmehr unterhalb des Sockelbetrags von einer Million Euro notiert, kann am 31.12.t6 davon ausgegangen werden, dass der verbleibende Verlustvortrag voraussichtlich mit der sich in t10 abbauenden passiven Differenz aufgerechnet werden kann. Zum 31.12.t6 müssen daher insgesamt passive latente Steuern in Höhe von 408.000 Euro[659] bilanziert werden.

Zu b) Der Verlustvortrag wird bis zum Ende von t10 nicht genutzt, weil das Unternehmen keine Gewinne gemacht hat. Auch in t10 schreibt das Unternehmen eine „schwarze Null". Durch den Abbau der passiven Differenz entsteht steuerpflichtiges Einkommen in Höhe von 1.600.000 Euro. Aufgrund der Mindestbesteuerung dürfen nur 1.360.000 Euro der steuerlichen Verlustvorträge hiermit aufgerechnet werden. Tatsächliche Steuern entstehen in t10 somit nur in Höhe der Mindestbesteuerung (240.000 Euro x 0,3 = 72.000 Euro). Für genau diesen Betrag wurde bereits in t0 vorgesorgt. Per Saldo sind der Eintritt der Steuermehrbelastung und die Auflösung der passiven latenten Steuer somit erfolgsneutral, eine Gläubigergefährdung ist nicht ersichtlich.

---

658 0,3 (1.360.000 Euro) = 408.000 Euro.

659 (1.600.000 - 240.000) x 0,3 = 408.000 Euro.

Zu c) In Ermangelung einer positiven Bemessungsgrundlage - der Abbau der passiven Differenz in t10 reicht nicht aus, die Verluste in t10 auszugleichen - kann keine Steuerentlastung (aus dem Verlustvortrag) eintreten. Allerdings tritt in diesem Fall auch keine Steuermehrbelastung (aus dem Abbau der passiven Differenz) ein, welche den Ansatz einer passiven latenten Steuer rechtfertigen könnte:[660] Die passive latente Steuer im Umfang von 72.000 Euro ist zum Ende von t10 aufzulösen. Selbst in einer *Verlustphase* ist die hier geforderte Vorgehensweise zulässig und keine Gläubigergefährdung ersichtlich. Die Werthaltigkeit der steuerlichen Verlustvorträge per 31.12.t10[661] ist am Bilanzstichtag t10 neu zu prüfen.

Dieselbe Wirkungskette kann sich auch dann ergeben, wenn es sich um anderweitig entstandene steuerliche Verlustvorträge handelt, z.B. aus dem Abbau aktiver Differenzen.

4.4 Zwischenergebnis

Die Lösung der Saldierungsfrage stellt einen der komplexesten Teilbereiche der Bilanzierung latenter Steuern dar. Die Lösung des Gesetzgebers, die eine undifferenzierte Saldierung aktiver und passiver Differenzen ermöglicht und zudem das Recht zum Bruttoausweis beinhaltet, mag zwar von der Praxis einfach zu handhaben sein. Diese Vereinfachung geht allerdings mit erheblichen Beeinträchtigungen der Vermittlung eines zutreffenden Einblicks in die Vermögenslage der Gesellschaft sowie mit Verstößen gegen die Ausschüttungsbemessungsfunktion einher.

Die periodenübergreifende Aggregation von *entweder* mehreren aktiven *oder* mehreren passiven Differenzen zwecks Ermittlung der künftigen Steuerminder- oder -mehrbelastung begegnet keinen Bedenken (**Faustregel 1**). Allerdings wurde gezeigt, dass die undifferenzierte Saldierung von aktiven *und* passiven Differenzen regelmäßig die Realebene des Steuerrechts missachtet. Grundsätzlich dürfen nur phasengleich verlaufende bzw. zeitlich kongruente aktive und passive Differenzen saldiert werden, da es

---

660 Dies übersehen: MEYER / RUBERG (2010), S. 1539.

661 Der steuerliche Verlustvortrag per 31.12.t10 lässt sich wie folgt ermitteln: 1.600.000 Euro (Verlust t0) zuzüglich 200.000 Euro (Verlust t10 *nach* Abbau der Bilanzdifferenz) = 1.800.000 Euro. Hätte sich die passive Differenz in t10 nicht abgebaut, so betrüge der steuerliche Verlustvortrag per 31.12.t10 c.p. insgesamt 3.400.000 Euro.

sich insoweit um positive und negative Komponenten der steuerlichen Bemessungsgrundlage eines Wirtschaftsjahres handelt (**Faustregel 2**).

Derweil wird diese strenge Periodenbetrachtung durch die steuerlichen Vorschriften zur intertemporalen Verlustkompensation aufgeweicht, wobei hierbei die Regelungen zur Mindestbesteuerung (§ 10d EStG, § 10a GewStG) zu beachten sind. Soweit sich aktive Differenzen *vor* passiven Differenzen abbauen, führt die Auflösung der aktiven Differenz zu einem steuerlichen Verlustvortrag (oder erhöht ihn). Der Abbau der passiven Differenz generiert steuerpflichtiges Einkommen, welches gegen diesen (aus aktiven Differenzen entstandenen) Verlustvortrag aufgerechnet werden kann. Eine Saldierung ist in diesen Fällen erforderlich, wobei steuerliche Beschränkungen (z.B. § 10d Abs. 2 EStG) zu beachten sind (**Faustregel 3**). Entsprechend ist auch ein am Bilanzstichtag vorhandener steuerlicher Verlustvortrag mit bestehenden passiven Differenzen (unter Beachtung der Regelungen zur Mindestbesteuerung) zu verrechnen und zwar losgelöst von der 5-Jahres-Grenze.[662]

Dagegen muss die Saldierung in den Fällen unterbleiben, in denen sich aktive Differenzen nach passiven Differenzen abbauen. Die Realisierung des Steuervorteils aus den aktiven Differenzen setzt das Vorhandensein steuerpflichtiger Gewinne voraus und passive Differenzen können, da sie sich zeitlich vor den aktiven Differenzen „verbrauchen", nicht als Substitut herangezogen werden. Eine Saldierung ist unter diesen Umständen mit Blick auf das Realisationsprinzip abzulehnen (**Faustregel 4**).

Wird die Realebene des Steuerrechts bei der Saldierung nicht beachtet, so kann nicht ausgeschlossen werden, dass Steuermehr- und -minderbelastungen ausgewiesen werden, mit deren Eintritt in dieser Höhe nicht zu rechnen ist. Dies markiert einen Verstoß gegen § 274 Abs. 2 S. 2 HGB. Gleichwohl wird sich die Mehrheit der Anwender auf den Wortlaut des § 274 Abs. 1 S. 1 und S. 2 HGB berufen („insgesamt") und hieraus eine undifferenzierte Saldierungspflicht herleiten. Dies wird spätestens dann zu einem großen Problem für den Gläubigerschutz und die Ausschüttungsbemessungsfunktion, wenn die **Ausschüttungssperre** des § 268 Abs. 8 HGB keinen ausreichenden Schutz bietet. Hiervon ist regelmäßig in nachstehenden Fällen auszugehen:

---

[662] Siehe oben D.4.3.4.

- Den aktiven latenten Steuern stehen gleich hohe passive latente Steuern gegenüber. Mithin existiert weder ein Passivüberhang noch ein Aktivüberhang. Die Ausschüttungssperre des § 268 Abs. 8 S. 2 HGB greift daher nicht. Soweit aber die passiven latenten Steuern (oder zumindest Teile von ihnen) gemäß vorstehender Faustregeln nicht hätten saldiert werden dürfen, müssten die im Rahmen der Saldierung berücksichtigten aktiven latenten Steuern (oder zumindest Teile von ihnen) ausschüttungsgesperrt sein.
- Es besteht ein Passivüberhang, d.h. die Ausschüttungssperre greift wiederum nicht, da der Wortlaut von § 268 Abs. 8 S. 2 auf das Vorliegen eines Aktivüberhangs abstellt. Hätten die passiven latenten Steuern (oder zumindest Teile von ihnen) gemäß vorstehender Handlungsanweisungen nicht saldiert werden dürfen, müssten die im Rahmen der Saldierung berücksichtigten aktiven latenten Steuern (oder zumindest Teile von ihnen) ausschüttungsgesperrt sein.
- Es besteht ein Aktivüberhang. Zwar wird dieser Aktivüberhang grundsätzlich einer Ausschüttungssperre unterworfen. Falls jedoch passive latente Steuern (oder zumindest Teile von ihnen) mit aktiven latenten Steuern entgegen der o.g. Regeln saldiert wurden, ist eine in Höhe des Aktivüberhangs bemessene Ausschüttungssperre zu gering, um eine Gläubigergefährdung auszuschließen.

Je nach Lage des Einzelfalls sind somit Verstöße gegen die Ausschüttungsbemessungsfunktion möglich, sofern eine undifferenzierte Saldierung, wie sie der Gesetzgeber vorsieht, verfolgt wird. Insbesondere stellt sich das Problem selbst dann, wenn ein Passivüberhang vorliegt.

Auf der anderen Seite ist zu betonen, dass das Ausschüttungspotential auch zu niedrig ausgewiesen werden kann (Verstoß gegen die Sicherstellung einer Mindestausschüttung), falls die Faustregeln bei der Ermittlung latenter Steuern missachtet werden. Dieser Fall kann dann eintreten, wenn am Bilanzstichtag bestehende steuerliche Verlustvorträge bei der Berechnung der künftigen Steuerbelastung nur deshalb nicht berücksichtigt werden, weil mit deren Geltendmachung erst *nach* fünf Jahren (§ 274 Abs. 1 S. 4 HGB) zu rechnen ist, obwohl diesen steuerlichen Verlustvorträgen entsprechend hohe (oder zumindest teilweise) passive Differenzen gegenüberstehen. Hierdurch würde eine Steuermehrbelastung künftiger Perioden ausgewiesen, mit der aufgrund der vorhandenen steuerlichen Verlustvorträge nicht zu rechnen ist. Dies markiert einen Verstoß gegen § 274 Abs. 2 S. 2 HGB.

Schließlich ist eine sich auf dem Vormarsch befindliche Literaturauffassung als **contra legem** abzulehnen. Verschiedentlich wird aus Gründen der Arbeitsvereinfachung, des Pragmatismus und unter Hinweis auf andere sachlich gerechtfertigte Gründe - die aber nicht spezifiziert werden - eine **bilanzpostenbezogene Betrachtung** bei der Ermittlung latenter Steuern gefordert.[663] Beispielsweise wird unter dem Bilanzposten „Grundstücke" regelmäßig eine Vielzahl einzelner Grundstücke zu finden sein. Die bilanzpostenbezogene Betrachtung macht es möglich, nicht auf die Differenzen jedes einzelnen Grundstücks abzustellen, sondern auf den Bilanzposten in seiner Gesamtheit. Unabhängig von dem Einwand, dass ein derartiges Vorgehen schon mit Blick auf den Wortlaut von § 274 Abs. 1 S. 1 und S. 2 HGB, der gerade nicht auf Differenzen zwischen Bilanzposten, sondern auf Einzeldifferenzen abstellt, nicht gefordert werden kann, darf ein derartiges Vorgehen nur als nicht überzeugend bezeichnet werden. Schließlich kann nicht ausgeschlossen werden, dass bei den unter einem Bilanzposten aufgeführten Vermögensgegenständen (oder Schulden) sowohl aktive als auch passive Differenzen bestehen. Eine bilanzpostenbezogene Betrachtung birgt daher stets die Gefahr, dass unter einem Bilanzposten vorhandene aktive und passive Differenzen quasi von vornherein saldiert werden, obwohl ihre Saldierung nicht mit den o.g. Faustregeln zu vereinbaren ist und zu unterbleiben hat.

An anderer Stelle wurde gezeigt,[664] dass der Gesetzgeber das Aktivierungswahlrecht des § 274 Abs. 1 S. 2 HGB als eine Vereinfachungsnorm sieht. Der Dokumentations- und Ermittlungsaufwand für die Unternehmen sollte möglichst klein gehalten werden. In Anbetracht der Erläuterungen zur Saldierung latenter Steuern, die gezeigt haben, dass weder eine Gesamtdifferenzenbetrachtung sinnvoll ist noch eine Vernachlässigung aktiver Differenzen bei der Ermittlung der künftigen Steuermehrbelastung mit dem Wortlaut von § 274 HGB zu vereinbaren ist, kann festgestellt werden, dass der

---

663 So z.B.: SPANHEIMER / SIMLACHER (2010), § 274 HGB, Tz. 71; WENDHOLT / WESEMANN (2009), S. 67; LOITZ (2009a), S. 713; IDW-HFA (2009), Tz. 30; PRINZ (2011), § 274 HGB, Tz. 28; KESSLER / LEINEN / PAULUS (2009), S. 724; SIEGEL (2011), S. 104 und 169 f. (bilanzpostenbezogene Betrachtung sei aus Wirtschaftlichkeitsgründen zu begrüßen; bei wesentlichen Sachverhalten solle eine Einzeldifferenzenbetrachtung erfolgen).

664 Siehe oben D.2.1.3.4.

behauptete Vereinfachungseffekt durch das Aktivierungswahlrecht eine Chimäre ist. Aus Sicht der Informationsfunktion und um die Vergleichbarkeit von Jahresabschlüssen zu erhöhen, wäre es besser gewesen, eine generelle Aktivierungspflicht zu kodifizieren.

Soll dagegen die Ausschüttungsbemessungsfunktion ohne den Umweg über außerbilanzielle Ausschüttungssperren gewahrt werden, so ist ein Aktivierungsverbot nötig. Die Informationen über die Höhe aktiver latenter Steuern hätten in diesem Falle im Anhang ihren Platz. Zu betonen ist dabei, dass der Arbeitsaufwand für die Ermittlung aktiver latenter Steuern auch in diesem Fall nicht nur einer „bloßen Angabe im Anhang" geschuldet, sondern wegen der Ermittlung der künftigen Steuermehrbelastung ohnehin zu leisten wäre.

5 Einzelfragen der Bilanzierung latenter Steuern

5.1 Unternehmensakquisitionen

5.1.1 Anteilskauf (*share deal*)

Wird ein Unternehmen durch einen Kauf von Anteilen an diesem Unternehmen akquiriert, liegt ein Beteiligungserwerb bzw. *share deal* vor.[665] Kennzeichen dieser Art des Unternehmenskaufes ist, dass nicht die Vermögensgegenstände und Schulden des aufgekauften Unternehmens in die Käuferbilanz übernommen werden, sondern Anteile (Beteiligungsrechte) an diesem Unternehmen. Vermögensgegenstände und Schulden werden somit nicht direkt erworben, sondern vielmehr erhält der Käufer durch den Erwerb der Anteile mittelbar die Verfügungsgewalt über die Aktiven und Passiven. Der Ausweis der Anteile erfolgt dabei unter den Finanzanlagen (§ 266 Abs. 2 A III HGB) entweder unter dem Posten „Anteile an verbundenen Unternehmen" (§ 271 Abs. 2 HGB) oder dem Posten „Beteiligungen" (§ 271 Abs. 1 HGB). Ein derivativer Geschäfts- oder Firmenwert wird beim Anteilskauf *im Einzelabschluss* nicht gesondert ausgewiesen, sondern ist im Beteiligungswert enthalten.

---

[665] Vgl. JACOBS (2011), S. 1226.

Unter der Prämisse, dass die Anschaffungskosten des Käufers im Rahmen eines Anteilskaufs sowohl für steuerliche als auch handelsrechtliche Zwecke gleich bemessen werden, wird die Beteiligung in beiden Bilanzen im Zugangszeitpunkt mit dem gleichen Wert (den Anschaffungskosten) bilanziert. Dabei sind steuerliche Vorschriften, die im Rahmen eines *share deals* zu gegenüber der handelsrechtlichen Rechnungslegung nach HGB unterschiedlich hohen Anschaffungskosten führen können (z.B. Unterschiede bei der Bemessung der Anschaffungsnebenkosten), derzeit nicht ersichtlich.[666] Differenzen zwischen Handels- und Steuerbilanz treten somit nicht auf; die Bilanzierung latenter Steuern im Zugangszeitpunkt erübrigt sich in diesem Fall.

5.1.2 Kauf der Vermögensgegenstände und Schulden (*asset deal*)

5.1.2.1 Problemschilderung und Lösungsmöglichkeiten

Unternehmenskäufe, die einen direkten Erwerb von Vermögensgegenständen und Schulden eines Unternehmens darstellen, werden als Vermögenserwerbe bzw. *asset deals* bezeichnet. Dem *asset deal* steht der Erwerb von Personenunternehmen gleich. Letztgenannter verkörpert zwar zivilrechtlich einen Erwerb von Beteiligungsrechten, steuerrechtlich wird er wie ein Kauf von Vermögensgegenständen und Schulden behandelt.[667] Im Gegensatz zum Anteilskauf ist ein solcher Erwerb im hohen Maße für die Bilanzierung latenter Steuern im Einzelabschluss nach dem Temporary-Konzept relevant. Dies liegt darin begründet, dass mit dem *asset deal* auch regelmäßig der Erwerb eines derivativen Geschäfts- oder Firmenwerts einhergeht.

Sind Firmenwert in Steuer- und Handelsbilanz im Zugangszeitpunkt gleich hoch bemessen, ergeben sich nur sehr wenige Probleme für die Bilanzierung latenter Steuern. Zu denken ist hier an unterschiedliche Abschreibungsdauern in Handels- und Steuerbilanz sowie die unterschiedlichen Regeln für außerplanmäßige Wertminderungen in Handels- und Steuerbilanz. Ferner ist das Zuschreibungsverbot für den Firmenwert in der Handelsbilanz zu beachten (§ 253 Abs. 5 S. 2 HGB), welches in der Steuerbilanz

[666] Vgl. für mögliche Unterschiede betreffend IFRS 3: LINZBACH (2009), S. 102 ff.
[667] Vgl. JACOBS (2011), S. 1225 und 1251 f.

aufgrund des steuerlichen Bewertungsvorbehalts nicht gilt.[668] Für die so erfolgswirksam entstandenen Differenzen sind gemäß den allgemeinen Regelungen latente Steuern zu ermitteln.

Weitaus interessanter sind solche Fälle, in denen der Firmenwert in Handels- und Steuerbilanz bereits im Zeitpunkt der Zugangsbuchung der Höhe nach differiert (Goodwilldifferenz im Zugangszeitpunkt). Übersteigt beispielsweise der Kaufpreis das Nettovermögen der Zielgesellschaft und führen Unterschiede in der Kaufpreisallokation nach Handels- und Steuerrecht zu einem handelsrechtlich höheren Geschäfts- oder Firmenwert, so manifestiert sich eine erfolgsneutral im Zugangszeitpunkt entstandene zu versteuernde Differenz.[669]

Da der *asset deal* einen erfolgsneutral abzubildenden Beschaffungsvorgang darstellt, könnten für diese zu versteuernde Differenz gemäß § 274 HGB passive latente Steuern erfolgsneutral[670] zu bilanzieren sein. Allerdings besteht in diesem Fall die Besonderheit, dass der Geschäfts- oder Firmenwert eine Saldogröße darstellt und die latenten Steuern diese Saldogröße beeinflussen (Interdependenz). Der Ansatz des Schuldpostens für latente Steuern auf eine Goodwilldifferenz, der seinerseits den Nettozeitwert des Vermögens vermindert, führt zu einer Erhöhung bzw. *„Aufblähung“*[671] des Geschäfts- oder Firmenwertes.[672] Der so erhöhte Geschäfts- oder Firmenwert bedingt wiederum eine zusätzliche zu versteuernde Differenz, die den Ansatz weiterer passiver latenter Steuern nötig macht, was den Geschäfts- oder Firmenwert abermals anwachsen lässt. Dabei schrumpfen die Erhöhungsbeträge jedoch mit zunehmender Zahl der Ermittlungsschritte, d.h. nach wenigen dutzend Iterationsschritten kann die Höhe des Geschäfts- oder Firmenwertes bzw. der zu passivierenden latenten Steuern zutreffend ermittelt werden.[673]

---

668 Diese Auslegung des Wertaufholungsgebots ist strittig, da in einer Wertaufholung des Firmenwerts von einigen Autoren ein Verstoß gegen § 5 Abs. 2 EStG gesehen wird. Vgl. zum Meinungsstand: KOZIKOWSKI / FISCHER (2012), § 274 HGB, Tz. 31.

669 Im Falle eines gegenüber der Steuerbilanz niedrigeren handelsrechtlichen Geschäfts- oder Firmenwertes entsteht eine erfolgsneutral entstandene abzugsfähige Differenz. Die nachstehenden Ausführungen gelten insoweit mit umgekehrtem Vorzeichen.

670 Vgl. LINZBACH (2009), S. 137; KÜHNE / MELCHER / WESEMANN (2009), S. 1009.

671 KARRENBROCK (2008), S. 334.

672 Im Falle einer abzugsfähigen Goodwilldifferenz führt der Ansatz aktiver latenter Steuern zu einer Verminderung des Firmenwerts.

673 Vgl. P. KÜTING (2009), S. 2058 (in Bezug auf den Konzernabschluss).

Alternativ zu diesem iterativen Verfahren ist es möglich, das Problem mathematisch zu lösen.[674] Ausgangspunkt ist folgende Gleichung, welche auf der allgemeinen Definition des Firmenwerts (§ 246 Abs. 1 S. 4 HGB) basiert, und um latente Steuern auf etwaige Goodwilldifferenzen erweitert wurde:

$$GoF^{E} = P - (EK_{MW} - s \cdot (GoF^{E} - GoF^{StB}))$$, wobei gilt:

GoF^E	= endgültige Höhe des Firmenwerts in der Handelsbilanz
P	= Kaufpreis für die Unternehmung
EK_{MW}	= Eigenkapital zu Marktwerten
s	= Steuersatz
GoF^{StB}	= Firmenwert in der Steuerbilanz.

Die endgültige Höhe des Geschäfts- oder Firmenwerts (GoF^E) ermittelt sich hiernach dadurch, dass vom Kaufpreis (P) das Eigenkapital der gekauften Unternehmung zu Marktwerten (EK_{MW}), welches als Saldo des erworbenen Vermögens zu Marktwerten (V_{MW}) und der Schulden zu Marktwerten (S_{MW}) definiert ist, sowie die latenten Steuern auf die Goodwilldifferenz ($s \cdot (GoF^{E} - GoF^{StB})$) abgezogen werden. Dabei enthalten die Größen V_{MW} und S_{MW} bereits die aktiven und passiven latenten Steuern auf ggf. aufgedeckte stille Reserven und Lasten, soweit diese Reserven und Lasten in Handels- und Steuerbilanz unterschiedlich abgebildet werden. Einzig die latenten Steuern auf die Goodwilldifferenz sind in der Saldogröße EK_{MW} nicht berücksichtigt. Allerdings scheint der Nutzen dieser Formel eher gering zu sein, da die gesuchte Größe (GoF^E) sowohl auf der linken wie auf der rechten Seite der Gleichung erscheint. Durch Umformung kann dieses Problem jedoch gelöst werden.

$$GoF^{E} = P - (EK_{MW} - s \cdot (GoF^{E} - GoF^{StB})) \quad \text{mit} \quad EK_{MW} = V_{MW} - S_{MW}$$

$$GoF^{E} = P - EK_{MW} + s \cdot (GoF^{E} - GoF^{StB})$$

$$GoF^{E} = P - EK_{MW} + s \cdot GoF^{E} - s \cdot GoF^{StB}$$

$$GoF^{E} - s \cdot GoF^{E} = P - EK_{MW} - s \cdot GoF^{StB}$$

[674] **Ähnlich** bereits in Bezug auf IAS 12 LIENAU (2006), S. 167 ff.

$$GoF^{E} \cdot (1-s) = P - EK_{MW} - s \cdot GoF^{StB}$$

$$GoF^{E} = \frac{P - EK_{MW} - s \cdot GoF^{StB}}{(1-s)}$$

Vergegenwärtigt man sich, dass der Ausdruck „P - EK_{MW}“ letztlich nichts anderes ist, als der Geschäfts- oder Firmenwert *vor* Berücksichtigung der latenten Steuern auf eine Goodwilldifferenz, kann man diesen Saldo auch als *vorläufigen* Geschäfts- oder Firmenwert (GoF^V) bezeichnen. Die Formel vereinfacht sich hierdurch zu:

$$GoF^{E} = \frac{GoF^{V} - s \cdot GoF^{StB}}{(1-s)}.$$

Diese Überlegung ermöglicht es, eine allgemeine Formel für die Berechnung des Unterschiedsbetrags zwischen dem vorläufigen und dem endgültigen Geschäfts- oder Firmenwert ($UB^{GoF} = GoF^E - GoF^V$) herzuleiten. Dieser Unterschiedsbetrag stellt zugleich die endgültige Höhe der latenten Steuern auf den Goodwill dar. Hierzu muss von beiden Seiten der obigen Gleichung der vorläufige Geschäfts- oder Firmenwert abgezogen werden:

$$GoF^{E} - GoF^{V} = \frac{GoF^{V} - s \cdot GoF^{StB}}{(1-s)} - GoF^{V}$$

$$GoF^{E} - GoF^{V} = \frac{GoF^{V} - s \cdot GoF^{StB}}{(1-s)} - \frac{GoF^{V}(1-s)}{(1-s)}$$

$$GoF^{E} - GoF^{V} = \frac{GoF^{V} - s \cdot GoF^{StB} - GoF^{V}(1-s)}{(1-s)}$$

$$GoF^{E} - GoF^{V} = \frac{GoF^{V} - s \cdot GoF^{StB} - GoF^{V} + s \cdot GoF^{V}}{(1-s)}$$

$$GoF^{E} - GoF^{V} = \frac{-s \cdot GoF^{StB} + s \cdot GoF^{V}}{(1-s)}$$

$$GoF^{E} - GoF^{V} = \frac{(-GoF^{StB} + GoF^{V}) \cdot s}{(1-s)}$$

$$UB^{GoF} = \frac{(GoF^{V} - GoF^{StB}) \cdot s}{(1-s)}$$

Der Term $GoF^{V} - GoF^{StB}$ sei als ΔGoF bezeichnet. Inhaltlich handelt es sich um die Bilanzdifferenz zwischen dem steuerlichen Geschäfts- oder Firmenwert und dem handelsrechtlichen Geschäfts- oder Firmenwert nach Aufdeckung stiller Reserven und Lasten sowie nach Berücksichtigung latenter Steuern auf etwaige Bilanzdifferenzen mit Ausnahme auf die Goodwilldifferenz selbst. Die Formel lautet: $UB^{GoF} = \Delta GoF \cdot \frac{s}{(1-s)}$.

Für die Praxis ist bedeutsam, dass sich die Größe ΔGoF leicht ermitteln lässt.

Folgendes **Beispiel** veranschaulicht das Problem der Aufblähung des Firmenwertes. Das Zahlenbeispiel wird sowohl iterativ als auch mathematisch gelöst.

Beispiel: Unternehmen Z werde im Rahmen eines *asset deals* für 200 GE erworben. Das Einkommen des Erwerbers unterliege einem Steuersatz von konstant 30 %. Die Bilanz des Erwerbers habe *vor* dem Kauf folgendes Aussehen:

Erwerberbilanz zum 30.06.t1 [GE]

Kasse	200	EK	200
	200		200

Das Unternehmen Z weise unmittelbar *vor* dem Erwerbszeitpunkt folgende Bilanz auf:

Bilanz der Z zum 30.06.t1 [GE]

Vermögen	100	EK	100
(stille Reserve	20)	(stille Last	40)
	100		100

Bei Z seien *vor* dem Erwerb stille Lasten im Umfang von 40 GE vorhanden. Der Erwerber müsse die dahinterstehende Verpflichtung handelsrechtlich passivieren (und damit die Lasten aufdecken); steuerrechtlich herrsche jedoch ein Passivierungsverbot. In den Vermögenswerten von Z seien zudem stille Reserven von 20 GE enthalten, die steuerlich unbeachtlich aber handelsrechtlich aufzudecken sind. Handelsrechtliche und steuerliche Kaufpreisallokation fallen auseinander. Der Firmenwert gemäß *steuerrechtlicher* Kaufpreisallokation ist:

$$\mathrm{GoF}^{\mathrm{StB}} = 200 - [100 - 0] = 100 \text{ GE}$$

Gemäß den allgemeinen Regeln müssen passive latente Steuern auf die Bewertungsdifferenz im Bereich der Vermögensgegenstände (0,3 x 20 GE = 6 GE) und aktive latente Steuern auf die Ansatzdifferenz bei der Verpflichtung (0,3 x 40 GE = 12 GE) bilanziert werden. Passive latente Steuern stellen einen Schuldposten und aktive latente Steuern einen Sonderposten (≈ Vermögensgegenstand) in der handelsrechtlichen Kaufpreisallokation dar. Der vorläufige Firmenwert gemäß *handelsrechtlicher* Kaufpreisallokation ermittelt sich wie folgt:

$$200 - [(100 + 20 + 12) - (40 + 6)] = 114 \text{ GE}$$

Dies ist der Firmenwert, der sich ergibt, wenn stille Reserven und stille Lasten aufgedeckt und auf selbige, soweit erforderlich, latente Steuern bilanziert werden ($\mathrm{GoF}^{\mathrm{V}}$). Noch nicht berücksichtigt sind bei dieser Größe die latenten Steuern auf die zu versteuernde Goodwilldifferenz von 14 GE selbst.

Bei Anwendung der <u>iterativen Lösung</u> würden zunächst passive latente Steuern auf die vorläufige Goodwilldifferenz von 14 GE bilanziert, also 4,2 GE. Diese 4,2 GE verändern $\mathrm{GoF}^{\mathrm{V}}$:

$$200 - [(132) - (46 + 4{,}2)] = 118{,}2 \text{ GE.}$$

Der Firmenwert hat sich mithin um 4,2 GE erhöht – er wurde um die passiven latenten Steuern „aufgebläht". Es ist eine zusätzliche zu versteuernde Differenz von 4,2 GE entstanden auf die erneut passive latente Steuern zu bilanzieren sind (0,3 x 4,2 GE = 1,26 GE). Der Firmenwert errechnet sich wie folgt:

$$200 - [(132) - (50{,}2 + 1{,}26)] = 119{,}46 \text{ GE.}$$

In einem weiteren Iterationsschritt (1,26 GE x 0,3 = 0,378 GE) erhöht sich der Firmenwert nur noch im Nachkommabereich, so dass die Aufblähung des Firmenwerts auf 120 GE bei kaufmännischer Rundung als abgeschlossen betrachtet werden kann:

$$200 - [(132) - (51{,}46 + 0{,}378)] = 119{,}838 \text{ GE.}$$

Die analytische Lösung bestätigt das Ergebnis:

$$UB^{GoF} = \Delta GoF \cdot \frac{s}{(1-s)} = 14 \cdot \frac{0,3}{(1-0,3)} = 6$$

GoF^V wird von 114 GE um 6 GE (UB^{GoF}) auf 120 GE (GoF^E) erhöht. Die 6 GE stellen gleichzeitig die passiven latenten Steuern auf die endgültige Goodwilldifferenz ($s \cdot (GoF^E - GoF^{StB})$) dar. Alternativ kann GoF^E auch direkt mittels Formel determiniert werden:

$$GoF^E = \frac{P - EK_{MW} - s \cdot GoF^{StB}}{(1-s)} = \frac{200-[132-46]-0,3 \cdot 100}{(1-0,3)} = \frac{84}{0,7} = 120$$

Die Erwerberbilanz[675] hat damit folgendes Aussehen:

Erwerberbilanz zum 30.06.t1 [GE]

Vermögen	120	EK	200
GoF	120	Verpflichtung	40
ALS	12	PLS	6 + 6 = 12
	252		252

Festzuhalten ist, dass sich das Problem der Berücksichtigung latenter Steuern auf den infolge eines *asset deals* geschaffenen Geschäfts- oder Firmenwert durch Anwendung einer überschaubaren mathematischen Formel zügig lösen lässt.

5.1.2.2 Ergebniswirkung und Folgebewertung

Zu erörtern ist die Frage, ob die im Rahmen eines *asset deals* erfolgs*neutral* gegen den Geschäfts- oder Firmenwert gebildeten latenten Steuern erfolgswirksam oder erfolgsneutral folgebilanziert werden müssen. Für eine erfolgsneutrale Folgebilanzierung spricht der oben bereits erörterte **Grundsatz**, wonach eine partiell ergebniswirksame Bilanzierung gegen das Kongruenzprinzip in der Rechnungslegung verstößt.[676] In

675 Der zusammengesetzte Buchungssatz beim Erwerber lautet:

Vermögen	/120	/an/	Kasse	/200
GoF	/120		Verpflichtung	/40
ALS	/12		PLS	/12.

676 Siehe oben C.1.4; D.2.4.2.2.; D.3.4.

diesem Falle wäre nur die Frage des Gegenkontos für die erfolgsneutrale Auflösung der zuvor erfolgsneutral gebildeten latenten Steuer zu klären.

Allerdings ist zu untersuchen, ob die Faustregel tatsächlich zu korrekten Ergebnissen im Bereich eines *asset deals* führt. Hiergegen spricht, dass die Bilanzierung aktiver (passiver) latenter Steuern auf eine abzugsfähige (zu versteuernde) Differenz bei den übernommenen Aktiven oder Passiven den Firmenwert vermindert (erhöht) und für die Abnutzung des insoweit verminderten (erhöhten) Firmenwert entsprechend geringere (höhere) Aufwendungen verrechnet werden, welche die **Summe der Periodenerfolge** beeinflussen. Würde eine erfolgsneutral *gegen den Firmenwert gebildete* latente Steuer erfolgsneutral aufgelöst, so käme es zu einem Verstoß gegen das Kongruenzprinzip in der Rechnungslegung. Demgegenüber wird durch eine erfolgswirksame Folgebilanzierung das Kongruenzprinzip beachtet.[677]

Zur Verdeutlichung sei das oben[678] erörterte Zahlenbeispiel fortgeführt; von den stillen Reserven im Anlagevermögen sowie latenten Steuern auf Goodwilldifferenzen sei dabei jedoch vereinfachend abstrahiert.

> **Beispiel:** Der Firmenwert ermittelt sich dann wie folgt: 200 – [100 + 12 – (40)] = 128 GE.
>
> Annahmegemäß werden in der Folgeperiode (t2) sämtliche Aktiva außerplanmäßig abgeschrieben (Buchungssätze 1 bis 3). Auch die Verpflichtung tritt tatsächlich ein (Buchungssatz 4), so dass der ihr zugrundeliegende Passivposten aufgelöst wird (Buchungssatz 5). Ferner sei angenommen, dass die steuerliche Berücksichtigung des Verlusts der Einfachheit halber zu einer sofortigen Steuererstattung führe (Buchungssatz 6).

(1)	aAfA	/an/	Vermögen	/100	- 100
(2)	aAfA	/an/	GoF	/128	- 128
(3)	*Aufwand*	*/an/*	*ALS*	*/12*	*- 12*
(4)	Aufwand	/an/	Bank	/40	- 40

677 **Wie hier:** DEBUS (2003), C 440, Tz. 112.

678 Siehe oben D.5.1.2.1.

(5)	Verpflichtung /an/	Ertrag	/40	+ 40
(6)	Bank /an/	Ertrag	/12	+ 12

Summe der Aufwendungen in t2:	100 + 128 + 12 + 40	= 280 GE
Summe der Erträge in t2:	40 + 12	= 52 GE
Periodenerfolg in t2:	52 - 280 = -228 GE	
Periodenerfolg in der Erwerbsperiode t1:	0 GE	
Summe aller Periodenerfolge:	0 + (-228) = -228 GE	

Zur Verifizierung sei im Folgenden eine **Totalerfolgsrechnung**[679] aufgemacht:

-200 GE	Auszahlung Kaufpreis
-40 GE	Auszahlung Verpflichtung
12 GE	Steuererstattung
-228 GE	**Totalerfolg**

Nur durch eine erfolgswirksame Auflösung der erfolgsneutral *gegen den Firmenwert gebildeten* latenten Steuer wird das Kongruenzprinzip gewahrt. Demgegenüber würde die undifferenzierte Anwendung des oben erörterten Grundsatzes hier die erfolgsneutrale Auflösung der (aktiven) latenten Steuer vorschreiben. Da der Ansatz der aktiven latenten Steuer allerdings bereits zu einer Verminderung des Firmenwerts (und somit des Aufwandspotentials) geführt hat, käme die erfolgsneutrale Auflösung der aktiven latenten Steuer einer Doppelverrechnung (von Aufwendungen) gleich. Entsprechendes gilt im Falle von passiven latenten Steuern, die zu einer Erhöhung des Firmenwerts geführt haben, mit umgekehrten Vorzeichen. Folglich liegt bei erfolgsneutral gegen einen Firmenwert gebildeten latenten Steuern eine **Ausnahme** von dem Grundsatz vor, der eine partiell ergebniswirksame Bilanzierung latenter Steuern untersagt.

5.1.2.3 Zur Anwendbarkeit von § 306 S. 3 HGB im Einzelabschluss

Während im Konzernabschluss latente Steuern auf Differenzen aus dem erstmaligen Ansatz eines nach § 301 Abs. 3 verbleibenden Unterschiedsbetrages unberücksichtigt

679 Zur Totalrechnung vgl. RIEGER (1964), S. 205-210.

bleiben (§ 306 S. 3 HGB), findet sich eine solche Vorschrift in § 274 HGB nicht. Fraglich ist, ob die Ausnahmeregelung des § 306 S. 3 HGB auch für den Einzelabschluss anwendbar ist. Zur Verdeutlichung der Wirkungsweise von § 306 S. 3 HGB sei jedoch zunächst das obige Beispiel unter Berücksichtigung dieser Vorschrift gelöst:

Erwerberbilanz zum 30.06.t1 [GE]

Vermögen	120	EK	200
GoF	114	Verpflichtung	40
ALS	12	PLS	6
	246		246

Die Goodwilldifferenz von (zunächst) 14 GE wird insoweit von der Berücksichtigung latenter Steuern ausgenommen. Dies hat zur Folge, dass die „Aufblähung" des Firmenwerts zwar unterbleibt, allerdings wird die Vermögenslage unzutreffend ausgewiesen. Die sich (bei Anwendung der Formel) zusätzlich ergebende voraussichtliche Steuermehrbelastung von 6 GE wird dem Adressaten verschwiegen und wird - analog zu einem Nettoausweis nach der Net-of-Tax-Methode - für den Adressaten **nicht nachvollziehbar** mit dem Geschäfts- oder Firmenwert verrechnet. KARRENBROCK spricht vor diesem Hintergrund von einer „Net-of-Tax-Bewertung" des Geschäfts- oder Firmenwerts.[680] § 306 S. 3 HGB läuft damit dem Sinn und Zweck des Temporary-Konzepts zu wider,[681] wenngleich diese Lösung durch eine einfache Handhabung besticht.

Ohnehin ist fraglich, ob eine analoge Anwendung von § 306 S. 3 HGB im Einzelabschluss zulässig ist. Bei streng formaler Betrachtung ist § 306 HGB als konzernrechnungslegungsspezifische Vorschrift für den Einzelabschluss unbeachtlich. Dieses Ergebnis wird im Schrifttum als unbefriedigend gesehen. Eine sich auf dem Vormarsch befindliche Literaturauffassung[682] argumentiert, dass in § 246 Abs. 1 S. 4 HGB n.F. eine Spezialvorschrift für die Zugangsbewertung des Geschäfts- oder Firmenwertes zu sehen sei. Schließlich bestimme § 246 Abs. 1 S. 4 den Firmenwert nicht explizit als Residualgröße unter Berücksichtigung latenter Steuern auf sie

680 Vgl. KARRENBROCK (2008), S. 335.

681 Im Falle einer abzugsfähigen Goodwilldifferenz würde die Nichtberücksichtigung latenter Steuern auf sie selbst dagegen zu einem zu hohen Goodwill und damit einem zu geringen Betrag aktiver latenter Steuern führen. Auch hier würde die Vermögenslage unzutreffend dargestellt.

682 Vgl. WENDHOLT / WESEMANN (2009), S. 72; KÜHNE / MELCHER / WESEMANN (2009), S. 1060 f.; KOZIKOWSKI / FISCHER (2012), § 274 HGB, Tz. 11; GELHAUSEN / FEY / KÄMPFER, Abschn. M, Tz. 22; SIEGEL (2011), S. 107.

selbst.[683] Dies habe zur Folge, dass § 274 HGB nicht auf eine Goodwilldifferenz selbst anzuwenden sei.

Diese sehr enge Auslegung des Wortlauts von § 246 Abs. 1 S. 4 HGB vermag nicht zu überzeugen. Ungeachtet der Verzerrungen der Darstellung der Vermögenslage, die eine Nichtberücksichtigung latenter Steuern auf eine Goodwilldifferenz bedingen würde, ist dieser Argumentation schon deshalb nicht zu folgen, weil der Gesetzgeber den derivativen Geschäfts- oder Firmenwert per Fiktion zum abnutzbaren Vermögensgegenstand erhoben hat und in den Gesetzesmaterialien unzweideutig ausgeführt wird, dass die Bewertungsgrundsätze für abnutzbare Vermögensgegenstände Anwendung finden.[684] Damit ist § 274 HGB auf den derivativen Geschäfts- oder Firmenwert anzuwenden. Überdies stellen die passiven (oder aktiven) latenten Steuern auf die Goodwilldifferenz Schulden (einen Sonderposten) im Zusammenhang mit dem Erwerb dieses Unternehmens im Zeitpunkt der Übernahme dar, so dass diese gerade wegen des Wortlauts von § 246 Abs. 1 S. 4 HGB zu berücksichtigen wären. Einer verengten Auslegung von § 246 Abs. 1 S. 4 HGB ist damit auch von dieser Seite - zumindest hinsichtlich passiver latenter Steuern - der Boden entzogen.

Schwerer wiegt die Überlegung, dass es der Gesetzgeber nicht gewollt haben kann, nicht konzernierten Unternehmungen umfangreichere und arbeitsaufwendigere Pflichten als konzernierten Unternehmen aufzuerlegen.[685] Unter Beachtung der Gesetzesmaterialien, wonach mit § 306 S. 3 HGB die Berechnung der latenten Steuern auf Konzernebene unter Inkaufnahme konzeptioneller Unstimmigkeiten aus Praktikabilitätserwägungen heraus erheblich vereinfacht werden sollte,[686] wirkt dieser Einwand besonders schwer. Er bestätigt die Vermutung, dass der Gesetzgeber schlicht die Relevanz von Unternehmenskäufen im Einzelabschluss übersehen und geglaubt hat, sich auf den Konzernabschluss beschränken zu können. Es ist daher nicht zu beanstanden, wenn

683 Vgl. KOZIKOWSKI / FISCHER (2012), § 274 HGB, Tz. 11.

684 Vgl. BT-DRUCKS. 16/10067 (30.07.2008), S. 47 f. Dort heißt es u.a.: „*Gesetzestechnisch wird dies so erreicht, dass der entgeltlich erworbene Geschäfts- oder Firmenwert aktivierungspflichtig ist und den allgemeinen handelsrechtlichen Bewertungsvorschriften unterliegt.*"

685 Sogar das internationale Recht sieht hier eine Ausnahme vor. IAS 12.15 (a) schreibt ein Ansatzverbot für latente Steuermehrzahlungen vor, die aus dem erstmaligen Ansatz eines steuerlich nicht abzugsfähigen Geschäfts- oder Firmenwertes resultieren. Dies gilt für den Goodwill bzw. Unterschiedsbetrag aus der Kapitalkonsolidierung.

686 Vgl. BT-DRUCKS. 16/12407 (24.03.2009), S. 90.

Bilanzierende die Praktikabilitätsvorschrift des § 306 S. 3 HGB im Einzelabschluss analog anwenden.[687]

Inhaltlich überzeugen kann dieses Ergebnis aber freilich nicht, da die vorstehenden Erörterungen belegt haben, dass das Problem der „Aufblähung“ des Geschäfts- oder Firmenwertes[688] einfach lösbar ist und die durch den Gesetzgeber vorgenommene Inkaufnahme konzeptioneller Unstimmigkeiten somit als nachgerade ungerechtfertigt erscheint.[689] Insbesondere kann sich diese Vereinfachungsnorm in ihr Gegenteil verkehren, da durch die Nichtbilanzierung latenter Steuern gravierende **Folgeprobleme** entstehen können,[690] die von einigen Autoren[691] übersehen werden.

5.1.2.4 Folgeprobleme einer Anwendung von § 306 S. 3 HGB

Sieht man von der offensichtlich unzutreffenden Darstellung der Vermögenslage der Unternehmung sowie Gefährdungen der Ausschüttungsbemessungsfunktion durch eine Anwendung von § 306 S. 3 HGB im Einzelabschluss ab, so führen nachträgliche Geschäftsvorfälle zu Bewertungsproblemen im Rahmen der Folgebilanzierung.[692] Hier sind v.a. drei Problembereiche zu unterscheiden:

I) Divergierende Bewertungsregeln für den Geschäfts- oder Firmenwert
II) Steuersatzänderungen
III) Folgeprobleme im Bereich der Ermittlung der Steuerentlastung aus steuerlichen Verlustvorträgen.

---

687 **Gegen** eine Analogie sind: IDW-HFA (2009), Tz. 17; HOFFMANN / LÜDENBACH (2012), § 274 HGB, Tz. 20; SPANHEIMER / SIMLACHER (2010), § 274 HGB, Tz. 27. **Zweifelnd:** KÜTING / SEEL (2009a), S. 513; KÜTING / SEEL (2009), S. 923; PRINZ / RUBERG (2009), S. 348.

688 Bei einer abzugsfähigen Goodwilldifferenz: Verminderung des Goodwills infolge der Bilanzierung aktiver latenter Steuern.

689 Ähnlich die Kritik von: KARRENBROCK (2008), S. 335; P. KÜTING (2009), S. 2058, 2061. Beachtlich ist in diesem Zusammenhang auch DRS 18.25 S. 2, nach welchem latente Steuern auf Buchwertdifferenzen beim Geschäfts- oder Firmenwert anzusetzen sind, sofern sich dieser steuerlich auswirkt. Im deutschen Steuerrecht kann es *auf Ebene des Einzelabschlusses* zu steuerlich berücksichtigungsfähigen Goodwilldifferenzen aber nur bei Erwerb einer Kapitalgesellschaft mittels *asset deal* kommen.

690 Vgl. KARRENBROCK (2008), S. 335; SIEGEL (2011), S. 106 (der auf KARRENBROCK verweist).

691 So beispielsweise WENDHOLT / WESEMANN (2009), S. 72 sowie KOZIKOWSKI / FISCHER (2012), § 274 HGB, Tz. 11 und 31, die § 246 Abs. 1 S. 4 HGB anders auslegen als hier und keine latenten Steuern auf Goodwilldifferenzen fordern, allerdings im Rahmen der Folgebewertung des Firmenwertes Unterschiede zwischen Handels- und Steuerbilanz berücksichtigen wollen.

692 Der Gesetzgeber hat **keine** IAS 12.21a entsprechende Regelung vorgesehen. Vgl. hierzu: KARRENBROCK (2007), Tz. 154; COENENBERG / BLAUM / BURKHARDT (2010), IAS 12, Tz. 65; ADS INTERNATIONAL (2007), IAS 12, Tz. 115.

Bei den unterschiedlichen **Bewertungsregeln** sind folgende Vorschriften von Belang:

- außerplanmäßige Abschreibungen, *sofern* das Maßgeblichkeitsprinzip nur *materiell* ausgelegt wird[693] (handelsrechtlich: Niederstwertprinzip nach § 253 Abs. 3 S. 3 HGB; steuerrechtlich: Wahlrecht für eine Teilwertabschreibung (§ 6 Abs. 1 Nr. 1 S. 2 EStG) bei voraussichtlich dauernder Wertminderung);
- planmäßige Abschreibungen (handelsrechtlich: wegen § 285 Nr. 13 HGB beträgt die Nutzungsdauer grundsätzlich nicht mehr als fünf Jahre; steuerrechtlich: nach § 7 Abs. 1 S. 3 EStG beträgt die Nutzungsdauer 15 Jahre);
- Zuschreibungen (handelsrechtlich: verboten aufgrund von § 253 Abs. 5 S. 2 HGB; steuerrechtlich: geboten nach § 6 Abs. 1 Nr. 1 S. 4 EStG (strittig)).

Diese Vorschriften können zusätzliche Buchwertdifferenzen zwischen Geschäfts- oder Firmenwert auslösen, die nicht aus dem erstmaligen Ansatz resultieren. Eine weitergehende Außerachtlassung auch dieser Differenzen kann damit nicht auf (eine analoge Anwendung von) § 306 S. 3 HGB gestützt werden, da dieser nur die Zugangsbewertung des Firmenwertes regelt.[694] Allerdings verkehrt sich nunmehr die vermeintliche Vereinfachung in ihr Gegenteil.

Dies kann anhand einer unterschiedlichen Abschreibung des Firmenwertes demonstriert werden. Regelmäßig wird der Firmenwert in der Handelsbilanz wegen § 285 Nr. 13 HGB über eine Nutzungsdauer von nicht mehr als fünf Jahren abgeschrieben, während das Steuerrecht eine Nutzungsdauer von 15 Jahren vorsieht (§ 7 Abs. 1 S. 3 EStG). Wurde beispielsweise in analoger Ausübung von § 306 S. 3 HGB auf eine Bilanzierung passiver latenter Steuern (auf eine Goodwilldifferenz) im Einzelabschluss verzichtet, so wird die (gegenüber der steuerlichen Gewinnermittlung) schnellere handelsrechtliche Abschreibung (infolge der handelsrechtlich kürzer bemessenen Nutzungsdauer) in späteren Perioden zu abzugsfähigen Differenzen beim Geschäftswert führen.

Allerdings können auf diese in Folgeperioden entstehenden Bilanzdifferenzen nicht ohne weiteres aktive latente Steuern bilanziert werden. § 274 Abs. 2 S. 2 HGB bestimmt nämlich, dass die Posten für latente Steuern aufzulösen sind, sobald mit der Steuerbe-

693 Zur Teilwertabschreibung je nach Interpretation des Maßgeblichkeitsprinzips vgl. m.w.N.: SCHEFFLER (2011a), S. 37-40

694 **A.A.** HOFFMANN / LÜDENBACH (2012), § 306 HGB, Tz. 21.

oder -entlastung nicht mehr zu rechnen ist. Mit anderen Worten, wird in dem angesprochenen Fall eine aktive latente Steuer angesetzt und werden die bislang unberücksichtigten zu versteuernden Differenzen aus dem erstmaligen Ansatz eines Firmenwerts weiterhin nicht berücksichtigt, so muss der auf diese Weise gebildete Posten für aktive latente Steuern sogleich teilweise aufgelöst werden, da mit der Steuerminderzahlung in dieser Höhe nicht zu rechnen ist.[695] Die zutreffende Ermittlung der latenten Steuern macht insofern eine aufwendige Nebenrechnung nötig, die den Vereinfachungseffekt konterkariert. Zur Veranschaulichung sei im Folgenden ein **Beispiel** angeführt, das auf dem obigen Ausgangssachverhalt[696] basiert und um t2 erweitert wird.

Es sei angenommen, dass der Firmenwert handelsrechtlich (steuerrechtlich) über fünf (fünfzehn) Jahre abgeschrieben wird. In der Zeit vom 01.07.t1-30.06.t2 werden somit handelsrechtlich planmäßige Abschreibungen im Umfang von 22,8 GE[697] verrechnet. Demgegenüber werden in der steuerlichen Gewinnermittlung nur 6,7 GE[698] an Absetzungen für Abnutzung verrechnet. Unter sonst gleichen Bedingungen ergibt sich folgendes Bild:

Erwerberbilanz zum 30.06.t2 [GE]

Vermögen	120	EK	200 - 22,8
GoF	114 - 22,8 = 91,2	Verpflichtung	40
ALS	12	PLS	6
	223,2		223,2

Steuerbilanz zum 30.06.t2 [GE]

Vermögen	100	EK	200 - 6,7
GoF	100 - 6,7 = 93,3		
	193,3		193,3

Durch die unterschiedlich hohe Verrechnung planmäßiger Abschreibungen hat sich die ursprünglich bestehende zu versteuernde Goodwilldifferenz von 14 GE (auf die aufgrund einer analogen Anwendung von § 306 S. 3 HGB keine latenten Steuern bilanziert wurden) bereits nach einer Periode in eine abzugsfähige Differenz in Höhe von 2,1 GE gewandelt. Auf den ersten Blick könnte somit erwogen werden, aktive latente Steuern (0,63 GE) erfolgswirksam zu bilanzieren.

---

695 Insoweit ist die Gegenauffassung von HOFFMANN / LÜDENBACH (2012), § 306 HGB, Tz. 21 zurückzuweisen.

696 Siehe oben D.5.1.2.1. (Lösung des Sachverhalts mit passiven latenten Steuern auf die Goodwilldifferenz) sowie D.5.1.2.3 (Lösung des Sachverhalts ohne passive latente Steuern auf die Goodwilldifferenz).

697 GoF^{HB} / $Nutzungsdauer^{HB}$ = 114 GE / 5 Perioden = 22,8 GE/Periode.

698 GoF^{StB} / $Nutzungsdauer^{StB}$ = 100 GE / 15 Perioden = 6,7 GE/Periode.

Allerdings vernachlässigt eine solche Sichtweise den Einfluss der (wegen § 306 S. 3 HGB bislang unberücksichtigten) zu versteuernden Goodwilldifferenz (20 GE). Für die Bestimmung der tatsächlichen Steuerminderbelastung ist eine außerbilanzielle Nebenrechnung erforderlich, die den um die latenten Steuern aus der erstmaligen Erfassung des Firmenwerts erhöhten Firmenwert (120 GE) um sämtliche Buchwertveränderungen seit Zugang bereinigt. Dies ist im vorliegenden Fall annahmegemäß lediglich die planmäßige Abschreibung einer Periode. Die Nebenrechnung lautet: 120 GE - (120 GE / 5 Perioden) GE = 96 GE. Durch Gegenüberstellung dieses Wertes mit dem Steuerbilanzwert zum 30.06.t2 von 93,3 GE ergibt sich keine abzugsfähige Differenz, sondern eine zu versteuernde Differenz von 2,7 GE. Mithin ist am Bilanzstichtag von t2 nicht etwa eine Steuerminderzahlung in Höhe von 0,63 GE zu erwarten, sondern eine Steuermehrzahlung in Höhe von 0,81 GE, für die eine passive latente Steuer zu bilanzieren ist.

Die Notwendigkeit zur Durchführung einer außerbilanziellen Nebenrechnung zwecks zutreffender Ermittlung der latenten Steuerzahlungen kann sich neben den unterschiedlichen Regelungen zur planmäßigen Abschreibung des Firmenwerts auch im Bereich von Zuschreibungen ergeben. Wertaufholungen sind beim Geschäftswert handelsrechtlich explizit verboten (§ 253 Abs. 5 S. 2 HGB), steuerrechtlich sind sie hingegen zwingend[699] vorzunehmen (§ 5 Abs. 6 i.V.m. § 6 Abs. 1 Nr. 1 S. 4 EStG). Ein weiterer theoretisch denkbarer Anwendungsfall ist zudem eine zwingend vorzunehmende außerplanmäßige Abschreibung nach § 253 Abs. 3 S. 3 HGB, für die (bei nur *materieller* Interpretation des Maßgeblichkeitsprinzips) steuerrechtlich ein Wahlrecht für eine Teilwertabschreibung des Firmenwerts besteht. In allen Fällen wäre der Vereinfachungseffekt von § 306 S. 3 HGB im Einzelabschluss passé.

Neben unterschiedlichen Bewertungsvorschriften können noch weitere Vorfälle Probleme mit einer analogen Anwendung von § 306 S. 3 HGB bereiten. **Steuersatzänderungen** würden im Falle der Nichtanwendung von § 306 S. 3 HGB transparent zu einer Wertberichtigung der für den Geschäfts- oder Firmenwert gebildeten passiven latenten Steuern führen, bei einer analogen Anwendung von § 306 S. 3 HGB fielen sie

[699] Diese Auslegung des Wertaufholungsgebots ist nicht unumstritten, da in einer Wertaufholung des Firmenwerts von einigen Autoren ein Verstoß gegen § 5 Abs. 2 EStG gesehen wird. Vgl. zum Meinungsstand: KOZIKOWSKI / FISCHER (2012), § 274 HGB, Tz. 31.

dagegen komplett unter den Tisch. Insbesondere im Fall einer (nicht vernachlässigten) zu versteuernden Goodwilldifferenz in Verbindung mit einer Tariferhöhung sind Gefahren für die Ausschüttungsbemessungsfunktion erkennbar.

Wiederum unter Bezugnahme auf den obigen Ausgangssachverhalt[700] sei nunmehr angenommen, dass in t2 eine Tariferhöhung von 30 % auf 40 % beschlossen wird. Soweit § 306 S. 3 HGB nicht angewendet wurde, ergibt sich nachstehende Lösung. Dabei wurden sämtliche Bilanzdifferenzen entsprechend erfolgswirksam angepasst. Zur besseren Übersicht werden die passiven latenten Steuern im Folgenden nach ihrer Herkunft getrennt ausgewiesen.

Erwerberbilanz zum 30.06.t2 [GE]

Vermögen	120	EK	200 + 4 - 2 - 2
GoF	120	Verpflichtung	40
$ALS^{Verpflichtung}$	12 + 4	$PLS^{Vermögen}$	6 + 2
		PLS^{GoF}	6 + 2
	252		252

Wurde dagegen vom Ansatz passiver latenter Steuern auf die Goodwilldifferenz in Analogie zu § 306 S. 3 HGB abstrahiert, würde die Auswirkung der Steuersatzerhöhung aufgrund des unvollständigen Ausweises latenter Steuern zum Teil nicht berücksichtigt. In concreto würde die Zunahme der passiven latenten Steuern um 2 GE beim Posten „PLS^{GoF}“ nicht ausgewiesen und das Ausschüttungspotential nicht mindern.

Schließlich bestehen Folgeprobleme im Bereich der Ermittlung der Steuerentlastung aus steuerlichen **Verlustvorträgen** (§ 274 Abs. 1 S. 4 HGB).[701] Wurden aufgrund der analogen Anwendung von § 306 S. 3 HGB zu versteuernde Differenzen außer Acht gelassen, so kann der Steuervorteil aus der Nutzung von Verlustvorträgen nur erschwert ermittelt werden. So stellen zu versteuernde Differenzen (ggf. nach Verrechnung mit abzugsfähigen Differenzen) steuerpflichtige Einkommensbestandteile in der Zukunft dar. Latente Steuern müssen nur insoweit passiviert werden, als die steuerlichen

---

700 Siehe oben D.5.1.2.1. (Lösung des Sachverhalts mit passiven latenten Steuern auf die Goodwilldifferenz) sowie D.5.1.2.3 (Lösung des Sachverhalts ohne passive latente Steuern auf die Goodwilldifferenz).

701 Vgl. KARRENBROCK (2008), S. 335.

Mehrgewinne nicht durch bestehende Verlustvorträge kompensiert werden.[702] Anders formuliert, der Steuervorteil aus der Nutzung von steuerlichen Verlustvorträgen kann zumindest insoweit realisiert werden, wie den Verlustvorträgen zu versteuernde Differenzen gegenüberstehen. Daraus folgt: Sofern die zu versteuernden Differenzen wegen § 306 S. 3 HGB nicht festgestellt und dokumentiert wurden, holt diese „Vereinfachung" den Bilanzierenden spätestens beim Vorhandensein steuerlicher Verlustvorträge ein. Für eine weitergehende „Vernachlässigung" besteht zu Recht keine Rechtsgrundlage, da andernfalls gegen die Ausschüttungsbemessungsfunktion (hier: Ausschüttungssicherung) verstoßen würde.

Wurde die Ausnahme des § 306 S. 3 HGB demgegenüber auf abzugsfähige Differenzen[703] angewandt, so gelten die vorstehend skizzierten Probleme bei der Folgebilanzierung (z.B. Steuersatzänderungen, Abschreibungen usw.) im Grundsatz mit umgekehrten Vorzeichen. Hinsichtlich der Realisierbarkeit des Steuervorteils aus Verlustvorträgen ist zu berücksichtigen, dass die Außerachtlassung von abzugsfähigen Differenzen nach § 306 S. 3 HGB Verstöße gegen das Vorsichtsprinzip bedingen kann, sofern diese Differenzen nicht bei der Ermittlung latenter Steuern berücksichtigt werden. Dies liegt daran, dass lediglich der Passivüberhang, d.h. zu versteuernde Differenzen nach Subtraktion abzugsfähiger Differenzen, die Realisierbarkeit des Steuervorteils aus Verlustvorträgen sicherstellt. Wurden abzugsfähige Differenzen nach § 306 S. 3 HGB bei der Berechnung des Passivüberhangs vernachlässigt, wird der Passivüberhang c.p. zu hoch ausgewiesen.

Beispiel: Zum Ende einer Periode bestehen steuerliche Verlustvorträge im Umfang von 2.000 GE. Darüber hinaus bestehen passive Differenzen im Umfang von 300 GE sowie aktive Differenzen im Umfang von 150 GE. Nicht berücksichtigt wurde bislang eine aktive Goodwilldifferenz von 70 GE.

Bei Ausblendung der Goodwilldifferenz beträgt der Passivüberhang 150 GE. Folglich können - so scheint es - von dem insgesamt vorhandenen Verlustverrechnungspotential (2.000 GE) zumindest 150 GE realisiert werden. In Wirklichkeit beträgt der

702 Vgl. KARRENBROCK (1991), S. 169 sowie oben D.4.3.4.

703 Dies ist der Fall, wenn im Zugangszeitpunkt der Geschäfts- oder Firmenwert in der Handelsbilanz kleiner als in der Steuerbilanz ist.

Passivüberhang aber nur 80 GE, da die 70 GE infolge der Goodwilldifferenz den Passivüberhang nicht geschmälert haben. Die Realisierbarkeit des Steuervorteils aus dem Verlustvortrag wird bei Vernachlässigung der aktiven Differenzen aufgrund der Goodwilldifferenz zu hoch ausgewiesen.

Um die eben skizzierten Folgeprobleme zu umgehen, bietet es sich an, die latenten Steuern auf Goodwilldifferenzen von Anfang an zu erfassen. Wird hiervon aus angeblichen Vereinfachungsgründen abgesehen, wird im Zugangszeitpunkt nicht nur gegen die Gewährung eines zutreffenden Einblicks in die Vermögenslage verstoßen, sondern es sind Nebenrechnungen erforderlich, um keinen Verstoß gegen § 274 Abs. 2 S. 2 HGB sowie - je nach Fallkonstellation - gegen § 268 Abs. 8 S. 2 HGB zu generieren.

5.1.3 Sonderfall: Badwill

Einen seltenen Ausnahmefall, der vorwiegend im Schrifttum vor dem Hintergrund von Ergänzungsbilanzen oder im Konzernabschluss diskutiert wird und doch nicht hierauf beschränkt ist, stellt der negative Geschäfts- oder Firmenwert (Badwill) dar. Dieser kann im Rahmen eines *asset deal* entstehen, sofern der Kaufpreis für den Betrieb (oder den Mitunternehmeranteil) *unter* den Zeitwerten der erworbenen Vermögensgegenstände abzüglich der Schulden liegt.[704]

Technisch gesehen handelt es sich damit um einen derivativen Geschäfts- oder Firmenwert mit negativem Vorzeichen, d.h. eine negative Saldogröße. Die materiellen Gründe für einen unter dem Nettozeitvermögen liegenden Kaufpreises können vielfältig sein und seien hier nur exemplarisch genannt. Häufig wird ein Badwill in antizipierten operativen Verlusten (schlechte Ertragsaussichten der Zielunternehmung) begründet liegen. Doch auch das Vorhandensein stiller Lasten beim Zielunternehmen - zu denken ist an nicht bilanzierte Pensionsverpflichtungen nach Art. 28 EG-HGB - oder das Ausnutzen einer Notlage des Veräußerers (Notverkauf) durch den Erwerber („*lucky buy*") können zu einem solchen Ergebnis führen.

Bevor die Frage erörtert werden kann, inwiefern latente Steuern im Falle eines Badwill beachtet werden müssen, muss Klarheit hinsichtlich der Bilanzierung des Badwills in

[704] Vgl. für diese Definition: KNOBBE-KEUK (1993), S. 97.

Handels- und Steuerbilanz herrschen. Im Steuerrecht ist dessen Abbildung detailliert durch BFH-Rechtsprechung geregelt. Handelsrechtlich wird schon die grundsätzliche Behandlung kontrovers diskutiert.

Als Badwill versteht der BFH den Betrag, um den der Substanzwert (= Summe aller einzelbewerteten Aktiven abzüglich der Summe aller einzelbewerteten Passiven der Zielunternehmung) den Gesamtwert der Zielunternehmung (= den Kaufpreis) übersteigt.[705] In einem solchen Fall lässt der BFH allerdings nicht die Bilanzierung eines Badwill zu, vielmehr dürfen nur die tatsächlichen Anschaffungskosten für den Erwerb der Zielunternehmung (= Kaufpreis abzüglich Badwill) auf die erworbenen Aktiven und Passiven verteilt werden. Letztlich werden dabei Aktiva, die kein Geldvermögen darstellen, „abgestockt" und vorhandene Passiva „aufgestockt". Durch die Herabsetzung wird die Abschreibungsbasis dieser Aktiven vermindert und der so mittelbar berücksichtigte Badwill löst sich erfolgswirksam über die Nutzungsdauer der herabgesetzten Aktiva auf.[706] Nur falls nicht ausreichend abstockungsfähiges Vermögen vorhanden ist und auch eine Aufstockung von Passiva ausscheidet, lässt der BFH die Passivierung eines besonderen Ausgleichspostens zu, den er allerdings nicht als negativen Geschäftswert verstanden wissen will.[707]

Handelsrechtlich wird u.a. von MOXTER und BACHEM eine Passivierungspflicht des Badwill vertreten;[708] andere Autoren treten für eine Abstockungslösung ein,[709] wie sie der BFH propagiert. Wenige Autoren fordern den Badwill als Ertrag zu erfassen.[710]

705 Vgl. im Folgenden: MOXTER (2007), S. 91-93 mit umfangreichen Hinweisen auf die BFH-Rechtsprechung.

706 BFH, Urt. v. 21.04.1994, IV R 70/72, BStBl. II 1994, S. 745; BFH, Urt. v. 11.07.1973, I R 126/71, BStBl. II 1974, S. 50; BFH, Urt. v. 30.01.1974, IV R 109/73, BStBl. II 1974, S. 352; BFH, Urt. v. 19.02.1981, IV R 41/78, BStBl. II 1981, S. 730.

707 BFH, Urt. v. 21.04.1994, IV R 70/72, BStBl. II 1994, S. 745.

708 Vgl. MOXTER (1993), S. 857, 861 (Passivierungspflicht ergebe sich grundsätzlich aus dem Realisationsprinzip); MOXTER (2007), S. 92 f.; BACHEM (1993), S. 969 f., 973 (möchte den Badwill als eine Rückstellung berücksichtigen); BACHEM (1993b), S. 1976 f.; GIEßLER (1995), S. 700 ff.; HEINZE / ROOLF (1976), S. 215 f.; SAUER (1974), S. 125 ff.

709 Vgl. etwa OSSADNIK (1994), S. 752 (Abstockungslösung sei vorzuziehen, da im Falle eines Minderkaufpreises objektiv jederzeit Gewinne realisiert werden könnten); PUSECKER / SCHRUFF (1996), S. 739, 742 (ein negativer Firmenwert sei nicht von § 255 Abs. 4 HGB a.F. gedeckt; nur ein nach Abstockung verbleibender negativer Firmenwert sei zu passivieren).

710 Vgl. SIEGEL / BAREIS (1993), S. 1485; FREIBERG (2011a), S. 325.

Jüngere Literaturmeinungen lehnen sich vermehrt und ohne nähere Begründung - dem Duktus der pragmatischen Handhabung folgend - an die BFH-Rechtsprechung an.[711]

Aufgrund der nicht abgeschlossenen Meinungsbildung und der Tatsache, dass die angemessene bilanzielle Behandlung davon abhängt, aufgrund welches Umstands der Badwill entstanden ist,[712] kann hier eine umfassende Untersuchung nicht geleistet werden, zumal dies vom eigentlichen Thema dieser Arbeit ablenken würde. Aus diesem Grund seien die gängigen Bilanzierungsmöglichkeiten des Badwills und deren Einfluss auf latente Steuern anhand von Fallszenarien dargestellt. Dabei ist zunächst zwischen zwei Fallkategorien zu unterscheiden:

(1) Der Badwill ist in beiden Rechenwerken der Höhe nach gleich.
(2) Der Badwill ist in beiden Rechenwerken der Höhe nach unterschiedlich.

Beim ersten Fall können sich Probleme für die Bilanzierung latenter Steuern ausschließlich dadurch ergeben, dass der Badwill in beiden Rechenwerken verschieden bilanziert wird, er z.B. in der Handelsbilanz passiviert wird und in der Steuerbilanz Aktiva abgestockt werden (Szenario 1-1). Aufgrund der Meinungsvielfalt im Handelsrecht, ist es gleichsam möglich, sowohl in Handels- als auch in der Steuerbilanz abzustocken (Szenario 1-2). Ein Sonderfall kann dann eintreten, wenn keine abstockungsfähigen Aktiven vorhanden sind: In diesem Fällen fordert der BFH einen passiven Ausgleichsposten (Szenario 1-3), der handelsrechtlich nachvollzogen werden kann. Zusätzlich wird eine ertragswirksame Ausbuchung des Badwill im Zugangszeitpunkt in der Handelsbilanz für zulässig gehalten (Szenario 1-4).

In der zweiten Fallgruppe haben analog zu im Zugangszeitpunkt entstandenen Goodwilldifferenzen Unterschiede in der Kaufpreisallokation dazu geführt, dass der Badwill bereits der Höhe nach differiert. Zwar darf der Badwill in der Steuerbilanz ohnehin nicht angesetzt werden, so dass es hier im Falle des handelsrechtlichen Ansatzes (Szenario 2-1) immer zu einer Bilanzdifferenz kommt. Im Falle einer handelsrecht-

---

711 So z.B. KOZIKOWSKI / HUBER (2012), § 247 HGB, Tz. 407; BREITHAUPT (2002), § 247 HGB, Tz. 70. Daneben wird auch die Abbildung als Zweikomponentengeschäft vorgeschlagen: HOFFMANN / LÜDENBACH (2012), § 255 HGB, Tz. 76 ff.

712 **Ähnlich:** FASSELT / BRINKMANN (2004), B 211a, Tz. 67, die dies allerdings nur auf den (nach Anwendung der Abstockungslösung des BFH) verbleibenden Unterschiedsbetrag beziehen.

lichen Abstockung differiert indessen das Abstockungspotential in beiden Rechenwerken der Höhe nach (Szenario 2-2).

Die Probleme für die Bilanzierung latenter Steuern werden im Folgenden anhand von Beispielen verdeutlicht, denen nachstehender **Sachverhalt** zugrunde liegt.

Der Erwerber kauft die Unternehmung Z zum Preis von 50 GE. Die Bilanzen zum Erwerbszeitpunkt haben folgendes Aussehen. Der Steuersatz sei, soweit nicht anders angegeben, konstant 30 %.

Erwerberbilanz zum 30.06.t1 [GE]

Kasse	200	Eigenkapital	200
	200		200

Bilanz der Z zum 30.06.t1 [GE]

Vermögen	100	Eigenkapital	100
	100		100

Szenario 1-1: Passivierung in Handelsbilanz; Abstockung in Steuerbilanz

Der Badwill vor Berücksichtigung latenter Steuern beträgt in beiden Bilanzen 50 GE.[713] Wird der Badwill in der Steuerbilanz durch Abstockung berücksichtigt, wobei angenommen wird, dass das Vermögen abstockungsfähig ist, und wird der Badwill dagegen in der Handelsbilanz als solcher passiviert, so ergeben sich Bilanzdifferenzen sowohl bei den abgestockten Vermögensgegenständen als auch beim Badwill selbst. Auf die zu versteuernde Differenz von 50 GE im Bereich des Vermögens sind 15 GE an passiven latenten Steuern zu bilanzieren, auf die Badwilldifferenz von 50 GE aktive latente Steuern im Umfang von 15 GE.[714]

Erwerberbilanz zum 30.06.t1 [GE]

Vermögen	100	Eigenkapital	200
Kasse	150	Badwill	50
$ALS_{Badwill}$	15	$PLS_{Vermögen}$	15
	265		265

Steuerbilanz zum 30.06.t1 [GE]

Vermögen	50	Eigenkapital	200
Kasse	150	Badwill	0
	200		200

Da der Badwill als Residualgröße definiert ist, beeinflussen die aktiven und passiven latenten Steuern wiederum dessen Höhe. Im vorliegenden Fall gleichen sich aktive und

713 50 GE - [100 GE] = 50 GE.

714 Das gilt zumindest dann, wenn der Steuersatz in beiden Fällen 30 % beträgt.

passive latente Steuern aber aus, da die aktive Ansatzdifferenz (beim Badwill) der Bewertungsdifferenz (beim Vermögen) entspricht.[715]

Das muss nicht immer so sein, z.B. sofern für die aktiven latenten Steuern ein anderer Steuersatz als für die passiven latenten Steuern zur Anwendung kommt. Zur Verdeutlichung sei das Szenario 1-1 abgewandelt: Der Steuersatz für die Bewertungsdifferenz beim Vermögen beträgt nur 20 %, so dass nur 10 GE an passiven latenten Steuern ausgewiesen werden. Der Badwill ohne latente Steuern auf die Badwilldifferenz errechnet sich wie folgt:

$$50\ \text{GE} - [100 - 10] = -40$$

Es entsteht eine Ansatzdifferenz von 40 GE. D.h. es müssen aktive latente Steuern auf 40 GE bilanziert werden: 40 GE x 0,3 = 12 GE. Dadurch ändert sich wieder der Badwill (auf 52 GE) und die Bilanzdifferenz wächst an, womit bewiesen ist, dass der Aufblähungseffekt analog zum Goodwill zu beachten ist. Um das Iterationsverfahren überflüssig zu machen, bietet sich der Rückgriff auf die bekannte Formel an:

$$40\ \text{GE} \times (0{,}3 / (1 - 0{,}3)) = 17{,}143\ \text{GE}$$ [716]

Der endgültige Badwill nimmt demnach einen Wert von 57,143 GE an; gegenüber dem ursprünglichen Szenario 1-1 müssen zusätzliche 2,143 GE an aktiven latenten Steuern auf die Badwilldifferenz bilanziert werden. Es ergibt sich folgendes Bilanzbild:

Erwerberbilanz zum 30.06.t1 [GE]

Vermögen	100	Eigenkapital	200
Kasse	150	Badwill	57,143
ALS	17,143	PLS	10
	267,143		267,143

Szenario 1-2: Abstockung in Handels- und Steuerbilanz

Wiederum wäre der Badwill ohne die Abstockung in beiden Bilanzen gleich hoch (50 GE). Wird dieses Abstockungspotential (50 GE) in beiden Bilanzen genutzt, so ergibt sich keine Bilanzdifferenz.

715 50 - [100 + 15 - 15] = -50.

716 Kontrollrechnung: 50 - (100 + 17,143 - 10) = 57,143.

Erwerberbilanz zum 30.06.t1 [GE]

Vermögen	50	Eigenkapital	200
Kasse	150	Badwill	0
	200		200

Der Ansatz latenter Steuern erübrigt sich in diesem Fall.

Szenario 1-3: Kein abstockungsfähiges Vermögen

Zwar ist der Badwill wiederum in beiden Bilanzen gleich hoch, allerdings kann in diesem Szenario kein Vermögen abgestockt werden, weil die Vermögensgegenstände annahmeweise aus liquiden Mitteln bestehen. Für diesen Fall sieht der BFH die Bildung eines passiven Ausgleichspostens („Passivposten") vor. Sofern dieser Posten in der Handelsbilanz gleichsam angesetzt wird, ergibt sich keine Bilanzdifferenz.

Erwerberbilanz zum 30.06.t1 [GE]

Vermögen	100	Eigenkapital	200
Kasse	150	Badwill bzw. „Passivposten"	50
	200		200

Es bestehen keine Bedenken einen in der Handelsbilanz passivierten Badwill dem passiven Ausgleichsposten als „steuerlichen Wertansatz" i.S.d. § 274 Abs. 1 HGB gegenüberzustellen, so dass auch in diesen Fällen keine latenten Steuern zu bilanzieren sind. Zu beachten ist, dass latente Steuern im Rahmen der Folgebilanzierung auftreten können, z.B. wenn der steuerliche Passivposten anders als der Badwill aufgelöst wird.

Szenario 1-4: Erfolgswirksame Ausbuchung des Badwill in der Handelsbilanz

In besonderen Fällen wird in der Literatur vertreten, den Badwill in der Handelsbilanz sofort als Ertrag zu vereinnahmen.[717] Vor Berücksichtigung latenter Steuern ist der (rein rechnerisch ermittelte) Badwill in Handels- und Steuerbilanz gleich hoch (50 GE).[718]

---

717 Für eine ertragswirksame Erfassung treten ein: SIEGEL / BAREIS (1993), S. 1485 (in Bezug auf ein von MOXTER angeführtes Beispiel).

718 50 GE - (100) = -50 GE.

Da in der Steuerbilanz die Abstockungsmethode grundsätzlich zwingend ist und der Badwill handelsrechtlich sofort ausgebucht wird, können Badwilldifferenzen in diesem Fall nicht beim Badwill selbst auftreten, da der Badwill in beiden Bilanzen den Wert „Null" annimmt. Lediglich bei den Vermögensgegenständen, die nur steuerrechtlich abgestockt werden (hier: auf 50 GE), sind entsprechende Bilanzdifferenzen zu beachten. Die so ermittelten passiven latenten Steuern von 15 GE verändern den Badwill in der Handelsbilanz:

$$50 - [100 - 15] = - 35 \text{ GE}$$

Da dieser Badwill in diesem Szenario umgehend über die GuV ausgebucht wird, erübrigt sich ein Ansatz weiterer latenter Steuern. Die Buchungen lauten:

Erwerberbilanz zum 30.06.t1 [GE]

Vermögen	100	Eigenkapital	200 + 35
Kasse	150	Badwill	0
ALS	0	$PLS_{Vermögen}$	15
	250		250

Szenario 2-1: Ansatz in Handels- und Abstockung in Steuerbilanz bei ungleich hohem Badwill

Abweichend zu Szenario 1-1 wird nunmehr unterstellt, dass in der Bilanz der Z eine stille Last von 20 GE vorhanden sei, die steuerlich nicht anerkannt werde. Handelsrechtlich bestehe Passivierungspflicht. Folglich divergieren handels- und steuerrechtliche Kaufpreisallokation schon *vor* Berücksichtigung latenter Steuern.

Steuerrechtlich beläuft sich der Badwill auf 50 GE;[719] aufgrund der BFH-Rechtsprechung darf dieser Badwill nicht passiviert werden und eine Abstockung des steuerlichen Wertansatzes beim Vermögen ist nötig. Hieraus erwächst eine zu versteuernde Differenz von 50 GE und somit passive latente Steuern von 15 GE. Zusätzlich ist zu beachten, dass auf die stille Last aktive latente Steuern im Umfang von 6 GE zu berücksichtigen sind. Handelsrechtlich ergibt sich ein Badwill vor Berücksichtigung latenter Steuern auf eine Badwilldifferenz von 21 GE:

$$50 - [100 + 6 - (20 + 15)] = - 21 \text{ GE}$$

---

[719] 50 GE - [100 - 0] = -50. Die stille Last von 20 wird steuerlich nicht anerkannt.

Die vorläufige Badwilldifferenz beträgt 21 GE (Steuerbilanzwert: 0; Badwill: 21 GE). Um das Iterationsverfahren überflüssig zu machen, kann auf die bekannte Formel zurückgegriffen werden: $21 \cdot \frac{0,3}{(1-0,3)} = 9\,\text{GE}$. Folglich müssen zusätzlich aktive latente Steuern im Umfang von 9 GE bilanziert werden (6 GE + 9 GE = 15 GE) bzw. der Badwill erhöht sich von 21 GE auf 30 GE.[720]

Erwerberbilanz zum 30.06.t1 [GE]

Vermögen	100	Eigenkapital	200
Kasse	150	Verpflichtung	20
		Badwill	30
ALS	15	PLS	15
	265		265

Steuerbilanz zum 30.06.t1 [GE]

Vermögen	50	Eigenkapital	200
Kasse	150	Badwill	0
	200		200

Szenario 2-2: Abstockung in Handels- und Steuerbilanz bei ungleich hohem Badwill

Dieses Szenario entspricht Szenario 1-2. Es wird jedoch zusätzlich eine stille Last von 20 GE bei Z unterstellt, die einen der Höhe nach divergierenden Badwill in beiden Rechenwerken hervorruft.

Der steuerliche Badwill beläuft sich auf 50 GE, so dass die Vermögenswerte in der Steuerbilanz um 50 GE abgestockt werden. Der handelsrechtliche Badwill *vor* Berücksichtigung sämtlicher latenter Steuern beträgt dagegen 30 GE;[721] dieser wird annahmeweise nicht ausgewiesen, sondern die Vermögensgegenstände abgestockt. Hierdurch vermindern sich die Vermögensgegenstände in der Handelsbilanz auf einen Buchwert von 70 GE. Zwischen den Vermögensgegenständen in Handels- und Steuerbilanz klafft wegen dem verschieden hohen Abstockungspotential eine zu versteuernde Differenz von 20 GE und mithin müssen 6 GE an passiven latenten Steuern bilanziert werden. Zum anderen ist auf die stille Last eine aktive latente Steuer in Höhe von 6 GE zu bilanzieren, die in die handelsrechtliche Kaufpreisallokation einfließt. Beide Posten latenter Steuern beeinflussen den handelsrechtlichen Badwill *nach* latenten Steuern:

$$50\text{ GE} - [100 + 6 - (20 + 6)] = -30$$

720 Kontrollrechnung: 50 - [100 + 6 + 9 - (20 + 15)] = -30 GE.

721 50 GE - [100 - (20)] = -30 GE.

An dieser Stelle sind nicht etwa latente Steuern auf die vermeintliche Badwilldifferenz von 30 GE zu bilanzieren. **Vielmehr sind die 30 GE bereits in den handelsrechtlich abgestockten Vermögensgegenständen berücksichtigt.**[722]

Erwerberbilanz zum 30.06.t1 [GE]

Vermögen	70	Eigenkapital	200
Kasse	150	Verpflichtung	20
$ALS_{Verpflichtung}$	6	$PLS_{Vermögen}$	6
		Badwill	0
	226		226

Als Fazit ist festzuhalten, dass die Berücksichtigung latenter Steuern auf Badwilldifferenzen vielschichtig ist. Die Komplexität ergibt sich dabei aber weniger aus der Berechnung latenter Steuern, sondern aus der Vielfalt der im Handelsrecht als zulässig erachteten Bilanzierungsmöglichkeiten des Badwill: Durch die Abstockung der Vermögensgegenstände in der Steuerbilanz ergeben sich regelmäßig zu versteuernde Bewertungsdifferenzen, während bei Passivierung des Badwill in der Handelsbilanz eine abzugsfähige Ansatzdifferenz entsteht. Der Aufblähungseffekt, der beim Goodwill erörtert wurde, ist mittels der für den Goodwill hergeleiteten Formel analog für den Badwill zu handhaben.

Es besteht daher kein Grund, § 306 S. 3 HGB auf die Bilanzierung von Badwilldifferenzen auszudehnen. Im Gegenteil: In Szenario 1-2 und 2-1 zöge eine solche „Vereinfachung" widersinnige Konsequenzen nach sich. So müssten zwar latente Steuern auf die Differenzen beim Vermögen bilanziert werden, die aktiven latenten Steuern auf die Badwilldifferenz selbst blieben aber außer Ansatz. Die künftigen steuerlichen Konsequenzen auf der Aktivseite würden abgebildet, die (kompensatorischen) Konsequenzen auf der Passivseite dagegen nicht. Dies ist schwerlich mit der Informationsfunktion und einer zutreffenden Darstellung der Vermögenslage in Einklang zu bringen.

---

722 Kontrollrechnung: 50 GE - [**70** + 6 - (20 + 6)] = 0 GE.

5.2 Sonderfragen der Ausschüttungssperre

Abzugsfähige Differenzen führen dazu, dass im Zeitpunkt des Abbaus der Differenz das steuerrechtliche Ergebnis gemessen am handelsrechtlichen Erfolg geringer ist. Dabei hängt der tatsächliche Eintritt der Steuerentlastung grundsätzlich von dem Vorhandensein steuerpflichtiger Gewinne in der Periode des Abbaus der abzugsfähigen Differenz ab, weil sich der Staat nicht mit negativen Steuerzahlungen an den Verlusten in der Entstehungsperiode der Verluste beteiligt. Dies markiert ein großes Unsicherheitsmoment und ist der wesentliche Grund, warum aktive latente Steuern mangels Veräußerbarkeit kein Vermögensgegenstand i.S.d. HGB sind. Vielmehr handelt es sich bei aktiven latenten Steuern um eine ungewisse Steuerforderung, die nach allgemeinen Regeln nicht aktivierbar ist und nicht den ausschüttbaren Gewinn erhöhen darf. Dies gilt v.a. dann, wenn aktive latente Steuern zusätzlich auch auf steuerliche Verlustvorträge bilanziert werden (§ 274 Abs. 1 S. 4 HGB). Die Aktivierung solch ungewisser Steuerforderungen im Einzelabschluss (Gewinnermittlungsebene) mittels § 274 Abs. 1 S. 2 und S. 4 HGB hat der Gesetzgeber aus Gläubigerschutzerwägungen mit einer Ausschüttungssperre (Gewinnverwendungsebene) gekoppelt.

Zwar wurde bereits erörtert, dass außerbilanzielle Ausschüttungssperren grundsätzlich dazu geeignet sind, die Ausschüttungsbemessungsfunktion zu bewahren und Gläubigerschutzinteressen zu genügen.[723] Sobald jedoch die wirklichkeitsferne Prämisse, wonach nur eine bzw. mehrere abzugsfähige Differenzen (aber keine zu versteuernden Differenzen) vorliegen, aufgegeben wird, resultiert hieraus stets eine unterschwellige Gefahr, dass die Ausschüttungssperre ihren Zweck nicht bzw. nicht ausreichend erfüllt. Die theoretisch richtige Lösung der Saldierungsfrage ist für die Ermittlung des ausschüttungsgesperrten Betrags relevant.[724] Soweit eine Saldierung aufgrund des phasen*un*gleichen Abbaus von passiven und aktiven Differenzen ausscheidet und sich die aktiven Differenzen erst nach den passiven Differenzen auflösen, muss eine Saldierung unterbleiben. Da § 274 Abs. 1 HGB allerdings eine undifferenzierte Saldierung ermöglicht

723 Siehe oben D.2.3.3. und D.2.3.4.2.2.

724 Siehe oben D.4.4.

und der Wortlaut von § 268 Abs. 8 S. 2 HGB auf den Aktivüberhang beschränkt ist, wirkt die Ausschüttungssperre regelmäßig unzureichend (Gläubigergefährdung).

Die Regelung des § 268 Abs. 8 S. 2 HGB ist aber auch aus anderer Sicht problematisch und äußerst komplex. Neben der Ausschüttungssperre für den Aktivüberhang latenter Steuern (§ 268 Abs. 8 **Satz 2** HGB), hat der Gesetzgeber in **Satz 1** und **Satz 3** der Vorschrift weitere, unsichere Posten mit einer Ausschüttungssperre belegt. Hierbei handelt es sich einerseits um originäre immaterielle Vermögengegenstände des Anlagevermögens (§ 248 Abs. 2 HGB n.F.) sowie um den „übersteigenden Betrag" i.S.d. § 246 Abs. 2 S. 3 HGB andererseits. Aus Gründen der sprachlichen Vereinfachung seien die so aktivierten Beträge im Folgenden als „**Sonderbeträge**" bezeichnet.

Die Sonderbeträge dürfen nicht in der Steuerbilanz aktiviert werden.[725] Es entstehen zu versteuernde Differenzen, auf welche passive latente Steuern zu bilanzieren sind. Durch den Ansatz passiver latenter Steuern steht der Fremdkapitalanteil der Sonderbeträge nicht für Zwecke der Ausschüttung oder Abführung zur Verfügung.[726] Die passiven latenten Steuern auf die Sonderbeträge mindern somit jeweils den ausschüttungsgesperrten Betrag i.S.d. Sätze 1 und 3 der Vorschrift. Die Ausschüttungssperre wird insoweit auf den Eigenkapitalanteil des aktivierten Betrags beschränkt,[727] da andernfalls der ausschüttungsgesperrte Betrag um den Fremdkapitalanteil der Sondersachverhalte zu hoch wäre. Dies hätte einen Verstoß gegen die Ausschüttungsbemessungsfunktion (Mindestausschüttung) zur Folge. Insoweit ist das Erfordernis, die Sonderbeträge um die hierfür gebildeten passiven latenten Steuern zu vermindern, gerechtfertigt.[728]

Allerdings ist mit der Beschränkung der Ausschüttungssperre auf den Eigenkapitalanteil der Sonderbeträge ein gravierendes Folgeproblem verbunden: Es besteht die Gefahr einer **Doppelberücksichtigung** bei der Ermittlung des ausschüttungsgesperrten Betrags

---

725 Dies ergibt sich für den Sonderbetrag nach Satz 1 des § 268 Abs. 8 HGB aus § 5 Abs. 2 EStG und für den Sonderbetrag nach Satz 3 aus dessen fehlender Wirtschaftsguteigenschaft. Zu den Voraussetzungen für das Vorliegen eines (positiven) Wirtschaftsgutes vgl. m.w.N. FEDERMANN (2010), S. 286 ff.

726 Dies wurde offensichtlich vom Gesetzgeber im Referentenentwurf zum BilMoG verkannt, da der gesamte Betrag, der auf § 248 Abs. 2 bzw. § 246 Abs. 2 S. 3 HGB entfällt, einer Ausschüttungssperre unterworfen wurde. Zu einer entsprechenden Kritik vgl. ausführlich mit Beispiel: KARRENBROCK (2008), S. 330.

727 Vgl. KARRENBROCK (2008), S. 330.

728 **Gl.A.** HAAKER (2008), S. 1753 f.; GELHAUSEN / FEY / KÄMPFER, Abschn. N, Tz. 38.

nach § 268 Abs. 8 **Satz 2** HGB.[729] Passive latente Steuern auf Sonderbeträge werden bei (wortgetreuer) Ermittlung des Aktivüberhangs nach § 268 Abs. 8 S. 2 HGB nochmals berücksichtigt. Das Problem sei anhand eines Beispiels verdeutlicht.[730]

Ausgangssachverhalt: Eine Unternehmung (s = 0,3) hat zum Bilanzstichtag einen Jahresüberschuss von 1.000 GE (*vor* Berücksichtigung latenter Steuern und *vor* Sonderbeträgen) erwirtschaftet. Es bestehen abzugsfähige und zu versteuernde Differenzen in Höhe von jeweils 1.000 GE; die Differenzen bauen sich phasengleich ab. In den zu versteuernden Differenzen von 1.000 GE sind 200 GE enthalten, die auf einen originären immateriellen Vermögensgegenstand des Anlagevermögens (Sonderbetrag) entfallen. Der theoretisch richtige Wert der Ausschüttungssperre ist zu ermitteln. Wie nachstehende Rechnung zeigt, sind dies 200 GE.

Jahresüberschuss *vor* latenten Steuern und *vor* Sonderbeträgen	1.000 GE
+ Aktivierung des Sonderbetrags	+ 200 GE
- Saldo latenter Steuern[731]	- 0 GE
Jahresüberschuss	1.200 GE

Bei wortgetreuer Anwendung von § 268 Abs. 8 HGB ergibt sich folgende Lösung. Die passiven latenten Steuern auf den Sonderbetrag (hier: 200 GE x 0,3 = 60 GE) mindern den ausschüttungsgesperrten Betrag nach § 268 Abs. 8 **S. 1** HGB. Satz 1 verhindert die Ausschüttung von 140 GE. Da den aktiven latenten Steuern in gleicher Höhe passive latente Steuern gegenüber stehen, greift die Ausschüttungssperre des § 268 Abs. 8 **S. 2** HGB nicht. Satz 2 sperrt insoweit keine zusätzlichen Beträge. Insgesamt bleiben nach § 268 Abs. 8 HGB somit nur 140 GE im Unternehmen „eingesperrt".

---

729 Vgl. Kühne / Melcher / Wesemann (2009), S. 1011 f.; Gelhausen / Fey / Kämpfer, Abschn. N, Tz. 50; Karrenbrock (2011), S. 686; Kessler / Leinen / Paulus (2009), S. 725; Küting / Seel (2009), S. 925; IDW-HFA (2009), Tz. 34; Hoffmann / Lüdenbach (2012), § 268 HGB, Tz. 163 f.; Siegel (2011), S. 203.

730 In Anlehnung an: Karrenbrock (2011), S. 686, der allerdings nicht den Fall betragsmäßig gleich hoher aktiver und passiver latenter Steuern thematisiert.

731 1.000 GE - 1.000 GE = 0 GE; 0 GE x 0,3 = 0 GE.

Dieses Ergebnis ist unzutreffend, da unsichere Erträge im Umfang von 200 GE[732] den Jahresüberschuss erhöht haben. Hintergrund ist eine Doppelberücksichtigung: Die passiven latenten Steuern auf den Sonderbetrag (60 GE) wurden einerseits nach Satz 1 und zusätzlich nach Satz 2 berücksichtigt.

Um eine derartige Doppelberücksichtigung und somit einen Verstoß gegen die Ausschüttungsbemessungsfunktion (Höchstausschüttung) zu vermeiden, werden im Schrifttum *mehrere Lösungsmöglichkeiten* diskutiert.

a) Net-of-Tax-Bewertung

Eine einfache Lösung könnte in der Net-of-Tax-Bewertung der Sonderbeträge gesehen werden:[733] Der negative Steuereffekt führt zu einem entsprechend hohen Bewertungsabschlag bei dem betreffenden Aktivum. Eine erneute Berücksichtigung der (in der Bewertung des Aktivums aufgegangenen) passiven latenten Steuer bei der Ermittlung des nach § 268 Abs. 8 S. 2 HGB gesuchten ausschüttungsgesperrten Betrags wäre ausgeschlossen.

Lösung des Beispiels mittels Net-of-Tax-Methode: Bei einem anzuwendenden Steuersatz von 30 % müsste aufgrund der Bilanzdifferenz bei dem Vermögensgegenstand (200 GE) nach § 248 Abs. 2 HGB eigentlich eine passive latente Steuer von 60 GE passiviert werden. Bei einer Net-of-Tax-Bewertung wird dieser negative Steuereffekt (hier: 60 GE) aber direkt bei der Bewertung des Vermögensgegenstands berücksichtigt. Der Vermögensgegenstand würde mit 140 GE (statt 200 GE) bewertet.

---

[732] Die unsicheren Erträge in Gestalt des Eigenkapitalanteils des Sonderbetrags (140 GE) zuzüglich dem Fremdkapitalanteil des Sonderbetrags (= passive latente Steuer auf den Sonderbetrag), der mit aktiven latenten Steuern (= ebenfalls unsichere Erträge) aufgerechnet wurde (60 GE).

[733] So bereits KARRENBROCK (1991), S. 243-245 (in Bezug auf eine Net-of-Tax-Bewertung von Ingangsetzungs- und Erweiterungsaufwendungen); KARRENBROCK (2011), S. 686 f. Siehe ferner oben C.2.4.

Allerdings ist die Net-of-Tax-Methode mit geltenden Bilanzierungsregeln (z.B. Saldierungsver- und Einzelbewertungsgebot) unvereinbar.[734] Diese theoretisch denkbare Lösung scheidet deshalb aus.[735]

b) Korrektur des ausschüttungsgesperrten Betrags nach Satz 2

Eine *andere* Lösung könnte in der rechnerischen **Hinzurechnung** von (bereits nach § 268 Abs. 8 S. 1 und S. 3 HGB berücksichtigten) passiven latenten Steuern auf Sonderbeträge bei der Ermittlung des nach Satz 2 der Vorschrift gesuchten ausschüttungsgesperrten Betrags erblickt werden.[736]

> **Lösung des Beispiels mittels Korrekturrechnung:** Es wurden 60 GE an passiven latenten Steuern im Rahmen der Ermittlung des ausschüttungsgesperrten Betrags nach *Satz 1* der Vorschrift berücksichtigt. Diese (bereits „verbrauchten") 60 GE werden bei der Ermittlung des ausschüttungsgesperrten Betrags nach *Satz 2* der Vorschrift wieder hinzugerechnet. Der (modifizierte) ausschüttungsgesperrte Betrag nach Satz 2 der Vorschrift wird damit zutreffend mit 200 GE ermittelt.

KARRENBROCK hat darauf hingewiesen, dass eine derartige Korrektur- bzw. Schattenrechnung nicht ausnahmslos zu erfolgen hat.[737] Es kann nicht in allen Fällen davon ausgegangen werden, dass aktive Differenzen mit den passiven Differenzen auf Sonderbeträge verrechnet wurden. Doch nur in diesem Fall kommt es tatsächlich zu einer Doppelberücksichtigung, die korrigiert werden muss. Eine Korrekturrechnung ist beispielsweise dann unnötig, wenn keine aktiven Differenzen bestehen oder eine Saldierung infolge zeitlicher Inkongruenz des Abbaus von Bilanzdifferenzen zu unterbleiben hat.

> **Abwandlung des Ausgangssachverhalts:** Wie vorstehend, allerdings bestehen keine abzugsfähigen Differenzen (statt 1.000 GE). Der ausschüttungsgesperrte

---

734 Vgl. KARRENBROCK (1991), S. 122-124. Die dort gemachten Ausführungen haben auch nach Inkrafttreten des BilMoG weiterhin Gültigkeit. Siehe auch oben C.2.4.

735 So dann auch: KARRENBROCK (2011), S. 687.

736 Vgl. WENDHOLT / WESEMANN (2009), S. 68; KÜHNE / MELCHER / WESEMANN (2009), S. 1012; KESSLER / LEINEN / PAULUS (2009), S. 725; HERZIG / VOSSEL (2009), S. 1177; LÜDENBACH (2010), S. 589.

737 Vgl. KARRENBROCK (2011), S. 687. **Abweichend:** LÜDENBACH (2010), S. 589; LÜDENBACH / FREIBERG (2010), S. 1973.

Betrag nach Satz 1 beträgt wie gehabt 140 GE. Die Ausschüttungssperre nach Satz 2 greift nicht, da ein Passivüberhang vorliegt. Die Addition beider ausschüttungsgesperrten Beträge (140 GE + 0 GE) ergibt einen Wert von 140 GE. Eine Korrekturrechnung ist hierbei unnötig, da passiven Differenzen auf den Sonderbetrag (60 GE) nicht mit aktiven Differenzen aufgerechnet wurden. Mit anderen Worten, eine Doppelberücksichtigung fand nicht statt.

Eine Hinzurechnung ist vielmehr immer dann - aber auch nur dann - zu fordern, soweit **passive latente Steuern auf Sonderbeträge mit aktiven latenten Steuern verrechnet wurden.**[738] Zu einer derartigen Verrechnung kann es losgelöst von der Ausweismethode (Brutto- oder Nettoausweis) und unabhängig davon kommen, ob ein Aktivüberhang (mit oder ohne Aktivierung in der Bilanz), ein Passivüberhang oder ein betragsmäßiger Gleichstand von aktiven und passiven latenten Steuern vorliegt.[739] Die Modifikation der Ausschüttungssperre nach Satz 2 durch Hinzurechnung sei anhand eines Passivüberhangs verdeutlicht.

Abwandlung des Ausgangssachverhalts: Wie vorstehend, allerdings bestehen mit Ausnahme der passiven Differenzen infolge des Sonderbetrags (200 GE) keine anderweitigen passiven Differenzen und die aktiven Differenzen betragen lediglich 120 GE (statt: 1.000 GE). Die Ausschüttungssperre muss 176 GE betragen. Dieser Wert errechnet wie folgt:

Jahresüberschuss *vor* latenten Steuern und *vor* Sonderbeträgen	1.000 GE
+ Aktivierung des Sonderbetrags	+ 200 GE
- Saldo latenter Steuern[740]	- 24 GE
Jahresüberschuss	1.176 GE

Bei wortgetreuer Anwendung des § 268 Abs. 8 HGB ergibt sich für den Betrag nach Satz 1 eine Ausschüttungssperre von 140 GE. Die Ausschüttungssperre nach Satz 2 liefe ohne Modifikation ins Leere, da ein Passivüberhang vorliegt. Insgesamt würden nur 140 GE mit einer Ausschüttungssperre belegt. Die

738 Vgl. KARRENBROCK (2011), S. 687.

739 **Anders aber:** ZÜLCH / HOFFMANN (2010), S. 910 (Eine Korrekturrechnung sei auf den Fall eines in der Bilanz ausgewiesenen Aktivüberhangs beschränkt).

740 200 GE - 120 GE = 80 GE (Passivüberhang); 80 GE x 0,3 = 24 GE.

fehlenden 36 GE haben ihren Grund in der Doppelberücksichtigung eines Teils der zu versteuernden Differenz (hier: 120 GE von 200 GE). Durch die Hinzurechnung der mit aktiven latenten Steuern verrechneten passiven latenten Steuern auf Sonderbeträge (hier: 120 GE x 0,3 = 36 GE) wird der Fehler bei der Bestimmung des Betrags nach Satz 2 geheilt.

Eine Korrektur mittels Hinzurechnung ist imstande, den Sinn und Zweck der Ausschüttungssperrvorschrift des § 268 Abs. 8 S. 2 HGB zu erfüllen. Allerdings ist aufgrund des eindeutigen Wortlauts von Satz 2 fraglich, inwieweit ein solches Vorgehen vom Bilanzierenden tatsächlich sanktionsbewährt eingefordert werden kann.[741]

c) Korrektur der ausschüttungsgesperrten Beträge nach Satz 1 und Satz 3

Eine **dritte** Lösungsmöglichkeit für das Problem der Doppelberücksichtigung wurde von KARRENBROCK identifiziert.[742] Methodisch werden dabei die Sonderbeträge nur in dem Maße gemindert, in dem passive latente Steuern tatsächlich auf diese Sonderbeträge bilanziert werden. Falls die durch Sonderbeträge hervorgerufenen zu versteuernden Differenzen bereits gegen abzugsfähige Differenzen (ggf. anteilig) aufgerechnet wurden (und insoweit bei Satz 2 der Vorschrift berücksichtigt werden), scheidet eine nochmalige (ggf. anteilige) Berücksichtigung nach Satz 1 oder Satz 3 aus.

Lösung des vorstehenden Beispiels: Den aktiven Differenzen (120 GE) stehen bei der Bemessung des ausschüttungsgesperrten Betrags nach **Satz 2** der Vorschrift passive Differenzen (infolge der Sonderbeträge) im Umfang von 200 GE gegenüber. Es entsteht ein Passivüberhang in Höhe von 80 GE x 0,3 = 24 GE. Satz 2 läuft ins Leere, d.h. sperrt keine Beträge. Mithin wurden 120 GE von der passiven Differenz infolge des Sonderbetrags (200 GE) „verbraucht“.

Soweit bei der Bestimmung des ausschüttungsgesperrten Betrags nach **Satz 1** jetzt nur die passiven latenten Steuern abgezogen werden, die tatsächlich für den Sonderbetrag gebildet werden, wird der ausschüttungsgesperrte Betrag zutreffend ermittelt. Von der zu versteuernden Differenz aufgrund des Sonderbetrags

---

741 Zweifelnd auch: KESSLER / LEINEN / PAULUS (2009), S. 726; LÜDENBACH (2010), S. 589.
742 Vgl. KARRENBROCK (2011), S. 687 f.

(200 GE) wurden bereits 120 GE nach Satz 2 berücksichtigt. Ergo verbleiben für Satz 1 der Vorschrift nur 80 GE von diesen 200 GE für die Bilanzierung passiver latenter Steuern auf den Sonderbetrag: 80 GE x 0,3 = 24 GE. Der insgesamt ausschüttungsgesperrte Betrag beträgt somit zutreffend 176 GE + 0 GE = 176 GE.

Diese Lösung genießt gegenüber den anderen beiden Lösungsmöglichkeiten den Vorzug, mit dem Wortlaut von § 268 Abs. 8 S. 1 und S. 3 HGB in Einklang zu stehen.[743] Sowohl Satz 1 als auch Satz 3 sprechen von den *„hierfür gebildeten passiven latenten Steuern"* als Abzugsgröße für die Sonderbeträge zwecks Ermittlung des jeweils ausschüttungsgesperrten Betrags.

5.3 Investitionszuwendungen der öffentlichen Hand

5.3.1 Investitionszulagen

Häufig werden im Schrifttum[744] steuerfreie (§ 13 InvZulG 2010) und nicht rückzahlbare Investitionszulagen nach dem InvZulG als Anwendungsfälle für erfolgsneutral entstehende Bilanzdifferenzen gesehen, die eine erfolgsneutrale Bildung latenter Steuern rechtfertigen würde. Dabei ist allerdings anzumerken, dass es zu diesbezüglichen Bilanzdifferenzen im Zugangszeitpunkt nur dann kommt, sofern handelsrechtlich *entweder* eine passivische Abgrenzung der steuerfreien Zulage (als PRAP oder Sonderposten) vorgenommen *oder* die Zulage als Anschaffungspreisminderung vom begünstigten Aktivum abgesetzt wird. Zwar ist dieses Vorgehen international üblich (vgl. IAS 20.24), an der Zulässigkeit einer solchen Bilanzierung nach HGB bestehen aber gravierende Zweifel.

Die Verbuchung der Zulage als Anschaffungspreisminderung scheidet nach der hier vertretenen Auffassung aus, da der Bilanzadressat andernfalls über den Wert der be-

---

743 Vgl. KARRENBROCK (2011), S. 688. **Anders aber ohne Begründung:** LANFERMANN / RÖHRICHT (2009), S. 1217; ZÜLCH / HOFFMANN (2010), S. 909; PETERSEN / ZWIRNER / FROSCHHAMMER (2010), S. 336.

744 Vgl. statt vieler: WENDHOLT / WESEMANN (2009), S. 68; KOZIKOWSKI / FISCHER (2012), § 274 HGB, Tz. 12; KESSLER / LEINEN / PAULUS (2009), S. 718; KÜTING / SEEL (2009), S. 922; LOITZ (2010), S. 2178; SIEGEL (2011), S. 163.

günstigten Investition getäuscht wird. Die begünstigte Investition verliert durch die Gewährung der Zulage nicht an Wert. Doch genau dieser Anschein wird bei Verbuchung der Zulage als Anschaffungspreisminderung beim Adressaten erweckt.

Beispiel: Eine zum Ende der Berichtsperiode angeschaffte Maschine hat Anschaffungskosten von 1.000.000 GE. Der beizulegende Wert im Zugangszeitpunkt entspricht den Anschaffungskosten. Es wird zeitgleich eine Zulage in Höhe von 25 % der Anschaffungskosten gewährt. Bei Behandlung der Zulage als Anschaffungspreisminderung, steht die Maschine nur noch mit 750.000 GE zu Buche, obwohl ihr beizulegender Wert 1.000.000 GE beträgt. Es ist nicht zu vermitteln, warum sich der Wert der Maschine infolge der Gewährung einer Zulage vermindert hat. Der Einblick in die Vermögenslage der Gesellschaft wird vielmehr verfälscht. Ein solches (oder ähnliches) Vorgehen (z.B. über eine Teilwertabschreibung) ist contra legem.

Auch an der GoB-Konformität einer passivischen Abgrenzung der Zulage bestehen Zweifel. Zwar wird regelmäßig ein sog. Bindungszeitraum von fünf Jahren gerechnet ab dem Tag der Vornahme der Investition gefordert, dessen Verletzung eine Rückforderung der Zulage ermöglicht. Derweil muss, selbst wenn man die Erfüllung der Bindungsdauer und anderer Verwendungsauflagen der Einfachheit halber als „Gegenleistung" ansieht,[745] die volle Zulage zuzüglich Zinsen (§ 12 InvZulG 2010) auch dann zurückgezahlt werden, wenn der Bindungszeitraum bis auf einen Tag erfüllt ist oder das begünstigte Wirtschaftsgut innerhalb dieser Zeit zu mehr als 10 % privat genutzt wird (§ 2 InvZulG 2010). Folglich mangelt es an einer kalenderzeitproportionalen Erfolgswirkung der Einnahme, d.h. einer *„Reinvermögensmehrung"*[746] nach dem Stichtag, und somit an einer der Voraussetzungen für einen passiven Abgrenzungsposten i.S.d. § 250 Abs. 2 HGB.[747] Ergo ist auch die passivische Abgrenzung der Investitionszulage abzulehnen.[748]

---

745 Dies ist abzulehnen, **gl.A.** GROH (1988b), S. 2418; KUPSCH (1989/90), S. 105 und 107. **Abweichend**: IDW-HFA (1984), S. 133.

746 Vgl. HAYN (2005), B 218, Tz. 59.

747 Das IDW vertritt die Auffassung, die Passivierung könne auch in einem gesonderten Passivposten „Sonderposten für Investitionszuschüsse zum Anlagevermögen" o.Ä. erfolgen, dessen Auflösung korrespondierend mit den Abschreibungen zu erfolgen habe. Die Schaffung dieses neuen Postens sei durch § 265 Abs. 5 HGB gedeckt. Vgl. m.w.N.: WP-HANDBUCH BD. 1 (2006), Abschn. E, Tz. 253-254. **Stellungnahme:** Neue Posten dürfen aber nur hinzugefügt werden, wenn ihr Inhalt nicht

Das Problem der Bilanzierung latenter Steuern auf eine Investitionszulage stellt sich richtigerweise nicht, sofern die Zulage - analog zu einer Schenkung - im Zeitpunkt der Bewilligung der Zulage als sonstiger betrieblicher Ertrag in der handelsrechtlichen GuV verbucht wird.[749]

Ein Verstoß gegen das Realisationsprinzip ist in der ertragswirksamen Vereinnahmung der Zulage nicht zu erblicken.[750] Zum einen wird die Zulage für die Tätigung der Investition gewährt, so dass das Unternehmen die „geschuldete Leistung" im Bewilligungszeitpunkt erbracht hat.[751] Zum anderen würde das Realisationsprinzip auch überstrapaziert werden, wenn das bloße Erfüllen der Verwendungsauflagen (z.B. Bindungsdauer) den Ausweis von Forderungen gegenüber dem Staat verhindern würde. Andernfalls könnte man auch auf den Gedanken kommen, Forderungen aus Lieferung und Leistung gegenüber einem Kunden nicht ausweisen zu wollen, solange die gesetzliche Gewährleistungsfrist von 24 Monaten nicht abgelaufen ist. Derartige Übervorsicht lässt sich nicht mit dem Gläubigerschutz rechtfertigen. Soweit im Zeitablauf *konkrete* Anhaltspunkte dafür vorliegen, nach denen die Verwendungsauflagen der Zulage nicht erfüllt werden, wäre vielmehr sofort eine Rückzahlungsverpflichtung aufwandswirksam zu passivieren. Die Ertragswirkung würde so rückgängig gemacht. Besser als durch diesen simplen Mechanismus lässt sich das Restrisiko des Unternehmers bei Vereinnahmung einer Zulage nicht abbilden.

Aus alledem folgt: Bei Verbuchung der Zulage als sonstiger betrieblicher Ertrag stellt sich die Frage der Bilanzierung latenter Steuern nicht. Gefahren für das Kongruenzprinzip in der Rechnungslegung stellen sich demnach nicht.[752] Steuerrechtlich wird

von einem vorgeschriebenen Posten gedeckt wird. Dies ist bei der Behandlung von Zuwendungen ohne Gegenleistung nicht der Fall, denn sie können erfolgswirksam erfasst werden.

748 **I.E. gl.A.**: GROH (1988b), S. 2418 (Der Ausweis eines Investitions*zuschusses* in der Steuerbilanz als PRAP ist unzulässig, weil keine zeitraumbezogene und noch zu erbringende Gegenleistung des Unternehmers vorliegt).

749 Buchungssätze: Forderung /an/ sonst. Ertrag. Später: Finanzkonto /an/ Forderung.

750 **I.E. gl.A.**: TERTEL (1990), S. 74, dort Zif. (3.)a.

751 Der Antrag auf Zulage kann **nicht vor** Ablauf des Kalender- oder Wirtschaftsjahres gestellt werden, in dem die begünstigte Investition abgeschlossen ist. Vgl. STUHRMANN (2010), § 7 InvZulG 2010, Tz. 2. Lediglich bei mehrjährigen Investitionsvorhaben sind Anträge für jeweils in einem Jahr angefallene Anzahlungen bzw. Teilherstellungskosten zulässig. Vgl. WÜNNEMANN (2008), S. 1367.

752 Anders bei Abzug der Investitionszulage von den Anschaffungskosten, sofern die latente Steuer erfolgsneutral gebildet und später erfolgswirksam aufgelöst wird. **Zutreffend** kritisch:

dieser steuerfreie Ertrag durch außerbilanzielle Kürzung wieder abgerechnet. Latente Steuern sind in Ermangelung des Auftretens einer Bilanzdifferenz nicht zu bilanzieren.[753]

5.3.2 Investitionszuschüsse

Investitionszuschüsse[754] sind handelsrechtlich im Zeitpunkt der Bewilligung bzw. Vereinnahmung des Zuschusses als Ertrag zu berücksichtigen; es gelten dieselben Argumente wie für die bilanzielle Behandlung von Investitionszulagen.

Doch handelt es sich bei Zuschüssen im Gegensatz zu Zulagen um *steuerpflichtige* Erträge. Steuerrechtlich besteht unstreitig ein Wahlrecht (R 6.5 Abs. 2 S. 1 EStR) zur sofortigen erfolgswirksamen Vereinnahmung des Zuschusses als steuerpflichtige Betriebseinnahme (R 6.5 Abs. 2 S. 2 EStR) oder zur erfolgsneutralen Erfassung (R 6.5 Abs. 2 S. 3 EStR), wobei der Zuschuss hierbei die Anschaffungs- oder Herstellungskosten des bezuschussten Aktivums vermindert (Bewertungsabschlag). Die Versteuerung des Zuschusses erfolgt in diesem Fall zeitversetzt über die verminderte Abschreibungsgrundlage.

Je nach Ausübung des steuerlichen Wahlrechts sind folgende Konstellationen denkbar. *Zum einen* kann der Steuerpflichtige den Zuschuss sowohl in Handels- als auch in Steuerbilanz erfolgswirksam vereinnahmen. In diesem Fall erübrigt sich eine Bilanzierung latenter Steuern, da der Geschäftsvorfall in beiden Rechenwerken gleich abgebildet wird. *Zum anderen* kann sich der Steuerpflichtige steuerrechtlich für den Bewertungsabschlag des bezuschussten Aktivums entscheiden. Aufgrund der Streichung der handelsrechtlichen Öffnungsklauseln sowie der Abschaffung der umgekehrten Maßgeblichkeit[755] ist ein Bewertungsabschlag handelsrechtlich unzulässig. Es kommt zu einer

---

SCHILDBACH (2009), S. 229. **Stellungnahme:** Es wäre daher erforderlich, die erfolgsneutral gebildete latente Steuer erfolgsneutral aufzulösen; siehe oben D.2.4.2.2.

753 Die Nichtbilanzierung latenter Steuern steht im Übrigen mit IAS 12 im Einklang, der für Fälle wie diesen die sog. *initial recognition exception* vorsieht. Vgl. IAS 12.22 (c) und .33.

754 Unter dem Begriff des Investitionszuschusses werden hier Zuschüsse verstanden, die für die Anschaffung oder Herstellung eines Wirtschaftsgutes gewährt werden, für die jedoch keine Gegenleistung des Empfängers erbracht wird. Nicht erfasst werden somit Zuwendungen, die den Empfänger dazu verpflichten, z.B. für einen bestimmten Zeitraum nur noch Waren eines bestimmten Herstellers zu vertreiben (Schankverträge). Für letztgenannte sind ein Posten nach § 250 Abs. 2 HGB zu bilden.

755 Klarstellend hat die Finanzverwaltung die Sätze 4 bis 5 in R 6.5 Abs. 2 EStR aufgehoben.

zu versteuernden Differenz, die sich über die höheren handelsrechtlichen Abschreibungen sukzessive auflöst. D.h. die Erträge aus dem Zuschuss werden in der Steuerbilanz später über die verminderten Abschreibungen versteuert. Ein Ansatz passiver latenter Steuern ist geboten.

In diesem zweiten Fall ist fraglich, wie genau die passiven latenten Steuern zu bilanzieren sind. Der Zugang der begünstigten Investition (z.B. einer Maschine) erfolgt handelsrechtlich erfolgsneutral; auch in der Steuerbilanz erfolgt der Bewertungsabschlag bzw. die Teilwertabstockung bei der Investition erfolgsneutral. Insoweit ist die Bilanzdifferenz beim begünstigten Aktivum erfolgsneutral entstanden. Dies spräche für eine erfolgsneutrale Bildung latenter Steuern. Allerdings wird der - für das Auftreten der zu versteuernden Differenz ursächliche - Zuschuss **ertragswirksam** im handelsrechtlichen Rechenwerk erfasst. Es ist daher geboten, die latenten Steuern nicht erfolgsneutral zu bilden, sondern über die GuV. Diese Vorgehensweise ist zudem sachdienlich, da der Ertrag handelsrechtlich im Bewilligungszeitpunkt entsteht und die diesbezüglichen Steueraufwendungen (unabhängig vom Zahlungszeitpunkt, der vom Steuerrecht determiniert wird) auch in diese Periode gehören (§ 252 Abs. 1 Nr. 5 HGB).

5.4 Ertragsteuerliche Organschaft

5.4.1 Grundprinzip

Sinn und Zweck der ertragsteuerlichen Organschaft ist es, die wirtschaftliche Einheit eines Konzerns steuerlich zu berücksichtigen, um eine steuerliche Benachteiligung von konzernierten Unternehmen gegenüber nicht konzernierten Unternehmen zu verhindern.[756] Bei einem Konzern handelt es sich um rechtlich eigenständige Unternehmen, die wirtschaftlich unter einer einheitlichen Leitung stehen (§ 18 AktG). Dabei werden die Obergesellschaft (Muttergesellschaft) steuerlich als *Organträger* und die Untergesellschaften (beherrschte Gesellschaften) als *Organgesellschaften* bezeichnet. Organträger und sämtliche Organgesellschaften bilden zusammen den *Organkreis*.

---

756 Vgl. SCHEFFLER (2012), S. 475.

Organgesellschaften können nur Kapitalgesellschaften sein, dagegen kann ein Organträger auch in anderen Rechtsformen geführt werden. Unter den Sammelbegriff der ertragsteuerlichen Organschaft fallen körperschaftsteuerliche Organschaften (§§ 14 - 19 KStG) und gewerbesteuerliche Organschaften (§ 2 Abs. 2 S. 2 GewStG). Wurde eine ertragsteuerliche Organschaft wirksam geschaffen,[757] so werden Gewinne und Verluste der einzelnen Organgesellschaften dem Organträger zugerechnet (Körperschaftsteuer, Zurechnungstheorie) bzw. die einzelnen Gewerbeerträge der Organgesellschaften werden mit dem Gewerbeertrag des Organträgers zusammengefasst (Gewerbesteuer, modifizierte Einheitstheorie). Der Organträger als Anteilseigner der Organgesellschaften versteuert somit nicht nur seine eigenen Einkünfte, sondern auch die Einkünfte seiner Organgesellschaften (Durchbrechung des Trennungsprinzips). Steuerschuldner (und damit Steuerentrichtungspflichtiger) ist folglich der Organträger (§ 43 AO i.V.m. §§ 1, 14 Abs. 1 KStG, § 5 Abs. 1 GewStG). Die Organgesellschaften können allenfalls subsidiär als Haftungsschuldner in Anspruch genommen werden (§ 73 AO).

Die Zuordnung der Einkünfte der Organgesellschaften zum Organträger wirft die Frage auf, ob und in welchem Einzelabschluss latente Steuern auf Bilanzdifferenzen bei Bestehen einer Organschaft[758] zu bilanzieren sind. Unproblematisch sind dabei *im Einzelabschluss des Organträgers auftretende Bilanzdifferenzen*, da diese beim Organträger entstanden sind und sich auch dort auswirken (in Gestalt von Steuermehr- oder -minderzahlungen). Dies gilt auch für aktive latente Steuern auf vortragsfähige Sachverhalte, die auf Ebene des Organträgers bestehen.[759] Allerdings muss die steuerliche Planungsrechnung die künftigen Ergebnisbeiträge der Organgesellschaften beinhalten. Ein Organträger mit signifikanten steuerlichen Verlustvorträgen, der selbst keine ausreichenden steuerlichen Gewinne in den nächsten fünf Jahren produzieren wird, kann - profitable Organgesellschaften unterstellt - trotzdem aktive latente Steuern auf Verlustvorträge bilanzieren. Bei der Steuersatzermittlung im Organkreis ist wegen § 2 Abs. 2 S. 2 GewStG, wonach eine Organgesellschaft als Betriebsstätte des Organträgers

---

757 Zu den Voraussetzungen der Organschaft (Gewinnabführungsvertrag, finanzielle Eingliederung usw.) vgl. DÖTSCH (2010), § 14 KStG, Tz. 50 ff.

758 Es wird unterstellt, dass sich die Bilanzdifferenzen sowohl während der Zeit der Organschaft manifestieren als auch in organschaftlicher Zeit abbauen.

759 Vgl. HERZIG / LIEKENBROCK / VOSSEL (2010), S. 89.

gilt, zu beachten, dass der im Organkreis erwirtschaftete Gewerbeertrag gemäß §§ 28 ff. GewStG auf die Betriebsstätten zerlegt wird.[760]

Problematisch erscheinen dagegen *im Einzelabschluss der Organgesellschaft(en) auftretende Bilanzdifferenzen.* Bei Bestehen einer Organschaft wird der Abbau der Bilanzdifferenz bei der Organgesellschaft (aufgrund der Einkommenszurechnung an den Organträger) keine Steuerfolge bei der Organgesellschaft entfalten.[761] Dies lässt eine Bilanzierung bei der Organgesellschaft fraglich erscheinen. Andererseits besteht beim Organträger zwar die Steuerfolge, nicht aber die Bilanzdifferenz, was gegen eine Bilanzierung latenter Steuern beim Träger sprechen könnte. Weder die Bilanzierung latenter Steuern beim Organträger noch bei der Organgesellschaft scheinen vom Wortlaut des § 274 HGB gedeckt zu sein.[762]

Allerdings wäre es verfehlt, hieraus zu folgern, dass eine Bilanzierung latenter Steuern auf (im Einzelabschluss der Organgesellschaften auftretende Bilanzdifferenzen) obsolet sei. Vielmehr besteht der Sinn und Zweck der Bilanzierung latenter Steuern nach dem im HGB verwirklichten Temporary-Konzept darin, künftige Steuermehr- und -minderbelastungen im Jahresabschluss abzubilden. Eine Nichtbilanzierung latenter Steuern (auf im Einzelabschluss der Organgesellschaften auftretende Bilanzdifferenzen) kann somit nicht zulässig sein.[763] Da insoweit eine planwidrige Regelungslücke vorliegt, ist es erforderlich, § 274 Abs. 1 HGB weit auszulegen, so dass auch die Bilanzierung latenter Steuern (auf im Einzelabschluss der Organgesellschaften auftretende Bilanzdifferenzen) von der Vorschrift gedeckt ist. Allerdings ist fraglich, ob diese latenten Steuern beim Organträger oder bei der(n) Organgesellschaft(en) zu bilanzieren sind.

Verschiedentlich wird vertreten, dass eine **„wirtschaftliche Betrachtungsweise“** bei der Ertragsteuerbilanzierung im Rahmen von Gruppenbesteuerungssystemen (wie der deutschen Organschaft) geboten sei. Hierbei sollen die ertragsteuerlichen Effekte ihrer

---

760 Vgl. HOFFMANN / ZU PUTLITZ / SCHUBERT (2011), S. 133 f. Für eine Lösung dieses Problems siehe bereits oben D.3.2.3.

761 **Gl.A.** HERZIG / LIEKENBROCK / VOSSEL (2010), S. 86 ff., nach denen das „Prinzip der Personenidentität“ verletzt werde.

762 **Gl.A.** HERZIG / LIEKENBROCK / VOSSEL (2010), S. 86 ff., die in diesem Zusammenhang vom Auseinanderfallen von „Ursache“ (= Bilanzdifferenz) und „Wirkung“ (= Steuerfolge) sprechen.

763 **Gl.A.** HERZIG / LIEKENBROCK / VOSSEL (2010), S. 86 ff., die dies als „Bilanzierungskonzept I“ bezeichnen.

wirtschaftlichen Verursachung entsprechend ausgewiesen werden.[764] Soweit die Organgesellschaften steuerpflichtige Ergebnisbeiträge für den Organträger erwirtschaften, müssten - ungeachtet der nicht bestehenden Steuerschuldnerschaft der Organgesellschaft - auch diese Gesellschaften mit den auf sie entfallenden (latenten und tatsächlichen) Ertragsteuern belastet werden. Die Anwendung der „wirtschaftlichen Betrachtungsweise" hätte sodann zur Folge, dass (neben anteiligen tatsächlichen Steuern auch) latente Steuern (für bei der Organgesellschaft auftretende Bilanzdifferenzen) bei der Organgesellschaft zu bilanzieren sind.[765] Die Existenz der Organschaft wird insoweit grundsätzlich[766] ausgeblendet.

Die Zulässigkeit der „wirtschaftlichen Betrachtungsweise" der Organschaft im HGB erscheint aus mehreren Gründen ernstlich zweifelhaft. Zuvorderst ist einzuwenden, dass das Temporary-Konzept nicht primär eine periodengerechte Gewinnermittlung sicherstellen will, sondern einen zutreffenden Vermögensausweis. Mithin ist der Hinweis auf die verursachungsgerechte Zuordnung ertragsteuerlicher Effekte nicht geeignet, eine Bilanzierung latenter Steuern auf Basis der „wirtschaftlichen Betrachtungsweise" zu begründen. Zum anderen führt das geltende Steuerrecht unstreitig dazu, dass die Steuerfolgen (für bei der Organgesellschaft auftretende Bilanzdifferenzen) nicht die Organgesellschaft treffen. Wird dies ignoriert, so erfolgt die Bilanzierung latenter Steuern letztlich auf Basis eines **fiktiven Steuerrechts**. Mit anderen Worten, die Organgesellschaft müsste (bei Anwendung der wirtschaftlichen Betrachtungsweise) latente Steuerzahlungen ausweisen, die sie gar nicht treffen, während der Organträger latente Steuern nicht ausweisen würde, obwohl deren Zahlung droht. Ein derartiges Vorgehen stünde mit der zutreffenden Darstellung der Vermögenslage der beteiligten Gesellschaften in Konflikt. Der Versuch dies mit dem Hinweis auf eine „wirtschaftliche Betrachtungsweise" der Organschaft zu rechtfertigen, ist abzulehnen. MOXTER merkt zutreffend an,[767] dass das Prinzip der wirtschaftlichen Betrachtungsweise allzu oft herhalten muss, für *„Wunsch-GoB"* der jeweiligen Autoren, obwohl eine *„wohlverstandene wirtschaftliche Betrachtungsweise"* indes stets *„eine rechtliche Betrachtungs-*

---

764 Vgl. LOITZ / KLEVERMANN (2009), S. 411.

765 Vgl. MAIER / WEIL (2009), S. 2735 f.; LOITZ / KLEVERMANN (2009), S. 411 ff.

766 Vgl. LIENAU (2006), S. 228 (Die Verhältnisse des Organkreises sind bei der Einschätzung der Realisierbarkeit abzugsfähiger Differenzen zu berücksichtigen).

767 Vgl. im Folgenden, auch die wörtlichen Zitate: MOXTER (2003a), S. 15.

weise" bleiben müsse. Davon kann nicht mehr ausgegangen werden, wenn die Organschaft zwar besteht, ihre Existenz bei der Bilanzierung latenter Steuern „ausgeblendet" wird. Schließlich kann sich ein HGB-Anwender auch nicht auf eine analoge Anwendung des SFAS 109.40[768] berufen, da es (im Gegensatz zu den IFRS)[769] keine diesbezügliche Ermächtigungsnorm im HGB gibt.

Somit ist es erforderlich, dass die latenten Steuern (für bei der Organgesellschaft auftretende Bilanzdifferenzen) im Einzelabschluss des Organträgers bilanziert werden (sog. **formalrechtliche Betrachtungsweise**).[770] Idealiter weisen Organgesellschaften somit nicht selbst latente Steuern aus, sondern nur deren Organträger.[771] Weiterhin ist es geboten, dass im Anhang der Organgesellschaften darauf hingewiesen wird, dass die latenten Steuern aufgrund eines Organschaftsverhältnisses im Jahresabschluss des Organträgers erfasst wurden.

5.4.2 Steuerumlageverträge

Verschiedentlich werden Steuerumlageverträge[772] zwischen Organgesellschaften und dem Organträger geschlossen. Wesentliches Ziel[773] dieser zivilrechtlichen Umlagevereinbarungen ist es, die Organgesellschaft wirtschaftlich so zu stellen, als ob sie selbst Steuerschuldner wäre (Fiktion).[774] Dieses Ziel kann erreicht werden, sofern die Steuerumlage auf Basis der Belastungs- bzw. Stand-Alone-Methode ermittelt wird.[775] Je nach

---

768 SFAS 109.40 bestimmt, dass latente und tatsächliche Ertragsteuern, die einer Gruppe von Unternehmen (d.h. einem Organkreis) zuzurechnen sind, den einzelnen Gesellschaften nach einer konsistenten und betriebswirtschaftlich begründbaren Zurechnungsmethode zuzuweisen sind. Eine zulässige Zurechnungsmethode könnte darin bestehen, dass die Steuern in dem Maße bei den Organgesellschaften bilanziert werden, wie dies erfolgen würde, wenn die Organgesellschaften selbst Steuerschuldner wären. Vgl. LIENAU (2006), S. 227.

769 In IAS 12 besteht eine diesbezügliche Regelungslücke, die wegen IAS 8.12 durch Rückgriff auf Verlautbarungen anderer Standardsetter zu schließen sei, so z.B. SFAS 109.40. Vgl. LIENAU (2006), S. 227; HOFFMANN (2011), § 26, Tz. 100; LOITZ / KLEVERMANN (2009), S. 411.

770 **Gl.A.** HERZIG / LIEKENBROCK / VOSSEL (2010), S. 86, 100, dort als „Bilanzierungskonzept II" bezeichnet; DRS 18 (3.9.2010), Tz. 32.

771 Da die für die Bilanzierung latenter Steuern erforderlichen Informationen bei den Organgesellschaften vorhanden sind, ist in praxi davon auszugehen, dass die Organgesellschaften gleichwohl mit der Ermittlung latenter Steuern beschwert sind und sie diese Ergebnisse an den Organträger übermitteln müssen.

772 Zu Konzernsteuerumlagen und deren Anerkennung durch die Gerichte und die Verwaltung vgl. DÖTSCH / WITT (2008), § 14 KStG, Tz. 325-329.

773 Weitere Zielsetzungen bei HERZIG / LIEKENBROCK / VOSSEL (2010), S. 95 f.

774 Vgl. MAIER / WEIL (2009), S. 2736; HERZIG / LIEKENBROCK / VOSSEL (2010), S. 95 f. m.w.N.

775 Vgl. zu diesen Methoden: DÖTSCH / WITT (2008), § 14 KStG, Tz. 325.

Ausgestaltung[776] der zivilrechtlichen Umlagevereinbarungen kann die Fiktion einer Organgesellschaft als Steuerschuldnerin mithin „verwirklicht" werden. Im Schrifttum wird nun kritisiert, dass das Zusammenwirken von (die Realität der Besteuerung nachbildenden) Steuerumlageverträgen und der formalen Betrachtungsweise zu einem widersinnigen Ergebnis führe. In concreto sei es inkonsequent, dass laufende Steuereffekte (in Folge der Bilanzierung der Umlagen) bei der Organgesellschaft ausgewiesen würden, die latenten Steuern der Organgesellschaften aber beim Organträger zu bilanzieren seien.[777] Die Steuerumlagen „ersetzten" die (aufgrund der Organschaft) nicht bei der Organgesellschaft eintretende Steuerfolge aus dem Abbau der Bilanzdifferenzen.[778] Es sei daher geboten, latente Steuern bei der Organgesellschaft zu bilanzieren.[779]

Hiergegen ist einzuwenden, dass diese Sichtweise die Realebene des Steuerrechts verkennt. Eine ertragsteuerliche Organschaft setzt einen tatsächlich durchgeführten Ergebnisabführungsvertrag (EAV) voraus (§ 14 Abs. 1 S. 1 KStG), d.h. der gesamte Gewinn der Organgesellschaft ist an den Organträger abzuführen.[780] Die von einer Organgesellschaft an den Organträger zu entrichtende Steuerumlage und der Betrag, den sie an den Organträger als Gewinn abführen kann (Gewinnabführungsbetrag) stehen somit in einem wechselseitigen Verhältnis zueinander.[781] Je höher (niedriger) die Steuerumlage an den Organträger, desto niedriger (höher) der Betrag aus der Gewinnabführung an den Organträger. Die Steuerumlage stellt damit letztlich nicht mehr als eine vorweggenommene Gewinnabführung dar[782] und beeinflusst nicht[783] die Höhe des vom Organträger zu versteuernden Einkommens.[784]

---

776 „Den" Steuerumlagevertrag gibt es nicht, da in diesem Bereich grundsätzlich Kontrahierungsfreiheit herrscht. Teilweise werden mit Umlagevereinbarungen nur einzelne Steuerarten (z.B. nur die Gewerbe-, nicht aber die Körperschaftsteuer) umgelegt. In anderen Fällen sieht die Umlagevereinbarung lediglich bei profitablen Organgesellschaften (= Organträger hätte eine Forderung gegenüber der Organgesellschaft zu bilanzieren) eine Umlage vor, nicht aber bei verlustträchtigen Organgesellschaften (= Organträger hätte eine Verbindlichkeit gegenüber der Organgesellschaft zu bilanzieren). Vgl. Wendholt / Wesemann (2009), S. 70; Maier / Weil (2009), S. 2736.

777 Vgl. Maier / Weil (2009), S. 2736.

778 Vgl. Wehrheim / Adrian (2003), S. 1060 (in Bezug auf IAS 12).

779 Vgl. Wehrheim / Adrian (2003), S. 1060; Hoffmann / Lüdenbach (2012), § 274 HGB, Tz. 76; Hoffmann (2011), § 26, Tz. 109.

780 Eine Ausnahme hiervon ist in § 16 KStG geregelt.

781 Vgl. Herzig (2010b), S. 1907.

782 Vgl. Herzig / Liekenbrock / Vossel (2010), S. 96; Dahlke (2009), S. 879; Dötsch / Witt (2008), § 14 KStG, Tz. 326. Zu den Ausweismöglichkeiten der Umlage bei Organträger und Organgesellschaft vgl. m.w.N. Dahlke (2009), S. 879.

Beispiel: Ein Organträger ist mit 100 % an dessen Organgesellschaft beteiligt. Der Steuersatz beträgt konstant 30 %. Der Jahresüberschuss der Organgesellschaft vor Gewinnabführung beträgt 1.000 GE. Der Organträger hat keine eigenen Einkünfte.

Variante A) Kein Steuerumlagevertrag

Die Organgesellschaft führt den gesamten[785] Jahresüberschuss vor Gewinnabführung von 1.000 GE an den Organträger ab. Der Organträger muss damit ein zu versteuerndes Einkommen von 1.000 GE mit 300 GE versteuern. Der Jahresüberschuss der Organgesellschaft ist Null.

Variante B) Steuerumlagevertrag

Bei Bestehen eines Umlagevertrags muss die Organgesellschaft den auf sie entfallenden Anteil der Steuerlast des Organträgers (hier: 100 %) selbst tragen. Notwendigerweise verringert sich der Gewinnabführungsbetrag. Der Jahresüberschuss der Organgesellschaft beträgt wiederum Null. Der Organträger muss Erträge aus dem EAV (700 GE) und Erträge aus dem Steuerumlagevertrag (300 GE) versteuern. Durch die Konzernsteuerumlage hat sich das zu versteuernde Einkommen des Organträgers (1.000 GE) **nicht** geändert, es setzt sich vielmehr nur aus zwei Komponenten zusammen.

Bei nüchterner Betrachtung bewirkt die Bilanzierung von Steuerumlagen somit nur eine Aufspaltung des von der Organgesellschaft insgesamt abführungsfähigen Betrags in die Komponenten „Gewinnabführung" und „Steuerumlage". Steuerumlagevereinbarungen haben nicht die Qualität, die Steuerlast von dem Organträger auf die Organgesellschaft zu übertragen; sie können nicht als Ersatz für die bei Organgesellschaften nicht eintretenden Steuerfolgen interpretiert werden.[786] Aus alledem folgt: Latente Steuern für bei Organgesellschaften auftretende Bilanzdifferenzen sind auch bei Vorhandensein von

---

[783] Eine Ausnahme wird im Spendenabzug nach § 9 Nr. 2 KStG erblickt. Vgl. hierzu: HERZIG / LIEKENBROCK / VOSSEL (2010), S. 96 f., dort Fn. 91.

[784] Vgl. DÖTSCH / WITT (2008), § 14 KStG, Tz. 326.

[785] Von nicht abzugsfähigen Aufwendungen und steuerfreien Erträgen oder Rücklagenbildung wird vereinfachend abstrahiert.

[786] **Gl.A.** HERZIG (2010b), S. 1906 f.; HERZIG / LIEKENBROCK / VOSSEL (2010), S. 96; RUBERG (2009), S. 872. **Abweichend**: WEHRHEIM / ADRIAN (2003), S. 1060 (in Bezug auf IAS 12).

Steuerumlageverträgen entsprechend der formalrechtlichen Betrachtungsweise beim Organträger zu bilanzieren.[787]

Der Vollständigkeit halber sei an dieser Stelle erwähnt, dass durch die hier propagierte Vorgehensweise zugleich ein Folgeproblem der Gegenauffassung vermieden wird. LÜDENBACH ET AL. erblicken in DRS 18.35 ein Wahlrecht zur Bilanzierung latenter Steuern bei der Organgesellschaft, sofern entsprechend umfangreich ausgestaltete Steuerumlagen vereinbart wurden.[788] Da jede Gesellschaft das Wahlrecht eigenständig ausüben könne, sei es möglich, latente Steuern doppelt zu verrechnen, weil der Organträger trotz Steuerumlageverträgen nach der formalen Betrachtungsweise bilanzieren könne, während sich die Organgesellschaft wegen der Steuerumlageverträge auf DRS 18.35 berufen und diese latenten Steuern nochmals bilanzieren könnte. Dieses (zudem durch Auslegung lösbare) Problem stellt sich nicht, sofern der hier vertretenen Auffassung gefolgt wird.

5.4.3 Größenabhängige und rechtsformspezifische Erleichterungen beim Organträger

Fraglich ist, wie zu verfahren ist, sofern der Organträger größenabhängige Erleichterungen (§ 274a Nr. 5 HGB) in Anspruch nehmen kann oder aufgrund seiner Rechtsform[789] nicht § 274 HGB unterliegt. Das Schrifttum vertritt die Auffassung, dass der Organträger auch dann größenabhängige oder rechtsformspezifische Erleichterungen in Anspruch nehmen kann, wenn dessen Organgesellschaften (oder einige von ihnen) dem § 274 HGB uneingeschränkt unterliegen, d.h. § 274a Nr. 5 HGB bei ihnen nicht anwendbar ist.[790] Für diese Sichtweise spricht, dass grundsätzlich für jede Gesellschaft des Organkreises die Buchführungspflicht einzeln zu prüfen und jeweils ein Einzelab-

---

787 **Gl.A.** SCHINDLER (2011), S. 339 f.; DAHLKE (2009), S. 879 f.; HERZIG / LIEKENBROCK / VOSSEL (2010), S. 96 und 98; SCHINDLER (2011), S. 338-340. **Wohl auch:** DRS 18 (3.9.2010), Tz. 35 (wobei der Wortlaut von DRS 18.35 ohne die Erläuterungen in DRS 18.A9 missverständlich ist; hierauf weist hin: SCHINDLER (2011), S. 339). **Abweichend:** PRINZ (2011), § 274 HGB, Tz. 21. **Unentschieden:** LOITZ (2009), S. 917. Nicht thematisiert wird in dieser Arbeit im Übrigen die „Bilanzierung latenter Steuerumlagen“, vgl. hierzu: SCHINDLER (2011), S. 337 ff.

788 Vgl. LÜDENBACH / FREIBERG (2010), S. 1973 f.; DREIXLER / ERNST (2011), S. 131.

789 § 274 HGB befindet sich im Zweiten Abschnitt des Dritten Buches des HGB und gilt damit grundsätzlich nur für Kapitalgesellschaften, Genossenschaften und kapitalistische Personengesellschaften sowie große Gesellschaften i.S.d. PublG.

790 **So z.B.** HERZIG / LIEKENBROCK / VOSSEL (2010), S. 100; PETERSEN (2011), S. 261 (der dies aber kritisch sieht).

schluss anzufertigen ist. Insoweit wäre bei jeder Gesellschaft die Anwendung von § 274 HGB und etwaiger Erleichterungen zu prüfen.

Allerdings ist eine derart formale Herangehensweise bei organschaftlichen Strukturen verfehlt. Schließlich ist die Bilanzierung latenter Steuern in der Organschaft bereits nicht vom Wortlaut des § 274 HGB gedeckt. Insoweit ist es wenig überzeugend, die Bilanzierung latenter Steuern in der Organschaft durch Rückgriff auf den Sinn und Zweck des Temporary-Konzepts zu bejahen, sich dann aber bei der Frage der Erleichterungen streng am Wortlaut und der Gesetzessystematik zu orientieren. Überzeugender ist es daher, auf den Sinn und Zweck der Erleichterungen abzustellen.

Sinn und Zweck der vorgenannten Erleichterungen ist es, den ressourcenintensiven Ermittlungsaufwand latenter Steuern für kleine Gesellschaften und personalistische Personenunternehmen zu beschränken.[791] In den Fällen, in denen zumindest eine mittelgroße bis große Kapitalgesellschaft als Organgesellschaft unter einem nicht § 274 HGB unterworfenen Organträger bilanziert, ist keine Schutzwürdigkeit des Organträgers gegeben. Dies ergibt sich daraus, dass der Organträger seine Macht (finanzielle Eingliederung) dazu einsetzen kann, die Organgesellschaft zu zwingen, die latenten Steuern auf bei der Organgesellschaft vorhandene Bilanzdifferenzen bei sich zu ermitteln und diese Informationen an ihn weiterzuleiten. Es ist daher in praxi davon auszugehen, dass der Großteil des Ermittlungsaufwands latenter Steuern (die mehrperiodige Einzeldifferenzenbetrachtung) bei den Organgesellschaften (in Gestalt umfangreicher Vorarbeiten) verbleibt. Der Organträger hat daher im Wesentlichen die Aufgabe, die (an ihn von den Organgesellschaften gemeldeten) latenten Steuern sämtlicher Organgesellschaften zu aggregieren und (unter Beachtung der o.g. Saldierungsgrundsätze) für den Organkreis zu saldieren. Doch auch hierfür wird der Organträger wiederum auf umfangreiche Vorarbeiten (z.B. von den Organgesellschaften aufgestellte Differenzenspiegel) zurückgreifen können. Der Sinn und Zweck der Erleichterungen bleibt somit auch dann gewahrt, wenn gefordert wird, dass der Organträger sich jeweils an der größten Organgesellschaft orientiert und dies im Anhang erläutert. Eine i.S.d. § 274a Nr. 5 HGB kleine Holdinggesellschaft müsste latente Steuern für den gesamten Organkreis auf Basis des § 274 HGB ermitteln, soweit sie wenigstens eine Organ-

791 Vgl. etwa PRINZ (2011), § 274a HGB, Tz. 13.

gesellschaft unter sich hat, die nicht die Voraussetzungen von § 274a Nr. 5 HGB erfüllt. Umgekehrt formuliert kann ein Organträger Erleichterungen nur in Anspruch nehmen, sofern die Voraussetzungen für die Inanspruchnahme der Erleichterungen auch bei dessen Organgesellschaften vorliegen.

5.4.4 Ausgleichsposten beim Organträger

Treten aufgrund von Abweichungen in der steuerbilanziellen Gewinnermittlung (z.B. steuerliche Passivierungsverbote) oder aufgrund handelsrechtlicher Gewinnverwendung (z.B. Aufbau oder Auflösung von Gewinnrücklagen[792]) Abweichungen zwischen handelsrechtlicher Ergebnisabführung und der organschaftlichen Einkommenszurechnung auf (im Folgenden: Mehr- oder Minderabführung), die ihre Ursache in organschaftlicher Zeit haben, so sind ausweislich § 14 Abs. 4 KStG aktive (bei Minderabführung) bzw. passive (bei Mehrabführung) steuerliche Ausgleichsposten zu bilden.[793]

Die (rein steuerlichen) Ausgleichsposten lösen sich in den weitaus meisten Fällen im Zeitablauf automatisch auf und werden sowohl erfolgsneutral gebildet als auch erfolgsneutral aufgelöst.[794] So ruft z.B. das steuerliche Verbot zur Bildung einer Drohverlustrückstellung (§ 5 Abs. 4a EStG) bei der Organgesellschaft eine Minderabführung[795] an den Organträger hervor, die die Bildung eines aktiven Ausgleichspostens in der Steuerbilanz des Organträgers erforderlich macht (§ 14 Abs. 4 KStG). Bei der Organgesellschaft erhöht sich das steuerliche Einlagenkonto (§ 27 Abs. 6 KStG). Tritt der Drohverlust später tatsächlich ein, so korrespondiert hiermit c.p. eine Mehrabführung an den Organträger[796] und der aktive Ausgleichsposten ist aufzulösen. Bei der Organgesellschaft verringert sich wiederum das steuerliche Einlagekonto. Der Bilanzierung von Ausgleichsposten gleicht meistens einer *„Beschäftigungstherapie“*[797].

[792] Für weitere Ursachen von Mehr- und Minderabführungen vgl. OLBING (2008), § 14 KStG, Tz. 145. Siehe auch R 63 KStR.

[793] Zur Rechtsentwicklung der Ausgleichsposten vgl. DÖTSCH (2010), § 14 KStG, Tz. 470-476.

[794] Vgl. DÖTSCH (2010), § 14 KStG, Tz. 477, 491, 526; HERZIG / LIEKENBROCK / VOSSEL (2010), S. 93; NEUMANN (2009), § 14 KStG, Tz. 447 ff.

[795] Der handelsrechtliche Abführungsbetrag an den Organträger ist im Jahr der Bildung der Drohverlustrückstellung kleiner als der steuerbilanzielle Gewinn der Organgesellschaft.

[796] Die Einkommenszurechnung an den Organträger ist im Jahr des Eintritts des Drohverlusts entsprechend höher.

[797] DÖTSCH (2010), § 14 KStG, Tz. 477.

Der Sinn und Zweck dieser steuerlichen Ausgleichsposten wird vielmehr erst dann ersichtlich, wenn die Beteiligung an der Organgesellschaft abgeht (z.B. durch eine Veräußerung der Beteiligung[798]) und ein (während der Zeit der Organschaft gebildeter) Ausgleichsposten sich noch nicht aufgelöst hat.[799] In diesem Fall werden die Ausgleichsposten erfolgswirksam aufgelöst und verhindern eine Doppel- oder Nichtbesteuerung.[800] Materiell handelt es sich bei Ausgleichsposten um Wertberichtigungen zum steuerlichen Beteiligungswert des Organträgers an der Organgesellschaft. Die Auflösung eines passiven (aktiven) Ausgleichspostens erhöht (verringert) den aus einem Abgang der Beteiligung erwachsenden steuerpflichtigen Gewinn.

Für die **Bilanzierung latenter Steuern** nach dem Temporary-Konzept bietet es sich an, steuerliche Ausgleichsposten bei der Bestimmung des „steuerlichen Wertansatzes" (i.S.d. § 274 Abs. 1 HGB) der Beteiligung zu berücksichtigen, *soweit* am Stichtag davon ausgegangen werden kann, dass die Beteiligung an der Organgesellschaft abgehen wird und im Zeitpunkt der Veräußerung noch Ausgleichsposten bestehen. Passive (aktive) Ausgleichsposten verringern (erhöhen) dabei den steuerlichen Wertansatz der Beteiligung. Auf die sich ergebenden Bilanzdifferenzen gegenüber dem Buchwert der Beteiligung in der Handelsbilanz sind aktive bzw. passive Steuern zu bilanzieren.[801]

Dabei müssen die steuerlichen Vorschriften Beachtung finden, die bei Beteiligungsveräußerungen in Abhängigkeit von der Rechtsform des Organträgers gelten (§ 8b Abs. 2, 3 KStG, §§ 8 Nr. 5, 9 Nr. 2a, Nr. 7 GewStG, § 3 Nr. 40 EStG). Im Grundsatz gilt Folgendes: Ist der Organträger eine Kapitalgesellschaft (ein Einzelunternehmen) so sind nach der in § 8b KStG geregelten Steuerfreistellung für Veräußerungsgewinne nur 5 % (nach dem Teileinkünfteverfahren nur 60 %) der Beteiligungserträge zu versteuern. Ist der Organträger eine Personengesellschaft, so richtet sich die steuerliche Behandlung

798 Zu veräußerungsgleichen Tatbeständen (Umwandlung, verdeckte Einlage und Auflösung der Organgesellschaft) vgl. DÖTSCH (2010), § 14 KStG, Tz. 530 ff.

799 Vgl. DAHLKE (2009), S. 878 f.; HERZIG / LIEKENBROCK / VOSSEL (2010), S. 93; DÖTSCH (2010), § 14 KStG, Tz. 491, 527.

800 Vgl. instruktiv mit Beispiel: DÖTSCH (2010), § 14 KStG, Tz. 480.

801 **Anders aber:** HERZIG / LIEKENBROCK / VOSSEL (2010), S. 93 f., die latente Steuern auf die Mehr- und Minderabführungen selbst bilanzieren wollen und nach eigener Aussage damit auf timing differences abstellen. **Stellungnahme:** Dies ist abzulehnen, da zwei unterschiedliche Konzepte (Timing- versus Temporary-Konzept) miteinander vermengt werden. Diese Vermengung kann auch nicht mit dem Hinweis geheilt werden, wonach das Temporary-Konzept die Fälle des Timing-Konzepts umfasse.

danach, wer Gesellschafter der Personengesellschaft ist (§ 3 Nr. 40 EStG, § 7 S. 4 GewStG). Um die Steuerfolgen aus dem Abbau von Bilanzdifferenzen bei Beteiligungen zutreffend zu ermitteln, sind daher nur 5 % bzw. 60 % der Bilanzdifferenz zu berücksichtigen.[802] Abschließend findet sich nachstehend ein Beispiel, das die Bilanzierung latenter Steuern im Falle eines organschaftlichen Ausgleichspostens verdeutlicht.

Beispiel: Der Wert der Beteiligung des Organträgers (Kapitalgesellschaft, s = 0,3 = const.) an dessen 100 %iger Organkapitalgesellschaft betrage handels- und steuerrechtlich 150 GE. Die Organgesellschaft löse nun zum Ende von t1 eine in organschaftlicher Zeit gebildete Gewinnrücklage (30 GE) auf. Folglich ist der handelsrechtliche Abführungsbetrag an den Organträger größer als der steuerbilanzielle Gewinn der Organgesellschaft (sog. Mehrabführung). Bei der Organgesellschaft mindert sich das steuerliche Einlagekonto entsprechend (§ 27 Abs. 6 KStG). Beim Organträger wird steuerlich ein passiver Ausgleichsposten in Höhe der anteiligen (hier: 100 %) Mehrabführung gebildet (§ 14 Abs. 4 KStG).

Wird die Beteiligung an der Organgesellschaft annahmeweise in t2 zum Buchwert verkauft (und damit die Organgesellschaft beendet), so stellt dies handelsrechtlich einen erfolgsneutralen Aktivtausch dar. Steuerlich entsteht durch die Auflösung des passiven Ausgleichspostens ein Veräußerungserfolg (30 GE). Unter Beachtung der einschlägigen steuerlichen Vorschriften (hier: § 8b Abs. 2, 3 KStG, § 7 S. 1 GewStG i.V.m. § 8b Abs. 1, 2 KStG) resultiert hieraus eine steuerliche Mehrbelastung in Höhe von 30 % von (0,05 x 30 GE) = 0,45 GE.

Soweit zum Ende von t1 bereits absehbar ist, dass die Beteiligung veräußert werden wird, ist für diese künftige Steuermehrbelastung eine passive latente Steuern erfolgswirksam im Zeitpunkt der Bildung des passiven Ausgleichspostens zu bilden. Im Zeitpunkt der Auflösung des passiven Ausgleichspostens ist sie wieder erfolgswirksam aufzulösen. Die (in Auszügen dargestellten) Bilanzen des Organträgers zum 31.12.t1 haben nachstehendes Aussehen (alle Angaben in GE):

---

802 DAHLKE spricht in diesem Zusammenhang vom *„steuerwirksamen Teil der Bilanzdifferenz"*. Vgl. DAHLKE (2009), S. 879.

Handelsbilanz zum 31.12.t1 (Auszug)

Aktiva		Passiva	
Anteil an OG	150	Ausgleichsposten	0
(...)	(...)	PLS	0,45
		(...)	(...)

Steuerbilanz zum 31.12.t1 (Auszug)

Aktiva		Passiva	
Anteil an OG	150	Ausgleichsposten	30
(...)	(...)	(...)	(...)

Der „steuerliche Wertansatz" im Sinne von § 274 Abs. 1 HGB der Beteiligung (= Anteile an Organgesellschaft) ist in einer Nebenrechnung zu ermitteln: 150 GE - 30 GE = 120 GE.

5.4.5 Ausgleichszahlungen bei der Organgesellschaft

Nach § 16 KStG hat die Organgesellschaft 20/17 der geleisteten Ausgleichszahlungen selbst als Einkommen zu versteuern. Ausgleichszahlungen i.S.d. § 16 KStG sind vertraglich vereinbarte Abfindungszahlungen an Minderheitsgesellschafter der Organgesellschaft (sog. Garantiedividende, § 304 AktG).[803] Ein EAV, der keine Abfindungsregelung für Minderheitsgesellschafter vorsieht, ist gemäß § 304 Abs. 3 AktG nichtig; dies hätte die Nichtigkeit der Organschaft zur Folge.

Handelsrechtlich stellen derartige Ausgleichszahlungen keine Gewinnverwendung dar, sondern sind Aufwand und mindern den Jahresüberschuss bzw. erhöhen den Jahresfehlbetrag.[804] Steuerlich werden die Ausgleichszahlungen dem steuerlichen Gewinn wieder hinzugerechnet (§ 4 Abs. 5 Nr. 9 EStG), d.h. gelten als nicht abzugsfähige Betriebsausgabe. Unabhängig davon, ob Organgesellschaft oder Organträger die Ausgleichszahlungen geleistet haben, wird durch § 16 KStG die Zurechnungstheorie des § 14 KStG durchbrochen. Durch § 16 KStG soll sichergestellt werden, dass die aus versteuertem Einkommen finanzierte Ausgleichszahlung auch dann der Körperschaftsteuer (zuzüglich SolZ) unterliegt, wenn auf den Organträger nicht das KStG Anwendung findet.[805] Dieses Ziel wird erreicht, wenn die Organ*gesellschaft* für körperschaftsteuerliche Zwecke ein eigenes Einkommen in Höhe von 20/17 der Ausgleichszahlung zu versteuern hat.[806] Das dem Organträger zuzurechnende Einkommen verringert sich korrespondierend hierzu um 20/17 der geleisteten Ausgleichszahlung.[807]

803 Vgl. OLBING (2008), § 16 KStG, Tz. 5.
804 Vgl. NEUMANN (2009), § 16 KStG, Tz. 22.
805 Vgl. SCHEFFLER (2012), S. 491 f.
806 Die Ausgleichszahlungen an Minderheitsgesellschaften sollen (analog zu „echten" Dividendenzahlungen) aus versteuertem Einkommen finanziert werden. Beträgt die Ausgleichszahlung beispiels-

Die Vorschrift des § 16 KStG hat für die Gewerbesteuer der Organ*gesellschaft* keine Bedeutung. Dies ergibt sich aus der Ermittlungssystematik der gewerbesteuerlichen Organschaft (modifizierte Einheitstheorie): Die Gewerbeerträge werden für sämtliche dem Organkreis zugehörigen Gesellschaften getrennt ermittelt und anschließend addiert. Anders ausgedrückt, nach § 16 KStG der Organgesellschaft für Zwecke der Körperschaftsteuer zuzurechnende Beträge unterliegen (entgegen der §§ 6, 7 GewStG) ausschließlich beim Organ*träger* der Gewerbesteuer (§ 2 Abs. 2 S. 2 GewStG).

Beispiel: Eine Organgesellschaft erzielt einen Jahresüberschuss von 5.000 GE (*vor* Ausgleichszahlungen) und zahlt einem außenstehenden Gesellschafter eine Garantiedividende von 1.250 GE p.a. Der Organträger (Kapitalgesellschaft) hat keine eigenen Einkünfte.

Handelsrechtlicher Erfolg: 5.000 GE - 1.250 GE = 3.750 GE

Steuerlicher Gewinn: 3.750 GE + 1.250 GE = 5.000 GE (§ 4 Abs. 5 Nr. 9 EStG)

Zurechnung nach § 16 KStG:

Organgesellschaft: 20/17 (1.250 GE) = 1.471 GE

Organträger: 5.000 GE - 1.471 GE = 3.529 GE

Die Organgesellschaft muss 1.471 GE mit 221 GE an KSt versteuern (zuzüglich SolZ). Der Organträger muss 3.529 GE der KSt und dem SolZ unterwerfen sowie 5.000 GE der GewSt.

Im Schrifttum wird verschiedentlich vertreten, dass die Zurechnung von Einkommen zur Organgesellschaft nach § 16 KStG eine (anteilige) Bilanzierung latenter Steuern (für bei der Organgesellschaft auftretende Bilanzdifferenzen) auf Ebene der Organgesellschaft begründen könne.[808] Trotz Organschaft verfügt die Organgesellschaft schließlich in Höhe von 20/17 der geleisteten Ausgleichszahlungen über eigenes, steuerpflichtiges Einkommen. Mithin ist es nicht abwegig, zu vertreten, durch die Einkommenszurechnung an die Organgesellschaft trete (zumindest anteilig) eine Steuerfolge auf Ebene der Organgesellschaft ein.

---

weise 650 GE, so musste von der Gesellschaft steuerpflichtiges Einkommen in Höhe von rund 765 GE erzielt werden. Beweis: 764,7 GE = 650 GE (1 / (1 - 0,15).

807 Vgl. NEUMANN (2009), § 16 KStG, Tz. 26 (andernfalls komme es zu einer Mehrfachbelastung).

808 Vgl. WEHRHEIM / ADRIAN (2003), S. 1060; ADS INTERNATIONAL (2007), IAS 12, Tz. 152.

Herzig et al. haben diese Auffassung aber zutreffend widerlegt.[809] So unterliegen die Ausgleichszahlungen auf Ebene der Organgesellschaft erstens nicht der Gewerbesteuer, d.h. gewerbesteuerliche Steuerfolgen aufgrund einer Bilanzdifferenz müssten weiterhin beim Organträger bilanziert werden, während körperschaftsteuerliche Steuerfolgen derselben Bilanzdifferenz (zuzüglich SolZ) bei der Organgesellschaft ausgewiesen werden. Der Klarheit des Jahresabschlusses (§ 243 Abs. 2 HGB) wäre ein derartiges Vorgehen abträglich. Zum anderen ist zu bedenken, dass es bereits an einer Beziehung zwischen dem (durch Bilanzdifferenzen beeinflussten) Gewinn der Organgesellschaft und der Höhe der von der Organgesellschaft geleisteten Ausgleichszahlungen mangelt.[810] Wurden fixe Ausgleichszahlungen vereinbart, wirkt sich der Abbau der Bilanzdifferenz nicht auf die Höhe der Ausgleichszahlung aus. Variable Ausgleichszahlungen können sich wegen § 304 Abs. 2 S. 2 AktG nur am Ergebnis des Organ*trägers* orientieren,[811] so dass auch in diesem Fall eine Beziehung zwischen Gewinn der Organgesellschaft und der Höhe der Ausgleichszahlung fehlt. Eine solche Beziehung ist aber vorauszusetzen, da andernfalls kein mittelbarer Zusammenhang zwischen dem Abbau der Bilanzdifferenz und den Ausgleichszahlungen (als einziges eigenes Einkommen der Organgesellschaften) besteht. Selbst in Fällen, in denen einer Organgesellschaft nach § 16 KStG eigenes Einkommen zugewiesen wird, darf von der formalrechtlichen Betrachtungsweise (Bilanzierung latenter Steuern beim Organträger) nicht abgewichen werden.

5.4.6 Beginn und Ende der Organschaft

Für die bisherigen Ausführungen wurden Beginn und Ende einer ertragsteuerlichen Organschaft vernachlässigt. Es wurde nur der Fall betrachtet, in dem *auf Ebene der Organgesellschaft auftretenden Bilanzdifferenzen* sowohl in organschaftlicher Zeit entstanden sind als auch sich in organschaftlicher Zeit abbauen. Zwar stellt dies den Regelfall dar, allerdings kann nicht ausgeschlossen werden, dass die (auf Ebene der Organgesellschaft auftretenden) Bilanzdifferenzen bereits in *vor*organschaftlicher Zeit entstanden sind und die Steuerfolge (aus dem Abbau der Bilanzdifferenz) entweder in

---

[809] Vgl. im Folgenden: Herzig / Liekenbrock / Vossel (2010), S. 96.

[810] Vgl. im Folgenden: Herzig / Liekenbrock / Vossel (2010), S. 96.

[811] Vgl. Herzig / Liekenbrock / Vossel (2010), S. 96 f., dort Fn. 98 m.w.N.

organschaftlicher Zeit oder in *nach*organschaftlicher Zeit eintritt.[812] Auch das Entstehen einer Differenz in organschaftlicher Zeit und deren Steuerfolge in nachorganschaftlicher Zeit ist möglich. Zur besseren Systematisierung seien die diskussionswürdigen[813] Fallkonstellationen unten dargestellt.

	Vororganschaftliche Zeit	**Organschaftliche Zeit**	**Nachorganschaftliche Zeit**
Fall 1 (Regelfall)		Entstehung und Abbau der Differenz (= Steuerfolge)	
Fall 2	Entstehung der Differenz	Abbau der Differenz (= Steuerfolge)	
Fall 3	Entstehung der Differenz		Abbau der Differenz (= Steuerfolge)
Fall 4		Entstehung der Differenz	Abbau der Differenz (= Steuerfolge)

Abb. 6: Der Einfluss von Beginn und Ende einer Organschaft auf die Bilanzierung latenter Steuern

Bei **Fall 1** werden entsprechend der formalrechtlichen Betrachtungsweise die latenten Steuern stets beim Organträger bilanziert.[814] Bei **Fall 2** ist die Bilanzdifferenz vor Beginn der Organschaft entstanden, ihre Steuerfolge tritt allerdings in organschaftlicher Zeit ein. Regelmäßig wurden vor Beginn der Organschaft somit bei der „Vor-Organgesellschaft" latente Steuern bilanziert. Aufgrund der Gründung der Organschaft wird die Steuerfolge allerdings nicht mehr die Organgesellschaft treffen. Insoweit sind die (regelmäßig erfolgswirksam gebildeten) latenten Steuern (entsprechend regelmäßig erfolgswirksam) auszubuchen. Die diesbezüglichen latenten Steuern sind vielmehr beim Organträger (unter Berücksichtigung von dessen Verhältnissen) einzubuchen. **Fall 3** entspricht Fall 2, allerdings tritt die Steuerfolge erst *nach* Beendigung der Organschaft ein, d.h. trifft die Organgesellschaft selbst. Insoweit sind latente Steuern für Bilanzdifferenzen nach Fall 3 weiterhin bei der Organgesellschaft zu bilanzieren. Dieser Fall stellt insoweit eine Ausnahme von der Bilanzierung latenter Steuern beim Organträger dar. Dies trifft auch bei **Fall 4** zu. Hierbei entstehen die Bilanzdifferenzen

812 Soweit ersichtlich geht die Differenzierung in vor-, nach- und organschaftliche Zeit in Bezug auf latente Steuern zurück auf: WEHRHEIM / ADRIAN (2003), S. 1060. So auch: LIENAU (2006), S. 225.

813 Bei HERZIG ET AL. findet sich eine umfangreichere Darstellung, die allerdings auch unproblematische Fälle umfasst. Vgl. HERZIG / LIEKENBROCK / VOSSEL (2010), S. 97 f.

814 Siehe hierzu oben D.5.4.1.

während der Organschaft, bauen sich aber erst nach Ende der Organschaft ab, d.h. die Steuerfolge trifft wiederum die Organgesellschaft selbst.

Allerdings sind bei Bilanzdifferenzen nach Fall 3 und 4 massive praktische Einschränkungen zu berücksichtigen.[815] Es wird oft schlicht unmöglich sein, Beginn und Ende der Organschaft vorherzusagen, um eine intersubjektiv nachprüfbare Einteilung der bei Organgesellschaften auftretenden Bilanzdifferenzen in die Kategorien 3 und 4 vornehmen zu können. Sofern nicht konkrete Hinweise dafür bestehen, dass eine Organschaft zu einem bestimmten Zeitpunkt beendet werden wird (z.B. durch Ankündigung der Aufkündigung des EAV durch den Organträger), ist die Bilanzierung sämtlicher latenter Steuern beim Organträger geboten (und auch weniger arbeitsaufwendig).[816]

Unabhängig davon, ob latente Steuern auf Ebene der Organgesellschaft oder des Organträgers zu bilanzieren sind, ist kurz auf die Bilanzierung latenter Steuern auf vortragsfähige Sachverhalte bei der Organgesellschaft hinzuweisen. Bei **Beginn** der Organschaft werden vororganschaftliche steuerliche Verlustvorträge bei der Organ*gesellschaft* eingefroren (§ 15 S. 1 Nr. 1 KStG); entsprechendes gilt für einen Zinsvortrag (§ 15 S. 1 Nr. 3 KStG). Latente Steuern können daher bei der Organgesellschaft nicht auf vortragsfähige Sachverhalte bilanziert werden. Erst bei **Beendigung** der Organschaft bzw. wenn die Beendigung mit an Sicherheit grenzender Wahrscheinlichkeit absehbar ist,[817] leben diese vortragsfähigen Sachverhalte wieder bei der Organgesellschaft auf, weshalb eine Bilanzierung latenter Steuern zu prüfen ist.

5.4.7 Ergebnisabführung und Ausschüttungssperre

Eine der wesentlichen Voraussetzungen für die Anerkennung der ertragsteuerlichen Organschaft ist die tatsächliche Durchführung eines EAV. Hierzu ist es erforderlich, dass der „ganze Gewinn" der Organgesellschaften an den Organträger abgeführt wird (§ 14 Abs. 1 S. 1 KStG). Dabei regelt § 301 AktG den Höchstbetrag der Gewinnabführung an den Organträger (§§ 14 Abs. 1, 17 KStG).

---

815 Vgl. SPANHEIMER / SIMLACHER (2010), § 274 HGB, Tz. 79; HERZIG / LIEKENBROCK / VOSSEL (2010), S. 88; KÜHNE / MELCHER / WESEMANN (2009), S. 1059.

816 **Ähnlich:** SPANHEIMER / SIMLACHER (2010), § 274 HGB, Tz. 79.

817 Z.B. eine vor dem Bilanzstichtag erfolgte Kündigung des EAV. Vgl. SPANHEIMER / SIMLACHER (2010), § 274 HGB, Tz. 80.

Durch das BilMoG erfuhr § 301 AktG eine Anpassung, nach welcher der Höchstbetrag durch nach § 268 Abs. 8 HGB ausschüttungsgesperrte Beträge vermindert wird.[818] Dabei sieht § 268 Abs. 8 S. 1 und S. 3 HGB vor, dass Erträge aus der Aktivierung nach § 248 Abs. 2 HGB und § 246 Abs. 2 S. 2 HGB (im Folgenden: „Sonderbeträge") nur in Höhe des Eigenkapitalanteils - also *„abzüglich der hierfür gebildeten latenten Steuern"* - ausschüttungsgesperrt sind.[819] Im Falle einer Organschaft werden die latenten Steuern (für bei der Organgesellschaft auftretende Bilanzdifferenzen) fast ausnahmslos beim Organträger bilanziert.[820] Mithin stellt sich die Frage, wie im Falle des Bestehens einer ertragsteuerlichen Organschaft der Passus *„abzüglich der hierfür gebildeten latenten Steuern"* auszulegen ist. In der Literatur werden hierzu zwei konkurrierende Auffassungen vertreten,[821] die als Netto- und Bruttomethode bezeichnet werden.

Nach der **Bruttomethode** wird der Wortlaut eng ausgelegt, d.h. es werden nur die tatsächlich bei der Organgesellschaft (für Sonderbeträge) gebildeten passiven latenten Steuern berücksichtigt. Regelmäßig werden auf Ebene der Organgesellschaft aber keine latenten Steuern bilanziert.[822] Damit werden nach der Bruttomethode sowohl der Eigenkapital- als auch der Fremdkapitalanteil der Sonderbeträge ausschüttungsgesperrt. Der Abführungsbetrag an den Organträger fällt entsprechend geringer aus.

Bei der **Nettomethode** wird der Wortlaut weit ausgelegt. Auf Ebene des Organträgers (für bei der Organgesellschaft auftretende Sonderbeträge) gebildete passive latente Steuern werden bei der Bemessung der (bei der Organgesellschaft) ausschüttungsgesperrten Beträge berücksichtigt. Lediglich der Eigenkapitalanteil der Sonderbeträge ist damit ausschüttungs- und abführungsgesperrt. Fraglich ist, welche der Methoden die

818 Das BMF hat klargestellt, dass die steuerliche Anerkennung einer Organschaft durch diese Änderungen selbst dann nicht gefährdet wird, sofern abweichende vertragliche Vereinbarungen bestehen (z.B. kein dynamischer Verweis auf § 301 AktG im Vertrag existiert), der Höchstbetrag der Gewinnabführung aber nach der neuen Rechtslage berechnet wurde. Vgl. BMF (2010), S. 65.

819 Siehe oben D.5.2.

820 Siehe oben D.5.4.1 und D.5.4.6.

821 Vgl. Dahlke (2009), S. 880 ff.; Ellerbusch / Schlüter / Hofherr (2009), S. 2445 ff.; Kröner / Bolik / Gageur (2010), S. 241 f; Herzig / Liekenbrock / Vossel (2010), S. 97 f; Dreixler / Ernst (2011), S. 129-131; Petersen (2011), S. 260; Schindler (2011), S. 336 f.

822 Siehe oben D.5.4.6.

richtige ist. Dies gilt umso mehr, als im Falle einer unzutreffenden Berechnung des Abführungsbetrags die Aberkennung der Organschaft drohen könnte.[823]

Mit Blick auf den besonderen Status der Organschaft scheidet eine enge Auslegung des Wortlauts von § 268 Abs. 8 HGB (Bruttomethode) aus. Dies ergibt sich aus folgender Überlegung. Bereits die Bilanzierung latenter Steuern beim Organträger ist nicht vom Wortlaut des § 274 HGB gedeckt und war im Auslegungswege unter Berücksichtigung des Sinn und Zwecks der Vorschrift zu beantworten.[824] Dann aber kann es nur als verfehlt bezeichnet werden, Probleme, die infolge dieser teleologischen Auslegung von § 274 HGB bei anderen Vorschriften ergeben (hier: § 268 Abs. 8 HGB), sodann streng am Wortlaut und unter Ausblendung der organschaftlichen Besonderheiten vorzunehmen. Insoweit ist eine enge Auslegung des Wortlauts von § 268 Abs. 8 HGB bei Bestehen einer Organschaft wenig überzeugend.[825]

Fürderhin ist zu berücksichtigen, dass die Bruttomethode je nach Lage des Einzelfalls zu einer doppelten Verminderung des Ausschüttungspotentials innerhalb des Organkreises führen kann. Unstreitig führt die Anwendung der Bruttomethode dazu, dass auf Ebene der Organgesellschaft die kompletten Sonderbeträge ausschüttungsgesperrt sind und nicht für eine Abführung an den Organträger zur Verfügung stehen. Mit anderen Worten, der Fremdkapitalanteil der Sonderbeträge wird nicht an den Organträger abgeführt. Zusätzlich vermindert sich aber auf Ebene des Organträgers (durch Bildung diesbezüglicher passiver latenter Steuern) dessen Jahresüberschuss. Können - was denkbar ist - diese passiven latenten Steuern nicht *beim Organträger* nach § 268 Abs. 8 S. 2 HGB mit aktiven latenten Steuern saldiert werden, so mindert der Fremdkapitalanteil der Sonderbeträge das Ausschüttungspotential des Organkreises ungerechtfertigt in doppelter Weise. Dies ist auch nicht aus Gläubigerschutzgesichtspunkten zu fordern.[826] Die Nettomethode ist daher der Bruttomethode vorzuziehen.

---

823 Vgl. HERZIG / LIEKENBROCK / VOSSEL (2010), S. 98; HAMANNT (15.02.2011), S. 3 f.; KRÖNER / BOLIK / GAGEUR (2010), S. 242; ELLERBUSCH / SCHLÜTER / HOFHERR (2009), S. 2446. Eine Klarstellung der Finanzverwaltung (z.B. durch einen Erlass) ist bislang nicht erfolgt.

824 Siehe oben D.5.4.1.

825 **Gl.A.** HERZIG / LIEKENBROCK / VOSSEL (2010), S. 97 f; ELLERBUSCH / SCHLÜTER / HOFHERR (2009), S. 2449. **Abweichend:** DAHLKE (2009), S. 880; SCHINDLER (2011), S. 336 f.; DREIXLER / ERNST (2011), S. 131; PETERSEN (2011), S. 260 f.; KRÖNER / BOLIK / GAGEUR (2010), S. 242.

826 So aber wohl: KRÖNER / BOLIK / GAGEUR (2010), S. 242.

Allerdings muss bei Anwendung der Nettomethode folgender Aspekt beachtet werden. Da eine passive latente Steuer für einen bei der Organgesellschaft auftretenden Sonderbetrag beim Organträger bilanziert wird *und* die Anwendung der Nettomethode dazu führt, dass der Abführungsbetrag der Organgesellschaft an den Organträger c.p. (um die passive latente Steuer auf den Sonderbetrag) höher ist, muss sichergestellt werden, dass der Organträger diese passive latente Steuer nicht nochmals berücksichtigt (z.B. durch Aufrechnung mit aktiven latenten Steuern). Insoweit muss die Organgesellschaft dem Organträger Meldung machen, dass passive latente Steuern auf Sonderbeträge den Abführungsbetrag erhöht haben.

Verschiedentlich werden deswegen weit reichende Informationsprobleme bei Anwendung der Nettomethode gesehen.[827] In Zeiten von Telefon und Internet greifen derartige Bedenken aber nicht durch. Von einer Organgesellschaft darf erwartet werden, dass sie von der zuständigen Abteilung des Organträgers den relevanten Steuersatz erfragt und ihn anschließend in positive Kenntnis darüber setzt, dass passive latente Steuern auf Sonderbeträge in entsprechender Höhe den Abführungsbetrag erhöht haben und insoweit nicht erneut beim Organträger gegen aktive latente Steuern aufgerechnet werden dürfen. Hält sich die zuständige Abteilung beim Organträger hieran wider besseres Wissen nicht, so hat der Organträger dieses Versäumnis zu vertreten.

6 Ausweis und Erläuterung

6.1 Bilanz

Aktive und passive latente Steuern sind unzweifelhaft aufgrund des expliziten Gesetzeswortlauts in § 274 Abs. 1 HGB jeweils als aliud und mithin unter einem eigenständigen Bilanzposten (§ 266 Abs. 2 D und § 266 Abs. 3 E HGB) auszuweisen. Dabei müsste der Ausweis passiver latenter Steuern mit Blick auf die vorangegangene Untersuchung[828] eigentlich grundsätzlich gesondert unter den „Steuerrückstellungen“ (§ 266 Abs. 3 B Nr. 2 HGB) erfolgen. Lediglich erfolgsneutral bilanzierte passive latente Steuern müssten unter einem eigens bezeichneten Bilanzposten ausgewiesen werden. Aufgrund des unzweideutigen Gesetzeswortlauts ist dieser theoretisch richtige Ausweis allerdings

[827] Vgl. PETERSEN (2011), S. 260.
[828] Siehe oben D.2.1.2.4.1. und D.2.1.2.4.2.

de lege lata versperrt. Demgegenüber ist der Ausweis aktiver latenter Steuern als Sonderposten nicht zu beanstanden, da aktive latente Steuern nicht unter dem tradierten Bilanzierungsschema subsumierbar sind.

Wie bereits erwähnt,[829] stehen dem Bilanzierenden grundsätzlich der Brutto- oder der Nettoausweis eines Passiv- oder Aktivüberhangs offen, wobei der Grundsatz der Darstellungsstetigkeit zu beachten ist (§ 265 Abs. 1 S. 1 HGB). Im Falle eines Bruttoausweises (§ 274 Abs. 1 S. 3 HGB) werden damit sowohl aktive als auch passive latente Steuern in der Bilanz ausgewiesen. Andernfalls erscheinen entweder passive oder aktive latente Steuern in der Bilanz. Aufgrund des Wahlrechts im Falle eines Aktivüberhangs (§ 274 Abs. 1 S. 2 HGB) kann zudem der Ausweis aktiver latenter Steuern in der Bilanz unterbleiben; in diesem Fall dürfen verrechnungsfähige[830] passive latente Steuern nicht in der Bilanz erscheinen.

Wurden latente Steuern im Einzelfall erfolgsneutral gebildet (z.B. gegen einen Geschäfts- oder Firmenwert oder ein gesondert bezeichnetes Rücklagenkonto[831]), so ist es de lege lata aus Gründen der Übersichtlichkeit und Klarheit (§ 243 Abs. 2 HGB) geboten, den Umfang erfolgsneutral bilanzierter latenter Steuern gesondert kenntlich zu machen. Dies ist auch deshalb angebracht, da erfolgsneutral gebildete latente Steuern grundsätzlich[832] erfolgsneutral aufgelöst werden müssen, um das Kongruenzprinzip in der Rechnungslegung (§ 252 Abs. 1 Nr. 1 HGB)[833] zu bewahren.[834] De lege lata kann der gesonderte Ausweis von erfolgsneutral bilanzierten aktiven (passiven) latenten Steuern aufgrund von § 266 Abs. 2 (3) D (E) HGB z.B. wie folgt dargestellt werden:

§ 266 Abs. 2 (3) D (E) HGB	Aktive (Passive) latente Steuern	10.000 GE
	davon erfolgsneutral	*2.500 GE*

Neben dem hier gewählten Davon-Vermerk, bestehen jedoch keine Bedenken, auch alternative Darstellungsmöglichkeiten für den gesonderten Ausweis erfolgsneutral

829 Siehe oben ausführlich mit Beispiel D.4.2.

830 Siehe oben D.4.4.

831 Wegen § 265 Abs. 5 HGB. Siehe oben D.2.4.1.

832 Für eine Ausnahme beim Geschäfts- oder Firmenwert, siehe oben D.5.1.2.2.

833 Siehe oben C.1.4.; D.2.4.2.2.; D.3.4.

834 Die erfolgsneutral gebildeten latenten Steuern müssen vom Bilanzierenden ohnehin im Zeitablauf in einer Nebenrechnung erfasst werden, um derartige Verstöße gegen das Kongruenzprinzip auszuschließen. Insoweit löst der gesonderte Ausweis im Jahresabschluss keine Mehrarbeit aus.

bilanzierter latenter Steuern als zulässig zu erachten, sofern diese einen gleichwertigen Informationsgehalt beinhalten. Denkbar sind beispielsweise ein Vorspaltenvermerk oder eine quantitative Angabe im Anhang.

6.2 Gewinn- und Verlustrechnung

Im Falle einer erfolgsneutralen Bilanzierung latenter Steuern erübrigt sich ein Ausweis in der GuV, da selbige denknotwendig nicht berührt wird. Demgegenüber werden latente Steuern im weit überwiegenden Regelfall erfolgswirksam gebildet und folgebilanziert. Für diesen Fall sieht § 274 Abs. 2 S. 3 HGB vor, dass Aufwendungen und Erträge aus der Veränderung bilanzierter Steuern in der GuV gesondert unter dem Posten „Steuern vom Einkommen und vom Ertrag" auszuweisen sind.[835]

Obwohl der Wortlaut nur von der „Veränderung" bilanzierter Steuern spricht, kann kein Zweifel daran bestehen, dass die Vorschrift auch die erfolgswirksame Bildung latenter Steuern regelt. Andernfalls würden Gefahren für das Kongruenzprinzip in der Rechnungslegung geschaffen und die zutreffende Periodisierung von Steuerzahlungen (als Nebeneffekt der Bilanzierung latenter Steuern nach dem Temporary-Konzept) konterkariert. Folglich müssen Aufwendungen und Erträge aus der Bildung, Auflösung und eventuellen Änderungen (z.B. durch Steuersatzänderungen) latenter Steuern *gesondert* unter dem Posten nach § 275 Abs. 2 Nr. 18 bzw. Abs. 3 Nr. 17 HGB ausgewiesen werden. Ein gesonderter Ausweis der latenten Steueraufwendungen und -erträge erfordert einen separaten Ausweis von effektivem Ertragsteueraufwand und etwaigen tatsächlichen Steuererstattungen (z.B. infolge der Inanspruchnahme eines Verlustrücktrags bei der Körperschaftsteuer nach § 10d Abs. 1 EStG i.V.m. §§ 7,8 KStG). Als Darstellungsmöglichkeiten für den gesonderten Ausweis kommen ein Davon-Vermerk, ein Unterposten oder ein Ausweis in einer Vorspalte in Betracht (DRS 18.60).

6.3 Angaben im Anhang und Überleitungsrechnung

Für den Ausweis latenter Steuern im Anhang (§ 264 Abs. 1 S. 1 i.V.m. §§ 284 ff. HGB) sind vornehmlich zwei Vorschriften von Belang. Zum einen ist dies § 285 **Nr. 28** HGB, für welchen keine größenabhängigen Erleichterungen bestehen. Hiernach ist der nach §

835 Vgl. ausführlich zum Ausweis von latenten Steuern in der GuV: SIEGEL (2011), S. 189-194.

268 Abs. 8 HGB insgesamt ausschüttungsgesperrte Betrag anzugeben und anschließend in seine Einzelkomponenten (Beträge nach § 268 Abs. 8, Satz 1, Satz 2 und Satz 3) jeweils abzüglich der hierfür gebildeten bzw. verrechneten passiven latenten Steuern aufzuspalten. Sinn und Zweck der Vorschrift ist es, dem Gläubigerschutz Genüge zu tun.[836] Es soll transparent gemacht werden, in welchem Umfang im Jahreserfolg Beträge enthalten sind, die aufgrund von § 268 Abs. 8 HGB nicht ausgeschüttet werden dürfen. Damit wird den Adressaten eine Kontrolle ermöglicht, ob die Ausschüttungssperre beachtet wurde.[837] Die Angabepflicht ist daher zu begrüßen. Aus Gründen der Übersichtlichkeit wird es in komplexeren Fällen (z.B. mehrere nach § 248 Abs. 2 HGB aktivierte Posten) erforderlich sein, der Angabe in Gestalt eines „Ausschüttungssperrspiegels" nachzukommen.[838]

Für i.S.d. § 267 HGB „große" Anwender des § 274 HGB besteht in § 285 **Nr. 29** HGB zudem die Pflicht zur Angabe auf welchen Differenzen oder steuerlichen Verlustvorträgen die latenten Steuern beruhen und mit welchen Steuersätzen die Bewertung erfolgt ist. Da die Angabe auch dann zu leisten ist, wenn ein Aktivüberhang besteht und dieser nicht in der Bilanz ausgewiesen wird (§ 274 Abs. 1 S. 2 HGB),[839] kann der Sinn und Zweck dieser Angabe nur in einer Stärkung der Informationsfunktion gesehen werden.

Diese Erkenntnis hilft, zu beurteilen, inwieweit **quantitative** oder nur **qualitative** Angaben genügen.[840] Bei rein qualitativen Angaben[841] bewegt sich der Informationsgewinn für den Adressaten auf der Nulllinie[842] und die Angabe wäre entbehrlich. Da

---

836 Vgl. im Folgenden: BT-DRUCKS. 16/10067 (30.07.2008), S. 64 und 75 sowie BR-DRUCKS. 344/08 (23.5.2008), S. 163.

837 Allerdings muss dem Jahresabschlussadressat auch bekannt sein, wie hoch die Summe der frei verwendbaren Eigenkapitalbestandteile ist. Dies ist zumindest in den Fällen nicht gegeben, in denen die Kapitalrücklagen nicht aufgegliedert wurden. Kritisch hierzu mit Lösungsvorschlag: GELHAUSEN / FEY / KÄMPFER, Abschn. O, Tz. 255-257; GELHAUSEN / ALTHOFF (2009), S. 591.

838 Vgl. hierzu mit Illustration: HOFFMANN / LÜDENBACH (2012), § 285 HGB, Tz. 181.

839 So ausdrücklich: BT-DRUCKS. 16/12407 (24.03.2009), S. 88.

840 Für **quantitative** Angaben: KESSLER / LEINEN / PAULUS (2009), S. 724; LOITZ (2009), S. 918 f.; LÜDENBACH / FREIBERG (2010), S. 1976; MAIER / WEIL (2009), S. 2735; KÜHNE / MELCHER / WESEMANN (2009), S. 1013; WENDHOLT / WESEMANN (2009), S. 67 f.; ELLROTT (2012), § 285 HGB, Tz. 471. Für **qualitative** Angaben sind: IDW-HFA (2009), Tz. 36; THOMAS (2011), § 285 HGB, Tz. 166; REUTHER / FINK (2010), S. 366; PRYSTAWIK / SCHAUF (2011), S. 315; LEY (2011), S. 17426, Tz. 9; DRS 18 (3.9.2010), Tz. 65 (mit Einschränkungen). **Unklar**: SPANHEIMER / SIMLACHER (2010), § 274 HGB, Tz. 74; PRINZ / RUBERG (2009), S. 351 („eher moderate Anhangangaben").

841 Plakatives Beispiel: „Aufgrund des überwiegenden Vorhandenseins aktiver Bilanzdifferenzen in den Posten X und Y wurde ein Aktivüberhang identifiziert, der aber nicht aktiviert wurde."

842 Vgl. auch die Beispiele bei HOFFMANN / LÜDENBACH (2012), § 285 HGB, Tz. 187 f.

aber nicht davon ausgegangen werden kann, dass der Gesetzgeber überflüssige Angaben im Anhang fordert, muss die Vorschrift zumindest derart ausgelegt werden, dass damit ein Informationsgewinn für den Adressaten eindeutig zu konstatieren ist. Ein zusätzlicher Arbeitsaufwand ist damit nicht verbunden, da die zutreffende Ermittlung latenter Steuern bereits im Rahmen von § 274 HGB geleistet wurde. Dies gilt insbesondere auch dann, wenn ein Aktivüberhang latenter Steuern nicht angesetzt wird (§ 274 Abs. 1 S. 2 HGB).[843]

Gleichwohl sind Wesentlichkeitsaspekte schon deshalb zu beachten, weil z.B. die Angabe *sämtlicher* (auch unwesentlicher) Bilanzdifferenzen im Anhang Informationsgewinne gleich wieder vernichten würde (*information overkill*). Konkret bedeutet dies, dass die wesentlichen aktiven und passiven Bilanzdifferenzen – an dieser Stelle[844] auch auf Bilanzpostenebene – sowie die wesentlichen steuerlich vortragsfähigen Sachverhalte nebst angewandten Steuersätzen anzugeben sind. Was dabei als wesentlich zu gelten hat, ist vom Einzelfall abhängig und aus Sicht einer „großen" Kapitalgesellschaft zu beurteilen. Wenigstens 80 % des wertmäßigen Umfangs der latenten Steuern sind aber nachvollziehbar zu erläutern. Aus Gründen der Übersichtlichkeit bietet sich die Aufstellung eines unter Wesentlichkeitsgesichtspunkten aufgestellten Differenzenspiegels an, der durch verbale Ausführungen (z.B. hinsichtlich des Umfangs der Verrechenbarkeit aktiver und passiver latenter Steuern) ergänzt wird. Ein Darstellungsbeispiel findet sich nachstehend.

Aktive Differenzen (600.000 GE)				
	Differenz	**Anteil in %**	**Steuersatz**	**Differenz x Steuersatz**
Drohverlustrückstellungen	480.000	80	0,33	158.400
Vorratsvermögen	42.000	7	0,33	13.860
ARAP	24.000	4	0,33	7.920
Sonstige aktive Differenzen	54.000	9	0,33	17.820
	600.000	100		**198.000 ALS**

843 Vgl. OSER / ROß / WADER / DROGEMÜLLER (2009), S. 581.

844 Keinesfalls aber bereits bei der Ermittlung latenter Steuern, da dies eine Saldierung nicht saldierungsfähiger aktiver und passiver Differenzen zur Folge haben könnte. Siehe oben D.4.4.

Passive Differenzen (800.000 GE)

	Differenz	**Anteil in %**	**Steuersatz**	**Differenz x Steuersatz**
"Steuerfreie Rücklagen"	360.000	45	0,33	118.800
Grundstücke	240.000	30	0,15	36.000
Technische Anlagen	112.000	14	0,33	36.960
Sonstige passive Differenzen	88.000	11	0,33	29.040
	800.000	100		**220.800 PLS**

Unter Beachtung der Saldierungsfähigkeit aktiver und passiver Differenzen wurden 150.000 GE an aktiven latenten Steuern mit passiven latenten Steuern aufgerechnet. Der übersteigende Betrag passiver latenter Steuern (70.800 GE) minderte sich infolge der Berücksichtigung am Bilanzstichtag vorhandener steuerlicher Verlustvorträge (20.000 GE, Steuersatz 33 %) um 6.600 GE. Folglich wurden **64.200 GE** an passiven latenten Steuern bilanziert. Die am Stichtag nicht saldierungsfähigen aktiven latenten Steuern (= sich erst nach passiven Differenzen abbauende aktive Differenzen) im Umfang von 48.000 GE wurden gemäß § 274 Abs. 1 S. 2 HGB nicht bilanziert.

In der Regierungsbegründung zum BilMoG findet sich der Hinweis[845] auf eine (für IFRS-Abschlüsse nach IAS 12.81(c) und US-GAAP-Abschlüsse nach SFAS 109.47 geforderte) **Überleitungsrechnung** (*tax reconciliation*).[846] Die Überleitungsrechnung hat den Zweck, das Verhältnis zwischen handels- und steuerrechtlichem Ergebnis darzustellen; dabei wird der tatsächliche Steueraufwand aus einem erwarteten Steueraufwand abgeleitet, wobei sich letzterer durch Multiplikation von handelsrechtlichem Vor-Steuer-Ergebnis mit dem anzuwendenden Steuersatz bestimmt.[847] Das DRSC leitet aus dem Hinweis in der Regierungsbegründung die Pflicht zur Aufstellung einer Überleitungsrechnung für das HGB ab.[848] Zwar gelten Verlautbarungen des DRSC nur für den Konzernabschluss (§ 342 Abs. 2 HGB); ungeachtet der hiermit einhergehenden Kompetenzüberschreitung empfiehlt der DRSC eine entsprechende Anwendung auf den

---

845 Vgl. BT-DRUCKS. 16/10067 (30.07.2008), S. 68. In der damaligen Entwurfsfassung des Gesetzes war der heutige § 285 Nr. 29 HGB noch in § 274 Abs. 2 HGB-E verortet.

846 Vgl. OSER / ROß / WADER / DRÖGEMÜLLER (2008), S. 688; SIEGEL (2011), S. 227.

847 Vgl. für diese Definition sowie ausführlich zur steuerlichen Überleitungsrechnung SCHULZ-DANSO (2009), § 25, Tz. 193 ff.; SCHÄFFELER (2000), S. 94-99.

848 Vgl. DRS 18 (3.9.2010), Tz. 67 und A15.

Einzelabschluss (DRS 18.7). Allerdings wurde die Überleitungsrechnung nicht mehr in neueren Gesetzesmaterialien erwähnt und auch der Wortlaut von § 285 Nr. 29 HGB bietet keinerlei Anhaltspunkte für eine Pflicht zur Aufstellung einer Überleitungsrechnung. Insoweit ist davon auszugehen, dass die in der Regierungsbegründung zum BilMoG noch geforderte Überleitungsrechnung das gleiche Schicksal ereilte, das der (dort gleichermaßen geforderten) Aktivierungspflicht für aktive latente Steuern zuteilwurde. Die Aufstellung einer Überleitungsrechnung kann nach HGB de lege lata nicht gefordert werden.[849] Konsequenterweise wird DRS 18.67 im Schrifttum nachdrücklich kritisiert.[850] Eine freiwillige Aufstellung kann aber nicht versagt werden,[851] da die Aufstellung der Überleitungsrechnung den Aussagegehalt des Jahresabschlusses erhöhen würde.[852]

7 Größenabhängige Erleichterungen für juristische Personen

Aufgrund der Tatsache, dass die Bilanzierung latenter Steuern eines der komplexesten und arbeitsintensivsten Bilanzierungsprobleme darstellt, hat der Gesetzgeber diverse größenabhängige Erleichterungen für Kapitalgesellschaften sowie eingetragene Genossenschaften (§ 336 Abs. 2 HGB) vorgesehen. Zwar könnte die Berechtigung größenabhängiger Erleichterungen bei der Ermittlung latenter Steuern mit Blick darauf, dass bei großen (kleinen) Gesellschaften viele (wenige) Bilanzdifferenzen auftreten, in Frage gestellt werden. Allerdings ist die Bilanzierung latenter Steuern auch unabhängig von der (größenabhängigen) Zahl der Anwendungsfälle ein äußerst komplexes Bilanzierungsproblem, so dass die Schaffung größenabhängiger Erleichterungen grundsätzlich nicht zu kritisieren ist.

Als „mittelgroß" i.S.d. § 267 Abs. 2 HGB geltende Gesellschaften profitieren ausweislich des § 288 Abs. 2 S. 2 HGB von dem Wahlrecht, die Angabe im Anhang nach § 285

849 Vgl. BAETGE / HAENELT / JONAS (2009), S. 467; KÜHNE / MELCHER / WESEMANN (2009), S. 1013; WENDHOLT / WESEMANN (2009), S. 68; OSER / ROß / WADER / DROGEMÜLLER (2009), S. 581; MAIER / WEIL (2009), S. 2735; PRYSTAWIK / SCHAUF (2011), S. 316; SIEGEL (2011), S. 228.

850 Vgl. etwa PETERSEN (2011), S. 262; IDW-HFA (2010), S. 451 f.; PRYSTAWIK / SCHAUF (2011), S. 316 f.

851 Vgl. GELHAUSEN / FEY / KÄMPFER, Abschn. O, Tz. 260 f.; EMIG / WALTER (2011), S. 492; ELLROTT (2012), § 285 HGB, Tz. 474; LOITZ (2009a), S. 714.

852 Vgl. EMIG / WALTER (2011), S. 492.

Nr. 29 HGB nicht machen zu müssen. Erleichterungen hinsichtlich der Bilanzierung latenter Steuern in Bilanz und GuV sind demgegenüber nicht vorgesehen.

Etwas anderes gilt für solche Gesellschaften, die als „klein" i.S.d. § 267 Abs. 1 HGB gelten. Zwar sind selbige auch von der Anwendung des § 285 Nr. 29 HGB freigestellt (§ 288 Abs. 1 HGB). Die größenabhängigen Erleichterungen sind derweil viel weitreichender als bei mittelgroßen Gesellschaften: Gemäß § 274a Nr. 5 HGB sind diese von der Bilanzierung latenter Steuern nach § 274 HGB befreit.[853]

Aufgrund des Wortlauts von § 274 a Nr. 5 HGB („sind befreit"), ist insoweit von einem Wahlrecht auszugehen, so dass es diesen Gesellschaften frei steht, die Erleichterungsvorschrift entweder anzuwenden oder nicht. Soweit eine „kleine" Gesellschaft den § 274 HGB freiwillig anwenden will, kann ihr dies aufgrund des Wortlauts in § 274a Nr. 5 HGB nicht verwehrt werden.[854] In diesem Fall hätte die Gesellschaft wiederum den Stetigkeitsgrundsatz (§ 246 Abs. 3 HGB) zu beachten, d.h. sofern der Bilanzierende den § 274 HGB zu einem Zeitpunkt freiwillig anwendet, kann er die (manipulations-*un*spezifische)[855] Befreiung des § 274a Nr. 5 HGB in späteren Jahren nur dann anwenden, wenn ein besonderer Grund hierfür besteht. Überzeugende Gründe werden sich hierfür in der Regel wohl nicht finden lassen,[856] zumal bilanzpolitische Interessen des Bilanzierenden nicht schutzwürdig sind.

Als praktisch relevanterer Fall darf die Inanspruchnahme der Erleichterung nach § 274a Nr. 5 HGB gelten. In diesem Fall muss geklärt werden, ob aus der Nichtanwendung des § 274 HGB eine Nichtberücksichtigung latenter Steuern im Jahresabschluss folgt. Dies ist indessen nicht der Fall, da passive latente Steuern - auch im Fall „quasi-permanenter" Differenzen - zugleich nach allgemeinen Regeln grundsätzlich ansatzpflichtig[857] sind (§ 249 Abs. 1 HGB).[858] Demgegenüber muss eine Aktivierung latenter Steuern (auf abzugsfähige Differenzen und steuerliche Verlustvorträge) unterbleiben, da der Ansatz

---

853 § 274a Nr. 5 HGB spricht irrtümlich von der „Abgrenzung latenter Steuern", eine Terminologie, die dem überwundenen Timing-Konzept entstammt und insoweit zu vermeiden ist.

854 **Gl.A.** HOFFMANN / LÜDENBACH (2012), § 274 HGB, Tz. 3g und 52.

855 Siehe auch oben D.2.3.5.

856 Dies bezweifeln: HOFFMANN / LÜDENBACH (2012), § 274 HGB, Tz. 51 und 93.

857 Siehe hierzu bereits oben D.2.1.2.4.

858 **Wie hier**, allerdings gegen die Einbeziehung von „quasi-permanenten Differenzen": IDW-HFA (2012), Tz. 26; BECKER (2012), S. 66 f. **A.A.** HOFFMANN / LÜDENBACH (2012), § 274 HGB, Tz. 3a ff.; LÜDENBACH / FREIBERG (2010), S. 1975; LÜDENBACH (2011), S. 69.

„ungewisser Steuerforderungen" gegen das Realisationsprinzip verstößt[859] und (der diesen Verstoß ermöglichende) § 274 HGB gerade nicht angewendet wird. Allerdings erfordert eine zutreffende Ermittlung der künftigen Steuermehrbelastungen stets die Berücksichtigung am Bilanzstichtag vorhandener aktiver Differenzen (mittels Einzeldifferenzenbetrachtung) sowie steuerlicher Verlustvorträge.[860] Andernfalls würden die künftigen Steuermehrbelastungen schlicht überhöht ausgewiesen (Verstoß gegen die Mindestausschüttung).[861] Unzulässig ist demgegenüber die Aktivierung eines Aktivüberhangs. Insoweit ist die Befolgung der (arbeitsaufwendigen) Faustregeln bei Ermittlung und Saldierung latenter Steuern[862] auch bei Nichtanwendung des § 274 HGB unabdingbar. Tatsächlich ist mit § 274a Nr. 5 HGB somit keine wesentliche Erleichterung der Bilanzierung latenter Steuern in Bilanz und GuV verbunden.Das Gegenteil ist der Fall, denn es ergeben sich Folgeprobleme hinsichtlich Bewertung und Ausweis der (unter Beachtung der Faustregeln ermittelten) künftigen Steuermehrbelastung.[863] Nach allgemeinen Regeln müssen - wie bisher[864] - aufgrund von § 249 Abs. 1 HGB angesetzte passive latente Steuern als Rückstellungen, genauer unter den Steuerrückstellungen (§ 266 Abs. 3 B Nr. 2 HGB),[865] ausgewiesen werden. Demgegenüber haben Anwender von § 274 HGB den Ausweis nach § 266 Abs. 3 E HGB zu befolgen. Insoweit könnte die Vergleichbarkeit der Jahresabschlüsse von einerseits „kleinen" und andererseits „großen" Kapitalgesellschaften beeinträchtigt werden. Aus Gründen der Klarheit (§ 243 Abs. 2 HGB) ist es insoweit erforderlich, den Teil der Steuerrückstellungen, der passive latente Steuern darstellt, mittels Davon-Vermerk abzusetzen und als „Passive latente Steuern" oder „Rückstellungen für passive latente Steuern" auszuweisen.

---

859 Siehe oben D.2.1.3.3., D.2.3.2., D.2.3.4.2.2.

860 Vgl. auch IDW-HFA (2012), Tz. 27.

861 Unverständlich und irrig daher die Ausführungen des Gesetzgebers in BT-DRUCKS. 16/10067 (30.07.2008), S. 68: *„Wegen der künftig nicht mehr vorzunehmenden Verrechnung der aktiven und der passiven latenten Steuern sind die aktiven latenten Steuern nicht mehr zu berechnen".*

862 Siehe oben D.4.4. Vgl. ferner IDW-HFA (2009), Tz. 3, Tz. 19-20; IDW-HFA (2012), Tz. 27, S. 2.

863 So auch die Hinweise bei HOFFMANN / LÜDENBACH (2012), § 274 HGB, Tz. 3f, die allerdings die falschen Schlussfolgerungen ziehen, da sie Ursache und Wirkung verdrehen. Wenn der Gesetzgeber bereits den bilanziellen Charakter von passiven latenten Steuern (Ansatzfrage) verkannt hat, dann vermag eine unzutreffende Regelung der Bewertungs- und Ausweisfrage (als Folge der irrigen Lösung der Ansatzfrage) nicht wirklich überraschen.

864 Vgl. GRAF V. KANITZ (2011), S. 896 ff., 906.

865 Gl.A. IDW-HFA (2012), Tz. 28.

Gravierender als diese Ausweisfrage sind die Konsequenzen, die mit § 253 Abs. 2 HGB einhergehen. Die Vorschrift bestimmt, dass eine (aufgrund des Realisationsprinzips abzulehnende)[866] Abzinsung von Rückstellungen mit einer Restlaufzeit von mehr als zwölf Monaten vorzunehmen ist. Für von Nichtanwendern des § 274 HGB ausgewiesene passive latente Steuern ist damit § 253 Abs. 2 HGB einschlägig. Fraglich könnte daher sein, ob das explizite Diskontierungsverbot des § 274 Abs. 2 S. 1 HGB auch von Nichtanwendern des § 274 HGB in Anspruch genommen werden kann.[867] Hierfür könnte sprechen, dass es nicht i.S.d. Gesetzgebers sein kann, mit der Einräumung einer größenabhängigen Erleichterung genau denjenigen Unternehmen, die diese Erleichterung in Anspruch nehmen, aufwendigere Vorgaben für eine Bewertung passiver latenter Steuern zu machen als Anwendern von § 274 HGB. Allerdings bestehen doch erhebliche Bedenken, ein derartiges „Rosinenpicken" bei § 274 HGB zuzulassen. Es ist schließlich widersprüchlich, bei Ansatzfragen nicht auf § 274 HGB zurückzugreifen, um dann die Bewertungsfrage mit eben diesem Paragraphen zu beantworten. Aus theoretischer Sicht lässt sich dieser Widerspruch **nicht** befriedigend lösen. Vielmehr müsste entweder die Abzinsungspflicht von Rückstellungen verworfen und/oder die (vermeintliche) Vereinfachungsvorschrift des § 274a Nr. 5 HGB gestrichen werden. Beides ist zurzeit nicht absehbar. Die Praxis kann sich mit Blick auf die oben zitierten Stimmen im Schrifttum gleichwohl dieser äußerst widersprüchlichen Handhabung von § 274 Abs. 2 S. 1 HGB bedienen, um so eine Abzinsung zu umgehen.

Hinsichtlich § 268 Abs. 8 HGB ist darauf hinzuweisen, dass selbst bei Inanspruchnahme des Wahlrechts nach § 274a Nr. 5 HGB die Ausschüttungssperrvorschrift zu beachten ist.[868] Dies gilt für die Sonderbeträge nach Satz 1 und Satz 3 der Vorschrift. Satz 2 der Vorschrift läuft ins Leere, da ein Aktivüberhang latenter Steuern bei Gesellschaften, die die Erleichterung des § 274a Nr. 5 HGB nutzen, nicht aktiviert werden kann.

---

866 Siehe oben B.2.2.

867 **Befürwortend** z.B. KÜHNE / MELCHER / WESEMANN (2009), S. 1061; IDW-HFA (2009), Tz. 27 i.V.m. Tz. 26; IDW-HFA (2012), Tz. 27, S. 3 (Abzinsung könne i.S.d. Rechtsgedankens des [nicht (!) anwendbaren; Anmerkung des Verf.] § 274 HGB unterbleiben); SIEGEL (2011), S. 181 (Abzinsungspflicht wäre wohl unangemessen); GRAF V. KANITZ (2011), S. 906; EGGERT (2011), S. 321.

868 Wie hier: SIEGEL (2011), S. 199.

8 Wesentliche Abweichungen der Bilanzierung latenter Steuern bei Personenunternehmen

8.1 Systematisierung und Grundprinzip

Die Bilanzierung latenter Steuern bei Personenhandelsunternehmen stellt sich in hohem Maße uneinheitlich dar. Die Gründe hierfür sind zersplitterte Rechtsgrundlagen und die unterschiedlichen Gattungen von Personenunternehmen. Um die Materie zu handhaben, ist es erforderlich, einer Analyse latenter Steuern bei Personenunternehmen zunächst eine Systematisierung der Personenunternehmen voranzustellen. Dabei werden im Folgenden vier Gattungen von Personenunternehmen unterschieden:

a) Kleine Einzelkaufleute, die § 241a HGB anwenden

Kleine Einzelkaufleute, die die Befreiungsvorschrift des § 241a HGB in Anspruch nehmen, sind von der Buchführungspflicht sowie der Pflicht entbunden, Bilanzen aufzustellen. Sie erfassen nur tatsächliche Steuerein- und -auszahlungen, z.B. in Gestalt einer Kassen- oder Einnahmenüberschussrechnung, d.h. es kommt das Zufluss- bzw. Abflussprinzip zur Anwendung. Da kein Jahresabschluss aufgestellt wird, steht die Bilanzierung latenter Steuern dahin, weshalb kleine Einzelkaufleute im Folgenden nicht behandelt werden.

b) Kapitalistische Personengesellschaften (im Folgenden: ***CoGes****) sind Gesellschaften i.S.d. § 264a Abs. 1 HGB.*

CoGes müssen wegen § 264a Abs. 1 HGB die Vorschriften beachten, die eigentlich nur für juristische Personen gelten.[869] Insoweit müssen CoGes auch eine Bilanzierung latenter Steuern nach § 274 HGB leisten. Die für Kapitalgesell-

[869] Ausnahmsweise brauchen CoGes den § 274 HGB nicht zu beachten, sofern sie die Befreiung nach § 264b HGB in Anspruch nehmen können (Wesentlicher Inhalt von § 264b HGB: Konzernierung und Einbeziehung in den Konzernabschluss des Mutterunternehmens, das seinen Sitz in einem Mitgliedsstaat der EU/EWR hat und richtlinienkonform bilanziert sowie geprüft wird).

schaften gemachten Ausführungen gelten hier grundsätzlich analog; dies gilt auch für die größenabhängigen Erleichterungen nach § 274a HGB, d.h. für „kleine" CoGes besteht kein Zwang, § 274 HGB anzuwenden (§ 264a Abs. 1 i.V.m. § 274a Nr. 5 HGB). Im Gegensatz zu Kapitalgesellschaften und Genossenschaften sind CoGes selbst nicht unter § 1 Abs. 1 KStG subsumierbar und unterliegen mithin nicht der Körperschaftsteuer (zuzüglich SolZ).

c) „Große" Personenhandelsunternehmen und Einzelkaufleute i.S.d. §§ 1, 3 Abs. 1 Nr. 1 PublG (im Folgenden: ***PublG-Ges****).*

Werbende[870] PublG-Ges müssen ausweislich § 5 Abs. 1 PublG grundsätzlich die Vorschriften anwenden, die für Kapitalgesellschaften gelten. Dies schließt § 274 HGB mit ein.[871] Allerdings brauchen PublG-Ges, die in der Rechtsform von Personenhandelsgesellschaften und Einzelkaufleuten geführt werden, keinen Anhang und keinen Lagebericht aufstellen (§ 5 Abs. 2 PublG). Somit müssen „große" Personenhandelsunternehmen die Angabe im Anhang nach § 285 Nr. 29 HGB nicht machen. Abweichendes gilt nur im Fall der Kapitalmarktorientierung (§ 5 Abs. 2a PublG). Wie CoGes unterliegen auch PublG-Ges nicht der Körperschaftsteuer (zuzüglich SolZ), da sie nicht zu den in § 1 Abs. 1 KStG genannten Körperschaften, Personenvereinigungen und Vermögensmassen gehören.

d) Typische Personenhandelsunternehmen als Residualmenge

Typische Personenunternehmen sind solche, die weder CoGes noch PublG-Ges darstellen (Negativabgrenzung). Hierunter fallen zugleich kleine Einzelkaufleute, die zwar § 241a HGB anwenden könnten, dies aber nicht tun und freiwillig Bücher führen. Typische Personenunternehmen unterliegen aufgrund der Gesetzessystematik nur dem 1. Abschnitt des Dritten Buches des HGB. § 274 HGB ist aufgrund von dessen Stellung im Gesetz nicht anwendbar. Insoweit sind hier ähnliche Überlegungen anzustellen, wie bei „kleinen" Kapitalgesellschaften,

---

870 Aufgrund von § 3 Abs. 3 PublG gilt die Rechnungslegungspflicht *nicht* während Liquidation. Zutreffend kritisch hierzu mit Reformvorschlag: SCHERRER / HENI (2009), S. 121 f.

871 Demgegenüber ist die größenabhängige Erleichterung des § 274a Nr. 5 HGB für PublG-Ges unbeachtlich, da diese mit den Größenkriterien des PublG konfligiert.

die die Befreiungsvorschrift des § 274a Nr. 5 HGB anwenden.[872] Typische Personenunternehmen sind wiederum nicht unter § 1 Abs. 1 KStG subsumierbar.

Typische Personengesellschaften müssen wegen § 249 Abs. 1 HGB passive latente Steuern bilanzieren,[873] die sie gesondert unter den Steuerrückstellungen ausweisen. Dies gilt auch für „quasi-permanente" Differenzen. Aktive latente Steuern müssen sie zwangsläufig berücksichtigen, da andernfalls die Höhe der passiven latenten Steuern unzutreffend ermittelt würde. Eine Arbeitserleichterung ist somit allenfalls hinsichtlich der Angaben im Anhang zu postulieren, da dieser nicht aufgestellt wird. Die Widersprüche aufgrund des Abzinsungsgebots und bei der Ausweisfrage stellen sich auch hier, können unter Berufung auf die Stimmen im Schrifttum[874] aber wiederum gehandhabt werden.

Allen relevanten Gattungen der Personenunternehmen ist gemein, dass bei der Ermittlung des anzuwendenden **Steuersatzes** für die Bewertung (von auf Ebene der Personenunternehmung auftretender) Bilanzdifferenzen keine Personen- oder Zuschlagsteuern zu beachten sind, sondern nur die Gewerbe(ertrag)steuer bedeutsam ist.[875] Das IDW begründet diese im Schrifttum fast unwidersprochene Aussage mit dem Hinweis, dass § 274 HGB nur solche künftigen Steuerfolgen betrifft, die beim bilanzierenden Unternehmen selbst entstehen.[876] Da gemäß § 5 Abs. 1 Sätze 1 bis 3 GewStG Einzelunternehmer und Personengesellschaften Steuerschuldner der Gewerbesteuer sind, während die Einkommensteuer (zuzüglich SolZ) ausschließlich von natürlichen Personen geschuldet

872 Siehe oben D.7.

873 So zutreffend bereits nach altem Recht: SIEGEL (1986), S. 593 f.

874 Nachweise siehe oben D.7.

875 Dies ist im Schrifttum **unbestritten**. Vgl. IDW-HFA (2012), Tz. 19; LIENAU (2006), S. 58 f.; HARTMANN (2011), S. 130, 142, 144; KARRENBROCK (2007), Tz. 44; KARRENBROCK (1991), S. 341; SCHULZ-DANSO (2009), § 25, Tz. 165; SPANHEIMER / SIMLACHER (2010), § 274 HGB, Tz. 57; HOFFMANN / LÜDENBACH (2012), § 274 HGB, Tz. 56; WENDHOLT / WESEMANN (2009), S. 71. **Zweifelnd lediglich:** KIRSCH (2007), S. 2272; KIRSCH (2009), S. 516 unter Berufung auf WP-HANDBUCH BD. 1 (2006), Abschn. H, Tz. 68, die den Ausweis von tatsächlichen persönlichen Steuerschulden der Gesellschafter (z.B. ESt) in der Gesamthandsbilanz von nach dem PublG zur Rechnungslegung verpflichteten Personenunternehmen für zulässig halten, soweit dieses Vorgehen in einer Fußnote zur Bilanz kommuniziert wird. **Stellungnahme:** Es wurde bereits gezeigt, dass der Ausweis von auf Privatvermögen entfallendem Aufwand in der Gesamthandsbilanz unzulässig ist und u.a. dazu führen würde, dass die persönlichen Verhältnisse der Gesellschafter (z.B. Berücksichtigung von Kinderfreibeträgen bei der ESt) in die Gesamthandsbilanz Einzug hielten. Vgl. ausführlich m.w.N.: KARRENBROCK (1991), S. 334 ff. Insoweit ist die von H. KIRSCH vorgebrachte Anregung zurückzuweisen.

876 Vgl. IDW-HFA (2012), Tz. 19.

wird (§§ 43 AO, §§ 1, 2 EStG), ist dieses Vorgehen nicht zu beanstanden. Die Unbeachtlichkeit der Einkommensteuer hat zugleich zur Folge, dass die Anrechnungsvorschrift für gezahlte Gewerbesteuer nach **§ 35 EStG** eine Bilanzierung latenter Gewerbesteuer auch dann nicht obsolet macht, wenn aus wirtschaftlicher Sicht eine vollumfängliche Kompensation der von der Gesellschaft gezahlten Gewerbesteuer beim Gesellschafter erreicht wird.[877] Mit der Maßgabe, dass nur die Gewerbesteuer beachtlich ist, kann hinsichtlich der Ermittlung des Steuersatzes grundsätzlich auf die Ausführungen zur Kapitalgesellschaft[878] verwiesen werden.[879]

Eine Besonderheit bei der Ermittlung der Steuerfolgen von Personenunternehmen ist in der Vorschrift des § 7 S. 2 GewStG zu erblicken. Hiernach ist der Gewinn aus der Veräußerung oder Aufgabe eines (Teil)Betriebs einer Mitunternehmerschaft (Nr. 1), des Anteils eines Mitunternehmers (Nr. 2) sowie des Anteils eines persönlich haftenden Gesellschafters einer KGaA (Nr. 3) genau dann *kein* Bestandteil des Gewerbeertrags der Personenhandelsgesellschaft, soweit der Gewinn auf eine natürliche Person als unmittelbar beteiligter Mitunternehmer entfällt. Die Quintessenz der Vorschrift besteht somit in einer Befreiung derartiger Veräußerungs- und Aufgabegewinne, sofern diese Gewinne einer unmittelbar beteiligten natürlichen Person als Mitunternehmer (im Folgenden: begünstigter Mitunternehmer) zuwachsen. Für die Bilanzierung latenter Gewerbesteuer kann diese Vorschrift bei der Ermittlung der künftigen Steuerfolgen einer Personengesellschaft zu berücksichtigen sein.[880] Denkbar ist beispielsweise, dass bei einer Personenhandelsgesellschaft (z.B. einer OHG) eine passive Bilanzdifferenz (z.B. 100 GE) beim Beteiligungswert an einer KG auftritt.[881] Veräußert nun die OHG

---

877 **Zweifelnd** wiederum: KIRSCH (2007), S. 2272.

878 Siehe ausführlich oben D.3.2.

879 Personenunternehmen wird aufgrund von § 11 Abs. 1 S. 3 Nr. 1 GewStG ein Freibetrag bei der Ermittlung des maßgebenden Gewerbeertrags gewährt. Hierdurch wandelt sich der (bei juristische Personen) proportionale Gewerbesteuertarif in einen indirekt progressiven Tarif. Aufgrund der geringen Höhe des Freibetrags von 24.500 Euro ist dies aber regelmäßig vernachlässigbar. Soweit in seltenen Ausnahmefällen mit an Sicherheit grenzender Wahrscheinlichkeit damit gerechnet werden kann, dass aufgrund des Freibetrags keine Steuerfolgen aus passiven Differenzen erwachsen werden, können keine passiven latenten Steuern angesetzt werden.

880 Vgl. etwa FELDGEN (2010), S. 3623; KASTRUP / MIDDENDORF (2010), S. 816; IDW-HFA (2012), Tz. 19 sowie HARTMANN (2011), S. 175 (in Bezug auf Anteile an Personenhandelsgesellschaften, die von einer Kapitalgesellschaft als Anteilseigner bilanziert werden).

881 Zu derartigen Bilanzdifferenzen wird es regelmäßig kommen, da Beteiligungen an Personengesellschaften handels- und steuerrechtlich verschiedenartig bilanziert werden. Handelsrechtlich wird die Beteiligung zu Anschaffungskosten bilanziert, steuerrechtlich wird der Beteiligungsansatz

ihre Beteiligung an der KG und erzielt hieraus einen Gewinn, so unterliegt dieser aperiodische Gewinn auf Ebene der OHG nur insoweit der Gewerbesteuer, als dieser die Voraussetzungen des § 7 S. 2 GewStG erfüllt. Ist an der OHG eine natürliche Person direkt beteiligt (z.B. zu 30 %), so greift § 7 S. 2 GewStG für den auf den begünstigten Mitunternehmer entfallenden Anteil am Gewinn nicht. Insoweit wird die Gesellschaft Steuerfolgen aus dem Abbau der Bilanzdifferenz nur anteilig (hier: 70 %) tragen müssen.

In diesem Zusammenhang weisen das IDW[882] und das Schrifttum[883] noch auf einen weiteren Aspekt des § 7 S. 2 GewStG hin. Soweit am Bilanzstichtag davon auszugehen ist, dass ein begünstigter Mitunternehmer zu einem bestimmten Zeitpunkt ausscheiden wird (z.B. durch eine am Bilanzstichtag erfolgte, erst künftig wirksame Kündigung des Gesellschaftervertrags), sind Bilanzdifferenzen, die sich bis zum Zeitpunkt des Ausscheidens noch nicht bzw. nicht vollständig abbauen werden, nicht bzw. nur anteilig bei der Bilanzierung latenter Steuern zu berücksichtigen. Grund hierfür ist, dass sich durch den Veräußerungsvorgang bzw. Gesellschafterwechsel zwar die bestehenden temporären Differenzen abbauen, mit deren Abbau allerdings (aufgrund von § 7 S. 2 GewStG) keine Steuerfolgen für die Personengesellschaften verbunden sind.[884] Insoweit dürfen latente Gewerbesteuerzahlungen nur insoweit bilanziert werden, als damit gerechnet werden kann, dass sich die Differenzen *vor* der Veräußerung bzw. dem Gesellschafterwechsel abbauen.

Nachstehendes Schaubild fasst die wichtigsten Erkenntnisgewinne grafisch zusammen:

nach der Spiegelbildmethode ermittelt. Vgl. IDW-HFA (2011a), Tz. 43. Zur Bilanzierung von Beteiligungen an Personengesellschaften in Handels- und Steuerrecht vgl. DIETEL (2002), S. 2140 ff.

882 Vgl. IDW-HFA (2012), Tz. 22.

883 Vgl. LEY (2011), S. 17428, Tz. 21; LÜDENBACH / FREIBERG (2011), S. 1579; SKOLUDA / JANITSCHKE (2011), S. 364; SIEGEL (2011), S. 115; KASTRUP / MIDDENDORF (2010), S. 816 ff.; FELDGEN (2010), S. 3635. Siehe auch in Bezug auf IAS 12: KIRSCH (2002), S. 1180; KIRSCH (2002a), S. 336.

884 Vgl. im Folgenden: KASTRUP / MIDDENDORF (2010), S. 816.

Abb. 7: Die Bilanzierung latenter Steuern bei Personenunternehmen

Aufgrund der Komplexität des deutschen Steuerrechts, insbesondere im Bereich der Besteuerung von Mitunternehmerschaften, kann eine umfassende Darstellung sämtlicher Besonderheiten, die bei der Ermittlung künftiger Steuerfolgen aus dem Abbau von bei Personenunternehmen auftretenden Bilanzdifferenzen erwachsen können,[885] an dieser Stelle nicht geleistet werden. Dies ist Abhandlungen mit einer entsprechenden Schwerpunktbildung vorbehalten.[886]

8.2 Ausschüttungssperre bei Personenunternehmen

Im Falle von Personenunternehmen ist zu analysieren, inwieweit die **Ausschüttungssperre** von § 268 Abs. 8 HGB anwendbar sein könnte. Aus streng an der Gesetzessystematik orientierter Sicht ist zu konstatieren, dass CoGes und werbende PublG-Ges unstreitig § 268 Abs. 8 HGB zu beachten haben, da entsprechende Verweisvorschriften bestehen (§ 264a Abs. 1 HGB und § 5 Abs. 1 PublG). Im Fall typischer Personenunter-

885 Beispielsweise wird im Schrifttum auch diskutiert, inwieweit nach § 15a EStG festgestellte Verluste bei der Bilanzierung latenter Steuern berücksichtigt werden können oder müssen. Vgl. hierzu m.w.N. Künkele / Zwirner (2011), S. 2367 f.

886 So z.B. Hartmann (2011), S. 1 ff.

nehmen findet sich demgegenüber keine derartige Verweisvorschrift, so dass § 268 Abs. 8 HGB auf diese Gesellschaften keine Anwendung findet. Allerdings wäre es verfehlt, die Untersuchung auf diese streng formale Betrachtungsweise zu beschränken.

Soweit sich das Schrifttum zur Anwendbarkeit von § 268 Abs. 8 HGB im Falle von Personengesellschaften überhaupt äußert, erachtet es eine analoge Anwendung von § 268 Abs. 8 HGB überwiegend als verzichtbar.[887] Rechtfertigung hierfür sei, dass es bei CoGes und PublG-Ges „keine Ausschüttungen" gebe und es somit an einem Anknüpfungspunkt für § 268 Abs. 8 HGB fehle. Andere Autoren fordern zwar für CoGes aufgrund von deren Haftungsbeschränkung eine analoge Anwendung des § 268 Abs. 8 HGB, nicht aber für (unbeschränkt haftende) PublG-Ges oder gar typische Personengesellschaften.[888] Teilweise wird jedoch auch dafür eingetreten, § 268 Abs. 8 HGB grundsätzlich sinngemäß bei *allen* bilanzierenden Unternehmen anzuwenden, d.h. auch bei unbeschränkt haftenden Unternehmen.[889] Das Meinungsspektrum im Schrifttum ist insoweit sehr unübersichtlich.

Mit Blick auf das Gesellschaftsrecht (v.a. §§ 120 ff., 167 Abs. 1, 168 Abs. 1 HGB) ist eine Übertragung der Ausschüttungssperre auf Personenunternehmen ernstlich zweifelhaft. Das Gesetz sieht letztlich bei Personenunternehmen keine (aufgrund der Dispositivität des Gesellschaftsrechts) zwingenden Kapitalentnahmebeschränkungen vor.[890] Dies gilt auch für CoGes (z.B. eine GmbH & Co. KG), da diese zivilrechtlich (trotz einer Kapitalgesellschaft als Gesellschafter) eine Personengesellschaft bleibt.[891] Der Gewinn eines Jahres wird somit den Kapitalkonten der jeweiligen Gesellschafter anteilig zugeschrieben, wobei unsichere Erträge i.S.d. § 268 Abs. 8 HGB in diesem Gewinn enthalten sind.[892] In diesem Zusammenhang verdient § 172 Abs. 4 S. 3 HGB

---

887 **So z.B.** KÜHNE / MELCHER / WESEMANN (2009), S. 1061; BUDDE / KESSLER (2009), S. 369.

888 Vgl. WEHRHEIM / RUPP (2009), S. 358 (Aufgrund eines Vollhafters als natürliche Person erübrigt sich eine auf den Gläubigerschutzgedanken stützende Ausschüttungssperre); BT-DRUCKS. 16/10067 (30.07.2008), S. 64 (keine praktischen Konsequenzen aufgrund der unbeschränkten Haftung bei Personenunternehmen). **Wohl auch:** SIEGEL (2011), S. 199; ARBEITSKREIS BILANZRECHT DER HOCHSCHULLEHRER RECHTSWISSENSCHAFT (2008), S. 157 (in Bezug auf die Ausschüttungssperre bei originären immateriellen Vermögensgegenständen des Anlagevermögens; ohne Begründung).

889 Vgl. FUNNEMANN / KERSSENBROCK (2008), S. 2676 f., 2678.

890 Vgl. JACOBS (2009), S. 23 f. (in Bezug auf die OHG); 30 f. (in Bezug auf die KG).

891 Vgl. JACOBS (2009), S. 57.

892 Vgl. SIEGEL (2011), S. 197.

n.F. besondere Erwähnung, nach dem die Haftung des Kommanditisten wieder auflebt,[893] sofern nach § 268 Abs. 8 HGB ausschüttungsgesperrte Beträge entnommen wurden. Damit wird klargestellt, dass auch der Gesetzgeber davon ausgeht, dass ausschüttungsgesperrte Beträge bei Personenunternehmen entnommen werden dürfen.[894] Andernfalls wäre § 172 Abs. 4 S. 3 HGB, der auch für haftungsbeschränkte KG gilt,[895] nämlich verzichtbar. Eine Übertragung der Ausschüttungssperre auf CoGes, PublG-Ges und typische Personenunternehmen ist daher mit Blick auf das Entnahmerecht der Gesellschafter **nicht möglich**.[896]

Allerdings kann dieses Ergebnis aus Sicht der Ausschüttungsbemessungsfunktion nicht überzeugen. Selbst bei unbeschränkt haftenden Gesellschaften ist die ausschüttungsbegrenzende Ausprägung der Ausschüttungsbemessungsfunktion keinesfalls irrelevant, da der vorsichtig ermittelte Periodenerfolg als eine **Richtgröße für die Ausschüttung bzw. Entnahme**[897] fungiert.[898] Werden unsichere Erträge den Kapitalkonten zugeschrieben und diese unsicheren Gewinnbestandteile entnommen, so wird hierdurch das Eigenkapital der Gesellschaft aufgezehrt. Aus betriebswirtschaftlicher Sicht kann dies dann ein Problem werden, sofern hierdurch die Fähigkeit der Unternehmung gemindert wird, Einkommen zu erzielen. Die Ermöglichung des Ausweises unsicherer Erträge im Jahresabschluss (und mithin der Grund, warum der Gesetzgeber Ausschüttungssperren hierfür implementiert hat,) ist daher auch in Jahresabschlüssen unbeschränkt haftender Gesellschaften zu kritisieren. Aus dieser Erkenntnis ergeben sich zwei Konsequenzen. Zum einen sind Gesellschafter von Personenunternehmen dringend beraten, eine Anpassung der Gesellschaftsverträge vorzunehmen, so dass unsichere Erträge i.S.d. § 268 Abs. 8 HGB aufgrund entsprechender Regelungen im Gesellschaftsvertrag nicht entnommen werden können. Zum anderen ist de lege ferenda zu fordern, dass die Vorschriften, die einen Ausweis unsicherer Erträge ermöglichen (und eine Ausschüt-

---

893 Vgl. BT-DRUCKS. 16/10067 (30.07.2008), S. 46.

894 **Gl.A.** SIEGEL (2011), S. 198; GELHAUSEN / FEY / KÄMPFER, Abschn. N, Tz. 5.

895 Vgl. GELHAUSEN / FEY / KÄMPFER, Abschn. N, Tz. 5.

896 **Zweifelnd** auch: SIEGEL (2011), S. 198 f.

897 Siehe hierzu oben B.1.3.2.2 und B.1.3.2.3.

898 **Ähnlich** FUNNEMANN / KERSSENBROCK (2008), S. 2677, 2678; SIEGEL (2011), S. 199 (mit Verweis auf FUNNEMANN ET AL.). FUNNEMANN ET AL. sprechen vom Selbstschutz des Bilanzierenden bzw. Gesellschafterschutz durch Information.

tungssperre nötig machen), ersatzlos gestrichen werden. Eine prinzipientreue Gewinnermittlung wird daher nochmals[899] angemahnt.

8.3 Freiwillige Anwendung des § 274 HGB

Im Schrifttum wird fast einhellig eine freiwillige Anwendung von § 274 HGB n.F. bei typischen Personenunternehmen[900] für zulässig gehalten.[901] Diese Zulässigkeit wird allerdings nur postuliert und nicht begründet. Soweit ersichtlich, besteht Uneinigkeit allenfalls hinsichtlich des Umfangs der freiwillig angewendeten Vorschriften, d.h. ob nur § 274 HGB angewendet werden darf (selektive Anwendung) oder ob sämtliche der für Kapitalgesellschaften anwendbaren Vorschriften beachtet werden müssen.[902] Im Folgenden sei die generelle Zulässigkeit einer freiwilligen Anwendung durch typische Personengesellschaften untersucht.

---

899 Siehe oben D.2.5.

900 Zur freiwilligen Anwendung von § 274 HGB bei Gesellschaften, denen die Befreiungsvorschrift des § 274a Nr. 5 HGB offensteht, siehe bereits oben D.7. Unter § 274a Nr. 5 HGB fallen auch Gesellschaften i.S.d. § 264a HGB, sofern sie „klein" i.S.d. § 267 HGB sind.

901 **So z.B.** GELHAUSEN / FEY / KÄMPFER, Abschn. M, Tz. 53; LANGE / WOLZ (2010), S. 76; IDW-HFA (2009), Tz. 21; IDW-HFA (2012), Tz. 18; SPANHEIMER / SIMLACHER (2010), § 274 HGB, Tz. 5; MÜLLER (2011), S. 1049; KÜHNE / MELCHER / WESEMANN (2009), S. 1061; RUBERG (2009), S. 871; LEY (2011), S. 17426, Tz. 11; LOITZ (2009a), S. 709. **Zweifelnd:** FEDERMANN (2010), S. 284.
Eine freiwillige Anwendung des § 274 HGB a.F. von typischen Personengesellschaften wurde gleichermaßen für zulässig erachtet und, soweit ersichtlich, nur selten problematisiert. So z.B. ERNST (2008), S. 189 f. („*Es sind aber keine Gründe ersichtlich, die gegen eine freiwillige Anwendung des § 274 HGB bei einer Personengesellschaft sprechen.*"); ADS (1994 ff.), § 274 HGB, Tz. 7; IDW-SABI (1988), S. 683; BAUMANN / SPANHEIMER (2003), § 274 HGB, Tz. 5; WINNEFELD (2006), Abschn. D., Tz. 697; GRAF V. KANITZ (2011), S. 898. **A.A.** FEDERMANN (2000), S. 249 (Der Posten nach § 274 HGB a.F. stelle keinen GoB dar); KARRENBROCK (2007), Tz. 21 (§ 274 HGB sei nicht anwendbar; ohne Begründung); BT-DRUCKS. 10/4268 (18.11.1985), S. 88 f. („*Es ist ein besonderes Anliegen der Mehrheit des Rechtsausschusses, durch Aufteilung des Dritten Buchs des Handelsgesetzbuchs zu verhindern, daß eine ähnliche Entwicklung wie nach der Verabschiedung des Aktiengesetzes im Jahre 1965 zu einer pauschalen Übertragung der für Kapitalgesellschaften vorgeschriebenen Regelungen auf andere Rechtsformen führt.*"); KARRENBROCK (1991), S. 351 (mit Verweis auf BT-DRUCKS. 10/4268); RABENECK / REICHERT (2002), S. 1369 (mit Verweis auf KARRENBROCK).

902 Keine Beanstandung einer selektiven freiwilligen Anwendung von § 274 HGB bei: IDW-HFA (2009), Tz. 21; IDW-HFA (2012), Tz. 18; KÜHNE / MELCHER / WESEMANN (2009), S. 1061; LEY (2011), S. 17426, Tz. 11. **Demgegenüber** treten LÜDENBACH / FREIBERG (2010), S. 1975; HOFFMANN / LÜDENBACH (2012), § 274 HGB, Tz. 3g und LÜDENBACH / FREIBERG (2011), S. 1579 für eine vollumfängliche Beachtung des für Kapitalgesellschaften geltenden Regelungsbereichs ein.

Offensichtlich gründet die Befürwortung einer freiwilligen Anwendung von § 274 HGB durch das Schrifttum auf der pauschalen Annahme, dass die Befolgung der „strengeren" Vorschriften für bestimmte Kaufleute einen aussagefähigeren Jahresabschluss zur Folge habe. Post BilMoG mag dies für z.B. die detaillierteren Gliederungsvorschriften (z.B. § 266 HGB) oder § 265 Abs. 5 HGB zutreffen, allerdings nicht für sämtliche Vorschriften des Zweiten Abschnitts des Dritten Buches des HGB. Es handelt sich bei § 274 Abs. 1 S. 2 und S. 4 HGB unstreitig um GoB-widrige Vorschriften, die gegen das Realisationsprinzip und auch gegen die Ausschüttungsbemessungsfunktion verstoßen. Damit aber würde die freiwillige Anwendung von § 274 HGB gegen den dominierenden[903] Jahresabschlusszweck verstoßen und insoweit eine verfehlte, da unsichere Erträge berücksichtigende Gewinnermittlung bedingen. Die Aufforderung, eine freiwillige Anwendung von § 274 HGB für typische Personengesellschaften vor diesem Hintergrund ohne explizite Rechtsgrundlage zuzulassen, kann daher nur als irrig bezeichnet werden.[904] Auch eine freiwillige Anwendung der GoB-konformen Bestandteile des § 274 HGB ist abzulehnen, da das Filetieren einer Vorschrift dem Grundsatz der Klarheit und Übersichtlichkeit (§ 243 Abs. 2 HGB) widerspricht. Aus alledem folgt: Im Gegensatz zu Anwendern des § 274a Nr. 5 HGB,[905] ist typischen Personengesellschaften eine freiwillige Anwendung des § 274 HGB in Ermangelung einer Ermächtigungsnorm versperrt.

8.4 Einzelfragen bei Personenunternehmen

8.4.1 Ergänzungsbilanzen

8.4.1.1 Latente Steuern und steuerliche Ergänzungsbilanzen

Ergänzungsbilanzen werden vorwiegend bei Veränderungen der Gesellschafterstruktur (z.B. im Rahmen eines Gesellschafterwechsels, durch Neuaufnahme eines Gesellschaf-

---

903 Siehe oben B.4.

904 Ganz generell ist die im Schrifttum an vielen Stellen propagierte „sinngemäße freiwillige Anwendung" rechtsformspezifischer Vorschriften für Kapitalgesellschaften von typischen Personengesellschaften mehr als fraglich. Letztlich wird hierdurch unausgesprochen für ein Wahlrecht zwischen Bilanzierung nach den allgemeinen (für alle Kaufleute) oder den speziellen (für bestimmte Kaufleute) Bilanzierungsvorschriften eingetreten. Ein solches Wahlrecht aber findet im Gesetz keine Stütze.

905 Siehe oben D.7.

ters oder infolge einer Übernahme der Anteile eines ausscheidenden Gesellschafters) von Personengesellschaften aufgestellt.[906] Regelmäßig (Selten) werden durch solche Veränderungen in der Gesellschafterstruktur stille Reserven und/oder ein positiver Geschäfts- oder Firmenwert (stille Lasten und/oder ein negativer Firmenwert bzw. passiver Ausgleichposten) durch den neu eintretenden bzw. die Anteile übernehmenden Gesellschafter anteilig erworben. In der Gesamthandsbilanz werden diese stillen Reserven (stille Lasten) von den Gesellschaftern nicht aufgedeckt (sog. Buchwertfortführung), da sich andernfalls eine Reihe von Folgeproblemen ergäbe (z.B. eine Anpassung des Ergebnisbeteiligungsschlüssels).

Steuerlich sind diese Mehrwerte (Minderwerte) gegenüber den Buchwerten in der Gesamthandsbilanz nur dem neu eintretenden bzw. übernehmenden Gesellschafter zuzurechnen. Die Mehrwerte (Minderwerte) werden im Zeitpunkt der Veränderung der Gesellschaftsstruktur in positiven (negativen) Ergänzungsbilanzen erfasst. Künftige Veränderungen an den so festgestellten Mehrwerten (Minderwerten) werden in speziellen Ergänzungs-GuVen aufgezeichnet: So löst sich beispielsweise eine in der Ergänzungsbilanz festgestellte stille Reserve im Vorratsvermögen spätestens dann auf, wenn das Vorratsvermögen verbraucht wird. Es kommt insoweit zu einem Verlust in der Ergänzungs-GuV. Das Aufstellen und Fortschreiben von Ergänzungsbilanzen muss solange geschehen, bis sich die Mehrwerte (Minderwerte) vollständig aufgelöst haben.

Das Ergebnis von Ergänzungs-GuVen beeinflusst die Höhe der legaldefinierten Größe „Einkünfte aus Gewerbebetrieb" (§ 15 Abs. 1 S. 1 Nr. 2 EStG).[907] Da die Gewerbesteuer bekanntlich hieran anknüpft (§ 7 S. 1 GewStG) und die gesamthänderische Gesellschaft die Steuer schuldet (§ 5 Abs. 1 S. 3 GewStG), resultiert aus dem Abbau dieser Mehrwerte (Minderwerte) eine gemessen am handelsrechtlichen Ergebnis der Gesamthandsbilanz geringere (höhere) effektive Steuerbelastung bei der Gewerbesteuer. Das heißt, obwohl die Steuerfolge aus dem künftigen Abbau einer solchen Bilanzdifferenz nur dem neu eintretenden bzw. übernehmenden Gesellschafter zusteht,

---

906 Vgl. KIRSCH (2009), S. 513 f.; JACOBS (2009), S. 228 ff., 498 ff.

907 Aufgrund der Gewinnermittlungstechnik bei Mitunternehmerschaften (gesonderte und einheitliche Feststellung), wird sichergestellt, dass für Zwecke der ESt nur derjenige Gesellschafter, der diese Mehrwerte tatsächlich erworben hat, von der gewinnmindernden Wirkung einer Abschreibung profitiert. Weitergehende Überlegungen zur ESt brauchen hier indessen nicht angestellt zu werden, da Steuerschuldner der ESt *nicht* die Gesellschaft ist.

vermindert sich die Gewerbesteuerschuld für die Gesellschaft als Ganzes.[908] Die Voraussetzungen für die Berücksichtigung latenter Steuern sind damit erfüllt:

(1) im Zeitpunkt der Aufstellung der (steuerlichen) Ergänzungsbilanz sind ein oder mehrere Bilanzdifferenzen zwischen den Buchwerten in der Gesamthandsbilanz und den steuerlichen Wertansätzen, die etwaige Mehrwerte (Minderwerte) in der steuerlichen Ergänzungsbilanz beinhalten, erfolgsneutral[909] entstanden;
(2) aus dem Abbau dieser Bilanzdifferenz erwächst voraussichtlich eine Steuerminderbelastung (Steuermehrbelastung).

Somit kann (muss) eine antizipierte Steuerminderbelastung (Steuermehrbelastung) angesetzt werden. Allerdings ist fraglich, inwieweit eine erfolgsneutrale Bildung latenter Steuern gerechtfertigt ist und welches Gegenkonto angesprochen werden kann.

Ergänzungsbilanzen werden in der Regel infolge von Änderungen in der Gesellschafterstruktur aufgestellt. Es handelt sich somit um Transaktionen zwischen Gesellschaftern, die die GuV der Gesellschaft nicht berührt, und die somit erfolgsneutral zu behandeln sind. Vor diesem Hintergrund wäre eine erfolgswirksame Bildung latenter Steuern auf entsprechende Sachverhalte verfehlt.[910] Probleme bestehen aber hinsichtlich des Gegenkontos. Eine naheliegende Möglichkeit wäre es, die variablen Kapitalkonten[911] der (von der Aufstellung von Ergänzungsbilanzen tangierten) Gesellschafter anteilig zu belasten.[912] Dabei ist es jedoch erforderlich, dass die so zu Lasten bzw. zu Gunsten der veränderlichen Kapitalkonten eingebuchten Beträge gesondert ausgewiesen und laufend fortgeschrieben werden.[913] Hintergrund ist, dass sich die variablen Kapitalkonten nur

---

908 Aus diesem Grund sehen die Gesellschaftsverträge regelmäßig Bestimmungen vor, wonach die hierdurch „gesparte“ bzw. zusätzlich anfallende Gewerbesteuer dem (variablen) Kapitalkonto des Gesellschafters gutgeschrieben bzw. angelastet wird, der die (positive) Ergänzungsbilanz aufstellt.

909 Durch die *Einbuchung* der Mehrwerte im Zeitpunkt der Aufstellung der Ergänzungsbilanz wird weder das handelsrechtliche noch das steuerrechtliche Ergebnis tangiert. Der Vorgang ist insoweit völlig erfolgsneutral.

910 **Abweichend** mit dem Hinweis, dass aus Sicht der Personengesellschaft kein Anschaffungsvorgang vorliege: IDW-HFA (2012), Tz. 21.

911 Zur Abgrenzung von Gesellschafterkonten vgl. KAHLE (2010), S. 720 ff.

912 Alternativ könnte auch ein Sonderposten für die erfolgsneutrale Bilanzierung latenter Steuern genutzt werden (analoge Anwendung von § 265 Abs. 5 HGB). Siehe hierzu oben D.2.4.1.

913 Im Fall eines Kommanditisten gebietet sich für die gegen das Kapitalkonto des Kommanditisten erfassten Beträge eine mit dem Zweck von § 172 Abs. 4 S. 3 HGB n.F. im Einklang stehende Bilanzierung. Mit anderen Worten, soweit aktive latente Steuern dem Kapitalkonto gutgeschrieben wurden, erhöht sich sein (unschädlich entziehbarer) Gewinnanteil nicht. Er kann zwar diesen Gewinnanteil entnehmen, führt hierdurch ein Aufleben der Haftung herbei.

durch Einlagen, Entnahmen und Gewinn- bzw. Verlustzuweisungen ändern. Da der Jahresabschlussadressat nicht damit rechnen muss, dass derartige Buchungen unter Umgehung der GuV stattgefunden haben, gebietet es der Grundsatz der Klarheit und Übersichtlichkeit (§ 243 Abs. 2 HGB), dass zulasten der variablen Kapitalkonten gebuchte latente Steuern gesondert ausgewiesen werden. Um das Kongruenzprinzip in der Rechnungslegung (§ 252 Abs. 1 Nr. 1 HGB) zu wahren,[914] ist es erforderlich, die erfolgsneutral gebildeten latenten Steuern auch wieder erfolgsneutral aufzulösen.[915] Zur Verdeutlichung findet sich nachstehend ein Beispiel.[916]

Beispiel:[917] Gesellschafter C scheidet am 30.06.t1 aus einer i.S.d. PublG „großen" ABC-OHG aus, bei der die Gesellschafter zu gleichen Teilen beteiligt sind. Mit Zustimmung des B übernimmt A den Anteil von C und findet ihn mit Zahlung von 200.000 GE von einem Privatkonto ab, wobei das Kapitalkonto des C im Übernahmezeitpunkt nur 50.000 GE betrug. Die Überzahlung von 150.000 GE liegt in Gänze in (anteiligen) stillen Reserven beim Vorratsvermögen begründet, welches in der Gesamthandsbilanz weiterhin zum Buchwert geführt wird. Die Ergänzungsbilanz für A sieht folgendermaßen aus:

Ergänzungsbilanz des A zum 30.06.t1 [GE]

Mehrwert an Vorräten	150.000	Mehrkapital des A	150.000
	150.000		150.000

Gegenüber der Gesamthandsbilanz ist eine abzugsfähige Bilanzdifferenz bei den Vorräten im Umfang von 150.000 GE erfolgsneutral entstanden. Die Mehrwerte an den Vorräten stellen steuerliches Aufwandspotential dar, welches dem A aber nicht dem B zusteht. Allerdings ist i.R.d. GewStG die Gesellschaft Steuerschuldnerin (§ 5 Abs. 1 S. 3 GewStG). Das heißt, obwohl die Steuerfolge aus dem künftigen Abbau der abzugsfähigen Differenz (z.B. durch Verbrauch der Vorräte in t2) nur dem Gesellschafter A zusteht, vermindert sich die Gewerbesteuerschuld für die Gesellschaft als Ganzes.

---

914 Siehe oben C.1.4. und D.2.4.2.2.

915 **Abweichend:** KIRSCH (2002), S. 1876 f. (erfolgsneutrale Bildung und erfolgswirksame Auflösung); LEY (2011), S. 17432, Tz. 37 (stets erfolgswirksame Auflösung bei Ergänzungsbilanzen).

916 Es basiert auf einem Sachverhalt von KIRSCH (2009), S. 514, der vom Verf. abgewandelt wurde.

917 Dem Beispiel liegt ein Steuersatz von konstant 14 % zugrunde. Dies ist der Grenzsteuersatz, der sich bei einem Hebesatz von 400 % ergibt. Freibeträge werden vernachlässigt.

Folglich können gemäß § 5 Abs. 1 PublG i.V.m. § 274 Abs. 1 S. 2 HGB aktive latente Steuern im Umfang von 21.000 GE in der Gesamthandsbilanz angesetzt werden. Hierdurch wird die Vermögenslage zutreffend dargestellt. Die 21.000 GE müssten im vorliegenden Fall erfolgsneutral in Gänze dem variablen Kapitalkonto des Gesellschafters A zugeschrieben werden. Die GuV der Gesamthand wird hierdurch nicht berührt. Sobald die Steuerfolge tatsächlich eintritt (oder nicht mehr mit ihr zu rechnen ist), sind die erfolgsneutral gebildeten latenten Steuern aufgrund des Kongruenzprinzips wieder erfolgsneutral aufzulösen.

8.4.1.2 Handelsrechtliche Ergänzungsbilanzen in besonderen Fällen

Die bisherigen Ausführungen gingen unausgesprochen von der Prämisse aus, dass Ergänzungsbilanzen rein steuerliche Phänomene sind.[918] Es wurde mithin unterstellt, dass es *handelsrechtliche* Ergänzungsbilanzen nicht gibt. Zwar ist die Aufstellung handelsrechtlicher Ergänzungsbilanzen grundsätzlich verzichtbar, da Veränderungen in der Gesellschafterstruktur von Personengesellschaften zivilrechtlich eine Veränderung von Beteiligungsrechten darstellen und lediglich steuerrechtlich eine Vermögensübertragung fingiert wird. Gleichwohl existieren **Sonderfälle**, in denen auch handelsrechtlich eine Ergänzungsbilanz aufzustellen ist. Vor diesem Hintergrund sei auf einen Beitrag von SCHULZE-OSTERLOH hingewiesen.[919] Dieser hat dargelegt, dass handelsrechtliche Ergänzungsbilanzen insbesondere im Fall eines neu eintretenden Gesellschafters von besonderer Relevanz für das Innenverhältnis der Gesellschafter (Ergebnisverteilung und Liquidationsergebnis) sowie für die Haftung des Kommanditisten sein können. Ihre Bedeutung für die Ergebnisverteilung wird im Folgenden erläutert.[920]

Bei wirtschaftlicher Betrachtung erwirbt der neu in eine bestehende Personengesellschaft eintretende Gesellschafter nicht nur einen Anteil an den Buchwerten der Gesellschaft, sondern regelmäßig auch einen Anteil an den stillen Reserven der Gesellschaft. Die Höhe der anteiligen stillen Reserven wird von allen Beteiligten bei der Be-

918 Dies entspricht der weit überwiegend h.M. Vgl. nur: KOBS (1982), S. 59 ff.; ISING (2001), S. 18-20; FRIEDRICH (2009), § 6, 76 ff.; SCHMIDT (2009), S. 382 f.; BFH, Urt. v. 30.04.2003, I R 102/01, BStBl. II 2004, S. 804.

919 Vgl. SCHULZE-OSTERLOH (1991), S. 488 ff.

920 Vgl. hier und im Folgenden: SCHULZE-OSTERLOH (1991), S. 491-495 und 498-501.

messung der Einlage des neuen Gesellschafters berücksichtigt. Dies ist plausibel, da stille Reserven eine Komponente des Gesellschaftsvermögens zu Zeitwerten darstellen.

Sollen - wie es überwiegende Praxis ist - die Buchwerte in der Gesamthandsbilanz unverändert fortgeführt werden, hat dies zur Folge, dass der Nominalbetrag der Einlage des eintretenden Gesellschafters nicht seinem Kapitalkonto gutgeschrieben werden kann. Ein Teil seiner Einlage[921] vergütet den auf ihn übergehenden Anteil an **den schon vorhandenen und insoweit von den Altgesellschaftern erwirtschafteten** stillen Reserven.[922] Für Folgegeschäftsjahre ist das bedeutsam, weil - gemessen an einer Aufdeckung der stillen Reserven in der Gesamthandsbilanz - die Fortführung der stillen Reserven künftige Abschreibungsbeträge mindert und/oder Buchgewinne aus der Veräußerung von Vermögensgegenständen erhöht. Jahresüberschüsse werden höher und Jahresfehlbeträge niedriger ausgewiesen.

Während diese höheren Gewinne für die Altgesellschafter Ausdruck der Realisierung stiller Reserven und insoweit tatsächlich ein Gewinn sind, haben diese Gewinne für den Neugesellschafter eine völlig andere Bedeutung. Für selbigen handelt es sich dabei nicht um Gewinne, die er erwirtschaftet hat, sondern um den Teil seiner Einlage, der auf die von ihm erworbenen (anteiligen) stillen Reserven entfällt. Mit anderen Worten, dem Gesellschafter wird in jedem Geschäftsjahr der Teil seiner Einlage als „Gewinn" zurückgewährt, der auf eine Realisation der von ihm erworbenen aber nicht erwirtschafteten stillen Reserven beruht. Kurzum, es kommt zu einer (ggf. teilweisen) **Einlagenrückgewähr unter dem Deckmantel eines Gewinnausweises**. Hierin ist ein Verstoß gegen die Informationsfunktion als auch eine Beeinträchtigung der Ausschüttungsbemessungsfunktion zu erblicken. Auch bedarf es einer expliziten Zustimmung der Altgesellschafter, soweit der Neugesellschafter diesen „Gewinnanteil" entnimmt.[923] Dabei darf bezweifelt werden, ob sich die Altgesellschafter dieser Zusammenhänge überhaupt bewusst sind.

---

921 Im Folgenden wird eine Bareinlage unterstellt.

922 Soweit der vom Neugesellschafter erworbene Anteil an den stillen Reserven der Gesellschaft direkt an die Altgesellschafter (außerhalb der Gesamthandsbilanz) gezahlt wird, stellt sich das nachfolgende Problem nicht.

923 Vgl. SCHULZE-OSTERLOH (1991), S. 499.

Diese Probleme lassen sich durch das Aufstellen handelsrechtlicher Ergänzungsbilanzen für den Neugesellschafter lösen. Die Mehrwerte aufgrund der anteiligen stillen Reserven werden in der Ergänzungsbilanz im Zeitpunkt des Eintritts des Neugesellschafters festgehalten und fortgeschrieben. Löst sich die stille Reserve im Zeitablauf auf, resultiert hieraus ein Verlust in der Ergänzungs-GuV, der dem Kapitalkonto des Neugesellschafters zugeschrieben wird. Eine Einlagenrückgewähr findet nicht statt.[924]

Sieht man das Aufstellen *handelsrechtlicher* Ergänzungsbilanzen (und Ergänzungs-GuVen) in Spezialfällen wie diesem als notwendig an,[925] so hat dies einen weit geringeren Umfang der Berücksichtigung latenter Steuern zur Folge. Für die Ermittlung von Bilanzdifferenzen sind insofern nicht die Wertansätze der Gesamthandsbilanz mit denen der Steuerbilanz inklusive steuerlicher Ergänzungsbilanzen gegenüberzustellen. Vielmehr müssen bei den Wertansätzen der Gesamthandsbilanz auch die Mehr- bzw. Minderwerte in der *handelsrechtlichen* Ergänzungsbilanz berücksichtigt werden.

Soweit, wovon regelmäßig auszugehen ist, die Mehr- bzw. Minderwerte in den handelsrechtlichen Ergänzungsbilanzen mit den steuerrechtlichen Ergänzungsbilanzen **im Zeitpunkt der erstmaligen Aufstellung der Ergänzungsbilanz** übereinstimmen, brauchen **keine** latenten Steuern berücksichtigt zu werden. Es treten keine Bilanzdifferenzen im Zugangszeitpunkt auf. Die Frage der (erfolgsneutralen) Berücksichtigung latenter Steuern stellt sich ausdrücklich nicht.

Nur soweit sich im Zeitablauf aufgrund einer in Handels- und Steuerrecht unterschiedlichen Folgebewertung Bilanzdifferenzen ergeben, sind latente Steuern zu berücksichtigen. Dieser Fall wird sehr häufig auftreten, weil sich stille Reserven oft im Aktivvermögen befinden und der steuerliche Bewertungsvorbehalt hier regelmäßig zu Bilanzdifferenzen führen wird. Ferner wird es regelmäßig zu Bilanzdifferenzen kommen, sofern ein Firmenwert in den beiden Ergänzungsbilanzen aktiviert wurde, in der steuerlichen Ergänzungsbilanz aber über die normierte Nutzungsdauer von 15 Jahren (statt handelsrechtlich fünf Jahren) abgeschrieben wird. Diese Bilanzdifferenzen sind

---

924 Vgl. ausführlich mit Beispiel: SCHULZE-OSTERLOH (1991), S. 494 f.

925 Vgl. MATHIAK (1986/1987), S. 106 (befürchtet andernfalls Umgehungen des Maßgeblichkeitsprinzips); SCHULZE-OSTERLOH (1991), S. 488 ff.; KNOBBE-KEUK (1993), S. 899 (unter Verweis auf SCHULZE-OSTERLOH); MARX (1994), S. 192 (unter Verweis auf SCHULZE-OSTERLOH); FÖRSCHLE / KROPP / SIEMERS (2008), Abschn. C, Tz. 63 (im Fall der Abwachsung und der Abtretung von Anteilen auf Gesellschafterebene).

aber weder erfolgsneutral noch im Zugangszeitpunkt entstanden, so dass eine erfolgswirksame Bilanzierung geboten ist. Die Existenz von (steuerlichen) Ergänzungsbilanzen stellt somit keinesfalls per se einen Anwendungsfall für nach § 274 HGB berücksichtigungspflichtige erfolgsneutral entstandene Differenzen im Zugangszeitpunkt dar. Mit Blick auf diese Sonderfälle ist der bislang unbestrittenen h.M.[926] insoweit entgegenzutreten.

8.4.2 Sonderbetriebsvermögen der Personengesellschafter

Eine weitere Eigenart der steuerlichen Gewinnermittlung bei Mitunternehmerschaften stellen Sonderbilanzen (und Sonder-GuVen) dar. Dabei handelt es sich um **rein steuerliche Rechenwerke**, die das Sonderbetriebsvermögen (SOBV) einzelner (oder mehrerer) Personengesellschafter erfassen.[927] Zum SOBV gehören einerseits Wirtschaftsgüter, die zwar im Eigentum mehrerer (oder eines) Mitunternehmer(s) stehen, der Personengesellschaft aber zur betrieblichen Nutzung überlassen werden (SOBV I). Überlässt beispielsweise ein Gesellschafter das in seinem Privatvermögen gehaltente KFZ seiner OHG, damit diese es für betriebliche Fahrten nutzen kann, so stellt das Fahrzeug SOBV I dar. Vergütungen, die für die Überlassung von SOBV von der Gesellschaft gezahlt und bei der Gesellschaft als Aufwand erfasst wurden (Sondervergütungen), sind dem Personengesellschafter, dem das SOBV zuzurechnen sind, wieder hinzuzurechnen (§§ 6, 7 GewStG i.V.m. § 15 Abs. 1 S. 1 Nr. 2 EStG); Sondervergütungen mindern die gewerbesteuerliche Bemessungsgrundlage damit nicht. Andererseits zählen zum SOBV auch Wirtschaftsgüter, die einen unmittelbaren wirtschaftlichen Bezug zur Beteiligung des Mitunternehmers aufweisen, d.h. der Beteiligung dienen oder dazu geeignet sind (SOBV II). Hat der Komplementär einer OHG z.B. seine Beteiligung an dieser OHG über einen privaten Kredit finanziert, so ist diese Verbindlichkeit als SOBV II zu qualifizieren. Im Falle einer GmbH & Co. KG gehören auch die Anteile eines Kommanditisten an der Komplementär-GmbH zum SOBV II.[928] Beide Gattungen

---

926 Vgl. HOFFMANN / LÜDENBACH (2012), § 274 HGB, Tz. 23 f.; KIRSCH (2009), S. 513 f.; LANGE / WOLZ (2010), S. 78; GELHAUSEN / FEY / KÄMPFER, Abschn. M, Tz. 26; MAIER / WEIL (2009), S. 2731; SPANHEIMER / SIMLACHER (2010), § 274 HGB, Tz. 32-33.

927 Vgl. ausführlich zum Sonderbetriebsvermögen: NIEHUS / WILKE (2010), S. 62 ff.

928 BFH, Urt. v. 23.01.2001, VIII R 12/99, BStBl. II 2001, S. 825.

des SOBV sind Bestandteil des steuerrechtlichen Betriebsvermögens der Mitunternehmerschaft.

Für die Bilanzierung latenter Steuern ist die Existenz von Sonderbilanzen insofern von Belang, als die in Sonderbilanzen enthaltenen positiven und/oder negativen Wirtschaftsgüter im handelsrechtlichen Jahresabschluss zwar nicht erscheinen, die Höhe der von der Gesellschaft zu zahlenden Gewerbesteuer allerdings **von Gesetzes wegen** durch Sonderbilanzen und das Ergebnis von Sonder-GuVen beeinflusst wird (§ 5 Abs. 1 S. 3 GewStG). So ist beispielsweise ein KFZ, das SOBV I darstellt und einen Teilwert von 60.000 GE aufweist, steuerlich dem Betriebsvermögen zuzurechnen (und weist insofern einen „steuerlichen Wertansatz" in Höhe von 60.000 GE auf). Handelsrechtlich ist sein Wert Null, da es in der Handelsbilanz nicht ausgewiesen wird. Folglich kommt es zu einer Ansatzdifferenz in Höhe von 60.000 GE. Aus dieser Bilanzdifferenz werden auch voraussichtlich künftige Steuerfolgen erwachsen, da das KFZ steuerliches Aufwandspotential darstellt, das in kommenden Perioden durch planmäßige steuerliche Abschreibungen realisiert wird. Verglichen mit dem handelsrechtlichen Ergebnis, das nicht durch entsprechende Abschreibungen reduziert werden wird, vermindern sich hierdurch die steuerlichen Gewinne und damit die Höhe der Gewerbesteuer, die von der Gesellschaft geschuldet wird. Wird bei Auftreten der Differenz dagegen eine entsprechend hohe aktive latente Steuer aktiviert (bzw. mit einer passiven Differenz aufgerechnet), so wird die künftige Steuerminderbelastung im Jahresabschluss zutreffend ausgewiesen. Der Sinn und Zweck des Temporary-Konzepts wird erfüllt.

Gegen die Einbeziehung von Sonderbilanzen bei der Bilanzierung latenter Steuern werden mehrere Argumente vorgebracht.[929] Ein erster Einwand ist, dass Sonderbetriebsvermögen einen gesellschafterbezogenen Charakter aufweise. Die Bilanzierung latenter Steuern auf durch Sonderbilanzen hervorgerufene Bilanzdifferenzen im Abschluss der Gesellschaft vermische somit Gesellschafter- und die Gesellschaftsebene.[930] Dies wird verschiedentlich unter dem Schlagwort „mangelnde Identität der rechnungslegenden Einheiten" zusammengefasst.[931] Folglich seien nur Bilanzdifferenzen bei im zivilrechtlichen Eigentum der Gesellschaft stehenden Vermögensgegenständen und Schulden

---

929 Vgl. ausführlich m.w.N.: HARTMANN (2011), S. 109 ff. (in Bezug auf IAS 12).

930 Vgl. ADS INTERNATIONAL (2007), Abschn. 20, Tz. 77, 146.

931 So z.B. SCHULZ-DANSO (2009), § 25, Tz. 86; FÜLBIER / MAGES (2007), S. 74 f.

beachtlich, um eine derartige Vermengung zu verhindern. Allerdings wird von den Vertretern dieser Auffassung übersehen, dass die Bilanzierung latenter Steuern nach dem Temporary-Konzept in keiner Weise die zivilrechtliche Zugehörigkeit von Wirtschaftsgütern zur Gesellschaft erfordert.[932] Vielmehr verlangt das Temporary-Konzept einen Ausweis künftiger Steuerfolgen der Gesellschaft. Und dass Steuerfolgen aus den Sonderbilanzen bei der Gesellschaft resultieren, ergibt sich aus dem Gesetz (§ 5 Abs. 1 S. 3 GewStG). Die vom Steuerrecht vorgenommene Vermengung der Gesellschafts- und Gesellschafterebene im Bereich der Sonderbilanzen mag insoweit als unglücklich bezeichnet werden. Allerdings darf die Kritik an dem Steuerrecht nicht dazu führen, dass der Bilanzierende Steuerfolgen auf Basis eines fiktiven Steuerrechts abbildet, bei dem Gesellschafter- und Gesellschaftsebene getrennt werden. Doch genau das geschieht, wenn aufgrund von Sonderbilanzen entstehende Steuerfolgen außen vor gelassen werden.

Ein zweiter Einwand wird darin erblickt, dass Sonderbetriebsvermögen (aus verschiedenen Gründen, z.B. wegen § 264c Abs. 3 S. 1 HGB[933] oder weil es sich um „schwebende Geschäfte" handele[934]) nicht in der Gesamthandsbilanz ausgewiesen werden darf.[935] Doch auch dieses Argument vermag nicht zu verfangen, da die Bilanzierung latenter Steuern die Abbildung von die Gesellschaft treffende Steuerfolgen intendiert. Und dass die Steuerfolgen aus steuerlichen Sonderbilanzen die Gesellschaft treffen, ergibt sich eindeutig aus § 5 Abs. 1 S. 3 GewStG.[936] Die Befassung mit der Frage, ob Sonderbetriebsvermögen in der Gesamthandsbilanz *ausgewiesen* wird oder nicht, trägt insoweit zur Problemlösung nichts bei.

Ein dritter Einwand wird darin gesehen, dass bei steuerlichen Sonderbilanzen keine Bilanzdifferenz zwischen Handels- und Steuerbilanz vorläge.[937] Wegen dem nicht statt-

---

932 **Gl.A.** HARTMANN (2011), S. 111.
933 So IDW-HFA (2012), Tz. 20.
934 So etwa LOITZ (2009), S. 916; SIEGEL (2011), S. 114.
935 Vgl. KASTRUP / MIDDENDORF (2010), S. 818; PAWELZIK (2012), Tz. 4089; WENDHOLT / WESEMANN (2009), S. 71; IDW-HFA (2009), Tz. 10. **Ablehnend auch**: RUBERG (2009), S. 871 (die gewerbesteuerlichen Risiken aus Sonderbilanzen stünden außerhalb des Temporary-Konzepts); HOFFMANN / LÜDENBACH (2012), § 274 HGB, Tz. 28 (Sonderbilanzen bewögen sich außerhalb des handelsbilanziellen Rechenwerks).
936 **Gl.A.** KARRENBROCK (22.12.2009), S. 2.
937 So z.B. RING (2003), S. 1054 (in Bezug auf IAS 12). **Wohl auch:** MEYER / LOITZ / LINDER / ZERWAS (2010), S. 156; PETERSEN (2011), S. 260; LEY (2011), S. 17432, Tz. 41.

haften Ausweis von Sonderbetriebsvermögen in der Handelsbilanz könne es zu keiner Ansatzdifferenz (Bewertung des Sonderbetriebsvermögens mit „Null“) kommen. Doch ist auch diese, zumal sehr formale Argumentation, im höchsten Maße widersprüchlich.[938] Im umgekehrten Fall einer Ansatzdifferenz, d.h. wenn ein Posten in der Steuerbilanz nicht ansatzfähig ist, müssten die Verfechter dieser Auffassung konsequenterweise auch das Vorliegen einer Ansatzdifferenz verneinen. Schließlich lassen sich für eine ungleiche Behandlung von handelsbilanziellem und steuerbilanziellem Ansatz keine Gründe finden. Dies aber hätte die widersinnige Folge, dass für Bilanzdifferenzen, die sich z.B. infolge von § 5 Abs. 4a EStG ergeben, keine latenten Steuern zu bilden wären.

Als Zwischenfazit ist festzuhalten: Grundsätzlich sind Bilanzdifferenzen, die durch Sonderbetriebsvermögen entstehen, bei der Bilanzierung latenter Steuern zu berücksichtigen, da nur so die Vermögenslage zutreffend dargestellt wird.[939] Zudem werden hierdurch erhebliche Folgeprobleme beim Konzernverbund vermieden;[940] der hier vorgeschlagene Weg ist damit auch konsequent. HARTMANN weist zudem auf bilanzpolitische Spielräume[941] hin, die bei Befolgung der Gegenauffassung geschaffen werden.[942]

Allerdings bedeutet die grundsätzliche Einbeziehung von SOBV nicht, dass von diesem Grundsatz keine Ausnahmen bestehen. HANNO KIRSCH[943] u.a.[944] postulieren, dass auf nicht abnutzbares SOBV keine latenten Steuern zu bilanzieren seien. So existiert im Falle von nicht abnutzbaren SOBV (z.B. Grund und Boden) zwar eine Bilanzdifferenz, wird das SOBV aber später zum Buchwert veräußert, so löst dieser Vorgang keine

---

938 Vgl. ausführlich in Bezug auf IAS 12.9: HARTMANN (2011), S. 112.

939 **Gl.A.** HARTMANN (2011), S. 116. **Wohl auch**: ERNSTING / LOITZ (2004), S. 1054 und 1060, dort: Fn. 40; LIENAU (2006), S. 237; THIELE / ECKERT (2008), IAS 12, Tz. 283; FELDGEN (2010), S. 3626; KIRSCH (2009a), S. 1976; MAIER / WEIL (2009), S. 2731.

940 Autoren, die eine Berücksichtigung von SOBV bei der Bilanzierung latenter Steuern (aus verschiedenen Gründen) ablehnen, fordern im Konzernverbund eine Bilanzierung latenter Steuern auf SOBV explizit ein. So z.B. LOITZ (2009), S. 916; PRINZ (2011), § 274 HGB, Tz. 19; ADS INTERNATIONAL (2007), Abschn. 20, Tz. 148; LOITZ (2010), S. 2184; PETERSEN (2011), S. 260; PETERSEN / ZWIRNER (2010), § 274 HGB, Tz. 16; DRS 18.A10, letzter Satz.

941 Er nennt als Beispiele gezielte Verschiebungen zwischen SOBV und Gesamthandsvermögen, um die Höhe der latenten Steuern zu beeinflussen.

942 Vgl. HARTMANN (2011), S. 113.

943 Vgl. KIRSCH (2009a), S. 1976.

944 So FELDGEN (2010), S. 3626, der dies mit Wirtschaftlichkeitserwägungen rechtfertigt.

Steuerfolgen bei der Gesellschaft aus (Aktivtausch).[945] Auch die Tilgung einer in der Sonderbilanz bilanzierten Verbindlichkeit wird keine Steuerfolgen auslösen.[946] Eine Bilanzierung latenter Steuern muss in diesen Fällen unterbleiben.[947] Zu betonen ist, dass derartige Ausnahmen nicht die Qualität besitzen, die grundsätzliche Einbeziehungspflicht von Sonderbilanzen in die Ermittlung latenter Steuern zu verdrängen.

In diesem Zusammenhang ist abschließend auf einen vierten Einwand gegen die Einbeziehung von Sonderbilanzen hinzuweisen. Hiernach würde sich eine vermeintlich abzugsfähige Differenz bei einem nicht abnutzbaren Wirtschaftsgut, das im SOBV gehalten wird, genau dann in eine Steuermehrbelastung wandeln, soweit das Wirtschaftsgut zu einem den Buchwert überschreitenden Wert veräußert wird.[948] Allerdings wird mit einer derartigen Argumentation die Prämisse des Temporary-Konzepts schlicht verlassen, denn dieses unterstellt die „Realisation" des Wirtschaftsgutes zum Buchwert. Außerdem könnte mit einer derartigen Argumentation auch gleich die Bilanzierung passiver latenter Steuern auf künftige erhoffte Veräußerungserträge gerechtfertigt werden, was - auch mit Blick auf das Stichtagsprinzip - ersichtlich abwegig wäre.[949] Insoweit bleibt es bei der hier vertretenen Einbeziehung latenter Steuern auf in Sonderbilanzen bilanzierte abnutzbare Wirtschaftsgüter; dagegen bleiben nicht abnutzbare Wirtschaftsgüter in Sonderbilanzen außen vor.

Hinsichtlich der Ergebniswirksamkeit bei Bildung und Auflösung kann auf die Ausführungen zu Ergänzungsbilanzen verwiesen werden. Eine partiell ergebniswirksame Bilanzierung latenter Steuern ist aufgrund des Kongruenzprinzips (§ 252 Abs. 1 Nr. 1 HGB) abzulehnen.[950]

---

945 Entsprechend können beim SOBV II (z.B. Beteiligungen des Kommanditisten an der Komplementär-GmbH) auch keine Steuerfolgen entstehen, sofern § 9 Nr. 2a GewStG anwendbar ist. Vgl. KIRSCH (2009a), S. 1976.

946 Vgl. KIRSCH (2002), S. 1878 f.; KIRSCH (2003), S. 180.

947 Das Auftreten einer Bilanzdifferenz, die voraussichtlich keine künftigen Steuerfolgen auslöst, führt nicht zur Bilanzierung latenter Steuern. Siehe bereits oben C.1.3.

948 So RING (2003), S. 1054-1056 und ERNST (2008), S. 216.

949 Dies erkennt dann auch RING (2003), S. 1056 und lässt gleichwohl einen Ausweis als Eventualschuld nach IFRS zu.

950 **Abweichend:** KIRSCH (2002), S. 1877 (erfolgsneutrale Bildung und erfolgswirksame Auflösung).

E Bilanzierung latenter Steuern im Konzernabschluss

1 Konzernrechnungslegungspflicht und Wesen des Konzerns

Ausweislich des § 290 HGB unterliegen grundsätzlich nur Kapitalgesellschaften unter den dort genannten Voraussetzungen (beherrschender Einfluss auf Tochterunternehmen) der Konzernrechnungslegungspflicht der §§ 290 ff. HGB.[951] Durch § 264a Abs. 1 HGB werden CoGes[952] den Kapitalgesellschaften gleichgestellt. Haftungsbeschränkte Personengesellschaften sind somit derselben Pflicht zur Konzernrechnungslegung wie Kapitalgesellschaften unterworfen. Demgegenüber findet sich in § 336 HGB kein Verweis auf die §§ 290 ff. HGB, so dass eingetragene Genossenschaften grundsätzlich nicht zur Konzernrechnungslegung nach HGB verpflichtet sind. Ein Mutterunternehmen braucht nur dann keinen Konzernabschluss nach HGB aufstellen, sofern

- es nur Tochterunternehmen hat, die wegen § 296 HGB nicht in den Konzernabschluss einbezogen werden (Befreiung nach § 290 Abs. 5 HGB),
- es einen IFRS-Konzernabschluss in deutscher Sprache erstellt und selbiger geprüft wird (§ 291 HGB) *oder*
- die größenabhängige Befreiung nach § 293 HGB in Anspruch genommen werden kann.

Dabei gelten die größenabhängigen Befreiungen des § 293 HGB nicht für Kapitalgesellschaften und CoGes, soweit diese oder eines der Tochterunternehmen kapitalmarktorientiert i.S.d. § 264d HGB ist (§ 293 Abs. 5 HGB).

Eine größenabhängige Konzernrechnungslegungspflicht für Mutterunternehmen, die andere als die vorgenannten Rechtsformen (z.B. „große" eG) umfasst, ist zudem in §§ 11 ff. PublG geregelt. Dabei wird in § 13 Abs. 2 PublG wiederum auf die Regelungen des HGB zur Konzernrechnungslegung (§§ 294 ff. HGB) verwiesen.

---

951 Vgl. im Folgenden: BUSSE VON COLBE / ORDELHEIDE / GEBHARDT / PELLENS (2010), S. 60 ff.

952 Siehe hierzu oben D.8.1.

§ 18 Abs. 1 S. 1 AktG dekretiert, dass mehrere rechtlich eigenständige Unternehmen dann einen **Konzern** bilden, sofern ein herrschendes und ein oder mehrere abhängige Unternehmen unter der einheitlichen Leitung (§ 18 Abs. 1 S. 2 AktG) des herrschenden Unternehmens zusammengefasst werden (Unterordnungskonzern). Ausweislich § 18 Abs. 2 AktG bilden einen Konzern zudem rechtlich selbständige Unternehmen, ohne dass das eine Unternehmen von dem anderen abhängig ist, sofern diese unter einheitlicher Leitung zusammengefasst sind (Gleichordnungskonzern).[953] Die einzelnen Unternehmen werden in § 18 AktG als Konzernunternehmen bezeichnet. Gleichordnungskonzerne unterliegen *nicht* der Konzernrechnungslegungspflicht nach HGB,[954] da beim Gleichordnungskonzern der beherrschende Einfluss nach § 290 HGB nicht gegeben ist.

Ungeachtet der Definition des Konzernbegriffs im AktG und auch ungeachtet dessen, dass ein Konzern aus betriebswirtschaftlicher Sicht ein eigenständiges Erkenntnisobjekt bildet, ist zu betonen, dass „der Konzern" keine formal-rechtliche Einheit darstellt, sondern eine Fiktion ist. Für die Konzernrechnungslegung nach HGB (§§ 290 ff. HGB) kommt dies v.a. in § 297 Abs. 3 S. 1 HGB zum Ausdruck. Dort heißt es, dass im Konzernabschluss die Vermögens-, Finanz- und Ertragslage der einbezogenen Unternehmen so darzustellen ist, *als ob diese Unternehmen insgesamt ein einziges Unternehmen wären*. Die Konzernrechnungslegung basiert auf dieser **Einheitsfiktion** bzw. dem Einheitsgrundsatz.

Die Sichtweise, „den Konzern" für Zwecke der Rechnungslegung als *ein* Unternehmen aufzufassen, ist gerechtfertigt. Würde eine Rechnungslegung ausschließlich auf Basis von Einzelabschlüssen konzernierter Unternehmen erfolgen, so würden den Jahresabschlussadressaten - selbst bei Unterstellung einer Publizitätspflicht aller Einzelabschlüsse - letztlich nur verzerrte Bruchstücke der wirtschaftlichen Lage des Konzerns vermittelt. Bereits in einem einstufigen Konzern ist der Einzelabschluss eines Tochterunternehmens nur ein „Torso" und mithin wenig aussagekräftig. Dies gilt insonderheit vor dem Hintergrund konzerninterner Lieferungen und Leistungen, die im Einzelabschluss als Gewinne (Verluste) in Erscheinung treten, obwohl diese - aus Konzernsicht - nicht gegenüber konzernexternen Dritten erbracht wurden. Der im Einzelabschluss einer

---

953 Neben Gleichordnungs- und Unterordnungskonzernen kann auch ein „faktischer Konzern" bestehen, vgl. hierzu etwa KÜBLER / ASSMANN (2006), S. 443 ff.

954 Vgl. BUSSE VON COLBE / ORDELHEIDE / GEBHARDT / PELLENS (2010), S. 61 f.

Tochterunternehmung ausgewiesene Jahresüberschuss könnte im Extremfall ausschließlich auf Lieferbeziehungen mit der Mutter- oder einer anderen Tochterunternehmung zurückgehen und insoweit schwerlich einen Indikator zur Erzielung künftigen Einkommens darstellen, da diese „Gewinne" aus Konzernsicht nur innerbetrieblich erzielt wurden. Diese Situation wäre vergleichbar mit einem Unternehmen, das im Einzelabschluss einen Gewinn ausweisen will, der ausschließlich durch Lieferbeziehungen zwischen zwei Betriebsstätten desselben Unternehmens „entstanden" ist.

Die Tatsache, dass es „den Konzern" in formal-rechtlicher Sicht nicht gibt, hat erhebliche Konsequenzen. Ein Konzern als solches hat **keine Rechtspersönlichkeit**;[955] er kann weder klagen noch verklagt werden. Auch hat er keine eigenen Organe wie einen Konzernvorstand, -aufsichtsrat oder eine -hauptversammlung. Ganz entscheidend für die vorliegende Arbeit ist aber, dass „der Konzern" (als rein fiktives Gebilde) keine Gewinne an Anteilseigner ausschütten kann. Es existieren schlicht keine Anteilseigner des Konzerns, sondern nur Anteilseigner der einzelnen Konzernunternehmen. Wird demnach im Rahmen der Konzernrechnungslegung ein Konzernergebnis ermittelt, so kann dieser Erfolg nicht verteilt werden. Eine Gewinnverwendung findet beim Konzern **nicht** statt. Konzernbilanz und Konzern-GuV kommt **keine Ausschüttungsbemessungsfunktion** zu. Damit kann der für die Auslegung der Vorschriften zur Bilanzierung latenter Steuern im Einzelabschluss genutzte Beurteilungsmaßstab im Konzernabschluss keine Anwendung finden.

2 Informationsfunktion als Beurteilungsmaßstab

Juristisch gesehen ist der Konzernabschluss im Gegensatz zum HGB-Einzelabschluss ein reines Informationsinstrument: die wirtschaftliche Lage des Konzerns, der eine wirtschaftliche Einheit (§ 297 Abs. 3 HGB) bildet, ist dem Adressaten zutreffend zu vermitteln. Insofern treten hier vordergründig **keine Zielkonflikte** zwischen der Ausschüttungsbemessungs- und der Informationsfunktion auf,[956] was auch erklärt, warum es keiner Ausschüttungssperren im Konzernabschluss bedarf. Gleichwohl ist zumindest

---

955 Vgl. im Folgenden: KÜTING / WEBER (2010), S. 81 f.

956 Zu den Zielkonflikten der Jahresabschlussfunktionen im Einzelabschluss siehe oben B.2.

fraglich, ob nicht eine **faktische Ausschüttungsbemessungsfunktion** des Konzernabschlusses existieren könnte.[957] Die Finanzkommunikation zwischen Tochter- und Mutterunternehmen erfolgt auf Basis von Konzernabschlüssen. Gewinnverwendungspolitik und Dividendeninformation von Mutterunternehmen finden regelmäßig im engen Zusammenhang mit der Veröffentlichung des Konzernergebnisses statt. Auch richtet sich die Bemessung von Vergütungen leitender Angestellter oft nach dem Konzernergebnis. Es bestehen daher Zweifel, ob Bilanzierungsvorschriften zum Konzernabschluss ausschließlich auf Grundlage der Informationsfunktion zu beurteilen sind oder ob nicht zumindest die faktische Bedeutung von Konzernabschlüssen für Ausschüttungen beachtlich ist.

Doch gelten hier dieselben Einwände wie bei derivativen Zahlungsbemessungsfunktionen des HGB-Einzelabschlusses.[958] Die Praxis mag den Konzernabschluss als Ausschüttungsbemessungsgrundlage heranziehen, juristisch wird er dies auch nicht durch kaufmännische Übung. Hinsichtlich der Beurteilung und Auslegung von Bilanzierungsvorschriften des Konzernabschlusses ist auch eine **faktische Zahlungsbemessungsfunktion des Konzernabschlusses unbeachtlich**. Die Ausschüttungsbemessungsfunktion kann bei der Beurteilung und Auslegung von Rechnungslegungsvorschriften im Konzernabschluss nicht bemüht werden.

Wenn demnach ausschließlich die Informationsfunktion des Jahresabschlusses als Beurteilungsmaßstab heranzuziehen ist, so muss angesichts der Verweisvorschrift des § 298 Abs. 1 HGB, mit der die „vorsichtige Bilanzierung" des HGB-Einzelabschlusses auch für den Konzernabschluss Geltung entfaltet, die Frage gestattet sein, warum eine primär dem Gläubigerschutz und der Ausschüttungsbemessungsfunktion dienende vorsichtige Bilanzierung im Konzernabschluss geboten sein könnte.[959]

Bedenken dieser Art sind jedoch bereits vor dem Hintergrund der **symbiotischen Beziehung** der vorsichtigen Gewinnermittlung zur verlässlichen Informationsvermittlung

---

957 Vgl. im Folgenden: HOSSFELD (2005), S. 160 ff. Beachte zudem KRAWITZ (2000), S. 703, der eine Tendenz postuliert, die Ausschüttungen des Mutterunternehmens nach dem Konzernergebnis zu bemessen.

958 Siehe oben B.1.3.4.

959 Vgl. NAUMANN (2006), S. 50.

zu relativieren.[960] Im Gegensatz zu den IFRS richtet sich die Informationsvermittlung des HGB-Konzernabschlusses nicht nur an den Interessen von Eigenkapitalgebern aus, sondern muss auch die Informationsbedürfnisse der übrigen Adressaten berücksichtigen.[961] Die übrigen Adressaten, die weit weniger Kontrollmöglichkeiten als die Investoren haben, müssen auf die Verlässlichkeit der Informationen in besonderem Maße vertrauen können. Vorsichtige Gewinnermittlungsregeln setzen aber ein hohes Maß an Objektivierbarkeit der Informationen voraus,[962] weshalb z.B. die Beachtung des Vorsichtsprinzips nicht per se im Konzernabschluss als deplatziert zu bezeichnen ist. Das Spannungsfeld zwischen verlässlichen, d.h. objektivierbaren, und relevanten Informationen besteht demnach auch im Konzernabschluss. Wird das Vorsichtsprinzip im Konzernabschluss eingehalten, so begünstigt dies die Verlässlichkeit der Informationsvermittlung. Konsequenz ist, dass z.B. eine Vorschrift, die einen Ausweis von unsicheren Erträgen im Konzernabschluss ermöglicht, zwar nicht wegen einer Gläubigergefährdung (Ausschüttungsbegrenzung) kritisiert werden kann. Vielmehr sind es die Objektivierungserfordernisse, die einer allzu antizipativen Konzernrechnungslegung Grenzen aufzeigen.

In diesem Zusammenhang ist ergänzend festzustellen, dass der Konzernabschluss nach § 297 Abs. 2 S. 2 HGB ein *unter Beachtung der Grundsätze ordnungsmäßiger Buchführung* den tatsächlichen Verhältnissen entsprechendes Bild der Vermögens-, Finanz- und <u>*Ertragslage*</u> des Konzerns zu vermitteln hat. Die (unter dem GoB-Vorbehalt gestellte und insoweit per Definition unvollständige) Ertragslage soll sowohl Informationen über die Höhe und Struktur der Aufwendungen und Erträge im Berichtsjahr als auch Informationen über die Veränderung der Ausschüttungserwartungen bereitstellen (sog. dynamische Interpretation der Ertragslage).[963] Eine Verschlechterung (Verbesserung) der Ertragslage führt tendenziell zu einer Verschlechterung (Verbesserung) künftiger Ausschüttungsmöglichkeiten. Für den Adressaten des Konzernabschlusses stellt die Ertragslage (ungeachtet der Abwesenheit einer Gewinnverteilung „des Konzerns“) einen Indikator für die Fähigkeit des Konzerns dar, künftiges Einkommen (in

---

[960] Siehe oben B.1.4.5. und B.2.2.

[961] Anders dagegen der Abschluss nach IFRS, welcher primär auf die Informationsbedürfnisse der Investoren (= Eigenkapitalgebern) ausgerichtet ist (siehe RK.10).

[962] Siehe oben B.1.3.2.2. und B.1.4.5.

[963] Vgl. MOXTER (1979), S. 144; PFAFF / STEFANI (2002), S. 689; COENENBERG (1986), S. 160 f.

Gestalt von Dividenden und Veräußerungserfolgen bei Kursveränderungen) zu erwirtschaften. Damit stellt die Ertragslage des Konzerns mittelbar Informationen über den Zielerreichungsgrad der finanziellen Ziele von Adressaten bereit. Diese bilden die Basis für deren Entscheidungen (z.B. bei Investoren: Halten, Kaufen oder Verkaufen von Anteilen an dem Unternehmen).

Was als „Ertrag" und „Aufwand" im Konzernabschluss gilt (und damit die Veränderung der Ertragslage ausmacht), bestimmt sich grundsätzlich wegen § 252 Abs. 1 i.V.m. § 298 Abs. 1 HGB nach allgemeinen Regeln, zu denen unstreitig das Realisationsprinzip gehört. Dann aber ist ein Ausweis von (i.S.d. Realisationsprinzips) unsicheren Erträgen, wie im Falle der Aktivierung latenter Steuern,[964] mit einer Beeinträchtigung des zutreffenden Einblicks in die Ertragslage und einem Verstoß gegen die Generalnorm verbunden. Einzuschränken ist hierbei zwar, dass vorsichtige Gewinnermittlungsregeln tendenziell die wirtschaftliche Lage der Gesellschaft einseitig verzerren.[965] Insoweit wäre es verfehlt, den zutreffenden Einblick in die Ertragslage bereits durch die Befolgung des Realisationsprinzips als gewährleistet anzusehen. Gleichwohl kann der Ausweis unsicherer Erträge im Konzernabschluss mit Blick auf die Objektivierungsfunktion vorsichtiger Gewinnermittlungsregeln trotz Unbeachtlichkeit der Ausschüttungsbemessungsfunktion kritisiert werden.

3 Grundlagen latenter Steuern im Unternehmensverbund

3.1 Einheitsfiktion und latente Steuern

Aus dem Einheitsgrundsatz des § 297 Abs. 3 S. 1 HGB wird im Schrifttum die *„Fiktion der steuerrechtlichen Einheit des Konzerns"*[966] abgeleitet.[967] Hiernach soll, in der Ter-

---

964 Siehe ausführlich oben D.2.1.3.3. und D.2.3.3. und D.2.3.4.2.2.

965 Siehe bereits oben B.2.1.

966 KARRENBROCK (2007), Tz. 66.

967 Vgl. HENNIG (1982), S. 248-255 m.w.N.; PEAT, MARWICK, MITCHELL & CO. (1987), S. 169; ADS (1994 ff.), § 306 HGB, Tz. 11; KARRENBROCK (2007), Tz. 66; BUSSE VON COLBE / ORDELHEIDE / GEBHARDT / PELLENS (2010), S. 40; DEBUS (2003), C 440, Tz. 3 f.; WOHLGEMUTH (2008), Tz. 119. **Ablehnend**: LÜHRMANN (1997), S. 48 f. (der Steueraufwand fällt gegenüber dem Staat als konzernfremden Dritten an und latente Steuern seien kein Instrument einer fiktiven Konzernbesteuerung).

minologie des (überwundenen) Timing-Konzepts ausgedrückt, der Steueraufwand im Konzern ausgewiesen werden, der sich ergäbe, falls das Konzernergebnis der Besteuerung unterlegen hätte.[968] Der gesamte Steueraufwand im Konzernabschluss ergibt sich nicht als Summe der jeweiligen Steuerpositionen in den Einzelabschlüssen aller Konzernunternehmen, sondern wird anhand des (um permanente Differenzen bereinigten) Konzernergebnisses berechnet.

Nach dem Temporary-Konzept sind latente Steuern *im Einzelabschluss* dann zu bilanzieren, wenn am Bilanzstichtag davon auszugehen ist, dass aus dem Abbau von Bilanzdifferenzen künftige Steuermehr- oder -minderbelastungen *gemessen am handelsrechtlichen Erfolg (gemäß Einzelabschluss)* eintreten werden.[969] Überträgt man die Fiktion der steuerrechtlichen Einheit des Konzerns nunmehr auf das Temporary-Konzept, so folgt hieraus für die Bilanzierung latenter Steuern im Konzernabschluss, dass der Vergleichsmaßstab für die Ermittlung künftiger Steuerfolgen aus dem Abbau von (auf Konzernebene entstehenden) Bilanzdifferenzen einzig das handelsrechtliche Konzernergebnis ist (und nicht die Summe der Einzelergebnisse aller Konzernunternehmen). Latente Steuern sind im Konzern grundsätzlich zu bilanzieren, sofern aus dem Abbau von (auf Konzernebene entstehenden) Differenzen künftige Steuermehr- oder -minderbelastungen *gemessen am handelsrechtlichen Konzernergebnis* eintreten.

Die Summe der Einzelergebnisse aller Konzernunternehmen und das Konzernergebnis werden aufgrund von (aus dem Einheitsgrundsatz begründbaren) Konsolidierungsmaßnahmen regelmäßig voneinander abweichen. Dies wäre kein Problem, sofern das geltende Steuerrecht eine entsprechende Besteuerung des konsolidierten Ergebnisses (Konzernbesteuerung bzw. „Konzernsteuerbilanz“) vorsähe. Doch genau dies ist aufgrund der fehlenden Rechtspersönlichkeit des Konstrukts „Konzern“ nicht der Fall. „Der Konzern“ ist **kein einzelnes Steuersubjekt**, das Konzernergebnis keine steuerliche Bemessungsgrundlage.[970] Hieran können auch die ertragsteuerliche Organschaft[971] und die damit einhergehende Einkommenszurechnung der Organgesellschaften an den Organträger nichts ändern. Steuersubjekt ist auch in diesem Fall nicht etwa „der Konzern“.

---

968 Vgl. BAUMANN (1998), § 306 HGB, Tz. 4.
969 Siehe hierzu oben C.1.1.
970 Vgl. statt aller: KRAFT (2011), § 306 HGB, Tz. 10.
971 Siehe oben D.5.4.

Vielmehr stellt das einzelne Mutterunternehmen als Organträger ein Steuersubjekt dar. Zusätzlich bildet jedes Konzernunternehmen mit Sitz in Deutschland als Organgesellschaft ein eigenständiges Steuersubjekt.

Überdies sieht das geltende Steuerrecht die Anerkennung konzerninterner Leistungsverpflichtungen vor, soweit angemessene Verrechnungspreise zugrunde gelegt wurden. Handelsrechtlich werden derartige Zwischenerfolge bei Aufstellung von Konzernbilanz und Konzern-GuV mittels Konsolidierungsbuchungen rückgängig gemacht, die ihrerseits zu Bilanzdifferenzen führen können. Genauso wenig wird die im Konzernabschluss vorgesehene Anpassung an konzerneinheitliche Bilanzierungsmaßstäbe vom Steuerrecht nachvollzogen. Zu Bilanzdifferenzen auf Konzernebene kann es folglich selbst dann kommen, wenn zwischen dem Vermögensgegenstand bzw. der Schuld in Einzelabschluss und in Steuerbilanz eines Konzernunternehmens ursprünglich keine Abweichung bestand.

3.2 Ursachen latenter Steuern im Konzern

Auch im Konzernabschluss rühren latente Steuern letztlich aus Bilanzdifferenzen her. Insoweit besteht kein Unterschied zum Einzelabschluss. Aufgrund der Tatsache aber, dass der Konzernabschluss (Konzernbilanz und Konzern-GuV) aus den Einzelabschlüssen in einem gestuften und äußerst technischen Prozess entwickelt wird,[972] ergibt sich die Besonderheit, dass sich die für die Bilanzierung latenter Steuern ursächlichen Bilanzdifferenzen auf mehreren Ebenen manifestieren und insoweit mehrere Ursachen haben können.[973] Praxis und Schrifttum verwenden aus diesem Grund unterschiedliche Bezeichnungen für diese (auf verschiedenen Ebenen der Entwicklung des Konzernabschlusses liegenden) Ursachen. Die Terminologie ist derweil alles andere als einheitlich. Grundsätzlich existieren drei Ursachen für latente Steuern im Konzernabschluss.

---

972 Die Einzelabschlüsse (Handelsbilanz I) werden zunächst konzernweit vereinheitlicht und ggf. umgerechnet (Handelsbilanz II), dann zusammengefasst (Summenbilanz) und anschließend durch Konsolidierungsbuchungen in die eigentliche Konzernbilanz überführt. Vgl. grundlegend zur Konzernrechnungslegung HENI (2010), § 300 HGB, Tz. 1-16; SCHILDBACH (2008a), S. 136 ff.

973 Etwas anderes würde gelten, wenn der Konzernabschluss originär aus einer Art Konzernfinanzbuchhaltung entwickelt würde.

Dies sind **erstens** Bilanzdifferenzen zwischen Vermögensgegenständen und Schulden der in den *Einzelbilanzen* (= Handelsbilanzen I) und den einzelnen Steuerbilanzen aller in den Konzernabschluss einbezogenen Konzernunternehmen (Mutter- und Tochterunternehmen). Latente Steuern auf solche Bilanzdifferenzen wurden bereits auf Ebene des Einzelabschlusses der jeweiligen Unternehmung und somit nach Maßgabe des § 274 HGB ermittelt.[974] Im Rahmen der Vorbereitung der Konsolidierung (z.B. infolge der konzernweiten Vereinheitlichung von Ansatz- und Bewertungsvorschriften (§§ 300 Abs. 2, 308 HGB) sowie der Währungsumrechnung (§ 308a HGB)) kann es **zweitens** zu weiteren Bilanzdifferenzen kommen. Dabei handelt es sich um Bilanzdifferenzen zwischen Vermögensgegenständen und Schulden in der sog. *Handelsbilanz II* und der jeweiligen Steuerbilanz. **Drittens** werden typischerweise zusätzliche Bilanzdifferenzen durch die eigentlichen Konsolidierungsbuchungen (z.B. Kapital- und Zwischenerfolgskonsolidierung) entstehen. Derartige Bilanzdifferenzen treten zwischen Vermögensgegenständen und Schulden in der *Konzernbilanz* und den einzelnen Steuerbilanzen aller in den Konzernabschluss einbezogenen Konzernunternehmen auf.

Um diese drei Ursachen von Bilanzdifferenzen eindeutig zu bezeichnen, sei daher im Folgenden von unterschiedlichen **Stufen bzw. Schichten** der Bilanzierung latenter Steuern im Konzern gesprochen.[975] Dabei sei die Bilanzierung latenter Steuern auf Bilanzdifferenzen zwischen der Handelsbilanz I und der jeweiligen Steuerbilanz als die erste Stufe bezeichnet. Die zweite Stufe betreffe die Bilanzierung latenter Steuern auf Differenzen, die infolge sämtlicher Vorbereitungsmaßnahmen der Konsolidierung - diese ergeben die Handelsbilanz II - zusätzlich entstehen. Die dritte Stufe meine die Bilanzierung latenter Steuern auf Differenzen, die infolge der Konsolidierungsbuchungen zusätzlich entstehen. Insgesamt stellt sich das Drei-Stufen-Schema wie folgt dar:

Stufe 1	Bilanzdifferenzen zwischen Handelsbilanz(en) I und Steuerbilanz(en)
Stufe 2	Bilanzdifferenzen zwischen Handelsbilanz(en) II und Steuerbilanz(en)
Stufe 3	Bilanzdifferenzen zwischen Konzernbilanz und Steuerbilanz(en)

Abb. 8: Systematisierung der Ursachen latenter Steuern im Konzern anhand des Drei-Stufen-Schemas

974 Siehe oben Kapitel D.

975 In Anlehnung an: BT-Drucks. 16/10067 (30.07.2008), S. 83; ADS (1994 ff.), § 306 HGB, Tz. 25; Herzig (2001), S. 114; Scherrer (2010), § 306 HGB, Tz. 5; Kozikowski / Fischer (2012a), § 306 HGB, Tz. 3; Wendholt / Wesemann (2009), S. 73.

Derweil finden sich im Schrifttum auch hiervon abweichende Systematisierungen. Teile des IAS 12 kommentierenden Schrifttums bezeichnen Bilanzdifferenzen der Stufe 1 als „Inside (Basis) Differences I“ sowie Bilanzdifferenzen der Stufen 2 und 3 als „Inside (Basis) Differences II“.[976] Dagegen klassifizieren einige Autoren[977] die Ursachen latenter Steuern im Konzern durch die Adjektive „primär“ und „sekundär“. Als primäre latente Steuern werden solche latenten Steuern bezeichnet, die sich einerseits aufgrund von Bilanzdifferenzen der Stufen 1 und 2 bilden. Demgegenüber sind sekundäre latente Steuern nur solche, die durch Konsolidierungsbuchungen hervorgerufen werden. Untere Darstellung veranschaulicht diese Systematisierungen.[978]

<table>
<tr><td>Inside Basis Differences I</td><td>infolge von Bilanzdifferenzen zwischen Einzel- und Steuerbilanz</td><td rowspan="2">Primäre latente Steuern</td></tr>
<tr><td rowspan="2">Inside Basis Differences II</td><td>a) infolge konzerneinheitlicher Bilanzierungsvorschriften</td></tr>
<tr><td>b) infolge von Konsolidierungsbuchungen</td><td>Sekundäre latente Steuern</td></tr>
</table>

Abb. 9: Alternative Systematisierungen der Ursachen latenter Steuern im Konzern

Beiden alternativen Systematisierungen ist gemein, dass unterschiedliche Ebenen der Berücksichtigung latenter Steuern im Konzern teils unter ein und demselben Terminus zusammengefasst werden. Derartige Zweideutigkeiten und Überschneidungen werden bei dem Drei-Stufen-Schema vermieden, weshalb nur selbiges im Rahmen dieser Arbeit beachtet und für die Aufgabe der alternativen Systematisierungen plädiert wird.

Bevor auf die einzelnen Stufen des Drei-Stufen-Schemas detailliert eingegangen werden kann, ist es erforderlich, die rechtlichen Grundlagen der Bilanzierung latenter Steuern im Konzern darzutun. Dies gilt u.a. deswegen, weil die anzuwendenden Rechtsgrundlagen je nach betrachteter Stufe variieren.

---

976 So etwa LIENAU (2006), S. 101 f.; HOFFMANN / ZU PUTLITZ / SCHUBERT (2011), S. 47 f.

977 So z.B. KÜTING / SEEL (2009a), S. 524; MELCHER / MÖLLER (2011), S. 557.

978 Abbildung in Anlehnung an HAHN (2011), S. 647.

3.3 Rechtliche Grundlagen und kritische Würdigung

Die einschlägigen Rechtsgrundlagen für die Bilanzierung und den Ausweis latenter Steuern im Konzernabschluss sind in § 306 HGB sowie in § 314 Abs. 1 Nr. 21 HGB verortet. Allerdings ergibt sich bereits aus dem Wortlaut von § 306 S. 5 und 6 HGB, dass Teile des § 274 HGB weiterhin anwendbar sind. Zudem gilt der § 274 HGB wegen der Verweisvorschrift des § 298 Abs. 1 HGB grundsätzlich auch im Konzernabschluss. Die naheliegende Annahme, die Bilanzierung latenter Steuern im Konzern erfolge ausschließlich auf Basis von § 306 HGB, erweist sich von daher als irrig.

Im Gegensatz zu § 274 HGB (Einzelabschluss) sieht die Einzelvorschrift des § 306 HGB (Konzernabschluss) **kein** Aktivierungs**wahlrecht** für eine aktive latente Steuer bzw. einen Aktivüberhang vor, **sondern** eine Aktivierungs**pflicht**. De lege lata dürfen latente Steuern auf im Einzelabschluss vorhandene abzugsfähige Bilanzdifferenzen aktiviert werden; treten die Bilanzdifferenzen dagegen im Konzernabschluss auf, so müssen sie dagegen (im Grundsatz) aktiviert werden.

Allerdings regelt § 306 HGB die Bilanzierung latenter Steuern auf Konzernebene nur unvollständig. Bereits aus dem Wortlaut von § 306 S. 1 HGB ergibt sich, dass nur die Vorschriften des mit „Vollkonsolidierung" überschriebenen Vierten Titels dem Anwendungsbereich von § 306 HGB unterfallen. Dies sind die §§ 300 - 307 HGB und damit im Wesentlichen die Vorschriften zu Konsolidierungsmaßnahmen. In Fortführung der oben[979] eingeführten Terminologie (Drei-Stufen-Schema) regelt § 306 HGB somit nur Bilanzdifferenzen der *dritten Stufe*.

Latente Steuern auf solche Bilanzdifferenzen, die durch die Konsolidierung vorbereitende Maßnahmen erwachsen, unterliegen demgegenüber in Ermangelung anderweitiger Regelungen dem Anwendungsbereich des § 274 HGB i.V.m. § 298 Abs. 1 HGB. Materiell zählen hierzu all jene Vorschriften, die zu (gegenüber dem Einzelabschluss zusätzlichen) Bilanzdifferenzen führen können und nicht im Vierten Titel belegen sind. Dies sind zunächst einmal die §§ 299, 308 Abs. 1, 308a HGB. Für aktive Bilanzdifferenzen, die auf der *zweiten Stufe* entstehen, besteht somit ungeachtet des § 306 S. 1

979 Siehe oben E.3.2.

HGB ein Aktivierungswahlrecht nach § 274 Abs. 1 S. 2 HGB i.V.m. § 298 Abs. 1 HGB. Damit gelten die Ausführungen zur Ansatzstetigkeit[980] und zum Ansatz von Zwischenwerten[981] analog im Konzernabschluss.

Da aktive und passive latente Steuern in den Einzelbilanzen der Konzernunternehmen bilanziert werden und der Konzernabschluss letztlich nur eine (um konzerninterne Vorgänge bereinigte) Verdichtung eben dieser Einzelabschlüsse darstellt, liegt auf der Hand, dass latente Steuerpositionen aus den Einzelabschlüssen in den Konzernabschluss übernommen werden (Vollständigkeitsgrundsatz des § 300 Abs. 2 S. 1 HGB). Latente Steuern, die sich auf dieser Entstehungsebene (*erste Stufe*) manifestieren, wurden im Einzelabschluss nach § 274 HGB bilanziert. Wegen dem Verweis auf § 274 HGB in § 298 Abs. 1 HGB gilt Entsprechendes im Konzernabschluss.

Die rechtlichen Grundlagen der Bilanzierung latenter Steuern im Konzernabschluss stellen sich **grundlegend reformbedürftig** dar. So ist zwar die Ungleichbehandlung der Ansatzfrage von aktiven latenten Steuern in den §§ 274, 306 HGB, die im Übrigen bereits in den §§ 274, 306 HGB i.d.F. des BiRiLiG vorgesehen war, vordergründig der Tatsache geschuldet, dass dem Konzernabschluss nur eine Informationsfunktion aber keine Ausschüttungsbemessungsfunktion zukommt.[982] Die Behauptung von HOFFMANN und LÜDENBACH, wonach ein *„rechtfertigender systematischer Grund für die unterschiedliche Behandlung der Aktivüberhänge“*[983] in Einzel- und Konzernabschluss nach HGB[984] *„nicht erkennbar“*[985] und § 306 HGB somit reine Kasuistik[986] sei, ist daher schon im Ansatz nicht haltbar und nachdrücklich zurückzuweisen.

Allerdings wurde oben[987] bereits darauf hingewiesen, dass vorsichtigen Gewinnermittlungsregeln, die u.a. eine Bilanzierung aktiver latenter Steuern in Bilanz und GuV des Einzelabschlusses verhindern, eine Objektivierungsfunktion für im Jahresabschluss bereitgestellte Informationen zukommt. Zudem ist auch im Konzernabschluss das Realisationsprinzip aufgrund von § 298 Abs. 1 HGB sowie aufgrund des GoB-

980 Siehe oben D.2.3.5.
981 Siehe oben D.2.3.6.
982 Vgl. in Bezug auf das alte Recht: KARRENBROCK (2007), Tz. 73; DEBUS (2003), C 440, Tz. 24.
983 HOFFMANN / LÜDENBACH (2012), § 306 HGB, Tz. 10.
984 Demgegenüber kommt einem IFRS-Einzelabschluss auch nur eine Informationsfunktion zu.
985 HOFFMANN / LÜDENBACH (2012), § 306 HGB, Tz. 10.
986 Vgl. HOFFMANN / LÜDENBACH (2012), § 306 HGB, Tz. 11.
987 Siehe oben E.2.

Vorbehalts der Generalnorm zu beachten. Und da die Aktivierung latenter Steuern einerseits gleichbedeutend mit dem Ausweis (i.S.d. Realisationsprinzips) unrealisierter Erträge ist und anderseits die Werthaltigkeit aktiver latenter Steuern nicht stets intersubjektiv nachprüfbar ist, kann die Aktivierungspflicht des § 306 HGB nicht für sich in Anspruch nehmen, unangreifbar zu sein.

4 Latente Steuern bei Vollkonsolidierung

4.1 Stufe 1: Latente Steuern aus den Einzelabschlüssen

Aufgrund der Tatsache, dass der Konzernabschluss (mit Modifikationen) aus den jeweiligen Einzelabschlüssen der einbezogenen Unternehmen abgeleitet wird, bildet die **Übernahme latenter Steuern** (auf Bilanzdifferenzen und steuerlich vortragsfähige Sachverhalte) **aus den Einzelabschlüssen** eine der Hauptursachen für die Bilanzierung latenter Steuern im Konzernabschluss (§ 300 Abs. 2 S. 1 HGB). Da sich die Ermittlung latenter Steuern in den Einzelabschlüssen nach § 274 HGB richtet, ist der Verweis auf die Erläuterungen in Kapitel D dieser Arbeit geboten.

Das Wahlrecht des § 274 Abs. 1 S. 2 HGB (i.V.m. § 298 Abs. 1 HGB) kann im Konzernabschluss wegen § 300 Abs. 2 S. 2 HGB auch unabhängig von der Ausübung im Einzelabschluss genutzt werden.[988] Diese (bereits nach überwundenem Recht kritisierte)[989] Möglichkeit, das Aktivierungswahlrecht des § 274 Abs. 1 S. 2 HGB zwar im Einzelabschluss in Anspruch zu nehmen, nicht aber im Konzernabschluss (und vice versa), besteht post BilMoG fort.[990] Lediglich ein Ansatz von **Zwischenwerten** ist - im

---

988 Vgl. etwa für das alte Recht: DUSEMOND / HAYN (1997), S. 408; DUSEMOND (1999), S. 318.

989 Vgl. KARRENBROCK (2007), Tz. 76 f.; LÜHRMANN (1997), S. 124 ff.; DEBUS (2003), C 440, Tz. 22-25; WEIßENBERGER (2008), § 306 HGB, Tz. 16.; BECKER (1991), S. 1739 f. Besonders die Kritik von KARRENBROCK ist deutlich: *„Vor diesem Hintergrund stellt sich das Wahlrecht zur Aktivierung latenter Steuern allein als ein bilanzpolitisch nutzbares Instrument dar, daß* [sic!] *die Vermittlung zutreffender Informationen über latente Steuerbe- und -entlastungen in das Belieben des Bilanzierenden stellt."* KARRENBROCK (2007), Tz. 77.

990 Nach einer **Mindermeinung** wurde § 306 HGB a.F. als eine lex specialis zu § 300 Abs. 2 HGB gesehen, so dass Aktivierungspflicht bestünde. Vgl. DEBUS (2003), C 440, Tz. 23 m.w.N.; BECKER (1991), S. 1739 f. **Wohl auch:** HERZIG (2001), S. 114. **Stellungnahme**: Aufgrund des eindeutigen Wortlauts von § 300 Abs. 2 S. 2 HGB sowie der Tatsache, dass in § 306 HGB keine Anhaltspunkte für eine Einschränkung des § 300 Abs. 2 S. 2 HGB zu erblicken sind, besteht für diese

Gegensatz zum überkommenen Recht[991] - nunmehr eindeutig abzulehnen, da § 274 Abs. 1 S. 2 HGB als ein manipulations*un*spezifisches Wahlrecht einzuordnen ist.[992] Weiterhin ist das Gebot der **Ansatzstetigkeit** zu beachten, so dass die oben erläuterte „Aktivierungsfalle" auch im Konzernabschluss droht.[993] Ungeachtet dieser beiden Einschränkungen, ist die Gewährung eines Aktivierungswahlrechts für infolge von auf der *ersten* und *zweiten Stufe* entstandene abzugsfähige Bilanzdifferenzen, nicht aber für auf der *dritten Stufe* entstandene Bilanzdifferenzen durch nichts begründbar und bemerkenswert widersprüchlich.[994] Verstärkt wird diese negative Würdigung zudem durch die Möglichkeit, (wegen § 300 Abs. 2 S. 1 HGB) auch das in § 274 Abs. 1 HGB vorhandene Saldierungswahlrecht unabhängig vom Vorgehen im Einzelabschluss ausüben zu können.

Im Zusammenhang mit § 300 Abs. 2 S. 2 HGB wurde im Schrifttum zum *Timing-Konzept* auf eine weitere Gefahr des Aktivierungswahlrechts im Konzernabschluss hingewiesen.[995] Wurde eine aktive timing difference im Zeitpunkt ihres Auftretens zwar im Einzelabschluss (Inanspruchnahme von § 274 Abs. 2 HGB a.F.; *erste Stufe*), nicht aber im Konzernabschluss berücksichtigt (keine Inanspruchnahme der Bilanzierungshilfe nach § 274 Abs. 2 HGB a.F. i.V.m. § 298 Abs. 1 HGB; *zweite Stufe*) und kehrt sich diese Ergebnisdifferenz in einer Folgeperiode durch Konsolidierungsbuchungen (*dritte Stufe*) um, so würde die Umkehrung der aktiven timing difference fälschlicherweise als passive timing difference interpretiert, obwohl per Saldo keine Ergebnisdifferenz zwischen Konzernergebnis und der Summe der steuerlichen Ergebnisse besteht. Mit anderen Worten, die bloße Umkehr einer aktiven Ergebnisdifferenz würde als Rechtfertigung für die Passivierung einer latenten Steuer gesehen werden. Diese zu Zeiten des Timing-Konzepts bestehende Gefahr ist aber aufgrund des Übergangs zum *Temporary-Konzept* gebannt, da dieses Konzept eine Betrachtung der Einzeldifferenzen von Vermögensgegenständen und Schulden erfordert. Anders als bei Anwendung des

---

Sichtweise auch post BilMoG kein Raum. **Gl.A.** DUSEMOND / HAYN (1997), S. 409 (in Bezug auf das alte Recht).

991 Vgl. KARRENBROCK (2007), Tz. 76, Fn. 74 m.w.N.; DUSEMOND / HAYN (1997), S. 409; DUSEMOND (1999), S. 318.

992 Siehe oben D.2.3.5. und D.2.3.6.

993 Siehe oben D.2.3.5.

994 Vgl. bereits KARRENBROCK (2007), Tz. 77; WEIßENBERGER (2008), § 306 HGB, Tz. 16.

995 Vgl. im Folgenden: KARRENBROCK (2007), Tz. 77; DEBUS (2003), C 440, Tz. 25, 158-160; WEIßENBERGER (2008), § 306 HGB, Tz. 16.

GuV-orientierten Timing-Konzepts kann bei Geltung des Temporary-Konzepts der Ergebniseffekt aus der Umkehrung einer aktiven Differenz nicht mehr als vermeintlicher Grund für Bildung einer passiven latenten Steuer fehlinterpretiert werden.

4.2 Stufe 2: Vorbereitung der Konsolidierung

4.2.1 Konzerneinheitliche Ansatz- und Bewertungsregeln

Die Aufstellung der Handelsbilanz II hat sich durch das BilMoG vereinfacht. Grund ist, dass es infolge der Aufgabe der Umkehrmaßgeblichkeit und der Streichung der Öffnungsklauseln einer Eliminierung steuerlich motivierter Wertansätze (steuerliche Sonderabschreibungen, Sonderposten mit Rücklageanteil usw.) im Konzernabschluss fortan nicht mehr bedarf.[996]

Demgegenüber bleibt die Notwendigkeit einer Anpassung der einbezogenen Einzelabschlüsse an die konzerneinheitlichen Ansatz- und Bewertungsregeln bestehen (§§ 300 Abs. 2, 308 HGB). Diese Regelungen lassen sich mit dem Einheitsgrundsatz rechtfertigen. Andernfalls könnten artgleiche oder zumindest vergleichbare Sachverhalte in den Einzelabschlüssen der einbezogenen Tochterunternehmen völlig unterschiedlich bilanziert werden, so dass deren Verdichtung in einen Konzernabschluss (ohne vorherige Vereinheitlichung) einer Vermischung nicht vergleichbarer Abschlüsse gleichkäme. Das aber ist mit dem Einheitsgrundsatz unvereinbar, wonach der Konzern als ein Unternehmen darzustellen ist. Besondere Relevanz besitzt die Anpassung an einheitliche Bilanzierungsvorschriften immer dann, wenn entweder **ausländische Tochterunternehmen** existieren, die ggf. nach (mit dem HGB gänzlich unvereinbaren) ausländischen Vorschriften Rechnung legen, oder der Konzern seinen (inländischen) Töchtern keine entsprechenden Bilanzierungsrichtlinien für den Einzelabschluss vorgegeben hat, so dass die Töchter die Wahlrechte des HGB-Bilanzrechts nach Belieben ausüben.

Überdies können Anpassungen dann notwendig werden, wenn die Tochterunternehmen rechtsform- und/oder größenspezifische Erleichterungen (z.B. § 274a Nr. 5 HGB) anwenden, weil das Mutterunternehmen grundsätzlich eine Kapitalgesellschaft (§ 290

[996] Vgl. hierzu ausführlich KARRENBROCK (2007), Tz. 78.

Abs. 1 HGB) ist und nach den für (i.S.d. § 267 HGB) „große“ Kapitalgesellschaften geltenden Vorschriften bilanzieren muss (§ 298 Abs. 1 HGB). Soweit passive latente Steuern bei z.B. einer unbeschränkt haftenden Personentochterunternehmung oder einer (i.S.d. § 267 HGB) „kleinen“ Kapitalgesellschaft nicht nach § 249 HGB berücksichtigt wurden,[997] müssten sie spätestens im Rahmen der Aufstellung der Handelsbilanz II berücksichtigt werden.

Kommt es durch die Vereinheitlichung von *Bewertungs*vorschriften nach § 308 Abs. 1 HGB zu Bilanzdifferenzen, so richtet sich die Bilanzierung latenter Steuern infolge dieser Bilanzdifferenzen nach § 274 i.V.m. § 298 Abs. 1 HGB. Dies ergibt sich daraus, dass § 308 Abs. 1 HGB nicht zum (in § 306 HGB genannten) Vierten Titel gehört.[998]

Beispiel: Eine Konzerntochterunternehmung bezieht im Einzelabschluss sämtliche, auch optionale Bestandteile in die Herstellungskosten ein (§ 255 Abs. 2 S. 3 HGB). Entsprechend verfährt sie in ihrer Steuerbilanz (R 6.3 Abs. 4 S. 1 EStR), so dass es im Einzelabschluss zu keinen Bewertungsdifferenzen kommt. Auf Konzernebene werden annahmeweise optionale Komponenten nicht in die Herstellungskosten einbezogen. Für Zwecke der Aufstellung der Handelsbilanz II entstehen somit im Rahmen des § 308 Abs. 1 S. 1 HGB Bilanzdifferenzen, deren Abbau voraussichtlich zu (gemessen am Konzernergebnis) niedrigeren Steuerbelastungen führen wird. Auf Ebene der Handelsbilanz II sind insoweit aktive latente Steuern ansatzfähig (§ 274 HGB i.V.m. § 298 Abs. 1 HGB).

Probleme bereitet dagegen die Vorschrift des § 300 Abs. 2 HGB, die die Vereinheitlichung des *Ansatz*es regelt. Diese ist zwar unstreitig zum Vierten Titel gehörig (und unterliegt somit formal dem Geltungsbereich des § 306 HGB), steht allerdings in einem untrennbaren inhaltlichen Zusammenhang zu den übrigen Vorbereitungsmaßnahmen der Konsolidierung.[999] So sind schlicht keine Gründe ersichtlich, warum Bilanzdifferenzen aus der Vereinheitlichung des Ansatzes (§ 300 Abs. 2 HGB) nach Maßgabe des § 306 HGB zu erfassen sein sollten, während Bilanzdifferenzen aus der Vereinheit-

997 Dies ist contra legem. Zu den Gründen siehe oben D.7. und D.8.1.d).

998 Vgl. statt aller: DUSEMOND (1999), S. 319.

999 **Ähnlich** bereits in Bezug auf das alte Recht: DUSEMOND / HAYN (1997), S. 409 f.; WEIßENBERGER (2008), § 306 HGB, Tz. 17; ADS (1994 ff.), § 306 HGB, Tz. 25 m.w.N.; DUSEMOND (1999), S. 319 f.; BAUMANN (1998), § 306 HGB, Tz. 10; HEURUNG (2000), S. 541; BECKER (1991), S. 1741; KRAFT (2002), § 306 HGB, Tz. 18.

lichung der Bewertung (§ 308 Abs. 1 HGB) dem Regelungsbereich des § 274 HGB unterworfen sind.[1000] Dies hätte nämlich zur Folge, dass die Anpassung an das Recht der Mutterunternehmung hinsichtlich Ansatzfragen eine Aktivierungspflicht auslöst, die Anpassung hinsichtlich unterschiedlicher Bewertungsfragen dagegen ein Aktivierungswahlrecht für aktive Bilanzdifferenzen auslöst, obwohl es sich in beiden Fällen um die Konsolidierung vorbereitende Maßnahmen der konzernweiten Vereinheitlichung handelt.[1001] Wird beispielsweise im Einzelabschluss (= Handelsbilanz I) ein Verzicht auf die Aktivierung eines Disagios nach § 250 Abs. 3 HGB ausgeübt, so besteht dort ein Aktivierungswahlrecht für die entstehende abzugsfähige Differenz. Bei Ausübung desselben Wahlrechts (erst) in der Handelsbilanz II, bestünde bei formaler Auslegung von § 306 HGB dagegen eine Aktivierungspflicht für die entstehende Bilanzdifferenz. Zutreffend spricht sich daher das jüngere Schrifttum dafür aus, auch Ansatzdifferenzen § 274 HGB zu unterwerfen, soweit diese aus § 300 Abs. 2 HGB resultieren.[1002]

4.2.2 Erstellung von Zwischenabschlüssen

§ 299 Abs. 1 HGB[1003] besagt, dass der Konzernabschluss auf den Stichtag des Jahresabschlusses des Mutterunternehmens aufzustellen ist. Die Jahresabschlüsse der in den Konzernabschluss einbezogenen Unternehmen sollen auf den Stichtag des Konzernab-

---

1000 Dies ist **h.M.**, vgl. KRAFT (2011), § 306 HGB, Tz. 19 f und Fn. 34. **Abweichend**: LÜHRMANN (1997), S. 174 f. i.V.m. S. 125 ff. LÜHRMANN untersucht die Beschränkung der Aktivierungspflicht des § 306 HGB für latente Steuern auf solche Abweichungen, die durch Konsolidierungsvorgänge und aus der Vereinheitlichung der Ansatzvorschriften resultieren, anhand der 4. und 7. EG-Richtlinie sowie der Entstehungsgeschichte des § 306 HGB. Diese Beschränkung sei ein redaktionelles Versehen, so dass er für eine generelle Aktivierungspflicht latenter Steuern im Konzernabschluss eintritt. **Stellungnahme**: Hätte es sich (seinerzeit) tatsächlich um ein redaktionelles Versehen gehandelt, hätte der Gesetzgeber dies spätestens mit dem BilMoG korrigiert. Da dies aber nicht geschehen ist, wird der Auffassung von LÜHRMANN hier nicht gefolgt.

1001 Vgl. ähnlich in Bezug auf das überwundene Recht: WIEDMANN (2003), § 306 HGB, Tz. 9; WEIßENBERGER (2008), § 306 HGB, Tz. 17; KARRENBROCK (2007), Tz. 80; ADS (1994 ff.), § 306, Tz. 25; BECKER (1991), S. 1741. **Abweichend**: DRS 10, Tz. 10; LÜHRMANN (1997), S. 174 f.

1002 Vgl. KOZIKOWSKI / FISCHER (2012a), § 306 HGB, Tz. 7; HAHN (2011a), S. 1216; GELHAUSEN / FEY / KÄMPFER, Abschn. Q, Tz. 282; ELPRANA (2011), § 306 HGB, Tz. 6; BUSSE VON COLBE / ORDELHEIDE / GEBHARDT / PELLENS (2010), S. 145; DRS 18 (3.9.2010), Tz. 11, 14.
Abweichend aber: HOFFMANN / LÜDENBACH (2012), § 306 HGB, Tz. 17 (unter Hinweis auf die (von diesen Autoren unterstellte) kasuistische Grundausrichtung des § 306 HGB, die zur Folge habe, dass für prinzipienorientierte Überlegungen kein Raum mehr sei).

1003 § 299 HGB gilt nur für vollkonsolidierte und anteilsmäßig konsolidierte (§ 310 HGB) Unternehmen. Die Vorschrift ist demgegenüber wegen § 312 Abs. 6 S. 1 HGB nicht auf Unternehmen anwendbar, die nach der Equity-Methode einbezogen werden. Dies sind einerseits assoziierte Unternehmen und andererseits Gemeinschaftsunternehmen, die § 310 HGB nicht anwenden. Vgl. BAETGE / KIRSCH / THIELE (2011a), S. 133.

schlusses (im Folgenden: *Konzernstichtag*) aufgestellt werden (§ 299 Abs. 2 HGB). Soweit der Abschlussstichtag eines Unternehmens um mehr als drei Monate **vor** (!) dem Stichtag des Konzernabschlusses liegt, so *ist* für dieses Unternehmen ein auf den Konzernstichtag datierter Zwischenabschluss aufzustellen, auf dessen Grundlage die Einbeziehung in den Konzernabschluss erfolgt. § 299 HGB regelt damit die Anpassung des Bilanzstichtags von Konzernunternehmen auf den Konzernstichtag. Hintergrund der Anpassung des Bilanzstichtags von Konzernunternehmen auf den Konzernstichtag ist die Tatsache, dass über die wirtschaftliche Lage des Konzerns nur dann zutreffend berichtet werden kann, sofern die Abschlüsse sämtlicher Konzernunternehmen auf einen einheitlichen Stichtag lauten.[1004]

Sofern ein Zwischenabschluss wegen § 299 HGB aufgestellt werden muss, ist fraglich, welche Rechtsgrundlage für die Bilanzierung latenter Steuern einschlägig ist.[1005] DRS 18 trägt nichts zur Problemlösung bei, da in DRS 18.5 lediglich ausgeführt wird, dass DRS 18 entsprechend auf die Zwischenberichterstattung nach DRS 16 anzuwenden sei. Eine Anwendung von § 306 HGB scheidet indessen, wie bisher,[1006] erkennbar aus, weil § 299 HGB nicht im Vierten Titel des Dritten Buches des HGB belegen ist und insoweit nicht dem Regelungsbereich des § 306 HGB unterfällt. Die Bilanzierung latenter Steuern im Falle des Auftretens von Bilanzdifferenzen bei Vermögensgegenständen und Schulden zwischen einerseits dem handelsrechtlichen Zwischenabschluss und andererseits der Steuerbilanz (des den Zwischenabschluss aufstellenden Konzernunternehmens) hat daher nach Maßgabe des § 274 HGB i.V.m. § 298 Abs. 1 HGB zu erfolgen. Insbesondere spricht nichts dagegen, den in § 274 Abs. 1 HGB verwendeten Terminus des „handelsrechtlichen Wertansatzes“ dergestalt auszulegen, dass dieser als handelsrechtlicher Wertansatz im Zwischenabschluss verstanden wird.

Ein Problem besteht jedoch aufgrund der Tatsache, dass es keine steuerrechtlichen Zwischenabschlüsse gibt. Dann aber beziehen sich die steuerlichen Wertansätze zwangsläufig auf einen anderen Zeitpunkt als die handelsrechtlichen Wertansätze des

1004 Vgl. LÜHRMANN (1997), S. 183.

1005 Die Berücksichtigung latenter Steuern im Falle der Aufstellung von Zwischenabschlüssen wurde bereits nach überwundenem Recht kontrovers diskutiert vgl. KARRENBROCK (2007), Tz. 83-89; LÜHRMANN (1997), S. 183 ff.; HILLE (1982), S. 118 ff.; DEBUS (2003), C 440, Tz. 27 und 114-116; DUSEMOND / HAYN (1997), S. 410; BECKER (1991), S. 1741 f.

1006 Vgl. nur KARRENBROCK (2007), Tz. 87.

Zwischenabschlusses.[1007] Ein (bei Anwendung des Temporary-Konzepts gebotener) Bilanzvergleich von Aktiva und Passiva in Steuerbilanz zum Stichtag X und handelsrechtlicher „Zwischenbilanz" zum Stichtag Y bezöge sich auf unterschiedliche Zeitpunkte und wäre erkennbar unzulässig, da mit den GoB unvereinbar. Damit aber darf die Bilanzierung latenter Steuern auch nicht an diesen zeitpunktverschobenen Bilanzvergleich anknüpfen.

Eine Lösung kann darin erblickt werden, dass eine für den internen Gebrauch nutzbare **„gesonderte Steuerbilanz"** auf den Konzernstichtag, genauer eine steuerliche Gewinnermittlung (mit Bilanz und GuV) für ein Rumpfgeschäftsjahr aufgestellt wird. Diese „gesonderte Steuerbilanz" entfaltet derweil nur Innenwirkung und ist nicht der Finanzverwaltung zu übersenden.

Beispiel: Der Konzernstichtag sei der 31.12. eines jeden Kalenderjahres. Eine Tochterunternehmung stelle ihren Einzelabschluss indessen zum 30.06. eines jeden Kalenderjahres auf. Die steuerliche Gewinnermittlung für die Tochter finde über einen Zeitraum vom 01.07.-30.06. eines jeden Kalenderjahres statt. Nach Maßgabe des § 299 Abs. 2 HGB muss die Tochter u.a. in t1 einen Zwischenabschluss aufstellen, da der Stichtag der Tochter (30.06.t1) um mehr als drei Monate vor dem Konzernstichtag liegt. Der Zwischenabschluss der Tochter muss in diesem Fall auf den 31.12.t1 aufgestellt werden.

Annahmeweise hatte die Tochtergesellschaft am 30.06.t0 eine „steuerfreie Rücklage" (z.B. nach §6b EStG) in ihrer Steuerbilanz passiviert, die handelsrechtlich mangels GoB-Konformität nicht bilanziert wurde. Es kam seinerzeit zu einer zu versteuernden Bilanzdifferenz, für welche die Unternehmung eine passive latente Steuer zum 30.06.t0 bilanziert hatte. Die „steuerfreie Rücklage" werde nun am 12.07.t1 zu 50 % aufgelöst. Im Zwischenabschluss werden dementsprechend effektive Steueraufwendungen infolge

[1007] Die Problematik stellt sich nach BUSSE VON COLBE ET AL. analog bei unterjährigen Zwischenberichten nach § 54 i.V.m. § 56 BörsZulV 1987. Vgl. BUSSE VON COLBE / ORDELHEIDE / GEBHARDT / PELLENS (2010), S. 45 m.w.N. in Fn. 131. **Stellungnahme**: Die von diesen Autoren genannten Vorschriften wurden zwar mittlerweile aufgehoben, deren Hinweis auf die Zwischenberichterstattung wird hierdurch aber nicht unrichtig. Die Zwischenberichterstattung (sog. verkürzter Abschluss) ist nunmehr in § 37w WpHG geregelt.

der teilweisen Auflösung der Rücklage ausgewiesen.[1008] Bei einem Bilanzvergleich von (der bereits aufgestellten) Steuerbilanz der Tochter zum 30.06.t1 mit dem Zwischenabschluss zum Konzernstichtag des 31.12.t1 würde dieser (für die Bilanzierung latenter Steuern relevante) Sachverhalt (vom 12.07.t1) nicht berücksichtigt, die latenten Steuerzahlungen unzutreffend ermittelt.

Wird dagegen eine fiktive steuerliche Gewinnermittlung für das Rumpfgeschäftsjahr 01.07.t1-31.12.t1 („gesonderte Steuerbilanz" der Tochter zum 31.12.t1) vorgenommen, so ermöglicht diese einen Bilanzvergleich der Wertansätze jeweils zum 31.12.t1. Damit wird erkennbar, dass im vorliegenden Fall der Grund für die Bilanzierung der latenten Steuer zur Hälfte entfallen ist; sie muss im Zwischenabschluss zum 31.12.t1 bzw. im Rahmen der Erstellung der Handelsbilanz II anteilig aufgelöst werden.

Zu betonen ist, dass bei der Aufstellung dieser „gesonderten Steuerbilanz" zwar sämtliche steuerrechtlichen Gewinnermittlungsvorschriften (materielles Recht) zu beachten sind, die verfahrensrechtlichen Vorschriften (formelles Recht) dagegen nicht einzuhalten sind. Um den Arbeitsaufwand gering zu halten, ist es daher angebracht, die „gesonderte Steuerbilanz" aus der (in der Regel bereits vorliegenden) unmittelbar vorangegangenen steuerlichen Gewinnermittlung mittels einer Veränderungsrechnung bzw. Mehr-oder-Weniger-Rechnung der relevanten Vermögensgegenstände und Schulden zu entwickeln.

Falls der Abschlussstichtag eines Unternehmens höchstens drei Monate vor dem Stichtag des Konzernabschlusses liegt, so bedarf es der Aufstellung eines Zwischenabschlusses nicht zwingend (§ 299 Abs. 3 HGB). Für diesen Fall wird nur gefordert, über für die Vermögens-, Finanz- und Ertragslage des mit abweichendem Stichtag einbezogenen Unternehmens[1009] bedeutsame Vorgänge, die zwischen dem Abschlussstichtag dieses Unternehmens und dem Abschlussstichtag des Konzernabschlusses eingetreten sind, entweder im Konzernanhang zu berichten oder sie in der Konzernbilanz und der

---

[1008] Zur Verrechnung (effektiver) Ertragsteuern im handelsrechtlichen Zwischenabschluss vgl. HENI (2004), § 299 HGB, Tz. 14 m.w.N.; FÖRSCHLE / DEUBERT (2012), § 299 HGB, Tz. 21.

[1009] Insoweit ist die besondere Bedeutung eines Vorgangs gerade nicht an der Gewichtigkeit für den Konzern als Ganzes zu messen. Vgl. HENI (2004), § 299 HGB, Tz. 16.

Konzern-GuV zu berücksichtigen.[1010] Sofern bei abweichenden Abschlussstichtagen kein Zwischenabschluss nach § 299 Abs. 2 S. 2 HGB aufgestellt werden muss, braucht hiernach keine „gesonderte Steuerbilanz" aufgestellt zu werden. Vielmehr ist nach § 299 Abs. 3 HGB nur eine Berichterstattung über die wesentlichen Vorgänge zu leisten, wozu je nach Lage des Einzelfalls auch latente Steuern gehören können.

Denkbar ist beispielsweise eine aktive latente Steuer für eine die Vermögens-, Finanz- und Ertragslage erheblich beeinflussende Drohverlustrückstellung, deren zugrundeliegender Verlust sich zwar nach dem Stichtag der Konzerngesellschaft aber noch vor dem Konzernstichtag manifestiert und steuerlich zu berücksichtigen ist. In diesem Fall wäre die Auflösung der (für die Lage der Tochtergesellschaft bedeutsamen) aktiven latenten Steuer entweder in der Handelsbilanz II „nachzubuchen" oder aber im Konzernanhang darauf hinzuweisen. Im letztgenannten Fall darf sich die Berichterstattung indessen nicht auf rein verbale Erläuterungen beschränken; vielmehr sind Zahlenangaben erforderlich, die durch Nebenrechnungen zu belegen sind.[1011] Weitere tendenziell für die Lage der zu konsolidierenden Konzerngesellschaft erhebliche Geschäftsvorfälle, die eine Berichterstattung über die Anpassung bereits bilanzierter latenter Steuern auslösen könnten, sind der Untergang steuerlicher Verlustvorträge aufgrund eines § 8c KStG tangierenden Veräußerungsvorgangs zwischen Bilanz- und Konzernstichtag oder die Vereinnahmung eines Beteiligungsertrags in diesem Zeitraum. Denkbar sind zudem[1012] nennenswerte Forderungsverluste durch die Insolvenz eines Großkunden, der Abgang von wesentlichen Sach- und Finanzanlagen und der (un)günstige Ausgang eines Rechtsstreits, soweit die jeweils betroffenen Aktiva bzw. Passiva in Handels- und Steuerbilanz unterschiedlich bilanziert wurden.

4.2.3 Währungsumrechnung

Nach § 298 Abs. 1 i.V.m. § 244 HGB ist der Konzernabschluss einer deutschen Konzernmutter in der Währung Euro (€) aufzustellen. Diese Berichtswährung gilt selbst für IFRS-Abschlüsse deutscher Unternehmen (§ 315a Abs. 1 HGB). Zusammen mit dem

---

1010 Dabei darf die Angabe im Anhang nicht inferior zur Nachbuchung der bedeutsamen Vorgänge in Bilanz und GuV sein. Vgl. HENI (2004), § 299 HGB, Tz. 17; FÖRSCHLE / DEUBERT (2012), § 299 HGB, Tz. 31.

1011 Vgl. HENI (2004), § 299 HGB, Tz. 17.

1012 Vgl. im Folgenden für die Beispiele: FÖRSCHLE / DEUBERT (2012), § 299 HGB, Tz. 34.

Weltabschlussprinzip (§ 294 Abs. 1 HGB), nach welchem ausländische (und somit auch außerhalb der Eurozone residierende) Töchter in den Konzernabschluss einzubeziehen sind, begründet dies die Notwendigkeit einer Währungsumrechnung von in fremden Währungen aufgestellten Abschlüssen. Da ein Potpourri aus verschiedenen Währungen im Konzernabschluss der Vermittlung eines die tatsächlichen Verhältnisse der Gesellschaft widerspiegelnden Einblicks entgegenstünde, ist das Umrechnungserfordernis bereits aus Gründen der Vergleichbarkeit der Wertansätze als unverzichtbar zu werten.

Durch das BilMoG wurde die Währungsumrechnung im Konzernabschluss nach HGB erstmals durch eine Einzelvorschrift geregelt,[1013] die insoweit als Novum gelten darf. Nach § 308a S. 1 HGB sind die Aktiv- und Passivposten einer auf fremde Währung lautenden Bilanz, mit Ausnahme des Eigenkapitals, welches grundsätzlich[1014] zum historischen Kurs in Euro umzurechnen ist, zum Devisenkassamittelkurs am Abschlussstichtag in Euro umzurechnen. Die Posten der GuV sind zum Durchschnittskurs in Euro umzurechnen (§ 308a S. 2 HGB). Eine sich ergebende Umrechnungsdifferenz ist innerhalb des Konzerneigenkapitals nach den Rücklagen unter dem Posten „Eigenkapitaldifferenz aus Währungsumrechnung" auszuweisen (§ 308a S. 3 HGB).[1015] Bei teilweisem oder vollständigem Ausscheiden des Tochterunternehmens ist der Posten in entsprechender Höhe erfolgswirksam aufzulösen (§ 308a S. 4 HGB). Die Vorschrift des § 308a HGB schreibt mithin eine Umrechnung von Fremdwährungsabschlüssen in die Berichtswährung auf Basis der sog. **modifizierten Stichtagsmethode**[1016] vor.[1017] Keine Anwendung findet die Vorschrift allerdings auf Abschlüsse, die in der Währung eines Hochinflationslandes aufgestellt werden.[1018]

1013 Vgl. BUSSE VON COLBE / ORDELHEIDE / GEBHARDT / PELLENS (2010), S. 155.

1014 Zu den Ausnahmen vgl. KÜTING / WEBER (2010), S. 256.

1015 Es kommt hierdurch zu einem (transitorischen) Verstoß gegen das Kongruenzprinzip in der Rechnungslegung. Allerdings beeinflussen die (zunächst erfolgsneutral erfassten) Währungsumrechnungsdifferenzen die Höhe des Endkonsolidierungserfolgs bei Veräußerung bzw. anderweitigem Abgang der Beteiligung. Der Verstoß wird insoweit behoben bzw. *recycelt*. Vgl. KIRSCH (2009d), § 308a HGB, Tz. 10 m.w.N.; KÜTING / MOJADADR (2010), S. 238; KÖNIGSMAIER (2004), S. 245 und 253.

1016 Vgl. hierzu ausführlich: KÖNIGSMAIER (2004), S. 233 ff.

1017 Vgl. KÜTING / MOJADADR (2009), S. 482; KÜTING / WEBER (2010), S. 252 ff.; BAETGE / KIRSCH / THIELE (2011a), S. 156.

1018 Vgl. BT-DRUCKS. 16/10067 (30.07.2008), S. 84. Zu Lösungsvorschlägen vgl. KÜTING / WEBER (2010), S. 259-261 m.w.N.

Bei der Beurteilung, inwieweit die Währungsumrechnung eine Bilanzierung latenter Steuern nach dem Temporary-Konzept induziert,[1019] sind mehrere Ebenen zu unterscheiden. Vergleichsweise unproblematisch gestalten sich Bilanzdifferenzen im Einzelabschluss der ausländischen Konzerntochter. Soweit das ausländische nationale Recht eine mit § 274 HGB in Einklang stehende Bilanzierung latenter Steuern im Einzelabschluss vorsieht, werden diese in Fremdwährung gebildeten latenten Steuern in die Handelsbilanz II übernommen (§ 300 Abs. 2 S. 1 HGB, Vollständigkeitsgebot) und in Euro umgerechnet (§ 308a HGB).

Falls das ausländische nationale Recht dagegen keine (oder eine von § 274 HGB abweichende) Bilanzierung latenter Steuern vorsieht, wird die Bilanzierung latenter Steuern auf Basis dieser Bilanzdifferenzen für die Handelsbilanz II „nachgeholt“ (§ 274 HGB i.V.m. § 298 Abs. 1 HGB) und die latenten Steuern umgerechnet (§ 308a HGB). Dabei ist § 306 HGB nicht einschlägig, da die Regelungen zur Währungsumrechnung zum „Fünften Titel“ gehören, während § 306 HGB nur auf Differenzen anwendbar ist, die aus der Durchführung von Maßnahmen nach dem „Vierten Titel“ resultieren.[1020]

Beispiel: Die Einzelbilanz einer in den USA ansässigen 100 %igen Tochterkapitalgesellschaft ($s^{Tochter}$ = 0,2) habe nachstehendes Aussehen. Dabei geben die in eckigen Klammern stehenden Werte den steuerlichen Wertansatz i.S.d. ausländischen Steuergesetze wieder.

Einzelbilanz (HB I) der Tochter zum 31.12.t1 [$]

Anlagevermögen	250 [210]	Eigenkapital	192 [160]
		davon JÜ	*30*
Umlaufvermögen	150 [150]	Fremdkapital	200 [200]
		PLS^{AV}	8 [0]
	400		400

Da auf Eigenkapitaldifferenzen und auf latente Steuern selbst keine latenten Steuern zu bilanzieren sind, besteht nur im Anlagevermögen eine zu versteuernde Bilanzdifferenz in Höhe von 40 $, auf die annahmeweise (bereits in der Vorperiode) nach ausländischem Handelsrecht eine passive latente Steuer bilanziert wurde. Die GuV habe folgendes Aussehen:

1019 Zur Diskussion nach altem Recht vgl. stellvertretend: KARRENBROCK (2007), Tz. 90-95 m.w.N.

1020 Vgl. GELHAUSEN / FEY / KÄMPFER, Abschn. Q, Tz. 283; KOZIKOWSKI / FISCHER (2012a), § 306 HGB, Tz. 9.

GuV für Zeitraum 01.01.t1-31.12.t1 [$]

Aufwendungen	7.970	Erträge	8.000
JÜ lt. GuV	30		
	8.000		8.000

Aufgrund des Vollständigkeitsgebots (§ 300 Abs. 2 HGB) werden sämtliche im ausländischen Einzelabschluss auf fremde Währung lautenden Vermögensgegenstände und Schulden inklusive der passiven latenten Steuern in die Handelsbilanz II übernommen. Anschließend erfolgt die Anpassung an konzerneinheitliche Ansatz- und Bewertungsmethoden (§§ 300 Abs. 2, 308 Abs. 1 HGB), die im vorliegenden Fall annahmeweise zu keinen Veränderungen führt. Diese auf Fremdwährung lautende Handelsbilanz II wird sodann nach § 308a HGB umgerechnet.

Die für die Währungsumrechnung (§ 308a HGB) relevanten Umrechnungskurse seien bereits ermittelt worden:

- Historischer Kurs: 1 $ entspricht 1,60 € (für das Eigenkapital)
- Stichtagskurs: 1 $ entspricht 1,40 € (für übrige Aktiva und Passiva)
- Durchschnittskurs: 1 $ entspricht 1,50 € (für die GuV-Positionen)

Es ergibt sich folgende Lösung:[1021]

HB II der Tochter zum 31.12.t1 [€]

Anlagevermögen	350 [210 $]	Eigenkapital	259,2 [160 $]
		+ JÜ	*45*
		EK-Differenz WU[1022]	*-35,4*
Umlaufvermögen	210 [150 $]	Fremdkapital	280 [200 $]
		PLS^{AV}	11,2 [0 $]
	560		560

1021 Nachstehende Rechenoperationen sind für die vorliegende Währungstransformation erforderlich:

Anlagevermögen:	250 $	×	1,4 €/$ = 350 €
Umlaufvermögen:	150 $	×	1,4 €/$ = 210 €
Eigenkapital (*ohne* Jahresüberschuss):	(192 $ - 30 $)	×	1,6 €/$ = 259,2 €
Fremdkapital:	200 $	×	1,4 €/$ = 280 €
Passive latente Steuern:	8 $	×	1,4 €/$ = 11,2 €
Aufwendungen:	7.970 $	×	1,5 €/$ = 11.955 €
Erträge:	8.000 $	×	1,5 €/$ = 12.000 €
Gewinn laut GuV (= JÜ):	30 $	×	1,5 €/$ = 45 €.

1022 Diese „Eigenkapitaldifferenz aus der Währungsumrechnung" entsteht deshalb, weil bei der modifizierten Stichtagsmethode - im Gegensatz zur reinen Stichtagsmethode - das Eigenkapital und die GuV-Positionen mit einem anderen als dem Stichtagskurs umgerechnet wurden. Im Beispiel entsteht eine negative Eigenkapitaldifferenz aus der Währungsumrechnung (Überhang der Passivseite der Bilanz gegenüber der Aktivseite), die sich wie folgt errechnet: (259,2 € + 45 € + 280 € + 11,2 €) - 560 € = - 35,4 €.

GuV für Zeitraum 01.01.t1-31.12.t1 [€]

Aufwendungen	11.955	Erträge	12.000
JÜ lt. GuV	*45*		
	12.000		12.000

Fraglich könnte sein, ob im Rahmen der Konzernabschlusserstellung zusätzlich latente Steuern auf Bilanzdifferenzen zwischen den bereits umgerechneten Positionen und dem (nach ausländischem Steuerrecht ermittelten) steuerlichen Wertansätzen zu bilanzieren sind. So hat sich im Beispiel infolge der Währungsumrechnung u.a. eine zusätzliche Differenz beim Umlaufvermögen gebildet. Allerdings wäre es verfehlt einen Bilanzvergleich durchzuführen, bei dem ein in Euro lautender, handelsrechtlicher Wertansatz (im Beispiel 210 €) mit einem in fremder Währung lautenden, steuerlichen Wertansatz (im Beispiel 150 $) verglichen wird, um hierauf latente Steuern in der Berichtswährung zu bilanzieren. Zu einem entsprechenden Ergebnis gelangt man, wenn auf die Steuerfolgen abgestellt wird. Das ausländische Steuerrecht vollzieht die (handelsrechtlich erfolgende) Währungsumrechnung nicht nach, so dass der künftige Abbau dieser vermeintlichen Differenzen keine Auswirkung auf die steuerliche Bemessungsgrundlage hat.[1023] Unzulässig ist ferner die Bildung latenter Steuern auf den (im Beispiel negativen) Posten „Eigenkapitaldifferenz aus der Währungsumrechnung". Die Bilanzierung latenter Steuern auf Differenzen zwischen handels- und steuerrechtlichem Eigenkapital beeinflusste wiederum das handelsrechtliche Eigenkapital und riefe eine neuerliche Eigenkapitaldifferenz hervor. Zum anderen erwachsen auch in diesem Fall keine Steuerfolgen bei der Tochterkapitalgesellschaft. Eine Bilanzierung latenter Steuern auf die „Eigenkapitaldifferenz aus der Währungsumrechnung" ist somit unzulässig.

Sowohl die Währungsumrechnung von Aktiven und Passiven als auch eventuell in Erscheinung tretende „Eigenkapitaldifferenzen aus der Währungsumrechnung" beeinflussen die Höhe des im Konzernabschluss ausgewiesenen Nettovermögens der ausländischen Tochterunternehmung. Mithin wird es regelmäßig zu Differenzen zwischen dem steuerlichen Beteiligungswert an der ausländischen Tochtergesellschaft in der Steuerbilanz der Muttergesellschaft und dem Nettovermögen der ausländischen Tochterunternehmung im Konzernabschluss kommen. *Auf Ebene der Muttergesellschaft*

[1023] In diesem Sinne wohl: LÜHRMANN (1997), S. 195, der von „permanenten Differenzen" spricht.

könnte erwogen werden, hierfür latente Steuern nach § 306 HGB zu bilden. Aufgrund von § 306 S. 4 HGB, wonach Differenzen zwischen dem steuerlichen Wertansatz einer Beteiligung an (u.a.) einem Tochterunternehmen und dem handelsrechtlichen Wertansatz des im Konzernabschluss angesetzten Nettovermögens außer Ansatz bleiben, scheidet ein derartiges Vorgehen allerdings aus.[1024]

4.3 Stufe 3: Konsolidierungsmaßnahmen

4.3.1 Kapitalkonsolidierung

4.3.1.1 Grundprinzip

An die der Vorbereitung der Konsolidierung dienenden Maßnahmen (= Aufstellung der umgerechneten Handelsbilanz II) schließt sich die eigentliche Kapitalkonsolidierung an. Sinn und Zweck der Kapitalkonsolidierung ist es, aus Konzernsicht bestehende Doppelerfassungen durch den simultanen Ausweis der Beteiligung und der sie darstellenden Aktiva und Passiva des Tochterunternehmens zu vermeiden.[1025]

Die Kapitalkonsolidierung soll ausweislich der Gesetzessystematik im Vierten Titel (§§ 300 - 307 HGB) geregelt sein. Zur Vollkonsolidierung gehören aber noch die Vorschriften der §§ 308 - 309 HGB.[1026] Infolge der Änderungen durch das BilMoG ist bei der Vollkonsolidierung nach § 301 Abs. 1 S. 2 HGB nur noch[1027] die sog. Neubewertungsmethode zulässig.[1028] Kennzeichen dieser Methode der Kapitalkonsolidierung ist, dass die stillen Reserven und stillen Lasten in den Aktiven und Passiven der Tochterunternehmung in voller Höhe[1029] aufgedeckt werden und somit zu einer Neubewertung des Eigenkapitals der Tochterunternehmung führen. Aus Gründen der Klarheit sollte diese Neubewertung in einer gesonderten Rechnung (Handelsbilanz III) und nicht bereits in

---

1024 Vgl. GELHAUSEN / FEY / KÄMPFER, Abschn. Q, Tz. 312; KOZIKOWSKI / FISCHER (2012a), § 306 HGB, Tz. 9 und 29; HAHN (2011a), S. 1232; HOFFMANN / LÜDENBACH (2012), § 306 HGB, Tz. 34; KIRSCH (2009b), § 306 HGB (BilMoG), Tz. 65.

1025 Vgl. LÜHRMANN (1997), S. 198; SCHILDBACH (2008a), S. 137.

1026 Vgl. HENI (2010), § 300 HGB, Tz. 1.

1027 Auf die Übergangsvorschriften zur Anwendung der Buchwertmethode (Art. 66 Abs. 3 EG-HGB) sei an dieser Stelle nur der Vollständigkeit halber hingewiesen.

1028 Vgl. HENI (2010), § 300 HGB, Tz. 9. Zur Neubewertungsmethode vgl. BAETGE / KIRSCH / THIELE (2011a), S. 178 f., 184 ff.; SCHERRER (1986b), § 301 HGB, Tz. 33 ff.

1029 Und nicht nur in Höhe der Beteiligungsquote, wie dies bei der Buchwertmethode der Fall wäre.

der Handelsbilanz II erfolgen.[1030] Dies ist auch insoweit geboten, als Korrekturen nach § 301 HGB originäre Maßnahmen der Kapitalkonsolidierung darstellen und eben keine die Konsolidierung lediglich vorbereitenden Maßnahmen sind. Anschließend erfolgt die Aufrechnung des Beteiligungsbuchwerts in der Bilanz der Mutterunternehmung (= die Anschaffungskosten für die Beteiligung) mit dem (ggf. anteiligen) neubewerteten Eigenkapital der Tochterunternehmung. Eine verbleibende Differenz ist als Geschäfts- oder Firmenwert bzw. Unterschiedsbetrag aus der Kapitalkonsolidierung auszuweisen (§ 301 Abs. 3 S. 1 HGB).

a) Erstkonsolidierung

Während nach dem Timing-Konzept im Zeitpunkt der **Erstkonsolidierung** keine latenten Steuern nach § 306 HGB a.F. zu berücksichtigen waren, da sich dieser Vorgang stets erfolgsneutral vollzieht,[1031] erfasst der Anwendungsbereich des Temporary-Konzepts auch erfolgsneutral entstandene Differenzen.[1032] Soweit stille Reserven und stille Lasten (bei den Vermögensgegenständen und Schulden der Tochterunternehmung) im Rahmen der Erstkonsolidierung aufgedeckt werden,[1033] treten erfolgsneutral entstandene Differenzen auf, da die Aufdeckung der stillen Reserven und Lasten nur im Konzernabschluss und nicht in der Steuerbilanz erfolgt.[1034] Im Rahmen der Kaufpreisallokation werden zudem bislang nicht bzw. nur ansatzfähige Positionen (z.B. selbst erstellte Patente, Kundenlisten, Marken) bilanzierungspflichtig, die steuerlich nicht berücksichtigt werden.[1035] In den Folgeperioden werden sich diese Differenzen abbauen (z.B. durch Abschreibung, Verbrauch oder Veräußerung) und ein gemessen am Konzernergebnis höheres (geringeres) zu versteuerndes Einkommen bedingen. Entsprechend

---

1030 Vgl. im Folgenden: HENI (2010), § 300 HGB, Tz. 9.

1031 Vgl. KARRENBROCK (2007), Tz. 97. Auf die damalige Diskussion, inwieweit trotzdem eine Bilanzierung latenter Steuern mit Blick auf die zutreffende Darstellung der Vermögenslage geboten sein könnte, sei hier nur hingewiesen. Vgl. etwa: KARRENBROCK (2007), Tz. 102, v.a. Fn. 104 f. m.w.N.; GELHAUSEN / FEY / KÄMPFER, Abschn. Q, Tz. 291 m.w.N.; GRÄBSCH (2002), S. 746 f.; WOTSCHOFSKY / HELLER (2002), S. 820; DUSEMOND (1999), S. 324 f.; DRS 10.16; LÜHRMANN (1997), S. 201-212.

1032 Siehe oben C.1.4.

1033 Auf die Ausnahme des § 301 Abs. 1 S. 3 HGB, wonach Rückstellungen nach § 253 Abs. 1 Satz 2 und 3, Abs. 2 HGB und latente Steuern nach § 274 Abs. 2 HGB zu bewerten und dort insoweit keine stillen Lasten und Reserven aufzudecken sind, wird verwiesen.

1034 Vgl. statt aller: KOZIKOWSKI / FISCHER (2012a), § 306 HGB, Tz. 11; BUDDE / VAN HALL (2010), § 306 HGB, Tz. 8.

1035 Vgl. ELPRANA (2011), § 306 HGB, Tz. 14.

sind nach Maßgabe des § 306 S. 1 HGB aktive und passive latente Steuern zu bilanzieren.

Nahezu immer[1036] wird im Rahmen der Erstkonsolidierung (eines mittels *share deal* erworbenen Tochterunternehmens) ein positiver (negativer) Unterschiedsbetrag (§ 301 Abs. 3 HGB) erfolgsneutral entstehen. Dabei wird der positive Unterschiedsbetrag als ein Geschäfts- oder Firmenwert begriffen (§ 301 Abs. 3 1. Alt. HGB). Ein negativer Unterschiedsbetrag ist demgegenüber gesondert unter dem Eigenkapital auszuweisen (§ 301 Abs. 3 2. Alt. HGB) und stellt sich damit letztlich - wenn auch nicht so bezeichnet - als ein negativer Geschäfts- oder Firmenwert bzw. Badwill dar.

Latente Steuern infolge der Aufdeckung der stillen Reserven und stillen Lasten sind dabei - analog zur bilanziellen Abbildung eines *asset deals*[1037] - erfolgsneutral gegen den Geschäfts- oder Firmenwert zu bilden, dessen Höhe sich insoweit ändert. Anpassungen bereits bilanzierter latenter Steuern (z.B. durch Steuersatzänderungen) werden erfolgswirksam erfasst; die Auflösung der erfolgsneutral gebildeten latenten Steuer bei Eintritt (endgültigem Nichteintritt) der Steuerfolge, muss auch erfolgswirksam geschehen, um den (bei erfolgsneutraler Bildung der latenten Steuern verursachten) Verstoß gegen das Kongruenzprinzip zu heilen.[1038]

Eine Sonderstellung kommt der Bilanzierung latenter Steuern auf **Goodwilldifferenzen** im Konzern zu. Der im Rahmen der Erstkonsolidierung geschaffene Geschäftswert tritt *nur konzernbilanziell* in Erscheinung. Dessen steuerlicher Wertansatz ist Null, was zur Folge hat, dass ein positiver (negativer) Geschäfts- oder Firmenwert im Konzernabschluss eine zu versteuernde (abzugsfähige) Differenz darstellt. Hierauf wären eigentlich latente Steuern zu bilanzieren; dies ist jedoch durch (den Vereinfachungsüberlegungen geschuldeten) § 306 S. 3 HGB ausdrücklich untersagt.[1039] Indessen sind mit

---

1036 Lediglich wenn der Beteiligungsbuchwert an der zu konsolidieren Tochterunternehmung in der Bilanz der Mutterunternehmung exakt dem (ggf. anteiligen) neubewertetem Eigenkapital der Tochterunternehmung entspricht wird kein Unterschiedsbetrag auftreten. Zu diesem Sonderfall kann es z.B. dann kommen, sofern die Tochter durch das Mutterunternehmen gegründet wurde. Vgl. BUSSE VON COLBE / ORDELHEIDE / GEBHARDT / PELLENS (2010), S. 212.

1037 Siehe oben D.5.1.2.1.

1038 Siehe oben D.5.1.2.2. und D.5.1.2.4.

1039 Zu den Gründen siehe oben ausführlich D.5.1.2.1. und D. 5.1.2.3. sowie BT-DRUCKS. 16/10067 (30.07.2008), S. 83.

dieser Regelung gravierende Folgeprobleme verbunden,[1040] so dass an dieser Stelle für die ersatzlose Streichung von § 306 S. 3 HGB eingetreten wird. Ein derartiges Vorgehen hätte zudem den Vorteil, dass es zu einem Gleichklang zwischen der Bilanzierung latenter Steuern auf einerseits durch *asset deal* hervorgerufene Goodwilldifferenzen (im Einzelabschluss) und andererseits auf durch *share deal* hervorgerufene Goodwilldifferenzen (im Konzernabschluss) käme.[1041] Schließlich lassen sich keine Gründe dafür anführen, warum auf bereits im Einzelabschluss entstehende Goodwilldifferenzen (= Unternehmensakquise mittels *asset deal*) latente Steuern zu bilanzieren sind, auf erst im Konzernabschluss entstehende Goodwilldifferenzen (= Unternehmensakquise mittels *share deal*) dagegen keine latenten Steuern.[1042] Gerade mit Blick auf die in § 301 HGB kodifizierte Neubewertungsmethode, die doch letztlich einen *asset deal* fingiert (Einzelerwerbsfiktion), bietet sich diese unterschiedliche Behandlung als wenig überzeugend dar.[1043] Allerdings ist zu betonen, dass sich nach der hier vertretenen Auffassung die Bilanzierenden de lege lata im Einzelabschluss auf § 306 S. 3 HGB berufen können.[1044]

b) Folgekonsolidierung

Im Rahmen der Folgekonsolidierungen werden die aufgedeckten stillen Reserven und stillen Lasten sowie ein Geschäfts- oder Firmenwert sukzessive aufgelöst. Dies gilt zumindest für abnutzbares Vermögen und Rechnungsabgrenzungsposten sowie Schulden. Entsprechend bauen sich die erfolgsneutral entstandenen Differenzen ab und die hierfür gebildeten latenten Steuern sind, wie soeben ausgeführt, sukzessive erfolgswirksam aufzulösen. Allenfalls Bilanzdifferenzen im betriebsnotwendigen, nicht abnutzbaren Anlagevermögen werden sich tendenziell nicht abbauen, wobei im Einzelfall nicht ausgeschlossen werden kann, dass dies doch geschieht (z.B. durch Tausch, außerplanmäßige Abschreibung oder eine Produktionsverlagerung). Der „quasi-permanente“

1040 Siehe oben D.5.1.2.4.

1041 Die Ungleichbehandlung wird im Schrifttum kritisiert, vgl. nur HOFFMANN / LÜDENBACH (2012), § 306 HGB, Tz. 11; BUDDE / VAN HALL (2010), § 306 HGB, Tz. 20 ff.; ELPRANA (2011), § 306 HGB, Tz. 17, Fn. 21; LEINEN (2010), S. 725 ff.

1042 Gleichwohl fordern sowohl der IDW als auch das DRSC eine entsprechend unterschiedliche Behandlung, vgl. IDW-HFA (2009), Tz. 17 und 40; DRS 18 (3.9.2010), Tz. 25, S. 2.

1043 Vgl. HOFFMANN / LÜDENBACH (2012), § 306 HGB, Tz. 11.

1044 Siehe oben D.5.1.2.3.

Charakter derartiger Bilanzdifferenzen vermag keine Ausbuchung latenter Steuern zu rechtfertigen, solange sich die Bilanzdifferenzen nicht tatsächlich abbauen.

c) Endkonsolidierung

Die Endkonsolidierung eines Tochterunternehmens führt zu einer Ausbuchung der einzelnen Vermögensgegenstände und Schulden aus der Konzernbilanz.[1045] Hierzu zählen sämtliche sowohl auf der *zweiten Stufe* als auch auf der *dritten Stufe* gebildete latente Steuern. Noch nicht im Rahmen der Folgekonsolidierung aufgelöste latente Steuern aus der Kapitalkonsolidierung werden gleichfalls ausgebucht. Spätestens zum Zeitpunkt der Endkonsolidierung bauen sich damit „quasi-permanente" Bilanzdifferenzen ab, so dass diesbezügliche latente Steuern auszubuchen sind. Die Ausbuchung der latenten Steuern erhöht bzw. vermindert den Endkonsolidierungserfolg und erfolgt mithin erfolgswirksam.

4.3.1.2 Outside (Basis) Differences nach HGB

Anders als der eindeutige Wortlaut von § 306 S. 4 HGB und DRS 18.28 es vermuten lassen, gestaltet sich die Beantwortung der Frage als kompliziert, ob und wie latente Steuern auf **Outside (Basis) Differences**[1046] zu bilanzieren sind. Dies liegt zunächst daran, dass es keine einheitliche Auffassung gibt, was genau unter Outside Differences zu verstehen ist. Im Wesentlichen existieren im Schrifttum nämlich zwei unterschiedliche Auffassungen hierzu, wobei diese im Folgenden als „enge" und „weite" Auslegung des Begriffs Outside Differences bezeichnet seien. Bevor diese beiden Sichtweisen dargestellt werden, seien zunächst die Technik zur Ermittlung von Outside Differences, deren wesentlichen Ursachen und die hinter Outside Differences stehende Ratio kurz skizziert, da diese nicht umstritten sind.

1045 Vgl. im Folgenden: KOZIKOWSKI / FISCHER (2012a), § 306 HGB, Tz. 28.

1046 Der Begriff der Outside (Basis) Difference entstammt den US-GAAP. Vgl. ERNSTING (2001), S. 19; PAWELZIK (2006), S. 15; KPMG (HRSG.) (2007), S. 331 f.
Zu Outside Differences vgl. PAWELZIK (2012), Tz. 4055 ff.; PRICE WATERHOUSE (1992), S. 26-38.

Bei der Bestimmung einer Outside Difference wird in einem ersten Schritt das (ggf. nur anteilige) *Nettovermögen*[1047] *einer in- oder ausländischen Tochtergesellschaft* (im Konzernabschluss) als (handelsrechtlicher) „Buchwert" und der *Beteiligungsbuchwert des Anteilseigners* (= im einstufigen Konzern zugleich die Mutterunternehmung) *an dieser Tochtergesellschaft in dessen Steuerbilanz* als „steuerlicher Wertansatz" aufgefasst. In einem zweiten Schritt wird der (in dieser Weise definierte) „Buchwert der Tochterunternehmung" mit dem steuerlichen Wertansatz verglichen. Weichen beide Größen voneinander ab, so werden derartige Differenzen als (zu versteuernde oder abzugsfähige) Outside Differences bezeichnet.[1048]

Geschäftsvorfälle, die entweder zu Outside Differences führen oder zumindest bestehende Outside Differences beeinflussen, können entweder am „Buchwert der Tochterunternehmung" oder am „steuerlichen Wertansatz" ansetzen.[1049] Der „Buchwert" bzw. das Nettovermögen wird insbesondere durch von der Tochterunternehmung erwirtschaftete und dort thesaurierte Gewinne oder Verluste sowie durch Umrechnung von Fremdwährungspositionen geschaffenen Bilanzdifferenzen[1050] beeinflusst. Demgegenüber kann der steuerliche Wertansatz der Beteiligung v.a. durch Abschreibungen[1051] oder Wertaufholungen[1052] beeinflusst werden.

Die Bilanzierung latenter Steuern auf Outside Basis Differences verfolgt den Zweck, die steuerlichen Folgen abzubilden, die *beim Anteilseigner* im Falle einer Veräußerung dieser Beteiligung entstehen.[1053] Mithin wird grundsätzlich ein Veräußerungsszenario fingiert,[1054] wobei zu betonen ist, dass auch andere Geschäftsvorfälle zu einer (zumindest teilweisen) Auflösung der Outside Difference führen können, z.B. die Aus-

---

1047 Dieses Nettovermögen ermittelt sich durch Addition sämtlicher (auf das Tochterunternehmen entfallenden) Aktiva in der Konzernbilanz abzüglich sämtlicher (auf das Tochterunternehmen entfallenden) Schulden und passiven Rechnungsabgrenzungsposten. Vgl. LIENAU (2006), S. 188 f.

1048 Vgl. LIENAU (2006), S. 189; LOITZ (2008), S. 1111.

1049 Vgl. für die Beispiele in IAS 12.38 sowie PAWELZIK (2006), S. 15; LOITZ (2008), S. 1111.

1050 Vgl. für ausführliche Zahlenbeispiele etwa: LIENAU (2006), S. 121 f.; SCHULZ-DANSO (2009), § 25, Tz. 156. Siehe zur Währungsumrechnung ferner oben: E.4.2.3.

1051 Nur bei voraussichtlich dauernder Wertminderung *sind* (bei formeller Auslegung des Maßgeblichkeitsprinzips) Beteiligungen steuerlich gemäß § 6 Abs. 1 Nr. 2 S. 2 EStG i.V.m. § 8 Abs. 1 S. 1 KStG auf den niedrigeren Teilwert abzuschreiben (sog. Teilwertabschreibung). § 8b Abs. 3 S. 3 KStG ist zu berücksichtigen (die Teilwertabschreibung mindert das Einkommen nicht).

1052 § 6 Abs. 1 Nr. 2 S. 3 EStG i.V.m. § 8 Abs. 1 S. 1 KStG. Die Vorschrift des § 8b Abs. 3 S. 1 i.V.m. Abs. 2 S. 3 KStG ist zu berücksichtigen (5 % der Wertaufholung sind steuerpflichtig).

1053 Vgl. PAWELZIK (2012), Tz. 4053; LIENAU (2007), S. 18; KARRENBROCK (2007), Tz. 193.

1054 Vgl. SCHULZ-DANSO (2009), § 25, Tz. 131.

schüttung und Vereinnahmung von bislang von der Tochterkapitalgesellschaft thesaurierten Gewinnen. Gleichwohl sind bei der Ermittlung der Höhe der künftigen Steuerfolgen zunächst die steuerrechtlichen Vorschriften zu berücksichtigen, die für Gewinne aus Beteiligungsveräußerungen gelten.[1055] Hierbei ist insbesondere die Vorschrift des § 8b Abs. 2, 3 KStG (§ 8b Abs. 3 S. 3 KStG) bedeutsam, nach der Gewinne (Verluste) aus der Veräußerung von Anteilen an einer Tochterkapitalgesellschaft grundsätzlich nur zu fünf Prozent steuerpflichtig sind (nicht steuermindernd berücksichtigt werden).[1056] Da Outside Differences keine Steuerfolgen auf Ebene der Tochtergesellschaft abbilden, sondern ausschließlich Steuerfolgen auf Anteilseignerebene,[1057] kommt bei der Bewertung einer Outside Difference nicht der Steuersatz der Tochtergesellschaft zur Anwendung, sondern derjenige des Anteilseigners.[1058]

Die „enge" Interpretation der Outside Differences zeichnet sich dadurch aus, dass derartige Differenzen als ein reines **Phänomen des Konzernabschlusses** gesehen werden.[1059] Mit Blick auf die Gesetzesmaterialien[1060] und den Wortlaut von § 306 S. 4 HGB (und DRS 18.28), wonach Differenzen, die sich zwischen dem steuerlichen Wertansatz einer Beteiligung an einem Tochterunternehmen[1061] und dem handelsrechtlichen Wertansatz des im Konzernabschluss angesetzten Nettovermögens ergeben, bei der Bilanzierung latenter Steuern nicht zu berücksichtigen, kann keinerlei Zweifel daran bestehen, dass auch der Gesetzgeber diesem Verständnis der Outside Differences folgt.

Eine *im HGB-Schrifttum* als Mindermeinung zu klassifizierende Auffassung sieht demgegenüber Outside Differences nicht auf den Konzernabschluss beschränkt („weite" In-

---

1055 Vgl. ausführlich die Darstellungen bei: SCHULZ-DANSO (2009), § 25, Tz. 139 ff. und LIENAU (2006), S. 191 ff.

1056 Die Regelung gilt wegen § 7 S. 1 GewStG auch für die Gewerbesteuer. Das gewerbesteuerliche Schachtelprivileg ist auf Veräußerungsgewinne nicht anzuwenden.

1057 Vgl. PAWELZIK (2012), Tz. 4053.

1058 Vgl. LIENAU (2006), S. 193.

1059 Nachstehende Autoren definieren Outside (Basis) Differences ohne dabei auf im Einzelabschluss auftretende Outside Differences einzugehen, so dass davon ausgegangen werden muss, dass diese Autoren Outside Differences als ein Phänomen des Konzernabschlusses ansehen: KOZIKOWSKI / FISCHER (2012a), § 306 HGB, Tz. 29; BUDDE / VAN HALL (2010), § 306 HGB, Tz. 24; SCHERRER (2010), § 306 HGB, Tz. 47; GELHAUSEN / FEY / KÄMPFER, Abschn. Q, Tz. 310 f.; ELPRANA (2011), § 306 HGB, Tz. 18; LEINEN (2010), 723. **Wohl auch:** KIRSCH (2009b), § 306 HGB (BilMoG), Tz. 61, der Beteiligungsdifferenzen in den Jahresabschlüssen als „*inside basis differences*" bezeichnet.

1060 Vgl. BT-DRUCKS. 16/12407 (24.03.2009), S. 90.

1061 Die Regelung gilt analog für assoziierte Unternehmen oder Gemeinschaftsunternehmen i.S.d. § 310 Abs. 1 HGB.

terpretation).[1062] Nach dieser Auffassung werden als Outside Differences sämtliche Abweichungen zwischen den Beteiligungswerten bzw. Finanzinvestitionen in Handels- und Steuerbilanz verstanden. Mithin werden alle *„anteilswertbezogene Differenzen"*[1063] als Outside Differences eingeordnet.

Beispiel: Die Mutter-AG ist mit 100 % an der Tochter-GmbH (Tochter-OHG) beteiligt. Im Einzelabschluss der Mutter-AG wird diese Beteiligung als „Anteile an verbundenen Unternehmen" in Höhe von 1.000 GE bilanziert. In der Steuerbilanz der Mutter-AG steht der Wert der Beteiligung annahmeweise nur bei 800 GE (bei Tochter-OHG mittels Spiegelbildmethode ermittelt). Nur bei „weiter Interpretation" wird die zu versteuernde Bilanzdifferenz von 200 GE als Outside Difference klassifiziert.

Bei der Beantwortung der Frage, welche Interpretation überlegen ist, ist es hilfreich, sich zu verdeutlichen, auf was die Bezeichnung „outside" in Outside Differences eigentlich zurückzuführen ist. Nach LIENAU geht sie darauf zurück, dass der Saldo von Vermögensgegenständen und Schulden (= Reinvermögen) einer Unternehmung (z.B. der Tochter-GmbH) nicht etwa mit deren Steuerbilanz verglichen wird, sondern mit dem steuerlichen Wertansatz der Beteiligung in der Steuerbilanz *des Anteilseigners* (z.B. Mutter-AG).[1064] Der „steuerliche Wertansatz" liegt bei Outside Differences beim Anteilseigner, der im einstufigen Konzern zugleich die Obergesellschaft darstellt, und damit auf einer *höheren Ebene in der Konzernhierarchie* als der „handelsrechtliche Wertansatz". Anders ausgedrückt, der „steuerliche Wertansatz" liegt **außerhalb** („outside") der Konzernstufe des handelsrechtlichen Wertansatzes. Genau das ist im Einzelabschluss nicht der Fall. Treten Differenzen bei Beteiligungen im Einzelabschluss auf, so bedarf es einer Einbeziehung höherer Ebenen nicht, da sowohl der steuerliche „Beteiligungswert" als auch der handelsrechtliche „Beteiligungswert" auf ein und derselben Ebene (im Beispiel: Ebene der Mutter-AG) bestehen. Die Bilanzierung

---

1062 So z.B. HARTMANN (2011), S. 27; IDW-HFA (2009), Tz. 16; HOFFMANN / LÜDENBACH (2012), § 306 HGB, Tz. 38.
Dagegen ist es wohl **h.M.** im Schrifttum zu IAS 12, dass Outside Differences sowohl in Einzel- als auch im Konzernabschluss entstehen können. Vgl. HOFFMANN (2011), § 26, Tz. 64; SCHULZ-DANSO (2009), § 25, Tz. 124; SCHICK (2008), IAS 12, Tz. 125 ff. Dies liegt nach der hier vertretenen Auffassung daran, dass (der sich detailliert zu Outside Differences äußernde) IAS 12 für Einzel- und Konzernabschlüsse gilt.

1063 THIELE / ECKERT (2008), IAS 12, Tz. 226.

1064 Vgl. im Folgenden: LIENAU (2008), S. 10; LIENAU (2006), S. 121 ff., 187, 189.

solcher Differenzen richtet sich nach § 274 HGB, hilfsweise § 249 HGB. Einer „Outside-Perspektive“ bedarf es insoweit nicht.

Wenn demnach latente Steuern auf Outside Differences als ein Phänomen des Konzernabschlusses zu interpretieren sind, wird deutlich, dass bei Outside Differences der **Anwendungsbereich des Temporary-Konzepts verlassen wird.**[1065] Schließlich beinhaltet das Temporary-Konzept unausgesprochen einen Bilanzvergleich auf Ebene *eines*, genauer *des bilanzierenden* Unternehmens, nicht aber zwischen der Bilanz eines Tochterunternehmens und der Steuerbilanz von dessen Anteilseigner. Das in § 306 S. 4 HGB verankerte Verbot, latente Steuern auf Outside Differences zu bilanzieren, ist (im prinzipienorientierten HGB) lediglich klarstellender Natur und könnte gestrichen werden.

4.3.1.3 Erstkonsolidierung von Personengesellschaften

Bei der Erstkonsolidierung einer Personengesellschaft bestehen im Gegensatz zur Konsolidierung einer Kapitalgesellschaft Besonderheiten, die in der abweichenden steuerlichen Behandlung begründet liegen.[1066] So wird im handelsrechtlichen Einzelabschluss bei Erwerb einer Personengesellschaft grundsätzlich nur eine Beteiligung (in der Erwerberbilanz) bilanziert. Für steuerliche Zwecke wird der Erwerb dagegen als ein *asset deal* abgebildet. Dabei werden - nach Maßgabe der steuerlichen Vorschriften - stille Lasten und stille Reserven sowie ggf. ein Geschäfts- oder Firmenwert aufgedeckt. Auf Ebene des Einzelabschlusses kommt es somit regelmäßig zu Differenzen, weil die Beteiligung beim Erwerber einzelbilanziell zu fortgeführten Anschaffungskosten zu Buche steht während der „steuerliche Wertansatz“ der Beteiligung durch die Spiegelbildmethode[1067] ermittelt wird. Regelmäßig (Selten) wird es einzelbilanziell somit zu einer aktivischen (passiven) Bilanzdifferenz zwischen dem niedrigeren (höheren) Beteiligungsbuchwert und dem (mittels Spiegelbildmethode ermittelten) steuerlichen Wertansatz kommen (im

---

1065 **Gl.A.** LIENAU (2006), S. 123. **Wohl auch:** KÜTING / WIRTH (2003), S. 386 (die von einer Loslösung von der „vermögensansatzorientierten Ermittlung“ temporärer Differenzen sprechen).
Ohne die speziellen Vorschriften der IAS 12.38 ff. - mit denen das Temporary-Konzept i.S.d. IAS 12 erweitert wird - müsste auch nach IFRS eine Berücksichtigung von Outside Differences unterbleiben.

1066 Zu Ergänzungs- und Sonderbilanzen siehe oben D.8.4.

1067 Zur Spiegelbildmethode vgl. m.w.N. SCHNEELOCH (2009), S. 446; MAYER (2003), S. 2034 ff.; WREDE (1990), S. 293 ff.

Folgenden: *Beteiligungsdifferenz*), die nach § 274 HGB in der Erwerberbilanz zu berücksichtigen ist.[1068]

Wird der Erwerb dieser Tochterpersonengesellschaft nunmehr in einem Konzernabschluss abgebildet, so erfolgt auch handelsrechtlich eine Aufdeckung stiller Reserven und Lasten sowie eines Geschäfts- oder Firmenwerts. Theoretisch denkbar ist der Fall, dass dieser Neubewertungsprozess völlig deckungsgleich zum Steuerrecht verläuft. Dies hätte für den Konzernabschluss zur Folge, dass die (einzelbilanziell in der Erwerberbilanz erfassten) latenten Steuern auf die Beteiligungsdifferenz auszubuchen sind, da insoweit keine Abweichungen zwischen den konzernbilanziellen Vermögensgegenständen und Schulden der Tochterpersonengesellschaft und deren steuerlichem Wertansatz bestünde. Realistischer ist dagegen die Annahme, dass die konzernbilanzielle Neubewertung teils abweichend von der steuerbilanziellen Neubewertung abläuft. Es kommt insoweit zu zusätzlichen[1069] Bilanz- und Goodwilldifferenzen. Aus Gründen der Übersichtlichkeit und um Doppelzählungen zu vermeiden bietet es sich aber auch in diesem Fall an, die latenten Steuern auf die Beteiligungsdifferenz, die im Rahmen der *ersten Stufe* in den Konzernabschluss übernommen wurden, zunächst zu eliminieren, um so die Bilanzierung latenter Steuern anhand eines Vergleichs von Vermögensgegenständen und Schulden der Tochterpersonengesellschaft und deren Steuerbilanz vorzunehmen.

Im Zusammenhang mit der Kapitalkonsolidierung von Personengesellschaften sei abschließend auf DRS 18.25 S. 2 hingewiesen. Dort wird das Ansatzverbot des § 306 S. 3 HGB relativiert, sofern der (konzernbilanziell in Erscheinung tretende) Geschäfts- oder Firmenwert steuerlich zu berücksichtigen ist. Genau dieser Fall tritt bei Goodwilldifferenzen von Personengesellschaften ein. Dabei ist die Regelung des DRS 18.25 S. 2 allerdings mit dem eindeutigen Wortlaut des § 306 S. 3 HGB schlicht unvereinbar. Schließlich differenziert das Ansatzverbot des § 306 S. 3 HGB nicht nach der steuerlichen (Nicht)Abzugsfähigkeit von Geschäfts- oder Firmenwerten. Der DRSC kann jedoch nur geltendes Recht auslegen, nicht aber neues Recht schaffen.

[1068] Vertreter der „weiten" Auslegung von Outside Differences (siehe hierzu oben E.4.3.1.2) werden die Berücksichtigung latenter Steuern in diesem Fall durch eine analoge Anwendung von § 306 S. 4 HGB im Einzelabschluss vermeiden wollen.

[1069] Gegenüber einem Vergleich zwischen handelsrechtlichem Beteiligungsbuchwert und dem mittels Spiegelbildmethode ermittelten Beteiligungswert in der Steuerbilanz.

4.3.2 Schuldenkonsolidierung

Konzernunternehmen pflegen in aller Regel auch untereinander Geschäftsbeziehungen (z.B. die Lieferung von Rohstoffen oder die Gewährung eines Darlehens an ein anderes Konzernunternehmen; Rechtsstreitigkeiten zwischen Konzernunternehmen). Hierdurch würde der Konzernabschluss (über den Summenabschluss) auch solche Vermögensgegenstände und Schuldposten ausweisen, die lediglich konzernintern, d.h. nicht gegenüber Dritten bestehen. Indessen werden die Konzernunternehmen dem Einheitsgrundsatz folgend nur als Teilbetrieb der wirtschaftlichen Einheit Konzern angesehen, so dass es zwischen ihnen keine zu bilanzierenden Schuldverhältnisse geben kann.[1070] Um diesen Verstoß gegen den Einheitsgrundsatz zu heilen, schreibt § 303 Abs. 1 HGB eine entsprechende „Schuldenkonsolidierung" vor.[1071] Nur wenn die wegzulassenden Posten unwesentlich sind, darf eine Schuldenkonsolidierung unterbleiben (§ 303 Abs. 2 HGB).

Soweit sich eliminierungspflichtige Forderungen und Verbindlichkeiten bei den beteiligten Konzernunternehmen in gleicher Höhe gegenüber stehen, kann die Schuldenkonsolidierung durch eine erfolgsneutrale Korrekturbuchung in der Konsolidierungsspalte geschehen (Bilanzverkürzung).[1072] Falls dem nicht so ist, kommt es zu **Aufrechnungsdifferenzen**, welche anhand von deren Entstehungsursachen systematisiert werden können. Dabei wird zwischen unechten, stichtagsbezogenen und echten Aufrechnungsdifferenzen unterschieden.[1073]

Unechte Aufrechnungsdifferenzen entstehen einerseits durch unterlassene oder unrichtige Buchungen und andererseits infolge zeitlicher Diskrepanzen bei der buchhalterischen Erfassung der entsprechenden Geschäftsvorfälle. **Stichtagsbedingte** Aufrechnungsdifferenzen entstehen, sofern ein Zwischenabschluss nach § 299 HGB nicht freiwillig aufgestellt wurde, weil der Abschlussstichtag eines Konzernunternehmens weniger als drei Monate vor dem Konzernstichtag lag, und ein zu eliminierender, konzerninterner Geschäftsvorfall aufgrund der zeitlichen Diskrepanz nur im Abschluss eines der beteiligten Konzernunternehmen verbucht wurde. Es wird empfohlen, unechte

---

1070 Vgl. SCHILDBACH (2008a), S. 247.

1071 Vgl. KARRENBROCK (2007), Tz. 103.

1072 Vgl. SCHILDBACH (2008a), S. 255 f. (mit Beispiel).

1073 Vgl. KARRENBROCK (2007), Tz. 104; SCHILDBACH (2008a), S. 256 f.; BAETGE / HAYN / STRÖHER (2012), IAS 27, Tz. 198 ff.; WATRIN / HOEHNE / LAMMERT (2008), IAS 27, Tz. 172 ff.; WOHLGEMUTH (2008), Tz. 10 ff.

und stichtagsbezogene Differenzen entweder bereits auf Ebene des Einzelabschlusses oder auf Ebene der Handelsbilanz II zu korrigieren, d.h. im Vorfeld der eigentlichen Konsolidierung.[1074] Dabei erfolgt die Korrektur je nach Lage des Einzelfalls erfolgswirksam oder erfolgsneutral.[1075]

Echte Aufrechnungsdifferenzen haben ihre Ursache in unterschiedlichen Ansatz- und Bewertungsvorschriften für die zu eliminierenden Ansprüche und Verpflichtungen.[1076] Echte Differenzen zeichnen sich dadurch aus, dass das (vom Vorsichtsprinzip dominierte) Bilanzrecht es verhindert, dass sich Ansprüche und Verbindlichkeiten in gleicher Höhe gegenüber stehen. Tendenziell (Selten) treten echte Aufrechnungsdifferenzen daher als passivische (aktivische) Aufrechnungsdifferenzen in Erscheinung, bei denen die zu eliminierende Forderung (Schuld) kleiner als die zu eliminierende Schuld (Forderung) ist.[1077] Im Rahmen der Schuldenkonsolidierung wird der die echte Aufrechnungsdifferenz hervorrufende, konzerninterne Geschäftsvorfall storniert. Dabei werden erfolgswirksam (erfolgsneutral) entstandene Aufrechnungsdifferenzen erfolgswirksam (erfolgsneutral) korrigiert.[1078] Wirkt sich die Aufrechnungsdifferenz in den Folgeperioden (Folgekonsolidierung) nicht oder nur anteilig auf das Konzernergebnis aus, so ist sie entsprechend (anteilig) erfolgsneutral zu korrigieren.

Beispiel:[1079] Konzernunternehmen A passiviert als Beklagte in **t1** eine ungewisse Verbindlichkeit (Prozesskostenrückstellung) in Höhe von 100 GE gegenüber Konzernunternehmen B als Klägerin. Konzernunternehmen B darf in t1 demgegenüber keine „ungewisse Forderung" gegenüber Konzernunternehmen A bilanzieren. Es kommt zu einer **echten** passivischen **Aufrechnungsdifferenz** in Höhe von 100 GE. Die in t1 im Einzelabschluss von A aufwandswirksam gebildete Verbindlichkeitsrückstellung wird im Rahmen der Schuldenkonsolidierung ertragswirksam storniert.

1074 Vgl. Küting / Weber (2010), S. 458.

1075 Vgl. Schildbach (2008a), S. 256 f.; Küting / Weber (2010), S. 458.

1076 Vgl. Lienau (2006), S. 173.

1077 Vgl. Schildbach (2008a), S. 258; Küting / Weber (2010), S. 460.

1078 Bei erfolgsneutraler Korrektur der Aufrechnungsdifferenz besteht allerdings Uneinigkeit darüber, welches Gegenkonto (Ergebnisvortrag, aliud oder Rücklagen) angesprochen werden soll. Vgl. m.w.N. Watrin / Hoehne / Lammert (2008), IAS 27, Tz. 180 f.

1079 Weitere Beispiele für Ursachen echter Aufrechnungsdifferenzen finden sich bei: Karrenbrock (2007), Tz. 107; Schildbach (2008a), S. 257 f.; Eberhartinger (2002a), § 306 HGB, Tz. 44; Kozikowski / Fischer (2012a), § 306 HGB, Tz. 20; Wohlgemuth (2008), Tz. 21.

In **t2** hat sich die Aufrechnungsdifferenz aus t1 annahmeweise nicht geändert; sie hat sich aber (im Gegensatz zu t1) nicht auf die Ergebnisse von A und B und somit auch nicht auf das Konzernergebnis ausgewirkt. Folglich muss die Schuldenkonsolidierung in t2 erfolgsneutral erfolgen.

In **t3** verliert A den Prozess, für den es in t1 eine Rückstellung gebildet hatte; die Schuld wird sofort von A beglichen. A löst die Rückstellung ertragswirksam auf, so dass das Ergebnis von A per Saldo nicht beeinflusst wird. Demgegenüber erhöht sich der Jahresüberschuss von B um 100 GE. In den Summenabschluss gehen somit (konzernintern erwirtschaftete) Erträge in Höhe von 100 GE ein. Aus Konzernsicht sind diese Erträge zu stornieren.

Insgesamt führt die Schuldenkonsolidierung somit dazu, dass der konzerninterne Geschäftsvorfall keinen Einfluss auf das Konzernergebnis hat. Dies fasst nachstehende Darstellung zusammen:

Einfluss des Geschäftsvorfalls auf das Konzernergebnis [GE]

	A	B	Summe	Schuldenkonsolidierung	Konzernergebnis
t 1	-100	0	-100	100	0
t 2	0	0	0	0	0
t 3	0	100	100	-100	0

Zur Kennzeichnung der Problematik, die bei der Bilanzierung latenter Steuern vor dem Hintergrund der Schuldenkonsolidierung besteht, ist zunächst darauf hinzuweisen, dass eine Schuldenkonsolidierung für steuerliche Zwecke *nicht* erfolgt, da die einzelnen Konzernunternehmen die Steuersubjekte sind und nicht etwa der Konzern als solches (keine „Konzernsteuerbilanz“).[1080] Zu marktüblichen Konditionen abgewickelte konzerninterne Schuldverhältnisse werden steuerlich anerkannt und die dazugehörigen Vermögens- und Schuldposten in voller Höhe in den jeweiligen Steuerbilanzen der Konzernunternehmen ausgewiesen.[1081]

1080 Vgl. KARRENBROCK (2007), Tz. 108. Die Summe der tatsächlichen Steuerzahlungen pro Wirtschaftsjahr wird durch die Schuldenkonsolidierung nicht tangiert.

1081 Falls dies ausnahmeweise nicht der Fall ist (z.B. unangemessene Verrechnungspreise), so wird der unangemessene Teil der Vereinbarung korrigiert (verdeckte Gewinnausschüttung, § 8 Abs. 3 S. 2

Eine gegenüber einem anderen Konzernunternehmen in der Steuerbilanz aktivierte (passivierte) Forderung (Verbindlichkeit) stellt steuerliches Aufwandspotential (bereits steuerlich berücksichtigten Aufwand) dar.[1082] Stehen sich die konzerninterne Forderung und Verbindlichkeit in gleicher Höhe gegenüber, so kommt es aus Sicht des Bilanzstichtags bei deren Abgang voraussichtlich nicht zu (gemessen am Konzernergebnis) zu hohen bzw. zu niedrigen Steuerfolgen, da sich (aus Konzernsicht) steuerlich bereits berücksichtigter Aufwand und steuerliches Aufwandspotential für diesen Sachverhalt ausgleichen.[1083] Überschreitet dagegen die konzerninterne Forderung (Verbindlichkeit) die Verbindlichkeit (Forderung), so liegt eine aktivische (passivische) Aufrechnungsdifferenz vor, deren künftiger Abbau eine gemessen am Konzernergebnis zu niedrige (hohe) Steuerzahlung zur Folge hat. Die h.M. fordert die Bilanzierung latenter Steuern auf derartige Aufrechnungsdifferenzen nach § 306 HGB.[1084] Dabei richtet sich die Ergebniswirkung bei Bilanzierung der latenten Steuern nach der Ergebniswirkung bei der zugrundeliegenden Korrektur der Aufrechnungsdifferenz.

Fortführung des Beispiels: Der Steuersatz der beteiligten Unternehmen betrage konstant 30 %. Die in t1 gebildete Verbindlichkeitsrückstellung werde steuerlich anerkannt, so dass eine Bilanzierung latenter Steuern nach § 274 HGB im Einzelabschluss von A nicht erforderlich ist. Auch Abweichungen infolge der Aufstellung der Handelsbilanzen II bestehen annahmeweise nicht.

Die Veränderungen der steuerlichen Gewinnermittlungen infolge des (die passivische Aufrechnungsdifferenz auslösenden) Sachverhalts ergeben sich für Konzernunternehmen A und B damit wie folgt:

KStG). Diese Korrektur erfolgt dabei außerbilanziell, siehe BFH, Urt. v. 21.08.2007, I R 74/06, BStBl. II 2008, S. 277.

1082 Vgl. LIENAU (2006), S. 174.

1083 Das gilt jedenfalls unter der Prämisse, dass der Steuersatz bei den beteiligten Konzernunternehmen identisch ist.

1084 Vgl. HOFFMANN / LÜDENBACH (2012), § 306 HGB, Tz. 30; BUDDE / VAN HALL (2010), § 306 HGB, Tz. 10; KOZIKOWSKI / FISCHER (2012a), § 306 HGB, Tz. 20; GELHAUSEN / FEY / KÄMPFER, Abschn. Q, Tz. 297; HAHN (2011a), S. 1230 f.; KIRSCH (2009b), § 306 HGB (BilMoG), Tz. 46. **A.A.** in Bezug auf IAS 12: ELPRANA (2007), S. 185.

	Veränderung der steuerlichen Gewinnermittlung [GE]						
	Konzernunternehmen A		Konzernunternehmen B		Effektive Steuern A	Effektive Steuern B	Summe[1085]
t1	- 100	Bildung der Rückstellung	0	"ungewisse Forderung" nicht bilanzierungsfähig	-30	0	-30
t2	0		0		0	0	0
t3	- 100 + 100	Verpflichtung tritt ein Auflösung der Rückstellung	+ 100	Forderung wird gewiss	-30 + 30	30	30

Die in t1 entstandene passivische Aufrechnungsdifferenz führt dazu, dass Konzernunternehmen B in t3 voraussichtlich einen Ertrag einzelbilanziell erfassen und versteuern wird, der *aus Konzernsicht* wegen der Schuldenkonsolidierung aber *nicht existiert.*[1086] Für diese (gemessen am Konzernergebnis) künftige Steuermehrbelastung in Höhe von 30 GE wird in t1 eine passive latente Steuer nach § 306 HGB angesetzt. Bildung (in t1) und Auflösung (in t3) der latenten Steuer haben erfolgswirksam zu erfolgen, die Folgekonsolidierung in t2 dagegen erfolgsneutral.

Die Bilanzierung latenter Steuern auf derartige Aufrechnungsdifferenzen ist auch **vom Wortlaut** des § 306 S. 1 HGB **gedeckt**, da es zwischen der Steuerbilanz von A und der Konzernbilanz zu einer zu versteuernden Bilanzdifferenz kommt: Während die Rückstellung in der Steuerbilanz von A ausgewiesen wird, muss diese Rückstellung in der Konzernbilanz aufgrund der Schuldenkonsolidierung eliminiert werden. Obwohl es im Schrifttum allgemein üblich ist, von der Bilanzierung latenter Steuern *auf Aufrechnungsdifferenzen* zu sprechen, ist dies eine eher unglückliche Formulierung. Dies liegt darin begründet, dass nicht jede (aktivische oder passivische) Aufrechnungsdifferenz zugleich *eine* Bilanzdifferenz darstellen muss. Würde beispielsweise bei A eine

---

1085 Die Summe der effektiven Steuern beeinflusst das Konzernergebnis, da es sich hierbei um eine Nach-Steuer-Größe handelt.

1086 Entsprechendes gilt falls Konzernunternehmen B den Prozess verliert. In diesem Fall löst A die Rückstellung ertragswirksam auf.

konzerninterne Verbindlichkeit in Höhe von 1.000 GE bilanziert, während bei B eine konzerninterne Forderung von 600 GE bilanziert wird und müssten beide Posten im Rahmen der Schuldenkonsolidierung eliminiert werden, so käme es zu einer passivischen Aufrechnungsdifferenz im Umfang von 400 GE. Latente Steuern nach dem Temporary-Konzept werden jetzt aber nicht etwa auf diese 400 GE bilanziert - dies wäre schon mit Blick auf verschiedene Steuersätze zwischen den beteiligten Unternehmen sowie der hiermit einhergehenden heimlichen Saldierung ein Problem -, sondern auf zwei Bilanzdifferenzen. In concreto erscheinen die Verbindlichkeit von 1.000 GE und die Forderung von 600 GE (nicht) in der Steuerbilanz von A und B (Konzernbilanz).

Anders als nach altem Recht[1087] ist die Bilanzierung latenter Steuern auf Aufrechnungsdifferenzen aufgrund des Temporary-Konzepts nicht mehr darauf beschränkt, dass die Aufrechnungsdifferenzen erfolgswirksam entstanden sind und sich die Schuldenkonsolidierung insoweit erfolgswirksam vollzieht. Zudem ist die Bilanzierung latenter Steuern ausdrücklich nicht auf echte Aufrechnungsdifferenzen begrenzt;[1088] auch **unechte** Aufrechnungsdifferenzen können eine Bilanzierung latenter Steuern notwendig machen.[1089] Liefert beispielsweise Konzernunternehmen A Waren zum Preis von 1.000 GE kurz *vor* dem Bilanzstichtag t1 an Konzernunternehmen B, so wird A eine Forderung bilanzieren, B allerdings keine entsprechende Verbindlichkeit, soweit diese Waren erst *nach* dem Bilanzstichtag (t2) bei ihr eingehen. Es entsteht eine aktivische, unechte Aufrechnungsdifferenz, die aufgrund einer zeitlichen Diskrepanz bei der buchhalterischen Erfassung eines Geschäftsvorfalls entstanden ist. Im Rahmen der Schuldenkonsolidierung wird die unechte Differenz korrigiert, indem die Forderung erfolgswirksam ausgebucht wird. Nach LIENAU[1090] sind aktive latente Steuern zu bilanzieren, da die Erträge aus der Aktivierung der Forderung bereits versteuert wurden. Die Tatsache, dass die Forderung nicht mehr zu versteuern sei, begründe einen wirtschaftlichen Vorteil, der zur Bilanzierung einer aktiven latenten Steuer führen müsse. Es ist daher nur konsequent, auch unechte Aufrechnungsdifferenzen von der Vorschrift erfasst zu sehen.

1087 Vgl. etwa ADS (1994 ff.), § 306 HGB, Tz. 31; KRAFT (2002), § 306 HGB, Tz. 23 f. Für ein Zahlenbeispiel auf Basis des Timing-Konzepts vgl. KARRENBROCK (2007), Tz. 109.

1088 **Abweichend**: KOZIKOWSKI / FISCHER (2012a), § 306 HGB, Tz. 21; HOYOS / FISCHER (2006), § 306 HGB, Tz. 21; EBERHARTINGER (2002a), § 306 HGB, Tz. 44. **Wohl auch** abweichend: SENGER / BRUNE (2009), § 35, Tz. 120.

1089 Vgl. im Folgenden LIENAU (2006), S. 174 f.

1090 Vgl. LIENAU (2006), S. 175.

Indessen wäre es verfehlt, latente Steuern auf Aufrechnungsdifferenzen ausnahmslos bilanzieren zu wollen. So kann es vorkommen, dass den Aufrechnungsdifferenzen bei den zu eliminierenden Forderungen und Verbindlichkeiten auf Konzernabschlussebene Bilanzdifferenzen bei eben diesen Posten bereits auf Einzelabschlussebene gegenüber stehen. In einem solchen Fall ist zu prüfen, ob der künftige Abbau der Bilanzdifferenz auf Einzelabschlussebene die Steuerfolge der (auf Konzernabschlussebene) bestehenden Aufrechnungsdifferenz (ggf. teilweise) neutralisiert.

Die Notwendigkeit für eine Eliminierung einzelbilanziell erfasster latenter Steuern im Rahmen der Schuldenkonsolidierung[1091] ist z.B. bei steuerlich nicht anerkannten Drohverlustrückstellungen gegen verbundene Unternehmen gegeben, da die Drohverlustrückstellung im Konzernabschluss eliminiert wird.[1092] Zwar besteht auch in diesem Fall eine (passivische) Aufrechnungsdifferenz, allerdings kommt es zu keiner Bilanzdifferenz i.S.d. § 306 S. 1 HGB: Die Rückstellung erscheint weder in der Steuerbilanz, noch in der Konzernbilanz. Abschließend sei das Zusammentreffen von § 274 und § 306 HGB im Folgenden anhand eines Beispiels verdeutlicht.

Abwandlung des Beispiels: Abweichend zu oben wird angenommen, dass die von A in t1 einzelbilanziell gebildete Rückstellung steuerlich *nicht* anerkannt wird. Hierdurch ist es wegen § 274 HGB möglich, im Einzelabschluss von A aktive latente Steuern in Höhe von 30 GE in t1 zu bilanzieren. In t3 ist die aktive latente Steuer aufzulösen. Die passivische (echte) Aufrechnungsdifferenz besteht auf Konzernabschlussebene ungemindert fort.

Einfluss des Geschäftsvorfalls auf das Konzernergebnis [GE]

	A	B	Summe	Schuldenkonsolidierung	Konzernergebnis
t 1	-100	0	-100	100	0
t 2	0	0	0	0	0
t 3	0	100	100	-100	0

1091 Alternativ zur Ausbuchung einer einzelbilanziell erfassten aktiven (passiven) latenten Steuer wird auch die Passivierung (Aktivierung) einer entsprechend hohen passiven (aktiven) latenten Steuer für zulässig gehalten, so dass sich beide Posten kompensieren. Vgl. DUSEMOND (1999), S. 328.

1092 Vgl. BAETGE / HAYN / STRÖHER (2012), IAS 27, Tz. 237.

Allerdings verbirgt sich hinter der Aufrechnungsdifferenz keine künftige Steuermehrbelastung (gemessen am Konzernergebnis). Dies liegt darin begründet, dass sich die der Rückstellung zugrundeliegende Verpflichtung steuerlich in derselben Periode auswirkt, in der B die Forderung aktiviert. Dies zeigt nachstehende Übersicht.

Veränderung der steuerlichen Gewinnermittlung [GE]					
	Konzernunternehmen A	Konzernunternehmen B	Effektive Steuern A	Effektive Steuern B	Summe[1093]
t1	0	0	0	0	0
t2	0	0	0	0	0
t3	- 100 Verpflichtung tritt ein	+ 100 Forderung wird gewiss	- 30	+ 30	0

Für eine Passivierung latenter Steuern ist daher kein Raum. Mehr noch, aus Konzernsicht verbirgt sich (wegen der Schuldenkonsolidierung) hinter der im Einzelabschluss von A bilanzierten aktiven latenten Steuer gerade kein wirtschaftlicher Vorteil, so dass die aktive latente Steuer auf Ebene des Konzernabschlusses erfolgswirksam auszubuchen ist.

4.3.3 Zwischenerfolgseliminierung

Die Zwischenerfolgseliminierung (§ 304 Abs. 1 HGB) stellt die Konzernanschaffungs- bzw. Konzernherstellungskosten den in der Handelsbilanz II für Konzernbestände angesetzten Werten gegenüber.[1094] Aufgabe dieses konsolidierungstechnischen Vorgangs ist es, alle aus konzerninternen Transaktionen (z.B. Lieferung von Waren und/oder Dienstleistungen) resultierenden Gewinne und Verluste vom Konzernergebnis fernzuhalten.[1095] Die Notwendigkeit hierfür lässt sich aus der Einheitstheorie ableiten, nach der Erfolge erst dann als realisiert i.S.d. Realisationsprinzips (§ 298 Abs. 1 i.V.m. § 252

1093 Die Summe der effektiven Steuern beeinflusst das Konzernergebnis, da es sich hierbei um eine Nach-Steuer-Größe handelt.

1094 Vgl. WP-HANDBUCH BD. 1 (2006), Abschn. M, Tz. 301. Zu „Konzernanschaffungskosten" und „Konzernherstellungskosten" vgl. WP-HANDBUCH BD. 1 (2006), Abschn. M, Tz. 306-316.

1095 Vgl. SENGER / BRUNE (2009), § 35, Tz. 96.

Abs. 1 Nr. 4 HGB) gelten, wenn die Lieferung bzw. Leistung die fiktive wirtschaftliche Einheit „Konzern“ verlassen hat.[1096]

Das Erfordernis, latente Steuern nach dem Temporary-Konzept bei der Zwischenerfolgseliminierung zu berücksichtigen, gründet sich auf dem folgenden Zusammenhang. Bei der Eliminierung eines Zwischengewinns (Zwischenverlusts) im Konzernabschluss wird der handelsrechtliche Wertansatz eines Vermögensgegenstands beim empfangenden Unternehmen reduziert (erhöht).[1097] Die Reduzierung (Erhöhung) des handelsrechtlichen Wertansatzes wird jedoch nicht in der steuerlichen Gewinnermittlung nachvollzogen. Selbst wenn auf Einzelabschlussebene keine Bilanzdifferenzen bei dem betrachteten Vermögensgegenstand bestanden haben, kommt es infolge der Zwischenergebniseliminierung zu einem Auseinanderfallen von handelsrechtlichem und steuerlichem Wertansatz auf Konzernabschlussebene. Die Eliminierung eines Zwischengewinns (Zwischenverlusts) hat eine abzugsfähige (zu versteuernde) Bilanzdifferenz zur Folge, die sich z.B. durch Abschreibung und Verbrauch der zugrundeliegenden Vermögensgegenstände auflöst. Spätestens bei Veräußerung an konzernexterne Dritte oder Liquidation werden sich die Bilanzdifferenzen abbauen und insoweit eine Steuerfolge auslösen. Auf Bilanzdifferenzen infolge der Zwischenergebniseliminierung sind daher wegen § 306 HGB latente Steuern zu bilanzieren. Hinsichtlich der Ergebniswirkung bei der Bilanzierung der latenten Steuern kann auf die Ausführungen zur Schuldenkonsolidierung verwiesen werden.[1098]

Soweit bereits auf Ebene des Einzelabschlusses eine Bilanzdifferenz bei dem (um das Zwischenergebnis zu bereinigenden) Vermögensgegenstand existierte und hierauf eine latente Steuer nach § 274 HGB bilanziert wurde, muss diese in den Konzernabschluss übernommene latente Steuer ausgebucht werden, da es andernfalls zu einer ggf. kompensatorischen Überlagerung oder Doppelerfassung latenter Steuern käme.

1096 Vgl. KARRENBROCK (2007), Tz. 113; WP-HANDBUCH BD. 1 (2006), Abschn. M, Tz. 300.

1097 Vgl. im Folgenden ausführlich mit Zahlenbeispiel: LIENAU (2006), S. 182-186.

1098 Siehe oben E.4.3.2. Die erstmalige Bildung muss erfolgswirksam erfolgen, die Folgekonsolidierung ist dagegen erfolgsneutral und die Ausbuchung wiederum erfolgswirksam.

Beispiel: Im *Einzelabschluss* eines Konzernunternehmens (s = 0,3) stehe ein Vermögensgegenstand mit 100 GE zu Buche. Der steuerliche Wertansatz betrage jedoch nur 80 GE. Einzelbilanziell besteht bei dem Vermögensgegenstand eine zu versteuernde Bilanzdifferenz in Höhe von 20 GE, für die passive latente Steuern zu bilanzieren sind (6 GE). Im *Konzernabschluss* müsse bei diesem Vermögensgegenstand ein Zwischengewinn in Höhe von 50 GE eliminiert werden. Der handelsrechtliche Wertansatz dieses Vermögensgegenstandes im Konzernabschluss beträgt somit nur 50 GE (100 GE - 50 GE). Da die Zwischenerfolgseliminierung keinen Einfluss auf den steuerlichen Wertansatz (80 GE) hat, kommt es auf Konzernebene somit zu einer abzugsfähigen Differenz in Höhe von 30 GE. Hierfür sind aktive latente Steuern in Höhe von 9 GE anzusetzen. Die aus dem Einzelabschluss übernommene passive latente Steuer ist konzernbilanziell auszubuchen.

Abschließend ist noch darauf hinzuweisen, dass nach überwundenem Recht eine Berücksichtigung latenter Steuern im Rahmen der Zwischenerfolgseliminierung beim nicht abnutzbaren Anlagevermögen („quasi-permanente Differenzen") überwiegend als verzichtbar erachtet wurde.[1099] Aufgrund des Übergangs zum umfassenderen Temporary-Konzept hat sich dieser Meinungsstreit erkennbar erledigt.[1100]

4.3.4 Ergebnisübernahmen im Konzern

4.3.4.1 Problemstellung

Aus Konzernsicht (Einheitstheorie) kann es nur bei Entstehung, d.h. Erwirtschaftung, des Ergebnisses zu einer Ergebnisrealisation kommen, nicht aber bei der Ausschüttung dieses Ergebnisses an ein in der Konzernhierarchie höher gelagertes Unternehmen.[1101] Es ist Aufgabe der Aufwands- und Ertragskonsolidierung, eine mögliche Doppelerfassung eines Ergebnisses einmal im Entstehungsjahr und nochmal im Jahr der Vereinnahmung (Ausschüttungsjahr) zu verhindern. Zur besseren Übersicht wird im Folgenden unterschieden, ob die Ergebnisübernahme aus einem gesellschaftsrechtlichen

---

1099 So z.B. von BAUMANN (1998), § 306 HGB, Tz. 30; KRAFT (2002), § 306 HGB, Tz. 25; SCHERRER (1986), § 306 HGB, Tz. 22.

1100 Insoweit muss es sich bei den Ausführungen von SCHERRER (2010), § 306 HGB, Tz. 61 ff. um ein redaktionelles Versehen handeln.

1101 Vgl. im Folgenden: RIESE (2007), C 470, Tz. 47.

Anspruch resultiert (Beteiligungserträge) oder ob der Übernahme ein zivilrechtlicher Ergebnisabführungsvertrag (EAV) zugrunde liegt. Das Steuerrecht vollzieht die Konsolidierung von konzerninternen Ergebnisübernahmen nicht nach, so dass der effektive Steueraufwand grundsätzlich weiterhin auf Basis der einzelnen steuerlichen Ergebnisse ermittelt wird.[1102] Problematisch ist insoweit, dass die Ausschüttung von konzernintern erwirtschafteten Gewinnen zwar aus Konzernsicht unbeachtliche Vermögensverlagerungen auf höhere Konzernstufen darstellen, diese Ausschüttungen aber gleichwohl effektive Steuerzahlungen (und somit Drittverpflichtungen) auslösen können.[1103]

Da das Temporary-Konzept auf Bilanzdifferenzen (und nicht auf Ergebnisdifferenzen) abstellt, die Aufwands- und Ertragskonsolidierung und die Konsolidierung der Ergebnisübernahmen[1104] aber nur die GuV tangiert, kann eine Abbildung latenter Steuern infolge von Ergebnisübernahmen grundsätzlich nicht mit dem Temporary-Konzept gerechtfertigt werden. Auch der Wortlaut der §§ 274, 306 HGB bietet hierfür keine Grundlage. Im Gegenteil: Die im internationalen Recht vorzufindende Erweiterung des Temporary-Konzepts auf Outside Differences[1105] ist wegen § 306 S. 4 HGB explizit ausgeschlossen.[1106] In diesem Sinne ist wohl auch DRS 18.31 zu verstehen.[1107] Insoweit ist zu prüfen, ob und inwieweit sich in diesen Fällen eine Verpflichtung zur Abbildung von Steuerfolgen aus allgemeinen Regeln herleiten lässt. Wegen der Unvereinbarkeit der Bilanzierung ungewisser Steuerforderungen mit dem Realisationsprinzip,[1108] kann sich die Analyse dabei auf die Abbildung künftiger Steuerbelastungen infolge konzerninterner Ergebnisübernahmen beschränken. In concreto muss untersucht werden, inwieweit die Passivierung einer künftigen Steuermehrbelastung infolge von Er-

1102 Vgl. KARRENBROCK (2007), Tz. 116.

1103 **Ähnlich:** GELHAUSEN / FEY / KÄMPFER, Abschn. Q, Tz. 316.

1104 Die Konsolidierung von Ergebnisübernahmen wird regelmäßig unter der Aufwands- und Ertragskonsolidierung im weiteren Sinne subsumiert. Vgl. DUSEMOND (1999), S. 332.

1105 Siehe oben E.4.3.1.2.

1106 Für ein Zahlenbeispiel zur Entstehung von Outside Differences infolge thesaurierter Gewinne vgl. PETERSEN / ZWIRNER / BUSCH (2010), § 306 HGB, Tz. 23; SCHICK (2008), IAS 12, Tz. 194 ff.

1107 Hiernach sind bei noch nicht erfolgtem Gewinnverwendungsbeschluss aber handelsrechtlich zulässiger phasengleicher Ergebnisübernahme etwaige entstehende Bilanzdifferenzen bei den Beteiligungswerten *keine* latenten Steuern zu bilanzieren. **Anders** noch die Entwurfsfassung von DRS 18: E-DRS 24, Tz. 26 f. Vgl. hierzu HAHN (2011a), S. 1222; NAUMANN / BREKER (07.01.2010), S. 2.

1108 Siehe oben D.2.1.3.3., D.2.3.3., D.2.3.4.2.2.

gebnisübernahmen erwirtschafteter Gewinne von Tochterunternehmen nach § 249 HGB (ggf. i.V.m. § 298 Abs. 1 HGB) zulässig und geboten ist.

4.3.4.2 Mit Ergebnisabführungsvertrag

Wurde zwischen den beteiligten Konzernunternehmen ein EAV wirksam geschlossen, so erfolgt die Ergebnisübernahme ausnahmslos phasengleich, d.h. Gewinnentstehung (bei der Tochter) und Gewinnvereinnahmung (bei der Mutter) geschehen zeitgleich. Im Gewinnfall (Verlustfall) erfasst die Mutter einen Ertrag aus einem EAV (Aufwand aus einem EAV) und die Tochter einen Aufwand aus Gewinnabführung (Ertrag aus Verlustübernahme). Dabei sind diese Erträge und Aufwendungen wegen § 277 Abs. 3 S. 2 HGB gesondert auszuweisen.[1109] Im Rahmen der erfolgsneutralen Aufwands- und Ertragskonsolidierung werden diese Aufwendungen und Erträge aus einem EAV gegeneinander aufgerechnet. Hierdurch wird sichergestellt, dass nur der bei der Tochter entstandene Jahreserfolg über die Summen-GuV in die Konzern-GuV einfließt. Die Konzern-GuV enthält somit keine unnötigen Posten.

Zwar vollzieht das Steuerrecht die Konsolidierung von konzerninternen Ergebnisübernahmen nicht nach, allerdings sind bei Vorliegen eines EAV regelmäßig auch die übrigen Voraussetzungen (§ 14 Abs. 1 Nr. 1-5 KStG) für das Vorliegen einer ertragsteuerlichen **Organschaft**[1110] erfüllt.[1111] Eine doppelte Besteuerung der Ergebnisse (einmal bei der Tochter und ein weiteres Mal bei der Mutter) ist aufgrund der Einkommenszurechnung an den Organträger ausgeschlossen. Aus Konzernsicht bestehen infolge der Ergebnisübernahme keine zu antizipierenden Steuerfolgen.

Dies gilt selbst für den Fall, dass Ausgleichszahlungen an Minderheitsgesellschafter (§ 304 AktG) entweder vom Tochter- oder vom Mutterunternehmen zu leisten sind. Zwar kann es hierbei zu Besonderheiten im Rahmen der Konsolidierung kommen[1112] und die Ausgleichszahlung muss von der Organgesellschaft nach § 16 KStG versteuert werden. All dies ändert aber nichts an der Tatsache, dass auch in diesem Fall die Gewinne abschließend besteuert wurden und es keine künftige Steuermehrbelastung gibt.

1109 Vgl. DUSEMOND (1999), S. 332.
1110 Zur Organschaft siehe bereits oben D.5.4.
1111 Vgl. KARRENBROCK (2007), Tz. 117; LÜHRMANN (1997), S. 245.
1112 Vgl. RIESE (2007), C 470, Tz. 49 und KARRENBROCK (2007), Tz. 118.

Sollte - trotz Vorliegen und tatsächlicher Durchführung eines EAV - ausnahmsweise *keine Organschaft* bestehen („verunglückte Organschaft"), so muss die Tochterkapitalgesellschaft ihren Gewinn im Entstehungsjahr versteuern (KSt, GewSt, SolZ). Zeitgleich gehen wegen des EAV die bei der Tochter entstandenen Gewinne einerseits bei der Tochter als „Aufwendungen aus einem EAV" und andererseits bei der Mutter als „Erträge aus einem EAV" in die jeweiligen Einzel-GuVen ein und werden gegeneinander aufgerechnet. Steuerrechtlich werden diese Erträge (bei der Mutter) bzw. Aufwendungen (bei der Tochter) aus dem EAV als „verdeckte Gewinnausschüttung" (§ 8 Abs. 3 S. 2 KStG) angesehen.[1113] Somit wirken sich die Aufwendungen bei der Tochter steuerlich nicht als Betriebsausgabe aus, während die Erträge bei der Mutter nach allgemeinen Regeln zu versteuern sind (§ 20 Abs. 1 Nr. 1 EStG). Wird die Mutterunternehmung in der Rechtsform einer Kapitalgesellschaft (Personengesellschaft) geführt, so greift die 95 %ige (100%ige) Steuerbefreiung der §§ 8b Abs. 1 S. 1, Abs. 5 KStG, § 7 S. 1 GewStG (§§ 3 Nr. 40 a), 3c Abs. 2 EStG, §§ 9 Nr. 2a, 7 GewStG[1114]). Da diese zusätzliche Steuerbelastung bei der Mutter (bei Kapitalgesellschaft rd. 5 % x 29,825 % = 1,5 %) auf von der Tochter versteuerte Gewinne allerdings bereits im Jahr der Gewinnerwirtschaftung (bei der Tochter) entsteht, können auch keine künftigen Steuerfolgen passiviert werden.

Als Fazit ist festzuhalten, dass bei Durchführung von EAVen die Gewinne der Tochtergesellschaften im Entstehungsjahr (d.h. phasengleich) der Muttergesellschaft sowohl handelsrechtlich als auch steuerrechtlich zugerechnet werden. Damit werden die von Tochterunternehmen erzielten Gewinne im Entstehungsjahr versteuert. Es existiert keine künftige Steuermehrbelastung, die zu passivieren wäre.

4.3.4.3 Ohne Ergebnisabführungsvertrag

Soweit zwischen Konzernunternehmen kein EAV geschlossen wird (oder dieser zwar geschlossen, aber nicht durchgeführt wird) ist zu unterscheiden, ob die von der Tochtergesellschaft erwirtschafteten Gewinne (oder Verluste) phasengleich oder phasenverschoben vereinnahmt werden.

1113 Vgl. DANELSING (2010), § 14 KStG, Tz. 243 und 246.

1114 Das Erfordernis einer Beteiligung von [ab EZ 2008] wenigstens 15 % darf bei Konzernunternehmen als erfüllt angesehen werden und sei daher nicht weitergehend thematisiert.

a) Phasengleiche Gewinnvereinnahmung

Zu einer **phasengleichen Gewinnvereinnahmung** kommt es aus handelsrechtlicher Sicht bei Nichtbestehen eines EAV immer dann, wenn die Tochtergesellschaft entweder in der Rechtsform einer Personenhandelsgesellschaft geführt wird[1115] oder bei einer Tochterkapitalgesellschaft die Voraussetzungen[1116] des „Tomberger-Urteils"[1117] erfüllt sind.[1118] Bei der phasengleichen Gewinnvereinnahmung sind die Ansprüche gegen die ausschüttende Tochtergesellschaft zeitgleich zu vereinnahmen. Die Muttergesellschaft[1119] weist somit bereits in der Entstehungsperiode des Gewinns in der GuV einen entsprechenden Beteiligungsertrag und in der Bilanz eine entsprechende „Forderung gegenüber verbundenen Unternehmen" aus. Das Tochterunternehmen kann im Jahr der Entstehung des Gewinns in Ermangelung eines Gewinnausschüttungsbeschlusses weder entsprechende Aufwendungen aus der Gewinnabführung noch eine „Verbindlichkeit gegenüber verbundenen Unternehmen" ausweisen.[1120] Um eine doppelte Erfassung dieses Gewinns im Konzernabschluss zu verhindern, wird der Beteiligungsertrag bei der Mutter im Rahmen der Konsolidierungsbuchungen gegen das Jahresergebnis gebucht.[1121] Gleichermaßen wird die Forderung der Mutterunternehmung gegen die Tochter im Rahmen der Schuldenkonsolidierung eliminiert.

Steuerrechtlich ist nach der Rechtsform der Tochterunternehmung zu differenzieren. Handelt es sich um eine Personengesellschaft, wird der Beteiligungsertrag bzw. die Forderung aufgrund der transparenten Besteuerung auch steuerlich anerkannt. Damit erhöht der Gewinn der Tochtergesellschaft im Jahr der Entstehung des Gewinns sogleich das zu versteuernde Einkommen der Muttergesellschaft. Der Vorgang ist steuerlich abgeschlossen, eine künftige Steuerlast nicht auszuweisen.

1115 Zu den Gründen vgl. WP-HANDBUCH BD. 1 (2006), Abschn. E, Tz. 403.

1116 Vgl. die Voraussetzungen bei WP-HANDBUCH BD. 1 (2006), Abschn. F, Tz. 455.

1117 EuGH, Urt. v. 27.06.1996, C-234/94, DB 1996, S. 1400 f. Aufgegriffen von BGH, Urt. v. 12.01.1998, II ZR 82/93, WPg 1998, S. 375-378.

1118 Vgl. hier und im Folgenden ausführlich: RIESE (2007), C 470, Tz. 51 f.

1119 Es wird hier vereinfachend von der Muttergesellschaft gesprochen. Realiter kann die Vereinnahmung des Gewinns auch von einem weiteren, empfangenden Tochterunternehmen erfolgen.

1120 Vgl. KARRENBROCK (2007), Tz. 119.

1121 Vgl. für ein Zahlenbeispiel: RIESE (2007), C 470, Tz. 53.

Etwas völlig anderes gilt indessen seit dem Jahr 2000 wegen der Rechtsprechung des Großen Senats des BFH[1122] für Gewinne, die von einer Kapitalgesellschaft erwirtschaftet wurden. Hiernach sind Erträge aus Dividendenansprüchen grundsätzlich erst dann realisiert, sofern sie durch einen Gewinnverwendungsbeschluss der Tochterkapitalgesellschaft entstanden sind. Der BFH stellt sich somit **gegen** die von EuGH und BGH aufgestellten Grundsätze hinsichtlich der **phasengleichen Gewinnvereinnahmung**.

Die Muttergesellschaft hat die (handelsrechtlich phasengleich vereinnahmten) Gewinne somit nicht bereits im Zeitpunkt deren Entstehung zu versteuern, sondern erst in der Periode, in der ein Gewinnverwendungsbeschluss gefällt wurde, d.h. frühestens in der Folgeperiode. Sobald dieser erfolgt ist, muss die Muttergesellschaft c.p. eine Steuerzahlung auf den bei der Tochter entstandenen (und dort bereits versteuerten) Gewinn leisten. Der (nur handelsrechtlich bei der Muttergesellschaft erfasste) Ertrag aus den Dividendenansprüchen gegenüber Tochtergesellschaften ist damit mit der (hinsichtlich Höhe und Zeitpunkt ungewissen) **Verpflichtung künftiger Steuerzahlungen** belastet. Das Problem stellt sich somit immer dann, wenn konzernintern erwirtschaftete Gewinne erst zu einem späteren Zeitpunkt von der Muttergesellschaft vereinnahmt werden und infolge dieser Ausschüttung zusätzliche Steuerzahlungen an den Fiskus auslösen.[1123] Eine derartige **„Nachsteuer“** erfüllt die Voraussetzungen für die Passivierung einer Verbindlichkeitsrückstellung bei der Muttergesellschaft und war bereits bei Geltung des körperschaftsteuerlichen Anrechnungsverfahrens allgemein üblich.[1124] Aufgrund umfangreicher Steuerbefreiungen (v.a. § 8b Abs. 1, 5 KStG) ist die Höhe der Steuermehr-

---

1122 BFH, Beschluss v. 07.08.2000, GrS 2/99, BStBl. II 2000, S. 632 sowie BFH, Urt. v. 07.02.2007, I R 15/06, BStBl. II 2008, S. 340. Siehe auch die Nachweise bei: MOXTER (2007), S. 50-55, insbesondere S. 52, Fn. 18 m.w.N. auf Urteilsbesprechungen und MOXTER (2003), S. 2561 f.

1123 Entsprechende Probleme bestehen bei ausländischen Tochterunternehmen, soweit durch die Gewinnausschüttung an die Muttergesellschaft ausländische Quellensteuern erhoben werden oder passive Einkünfte i.S.d. Negativabgrenzung des § 8 AStG zu versteuern sind. Vgl. BAUMANN (1998), § 306 HGB, Tz. 33; KARRENBROCK (2007), Tz. 122; WEIßENBERGER (2008), § 306 HGB, Tz. 41; BUSSE VON COLBE / ORDELHEIDE / GEBHARDT / PELLENS (2010), S. 431; DUSEMOND (1999), S. 334.

1124 Vgl. KARRENBROCK (2007), Tz. 121 f.; HILLE (1982), S. 157 f. m.w.N.; BAUMANN (1998), § 306 HGB, Tz. 32 f. (der von „Rückstellungen für zukünftige Steuern“ spricht); VON WYSOCKI / WOHLGEMUTH (1996), S. 257; BAETGE / HAYN / STRÖHER (2012), IAS 27, Tz. 240; DEBUS (2003), C 440, Tz. 182 ff.; DUSEMOND (1999), S. 333; BECKER (1991), S. 1742; SCHNICKE / FISCHER (1995), § 306 HGB, Tz. 20 f. (sprechen von einer „Rückstellung nach § 306 HGB“); SCHRUFF (1984), S. 336 f. sowie 344; DRS 10.A6 und 10.19A (mit Einschränkungen); ADS (1968 ff.), § 331 AktG 1965, Tz. 78 m.w.N.; SCHIRM (1966), S. 1574 f.; SCHERRER (2010), § 306 HGB, Tz. 66; KRAFT (2002), § 306 HGB, Tz. 27. **Ähnlich:** ADS (1994 ff.), § 305 HGB, Tz. 72; ADS (1994 ff.), § 306 HGB, Tz. 35; HENNIG (1982), S. 299 ff.

zahlung allerdings sehr begrenzt. Zu betonen ist, dass es sich bei dieser künftigen Steuerzahlung nicht um ein Phänomen des Konzernabschlusses handelt. So besteht bei der Muttergesellschaft *auf Einzelabschlussebene* bereits handelsrechtlich eine Forderung gegen das Tochterunternehmen, die steuerlich nicht anerkannt ist. Für die sich ergebende Bilanzdifferenz sind nach § 274 HGB passive latente Steuern zu bilanzieren. Konzernbilanziell wird diese (die Bilanzdifferenz hervorrufende) Forderung zwar eliminiert, die dahinterstehende ungewisse Verpflichtung gegenüber dem Fiskus („Nachsteuer") entfällt allerdings nicht, so dass für eine Eliminierung dieser in den Konzernabschluss übernommenen latenten Steuer kein Raum ist.

b) Phasenverschobene Gewinnvereinnahmung

Erfüllt eine Tochter*kapital*gesellschaft nicht die Voraussetzungen des „Tomberger-Urteils", hat dies auch handelsrechtlich eine **phasenverschobene Gewinnvereinnahmung** zur Folge.[1125] Die phasenverschobene Gewinnvereinnahmung bewirkt, dass der bei der Tochtergesellschaft entstandene Gewinn erst mit Fassung eines Gewinnverwendungsbeschlusses (und damit frühestens in der Folgeperiode)[1126] bei der Muttergesellschaft als Beteiligungsertrag und Forderung erfasst wird. Insoweit bedarf es in der Entstehungsperiode keiner Konsolidierung, da eine Ergebnisübernahme gar nicht stattgefunden hat. Erst in der Periode, in der der Gewinn ausgeschüttet wird bzw. ein Ausschüttungsbeschluss gefasst wurde, ist der Beteiligungsertrag (und ggf. eine entsprechende Forderung) bei der Mutter zu eliminieren, um eine Mehrfacherfassung des Gewinns zu vermeiden.

Steuerrechtlich wird der Zeitpunkt der Gewinnvereinnahmung gleichfalls vom Gewinnverwendungsbeschluss determiniert.[1127] Die Tochtergesellschaft versteuert ihren Gewinn im Zeitpunkt des Entstehens; die Muttergesellschaft zahlt solange wie sie ihn noch nicht vereinnahmt hat bzw. kein Ausschüttungsbeschluss vorliegt hierauf keine Steuern. Allerdings ist der bislang bei der Tochtergesellschaft thesaurierte Gewinn aus Sicht der Muttergesellschaft noch mit der (hinsichtlich Höhe und Zeitpunkt ungewissen)

1125 Vgl. ausführlich RIESE (2007), C 470, Tz. 54 f.; WP-HANDBUCH BD. 1 (2006), Abschn. F, Tz. 454 ff.; LÜHRMANN (1997), S. 252.

1126 Vgl. LÜHRMANN (1997), S. 241.

1127 BFH, Beschluss v. 07.08.2000, GrS 2/99, BStBl. II 2000, S. 632.

Verpflichtung künftiger Steuerzahlungen belastet, die fällig werden, sobald die Gewinne an sie ausgeschüttet werden („Nachsteuer"). Insoweit ist wieder fraglich, ob und wie diese künftige Steuerfolge abzubilden ist.

Der Rückgriff auf die §§ 274, 306 HGB ist versperrt, da es im Zeitpunkt der Erwirtschaftung des Gewinns weder auf Einzelabschluss- noch auf Konzernabschlussebene zu einer Bilanzdifferenz kommt. Auch eine Anwendung von § 249 Abs. 1 S. 1 HGB scheint auf den ersten Blick auszuscheiden. *Im Gegensatz zur phasengleichen Gewinnvereinnahmung* (ohne EAV) ist nämlich der Gewinn der Tochter noch nicht einmal handelsrechtlich im Einzelabschluss der Muttergesellschaft berücksichtigt, so dass diese noch keinen konkreten Gewinnanspruch erfasst hat.[1128] Einzelbilanziell kann daher bei der Muttergesellschaft keine Rückstellung für Nachsteuern auf noch nicht bei ihr erfasste Gewinne gebildet werden.

Etwas anderes gilt aber im Konzernabschluss, der auf Basis des Einheitsgrundsatzes (§ 297 Abs. 3 S. 1 HGB) aufzustellen ist. Aus Konzernsicht wurden die (zunächst nur bei der Tochter entstandenen) Gewinne als Ertrag berücksichtigt. Insoweit ist die Passivierung von Ertragsteuern für konzerninterne Ausschüttungen wiederum wegen § 249 Abs. 1 S. 1 HGB i.V.m. § 298 Abs. 1 HGB geboten;[1129] die Verpflichtung besteht aber nicht bereits im Einzelabschluss der Muttergesellschaft, sondern erst auf Ebene des Konzerns. Für die Passivierung einer entsprechenden Steuerrückstellung sind im Übrigen keine weiteren Voraussetzungen erforderlich, wie z.B. das Vorliegen eines Gewinnverwendungsvorschlags oder die ernsthafte Absicht, das Tochterunternehmen zur Ausschüttung des Gewinns zu bewegen.[1130] Entsprechende Voraussetzungen finden sich zwar in IAS 12.38 ff., sind aber für das HGB irrelevant. Spätestens im Fall der Liquidation des Tochterunternehmens würde es nämlich zu einer Gewinnausschüttung an die Muttergesellschaft kommen, so dass für Wahrscheinlichkeitsüberlegungen hinsichtlich des Eintritts der ungewissen Verpflichtung keine Notwendigkeit besteht.[1131] Es

---

1128 Vgl. LÜHRMANN (1997), S. 254.

1129 **Gl.A.** GELHAUSEN / FEY / KÄMPFER, Abschn. Q, Tz. 316; KARRENBROCK (2007), Tz. 121. **Abweichend**: LÜHRMANN (1997), S. 253 f. (der die Pflicht für eine „Rückstellung für Nachsteuern" mit § 297 Abs. 2 S. 2 HGB begründet).

1130 So aber: GELHAUSEN / FEY / KÄMPFER, Abschn. Q, Tz. 315.

1131 Da insoweit ein Rückstellungssachverhalt vorliegt, bedarf es keines Hinweis auf § 278 S. 1 HGB, wonach die Steuern vom Einkommen und vom Ertrag auf Grundlage des Gewinnverwendungs-

zeigt sich an dieser Stelle einmal mehr, dass die unzutreffende Einordnung passiver latenter Steuern als *aliud* zu einem Nebeneinander von Steuerrückstellungen und „passiven latenten Steuern“ führt.[1132]

Demgegenüber sieht DRS 18.A8 wegen § 306 S. 4 HGB ein generelles Ansatzverbot für künftige Steuerfolgen bei phasenverschobenen Ergebnisübernahmen vor, obwohl das DRSC deren Abbildung eigentlich für sachgerecht hält. Rechtfertigung hierfür sei, dass der Gesetzgeber mit § 306 S. 4 HGB eine generelle Ausnahmeregelung geschaffen habe. Da derartige Steuerfolgen allerdings bereits nach überwundenem Recht abzubilden waren (§ 249 HGB) und sich in den Gesetzesmaterialien keine Hinweise darauf ergeben, dass der Gesetzgeber mit § 306 S. 4 HGB einen gegenüber dem überwundenem Recht geringeren Umfang der Berücksichtigung latenter Steuerzahlungen intendierte, kann der Auffassung des DRSC nicht gefolgt werden.

4.4 Anteilmäßige Kapitalkonsolidierung (Quotenkonsolidierung)

Wird ein Gemeinschaftsunternehmen (auch: Joint Venture, Partnerschaftsunternehmen)[1133] nach § 310 HGB in den Konzernabschluss einbezogen, so wird dies als anteilmäßige Kapitalkonsolidierung oder Quotenkonsolidierung bezeichnet.[1134] Dabei werden Vermögensgegenstände und Schulden sowie Aufwendungen und Erträge einer Gemeinschaftsunternehmung ihrem Kapitalanteil entsprechend („quotal“) in den Konzernabschluss einbezogen.

Die Technik bei der anteilmäßigen Kapitalkonsolidierung entspricht grundsätzlich der bei Vollkonsolidierung;[1135] sie erfolgt nur anteilig. Allerdings werden die Anteile der anderen Gesellschafter nicht ausgewiesen, da ohnehin nur quotal konsolidiert wird.[1136] Auf die anteilmäßige Konsolidierung sind die §§ 297 bis 301, §§ 303 bis 306, 308, 308a, 309 HGB expressis verbis analog anzuwenden (§ 310 Abs. 2 HGB). Die

beschlusses /-vorschlages zu berechnen sind. So aber: GELHAUSEN / FEY / KÄMPFER, Abschn. Q, Tz. 316.

1132 Siehe bereits oben D.2.1.2.4. und D.2.5.

1133 Zu den Voraussetzungen vgl. BAETGE / KIRSCH / THIELE (2011a), S. 313-316.

1134 Vgl. im Folgenden: BUSSE VON COLBE / ORDELHEIDE / GEBHARDT / PELLENS (2010), S. 491.

1135 Siehe oben E.4.3.

1136 Vgl. BUSSE VON COLBE / ORDELHEIDE / GEBHARDT / PELLENS (2010), S. 501.

Anpassung an konzerneinheitliche Bilanzierungsvorschriften ist genauso zu beachten, wie die Regelungen zum Zwischenabschluss (§ 299 HGB) und zur Währungsumrechnung (§ 308a HGB).

Wegen § 310 Abs. 2 HGB sind sowohl § 274 HGB i.V.m. § 298 Abs. 1 HGB als auch § 306 HGB anzuwenden. So wie sämtliche Vermögensgegenstände und Schulden bei Einbeziehung eines Gemeinschaftsunternehmens auf Grundlage von § 310 HGB nur quotal erfasst werden und auch die Konsolidierungsmaßnahmen nur anteilig erfolgen, so sind aktive und passive latente Steuern gleichermaßen lediglich anteilig im Konzernabschluss zu bilanzieren.[1137] Weitergehende Besonderheiten bestehen nicht.[1138]

5 Latente Steuern im Rahmen der Equity-Methode

Assoziierte Unternehmen[1139] nach § 311 Abs. 1 HGB sowie Gemeinschaftsunternehmen, die nicht für § 310 HGB optieren, werden nach Maßgabe des § 312 HGB in den Konzernabschluss einbezogen. Diese durch das BiRiLiG in das deutsche Bilanzrecht eingeführte[1140] **Equity-Methode** gilt überdies für Konzernunternehmen, die aufgrund der Ausübung eines Einbeziehungswahlrechts nach § 296 HGB nicht vollkonsolidiert werden.[1141] Wesensmerkmal der Equity-Methode ist, dass nicht etwa wie bei Voll- und Quotenkonsolidierung die einzelnen Vermögensgegenstände und Schulden in den Konzernabschluss einbezogen werden, sondern lediglich der Beteiligungsbuchwert des assoziierten Unternehmens in den Konzernabschluss eingeht (*one-line-consolidation*).[1142] Im Gegensatz zur Abbildung eines Beteiligungsbuchwerts im Einzelabschluss bestimmt sich die Höhe des Beteiligungsbuchwerts nach der Equity-Methode grundsätzlich nicht nach Maßgabe der Anschaffungswertmethode (§§ 253 Abs. 1 S. 1, Abs. 3 HGB). Vielmehr richtet sich dessen Höhe in den Perioden seit der erstmaligen An-

---

1137 Für ein Zahlenbeispiel vgl. HAHN (2011a), S. 1224-1226.

1138 Vgl. LÜHRMANN (1997), S. 261 m.w.N.; EBERHARTINGER (2002a), § 306 HGB, Tz. 76; GELHAUSEN / FEY / KÄMPFER, Abschn. Q, Tz. 299; ADS INTERNATIONAL (2007), IAS 12, Tz. 182; BECKER (1991), S. 1741. **Wohl auch:** KOZIKOWSKI / FISCHER (2012a), § 306 HGB, Tz. 15; HAHN (2011a), S. 1224.

1139 Vgl. zum Begriff und den Voraussetzungen etwa BAETGE / KIRSCH / THIELE (2011a), S. 337-343; NIEHUS (2005), Tz. 32 ff.

1140 Vgl. BAUMANN (1998), § 306 HGB, Tz. 34.

1141 Vgl. im Folgenden: BAETGE / KIRSCH / THIELE (2011a), S. 335 f.

1142 Vgl. VON WYSOCKI / WOHLGEMUTH (1996), S. 163. Seit der Neufassung des § 312 HGB durch das BilMoG ist nur noch die Buchwertmethode bei der Equity-Methode zulässig. Vgl. OSER (2008), S. 113.

schaffung der Beteiligung nach der Entwicklung des anteiligen Eigenkapitals der assoziierten Unternehmen.[1143]

Im *Zeitpunkt des Erwerbs* der Beteiligung wird der Beteiligungsbuchwert an dem assoziierten Unternehmen aus dem Einzelabschluss des Mutterunternehmens mit dem anteiligen Eigenkapital des assoziierten Unternehmens verglichen (§ 312 Abs. 1 HGB).[1144] Soweit hierbei ein Unterschiedsbetrag entsteht, wird eine erfolgsneutrale Neubewertung der Vermögensgegenstände und Schulden des assoziierten Unternehmens in einer außerbilanziellen Nebenrechnung vorgenommen (§ 312 Abs. 2 S. 1 HGB). Verbleibt nach dieser Aufdeckung stiller Reserven und Lasten ein Unterschiedsbetrag, so wird dieser (wiederum in einer Nebenrechnung) als Geschäfts- oder Firmenwert bzw. passivischer Unterschiedsbetrag behandelt (§ 312 Abs. 2 S. 3 HGB). In den *Folgeperioden* ist der Wertansatz der Beteiligung um den Betrag der anteiligen Eigenkapitalveränderungen zu erhöhen oder zu vermindern; zwischenzeitlich erfolgte Gewinnausschüttungen sind abzusetzen (§ 312 Abs. 4 HGB). Auch diese Ermittlungsschritte finden in außerbilanziellen Nebenrechnungen statt. Dabei ist auch zu berücksichtigen, dass die stillen Reserven und Lasten sowie ein verbleibender Unterschiedsbetrag erfolgswirksam (in der Nebenrechnung) abgeschrieben bzw. aufgelöst werden und somit die Höhe des Beteiligungsbuchwerts des assoziierten Unternehmens im Konzernabschluss unmittelbar beeinflussen.

Hinsichtlich der Bilanzierung latenter Steuern bei der Equity-Methode sind mehrere Ebenen zu unterscheiden.[1145] Im HGB sind dies:

a) Bilanzdifferenzen auf Einzelabschlussebene;

b) Differenzen zwischen der statistischen Nebenrechnung zur Ermittlung des Equity-Werts und der Steuerbilanz des assoziierten Unternehmens;

c) Differenzen, die aufgrund der Inanspruchnahme des Wahlrechts nach § 312 Abs. 5 S. 1 HGB entstehen;

[1143] Vgl. LÜHRMANN (1997), S. 264.

[1144] Vgl. zur Technik der Equity-Methode ausführlich m.w.N BAETGE / KIRSCH / THIELE (2011a), S. 345 ff.; BUSSE VON COLBE / ORDELHEIDE / GEBHARDT / PELLENS (2010), S. 514 ff.; NIEHUS (2005), Tz. 114 ff.

[1145] Ähnlich bereits in Bezug auf IAS 12: LIENAU (2007), S. 18 ff.

d) Differenzen zwischen dem at-Equity-Beteiligungsbuchwert im Konzernabschluss und dem steuerlichen Wertansatz der Beteiligung an dem assoziierten Unternehmen in der Steuerbilanz der Muttergesellschaft.

Ad a)

Gänzlich unproblematisch sind Bilanzdifferenzen im Einzelabschluss der assoziierten Unternehmung selbst, denn hierfür ist § 274 HGB einschlägig. Für derartige Differenzen werden aktive und passive latente Steuern einzelbilanziell erfasst und wirken sich somit direkt auf die Höhe des Nettovermögens der assoziierten Unternehmung aus, welches später für Zwecke des Konzernabschlusses nach § 312 Abs. 1 S. 2 HGB mit den Anschaffungskosten der Beteiligung zu vergleichen ist. Unproblematisch ist ferner eine etwaige Bilanzdifferenz zwischen dem Buchwert der Beteiligung an dem assoziierten Unternehmen im Einzelabschluss der Muttergesellschaft und dem steuerlichen Wertansatz dieser Beteiligung in der Steuerbilanz der Muttergesellschaft. Nach der oben dargelegten[1146] Auffassung existieren Outside Differences auf Ebene des Einzelabschlusses nicht, so dass für Bilanzdifferenzen bei Beteiligungen im Einzelabschluss latente Steuern nach § 274 HGB zu berücksichtigen sind.[1147] § 306 S. 4 HGB steht einem solchen Vorgehen nicht entgegen.

Ad b)

Auf Konzernabschlussebene entstehen bei der erstmaligen Einbeziehung des assoziierten Unternehmens nach der Equity-Methode regelmäßig Differenzen infolge der Aufdeckung stiller Reserven und Lasten sowie eines verbleibenden Unterschiedsbetrags, die steuerlich nicht nachvollzogen werden. Weitere Differenzen können sich

1146 Siehe oben E.4.3.1.2.

1147 Allerdings dürfte dieser Anwendungsfall eher die Ausnahme sein, da Anteile an Kapitalgesellschaften handels- und steuerrechtlich als ein Wirtschaftsgut zu fortgeführten Anschaffungskosten bilanziert werden. Handelt es sich dagegen bei dem assoziierten Unternehmen um eine Personengesellschaft, so werden Differenzen zwischen dem Beteiligungsbuchwert im Einzelabschluss der Muttergesellschaft und dem steuerlichen Wertansatz dieser Beteiligung (Spiegelbildmethode) die Regel sein.

infolge der Zwischenergebniseliminierung (§ 312 Abs. 5 S. 3 HGB) ergeben.[1148] Sämtliche dieser - nur in der außerbilanziellen Nebenrechnung auftretenden - „Bilanz"-Differenzen werden sich durch Abschreibung, Verbrauch und Abgang der zugrundeliegenden Vermögensgegenstände und Schulden im Zeitablauf auflösen und mithin einen (das Konzernergebnis berührenden) Einfluss auf den at-Equity-Buchwert der Beteiligung ausüben. So wird beispielsweise die steuerlich nicht nachvollzogene Aufdeckung stiller Reserven und deren spätere Abschreibung c.p. zu einem anteiligen Jahresfehlbetrag in der Nebenrechnung führen, der eine erfolgswirksame Abwertung des at-Equity-Buchwertes der Beteiligung erforderlich macht und somit zu einer (gemessen am Konzernergebnis) zu hohen Steuerzahlung führt, für die im Jahr der Aufdeckung der stillen Reserven passive latente Steuern zu berücksichtigen sein könnten.

Die Berücksichtigung latenter Steuern bei der Bestimmung des konzernbilanziellen Beteiligungsbuchwerts ist überdies mit dem Grundgedanken der Equity-Methode kompatibel. Sinn und Zweck der Equity-Methode ist es,[1149] das anteilige Eigenkapital des assoziierten Unternehmens abzubilden, d.h. v.a. stille Reserven und stille Lasten für den Abschlussadressaten transparent zu machen und somit die „Nachteile" einer Bilanzierung der Beteiligung zu fortgeführten Anschaffungskosten zu überwinden.[1150] Dagegen bestünde ohne die Bilanzierung latenter Steuern nach dem Temporary-Konzept die Gefahr, dass die Höhe des Beteiligungswerts (teilweise) durch *un*versteuertes Eigenkapital bestimmt und insoweit die Vermögenslage des Konzerns verzerrt dargestellt wird.

Allerdings ist fraglich, welche **Rechtsgrundlage** für ein derartiges Vorgehen einschlägig sein könnte. Diese Unsicherheit geht darauf zurück, dass zwischen § 306 HGB und § 312 HGB weder Verweise bestehen noch § 312 HGB zu den Vorschriften des „Vierten Titels" gehört. Bei formaler Betrachtung ist die Bilanzierung latenter Steuern bei assoziierten Unternehmen somit kein Anwendungsfall von § 306 HGB.[1151] Bereits vor der Bilanzrechtsreform durch das BilMoG wurde die Frage, anhand welcher Rechts-

---

1148 Vgl. hierzu: HACHMEISTER (2009), § 312 HGB, Tz. 155 ff. Teils werden auch weitere Konsolidierungsvorgänge für zulässig oder notwendig erachtet, vgl. HACHMEISTER (2009), § 312 HGB, Tz. 169-172.

1149 Vgl. BUSSE VON COLBE / ORDELHEIDE / GEBHARDT / PELLENS (2010), S. 513 f.

1150 Dass hiermit ein Verstoß gegen das Realisationsprinzip einhergeht, sei nur angemerkt.

1151 Vgl. LÜHRMANN (1997), S. 264 f.; BAUMANN (1998), § 306 HGB, Tz. 34.

grundlage die Verrechnung latenter Steuern bei assoziierten Unternehmen erfolgen könne oder müsse, im Schrifttum kontrovers diskutiert: In der Gesamtanschauung ist die vorzufindende Meinungsvielfalt[1152] als ausgesprochen unübersichtlich zu bezeichnen.

Das DRSC hat sich in DRS 18.26-.27 i.V.m. 18.A7 zur Bilanzierung latenter Steuern bei assoziierten Unternehmen geäußert. Dort wird unmissverständlich eine Berücksichtigung latenter Steuern bei assoziierten Unternehmen nach § 306 HGB gefordert. Als Rechtfertigung für eine analoge Anwendung von § 306 HGB führt der DRSC ins Feld, dass sich dies aus den *„allgemeinen Grundsätzen der Erwerbsbilanzierung“*[1153] ergebe.[1154] Für eine analoge Anwendung des § 306 HGB bei assoziierten Unternehmen spricht ferner, dass § 312 Abs. 5 S. 3 HGB auf die Zwischenerfolgseliminierung nach § 304 HGB verweist, der zum „Vierten Titel“ gehört und insoweit § 306 HGB unterliegt.[1155] Doch selbst wenn eine Analogie bzw. sinngemäße Anwendung von § 306 HGB mit Blick auf die Stellung des § 312 HGB im Gesetz verneint wird, würde eine Bilanzierung latenter Steuern bei assoziierten Unternehmen wegen § 274 i.V.m. § 298 Abs. 1 HGB nicht dahinstehen. In diesem Fall bestünde allerdings ein Ansatzwahlrecht für aktive latente Steuern.

1152 ***Für** eine Anwendung des § 306 HGB auf die Equity-Bewertung sind z.B.* GELHAUSEN / FEY / KÄMPFER, Abschn. Q, Tz. 300 (Pflicht ergebe sich aus den allgemeinen Grundsätzen der Erwerbsbilanzierung, die auch für die Nebenrechnung gölten); NIEHUS (2005), Tz. 219 (Auslassung von § 312 HGB in § 306 sei ein redaktionelles Versehen); KIRSCH (2009b), § 306 HGB, Tz. 12 (Sinngemäße Anwendung sei verpflichtend, da andernfalls Verzerrungen der Eigenkapital- und Ergebnisdarstellungen drohten); HAHN (2011a), S. 1227; KOZIKOWSKI / FISCHER (2012a), § 306 HGB, Tz. 13; BUDDE / VAN HALL (2010), § 306 HGB, Tz. 17. **Wohl auch:** BECKER (1991), S. 1742.
***Gegen** eine Analogie von § 306 HGB, trotzdem Pflicht:* LÜHRMANN (1997), S. 264 ff. (Pflicht ergebe sich aus § 297 Abs. 2 S. 2 HGB); DUSEMOND (1999), S. 330 (Wegen § 274 HGB i.V.m. 298 HGB); DEBUS (2003), C 440, Tz. 27 (Wegen § 274 HGB i.V.m. 298 HGB); HACHMEISTER (2009), § 312 HGB, Tz. 209 ff. (Wegen § 274 HGB i.V.m. 298 HGB); SELCHERT (1994), S. 38 f. (mit Einschränkungen).
***Keine** Pflicht, freiwillige Anwendung möglich:* KARRENBROCK (2007), Tz. 133; BAUMANN (1998), § 306 HGB, Tz. 34; PETERSEN / ZWIRNER / BUSCH (2010), § 306 HGB, Tz. 52; ADS (1994 ff.), § 306 HGB, Tz. 7; KÜTING / ZÜNDORF (1986), S. 21; KRAWITZ (2000), S. 708; KÜTING / ZÜNDORF (1998), § 312 HGB, Tz. 225; MELCHER / MURER (2010), S. 1598.
***Keine** Pflicht, freiwillige Anwendung nicht thematisiert:* KESSLER / LEINEN / PAULUS (2010), S. 47; VON WYSOCKI / WOHLGEMUTH (1996), S. 255.

1153 DRS 18 (3.9.2010), Tz. A7, vorletzter Satz.

1154 So auch: GELHAUSEN / FEY / KÄMPFER, Abschn. Q, Tz. 300 m.w.N.

1155 **A.A.** SELCHERT (1994), S. 38.

Zweifel an der Zulässigkeit der Bilanzierung latenter Steuern bei assoziierten Unternehmen anhand von sowohl § 274 HGB als auch § 306 HGB könnten jedoch mit Blick auf den in § 274 Abs. 1 S. 1-2 HGB und § 306 S. 1 HGB vorgeschriebenen Bilanzvergleich bestehen. Die Differenzen bei der Equity-Bewertung bestehen gerade nicht zwischen Handels- und Steuerbilanz, sondern grundsätzlich nur zwischen Steuerbilanz des assoziierten Unternehmens und der statistischen, außerbilanziellen Nebenrechnung.[1156] Die Frage, ob der (sowohl in § 274 HGB als auch in § 306 HGB verwendete) Terminus „handelsrechtlicher Wertansatz“ durch Auslegung als ein durch Nebenrechnungen des Bilanzierenden ermittelter Wert interpretiert werden kann, ist indessen zu bejahen. Schließlich werden auch außerbilanzielle Korrekturen bei der Bestimmung des „steuerlichen Wertansatzes“ berücksichtigt.[1157] Dann aber ist es nur konsequent, außerbilanzielle Nebenrechnungen bei Ermittlung des „handelsrechtlichen Wertansatzes“ gleichermaßen zu berücksichtigen.

Da DRS 18 vom BUNDESMINISTERIUM DER JUSTIZ im Bundesanzeiger bekanntgemacht wurde[1158] und die Befolgung bekanntgemachter Verlautbarungen des DRSC durch den Bilanzierenden gemäß § 342 Abs. 2 HGB eine Konzern-GoB-Vermutung entfaltet, ist von einer durch das DRSC geschaffenen faktischen Analogie des § 306 HGB auszugehen. Der bislang geführte Meinungsstreit hat sich insoweit erledigt und DRS 18 Klarheit geschaffen. Folglich müssen in der Nebenrechnung sowohl aktive als auch passive latente Steuern auf derartige Bilanzdifferenzen analog zur Kapitalkonsolidierung[1159] berücksichtigt werden. Auch § 306 S. 3 HGB ist entsprechend anzuwenden, so dass eine Bilanzierung latenter Steuern auf den Unterschiedsbetrag selbst bzw. auf Goodwilldifferenzen ausscheidet. Dabei ist zu betonen, dass die latenten Steuern auf Bilanzdifferenzen zwischen der statistischen Nebenrechnung und der Steuerbilanz des assoziierten Unternehmens nicht in die Konzernbilanz zu übernehmen sind, sondern als Saldogröße anteilig in die Nebenrechnung zur Ermittlung des at-Equity-Beteiligungswerts einfließen.

1156 Dieser Einwand gilt indessen nicht für Bilanzdifferenzen in der Handelsbilanz II, die durch die Anpassung an die konzerneinheitliche Bilanzierung (§ 312 Abs. 5 S. 1 HGB) hervorgerufen wurden. Vgl. SELCHERT (1994), S. 38; LÜHRMANN (1997), S. 265, Fn. 288.

1157 Siehe bereits oben D.2.2.2.

1158 Vgl. Bekanntmachung des DRS 18, in: Bundesanzeiger Nr. 133 vom 03.09.2010, Beilage 133a.

1159 Siehe oben E.4.3.1.1.

Ad c)

Soweit das assoziierte Unternehmen in seinem Einzelabschluss vom Konzernabschluss abweichende Bewertungs- und Ansatzmethoden anwendet, darf das den Konzernabschluss aufstellende Unternehmen diese abweichend bilanzierten Vermögensgegenstände und Schulden für Zwecke der Ermittlung des Equity-Werts der assoziierten Unternehmung anpassen (§ 312 Abs. 5 S. 1 HGB).[1160] Bei Nichtinanspruchnahme des Wahlrechts genügt ein verbaler Hinweis im Konzernanhang (§ 312 Abs. 5 S. 2 HGB), wohingegen bei Inanspruchnahme des Wahlrechts eine Handelsbilanz II für das assoziierte Unternehmen aufzustellen ist.[1161] Kommt es infolge dieser Aufstellung zu zusätzlichen Bilanzdifferenzen gegenüber dem Einzelabschluss, ist wiederum fraglich, aufgrund welcher Rechtsgrundlage latente Steuern zu ermitteln sind.

Da diese Gruppe von Bilanzdifferenzen nicht in gesonderter Weise von DRS 18 adressiert wird, ist davon auszugehen, dass nach Auffassung des DRSC wiederum die analoge Anwendung des § 306 HGB (DRS 18.26 f.) greift. Mit Blick auf das Drei-Stufen-Schema im Konzern,[1162] ist ein derartiges Vorgehen zwar konzeptionell angreifbar, da § 306 HGB nur auf Bilanzdifferenzen der dritten Stufe anwendbar ist, die Konsolidierung vorbereitenden Maßnahmen - hierzu zählt auch die Vereinheitlichung der Bilanzierungsmethoden - jedoch zur zweiten Stufe gehören und insoweit § 274 HGB i.V.m. § 298 Abs. 1 HGB (Ansatzwahlrecht für aktive latente Steuern) anwendbar sein müsste.[1163] Mit Blick auf § 342 Abs. 2 HGB ist jedoch von einem faktischen Zwang des Bilanzierenden auszugehen, § 306 HGB sinngemäß anzuwenden.

Ad d)

Tritt eine Differenz zwischen dem Wert der Beteiligung des assoziierten Unternehmens in der Steuerbilanz der Muttergesellschaft und dem in der Konzernbilanz ausgewiesenen at-Equity-Wert derselben Beteiligung auf, so liegt eine Outside Difference vor,[1164] die

---

1160 Vgl. HACHMEISTER (2009), § 312 HGB, Tz. 151.
1161 Vgl. NIEHUS (2005), Tz. 134.
1162 Siehe oben E.3.2. und E.3.3.
1163 So bereits nach bisherigem Recht: SELCHERT (1994), S. 38; LÜHRMANN (1997), S. 265, Fn. 288.
1164 Vgl. WIENKEN (2003), S. 253 f.

wegen § 306 S. 4 HGB nicht zu berücksichtigen ist.[1165] Dies ergibt sich eindeutig aus dem Wortlaut der Vorschrift, der assoziierte Unternehmen explizit erwähnt. Die Regelung ist eindeutig und bietet keinerlei Interpretationsspielraum.[1166]

Allerdings ist zu berücksichtigen, dass auch stehengelassene Gewinne (und deren spätere Ausschüttung) des assoziierten Unternehmens den at-Equity-Wert der Beteiligung beeinflussen. Während einzelbilanziell und steuerrechtlich die vom assoziierten Unternehmen erwirtschafteten Gewinne noch nicht bei der Muttergesellschaft berücksichtigt werden können, werden sie konzernbilanziell wegen der Equity-Bewertung anteilig ergebniswirksam berücksichtigt. Letztlich wird ein Ertrag im Konzernabschluss ausgewiesen, welcher bei der Muttergesellschaft noch nicht versteuert wurde und auch erst versteuert wird, sofern die Gewinne ausgeschüttet werden[1167] bzw. ein Gewinnverwendungsbeschluss zu Gunsten der Muttergesellschaft gefällt wurde oder die Beteiligung veräußert wird. Da diese Situation im Wesentlichen deckungsgleich mit der Problematik einer phasenverschobenen Vereinnahmung von konzerninternen Ergebnissen ohne EAV ist,[1168] sind Rückstellungen für Nachsteuern[1169] (§ 249 HGB i.V.m. § 298 Abs. 1 HGB) unter Beachtung der umfangreichen Steuerbefreiungen (§ 8b KStG, § 9 Nr. 2a GewStG) zu bilden.[1170] Der anderslautende DRS 18.A8 ist, wie oben dargelegt wurde,[1171] abzulehnen.

1165 Vgl. statt aller: KÜTING / SEEL (2009a), S. 528 f.; BUDDE / VAN HALL (2010), § 306 HGB, Tz. 17 und 23; MELCHER / MURER (2010), S. 1598.

1166 DRS 18 (3.9.2010), Tz. A7, letzter Satz, ist insoweit klarstellender Natur.

1167 Vgl. BAUMANN (1998), § 306 HGB, Tz. 34.

1168 Siehe ausführlich oben E.4.3.4.3.b).

1169 Vgl. BAUMANN (1998), § 306 HGB, Tz. 34.

1170 Ähnlich auch MELCHER / MURER (2010), S. 1599, die eine Passivierung latenter Steuern in diesem Fall vom Vorliegen eines Gewinnverwendungsbeschlusses vor Aufstellung des Konzernabschlusses abhängig machen. **Stellungnahme**: Auf das Vorliegen eines derartigen Beschlusses kommt es nach § 249 HGB nicht an.

1171 Siehe oben E.4.3.4.3.b).

6 Bewertung

6.1 Entsprechende Anwendung des § 274 HGB

In § 306 S. 5 HGB wird dekretiert, dass bei der Bewertung latenter Steuern im Konzernverbund die Regelungen des Einzelabschlusses entsprechend anzuwenden sind. Insoweit kann grundsätzlich auf die oben gemachten Ausführungen verwiesen werden.[1172] Unter bewusster Zurückdrängung des Einheitsgrundsatzes im Konzernabschluss hat der Gesetzgeber[1173] mit dem Verweis auf § 274 Abs. 2 HGB eine Orientierung an künftigen, unternehmensindividuellen Steuersätzen (Liability-Methode)[1174] vorgeschrieben. Auch die Fragen, ob und wann Änderungen des Steuertarifs berücksichtigungspflichtig sind,[1175] wie kombinierte Ertragsteuersätze abgeleitet werden,[1176] und ob latente Steuern zu jedem Bilanzstichtag überprüft werden müssen,[1177] brauchen an dieser Stelle nicht mehr aufgegriffen zu werden.

Weiterhin kann aufgrund von § 306 S. 5 HGB kein Zweifel daran bestehen, dass eine Abzinsung latenter Steuern[1178] im Konzernabschluss gleichermaßen zu unterbleiben hat. Zwar wurde dieses Verbot im Einzelabschluss oben mit der (im Konzernabschluss gerade nicht vorhandenen) Ausschüttungsbemessungsfunktion gerechtfertigt, gleichwohl kommt es bei der Abzinsung passiver latenter Steuern auch im Konzernabschluss zum Ausweis unrealisierter Zinserträge, der gegen das Realisationsprinzip (§ 252 Abs. 1 Nr. 4 i.V.m. § 298 Abs. 1 HGB) verstößt. Auch mit Blick auf die erheblichen Objektivierungsdefizite, die bei Abzinsung latenter Steuern vorlägen (z.B. die Bestimmung der unternehmensinternen Rendite als Diskontsatz), ist eine Diskontierung latenter Steuern abzulehnen. Insoweit ist das ausnahmslose Abzinsungsverbot im Konzernabschluss zu begrüßen.

1172 Siehe oben D.3.

1173 Vgl. BT-Drucks. 16/10067 (30.07.2008), S. 83. *„Damit wird die Fiktion des Konzerns als wirtschaftliche Einheit an dieser Stelle zugunsten einer stärker an den tatsächlichen Verhältnissen orientierten Darstellung der Vermögens-, Finanz- und Ertragslage zurückgedrängt."*

1174 Siehe oben D.3.2.1.

1175 Siehe oben D.3.2.1.

1176 Siehe oben D.3.2.3 f.; D.8.1.

1177 Siehe oben D.3.4.

1178 Siehe oben D.3.3.

Da im Rahmen des gestuften Vorgehens bei der Aufstellung des Konzernabschlusses Bilanzdifferenzen auf mehreren Ebenen entstehen, sei im Folgenden auf die jeweiligen Besonderheiten bei der Bewertung latenter Steuern auf diesen einzelnen Stufen eingegangen. Weiterhin wird untersucht, ob und wann eine Bewertung mit konzerneinheitlichen Durchschnittssteuersätzen zulässig ist.

6.2 Gestufte Bewertung im Konzernverbund

6.2.1 Bilanzdifferenzen der Stufen 1 und 2

Die Bewertung von Bilanzdifferenzen der Stufe 1 bestimmt sich ausschließlich nach § 274 Abs. 2 HGB und stellt kein Phänomen des Konzernabschlusses dar, weshalb sie im Folgenden nicht weiter erörtert werden.

Bilanzdifferenzen zwischen der Handelsbilanz II (als modifizierte Einzelbilanz) und der Steuerbilanz der jeweiligen Tochtergesellschaft sind ausnahmslos mit dem Steuersatz des betreffenden Tochterunternehmens zu bewerten. Dies resultiert einerseits aus dem Wortlaut von § 274 Abs. 2 S. 1 HGB („unternehmensindividuellen") und DRS 18.41. Zum anderen ergibt sich dies sowohl aus dem Sinn und Zweck des Temporary-Konzepts und dessen Zielsetzung einer zutreffenden Vermittlung des Einblicks in die Vermögenslage der Gesellschaft als auch aus der Liability-Methode[1179]. Steuerlich wirkt sich der Abbau von Bilanzdifferenzen in der Handelsbilanz II nämlich ausschließlich bei der Tochtergesellschaft selbst aus, so dass künftige Steuermehr- oder -minderzahlungen nur bei Zugrundelegung des Steuersatzes der Tochtergesellschaft realitätsgetreu abgebildet werden können. Diese Aussage gilt sowohl für Bilanzdifferenzen, die durch die Anpassung an konzerneinheitliche Bilanzierungsvorschriften entstehen, als auch für Bilanzdifferenzen zwischen der „gesonderten Steuerbilanz" und einem handelsrechtlichen Zwischenabschluss.

Demnach sind bei *ausländischen Tochtergesellschaften*, die in einer Fremdwährung Rechnung legen, nur die ausländischen Steuersätze (ggf. unter Beachtung von Doppel-

1179 Vgl. ausführlich zu den Implikationen der Liability-Methode für die Wahl des Steuersatzes: LIENAU (2006), S. 113 f.

besteuerungsabkommen)[1180] anzuwenden, denen die Tochtergesellschaft unterworfen ist. Dabei kann eine Komplikation eintreten, sofern das ausländische Steuerrecht einen gewinnverwendungsabhängigen **gespaltenen Steuertarif** für einerseits thesaurierte (Gewinnentstehungsseite) und andererseits ausgeschüttete Gewinne (Gewinnverwendungsseite) vorsieht. Einen derartigen Tarif sah das von 1977-2000 in Deutschland geltende Körperschaftsteuersystem („Anrechnungsverfahren") vor.[1181] Dabei war der Thesaurierungssteuersatz (Ausschüttungssteuersatz) höher (geringer) als der Ausschüttungssteuersatz (Thesaurierungssteuersatz), um eine Doppelbelastung mit Personensteuern im Ausschüttungsfall zu verhindern. In entsprechend gelagerten Fällen ist aufgrund des Stichtagsprinzips stets vom Thesaurierungssteuersatz auszugehen.[1182]

Eine weitere Komplikation kann eintreten, wenn das ausländische Steuerrecht keinen proportionalen Steuertarif vorsieht, sondern ein bemessungsgrundlagenabhängiger Tarif Anwendung findet. Hierbei wird es sich regelmäßig um einen **progressiven Steuertarif** handeln, d.h. der Grenzsteuersatz wächst (sinkt) mit steigender (fallender) Bemessungsgrundlage. Dann aber hängt die Höhe des anzuwendenden Steuersatzes für die Bewertung einer Bilanzdifferenz davon ab, wie hoch der steuerpflichtige Gewinn in der (den) Abbauperiode(n) der Bilanzdifferenz sein wird. Das Schrifttum hat sich zur Problematik progressiver Tarifverläufe (z.B. hinsichtlich des mittlerweile abgeschafften „Staffeltarifs" nach § 11 Abs. 2 GewStG a.F.) geäußert.[1183] Soweit ersichtlich werden zwei unterschiedliche Lösungen diskutiert. Bei beiden Lösungen bedarf es zunächst einer Schätzung der künftigen Gewinne in der (den) Abbauperiode(n) der Bilanzdifferenz. Bei der ersten Lösung[1184] wird sodann ein Durchschnittssteuersatz auf Basis der geschätzten Gewinne nach Abbau der Differenz ermittelt und dieser vereinheitlichte Steuersatz für die Bewertung der Bilanzdifferenz (bzw. Teile davon) genutzt.

1180 Vgl. ADS INTERNATIONAL (2007), Abschn. 20, Tz. 195.

1181 Vgl. zum Anrechnungsverfahren: HEY (2010), § 11, Tz. 9 f. m.w.N.

1182 Vgl. KARRENBROCK (1991), S. 256-261 (umfassend m.w.N.); LÜHRMANN (1997), S. 131-133; WIENKEN (2003), S. 82.
Diese Vorgehensweise deckt sich mit dem internationalen Recht (IAS 12.52A). Vgl. ADS INTERNATIONAL (2007), Abschn. 20, Tz. 199; PAWELZIK (2012), Tz. 4075. Beachte aber die inhaltlich unzutreffenden Ausführungen bei: SCHULZ-DANSO (2009), § 25, Tz. 169.

1183 Vgl. etwa HENNIG (1982), S. 222 ff.; KARRENBROCK (2007), Tz. 45 und 179; LIENAU (2006), S. 58 f.; SCHULZ-DANSO (2009), § 25, Tz. 168; ADS INTERNATIONAL (2007), Abschn. 20, Tz. 198.

1184 Vgl. LIENAU (2006), S. 59; SCHULZ-DANSO (2009), § 25, Tz. 168; HENNIG (1982), S. 228; ADS INTERNATIONAL (2007), Abschn. 20, Tz. 198; ERNSTING / LOITZ (2004), S. 1055

Beispiel: Eine zu versteuernde Differenz in Höhe von 10.000 GE trete in t0 auf und baue sich in t1 vollständig ab. Das ausländische Tochterunternehmen rechne damit, in t1 insgesamt einen steuerpflichtigen Gewinn im Umfang von 25.000 GE (nach Abbau der Differenz) versteuern zu müssen. Das ausländische Steuerrecht sehe einen progressiven Tarif vor, der § 32a Abs. 1 EStG i.d.F. des VZ 2011 entspreche.[1185] Bei einem zu versteuernden Einkommen von 25.000 GE ergibt sich eine Steuerschuld in Höhe von 4.106 GE (§ 32a Abs. 1 Nr. 3 EStG).[1186] Dies entspricht einem Durchschnittssteuersatz in Höhe von rd. 16,4 %. In t0 werden passive latente Steuern im Umfang von 1.640 GE ausgewiesen.

Demgegenüber wird bei der zweiten Lösung[1187] kein Durchschnittssteuersatz gebildet, sondern ausgehend von den geschätzten Gewinnen eine Marginalbetrachtung der die Bilanzdifferenzen auslösenden Geschäftsvorfälle vorgenommen. Letztlich läuft diese Maßnahme darauf hinaus, die zusätzliche Steuerbe- oder -entlastung anlässlich betragsmäßig exakt feststehender Änderungen des Gewinns (infolge des Abbaus sämtlicher sich in einer Periode voraussichtlich abbauenden Bilanzdifferenzen) für jede Periode zu ermitteln. Mit anderen Worten, in jeder der Abbauperioden von Bilanzdifferenzen ist ein **Differenzsteuersatz** zu bilden.

Beispiel: Alle Daten wie im vorangegangenen Beispiel. In einem ersten Schritt wird die Steuerschuld ermittelt, die sich ergäbe, falls sich die zu versteuernde Differenz in t1 nicht abbauen würde. Bei einem erwarteten zu versteuernden Einkommen von 15.000 GE (vor Abbau der Differenz) ergibt sich eine Steuerschuld von 1.410 GE.[1188] Die Steuerschuld, die sich bei einem zu versteuernden Einkommen von 25.000 GE (nach Abbau der Differenz) ergibt, beträgt 4.106 GE. Ergo resultiert aus dem Abbau der zu versteuernden Differenz in t1 eine Steuermehrbelastung von 2.696 GE. Setzt man diese (erwartete) Veränderung der Steuerschuld und die (erwartete) Veränderung der Bemessungsgrundlage infolge des Abbaus der zu versteuernden Differenz in Relation

[1185] Dem Verfasser ist bewusst, dass der ESt-Tarif irrelevant für die Bewertung latenter Steuern ist, da es sich bei der ESt nicht um eine Unternehmenssteuer handelt. Der Rückgriff auf § 32a EStG bietet sich aber an, da andernfalls ein progressiver Tarif erdacht werden müsste, um die Zusammenhänge zu veranschaulichen.

[1186] Rechenweg: (228,74 × 1,1531 + 2397) × 1,1531 + 1038.

[1187] Vgl. KARRENBROCK (2007), Tz. 45.

[1188] Rechenweg: (228,74 × 0,1531 + 2397) × 0,1531 + 1038.

zueinander, so ergibt sich ein Differenzsteuersatz in Höhe von 26,96 %. Anwendung des Differenzsteuersatzes auf die zu versteuernde Differenz ergibt den Passivierungsbedarf in t0 in Höhe von 2.696 Euro. Die Unterschiede zwischen den beiden Lösungsansätzen (1.056 GE) sind insoweit durchaus beträchtlich.

Zwar kann keine der beiden Vorgehensweisen für sich in Anspruch nehmen, ohne (intersubjektiv nicht nachprüfbare) Schätzungen der Gewinnhöhe auszukommen. Derweil bildet die Anwendung des Differenzsteuersatzes die Realität des progressiven Steuertarifs eindeutig getreuer ab als die Anwendung eines Durchschnittssteuersatzes. Insoweit ist die Anwendung eines Differenzsteuersatzes aus theoretischer Sicht unstreitig zu bevorzugen. Gleichwohl ist zu konzedieren, dass die Lösung mittels Durchschnittssteuersatz einerseits von der Praxis einfacher umzusetzen ist und sich der DRSC anderseits in DRS 18.44 erkennbar an IAS 12.49 angelehnt hat.

6.2.2 Bilanzdifferenzen der Stufe 3

Bilanzdifferenzen der dritten Stufe treten entweder im Rahmen der eigentlichen Kapitalkonsolidierung (Erst-, Folge- und Endkonsolidierung) oder durch übrige Konsolidierungsvorgänge (z.B. die Zwischenerfolgseliminierung oder die Schuldenkonsolidierung) auf. Die Besonderheiten bei der Bewertung dieser Bilanzdifferenzen seien im Folgenden dargestellt.

a) Eigentliche Kapitalkonsolidierung (Erst-, Folge- und Endkonsolidierung)

Im Rahmen der Kaufpreisallokation eines Tochterunternehmens aufgedeckte stille Reserven und Lasten sind, da selbige sich beim Tochterunternehmen abbauen und insoweit dort Steuerfolgen entfalten, stets mit dessen Steuersatz zu bewerten.[1189] Nur so können latente Steuern als künftige Steuererstattungsansprüche bzw. -schulden zutreffend ermittelt werden. Insoweit gilt das oben für die Bewertung von Bilanzdifferenzen der Stufe 2 Gesagte auch für die Bilanzdifferenzen im Rahmen der Kapitalkonsolidierung.

[1189] Vgl. SENGER / BRUNE (2009), § 35, Tz. 125.

b) Übrige Konsolidierungsvorgänge

b1) Schuldenkonsolidierung

Für die Ausführungen zur Bilanzierung latenter Steuern im Rahmen der Schuldenkonsolidierung[1190] wurde bislang unterstellt, dass der Steuersatz konzernweit einheitlich sei. Schwankt dagegen der Steuersatz zwischen den beteiligten Konzernunternehmen, ist fraglich, welcher Steuersatz für die Bewertung der (durch die Schuldenkonsolidierung hervorgerufenen) Bilanzdifferenz bzw. „Aufrechnungsdifferenz" anzuwenden ist. Aus der Liability-Methode folgt, dass auf den Steuersatz desjenigen Unternehmens abzustellen ist, bei der die künftigen Steuerfolgen entstehen.[1191] Nur wenn auf die steuerlichen Verhältnisse desjenigen Unternehmens abgestellt wird, dem der Abbau der Bilanzdifferenz widerfährt, werden die künftigen Steuermehr- oder -minderzahlungen zutreffend ermittelt. Folglich ist auf den Steuersatz des Unternehmens abzustellen, bei dem sich die Bilanzdifferenz (infolge der Schuldenkonsolidierung) abbauen wird. Gravierende Probleme werden jedoch gesehen, wenn die beteiligten Konzernunternehmen nicht nur abweichenden Steuersätzen unterliegen, sondern die Steuerfolgen zusätzlich bei mehreren Konzernunternehmen entstehen.

Beispiel: In t1 bestehe bei Konzernunternehmen A (s = 0,3) eine Forderung in Höhe von 600 GE, während bei B (s = 0,5) ein in der Höhe differierender steuerlicher Passivposten (Verbindlichkeit) in Höhe von 1.000 GE existiere. Beide Posten seien im Rahmen der Schuldenkonsolidierung zu eliminieren. Es kommt zu einer passivischen Aufrechnungsdifferenz in Höhe von 400 GE.

LIENAU hat für einen ähnlich gelagerten Fall dargelegt,[1192] dass eine Bruttobetrachtung geboten ist. Darunter versteht er ein Abstellen auf die künftigen Steuermehr- und -minderzahlungen bei den einzelnen Konzernunternehmen als Steuersubjekte. Geht man nämlich davon aus, dass sich beide Posten im Folgejahr (t2) vollständig abbauen, so führt das steuerliche Aufwandspotential bei A (die Auflösung des steuerlichen Passivpostens bei B) zu einer Steuerminderzahlung von 180 GE (Steuermehrzahlung von 500 GE). Per Saldo besteht aufgrund der Aufrechnungsdifferenz somit in t1 ein Passi-

---

[1190] Siehe oben ausführlich E.4.3.2.

[1191] **Gl.A.** LIENAU (2006), S. 177 (in Bezug auf IAS 12).

[1192] Vgl. im Folgenden: LIENAU (2006), S. 178 f. (leicht abweichende Zahlen).

vierungsbedarf im Umfang von 320 GE. Demgegenüber liefert eine Nettobetrachtung unzutreffende Ergebnisse. Hierunter ist eine Bewertung der passivischen Aufrechnungsdifferenz (im Beispiel: 400 GE) mit einem Steuersatz (z.B. von A oder B) zu verstehen. Weder die Bewertung mit dem Steuersatz von Konzernunternehmen A (120 GE) noch mit dem Steuersatz von Konzernunternehmen B (200 GE) liefert das richtige Ergebnis. LIENAU schlussfolgert für IAS 12,[1193] dass die Nettobetrachtung aufgrund deren Einfachheit (und ungeachtet der von ihm herausgearbeiteten Schwächen) gleichwohl zulässig ist.

Der Auffassung von LIENAU kann nicht gefolgt werden. Die Wurzel des Problems liegt in der ungenauen Bezeichnung der „Aufrechnungsdifferenz" begründet.[1194] Nach dem Temporary-Konzept werden latente Steuern auf Bilanzdifferenzen (und nicht auf Aufrechnungsdifferenzen) bilanziert. Es kommt mithin immer dann zu Problemen, wenn, wie im vorstehenden Beispiel, eine Aufrechnungsdifferenz nicht gleichzeitig *eine* Bilanzdifferenz darstellt, sondern in Wirklichkeit eine „Bewertungseinheit" aus zwei Bilanzdifferenzen ist. Werden latente Steuern in einem solchen Fall nun auf die „Aufrechnungsdifferenz" und nicht auf die zwei einzelnen (und somit getrennt zu erfassenden und zu bewertenden) Bilanzdifferenzen bilanziert, so kommt es erstens zu den von LIENAU identifizierten Problemen bei der Wahl des anzuwendenden Steuersatzes. Andererseits kann auch nicht ausgeschlossen werden, dass aktive und passive Differenzen miteinander saldiert werden, obwohl diese gemäß obiger Regeln[1195] nicht hätten saldiert werden dürfen. Beide Probleme werden vermieden, wenn - wie dies das Temporary-Konzept ohnehin vorschreibt - auf die Bilanzdifferenzen abgestellt wird und nicht auf die „Aufrechnungsdifferenz".

b2) Zwischenergebniseliminierung

Im Zuge der Zwischenergebniseliminierung entstehende Bilanzdifferenzen sind bei Anwendung des Temporary-Konzepts nach weit überwiegend h.M.[1196] mit dem Steuersatz

---

1193 Vgl. LIENAU (2006), S. 178.

1194 Siehe oben E.4.3.2.

1195 Siehe oben D.4.4.

1196 Vgl. ADS INTERNATIONAL (2007), Abschn. 20, Tz. 196; ELPRANA (2011), § 306 HGB, Tz. 29; GELHAUSEN / FEY / KÄMPFER, Abschn. Q, Tz. 322; KARRENBROCK (2007), Tz. 208; HAHN (2011a), S. 1229; LIENAU (2006), S. 186 f; HOFFMANN / LÜDENBACH (2012), § 306 HGB, Tz. 42;

des *empfangenden* Unternehmens zu bewerten. Auch DRS 18.45 schreibt dies vor. Rechtfertigung hierfür ist, dass derartige Bilanzdifferenzen sich beim empfangenden Unternehmen abbauen und dort Steuerfolgen entfalten.[1197] Dies ergibt sich auch aus der Liability-Methode.

Zur Veranschaulichung findet sich nachstehend ein Beispiel.

Beispiel: Konzernunternehmen A (s = 0,1) stellt eine Ware mit Herstellungskosten von 500 GE her und liefert die Ware mit Gewinn von 50 GE an Konzernunternehmen B (s = 0,2). Die Ware wird für 620 GE wiederum an Konzernunternehmen C (s = 0,3) weiterveräußert. Insgesamt müssen somit Gewinne von insgesamt 120 GE eliminiert werden, so dass die Ware bei C konzernbilanziell nur noch mit Anschaffungskosten von 500 GE zu Buche steht. Da eine Zwischenerfolgseliminierung in der Steuerbilanz von C nicht erfolgt, wird die Ware steuerbilanziell mit Anschaffungskosten von 620 GE aktiviert, so dass es zu einer abzugsfähigen Differenz von 120 GE kommt. Für die Bewertung dieser Differenz ist der Steuersatz von C (s = 0,3) als empfangendes Unternehmen zu nutzen, da der Abbau der Differenz (z.B. Veräußerung der Ware an Dritte) auch bei diesem Steuerwirkungen entfaltet.

Einer auf SFAS 109.124 basierenden und im internationalen Schrifttum zu findenden Mindermeinung[1198] zufolge ist demgegenüber der Steuersatz der *liefernden* Unternehmung anzuwenden. Ungeachtet deren konzernbilanzieller Eliminierung seien konzerninterne Leistungen steuerlich wie Leistungen gegenüber Dritten zu behandeln, so dass das liefernde Unternehmen zur Zahlung von Ertragsteuern verpflichtet sei.[1199] Dies spreche für die Nutzung des Steuersatzes der liefernden Unternehmung.

Nach der hier vertretenen Auffassung ist der h.M. zu folgen.[1200] Ziel des Temporary-Konzepts ist die Abbildung künftiger Steuerfolgen, die sich durch den Abbau von Bilanzdifferenzen ergeben, und mithin der zutreffende Ausweis der Vermögenslage. Das Argument der Mindermeinung, wonach (handelsrechtlich zu eliminierende)

LOITZ (2009), S. 917; SENGER / BRUNE (2009), § 35, Tz. 127 f.; KOZIKOWSKI / FISCHER (2012a), § 306 HGB, Tz. 32 m.w.N.; ELPRANA (2007), S. 176 f.

1197 Vgl. stellvertretend: HAHN (2011a), S. 1229.

1198 Vgl. WENDLANDT / VOGLER (2001), S. 250; THIELE / ECKERT (2008), IAS 12, Tz. 303; PAWELZIK (2012), Tz. 4074.

1199 Vgl. im Folgenden: THIELE / ECKERT (2008), IAS 12, Tz. 303.

1200 **Gl.A.** ELPRANA (2007), S. 177 f. (mit vergleichendem Zahlenbeispiel).

Zwischenerfolge steuerlich gleichwohl von der leistenden Unternehmung versteuert werden, ist zwar zutreffend, tangiert aber nur die Ermittlung des effektiven Steueraufwands der Berichtsperiode. Für die Ermittlung der künftigen Steuerfolgen aus dem Abbau von auf Ebene des empfangenden Unternehmens existierenden Bilanzdifferenzen trägt diese Erkenntnis indessen nichts bei.

b3) Konzerninterne Ergebnisübernahmen

Soweit latente Steuern infolge von konzerninternen Ergebnisübernahmen zu bilanzieren sind,[1201] ist auf die steuerlichen Verhältnisse des bezugsberechtigten Unternehmens abzustellen, d.h. regelmäßig auf die Muttergesellschaft. Insoweit ist der Steuersatz des (gewinnvereinnahmenden) Anteilseigners maßgeblich.

Auf die vielfältigen einzelsteuergesetzlichen Vorschriften hinsichtlich der Vereinnahmung von Beteiligungserträgen und/oder Erträgen aufgrund eines EAV kann an dieser Stelle nur hingewiesen werden (v.a. § 8b KStG; §§ 8 Nr. 5; 9 Nr. 2, Nr. 2a, Nr. 7 GewStG; §§ 14 ff. KStG).

6.3 Zur Anwendbarkeit von Durchschnittssteuersätzen

Im Schrifttum[1202] wird die Anwendung von konzerneinheitlichen Durchschnittssteuersätzen bei der Bewertung von Bilanzdifferenzen im Konzernverbund (im Folgenden: *vereinfachende Bewertung*) diskutiert. Zwar wird zutreffend konzediert, dass entsprechend dem Wortlaut von § 306 S. 5 HGB und aufgrund der Liability-Methode grundsätzlich auf unternehmensindividuelle, *„steuersubjektbezogene“*[1203] Steuersätze zurückzugreifen ist.[1204] Ungeachtet der grundsätzlichen Unzulässigkeit eines Rückgriffs auf

---

1201 Siehe oben ausführlich E.4.3.4.

1202 Vgl. KARRENBROCK (2008), S. 335; KIRSCH (2009b), § 306 HGB (BilMoG), Tz. 72; GELHAUSEN / FEY / KÄMPFER, Abschn. Q, Tz. 320; DRS 18 (3.9.2010), Tz. 41 f.; KOZIKOWSKI / FISCHER (2012a), § 306 HGB, Tz. 32; BUDDE / VAN HALL (2010), § 306 HGB, Tz. 27; HOFFMANN / LÜDENBACH (2012), § 306 HGB, Tz. 40 f.; LEINEN (2010), S. 727.
Dies war bereits nach altem Recht der Fall. Vgl. zur bisherigen Rechtslage etwa: LÜHRMANN (1997), S. 133 ff. m.w.N.; DEBUS (2003), C 440, Tz. 56 ff.; KARRENBROCK (2007), Tz. 136; KRAFT (2002), § 306 HGB, Tz. 31.

1203 BT-DRUCKS. 16/10067 (30.07.2008), S. 68.

1204 Siehe hierzu oben D.3.2.1.

Durchschnittssteuersätze sei indessen - und dies stellt die, soweit ersichtlich, unbestrittene h.M. dar - die vereinfachende Bewertung aus Wesentlichkeits- und Vereinfachungsgesichtspunkten letztlich doch nicht zu beanstanden. Nach der hier vertretenen Auffassung kann mit Blick auf die Gesetzesmaterialien[1205] sowie die bisherige Rechtslage[1206] an der Zulässigkeit der vereinfachenden Bewertung im Konzernverbund in Ausnahmefällen kein Zweifel bestehen. Zwei Aspekte bedürfen besonderer Beachtung.

1. Es existiert Konkretisierungsbedarf, *wann* die vereinfachende Bewertung zulässig ist. Mit anderen Worten, unter welchen Voraussetzungen übt die vereinfachende Bewertung einen tendenziell *un*wesentlichen Einfluss auf die wirtschaftliche Lage des Konzerns aus?
2. Sofern die vereinfachende Bewertung im Einzelfall zulässig sein sollte, ist zu untersuchen, ob die vereinfachende Bewertung für sämtliche Ebenen der Differenzen im Konzernabschluss einschlägig ist oder ob eine *differenzierende Betrachtung* geboten sein könnte.

Die Beantwortung der *ersten Frage* lässt sich theoretisch exakt nur durch eine **komparative Betrachtung** lösen. Letztlich müsste hierzu der Konzernabschluss bei Zugrundelegung von einerseits des Durchschnittssteuersatzes und andererseits der unternehmensindividuellen Steuersätze aufgestellt werden, um beide Konzernabschlüsse anschließend miteinander zu vergleichen. Vermittelt der mittels vereinfachender Bewertung aufgestellte Konzernabschluss dem Bilanzierenden gleichwohl einen zutreffenden Einblick in die wirtschaftliche Lage der Gesellschaft, so ist die vereinfachende Bewertung unwesentlich für die Darstellung der Lage der Gesellschaft und damit zulässig, weil sie die Vermögens- und Ertragssituation des Konzerns nicht verzerrt. Indessen ist eine komparative Betrachtung in praxi nicht gangbar, da der auf Basis unternehmensindividueller Steuersätze bewertete Konzernabschluss hierfür aufgestellt werden müsste und der intendierte Vereinfachungseffekt ad absurdum geführt würde.

1205 Vgl. BT-DRUCKS. 16/10067 (30.07.2008), S. 83. Dort heißt es: *„Unter Verhältnismäßigkeits- (Kosten-Nutzen-Relation) und Wesentlichkeitsgesichtspunkten kann die Bewertung ausnahmsweise auch mit einem konzerneinheitlichen, durchschnittlichen Steuersatz erfolgen."*

1206 Vgl. stellvertretend etwa: EBERHARTINGER (2002a), § 306 HGB, Tz. 70; BAUMANN (1998), § 306 HGB, Tz. 44.

Eine gangbare Lösung ist demgegenüber in der strukturierten Betrachtung von Steuertarifunterschieden und -gemeinsamkeiten zwischen den Konzernunternehmen zu erblicken. Schwanken die Steuersätze zwischen den Konzernunternehmen nur sehr geringfügig, so ist tendenziell von Unwesentlichkeit und somit der Zulässigkeit einer vereinfachenden Bewertung auszugehen. Dieser Fall wird in einem reinen **Inlandskonzern** regelmäßig eintreten, da dort der ertragsteuerliche Multifaktor zwischen Konzernunternehmen allenfalls infolge unterschiedlicher **Hebesätze** bei der Gewerbesteuer schwankt. Falls zwischen den betroffenen Gemeinden keine gravierenden Hebesatzdifferenzen bestehen - Abweichungen von zirka 30 Prozentpunkten beim Hebesatz dürften als unschädlich zu betrachten sein - kann die vereinfachende Bewertung genutzt werden.

Handelt es sich demgegenüber um einen Konzern, der **ausländische Tochterunternehmen** in den Konzernabschluss einbezieht, so lassen sich die für den Inlandskonzern abgeleiteten Grundsätze zumindest auf die inländischen Konzernunternehmen übertragen. Die ausländischen Töchter sind mit den ausländischen, unternehmensindividuellen Steuersätzen (ggf. unter Beachtung von Quellensteuern und Doppelbesteuerungsabkommen) zu bewerten. Etwas anderes kann nur gelten, sofern der Ergebnisbeitrag der ausländischen Töchter zum Konzernergebnis fortdauernd vernachlässigbar ist und/oder der ausländische Steuersatz zufälligerweise annähernd dem inländischen Steuersatz entspricht.

Betreffend die <u>*zweite Frage*</u> ist zu konstatieren, dass die **konzernweite** Anwendung des Durchschnittssteuersatzes auf sämtliche Bilanzdifferenzen zwar im Einklang mit der Einheitsfiktion stünde,[1207] aber letztlich dazu führte, dass (im Einzelabschluss bereits mit unternehmensindividuellen Steuersätzen bewertete) Bilanzdifferenzen der Stufe 1 umzubewerten wären, nur weil sie in den Konzernabschluss übernommen werden. Diese Umbewertung wäre indessen der erklärte Gegensatz einer arbeitskraft- und

---

[1207] Die fingierte Einheit „Konzern" kann aus theoretischer Sicht nur einem Steuersatz bzw. -tarif unterliegen. Gleichwohl hat der Gesetzgeber diese Abkehr vom Einheitsgrundsatz explizit eingefordert; diese Absicht kommt durch nachstehenden Passus in den Gesetzesmaterialien zum Ausdruck: *„Folglich ist der unternehmensindividuelle Steuersatz der in den Konzernabschluss einbezogenen Tochterunternehmen im Zeitpunkt der Umkehrung der Differenz für Zwecke der Berechnung der latenten Steuern in Ansatz zu bringen. Damit wird die Fiktion des Konzerns als wirtschaftliche Einheit an dieser Stelle zugunsten einer stärker an den tatsächlichen Verhältnissen orientierten Darstellung der Vermögens-, Finanz- und Ertragslage zurückgedrängt."* BT-DRUCKS. 16/10067 (30.07.2008), S. 83.

kosteneinsparenden Vereinfachung und dem Bilanzierenden zudem nur schwer zu vermitteln.

Bedenken gegen eine Bewertung mit dem Durchschnittssteuersatz bestehen auch bei Bilanzdifferenzen der Stufe 2. Für deren Bewertung werden dieselben Steuersätze wie bei der Bewertung von Bilanzdifferenzen der Stufe 1 genutzt und auch Probleme bei der Zuordnung der Steuersätze zu den Bilanzdifferenzen bestehen nicht. Zudem weist LÜHRMANN darauf hin,[1208] dass in der Praxis der Konzernabschlusserstellung Differenzen auf Ebene der Handelsbilanzen II regelmäßig nicht vom Mutterunternehmen bewertet werden, sondern dezentral vom jeweiligen Konzernunternehmen. Da das Mutterunternehmen insoweit auf umfangreiche Vorarbeiten der übrigen Konzernunternehmen zurückgreifen kann, besteht auch von dieser Seite kein Vereinfachungsbedarf. Wenn demnach die erforderlichen Daten für eine Bewertung mit unternehmensindividuellen Steuersätzen vorhanden sind und deren Anwendung insoweit mit keinen zusätzlichen Kosten verbunden ist, dann besteht **kein Bedarf** für eine vereinfachende Bewertung.

Bei Bilanzdifferenzen der Stufe 3 ist eine Differenzierung in mehrfacher Hinsicht erforderlich.

Erfolgsneutrale Bilanzdifferenzen, die infolge von Wertanpassungen im Rahmen der eigentlichen Kapitalkonsolidierung entstehen und fortgeschrieben werden, wirken sich auf Ebene des Tochterunternehmens aus. Deren Steuersätze entsprechen denjenigen Steuersätzen, die für die Bewertung von Bilanzdifferenzen der Stufe 1 und 2 genutzt wurden. Da insoweit kein Vereinfachungsbedarf besteht, sind Bilanzdifferenzen infolge der Kapitalkonsolidierung anhand unternehmensindividueller Steuersätze zu bewerten. Für die Anwendung von unternehmensindividuellen Steuersätzen spricht zudem, dass eine ungenaue Bewertung von erfolgsneutral im Rahmen der Kapitalkonsolidierung entstandenen Bilanzdifferenzen sich auf die Höhe des Geschäfts- oder Firmenwerts bzw. Unterschiedsbetrags aus der Kapitalkonsolidierung auswirken würde,[1209] dessen erfolgswirksame Auflösung regelmäßig die Lage des Konzerns erheblich berührt. Ungenauigkeiten verbieten sich an dieser Stelle.

1208 Vgl. LÜHRMANN (1997), S. 133.

1209 Vgl. ELPRANA (2011), § 306 HGB, Tz. 25, der diesen Aspekt aber zur Rechtfertigung einer „Einzeldifferenzenbetrachtung" im Rahmen der Kapitalkonsolidierung anführt.

Die Bilanzierung solcher latenter Steuern, die infolge von Maßnahmen der Schuldenkonsolidierung notwendig werden, gehört ebenfalls zur dritten Stufe. Es ist nochmals zu betonen, dass latente Steuern - ungeachtet der im Schrifttum verbreiteten Bezeichnung - nicht „auf Aufrechnungsdifferenzen" bilanziert werden, sondern auf Bilanzdifferenzen, die infolge der Schuldenkonsolidierung bei den einzelnen Unternehmen entstehen.[1210] Andernfalls kann es zu gravierenden Problemen bei der Bewertung der „Aufrechnungsdifferenz" kommen. Soweit dies allerdings beachtet wird, besteht kein Vereinfachungsbedarf, da die anzuwendenden Steuersätze derjenigen Unternehmen, bei denen sich die Bilanzdifferenzen abbauen, bekannt sind. Entsprechendes gilt für die Zwischenerfolgseliminierung. Bei Bilanzdifferenzen infolge der Zwischenerfolgseliminierung ist selbst im mehrstufigen Konzern die Identifizierung des *empfangenden* Unternehmens ohne weiteres möglich, so dass für eine Vereinfachung gleichermaßen kein Bedarf besteht. Die Anwendung eines konzerneinheitlichen Steuersatzes ist unzulässig.

Im Falle von Bilanzdifferenzen, die im Rahmen von Ergebnisübernahmen entstehen, oder bei der Dotierung von Rückstellungen für Nachsteuern verbietet sich eine pauschale Anwendung eines Durchschnittssteuersatzes. Dies ist bereits aufgrund der umfangreichen Steuerbefreiungen in diesem Bereich (z.B. das Dividendenprivileg nach § 8b Abs. 1, 5 KStG) unmittelbar einsichtig, die andernfalls „unter den Tisch" fielen.

Alles in allem ist die vereinfachende Bewertung, d.h. die Anwendung von Durchschnittssteuersätzen, sachlich nicht gerechtfertigt. Bei den Differenzen der Stufen 2 und 3 sind *entweder* die unternehmensindividuellen Steuersätze bereits aus den Einzelabschlüssen bekannt und können aufgrund der Einzeldifferenzenbetrachtung auch eindeutig zugeordnet werden *oder* bedürfen ohnehin einer erhöhten Aufmerksamkeit durch den Bilanzierenden (z.B. Berücksichtigung von Tarifvergünstigungen bei Dividenden; gesonderte Erfassung erfolgsneutral entstandener Bilanzdifferenzen; ausländische Tochterunternehmen). Eine Bewertung mit Durchschnittssteuersätzen im Temporary-Konzept entfaltet daher keine materielle Relevanz.

[1210] Siehe hierzu bereits oben E.4.3.2. und E.6.2.2.b).b1).

6.4 Neubeurteilung steuerlicher Verlustvorträge aus Konzernsicht?

Im Gegensatz zu § 274 HGB adressiert § 306 HGB steuerliche Verlustvorträge (und vergleichbare vortragsfähige Sachverhalte) mit keiner Silbe. Indessen überrascht diese Auslassung bei näherem Hinsehen nicht, da steuerliche Verlustvorträge einerseits ausschließlich ein Phänomen der Einzelgesellschaften (Tochtergesellschaft und Mutterunternehmen) sind, während „der Konzern" als solches kein Steuersubjekt ist und über keinen eigenen steuerlichen Konzern-Verlustvortrag verfügt. Andererseits wirken sich die Konsolidierungsmaßnahmen, bei denen § 306 HGB anwendbar ist, ohnehin nicht auf die Höhe der steuerlichen Verlustvorträge aus.[1211] Die Bilanzierung steuerlicher Verlustvorträge im Konzern richtet sich somit in keiner Weise nach § 306 HGB, sondern ausschließlich nach § 274 Abs. 1 S. 4, Abs. 2 HGB i.V.m. § 298 Abs. 1 HGB. Die nach Maßgabe des Einzelabschlusses ermittelten und bereits bewerteten latenten Steuern auf steuerliche Verlustvorträge sind in den Konzernabschluss zu übernehmen (§ 300 Abs. 2 S. 1 HGB).[1212] Damit findet die Einschränkung des Prognosehorizonts auf fünf Jahre[1213] auch in der Konzernbilanz statt.[1214]

Im Schrifttum wird verschiedentlich darauf hingewiesen,[1215] dass aus Konzernsicht ggf. eine **Neubeurteilung** von latenten Steuern auf steuerliche Verlustvorträge geboten sei. Gerechtfertigt wird dies u.a. mit beabsichtigten Restrukturierungs- und Sanierungsmaßnahmen (z.B. Verschmelzungen, Auslagerung von Aktivitäten an ein anderes Konzernunternehmen, Abstoßung defizitärer Teilbetriebe), welche im Konzernverbund eher zu realisieren seien als von einer nicht konzernierten Unternehmung. Dem liegt die Vermutung zugrunde, dass mit derartigen Maßnahmen eine höhere Wahrscheinlichkeit für die Nutzung steuerlicher Verlustvorträge einhergeht.

1211 Vgl. BUDDE / VAN HALL (2010), § 306 HGB, Tz. 18.

1212 Siehe oben E.4.1.

1213 Siehe oben D.2.3.4.2.4.

1214 **Gl.A.** KOZIKOWSKI / FISCHER (2012a), § 306 HGB, Tz. 36; BUDDE / VAN HALL (2010), § 306 HGB, Tz. 18. **Abweichend**: GELHAUSEN / FEY / KÄMPFER, Abschn. Q, Tz. 304 (ohne Begründung).

1215 Vgl. etwa BUDDE / VAN HALL (2010), § 306 HGB, Tz. 18; HAHN (2011a), S. 1215; SENGER / BRUNE (2009), § 35, Tz. 135 f.; LIENAU (2006), S. 133.

Beispiel: Konzernunternehmen A schreibt seit wenigen Jahren Verluste, so dass bei A zum Ende von t0 umfangreiche steuerliche Verlustvorträge akkumuliert wurden. Da eine Trendwende bei A in den nächsten fünf Jahren nicht in Sicht ist, hat die Aktivierung latenter Steuern auf diese steuerlichen Verlustvorträge zu unterbleiben. Im Laufe des Folgejahres (t1) stellt die Konzernmutter die Auslagerung eines profitablen Geschäftszweigs an A in Aussicht, um A „unter die Arme zu greifen". Würde diese Restrukturierungsmaßnahme durchgeführt, wäre mit an Sicherheit grenzender Wahrscheinlichkeit mit ausreichenden steuerlichen Gewinnen bei A in den nächsten fünf Jahren zu rechnen, so dass eine Aktivierung latenter Steuern möglich wäre. Zum Ende von t2 wird ein entsprechender Beschluss von der Konzernleitung gefasst und mit den Vorbereitungen der Umsetzung der Maßnahme begonnen. In t3 wird die Umstrukturierung abgeschlossen.

Man wird eingestehen müssen, dass Umstrukturierungen, Maßnahmen zur Steuergestaltung und die Erzielung von Synergien im Konzernverbund tendenziell leichter umzusetzen sind als dies von einer einzelnen, nicht konzernierten Unternehmung geleistet werden könnte. Dies könnte dafür sprechen, die künftige Umsetzung derartiger Maßnahmen in der steuerlichen Planungsrechnung[1216] von konzernierten Unternehmungen tendenziell optimistischer einschätzen zu wollen. Allerdings ist mit Blick auf die obigen Ausführungen[1217] nochmals darauf hinzuweisen, dass größte Zurückhaltung bei der Aktivierung latenter Steuern auf steuerliche Verlustvorträge zu üben ist, insbesondere wenn (wie im obigen Beispiel) das Unternehmen auf eine Verlusthistorie zurückblickt. Die Einbeziehung eines derartigen Unternehmens in den Konzernverbund darf nicht dazu führen, dass die bloße Möglichkeit oder eine Absichtserklärung des Managements zur Durchführung einer Umstrukturierung eine Aktivierung latenter Steuern ermöglicht. Aus Gründen der Objektivierung ist vielmehr abzuwarten, ob die Maßnahme zum Bilanzstichtag tatsächlich **eingeleitet** wurde.[1218] Das Abstellen auf den Zeitpunkt der tatsächlichen Einleitung der Maßnahme trägt den Objektivierungserfordernissen ausreichend Rechnung: Die Einleitung der Maßnahmen ist als ein starkes Indiz dafür zu

---

1216 Siehe oben D.2.3.4.2.3.

1217 Siehe oben D.2.3.2 und D.2.3.4.2.3.

1218 Vgl. GELHAUSEN / FEY / KÄMPFER, Abschn. Q, Tz. 305 (Berücksichtigung der Maßnahme in dem Zeitpunkt, in dem die Willensbildung auf Ebene des Mutterunternehmens abgeschlossen ist). **Zu weitgehend**: LIENAU (2006), S. 135 (konkrete Planungen des Managements reichen aus).

werten, dass das Unternehmen den Willen und die Fähigkeit besitzt, die Restrukturierung durchzuführen. Im Beispiel wären die künftigen steuerlichen Gewinne aus der Umstrukturierung daher frühestens zum Ende von t2 in der Steuerplanungsrechnung zu berücksichtigen.

Abschließend ist darauf hinzuweisen, dass derartige Änderungen nicht erst im Konzernabschluss vorzunehmen wären, sondern bereits auf Einzelabschlussebene (im Beispiel: Einzelabschluss von A zum Ende von t2). Es handelt sich ausdrücklich nicht um konzernbilanzielle Wertanpassungen von aus den Einzelabschlüssen in den Konzernabschluss übernommenen latenten Steuern auf steuerliche Verlustvorträge. Es ist daher missverständlich, wenn z.B. SENGER ET AL. schreiben, dass *„konzerninterne Restrukturierungsmaßnahmen wie Verschmelzungen (...) bei Vorliegen einer konzernweiten Steuerplanung zu einer <u>vom Einzelabschluss abweichenden Beurteilung</u> des Ansatzes bzw. der Werthaltigkeit aktiver latenter Steuern führen"*[1219] können.

Im Zusammenhang mit Umstrukturierungen und der erstmaligen Einbeziehung von Unternehmen in einen Konzernabschluss ist darauf hinzuweisen, dass steuerliche Verlustvorträge durch derartige Maßnahmen unter Umständen (teilweise) untergehen können, z.B. infolge von § 8c KStG oder § 12 Abs. 3 S. 2 UmwStG.[1220] Werden die steuerlichen Verlustvorträge durch derartige Vorschriften vernichtet, so müssen im Einzelabschluss des betreffenden Konzernunternehmens bilanzierte aktive latente Steuern auf steuerliche Verlustvorträge ausgebucht und können folglich nicht in den Konzernabschluss übernommen werden. Zu betonen ist indessen, dass das Steuerrecht teilweise Ausnahmen hiervon vorsieht (z.B. die Stille-Reserven-Klausel des § 8c S. 6 KStG oder die (mittlerweile suspendierte[1221]) Sanierungsklausel des § 8c Abs. 1a KStG), die hier aus Raumgründen nicht dargestellt werden können.

Falls eine ertragsteuerliche Organschaft besteht,[1222] ist ferner zu berücksichtigen, dass damit eine Einkommenszurechnung an den Organträger einhergeht. Die steuerliche Planungsrechnung muss die künftigen Ergebnisbeiträge der übrigen Gesellschaften des Organkreises beinhalten. Beispielsweise kann ein Organträger mit signifikanten

---

1219 SENGER / BRUNE (2009), § 35, Tz. 135 (Unterstreichung durch den Verf.).
1220 Vgl. statt vieler: BUDDE / VAN HALL (2010), § 306 HGB, Tz. 19.
1221 Siehe § 34 Abs. 7c KStG.
1222 Zu den Einzelheiten siehe oben D.5.4.

steuerlichen Verlustvorträgen, der selbst keine ausreichenden steuerlichen Gewinne in den nächsten fünf Jahren produzieren wird, trotzdem aktive latente Steuern auf Verlustvorträge bilanzieren, sofern er profitable Organgesellschaften unterhält, deren Einkommen ihm für steuerliche Zwecke zugerechnet werden. Insoweit hat eine ertragsteuerliche Organschaft eine Ausweitung des Anwendungsbereichs der steuerlichen Planungsrechnung zur Folge.[1223] Mit anderen Worten, die Planungsrechnung hat nicht mehr auf das voraussichtliche steuerliche Einkommen der nächsten fünf Jahre eines Steuersubjekts abzustellen, sondern auf das steuerliche Einkommen der nächsten fünf Jahre des gesamten Organkreises. Tendenziell führt die Organschaft somit zu einer gesteigerten Chance, aktive latente Steuern auf steuerliche Verlustvorträge bilanzieren zu können. Obwohl die Organschaft letztlich nur konzernierte Unternehmen betreffen kann, handelt es sich bei diesem Aspekt nicht um ein Phänomen des Konzernabschlusses. Vielmehr müssen diese Zusammenhänge bereits auf Ebene der Einzelabschlüsse der an der Organschaft beteiligten Gesellschaften berücksichtigt werden.

Alles in allem findet eine Neubeurteilung von steuerlichen Verlustvorträgen auf Ebene des Konzernabschlusses *nicht* statt. Konzerninterne Umstrukturierungen oder Rationalisierungsprogramme, die Berücksichtigung von Vorschriften zur ertragsteuerlichen Organschaft oder die Auswirkungen eines Unternehmenszusammenschlusses auf die bisherige Beurteilung der Werthaltigkeit bestehender steuerlicher Verlustvorträge sind allesamt auf Einzelabschlussebene zu berücksichtigen, obwohl diese Sachverhalte im Schrifttum vermehrt als vermeintliche Spezialitäten der Konzernrechnungslegung geschildert werden.[1224]

6.5 Bewertung latenter Steuern im Rahmen der Equity-Methode

Wie oben dargestellt wurde,[1225] treten Bilanzdifferenzen im Rahmen der Equity-Bewertung einer Beteiligung auf mehreren Ebenen auf. Differenzen auf Einzelabschlussebene des assoziierten Unternehmens werden ausschließlich auf Basis von dessen Steuersatz

1223 In diesem Sinne auch: SENGER / BRUNE (2009), § 35, Tz. 135.

1224 Dies mag auch daran liegen, dass das diesbezügliche Schrifttum überwiegend die IFRS zum Gegenstand hat und die IFRS sowohl für Einzel- als auch für Konzernabschlüsse gelten.

1225 Siehe oben E.5.

bewertet,[1226] da sich die Bilanzdifferenzen dort abbauen und die Steuerfolgen beim assoziierten Unternehmen eintreten. Entsprechendes gilt für Differenzen zwischen der statistischen Nebenrechnung zur Ermittlung des Equity-Werts und der Steuerbilanz des assoziierten Unternehmens sowie für Differenzen aus der Vereinheitlichung der Bilanzierung (§ 312 Abs. 5 S. 1 HGB).

Allerdings ist im Fall assoziierter Unternehmen zu berücksichtigen, dass die Macht der die Equity-Beteiligung haltenden Muttergesellschaft nicht ausreichen dürfte, ein Informationen über Steuertarife und steuerliche Wertansätze zurückhaltendes assoziiertes Unternehmen zur Herausgabe dieser Informationen zu zwingen.[1227] Das **Problem fehlender Informationen** ist zwar unbefriedigend,[1228] kann aber nicht wegdiskutiert werden und ist eine generelle Unzulänglichkeit der Equity-Methode. Es ist daher nicht zu beanstanden, wenn die steuerlichen Buchwerte (für die Ermittlung der Bilanzdifferenzen) und die Steuersätze näherungsweise geschätzt werden.[1229] Dies sollte bei assoziierten Unternehmen im Inland (normierte AfA-Tabellen; proportionale Steuertarife) noch am ehesten möglich sein. Aufgrund dieser Unschärfen ist es nicht zu beanstanden, wenn sämtliche bei assoziierten Unternehmen auftretenden Bilanzdifferenzen aus Vereinfachungsgründen mit einem einheitlichen Durchschnittssteuersatz bewertet werden.

Im Falle eines Informationen zurückhaltenden ausländischen Unternehmens, bei dem eine fundierte Schätzung der Informationen nicht möglich ist und in Willkür ausarten würde, ist es vorzuziehen, die Berücksichtigung latenter Steuern im Rahmen der Equity-Methode zu unterlassen und darauf im Anhang hinzuweisen.

Aufgrund der Verbotsvorschrift des § 306 S. 4 HGB stellt sich die Frage der Bewertung von Outside Differences im Rahmen der Equity-Bewertung grundsätzlich nicht. Lediglich im Fall von beim assoziierten Unternehmen thesaurierten Gewinnen sind Rückstellungen für Nachsteuern zu bilden. Anzuwenden ist in diesem Fall der Steuersatz des gewinnbezugsberechtigten Unternehmens (i.d.R. die Muttergesellschaft),[1230] wobei die

---

1226 Vgl. OSER (2008), S. 113.
1227 In diesem Sinne auch: LIENAU (2006), S. 202.
1228 Zu den Problemen der Informationsbeschaffung vgl. KÜTING / ZÜNDORF (1986), S. 21 f.
1229 Vgl. LIENAU (2006), S. 202.
1230 Vgl. OSER (2008), S. 113.

einzelsteuergesetzlichen Steuerbefreiungen (v.a. das Dividendenprivileg nach § 8b Abs. 1, 5 KStG) zu beachten sind. Probleme bei der Informationsbeschaffung stellen sich an dieser Stelle nicht.

7 Saldierung latenter Steuern im Konzern

Oben wurde gesagt,[1231] dass es in Deutschland keine Konzernbesteuerung gibt und die (im Konzernabschluss aggregierten) Einzelgesellschaften somit weiter eigenständige Steuersubjekte bleiben. Da insoweit die Realebene des Steuerrechts durch die Einbeziehung in einen Konzernabschluss nicht verändert wird, folgt hieraus, dass die oben dargelegten Saldierungsgrundsätze im Konzernverbund Bestand haben. Ergo kann die Kritik an der Lösung des Gesetzgebers im Einzelabschluss (Wahl zwischen undifferenzierter Saldierung oder „Bruttoausweis") vollumfänglich auf § 306 S. 1 und S. 2 HGB übertragen werden, die gleichermaßen ein undifferenziertes Saldierungswahlrecht vorsehen. Einzig der Einwand hinsichtlich der unzureichend wirkenden Ausschüttungssperre erübrigt sich, da der Konzernabschluss keine Grundlage für die Gewinnverwendung bildet. Die Anforderungen, die das DRSC in DRS 18.40 an die Saldierung aktiver und passiver latenter Steuern stellt, sind insoweit sachlich gerechtfertigt und zu begrüßen, da sie einer undifferenzierten Saldierung eine klare Absage erteilen.[1232]

Ungeachtet dieser Entsprechungen bestehen bei der Saldierung aktiver und passiver Differenzen von konzernierten Unternehmen einige Besonderheiten, die im Folgenden aufgegriffen werden. Eine erste Besonderheit ergibt sich, sofern zwischen konzernierten Unternehmen zugleich eine ertragsteuerliche Organschaft begründet wurde.[1233] Infolge der Einkommenszurechnung an den Organträger können (Teile der) aktive(n) und passive(n) Differenzen, die sich in derselben Periode (teilweise) abbauen, innerhalb des gesamten Organkreises miteinander saldiert werden. Eine Beschränkung auf die steuerliche Gewinnermittlung desjenigen Unternehmens, bei dem die Differenzen

---

1231 Siehe oben E.3.1.

1232 **Abweichend:** LÜDENBACH / FREIBERG (2010), S. 1971 f. sowie SIEGEL (2011), S. 185, der allerdings in seiner Arbeit nur den Einzelabschluss thematisiert. Die Unzulänglichkeiten einer undifferenzierten Saldierung sind nach Auffassung von SIEGEL vielmehr *„im Rahmen der Ansatzentscheidung bzw. Fortschreibung der Steuerlatenzen"* zu berücksichtigen. **Stellungnahme:** Eine derartige Vermengung der Ansatz- mit der Saldierungsfrage ist sachlich nicht gerechtfertigt und entspricht nicht den GoB, v.a. dem Einzelbewertungsgrundsatz.

1233 Vgl. SENGER / BRUNE (2009), § 35, Tz. 134.

auftreten, wäre erkennbar verfehlt. Indessen wird dieser Aspekt nur geringe praktische Relevanz entfalten, da latente Steuern für bei den Organgesellschaften auftretende Bilanzdifferenzen ohnehin beim Organträger bilanziert werden.[1234] Eine Beachtung der zeitlichen Struktur der Differenzen bleibt in jedem Fall erforderlich.

Weiterhin ist zu erwähnen, dass es im Rahmen der Equity-Bewertung denknotwendig zu einer undifferenzierten Saldierung latenter Steuern beim assoziierten Unternehmen kommt.[1235] Dies liegt daran, dass im Konzernabschluss lediglich der Equity-Wert des assoziierten Unternehmens erscheint (Ein-Zeilen-Konsolidierung) und aktive und passive latente Steuern die Höhe dieses Wertes beeinflussen. Die Gefahr der undifferenzierten Saldierung, namentlich ein Verstoß gegen das Realisationsprinzip, besteht zwar auch in diesem Fall, allerdings ist die Equity-Bewertung selbst nicht mit dem Vorsichtsprinzip zu vereinbaren, da diese Bewertungsmethode Wertansätze über den fortgeführten Anschaffungskosten der Beteiligung gerade ermöglichen soll. Insoweit wirkt der Verstoß gegen die Saldierungsgrundsätze an dieser Stelle nicht allzu schwer, sofern die Zulässigkeit der Equity-Methode nicht in Abrede gestellt werden soll.

In § 306 S. 6 HGB sowie DRS 18.62 wird es schließlich dem Bilanzierenden im Konzernabschluss anheimgestellt, die latenten Steuern der Einzelabschlüsse („Posten nach § 274 HGB") mit den latenten Steuern infolge von Konsolidierungsmaßnahmen („Posten nach § 306 HGB") zusammenzufassen oder getrennt auszuweisen. Nur auf den ersten Blick handelt es sich bei dieser Regelung um eine bloße Ausweisfrage.[1236] Indessen ist zu untersuchen, ob ein aggregierter Ausweis von Posten nach § 274 HGB mit Posten nach § 306 HGB sachlich gerechtfertigt ist und welche materielle Konsequenz eine „Zusammenfassung" nach sich zieht. Diese Frage wurde nach überwundenem Recht nur vereinzelt kontrovers diskutiert,[1237] obwohl sich das Wahlrecht in praxi außerordentlich

---

1234 Siehe oben D.5.4.1.

1235 Vgl. HAYN (2009), § 36, Tz. 61.

1236 **Gl.A.** SCHERRER (2010), § 306 HGB, Tz. 54; GELHAUSEN / FEY / KÄMPFER, Abschn. Q, Tz. 329. In Bezug auf das überkommene Recht, wobei § 306 S. 3 HGB a.F. dem jetzigen § 306 S. 6 HGB inhaltlich entsprach: KRAFT (2002), § 306 HGB, Tz. 43; ADS (1994 ff.), § 306 HGB, Tz. 50 f.

1237 **Für** eine Zusammenfassung: DEBUS (2003), C 440, Tz. 102 ff.
Dagegen: HARMS / KÜTING (1981), S. 149; DEUTSCHE TREUHAND-GESELLSCHAFT AG (1985/86), S. 180 (keine Saldierung von konsolidierungsbedingten aktiven latenten Steuern mit Rückstellungen für passive latente Steuern auf Einzelabschlussebene); BECKER (1991), S. 1742; DRS 10, Tz. 36; KRAWITZ (2000), S. 711 f. (mit Verweis auf BECKER).

großer Beliebtheit erfreute.[1238] Gegen die Zusammenfassung spricht aber, dass es hierdurch einerseits zu einer undifferenzierten Saldierung latenter Steuern kommen kann und die Adressaten andererseits nicht mehr die Ursachen der latenten Steuern erkennen können.[1239]

Während man den letztgenannten Einwand noch mit Blick auf die Angaben im Anhang (§ 314 Abs. 1 Nr. 21 HGB) entkräften könnte,[1240] wiegt der Hinweis auf die Saldierung äußerst schwer, wie das unten stehende und stark vereinfachte Beispiel demonstriert.

Beispiel: Angenommen sei, dass bei sämtlichen Konzernunternehmen eines Konzerns (s = 0,3) ausschließlich aktive Bilanzdifferenzen der Stufen 1 und 2 (§ 274 Abs. 1 HGB) im Umfang von 3.000 GE existieren; passive Differenzen der Stufen 1 und 2 oder steuerliche Verlustvorträge bestehen vereinfachungshalber nicht. Weiterhin sei unterstellt, dass passivische Differenzen der Stufe 3 infolge der Konsolidierung (§ 306 S. 1 HGB) entstehen und sich diese passiven Differenzen im Umfang von 5.000 GE *vor* den aktiven Differenzen abbauen, d.h. in früheren Wirtschaftsjahren auflösen. Selbst wenn man - realitätsfern - unterstellte, dass der Abbau sämtlicher Bilanzdifferenzen aller Stufen im Konzern in der steuerlichen Gewinnermittlung eines Unternehmens erfolgte (und mithin das Steuersubjekt „Konzern" fingiert), so scheiterte die Zulässigkeit einer Saldierung (bzw. „Zusammenfassung") der aktiven latenten Steuern nach § 274 HGB (900 GE) mit den passiven latenten Steuern nach § 306 HGB (1.500 GE) gleichwohl an der fehlenden Phasengleichheit beim Abbau der Bilanzdifferenzen. Die künftige Steuermehrbelastung des Konzerns am Bilanzstichtag beträgt eben nicht 600 GE, sondern 1.500 GE. Wird dennoch saldiert, so wird der Einblick in die Vermögenslage des Konzerns verfälscht und es werden unrealisierte Erträge mit ungewissen Verbindlichkeiten aufgerechnet.

1238 Das nach bisherigem Recht bestehende Wahlrecht zur „Zusammenfassung" latenter Steuern (§ 306 S. 3 HGB a.F.) wurde in der Vergangenheit fast ausnahmslos beansprucht. Nur in drei von 100 Fällen war ein getrennter Ausweis von latenten Steuern nach den §§ 274, 306 HGB a.F. festzustellen. In der Untersuchung aus 1989 lag dieser Wert sogar bei Null Prozent. Vgl. C&L DEUTSCHE REVISION (HRSG.) (1997), S. 87. Auf diesen empirischen Befund hatten jüngst hingewiesen: GELHAUSEN / FEY / KÄMPFER, Abschn. Q, Tz. 327.

1239 Vgl. KARRENBROCK (2008), S. 335; KARRENBROCK (2007), Tz. 138.

1240 So dann auch: BUDDE / VAN HALL (2010), § 306 HGB, Tz. 28.

Gleichwohl sieht § 306 S. 6 HGB eine ebensolche Verrechnung vor. Von unbeachtlichen Extremfällen abgesehen, wird es daher zu Verstößen gegen die oben[1241] ausführlich erörterten Saldierungsgrundsätze kommen, da einerseits die zeitliche Struktur der Differenzen und andererseits deren Zugehörigkeit zu den einzelnen steuerlichen Gewinnermittlungen der beteiligten Konzernunternehmen - im Grundsatz stellt jedes Konzernunternehmen (= Steuersubjekt) eine eigene steuerliche Gewinnermittlung auf - missachtet werden. Damit wird letzten Endes ein „Konzernsteuerrecht" unterstellt, welches es in dieser Form in Deutschland schlicht nicht gibt und die Vermögenslage des Konzerns am Bilanzstichtag damit unzutreffend dargestellt. Mehr noch: Durch die undifferenzierte Saldierung nach § 306 S. 6 HGB wird der Informationsgewinn für den Adressaten, den der Ausweis von (mühsam im Wege der Einzeldifferenzenbetrachtung ermittelten) künftigen Steuermehr- und -minderzahlungen ermöglicht, selbst dann vernichtet, sofern die latenten Steuern nach § 274 HGB (i.V.m. § 298 Abs. 1 HGB) entsprechend den oben abgeleiteten Saldierungsregeln ermittelt wurden. Die Regelung des § 306 S. 6 HGB ist vor diesem Hintergrund ersatzlos zu streichen.

8 Ausweis und Erläuterung

Grundsätzlich gelten die Vorschriften zum Ausweis und zur Erläuterung latenter Steuern im Einzelabschluss analog für den Konzernabschluss, so dass auf obige[1242] Ausführungen vollinhaltlich verwiesen werden kann. Die entsprechende Anwendung der Vorschriften zur Darstellung latenter Steuern in **Bilanz und GuV** auf Bilanzdifferenzen der Stufe(n) 1 (und 2) resultiert aus § 274 HGB i.V.m. § 298 Abs. 1 HGB. Sowohl passive als auch aktive latente Steuern sind hiernach im Konzernabschluss als aliud[1243] auszuweisen (DRS 18.58) und es besteht ein Wahlrecht zwischen Netto- und Bruttoausweis (DRS 18.56); die oben hieran geäußerte Kritik gilt insoweit auch für den Konzernabschluss. In der GuV ist ein gesonderter Ausweis der latenten Steuererträge und -aufwendungen erforderlich (DRS 18.59), z.B. durch Unterposten, Vorspalte oder Davon-Vermerk (DRS 18.60). Bei sämtlichen Ausweiswahlrechten ist wegen § 265

[1241] Siehe oben D.4.4.

[1242] Siehe hierzu oben D.6.

[1243] Diesbezügliches redaktionelles Versehen bei: SCHERRER (2010), § 306 HGB, Tz. 35.

Abs. 1 S. 1 HGB i.V.m. § 298 Abs. 1 HGB der Stetigkeitsgrundsatz zu beachten (DRS 18.57).

Demgegenüber unterliegen latente Steuern auf Konsolidierungsmaßnahmen (Stufe 3) der Norm des § 306 HGB. An dem Ausweis in Konzern-Bilanz und -GuV ändert sich dadurch zunächst einmal nichts (§ 306 S. 1 und S. 5 HGB). Im Gegensatz zu latenten Steuern nach § 274 Abs. 1 S. 2 HGB (i.V.m. § 298 Abs. 1 HGB), besteht aber für latente Steuern auf Konsolidierungsmaßnahmen nach § 306 S. 1 HGB keine Möglichkeit, auf die Aktivierung eines Aktivüberhangs an latenten Steuern nach § 306 HGB zu verzichten.

Das Wahlrecht des § 306 S. 6 HGB, nach welchem latente Steuern der Einzelabschlüsse mit konsolidierungsbedingten latenten Steuern „zusammengefasst" bzw. saldiert werden können (DRS 18.62), besteht zusätzlich zu dem (abzulehnenden) undifferenzierten Saldierungswahlrecht der §§ 274 Abs. 1 S. 1-3, § 306 S. 1-2 HGB, wobei das einzelbilanzielle Saldierungswahlrecht konzernbilanziell zudem unabhängig vom Vorgehen im Einzelabschluss (§ 300 Abs. 2 S. 2 HGB) ausgeübt werden kann. Das für sich genommen bereits auf Ebene der Einzelabschlüsse stark ausgeprägte **bilanzpolitische Potential** der vielfältigen Darstellungsmöglichkeiten wird so im Konzernabschluss noch gesteigert;[1244] bei Berücksichtigung des Aktivierungswahlrechts für einen Aktivüberhang nach § 274 Abs. 1 S. 2 HGB werden so insgesamt acht (!) denkbare Ausweisvarianten in der Konzernbilanz ermöglicht, wie das dem Beitrag von HAHN entnommene Zahlenbeispiel zeigt.[1245] Dabei wird unterstellt, dass die uneingeschränkte Saldierungsfähigkeit gemäß obiger Saldierungsregeln sichergestellt sei, um das Beispiel auf die Ausweismöglichkeiten zu reduzieren.

Beispiel: Ein Unternehmen habe einerseits nach § 274 HGB aktive (passive) latente Steuern in Höhe von 500 GE (300 GE) und andererseits nach § 306 HGB aktive (passive) latente Steuern im Umfang von 200 GE (100 GE) ermittelt. Der Gesetzgeber ermöglicht nachstehende Darstellungsmöglichkeiten:

1244 **Ähnlich** auch die Kritik bei: HOFFMANN / LÜDENBACH (2012), § 306 HGB, Tz. 44, die von einem „*anything-goes*-Prinzip" sprechen.

1245 Vgl. HAHN (2011a), S. 1232 f.

1. Unsaldierter Ausweis nach § 274 und § 306 HGB; keine Saldierung nach § 306 S. 6 HGB			
ALS nach § 274 HGB	500	PLS nach § 274 HGB	300
ALS nach § 306 HGB	200	PLS nach § 306 HGB	100

2. Saldierung nach § 274 HGB; § 306 HGB unsaldiert; keine Saldierung nach § 306 S. 6 HGB			
Saldo nach § 274 HGB	200		
ALS nach § 306 HGB	200	PLS nach § 306 HGB	100

3. Wie 2., allerdings kein Ausweis des Aktivsaldos nach § 274 Abs. 1 S. 2 HGB			
ALS nach § 306 HGB	200	PLS nach § 306 HGB	100

4. Unsaldierter Ausweis nach § 274; (keine) Saldierung nach § 306 S. 1 (S. 6) HGB			
ALS nach § 274 HGB	500	PLS nach § 274 HGB	300
Saldo nach § 306 HGB	100		

5. Saldierung nach § 274 und Nichtausweis des Aktivüberhangs; Saldierung nach § 306 S. 1 HGB			
Saldo nach § 306 HGB	100		

6. Saldierung nach § 274 und § 306 HGB; keine Saldierung nach § 306 S. 6 HGB			
Saldo nach § 274 HGB	200		
Saldo nach § 306 HGB	100		

7. Unsaldierter Ausweis nach § 274 und § 306 HGB; Saldierung nach § 306 S. 6 HGB			
ALS nach §§ 274, 306 HGB	700	PLS nach §§ 274, 306 HGB	400

8. Saldierter Ausweis nach § 274 und § 306 HGB; Saldierung nach § 306 S. 6 HGB			
Saldo nach §§ 274, 306 HGB	300		

Die Gewährung vielfältiger Ausweismöglichkeiten ist ganz und gar unverständlich, da hierdurch die Vergleichbarkeit der Jahresabschlüsse und von betriebswirtschaftlichen Kennzahlen (u.a. die Eigenkapitalquote) erschwert und insoweit die (nach dem Willen des Gesetzgebers durch das BilMoG zu stärkende) Informationsfunktion geschwächt wird. Weder das Gebot der Darstellungsstetigkeit (§ 265 Abs. 1 S. 1 HGB), das wegen §

298 Abs. 1 HGB fortgilt, noch die Angabepflichten des § 314 Abs. 1 Nr. 21 HGB vermögen diese Kritik zu entkräften.[1246] Die Pflicht zur Beachtung des Stetigkeitsgrundsatzes hat indessen analog zum Einzelabschluss zur Folge,[1247] dass ein Übergang vom saldierten bzw. zusammengefassten Ausweis zum unsaldierten bzw. nicht zusammengefassten Ausweis wegen des erhöhten Informationsgehalts möglich ist, eine Rückkehr zum saldierten bzw. nicht zusammengefassten Ausweis dagegen unzulässig ist. Aus Sicht des Bilanzierenden kann von einer „Darstellungsfalle" gesprochen werden.

Für die **Angaben im Anhang** zu latenten Steuern ergibt sich die entsprechende Anwendung der Vorschriften im Einzelabschluss unmittelbar aus § 314 Abs. 1 Nr. 21 HGB, der wortgleich zu § 285 Nr. 29 HGB ist. Die Angaben im Anhang und die Aufstellung eines (unter Wesentlichkeitsgesichtspunkten aufgestellten) Differenzenspiegels[1248] sind immer zu leisten, d.h. losgelöst von der (Nicht)Inanspruchnahme der Saldierungs- und Ausweiswahlrechte. Eine Pflicht zur Aufstellung einer Überleitungsrechnung lässt sich nicht aus dem Gesetz begründen, so dass DRS 18.67 insoweit zu kritisieren ist, wobei gegen eine freiwillige Aufstellung keine Bedenken bestehen.[1249] Demgegenüber ist es bei einer Inanspruchnahme des Wahlrechts nach § 306 S. 6 HGB unbedingt sicherzustellen, dass die Entstehungsursachen der latenten Steuern für den Abschlussadressaten erkennbar werden.[1250] Auch wenn dies § 314 Abs. 1 Nr. 21 HGB nicht expressis verbis einfordert, so ergibt sich dies bereits aus dem Sinn und Zweck der Vorschrift. In praxi bietet es sich daher an, die wesentlichen konsolidierungsbedingten, d.h. konzernspezifischen Abweichungen im Differenzenspiegel gesondert aufzuführen. Entsprechende gesonderte Angabepflichten ergeben sich für erfolgsneutral gebildete latente Steuern, sofern deren Umfang nicht bereits aus der Bilanz mittels Davon-Vermerk ersichtlich ist, sowie für den Fall, dass einzelne Differenzen mit Durchschnittssteuersätzen bewertet wurden.[1251]

1246 Vgl. HAHN (2011a), S. 1233.

1247 Siehe hierzu bereits oben D.2.3.5. (in Bezug auf das Aktivierungswahlrecht); D.4.2.2.1; D.6.1.

1248 Siehe oben D.6.3.

1249 Siehe oben D.6.3.

1250 Vgl. KARRENBROCK (2008), S. 335 f.; BUDDE / VAN HALL (2010), § 306 HGB, Tz. 28.

1251 **Ähnlich:** BUDDE / VAN HALL (2010), § 306 HGB, Tz. 28; KARRENBROCK (2008), S. 336.

F Schlussfolgerungen - Ein Reformvorschlag

1 Einzelabschluss

Die vorstehenden Ausführungen haben ergeben, dass die Bilanzierung latenter Steuern im Einzelabschluss nach § 274 HGB in Teilen nicht mit den Jahresabschlussfunktionen kompatibel ist. Die Aktivierung latenter Steuern verstößt gegen das Realisationsprinzip als Fundamentalprinzip der Gewinnermittlung. Die Aktivierung latenter Steuern auf Bilanzdifferenzen und/oder steuerlich vortragsfähige Sachverhalte (z.B. steuerliche Verlustvorträge) ist damit nicht mit dem dominierenden Zweck des Jahresabschlusses vereinbar, einen vorsichtig ermittelten, ausschüttungsfähigen Gewinn auszuweisen (Höchstausschüttung). Zugegeben, der Gesetzgeber war bemüht, diesen Affront gegen die Ausschüttungsbemessungsfunktion und den Gläubigerschutz durch Kodifikation einer Ausschüttungssperre für haftungsbeschränkte Gesellschaften (§ 268 Abs. 8 S. 2 HGB) abzumildern. Doch wurde ausführlich dargelegt, dass die Ausschüttungssperre regelmäßig nicht ausreicht, um eine Gläubigergefährdung auszuschließen. Dies gilt jedenfalls dann, wenn - wie sowohl der Wortlaut von § 274 Abs. 1 HGB (*„insgesamt"*) als auch der Wortlaut von § 268 Abs. 8 S. 2 HGB (*„um den die aktiven latenten Steuern die passiven latenten Steuern übersteigen"*) dies nahe legen - passive latente Steuern undifferenziert mit aktiven latenten Steuern aufgerechnet werden und dabei deren zeitliche Struktur (und mithin deren Zugehörigkeit zu unterschiedlichen Wirtschaftsjahren) ausgeblendet wird. Die derzeit implementierte Ausschüttungssperre wirkt somit im Grundsatz (und nicht etwa nur ausnahmsweise) unzureichend.

Weiterhin ist darauf hinzuweisen, dass Ausschüttungssperren erst auf Gewinnverwendungsebene ansetzen und der Verstoß gegen die Grundsätze der Gewinnermittlung bestehen bleibt. Durch Kodifizierung von § 274 HGB ist die Gewinnermittlung insoweit prinzipienloser geworden. Zwar wird hier nicht verkannt, dass § 274 Abs. 2 HGB *a.F.* bereits die Aktivierung latenter Steuern in Gestalt einer Bilanzierungshilfe zuließ. Allerdings war der Ansatz einer Bilanzierungshilfe viel negativer besetzt, als der Ansatz eines „Sonderpostens", was ein Grund dafür ist, warum ein Aktivüberhang in deutschen

Einzelabschlüssen nach altem Recht weit überwiegend nicht angesetzt[1252] wurde. Zudem war der ungewisse wirtschaftliche Vorteil aus einem steuerlichen Verlustvortrag nicht als Bilanzierungshilfe aktivierungsfähig, sondern nur bei der Ermittlung der künftigen Steuermehrbelastung zu berücksichtigen. Die nun geschaffene Möglichkeit, aktive latente Steuern auf steuerliche Verlustvorträge selbst anzusetzen, hebt die Aktivierung latenter Steuern auf eine völlig neue, sich selbst verstärkende Ebene: Unternehmen, die über steuerliche Verlustvorträge verfügen und hierauf keine aktiven latenten Steuern bilanzieren, täten letztlich kund, dass sie in den nächsten Jahren nicht mit der Erzielung steuerlicher Gewinne rechnen. Künftig wird der Ansatz aktiver latenter Steuern daher zum Regelfall werden. Will man die Prinzipienorientierung des HGB und die vorsichtige, einen ausschüttungsfähigen Erfolg bestimmende Gewinnermittlung bewahren, so ist das in § 274 Abs. 1 HGB verortete Aktivierungswahlrecht durch ein Aktivierungs**verbot** zu ersetzen. Dabei ist zu betonen, dass ein solches Aktivierungsverbot für aktive latente Steuern bei Geltung allgemeiner Regelungen lediglich klarstellender Natur ist.

Einem solchen Aktivierungsverbot kann nicht entgegengehalten werden, dass nur die Bilanzierung aktiver latenter Steuern einen zutreffenden Einblick in die Vermögenslage lieferte und insoweit für die Informationsfunktion essentiell ist, d.h. insbesondere für die Interessen von Investoren. Die Informationsfunktion muss sich in Bilanz und GuV des Einzelabschlusses nach HGB der Ausschüttungsbemessungsfunktion unterordnen; aktive latente Steuern können im Anhang angegeben und erläutert werden (Funktionsteilungsmodell bzw. MOXTERS Abkopplungsthese[1253]). Davon abgesehen kann die konkrete Ausgestaltung des § 274 HGB nicht wirklich den Anspruch erheben, widerspruchslos der Informationsfunktion dienlich zu sein. Die Formulierung eines Aktivierungswahlrechts für aktive latente Steuern, das Recht zum unsaldierten oder zum saldierten Ausweis, eine Beschränkung des Prognosehorizonts auf fünf Jahre bei der Berücksichtigung von steuerlichen Verlustvorträgen sowie die Unschärfen infolge der Aufstellung nicht intersubjektiv nachprüfbarer Planungsrechnungen lassen erhebliche Zweifel daran aufkommen, ob die Informationsfunktion per Saldo wirklich durch § 274 HGB n.F. gestärkt wurde.

[1252] Vgl. nur die Ausführungen von KÜTING, in: RECHTSAUSSCHUSS DES BT (17.12.2008), S. 13.

[1253] Vgl. Moxter (1986), S. 67 f.

Genauso wenig eignet sich der Einwand, wonach das hier propagierte Aktivierungsverbot für latente Steuern international unüblich sei. Da die Harmonisierung der Rechnungslegung keinen Selbstzweck darstellt und der handelsrechtliche Jahresabschluss gerade nicht den Zweck hat, eine Vereinheitlichung der Rechnungslegung zu fördern, kann eine selbstbewusste nationale Lösung dieses Bilanzierungsproblems nicht mit Harmonisierungsbestrebungen derjenigen verhindert werden, die von der Harmonisierung profitieren würden. In diesem Zusammenhang sei die Frage gestattet, ob „der Blick ins internationale Bilanzrecht" bei der Auslegung von HGB-Vorschriften nicht mittlerweile Ausmaße angenommen hat, der auf eine induktive Gewinnung von GoB auf Basis „internationaler Handelsbräuche" hinausläuft.

Reformbedarf besteht schließlich auch bei der Passivierung latenter Steuern. Passive latente Steuern erfüllen in den weitaus meisten Fällen die Kriterien einer Verbindlichkeitsrückstellung (§ 249 Abs. 1 S. 1 HGB), insbesondere auch im Falle „quasi-permanenter" Differenzen. Insoweit ist der de lege lata bestehende Zwang zum Ausweis als Sonderposten irrig und muss korrigiert werden, damit Adressaten nicht über den Charakter von passiven latenten Steuern getäuscht werden.

Lediglich im Fall einer künftigen Steuermehrbelastung bei erfolgsneutral entstandenen Bilanzdifferenzen scheitert eine Subsumption unter § 249 Abs. 1 S. 1 HGB. Dies liegt darin begründet, dass das Kriterium der wirtschaftlichen Verursachung der Verpflichtung bei erfolgsneutral entstandenen Differenzen nicht erfüllt ist, sofern dieses Kriterium, wie hier, am MOXTERschen Alimentationsprinzip festgemacht wird. Allerdings ist zu betonen, dass es zu erfolgsneutral entstandenen Bilanzdifferenzen im HGB nur dann kommt, sofern Anschaffungsgeschäfte und/oder wirtschaftlich vergleichbare Transaktionen in Handels- und Steuerbilanz abweichend abgebildet werden. Denkbare Anwendungsfälle sind ein *asset deal* im Einzelabschluss, ein *share deal* im Konzernabschluss, steuerliche Ergänzungsbilanzen z.B. infolge der Aufnahme eines neuen Gesellschafters und einige Umwandlungsfälle. Passive latente Steuern mit Blick auf Ausnahmen wie diese nicht unter § 249 Abs. 1 S. 1 HGB subsumieren zu wollen, führte dazu, dass der Ausnahmefall die Bilanzierungsregel bestimmt. Ein derartiges Vorgehen wird hier abgelehnt, da einerseits keine Rechtfertigung ersichtlich ist, warum wenige Ausnahmen von einem Grundsatz die Ausgestaltung der grundsätzlichen Bilanzierungsvorschrift determinieren sollten. Andererseits ist der eklatante Nachteil eines solchen Vorgehens offenkundig: Die Adressaten werden über den tatsächlichen Umfang der Rückstellungen getäuscht und mithin desinformiert.

Da kein Zweifel daran bestehen kann, dass der Gesetzgeber aufgrund der Implementierung des Temporary-Konzepts im HGB auch eine Bilanzierung latenter Steuern auf erfolgsneutral entstandene Bilanzdifferenzen für geboten hält, ist somit eine Ausnahmeregel zur Bilanzierung latenter Steuern im Fall von erfolgsneutral entstandenen Differenzen zu schaffen. Die Schaffung einer derartigen Sonderregelung ist aber auch sachlich gerechtfertigt, da es unbefriedigend ist, künftige Steuermehrbelastungen nur deshalb nicht zu passivieren, weil die dazugehörige unversteuerte Vermögensmehrung am Bilanzstichtag noch nicht in der GuV erfasst wurde: Das Vermögen der Gesellschaft ist schließlich auch im Fall einer erfolgsneutral entstandenen passiven Differenz mit künftigen finanziellen Verpflichtungen belastet. Eine derartige Sonderregelung für erfolgsneutral entstandene Differenzen könnte beispielsweise durch eine Ergänzung von § 274 Abs. 1 HGB erfolgen.

Vorziehungswürdig ist nach der hier vertretenen Auffassung jedoch, **§ 274 Abs. 1 HGB komplett zu streichen**, da aktive latente Steuern bei Geltung allgemeiner Regelungen nicht bilanziert werden dürften, für passive latente Steuern wegen § 249 Abs. 1 S. 1 HGB demgegenüber eine Passivierungspflicht besteht. Die Sonderregelung für erfolgsneutral entstandene Bilanzdifferenzen könnte sodann durch Anfügung eines (durch Semikolon abgetrennten) Halbsatzes von § 246 Abs. 1 S. 1 HGB geschehen: *„Zu den gesondert auszuweisenden Schulden gehört ferner eine künftige Steuermehrbelastung aus dem Abbau einer Differenz zwischen dem handelsrechtlichen Wertansatz eines Aktivums oder Passivums und dessen steuerlichen Wertansatz, soweit sie nicht die Voraussetzungen des § 249 Abs. 1 S. 1 HGB erfüllt.“* Damit wird einerseits die Bilanzierung passiver latenter Steuern auf erfolgsneutral entstandene Bilanzdifferenzen geregelt. Andererseits wird durch das Abstellen auf Bilanzdifferenzen und durch den Verweis auf § 249 Abs. 1 HGB zugleich klargestellt, dass die Bilanzierung latenter Steuern ausschließlich auf Basis des Temporary-Konzepts zu erfolgen hat.

Bei der Ermittlung der künftigen Steuermehrbelastung in Gestalt passiver latenter Steuern sind stets am Bilanzstichtag vorhandene **rückstellungsmindernde Sachverhalte** zu berücksichtigen. Hierzu zählen aktive Bilanzdifferenzen am Bilanzstichtag, die sich voraussichtlich in derselben oder in einer früheren Periode als die passiven Differenzen abbauen werden. Das Verrechnungsverbot des § 246 Abs. 2 HGB steht einer Berücksichtigung der zeitlichen Struktur der Differenzen im Übrigen nicht entgegen. Die geltenden Steuergesetze fassen eine Vielzahl von Geschäftsvorfällen in einem Wirtschaftsjahr zusammen, so dass ein „Posten" i.S.d. § 246 Abs. 2 S. 1 HGB schlechterdings kein einzelner, zu einer latenten Steuer führender Geschäftsvorfall sein kann, sondern eine wirtschaftsjahrbezogene Bewertungseinheit. Weiterhin reduzieren steuerliche Verlustvorträge den Rückstellungsbedarf für passive latente Steuern.

Neben steuerlichen Verlustvorträgen existieren auch andere steuerlich vortragsfähige Sachverhalte (Steuergutschriften, der Spendenvortrag, der Zinsvortrag, der EBITDA-Vortrag). Praktisch relevant und für die Lage einer Gesellschaft wesentlich sind hiervon wohl nur der Zinsvortrag und der EBITDA-Vortrag. Doch genau in diesen beiden Fällen wurde festgestellt, dass aufgrund der zusätzlich zu berücksichtigenden Variablen eine Prognose der tatsächlichen Nutzbarmachung ausgesprochen schwierig und für Bilanzadressaten wenig nachvollziehbar ist. De lege lata scheidet deswegen eine Aktivierung latenter Steuern auf diese Vorträge selbst zwar regelmäßig aus. Allerdings sind die Auswirkungen dieser Vorschriften im Rahmen der steuerlichen Planungsrechnung (für die Ermittlung der Werthaltigkeit steuerlicher Verlustvorträge) zu berücksichtigen. Im Falle der Umsetzung des hier geforderten Aktivierungsverbots für aktive latente Steuern bzw. einer Streichung von § 274 HGB erübrigt sich aber die Aufstellung von derartigen Planungsrechnungen.

Hinsichtlich der Bewertung (anzuwendender Steuersatz; Abzinsungsverbot; periodische Überprüfung des Wertansatzes) latenter Steuern, besteht kein Korrekturbedarf beim derzeitigen zweiten Absatz von § 274 HGB. Auch ist darauf hinzuweisen, dass bei der Bilanzierung latenter Steuern das Kongruenzprinzip in der Rechnungslegung zu beachten ist. Konkret heißt das, latente Steuern sind grundsätzlich erfolgswirksam zu bilden und aufzulösen, es sei denn § 252 Abs. 1 Nr. 1 HGB erfordert eine abweichende Bilanzierung. Allerdings regelt § 274 Abs. 2 HGB letztlich nichts, das sich nicht ohnehin aus den GoB ergibt, so dass auch diese Regelung (aufgrund ihres rein klarstellenden Charakters) gestrichen werden könnte. Hingegen wäre die Pflicht zum gesonderten Ausweis von latenten Steuern in der GuV (§ 274 Abs. 2 S. 3 HGB) ohnehin in § 277 HGB an einer gesetzessystematisch eingängigeren Stelle platziert.

Probleme bereitet einzig der § 253 Abs. 2 HGB n.F., welcher eine generelle Abzinsungspflicht für langfristige Rückstellungen vorschreibt, zu denen auch passive latente Steuern gehören. Doch verstößt die Abzinsung von Rückstellungen, die keinen Zinsanteil enthalten, wiederum gegen das Realisationsprinzip. Es ist daher dringend erforderlich, § 253 Abs. 2 HGB dergestalt zu reformieren, so dass Rückstellungen nur dann abgezinst werden, sofern sie einen Zinsanteil enthalten. Das aber trifft auf passive latente Steuern nicht zu.

Sowohl im Falle der Implementierung eines Aktivierungsverbots für latente Steuern in § 274 HGB als auch im Falle einer Streichung von § 274 HGB bedarf § 285 Nr. 29 HGB entsprechender Anpassungen. Klarstellend sollte geregelt werden, dass quantitative Angaben zu latenten Steuern im Anhang erforderlich sind und dass die Angabe der Bilanzdifferenzen unter Wesentlichkeitsgesichtspunkten zu erfolgen hat. Weiterhin muss der Bilanzierende angeben, in welchem Maße aktive latente Steuern rückstellungsmindernd berücksichtigt wurden. § 285 Nr. 29 HGB sollte daher wie folgt gefasst werden:

> [Ferner sind im Anhang anzugeben: (…) Nr. 29] „die aktiven und passiven latenten Steuern. Dabei ist auch anzugeben, auf welchen wesentlichen Differenzen die aktiven bzw. passiven latenten Steuern beruhen, inwieweit aktive latente Steuern mit passiven latenten Steuern aufgerechnet sowie steuerliche Verlustvorträge rückstellungsmindernd berücksichtigt wurden. Ferner sind die Steuersätze anzugeben, mit denen die Bewertung jeweils erfolgt ist."

Die hier (gegenüber einer bloßen Änderung von § 274 HGB) favorisierte Streichung von § 274 HGB reduzierte die Rechtsformabhängigkeit der Berücksichtigung latenter Steuern erheblich und vereinfachte zudem das Bilanzrecht. Während der geltende § 274 HGB nur für Kapitalgesellschaften, eG, CoGes sowie für werbende[1254] PublG-Ges anwendbar ist, gilt § 249 Abs. 1 HGB (sowie die für erfolgsneutral entstandene Bilanzdifferenzen geforderte Sonderregelung) für sämtliche Kaufleute. Eine signifikante Vereinfachung für typische Personenunternehmen ist jedoch gleichwohl mit dem Reform-

[1254] § 3 Abs. 3 PublG schließt Gesellschaften in Abwicklung von der Rechnungslegungspflicht aus. Da dies nicht mehr zeitgemäß und gemessen an der volkswirtschaftlichen Bedeutung „großer Gesellschaften" unverantwortlich ist, plädiert der Verfasser für die Streichung von § 3 Abs. 3 PublG. Aus denselben Gründen ist § 5 Abs. 2 PublG zu streichen, so dass künftig auch „große" Einzelkaufleute und Personenhandelsunternehmen einen Anhang aufstellen müssen.

vorschlag verbunden, da die umfangreichen Angabepflichten im Anhang grundsätzlich nicht von Personenunternehmen zu erbringen sind.

Die Regelungen zu den größenabhängigen Erleichterungen sind partiell zu reformieren. Im Falle einer Aufhebung des § 274 HGB wäre auch § 274a Nr. 5 HGB ersatzlos zu streichen. Dabei ist zu betonen, dass mit § 274a Nr. 5 HGB bereits nach geltendem Recht keine Arbeitserleichterung verbunden ist, die über das Unterlassen von Angaben im Anhang hinausgeht. Die Befreiung von § 285 Nr. 29 HGB für kleine und mittelgroße Gesellschaften nach § 288 HGB kann bestehen bleiben, da davon ausgegangen werden kann, dass der Gesetzgeber diese Gesellschaften von Rechnungslegungspflichten entlasten wollte und diese Entlastung nicht mit der Ausschüttungsbemessungsfunktion kollidiert.

Der Reformvorschlag spricht einige der oben erörterten Problembereiche nicht an. Hierzu zählen beispielsweise Organschaftsfälle und die Iterationsproblematik beim Geschäfts- oder Firmenwert. Hieraus ist nicht zu folgern, dass diese Problembereiche nicht erörterungswürdig waren. Vielmehr sind Spezialitäten wie diese durch Auslegung und Besinnung auf den Zweck des Temporary-Konzepts zu lösen, wie dies auch oben geschehen ist. Es kann nicht der Anspruch eines Gesetzestexts oder eines Reformvorschlags sein, jeden möglichen Einzelfall zu regeln. Dass dieser Versuch zum Scheitern verurteilt wäre, lässt sich an IAS 12 sehen, der zwar weit mehr als zwei Absätze umfasst, deswegen aber nicht weniger diskutiert wird und beileibe nicht unzweideutig ist.

Würde der Reformvorschlag umgesetzt, so wären damit an vielen Stellen erhebliche Komplexitätsreduktionen und Kosteneinsparungen verbunden. Da bei Geltung allgemeiner Regeln aktive latente Steuern nicht bilanziert werden dürfen, entfällt die Notwendigkeit der Ausschüttungssperrvorschrift des § 268 Abs. 8 S. 2 HGB ersatzlos.[1255] Damit entfallen zugleich arbeitsträchtige Interdependenzen der Berücksichtigung aktiver latenter Steuern bei § 268 Abs. 8 S. 1 und S. 3 HGB. Weiterhin werden die Bilanzierenden von steuerlichen Planungsrechnungen befreit, die diese andernfalls aufstellen müssten, um die Wahrscheinlichkeit der Werthaltigkeit einer aktiven latenten Steuer auf einen steuerlichen Verlustvortrag bestimmen zu können. Gleichermaßen

---

[1255] § 172 Abs. 4 S. 3 HGB müsste wegen § 268 Abs. 8 S. 1 und S. 3 HGB bestehen bleiben; seine Anwendung würde sich wegen der Aufhebung von § 268 Abs. 8 S. 2 HGB vereinfachen.

werden Planungsrechnungen für anderweitig vortragsfähige Sachverhalte (z.B. Zinsvorträge, Steuergutschriften) weitestgehend obsolet.

Steigender Arbeitsaufwand könnte einzig in der Berücksichtigung der zeitlichen Struktur der Bilanzdifferenzen liegen, sofern davon ausgegangen wird, dass die Bilanzierenden diese zeitliche Struktur aufgrund des Wortlauts („insgesamt“) von § 274 HGB bislang vernachlässigten.[1256] Allerdings ist die Kritik hieran zu relativieren. Entscheidend ist schließlich nicht, *dass* ein steigender Arbeitsaufwand mit einem Reformvorschlag verbunden ist, sondern *ob* der zusätzliche Arbeitsaufwand infolge der Neuregelung gerechtfertigt ist. Mit Blick auf die Zielsetzung des Jahresabschlusses ist die Notwendigkeit einer Berücksichtigung der zeitlichen Struktur von Differenzen zu bejahen. Werden aktive Differenzen, die sich in späteren (früheren) Wirtschaftsjahren als passive Differenzen abbauen, bei der Ermittlung der künftigen Steuermehrbelastung (nicht) berücksichtigt, so wird der ausschüttungsfähige Gewinn zu hoch (niedrig) ausgewiesen. Dies markiert einen Verstoß gegen die Ausschüttungsbemessungsfunktion in ihrer die Ausschüttung begrenzenden (eine Mindestausschüttung sicherstellenden) Ausprägung. Die Nichtberücksichtigung der zeitlichen Struktur hat insoweit das Potential, die Interessen sowohl von Gläubigern als auch von Eignern zu gefährden. Eine Berücksichtigung der zeitlichen Struktur von Differenzen ist damit rechtsform**un**abhängig auch dann gerechtfertigt, wenn dies mit einem zusätzlichen Aufwand für die Bilanzierenden verbunden ist.

2 Konzernabschluss

Die Untersuchung hat ferner ergeben, dass im Konzernabschluss analog zum Einzelabschluss lediglich passive latente Steuern anzusetzen sind. Zwar besteht ein Wesensmerkmal des Konzernabschlusses nach HGB in dessen Unbeachtlichkeit für die Ausschüttungsbemessung und Gewinnverwendungsfragen. Insoweit ist die Ausgestaltung bzw. Auslegung konzernspezifischer Bilanzierungsregeln nicht von gläubigerschutz-

---

1256 Hierfür könnte bereits eine Untersuchung der C&L Deutsche Revision AG aus dem Jahr 1995 sprechen. Von 100 untersuchten Konzernabschlüssen kam es nur in sechs Fällen zu einem Parallelausweis aktiver und passiver latenter Steuern. Vgl. C&L DEUTSCHE REVISION (HRSG.) (1997), S. 86.

geleiteten Überlegungen beschwert. Daraus darf aber nicht gefolgert werden, vorsichtige Bilanzierungsregeln seien im Konzernabschluss als reines Informationsinstrument insoweit deplatziert. Ganz generell stellen vorsichtige, vergangenheitsorientierte Bilanzierungsregeln eine tendenziell verlässliche Informationsvermittlung sicher. Gerade mit Blick auf die nicht intersubjektiv nachprüfbaren Planungsrechnungen zwecks Bestimmung der Werthaltigkeit von (in den Konzernabschluss nach § 300 Abs. 2 S. 1 HGB zu übernehmenden) aktiven latenten Steuern auf steuerliche Verlustvorträge (soweit deren Realisierbarkeit nicht durch passive Differenzen sichergestellt ist) sind an der Verlässlichkeit der Informationsvermittlung im Falle aktiver latenter Steuern erhebliche Zweifel zu äußern. Letztlich handelt es sich bei Planungsrechnungen stets um Prognoserechnungen, die denjenigen, die sie aufstellen, erhebliche Ermessensspielräume bieten. Planungsrechnungen können damit **nur scheinbar** die Werthaltigkeit aktiver latenter Steuern **objektivieren**. Aus Gründen der Objektivierbarkeit von Informationen in der handelsrechtlichen Rechnungslegung ist die Bilanzierung aktiver latenter Steuern auch im Konzernabschluss von daher abzulehnen. Hierfür spricht auch, dass das Realisationsprinzip (§ 252 Abs. 1 Nr. 4 HGB), gegen das bei Aktivierung latenter Steuern verstoßen wird, über die Verweisvorschrift des § 298 Abs. 1 HGB auch für den Konzernabschluss gilt sowie die Generalnorm des § 297 Abs. 2 S. 2 HGB unter einem GoB-Vorbehalt steht und das Realisationsprinzip unstreitig ein solcher GoB ist.

Der Ansatz von aktiven latenten Steuern ist daher in Konzernabschlüssen und Einzelabschlüssen nach HGB gleichermaßen abzulehnen. De lege ferenda besteht kein Bedarf für eine Vorschrift wie § 306 S. 1 HGB, die eine Aktivierungspflicht für aktive latente Steuern vorschreibt. Vielmehr sollte die Regelung gestrichen werden, so dass die allgemeine Regelung (§ 249 Abs. 1 HGB) aus dem Einzelabschluss über die Verweisvorschrift des § 298 Abs. 1 HGB auch im Konzernabschluss gilt. Das gilt für die bereits im Einzelabschluss geforderte Sonderregelung für erfolgsneutral entstandene passive Bilanzdifferenzen, der im Konzernabschluss wegen der Einzelerwerbsfiktion weitaus größere Bedeutung zukommt. Keiner Spezialregelung bedarf es demgegenüber für latente Steuern auf Differenzen beim Geschäfts- oder Firmenwert, da diese Frage analog zum Einzelabschluss (*asset deal*) durch Auslegung bzw. anhand der Spezialregelung für erfolgsneutral entstandene Bilanzdifferenzen zu lösen ist; § 306 S. 3 HGB kann insoweit gestrichen werden. Durch die Anwendung der allgemeinen Regeln erübrigt sich zudem die klarstellende Verweisvorschrift des § 306 S. 5 HGB.

Indessen kann aus der festgestellten Nichtbilanzierungsfähigkeit aktiver latenter Steuern keine Irrelevanz aktiver latenter Steuern für den Konzernabschluss gefolgert werden. So lässt sich die Ermittlung der passiven latenten Steuern und mithin die Höhe der künftigen Steuermehrbelastung nur unter Berücksichtigung aktiver latenter Steuern und steuerlicher Verlustvorträge zutreffend leisten. Andernfalls käme es zur Bilanzierung von künftigen Steuerbelastungen, mit denen am Bilanzstichtag in dieser Höhe gar nicht zu rechnen ist. Damit geht einher, dass das geltende Saldierungswahlrecht im Konzernabschluss (§ 306 S. 1 und S. 2 HGB) nicht überzeugen kann und gestrichen werden muss. Einzig die Beachtung der oben hergeleiteten Saldierungsgrundsätze wird - ohne dass es Einzelvorschriften bedarf - zu einem zutreffenden, GoB-konformen Ausweis der künftigen Steuermehrbelastung führen. Damit wird zugleich offenkundig, dass die Regelung des § 306 S. 6 HGB, die eine pauschale Saldierung („Zusammenfassung") von Posten nach § 306 und Posten nach § 274 HGB ermöglicht, gleichermaßen abzuschaffen ist.

Schließlich kann das in § 306 S. 4 HGB bestehende Verbot zur Berücksichtigung latenter Steuern auf Outside Differences gestrichen werden. Die Nichtnotwendigkeit einer derartigen Verbotsvorschrift ergibt sich bereits aus dem auf Bilanzdifferenzen abstellendem Temporary-Konzept selbst. Im Gegensatz zu den extrem kasuistisch geregelten IAS 12 und FAS 109 wird im HGB der sachliche Anwendungsbereich des Temporary-Konzepts in Bezug auf Outside Differences - anders dagegen bei steuerlichen Verlustvorträgen - gerade nicht auf derartige Outside Differences erweitert. Wenn aber eine derartige Erweiterung des Temporary-Konzepts im HGB nicht erfolgt ist, dann erübrigt sich ein (insoweit rein klarstellender) Ausschluss von Outside Differences. Vielmehr sind lediglich Rückstellungen für Nachsteuern infolge bei Tochterunternehmen thesaurierter Gewinne nach allgemeinen Regeln (§ 249 Abs. 1 i.V.m. § 298 Abs. 1 HGB) zu bilden.

Die Umsetzung der hier propagierten Reform in Einzel- und Konzernabschluss birgt den unschätzbaren Vorteil, dass das bilanzpolitische Potential der Berücksichtigung latenter Steuern im HGB gegenüber dem Ist-Zustand beträchtlich eingeschränkt würde.

Um Wiederholungen zu vermeiden, sei hier exemplarisch nur an das Zusammenwirken von § 300 Abs. 2 S. 2 HGB mit § 274 Abs. 1 HGB (vom Einzelabschluss unabhängige Ausübung des Aktivierungs- und Saldierungswahlrechts im Konzernabschluss) sowie die Vielzahl von Darstellungsmöglichkeiten de lege lata erinnert. Auch die Fragen zur Ansatzstetigkeit, zu Teilaktivierungen und Nachholungen würden der Vergangenheit angehören. Zudem würde das Nebeneinander von Rechtsgrundlagen im Konzernabschluss (§ 274 und § 306 HGB) entfallen und so zu einer Verschlankung des HGB beitragen. Dabei wäre diversen Auffassungsdifferenzen der Boden entzogen, so z.B. hinsichtlich der Frage, inwieweit Bilanzdifferenzen aus der Vereinheitlichung des Bilanzansatzes nach § 300 Abs. 2 HGB der Regelung des § 306 HGB unterliegen. Von der Sonderregelung zu erfolgsneutral entstandenen Differenzen abgesehen, richtete sich die Bilanzierung latenter Steuern in Einzel- und Konzernabschlüssen rechtsformunabhängig nur nach allgemeinen Regeln.

Lediglich die Vorschriften zu den Angaben im Anhang müssten beibehalten und analog zu den Vorschriften zum Anhang im Einzelabschluss erweitert werden. Dabei ist zu betonen, dass konsolidierungsbedingte latente Steuern - obwohl auch aus allgemeinen Regelungen ableitbar - im Anhang gesondert anzugeben sind, da die Adressaten andernfalls über die Ursachen latenter Steuermehrzahlungen im Unklaren gelassen würden.

Literaturverzeichnis

ADS (1968 ff.), *Rechnungslegung und Prüfung der Aktiengesellschaft: Handkommentar, in drei Bänden*, bearbeitet von Schmaltz / Forster / Goerdeler / Havermann, 4. Aufl., Stuttgart.

ADS (1994 ff.), *Rechnungslegung und Prüfung der Unternehmen. Kommentar zum HGB, AktG, GmbHG, PublG nach den Vorschriften des Bilanzrichtlinien-Gesetzes, in 9 Teilbänden*, bearbeitet von Forster / Goerdeler / Lanfermann / Siepe / Stolberg, 6. Aufl., Stuttgart.

ADS INTERNATIONAL (2007), *Abschnitt 20. Ertragsteuern, Stand des Abschnitts: 6. Teillieferung*, Stuttgart.

ALBERTH, Markus (1997), „USA: Vertraglicher Gläubigerschutz und Ausschüttungsbemessung durch Covenants als Vorbild zur Änderung des deutschen Bilanzrechts?“, in: *WPg 1997*, S. 744-750.

ARBEITSKREIS BILANZRECHT DER HOCHSCHULLEHRER RECHTSWISSENSCHAFT (2008), „Stellungnahme zu dem Entwurf eines BilMoG: Grundkonzept und Aktivierungsfragen“, in: *BB 2008*, S. 152-158.

AVELLA, Felice-Alfredo / BRINKMANN, Ralph (2010), „Kommentar zu § 252 HGB“, in: Bertram / Brinkmann / Kessler / Müller (Hrsg.), *Haufe HGB Bilanz-Kommentar*, 2. Aufl., Freiburg.

BACHEM, Rolf Georg (1993), „Berücksichtigung negativer Geschäftswerte in Handels-, Steuer- und Ergänzungsbilanz“, in: *BB 1993*, S. 967-973.

BACHEM, Rolf Georg (1993b), „Der "negative Geschäftswert" - eine Schimäre als Steuersparmodell? Replik auf Siegel/Bareis, BB 1993, S. 1477 bis 1485“, in: *BB 1993*, S. 1976-1978.

BAETGE, Jörg (1986), „Grundsätze ordnungsmäßiger Buchführung“, in: *DB Beilage 26 / 1986*, S. 1-15.

BAETGE, Jörg / BEERMANN, Thomas (1999), „Die Neubewertung des Sachanlagevermögens nach International Accounting Standards (IAS)“, in: *StuB 1999*, S. 341-348.

BAETGE, Jörg / HAENELT, Timo / JONAS, Martin (2009), „Die novellierte Bilanzierung latenter Steuern nach dem BilMoG“, in: Egner / Henselmann / Schmidt (Hrsg.), *Steuern und Rechnungslegung: FS Sigloch*, Aachen, S. 513-528.

BAETGE, Jörg / HAYN, Sven / STRÖHER, Thomas (2012), „Kommentar zu IAS 27, 17. ErgL.“, in: Baetge / Wollmert / Kirsch / Oser / Bischof (Hrsg.), *Rechnungslegung nach IFRS*, 2. Aufl., Stuttgart.

BAETGE, Jörg / KIRSCH, Hans-Jürgen / SOLMECKE, Henrik (2009), „Auswirkungen des BilMoG auf die Zwecke des handelsrechtlichen Jahresabschlusses“, in: *WPg 2009*, S. 1211-1222.

BAETGE, Jörg / KIRSCH, Hans-Jürgen / THIELE, Stefan (2011), *Bilanzen*, 11. Aufl., Düsseldorf.

BAETGE, Jörg / KIRSCH, Hans-Jürgen / THIELE, Stefan (2011a), *Konzernbilanzen*, 9. Aufl., Düsseldorf.

BAETGE, Jörg / ZIESEMER, Stefan / SCHMIDT, Matthias (2011), „Kommentar zu § 252 HGB, 40. ErgL.“, in: Baetge / Kirsch / Thiele (Hrsg.), *Bilanzrecht*, Bonn / Berlin.

BALLWIESER, Wolfgang (1992), „Das Anschaffungs- und Höchstwertprinzip für Schulden“, in: Moxter / Windmöller / Müller / Wysocki (Hrsg.), *Rechnungslegung. FS Forster*, Düsseldorf.

BALLWIESER, Wolfgang (2009), „B 131. Grundsätze der Aktivierung und Passivierung, 31. ErgL.“, in: Castan / Böcking / Heymann / Pfitzer / Scheffler (Hrsg.), *BeckHdR*, München.

BALLWIESER, Wolfgang / KURZ, Gerhard (2011), „Abschnitt 17, Ertragsteuern", in: Ballwieser / Beine / Hayn / Peemöller / Schruff / Weber (Hrsg.), *Handbuch International Financial Reporting Standards 2011*, 7. Aufl., Weinheim.

BAREIS, Peter / ELSCHEN, Rainer / SIEGEL, Theodor / SIGLOCH, Jochen / STREIM, Hannes (1993), „Lifo, Jahresabschlußziele und Grundsätze ordnungsmäßiger Buchführung", in: *DB 1993*, S. 1249-1252.

BAUMANN, Karl-Hermann (1998), „Kommentar zu § 306 HGB", in: Küting / Weber (Hrsg.), *HdR-KA*, 2. Aufl., Stuttgart.

BAUMANN, Karl-Hermann / SPANHEIMER, Jürgen (2003), „Kommentar zu § 274 HGB, 3. ErgL.", in: Küting / Weber (Hrsg.), *HdR-EA*, 5. Aufl., Stuttgart.

BAUSCHATZ, Peter (2009), „Kommentar zu § 37 KStG", in: Gosch (Hrsg.), *Körperschaftsteuergesetz: KStG*, 2. Aufl., München.

BECKER, Stephan (2012), „Abweichende Handels- und Steuerbilanz unter Beachtung latenter Steuern", in: *NWB 2012*, S. 57-69.

BECKER, Wolfgang (1991), „Abgrenzung latenter Steuern im Rahmen der Konzernrechnungslegung", in: *DB 1991*, S. 1737-1742.

BEINE, Frank (1995), „Bedeutung von Steuersatzänderungen für die Bildung latenter Steuern im Einzel- und Konzernabschluß", in: *DStR 1995*, S. 542-547.

BERGER, Axel (2006), „Was der DPR aufgefallen ist: Ermessensspielraum und die Bilanzierung von latenten Steuern auf Verlustvorträge", in: *DB 2006*, S. 2473-2475.

BERTRAM, Klaus (2010), „Kommentar zu § 274 HGB", in: Bertram / Brinkmann / Kessler / Müller (Hrsg.), *Haufe HGB Bilanz-Kommentar*, 2. Aufl., Freiburg.

BEUßER, Thomas (2009), „Der Zinsvortrag bei der Zinsschranke", in: *FR 2009*, S. 49-55.

BIEN, Roland / WAGNER, Thomas (2009), „Erleichterungen bei der Verlustabzugsbeschränkung und der Zinsschranke nach dem Wachstumsbeschleunigungsgesetz“, in: *BB 2009*, S. 2627-2634.

BIENER, Herbert / BERNEKE, Wilhelm / NIGGEMANN, Karl Heinz (1986), *Bilanzrichtlinien-Gesetz. Textausgabe des Bilanzrichtlinien-Gesetzes vom 19.12.1985 (Bundesgesetzbl. I S. 2355)*, Düsseldorf.

BITZ, Michael / SCHNEELOCH, Dieter / WITTSTOCK, Wilfried (2011), *Der Jahresabschluss. Nationale und internationale Rechtsvorschriften, Analyse und Politik*, 5. Aufl., München.

BLACK, Homer A. (1966), *Interperiod Allocation of Corporate Income Taxes*, New York.

BOHN, Alexander / LOOSE, Thomas (2011), „Prüfungsschema zum Grundtatbestand der Zinsschranke bei negativem EBITDA“, in: *DB 2011*, S. 1246-1249.

BOLIK, Andreas / LINZBACH, Meike (2010), „Verluste und Zinsschranke in der Bilanzierung latenter Steuern“, in: *DStR 2010*, S. 1587-1590.

BÖRNER, Dietrich (1986/1987), „Bilanzrichtlinien-Gesetz und Steuerbilanzpolitik – Zur Neuordnung der Handlungsspielräume“, in: *StbJb 1986/1987*, S. 201-234.

BÖRNER, Dietrich / KRAWITZ, Norbert (1977), *Steuerbilanzpolitik. Eine entscheidungsorientierte Analyse der Wahlrechte zur steuerlichen Gewinnermittlung. Darstellung, Kontrollfragen, Fallstudien und Musterlösungen*, Herne / Berlin.

BÖSSER, Jörg / PILHOFER, Jochen (2008), „Aktive latente Steuern auf steuerliche Verlustvorträge“, in: *KoR 2008*, S. 296-303.

BRÄHLER, Gernot / BRUNE, Philipp / HEERDT, Tobias (2008), „Die Auswirkungen der Zinsschranke auf die Aktivierung latenter Steuern“, in: *KoR 2008*, S. 289-295.

BREITHAUPT, Joachim (2002), „Kommentar zu § 247 HGB, Grundwerk“, in: Baetge / Kirsch / Thiele (Hrsg.), *Bilanzrecht*, Bonn / Berlin.

BREITKREUZ, Robert / MÜßIG, Anke (2011), „Zur Zeitwertbilanzierung latenter Steuern in der internationalen Rechnungslegung“, in: *ZfB 2011*, S. 1225-1256.

BRITISH ACCOUNTING STANDARDS BOARD (December 2000), *Appendix V of Financial Reporting Standard (FRS) 19*, abrufbar unter: http://www.frc.org.uk/images/uploaded/documents/FRS%20191.pdf, abgerufen am 22.03.2012.

BSTBK (HRSG.) (30.10.2009), *Stellungnahme zum IDW ERS HFA 27 "Einzelfragen zur Bilanzierung latenter Steuern nach den Vorschriften des HGB in der Fassung des Bilanzrechtsmodernisierungsgesetzes"*, abrufbar unter: http://www.idw.de/idw/download/IDWERSHFA27_Bundessteuerberaterkammer.pdf?id=593018&property=Datei, abgerufen am 22.03.2012.

BUCIEK, Klaus (2010), „Kommentar zu § 5 EStG, 106. ErgL.“, in: Heuermann / Brandis (Hrsg.), *Blümlich*, München.

BUDDE, Thomas / KESSLER, Harald (2009), „Kapitel 1, Abschnitt 7, Eigenkapital“, in: Kessler / Leinen / Strickmann (Hrsg.), *Handbuch BilMoG*, Freiburg, S. 336-371.

BUDDE, Thomas / VAN HALL, Georg (2010), „Kommentar zu § 306 HGB“, in: Bertram / Brinkmann / Kessler / Müller (Hrsg.), *Haufe HGB Bilanz-Kommentar*, 2. Aufl., Freiburg.

BUSCH, Friedrich Wilhelm (1976), *Grundsätze ordnungsmäßiger Bilanzierung für Pensionsverpflichtungen*, Münster.

BUSSE VON COLBE, Walther (1986), „Bilanzierungshilfe“, in: Leffson / Rückle / Großfeld (Hrsg.), *HuR*, Köln, S. 86-94.

BUSSE VON COLBE, Walther (1992), „Gefährdung des Kongruenzprinzips durch erfolgsneutrale Verrechnung von Aufwendungen im Konzernabschluß“, in: Moxter / Windmöller / Müller / von Wysocki (Hrsg.), *Rechnungslegung. FS Forster*, Düsseldorf, S. 126-138.

BUSSE VON COLBE, Walther / ORDELHEIDE, Dieter / GEBHARDT, Günther / PELLENS, Bernhard (2010), *Konzernabschlüsse: Rechnungslegung nach betriebswirt-*

schaftlichen Grundsätzen sowie nach Vorschriften des HGB und der IAS/IFRS, 9. Aufl., Wiesbaden.

C&L DEUTSCHE REVISION (HRSG.) (1997), *Konzernabschlüsse'95. Ausweis. Gestaltung. Berichterstattung. Ergebnisse einer Untersuchung von 100 großen Konzernen*, Düsseldorf.

CHRISTIANSEN, Alfred (2009), „Realisationsprinzip beim Ausweis von Verbindlichkeiten - eine "unendliche" Geschichte", in: *DStR 2009*, S. 2213-2217.

CLEMM, Hermann (1987/88), „Abzinsung von Passiva?", in: *StbJb 1987/88*, S. 67-89.

COENENBERG, Adolf G. (1986), „Ertragslage", in: Leffson / Rückle / Großfeld (Hrsg.), *HuR*, Köln, S. 155-162.

COENENBERG, Adolf G. / BLAUM, Ulf / BURKHARDT, Henriette (2010), „Kommentar zu IAS 12, 11. ErgL.", in: Baetge / Wollmert / Kirsch / Oser / Bischof (Hrsg.), *Rechnungslegung nach IFRS*, 2. Aufl., Stuttgart.

COENENBERG, Adolf G. / FORSTER, Karl-Heinz / REUTER, Edzard / SIEBEN, Günter / V. WYSOCKI, Klaus (1987), „Meinungsspiegel", in: *BFuP 1987*, S. 71-98.

COENENBERG, Adolf G. / HALLER, Axel / SCHULTZE, Wolfgang (2012), *Jahresabschluss und Jahresabschlussanalyse. Betriebswirtschaftliche, handelsrechtliche, steuerrechtliche und internationale Grundlagen - HGB, IAS/IFRS, US-GAAP, DRS*, 22. Aufl., Stuttgart.

COENENBERG, Adolf G. / HILLE, Klaus (2003), „Kommentar zu IAS 12, Stand: 30.06.2003", in: Baetge / Wollmert / Kirsch / Oser / Bischof (Hrsg.), *Rechnungslegung nach IFRS*, 2. Aufl., Stuttgart.

COMMANDEUR, Dirk (1986), *Die Bilanzierung der Aufwendungen für die Ingangsetzung und Erweiterung des Geschäftsbetriebs (Forschungsergebnisse aus dem Revisionswesen und der betriebswirtschaftlichen Steuerlehre Band 5)*, Berlin.

CREZELIUS, Georg (1998), „Bestimmte Zeit und passive Rechnungsabgrenzung“, in: *DB 1998*, S. 633-638.

CREZELIUS, Georg (2012), „Kommentar zu § 5 EStG“, in: Kirchhof (Hrsg.), *EStG Kompaktkommentar*, 11. Aufl., Köln.

DAHLKE, Jürgen (2009), „Bilanzierung latenter Steuern bei Organschaften nach dem BilMoG“, in: *BB 2009*, S. 878-882.

DANELSING, Walter (2010), „Kommentar zu § 14 KStG, 108. ErgL.“, in: Heuermann / Brandis (Hrsg.), *Blümlich*, München.

DEBUS, Christian (2003), „C 440. Latente Steuern, 19. ErgL.“, in: Castan / Böcking / Heymann / Pfitzer / Scheffler (Hrsg.), *BeckHdR*, München.

DESTATIS (17.08.2011), *Pressemitteilung Nr. 298, Gewerbesteuerhebesätze 2010 im Bundesdurchschnitt gestiegen*, abrufbar unter: https://www.destatis.de/DE/PresseService/Presse/Pressemitteilungen/2011/08/PD11_298_735.html, abgerufen am 22.03.2012.

DEUTSCHE TREUHAND-GESELLSCHAFT AG (1985/86), *Einführung in das Bilanzrichtlinien-Gesetz*, Berlin / Frankfurt am Main.

DIETEL, Marco (2002), „Bilanzierung von Anteilen an Personengesellschaften in Handels- und Steuerbilanz“, in: *DStR 2002*, S. 2140-2144.

DÖRFLER, Oliver / ADRIAN, Gerrit (2009), „Zur Umsetzung der HGB-Modernisierung durch das BilMoG: Steuerbilanzrechtliche Auswirkungen“, in: *Beilage 5 zu DB 23 / 2009*, S. 58-64.

DÖRING, Vera / HEGER, Heinz-Josef (2009), „Der Wegfall der umgekehrten Maßgeblichkeit nach BilMoG mit besonderem Blick auf die Bilanzierung von Pensionsverpflichtungen in Handels- und Steuerbilanz“, in: *DStR 2009*, S. 2064-2069.

DÖTSCH, Ewald (2010), „Kommentar zu § 14 KStG, Tz. 50-70, Tz. 470-492, Tz. 526-547, 69. ErgL.“, in: Dötsch / Jost / Pung / Witt (Hrsg.), *Die Körperschaftsteuer*, Stuttgart.

DÖTSCH, Ewald / WITT, Georg (2008), „Kommentar zu § 14 KStG, Tz. 325-398, 64. ErgL.“, in: Dötsch / Jost / Pung / Witt (Hrsg.), *Die Körperschaftsteuer*, Stuttgart.

DREIXLER, Tobias / ERNST, Carsten (2011), „Behandlung von Steuerlatenzen bei Organschaftsbeziehungen im Einzelabschluss“, in: *StuB 2011*, S. 123-133.

DRS 18 (3.9.2010), abgedruckt bei: DRSC E.V. (HRSG.) (2000).

DRSC E.V. (HRSG.) (2000), *Deutsche Rechnungslegungsstandards (DRS) - German Accounting Standards (GAS). Rechnungslegungs Interpretationen (RIC) - Accounting Interpretations (AIC), 16. ErgL. (April 2011)*, Stuttgart.

DRUKARCZYK, Jochen / SCHÜLER, Andreas (2009), *Unternehmensbewertung*, 6. Aufl., München.

DUSEMOND, Michael (1999), „Ursachen latenter Steuern im Konzernabschluß nach HGB und IAS, Kritische Analyse der Gemeinsamkeiten und Unterschiede“, in: Küting / Langenbucher (Hrsg.), *Internationale Rechnungslegung, FS Weber*, Stuttgart, S. 312-342.

DUSEMOND, Michael / HAYN, Benita (1997), „Latente Steuern im Rahmen der Erstellung der Handelsbilanz II. Darstellung und kritische Analyse möglicher Ursachen“, in: *BB 1997*, S. 407-411.

EBERHARTINGER, Eva (2002), „Kommentar zu § 274 HGB, Grundwerk“, in: Baetge / Kirsch / Thiele (Hrsg.), *Bilanzrecht*, Bonn / Berlin.

EBERHARTINGER, Eva (2002a), „Kommentar zu § 306 HGB, Grundwerk“, in: Baetge / Kirsch / Thiele (Hrsg.), *Bilanzrecht*, Bonn / Berlin.

EGGERT, Wolfgang (2011), „Latente Steuern nach dem BilMoG - bei allen Kaufleuten?“, in: *Stbg 2011*, S. 318-321.

EIBELSHÄUSER, Manfred (1987), „Rückstellungsbildung nach neuem Handelsrecht. Ein Beitrag zur Auslegung von § 249 Abs. 1 S. 1 HGB“, in: *BB 1987*, S. 860-866.

ELLERBUSCH, Martin / SCHLÜTER, Andreas / HOFHERR, Achim (2009), „Die Abgrenzung latenter Steuern im Organkreis nach BilMoG“, in: *DStR 2009*, S. 2443-2449.

ELLROTT, Helmut (2012), „Kommentar zu § 285 HGB“, in: Ellrott / Förschle / Kozikowski / Winkeljohann / Grottel / Schmidt (Hrsg.), *Beck'scher Bilanzkommentar*, 8. Aufl., München.

ELLROTT, Helmut / KRÄMER, Andreas (2012), „Kommentar zu § 250 HGB“, in: Ellrott / Förschle / Kozikowski / Winkeljohann / Grottel / Schmidt (Hrsg.), *Beck'scher Bilanzkommentar*, 8. Aufl., München.

ELPRANA, Kai (2007), *Darstellung und kritische Würdigung der Konzernbilanzierung latenter Steuer nach IAS 12 (Europäische Hochschulschriften)*, Frankfurt am Main.

ELPRANA, Kai (2011), „Kommentar zu den §§ 274, 306 HGB“, in: Heidel / Schall (Hrsg.), *NomosKommentar HGB*, Baden-Baden, S. 1647-1668; 1872-1884.

EMIG, Michael / WALTER, Jan (2011), „Die steuerliche Überleitungsrechnung - neue Impulse durch DRS 18“, in: *DStR 2011*, S. 488-492.

ENGELS, Wolfgang (2008), „Aktive latente Seuern auf Verlustvorträge - Was erwartet den HGB-Bilanzierer bei Umsetzung des RegE BilMoG?“, in: *BB 2008*, S. 1554-1558.

ENGELS, Wolfram (1962), *Betriebswirtschaftliche Bewertungslehre im Licht der Entscheidungstheorie*, Köln und Opladen.

EPPINGER, Christoph / SEEBACHER, Kathrin (2010), „Aktivierung latenter Steuern auf einen (fiktiven) EBITDA-Vortrag nach IFRS“, in: *KoR 2010*, S. 481-482.

ERNST & YOUNG (2010), *International GAAP 2010. Generally Accepted Accounting Practice under International Financial Reporting Standards*, Beccles.

ERNST, Sascha (2008), *Die Bilanzierung latenter Steuern bei Verschmelzungen (Schriften zum Betrieblichen Rechnungswesen und Controlling, Band 59)*, Hamburg.

ERNSTING, Ingo (2001), „Auswirkungen des Steuersenkungsgesetzes auf die Steuerabgrenzung in Konzernabschlüssen nach US-GAAP und IAS“, in: *WPg 2001*, S. 11-22.

ERNSTING, Ingo / LOITZ, Rüdiger (2004), „Zur Bilanzierung latenter Steuern bei Personengesellschaften nach IAS 12“, in: *DB 2004*, S. 1053-1060.

FASSELT, Martin / BRINKMANN, Jürgen (2004), „B 211a. Geschäfts- oder Firmenwert, 20. ErgL.“, in: Castan / Böcking / Heymann / Pfitzer / Scheffler (Hrsg.), *BeckHdR*, München.

FEDERMANN, Rudolf (2000), *Bilanzierung nach Handelsrecht und Steuerrecht*, 11. Aufl., Berlin.

FEDERMANN, Rudolf (2010), *Bilanzierung nach Handelsrecht, Steuerrecht und IAS / IFRS*, 12. Aufl., Berlin.

FELDGEN, René (2010), „Steuerabgrenzung bei Personengesellschaften. Latente Steuern nach dem BilMoG“, in: *NWB 2010*, S. 3621-3630.

FISCHER, Carola / KALINA-KERSCHBAUM, Claudia (2010), „Maßgeblichkeit der Handelsbilanz für die steuerliche Gewinnermittlung. Kritische Anmerkungen zum Entwurf eines BMF-Schreibens“, in: *DStR 2010*, S. 399-401.

FISCHER, Hardy / WAGNER, Thomas (2008), „Das BMF-Schreiben zur Zinsschranke - Überblick. Bewertung. Verbleibende Gestaltungen“, in: *BB 2008*, S. 1872-1879.

FÖRSCHLE, Gerhart / DEUBERT, Michael (2006), „Kommentar zu § 301 HGB“, in: Ellrott / Förschle / Hoyos / Winkeljohann (Hrsg.), *Beck'scher Bilanzkommentar*, 6. Aufl., München.

FÖRSCHLE, Gerhart / DEUBERT, Michael (2012), „Kommentar zu § 299 HGB“, in: Ellrott / Förschle / Kozikowski / Winkeljohann / Grottel / Schmidt (Hrsg.), *Beck'scher Bilanzkommentar*, 8. Aufl., München.

FÖRSCHLE, Gerhart / HOFFMANN, Karl (2008), „Abschnitt K, Übernahmebilanzierung bei Umwandlungen“, in: Budde / Förschle / Winkeljohann (Hrsg.), *Sonderbilanzen*, 4. Aufl., München.

FÖRSCHLE, Gerhart / KROPP, Manfred / SIEMERS, Lothar (2008), „Abschnitt C. Eröffnungsbilanz der Personengesellschaft“, in: Budde / Förschle / Winkeljohann (Hrsg.), *Sonderbilanzen*, 4. Aufl., München.

FÖRSTER, Guido (2007), „Kommentar zu § 4h EStG“, in: Breithecker / Förster / Förster / Klapdor (Hrsg.), *Unternehmensteuerreformgesetz 2008*, Berlin, S. 49-96.

FÖRSTER, Guido / SCHMIDTMANN, Dirk (2009), „Steuerliche Gewinnermittlung nach dem BilMoG“, in: *BB 2009*, S. 1342-1346.

FREIBERG, Jens (2011), „Steuerlatenz in Abhängigkeit der Verwertungsabsicht“, in: *PiR 2011*, S. 328-329.

FREIBERG, Jens (2011a), „Pro: Sofortige Vereinnahmung eines "negativen goodwill" als Ertrag?“, in: *PiR 2011*, S. 325.

FRIEDRICH, Katja (2009), „§ 6. Gewinnermittlung und Besteuerung“, in: Müller / Hoffmann (Hrsg.), *Beck'sches Handbuch der Personengesellschaften*, 3. Aufl., München.

FÜLBIER, Rolf Uwe / MAGES, Monika K. (2007), „Überlegungen zur Bilanzierung latenter Steuern bei Personengesellschaften nach IAS 12“, in: *KoR 2007*, S. 69-79.

FÜLBIER, Uwe / KUSCHEL, Patrick / SELCHERT, Friedrich Wilhelm (2010), „Kommentar zu § 252 HGB, 9. ErgL.“, in: Küting / Weber (Hrsg.), *HdR-EA*, 5. Aufl., Stuttgart.

FUNNEMANN, Carl-Bernhard / KERSSENBROCK, Otto-Ferdinand (2008), „Ausschüttungssperren im BilMoG-RegE“, in: *BB 2008*, S. 2674-2678.

GABER, Christian (2005), „Beiträge zur theoretischen BWL. Der Erfolgsausweis im Wettstreit zwischen Prognosefähigkeit und Kongruenz“, in: *BFuP 2005*, S. 279-295.

GAIL, Winfried (1987), „Rechtliche Entstehung und wirtschaftliche Verursachung als Voraussetzung für die Bildung von Rückstellungen“, in: *ZfB-Ergänzungsheft 1 / 1987*, S. 51-65.

GELHAUSEN, Hans Friedrich / ALTHOFF, Frank (2009), „Die Bilanzierung ausschüttungs- und abführungsgesperrter Beträge im handelsrechtlichen Jahresabschluss nach dem BilMoG (Teil 1)“, in: *WPg 2009*, S. 584-592.

GELHAUSEN, Hans Friedrich / FEY, Gerd / KÄMPFER, Georg (2009), *Rechnungslegung und Prüfung nach dem Bilanzrechtsmodernisierungsgesetz*, Düsseldorf.

GENERAL MOTORS CORPORATION (2007), *Geschäftsbericht (Annual Report) 2007*, abrufbar unter: http://bigthreeauto.procon.org/sourcefiles/GM_AR_2007.pdf, abgerufen am 22.03.2012.

GESAMTVERBAND DER DEUTSCHEN VERSICHERUNGSWIRTSCHAFT E.V. (2009), *Stellungnahme zum Entwurf eines Deutschen Rechnungslegungs Standard: Latente Steuern (E-DRS 24)*, abrufbar unter: http://www.standardsetter.de/drsc/docs/press_releases/07_gdv_E-DRS24.pdf, abgerufen am 22.03.2012.

GIEßLER, Oliver S. (1995), „Der "passive Ausgleichsposten" in der Bilanz - nichts anderes als ein negativer Geschäftswert?“, in: *DStR 1995*, S. 699-702.

GRÄBSCH, Ivonne (2002), „Bilanzierung latenter Steuern im Konzernabschluss nach DRS 10“, in: *StuB 2002*, S. 743-750.

GRAF V. KANITZ, Friedrich (2011), „Die Bedeutung der Rückstellungspflicht nach § 249 Abs. 1 Satz 1 HGB für den Ausweis passiver latenter Steuern - eine Bestandsaufnahme“, in: *WPg 2011*, S. 895-907.

GROH, Manfred (1988), „Abzinsung von Verbindlichkeitsrückstellungen?“, in: *BB 1988*, S. 1919-1921.

GROH, Manfred (1988a), „Verbindlichkeitsrückstellungen und Verlustrückstellung: Gemeinsamkeiten und Unterschiede“, in: *BB 1988*, S. 27-33.

GROH, Manfred (1988b), „Bilanzierung öffentlicher Zuschüsse“, in: *DB 1988*, S. 2417-2421.

GROßFELD, Bernhard / LUTTERMANN, Claus (2005), *Bilanzrecht: die Rechnungslegung in Jahresabschluß und Konzernabschluß nach Handelsrecht und Steuerrecht, Europarecht und IAS/IFRS*, 4. Aufl., Heidelberg.

GRUBERT, Thomas (1978), *Rückstellungsbilanzierung in der Ertragsteuerbilanz*, München.

GÜROFF, Georg (2009), „Kommentar zu § 28 GewStG“, in: Glanegger / Georg (Hrsg.), *Glanegger/Güroff GewStG*, 7. Aufl., München, S. 1018-1026.

HAAKER, Andreas (2008), „Keine (weitere) Abkehr vom Gläubigerschutz im BilMoG – keine nur einjährige Ausschüttungssperre! - Erwiderung zur Stellungnahme des Arbeitskreises „Steuern und Revision” im Bund der Wirtschaftsakademiker e. V.“, in: *DStR 2008*, S. 1750-1754.

HACHMEISTER, Dirk (2009), „Kommentar zu § 312 HGB, 29. ErgL.“, in: Baetge / Kirsch / Thiele (Hrsg.), *Bilanzrecht*, Bonn / Berlin.

HAHN, Klaus (2011), „Latente Steuern im Einzelabschluss“, in: Brönner / Bareis / Hahn / Maurer / Schramm (Hrsg.), *Die Bilanz nach Handels- und Steuerrecht*, 10. Aufl., Stuttgart, S. 630-692.

HAHN, Klaus (2011a), „Latente Steuern im Konzernabschluss“, in: Brönner / Bareis / Hahn / Maurer / Schramm (Hrsg.), *Die Bilanz nach Handels- und Steuerrecht*, 10. Aufl., Stuttgart, S. 1213-1234.

HAMANNT, Manfred (15.02.2011), *Schreiben des IDW an das BMF. Auswirkungen des BilMoG auf die Anerkennung einer ertragsteuerlichen Organschaft*, abrufbar unter: http://www.idw.de/idw/download/BilMoG_ertragst_Organschaft.pdf?id=606282&property=Datei, abgerufen am 22.03.2012.

HARMS, Jens E. / KÜTING, Karlheinz (1981), „Latente Steuern im Konzenabschluß“, in: *ZfB 1981*, S. 146-164.

HARTMANN, Dennis J. (2011), *Latente Steuern bei Personengesellschaften. Entwicklung einer geschlossenen Abbildungskonzeption für Einzel- und Konzernabschlüsse nach HGB und IFRS*, Bremen.

HAYN, Benita (2009), „§ 36, Equity-Methode“, in: Bohl / Riese / Schlüter (Hrsg.), *Beck'sches IFRS-Handbuch*, 3. Aufl., München.

HAYN, Sven (2005), „B 218. Rechnungsabgrenzungsposten, 24. ErgL.“, in: Castan / Böcking / Heymann / Pfitzer / Scheffler (Hrsg.), *BeckHdR*, München.

HEINEN, Edmund (1976), *Grundlagen betriebswirtschaftlicher Entscheidungen. Das Zielsystem der Unternehmung*, 3. Aufl., Wiesbaden.

HEINZE, Gerhard B. / ROOLF, Willy (1976), „Die Behandlung des derivativen negativen Geschäftswerts in der Handels- und Steuerbilanz sowie bei der Einheitsbewertung“, in: *DB 1976*, S. 214-218.

HENI, Bernhard (2004), „Kommentar zu § 299, 31. ErgL.“, in: Hofbauer / Kupsch / Scherrer / Grewe / Kirsch (Hrsg.), *BOHR*, 2. Aufl., Bonn.

HENI, Bernhard (2010), „Kommentar zu § 300 HGB, 52. ErgL.“, in: Hofbauer / Kupsch / Scherrer / Grewe / Kirsch (Hrsg.), *BOHR*, 2. Aufl., Bonn.

HENNIG, Bettina (1982), *Bilanzierung latenter Steuern (Bochumer Wirtschaftswissenschaftliche Studien Nr. 83)*, Bochum.

HENNRICHS, Joachim (2011), „GoB im Spannungsfeld von BilMoG und IFRS“, in: *WPg 2011*, S. 861-871.

HENSELMANN, Klaus (2008), „Umgekehrte Maßgeblichkeit und latente Steuern“, in: Schmiel / Breithecker (Hrsg.), *Steuerliche Gewinnermittlung nach dem BilMoG*, Berlin, S. 255-281.

HERZIG, Norbert (2001), „Steuerlatenz im Einzel- und im Konzernabschluss“, in: Bertl / Gassner / Egger / Lang (Hrsg.), *Erfolgsabgrenzungen in Handels- und Steuerbilanz*, Wien, S. 109-125.

HERZIG, Norbert (2010a), „BilMoG, Tax Accounting und Corporate Governance-Aspekte“, in: *DB 2010*, S. 1-8.

HERZIG, Norbert (2010b), „Tax Accounting zwischen BilMoG und E-Bilanz“, in: *DStR 2010*, S. 1900-1908.

HERZIG, Norbert / BOHN, Alexander / GÖTSCH, Anne (2009), „Auswirkungen des Zusammenspiels von Zins- und Verlustvortrag auf die Bilanzierung latenter Steuern im HGB-Einzelabschluss“, in: *DStR 2009*, S. 2615-2620.

HERZIG, Norbert / BRIESEMEISTER, Simone (2009), „Steuerliche Konsequenzen der Bilanzrechtsmodernisierung für Ansatz und Bewertung“, in: *DB 2009*, S. 976-982.

HERZIG, Norbert / BRIESEMEISTER, Simone (2010), „Unterschiede zwischen Handels- und Steuerbilanz nach BilMoG - Unvermeidbare Abweichungen und Gestaltungsspielräume“, in: *WPg 2010*, S. 63-77.

HERZIG, Norbert / LIEKENBROCK, Bernhard (2010), „Zum EBITDA-Vortrag der Zinsschranke“, in: *DStR 2010*, S. 690-695.

HERZIG, Norbert / LIEKENBROCK, Bernhard / VOSSEL, Stephan (2010), „Grundkonzept zur Bilanzierung von latenten Steuern im Organkreis nach dem BilMoG“, in: *UBg 2010*, S. 85-100.

HERZIG, Norbert / VOSSEL, Stephan (2009), „Paradigmenwechsel bei latenten Steuern nach dem BilMoG“, in: *BB 2009*, S. 1174-1178.

HEURUNG, Rainer (2000), „Latente Steuerabgrenzung im Konzernabschluß im Vergleich zwischen HGB, IAS, und US-GAAP“, in: *AG 2000*, S. 538-553.

HEURUNG, Rainer / KURTZ, Michael (2000), „Latente Steuern nach dem Temporary Differences-Konzept: Ausgewählte Problembereiche“, in: *BB 2000*, S. 1775-1780.

HEY, Johanna (2010), „§ 11 Körperschaftsteuer“, in: Tipke / Lang / Seer / Hey (Hrsg.), *Steuerrecht*, 20. Aufl., Köln.

HILLE, Klaus (1982), *Latente Steuern im Einzel- und Konzernabschluss*, Frankfurt am Main / Bern.

HINZ, Michael (2010), „B 100. Zweck und Inhalt des Jahresabschlusses und Lageberichts, 32. ErgL.“, in: Böcking / Castan / Heymann / Pfitzer / Scheffler (Hrsg.), *BeckHdR*, München.

HIRSCHBERGER, Wolfgang (2007), „Passive Latente Steuern als Folge des Investitionsabzugsbetrags nach § EStG § 7g EStG n. F.“, in: *DStR 2007*, S. 2272-2274.

HOFFMANN, Thorsten / ZU PUTLITZ, Julia / SCHUBERT, Reinhard (2011), *IFRS: Latente Steuern. Ansatz, Bewertung, Ausweis (Schriftenreihe: IFRS Best Practice, Bd. 11)*, Berlin.

HOFFMANN, Wolf-Dieter (2010), „KFZ-Steuer als Rechnungsabgrenzungsposten?“, in: *StuB 2010*, S. 81-82.

HOFFMANN, Wolf-Dieter (2011), „§ 26 Steuern vom Einkommen", in: Lüdenbach / Hoffmann (Hrsg.), *Haufe IFRS-Kommentar*, 9. Aufl., Freiburg.

HOFFMANN, Wolf-Dieter / LÜDENBACH, Norbert (2009), „Inhaltliche Schwerpunkte des BilMoG-Regierungsentwurfs", in: *DStR Beihefter zu 30 / 2009*, S. 49-68.

HOFFMANN, Wolf-Dieter / LÜDENBACH, Norbert (2012), *NWB Kommentar Bilanzierung. Handels- und Steuerrecht*, 3. Aufl., Herne.

HÖMBERG, Reinhold / KÖNIG, Michael (2009), „Kommentar zu § 250 HGB, 27. ErgL.", in: Baetge / Kirsch / Thiele (Hrsg.), *Bilanzrecht*, Bonn / Berlin.

HOMMEL, Michael (2011), „Kommentar zu § 249 HGB, 38. ErgL.", in: Baetge / Kirsch / Thiele (Hrsg.), *Bilanzrecht*, Bonn / Berlin.

HOMMEL, Michael / BERNDT, Thomas (2009), „Das Realisationsprinzip - 1884 und heute", in: *BB 2009*, S. 2190-2194.

HÖRTNAGL, Robert (2009), „Kommentar zu § 24 UmwG", in: Schmitt / Hörtnagl / Stratz (Hrsg.), *Umwandlungsgesetz, Umwandlungssteuergesetz*, 5. Aufl., München.

HOSSFELD, Christopher (2005), „Fair Value-Bewertung und Ausschüttung", in: Bieg (Hrsg.), *Fair Value*, München, S. 155-177.

HOYOS, Martin / FISCHER, Norbert (2006), „Kommentar zu § 306 HGB", in: Ellrott / Förschle / Hoyos / Winkeljohann (Hrsg.), *Beck'scher Bilanzkommentar*, 6. Aufl., München, S. 1634-1648.

IASC (HRSG.) (1979), „Internationaler Rechnungslegungsgrundsatz Nr. 12 (IAS 12): Die bilanzielle Behandlung von Ertragsteuern", in: *WPg 1979*, S. 668-673.

IASC (HRSG.) (1994), *Proposed International Accounting Standard. Income Taxes. Exposure Draft E49*, London.

IDW-HFA (1984), „Bilanzierungsfragen bei Zuwendungen, dargestellt am Beispiel finanzieller Zuwendungen der öffentlichen Hand (HFA 1/1984 i.d.F. Dezember 1990, redaktionelle Anpassungen)“, in: *WPg 1984*, S. 612-615.

IDW-HFA (1999), „IDW Stellungnahme zur Rechnungslegung: Einzelfragen zur Anwendung von IAS (IDW RS HFA 2)“, in: *WPg 1999*, S. 591-601.

IDW-HFA (2009), „Entwurf einer IDW Stellungnahme zur Rechnungslegung: Einzelfragen zur Bilanzierung latenter Steuern nach den Vorschriften des HGB in der Fassung des Bilanzrechtsmodernisierungsgesetzes (IDW ERS HFA 27)“, in: *IDW-FN 2009*, S. 337-344.

IDW-HFA (2010), „Aufhebung des IDW ERS HFA 27: Bilanzierung latenter Steuern“, in: *IDW-FN 2010*, S. 451-452.

IDW-HFA (2011), „Auswirkungen einer Abkehr von der Going-Concern-Prämisse auf den handelsrechtlichen Jahresabschluss (IDW RS HFA 17)“, in: *IDW-FN 2011*, S. 438-444.

IDW-HFA (2011a), „IDW-Stellungnahme zur Rechnungslegung: Bilanzierung von Anteilen an Personenhandelsgesellschaften im handelsrechtlichen Jahresabschluss (IDW RS HFA 18)“, in: *IDW-FN 2011*, S. 24-30.

IDW-HFA (2011b), „IDW-Stellungnahme zur Rechnungslegung: Ansatz- und Bewertungsstetigkeit im handelsrechtlichen Jahresabschluss (IDW RS HFA 38)“, in: *IDW-FN 2011*, S. 560-563.

IDW-HFA (2012), „IDW Stellungnahme zur Rechnungslegung: Handelsrechtliche Rechnungslegung bei Personenhandelsgesellschaften (IDW HFA 7 n.F.)“, in: *IDW-FN 2012*, S. 189-200.

IDW-IFA (2010), „IDW Rechnungslegungshinweis: Besonderheiten der handelsrechtlichen Bilanzierung latenter Steuern bei Wohnungsunternehmen (IDW RH IFA 1.001)“, in: *IDW-FN 2010*, S. 571-573.

IDW-SABI (1986), „Entwurf einer Verlautbarung: Zur Steuerabgrenzung im Einzelabschluß“, in: *WPg 1986*, S. 671-672.

IDW-SABI (1988), „Stellungnahme des Sonderausschuß Bilanzrichtlinien-Gesetz (SABI) 3/1988: Zur Steuerabgrenzung im Einzelabschluß", in: *WPg 1988*, S. 683-684.

ISING, Matthias (2001), *Ergänzungsbilanzen anlässlich eines entgeltlichen Gesellschafterwechsels*, Frankfurt am Main.

JACOBS, Otto H. (2009), *Unternehmensbesteuerung und Rechtsform. Handbuch zur Besteuerung deutscher Unternehmen*, 4. Aufl., München.

JACOBS, Otto H. (2011), *Internationale Unternehmensbesteuerung. Deutsche Investitionen im Ausland - Ausländische Investitionen im Inland*, 7. Aufl., München.

JONAS, Heinrich H. (1980), *Die EG-Bilanzrichtlinie. Grundlagen und Anwendung in der Praxis*, Freiburg i. Br.

KAHLE, Holger (2010), „Abgrenzung von Gesellschafterkonten bei Personengesellschaften", in: *DStZ 2010*, S. 720-732.

KALABUCH, Jutta (1994), *Der Stetigkeitsgrundsatz in der Einzelbilanz nach Handels- und Ertragsteuerrecht*, Düsseldorf.

KAMINSKI, Bert (2009), „Änderungen und Verabschiedung des BilMoG - Anmerkungen aus steuerlicher Sicht", in: *Stbg 2009*, S. 197-207.

KAMMANN, Evert (1988), *Stichtagsprinzip und zukunftsorientierte Bilanzierung (Steuerwissenschaft Band 27)*, Köln.

KARRENBROCK, Holger (1991), *Latente Steuern in Bilanz und Anhang*, Düsseldorf.

KARRENBROCK, Holger (1993), „Angaben im Anhang über künftige Belastungen auf Grund der Inanspruchnahme von Steuervergünstigungen. Zur Berichterstattung nach § 285 Nr. 5 HGB", in: *BB 1993*, S. 1045-1052.

KARRENBROCK, Holger (1994), „Zum Saldierungsbereich und zur Abzinsung von Drohverlustrückstellungen - Stellungnahme zum Vorlagebeschluß des BFH vom 26.5.1993 X R 72/90“, in: *WPg 1994*, S. 97-103.

KARRENBROCK, Holger (1994a), „Zur Abzinsung von Rückstellungen nach der Neufassung von § 253 Abs. 1 S. 2 HGB - Änderung der Rechtslage oder Konkretisierung der Grundsätze ordnungsmäßiger Buchführung?“, in: *DB 1994*, S. 1941-1994.

KARRENBROCK, Holger (2005), „Net-of-Tax-Bewertung von Drohverlustrückstellungen“, in: *WPg 2005*, S. 772-777.

KARRENBROCK, Holger (2007), „Latente Steuern, 41. ErgL.“, in: von Wysocki / Schulze-Osterloh / Hennrichs / Kuhner (Hrsg.), *HDJ Abt. IIIa/1*, Köln.

KARRENBROCK, Holger (2008), „Von der Steuerabgrenzung zur Bilanzierung latenter Steuern – Die Neuregelung der Bilanzierung latenter Steuerzahlungen nach dem Entwurf des Bilanzrechtsmodernisierungsgesetzes (BilMoG)“, in: *WPg 2008*, S. 328-337.

KARRENBROCK, Holger (2008a), „Vollkostenansatz ante portas: Die Neuregelung der bilanziellen Herstellungskosten nach dem Regierungsentwurf des BilMoG“, in: Schmiel / Breithecker (Hrsg.), *Steuerliche Gewinnermittlung nach dem Bilanzrechtsmodernisierungsgesetz*, Berlin, S. 125-147.

KARRENBROCK, Holger (22.12.2009), *Stellungnahme zu E-DRS 24*, abrufbar unter: http://www.standardsetter.de/drsc/docs/press_releases/08_karrenbrock_E-DRS24.pdf, abgerufen am 22.03.2012.

KARRENBROCK, Holger (2010), „Zur Ausweis- und Saldierungsproblematik latenter Steuern im Einzelabschluss nach dem BilMoG“, in: Baumhoff / Dücker / Köhler (Hrsg.), *Besteuerung, Rechnungslegung und Prüfung der Unternehmen. FS Krawitz*, Wiesbaden, S. 631-647.

KARRENBROCK, Holger (2011), „Zweifelsfragen der Berücksichtigung aktiver latenter Steuern im Jahresabschluss nach BilMoG“, in: *BB 2011*, S. 683-688.

KASTRUP, Benedikt / MIDDENDORF, Oliver (2010), „Latente Steuern bei Personengesellschaften im handelsrechtlichen Jahresabschluss nach BilMoG“, in: *BB 2010*, S. 815-820.

KESSLER, Harald (2010), „Kapitel 2, Abschn. 4, Bilanzierung der Rückstellungen, Bewertung“, in: Kessler / Leinen / Strickmann (Hrsg.), *Handbuch BilMoG. Der praktische Leitfaden zum Bilanzrechtsmodernisierungsgesetz*, 2. Aufl., Freiburg, S. 321-348.

KESSLER, Harald / DIETRICH, Marie-Louise (2010), „Die Zinsschranke nach dem WaBeschlG - la dolce vita o il dolce far niente?“, in: *DB 2010*, S. 240-244.

KESSLER, Harald / LEINEN, Markus / PAULUS, Benjamin (2009), „Das BilMoG und die latenten Steuern (Teil 1)“, in: *KoR 2009*, S. 716-728.

KESSLER, Harald / LEINEN, Markus / PAULUS, Benjamin (2010), „Das BilMoG und die latenten Steuern (Teil 2)“, in: *KoR 2010*, S. 46-49.

KESSLER, Harald / LINDEMER, Jörg (2010), „Die Zinsschranke nach dem Wachstumsbeschleunigungsgesetz“, in: *DB 2010*, S. 472-476.

KIRSCH, Hanno (2002), „Abgrenzung latenter Steuern bei Personengesellschaften in Deutschland nach IAS 12“, in: *DStR 2002*, S. 1875-1880.

KIRSCH, Hanno (2002a), „Latente Ertragsteuern im Jahresabschluss deutscher Personengesellschaften nach IAS 12 und DRS 10“, in: *DStZ 2002*, S. 331-337.

KIRSCH, Hanno (2003), „Steuerabgrenzung auf temporäre Differenzen nach IAS 12“, in: *BuW 2003*, S. 177-182.

KIRSCH, Hanno (2003a), „B 235. Latente Steuern, 18. ErgL.“, in: Castan / Böcking / Heymann / Pfitzer / Scheffler (Hrsg.), *BeckHdR*, München.

KIRSCH, Hanno (2007), „Auswirkungen der Unternehmenssteuerreform 2008 auf die Bilanzierung und Bewertung latenter Steuern nach IAS 12“, in: *DStR 2007*, S. 1268-1273.

KIRSCH, Hanno (2009), „BilMoG - Latente Steuern im Jahres- und Konzernabschluss", in: *DStZ 2009*, S. 510-519.

KIRSCH, Hanno (2009a), „Ertragsteueraufwand bei Personenhandelsgesellschaften nach dem Bilanzrechtsmodernisierungsgesetz", in: *DStR 2009*, S. 1972-1978.

KIRSCH, Hanno (2009b), „Kommentar zu § 306 HGB (BilMoG), Fach 4a, 45. ErgL.", in: Hofbauer / Kupsch / Scherrer / Grewe / Kirsch (Hrsg.), *BOHR*, 2. Aufl., Bonn.

KIRSCH, Hanno (2009c), „Kommentar zu § 274 HGB (BilMoG), Fach 4a, 45. ErgL.", in: Hofbauer / Kupsch / Scherrer / Grewe / Kirsch (Hrsg.), *BOHR*, 2. Aufl., Bonn.

KIRSCH, Hanno (2009d), „Kommentar zu § 308a HGB, 43. ErgL.", in: Hofbauer / Kupsch / Scherrer / Grewe / Kirsch (Hrsg.), *BOHR*, 2. Aufl., Bonn.

KIRSCH, Hanno (2010), „Auswirkungen des Wachstumsbeschleunigungsgesetzes auf Bilanzierung, Bewertung und Berichterstattung latenter Steuern", in: *DStZ 2010*, S. 479-486.

KIRSCH, Hanno (2011), „Kommentar zu § 246 HGB, 54. ErgL.", in: Hofbauer / Kupsch / Scherrer / Grewe / Kirsch (Hrsg.), *BOHR*, 2. Aufl., Bonn.

KIRSCH, Hanno (2011a), „Kommentar zu § 250 HGB, 55. ErgL.", in: Hofbauer / Kupsch / Scherrer / Grewe / Kirsch (Hrsg.), *BOHR*, 2. Aufl., Bonn.

KLEMM, Uwe (1984), „Verstößt die Saldierung aktiver und passiver latenter Steuern gegen das Vorsichtsprinzip?", in: *WPg 1984*, S. 267-270.

KNOBBE-KEUK, Brigitte (1993), *Bilanz- und Unternehmenssteuerrecht*, 9. Aufl., Köln.

KOBS, Erwin (1982), *Bilanzen und Ergänzungsbilanzen bei Personengesellschaften*, 7. Aufl., Herne/Berlin.

KÖNIGSMAIER, Heinz (2004), *Währungsumrechnung im Konzern. Die Umrechnung von in fremder Währung aufgestellten Abschlüssen von Tochterunternehmen für Zwecke der externen konsolidierten Rechnungslegung (Neue Betriebswirtschaftliche Forschung Bd. 333)*, Wiesbaden.

KOZIKOWSKI, Michael / FISCHER, Norbert (2012), „Kommentar zu § 274 HGB", in: Ellrott / Förschle / Kozikowski / Winkeljohann / Grottel / Schmidt (Hrsg.), *Beck'scher Bilanzkommentar*, 8. Aufl., München.

KOZIKOWSKI, Michael / FISCHER, Norbert (2012a), „Kommentar zu § 306 HGB", in: Ellrott / Förschle / Kozikowski / Winkeljohann / Grottel / Schmidt (Hrsg.), *Beck'scher Bilanzkommentar*, 8. Aufl., München.

KOZIKOWSKI, Michael / HUBER, Frank (2012), „Kommentar zu § 247 HGB", in: Ellrott / Förschle / Kozikowski / Winkeljohann / Grottel / Schmidt (Hrsg.), *Beck'scher Bilanzkommentar*, 8. Aufl., München.

KOZIKOWSKI, Michael / PASTOR, Christiane (2012), „Kommentar zu § 249 HGB", in: Ellrott / Förschle / Kozikowski / Winkeljohann / Grottel / Schmidt (Hrsg.), *Beck'scher Bilanzkommentar*, 8. Aufl., München.

KPMG (HRSG.) (2007), *US-GAAP: Rechnungslegung nach US-amerikanischen Grundsätzen*, 4. Aufl., Düsseldorf.

KPMG (HRSG.) (2009/10), *Insights into IFRS*, 6. Aufl., London.

KRAFT, Ernst-Thomas (2002), „Kommentar zu § 306 HGB", in: Ulmer (Hrsg.), *HGB-Bilanzrecht*, 4. Aufl., Berlin, S. 1372-1387.

KRAFT, Ernst-Thomas (2011), „Kommentar zu § 306 HGB", in: Canaris / Habersack / Schäfer (Hrsg.), *Staub - Großkommentar zum Handelsgesetzbuch, Band 6, §§ 290-315a; Anhang IFRS*, 5. Aufl., Berlin, S. 360-380.

KRAUS, Stefan (1988), „Zum Rückstellungsbegriff des Bilanzrichtlinien-Gesetzes", in: *StuW 1988*, S. 133-148.

KRAWITZ, Norbert (2000), „Latente Steuern als Problem der Konzernabschlussanalyse“, in: Lachnit / Freidank (Hrsg.), *Investororientierte Unternehmenspublizität*, Wiesbaden, S. 700-736.

KRÖNER, Ilse / BOLIK, Andreas / GAGEUR, Patrick (2010), „Stolpert die Organschaft über das BilMoG?“, in: *UBg 2010*, S. 237-244.

KRONSTEIN, Heinrich / CLAUSSEN, Carsten Peter (1960), *Publizität und Gewinnverteilung in neuen Aktienrecht*, Frankfurt am Main.

KROPFF, Bruno (1973), „Kommentar zu § 152 AktG“, in: Geßler / Hefermehl / Eckardt / Kropff (Hrsg.), *AktG, Band III, §§ 148-178*, München.

KRUMMET, Frederick (2011), *Der Informationsgehalt von latenten Steuern nach IAS 12. Eine empirische Untersuchung zur Extrapolierbarkeit des IFRS-Ergebnisses in deutschen Konzernabschlüssen*, Köln.

KÜBLER, Friedrich / ASSMANN, Heinz-Dieter (2006), *Gesellschaftsrecht. Die privatrechtlichen Ordnungsstrukturen und Regelungsprobleme von Verbänden und Unternehmen*, 6. Aufl., Heidelberg.

KUDERT, Stephan (1990), *Bilanzierungshilfen und sonstige Bilanzhilfsposten im Handelsrecht (Schriftenreihe: Steuer, Wirtschaft und Recht Band 60)*, Bergisch Gladbach / Köln.

KÜHNE, Erhard / MELCHER, Winfried / WESEMANN, Michael (2009), „Latente Steuern nach BilMoG - Grundlagen und Zweifelsfragen (Teil 1 und 2)“, in: *WPg 2009*, S. 1005-1014; 1057-1065.

KÜNKELE, Kai Peter / ZWIRNER, Christian (2009), „BilMoG: Handelsrechtliche Reform mit steuerlichen Konsequenzen?“, in: *DStR 2009*, S. 1277-1282.

KÜNKELE, Kai Peter / ZWIRNER, Christian (2011), „Latente Steuern im Zusammenhang mit Anteilen an Personengesellschaften auf Gesellschaftsebene – Praxisbeispiele und Anwendungshinweise“, in: *DStR 2011*, S. 2364-2369.

KUPSCH, Peter (1987), „Kommentar zu § 249 HGB, 1. ErgL.“, in: Hofbauer / Kupsch / Scherrer / Grewe / Kirsch (Hrsg.), *BOHR*, 2. Aufl., Bonn.

KUPSCH, Peter (1989), „Neuere Entwicklungen bei der Bilanzierung und Bewertung von Rückstellungen“, in: *DB 1989*, S. 55-62.

KUPSCH, Peter (1989/90), „Zur Problematik der Ermittlung von Anschaffungskosten - Zuwendungen, Abgrenzung von Anschaffungsnebenkosten und von nachträglichen Aufwendungen“, in: *StbJb 1989/90*, S. 93-127.

KUPSCH, Peter (2002), „Kommentar zu § 250 HGB, 26. ErgL.“, in: Hofbauer / Kupsch / Scherrer / Grewe (Hrsg.), *BOHR*, 2. Aufl., Bonn.

KUPSCH, Peter / EDER, Dieter (1988), „Anmerkungen zu Grundsatzfragen der Steuerabgrenzung“, in: *WPg 1988*, S. 521-528.

KUßMAUL, Heinz (2002), „Bilanz“, in: Ballwieser / Coenenberg / von Wysocki (Hrsg.), *HWRP*, 3. Aufl., Stuttgart.

KUßMAUL, Heinz (2010), *Betriebswirtschaftliche Steuerlehre*, 6. Aufl., München.

KÜTING, Karlheinz / ELLMANN, David / LAUER, Peter (2009), „Aktuelle Informationen (Vor Kapitel 1), 4. ErgL.“, in: Küting / Weber (Hrsg.), *HdR-EA*, Stuttgart.

KÜTING, Karlheinz / MOJADADR, Mana (2009), „Abschnitt XX. Währungsumrechnung“, in: Küting / Pfitzer / Weber (Hrsg.), *Das neue Bilanzrecht*, 2. Aufl., Stuttgart, S. 473-497.

KÜTING, Karlheinz / MOJADADR, Mana (2010), „Währungsumrechnung im Einzel- und Konzernabschluss nach dem neuen deutschen Bilanzrecht“, in: Seicht (Hrsg.), *Jahrbuch für Controlling und Rechnungswesen*, Wien, S. 227-252.

KÜTING, Karlheinz / SEEL, Christoph (2009), „Die Ungereimtheiten der Regelungen zu latenten Steuern im neuen Bilanzrecht“, in: *DB 2009*, S. 922-925.

KÜTING, Karlheinz / SEEL, Christoph (2009a), „Abschnitt XXI. Latente Steuern“, in: Küting / Pfitzer / Weber (Hrsg.), *Das neue deutsche Bilanzrecht*, 2. Aufl., Stuttgart, S. 499-535.

KÜTING, Karlheinz / SEEL, Christoph (2010), „Latente Steuern nach dem neuen deutschen Bilanzrecht“, in: Kessler / Förster / Watrin (Hrsg.), *Unternehmensbesteuerung. FS Herzig*, München, S. 675-693.

KÜTING, Karlheinz / WEBER, Claus-Peter (2010), *Der Konzernabschluss: Praxis der Konzernrechnungslegung nach HGB und IFRS*, 12. Aufl., Stuttgart.

KÜTING, Karlheinz / WIRTH, Johannes (2003), „Umrechnung von Fremdwährungsabschlüssen vollzukonsolidierender Unternehmen nach IAS/IFRS“, in: *KoR 2003*, S. 376-387.

KÜTING, Karlheinz / ZÜNDORF, Horst (1986), „Die Equity-Methode im deutschen Bilanzrecht“, in: *Beilage 7 zu BB 21 / 1986*, S. 1-24.

KÜTING, Karlheinz / ZÜNDORF, Horst (1998), „Kommentar zu § 312 HGB“, in: Küting / Weber (Hrsg.), *HdR-KA*, 2. Aufl., Stuttgart.

KÜTING, Peter (2009), „Ein Plädoyer für die Passivierung latenter Steuern auf den Geschäfts- oder Firmenwert nach HGB und IFRS“, in: *DB 2009*, S. 2053-2061.

LAMERS, Alfons (1981), *Aktivierungsfähigkeit und Aktivierungspflicht immaterieller Werte*, München.

LANFERMANN, Georg / RÖHRICHT, Victoria (2009), „§ 268 Abs. 8 HGB als neue Generalnorm für außerbilanzielle Ausschüttungssperren“, in: *DStR 2009*, S. 1216-1222.

LANFERMANN, Josef (1987), „Kapitalkonsolidierung beim Übergang auf die neuen Konzernrechnungslegungsvorschriften“, in: Havermann (Hrsg.), *Bilanz- und Konzernrecht. FS Goerdeler*, Düsseldorf, S. 295-314.

LANGE, Benno / WOLZ, Christian (2010), „Latente Steuern bei Personengesellschaften“, in: *BiM 2010*, S. 76-79.

LEFFSON, Ulrich (1986), „Bild der tatsächlichen Verhältnisse“, in: Leffson / Rückle / Großfeld (Hrsg.), *HuR*, Köln, S. 94-105.

LEFFSON, Ulrich (1987), *Die Grundsätze ordnungsmäßiger Buchführung*, 7. Aufl., Düsseldorf.

LEINEN, Markus (2010), „Kapitel 3, Abschn. 3, Latente Steuern“, in: Kessler / Leinen / Strickmann (Hrsg.), *Handbuch BilMoG. Der praktische Leitfaden zum Bilanzrechtsmodernisierungsgesetz*, 2. Aufl., Freiburg, S. 723-733.

LEY, Ursula (2011), „Latente Steuern im Einzelabschluss von gewerblichen Personengesellschaften und ihren bilanzierenden Gesellschaftern“, in: *KÖSDI 2011*, S. 17425-17442.

LIENAU, Achim (2006), *Bilanzierung latenter Steuern im Konzernabschluss nach IFRS (Schriften zum Revisionswesen)*, Düsseldorf.

LIENAU, Achim (2007), „Die Bilanzierung nach der Equity-Methode unter Berücksichtigung latenter Steuern nach IFRS“, in: *KoR 2007*, S. 14-22.

LIENAU, Achim (2008), „Die Bilanzierung latenter Steuern bei der Währungsumrechnung nach IFRS“, in: *PiR 2008*, S. 7-15.

LIENAU, Achim / ERDMANN, Mark-Ken / ZÜLCH, Henning (2007), „Bilanzierung latenter Steuern auf Verlustvorträge nach IAS 12“, in: *DStR 2007*, S. 1094-1097.

LINZBACH, Meike (2009), *Bilanzierung latenter Steuern bei Unternehmenszusammenschlüssen. Latente Steuern in der Erwerbsbilanzierung nach IFRS 3 und ED IAS 12*, Wiesbaden.

LOITZ, Rüdiger (2008), „Latente Steuern für Outside Basis Differences nach IFRS“, in: *WPg 2008*, S. 1110-1118.

LOITZ, Rüdiger (2009), „Latente Steuern nach dem Bilanzrechtsmodernisierungsgesetz - ein Wahlrecht als Mogelpackung?“, in: *DB 2009*, S. 913-921.

LOITZ, Rüdiger (2009a), „Latente Steuern nach dem Bilanzrechtsmodernisierungsgesetz“, in: *Ubg 2009*, S. 708-714.

LOITZ, Rüdiger (2010), „DRS 18 - Bilanzierung latenter Steuer nach dem Bilanzrechtsmodernisierungsgesetz“, in: *DB 2010*, S. 2177-2185.

LOITZ, Rüdiger / KLEVERMANN, Lars (2009), „Bilanzierung von Ertragsteuern in deutschen Organschaften nach IFRS und BilMoG“, in: *DB 2009*, S. 409-418.

LOITZ, Rüdiger / NEUKAMM, Michael (2008), „Der Zinsvortrag und die Bilanzierung von latenten Steueransprüchen“, in: *WPg 2008*, S. 196-203.

LOITZ, Rüdiger / RÖSSEL, Carsten (2002), „Die Diskontierung von latenten Steuern“, in: *DB 2002*, S. 645-651.

LÜDENBACH, Norbert (2010), „Ausschüttungssperre nach § 268 Abs. 8 HGB“, in: *StuB 2010*, S. 588-589.

LÜDENBACH, Norbert (2010a), „Anforderungen an die Bilanzierung aktiver Latenzen“, in: *StuB 2010*, S. 784-785.

LÜDENBACH, Norbert (2011), „Keine latenten Steuern bei Personenunternehmen“, in: *StuB 2011*, S. 68-69.

LÜDENBACH, Norbert / FREIBERG, Jens (2010), „Beitrag von DRS 18 zur Klärung strittiger Fragen der Steuerlatenzierung“, in: *BB 2010*, S. 1971-1976.

LÜDENBACH, Norbert / FREIBERG, Jens (2011), „Steuerlatenzrechnung auch für Personengesellschaften? - Diskussion des IDW ERS HFA 7 n.F.“, in: *BB 2011*, S. 1579-1584.

LÜHRMANN, Volker (1997), *Latente Steuern im Konzernabschluß*, Düsseldorf.

MAIER, Michael T. / WEIL, Matthias (2009), „Latente Steuern im Einzel- und Konzernabschluss: Auswirkungen des BilMoG auf die Bilanzierungspraxis“, in: *DB 2009*, S. 2729-2736.

MARX, Franz Jürgen (1994), „Steuerliche Ergänzungsbilanzen“, in: *StuW 1994*, S. 191-203.

MARX, Franz Jürgen (2008), „Zur Überflüssigkeit einer nach § 5 Abs. 5 Satz 2 EStG erweiterten Rechnungsabgrenzung“, in: Schmiel / Breithecker (Hrsg.), *Steuerliche Gewinnermittlung nach dem Bilanzrechtsmodernisierungsgesetz*, Berlin, S. 201-226.

MARX, Franz Jürgen / HETEBRÜGGE, Dirk (2007), „Unternehmensteuerreform 2008 im Spiegel der Teilsteuerrechnung“, in: *DB 2007*, S. 2381-2385.

MATHIAK, Walter (1986/1987), „Maßgeblichkeit der tatsächlichen Handelsbilanzansätze für die Steuerbilanz und umgekehrte Maßgeblichkeit“, in: *StbJb 1986/1987*, S. 79-107.

MATSCHKE, Manfred J. (1986), „Kommentar zu § 274 HGB“, in: Hofbauer / Kupsch / Scherrer / Grewe / Kirsch (Hrsg.), *BOHR*, 2. Aufl., Bonn.

MAYER, Lars (2003), „Steuerbilanzielle Behandlung von Mehrwerten bei Erwerb einer Beteiligung an einer doppelstöckigen Personengesellschaft - Anwendung der Spiegelbildmethode in der Steuerbilanz“, in: *DB 2003*, S. 2034-2040.

MAYER-WEGELIN, Eberhard (2010), „Kommentar zu § 249 HGB, Tz. 1-115, 5. ErgL.“, in: Küting / Weber (Hrsg.), *HdR-EA*, 5. Aufl., Stuttgart.

MELCHER, Winfried / MÖLLER, Florian (2011), „Ebenen der Gesamtdifferenzenbetrachtung im Rahmen der Bilanzierung latenter Steuern. Unterschiede zwischen den handelsrechtlichen und den internationalen Regelungen: Theoretische Fundierung und Fallbeispiel“, in: *KoR 2011*, S. 548-557.

MELCHER, Winfried / MURER, Alexander (2010), „Die Auswirkungen des BilMoG auf die Equity-Methode nach § 312 HGB“, in: *DB 2010*, S. 1597-1603.

MEYER, Marco / KOHL, Torsten (2010), „Werthaltigkeitsprüfung von aktiven latenten Steuern bei Unternehmenserwerben“, in: *CFl 2010*, S. 442-446.

MEYER, Marco / LOITZ, Rüdiger / LINDER, Robert / ZERWAS, Peter (2010), *Latente Steuern. Bewertung, Bilanzierung, Beratung*, 2. Aufl., Wiesbaden.

MEYER, Marco / RUBERG, Lars (2010), „Die Erstellung von Planungsrechnungen als Voraussetzungen für die Bilanzierung latenter Steuern“, in: *DStR 2010*, S. 1538-1543.

MEYER, Marco / RUBERG, Lars (2010a), „Bekanntgabe von DRS 18 Latente Steuern - Partielle Aufhebung der Begrenzung des Prognosehorizonts bei Verlustvorträgen“, in: *DStR 2010*, S. 2094-2100.

MOXTER, Adolf (1976), *Bilanzlehre*, 2. Aufl., Wiesbaden.

MOXTER, Adolf (1979), „Die Jahresabschlußaufgaben nach der EG-Bilanzrichtlinie: Zur Auslegung von Art. 2 EG-Bilanzrichtlinie“, in: *AG 1979*, S. 141-146.

MOXTER, Adolf (1982), *Betriebswirtschaftliche Gewinnermittlung*, Tübingen.

MOXTER, Adolf (1984), „Das Realisationsprinzip - 1884 und heute“, in: *BB 1984*, S. 1780-1786.

MOXTER, Adolf (1984a), *Bilanzlehre. Band I, Einführung in die Bilanztheorie*, 3. Aufl., Wiesbaden.

MOXTER, Adolf (1985), „Zum neuen Bilanzrechtsentwurf“, in: *BB 1985*, S. 1101-1103.

MOXTER, Adolf (1986), *Bilanzlehre. Band II, Einführung in das neue Bilanzrecht*, 3. Aufl., Wiesbaden.

MOXTER, Adolf (1987), „Selbständige Bewertbarkeit als Aktivierungsvoraussetzung“, in: *BB 1987*, S. 1846-1851.

MOXTER, Adolf (1989), „Zur wirtschaftlichen Betrachtungsweise im Bilanzrecht“, in: *StuW 1989*, S. 232-241.

MOXTER, Adolf (1992), „Zum Passivierungszeitpunkt von Umweltschutzrückstellungen“, in: Moxter / Windmöller / Müller / Wysocki (Hrsg.), *Rechnungslegung. FS Forster*, Düsseldorf, S. 428-437.

MOXTER, Adolf (1993), „Bilanzrechtliche Probleme beim Geschäfts- oder Firmenwert“, in: Bierich / Hommelhoff / Kropff (Hrsg.), *Unternehmen und Unternehmensführung im Recht, FS Semler*, Berlin, S. 853-861.

MOXTER, Adolf (1999), „Rückstellungen nach IAS: Abweichungen vom geltenden deutschen Bilanzrecht“, in: *BB 1999*, S. 519-525.

MOXTER, Adolf (2003), „Unterschiede im Wertaufhellungsverständnis zwischen den handelsrechtlichen GoB und den IAS / IFRS“, in: *BB 2003*, S. 2559-2564.

MOXTER, Adolf (2003a), *Grundsätze ordnungsmäßiger Rechnungslegung*, Düsseldorf.

MOXTER, Adolf (2004), „Neue Ansatzkriterien für Verbindlichkeitsrückstellungen? (Teil I und Teil II)“, in: *DStR 2004*, S. 1057-1060; 1098-1102.

MOXTER, Adolf (2007), *Bilanzrechtsprechung*, 6. Aufl., Tübingen.

MOXTER, Adolf (2008), „Aktivierungspflicht für selbsterstellte immaterielle Anlagewerte?“, in: *DB 2008*, S. 1514-1517.

MOXTER, Adolf (2009), „IFRS als Auslegungshilfe für handelsrechtliche GoB?“, in: *WPg 2009*, S. 7-12.

MÜLLER, Ingo (2011), „Rückstellungen für passive Steuerlatenzen gemäß § 249 Abs. 1 S. 1 HGB“, in: *DStR 2011*, S. 1046-1050.

MÜLLER, Stefan / KREIPL, Markus (2011), „Passive latente Steuern und kleine Kapitalgesellschaften - Wie weit reicht die Erleichterungsvorschrift des § 274a Nr. 5 HGB?“, in: *DB 2011*, S. 1701-1706.

MÜLLER, Welf (1981), „Gedanken zum Rückstellungsbegriff in der Bilanz“, in: *ZGR 1981*, S. 126-144.

NAUMANN, Klaus-Peter (1989), *Die Bewertung von Rückstellungen: in der Einzelbilanz nach Handels- und Ertragsteuerrecht*, Düsseldorf.

NAUMANN, Klaus-Peter (1991), „Rechtliches Entstehen und wirtschaftliche Verursachung als Voraussetzung der Rückstellungsbilanzierung - Zugleich eine Untersuchung zur Ansammlung von Rückstellungen“, in: *WPg 1991*, S. 529-536.

NAUMANN, Klaus-Peter (2006), „Das Spannungsverhältnis zwischen Relevanz und Verlässlichkeit in der Rechnungslegung - Ein Beitrag zur Fortentwicklung von HGB und IFRS“, in: *ZfB 2006*, S. 43-74.

NAUMANN, Klaus-Peter (2010), „Zweifelsfragen der Bilanzierung latenter Steuern im Einzelabschluss gemäß BilMoG“, in: Baumhoff / Dücker / Köhler (Hrsg.), *Besteuerung, Rechnungslegung und Prüfung der Unternehmen. FS Krawitz*, Wiesbaden, S. 689-704.

NAUMANN, Klaus-Peter / BREKER, Norbert (07.01.2010), *Stellungnahme des IDW zu E-DRS 24: Entwurf Deutscher Rechnungslegungs Standard Nr. 24 „Latente Steuern“*, abrufbar unter: http://www.standardsetter.de/drsc/docs/press_releases/16_idw_E-DRS24.pdf, abgerufen am 22.03.2012.

NAUMANN, Klaus-Peter / BREKER, Norbert (2003), „Bewertungsprinzipien für die Rechnungslegung nach HGB, Bilanzsteuerrecht und IAS/IFRS“, in: von Wysocki / Schulze-Osterloh / Hennrichs / Kuhner (Hrsg.), *HDJ Abt. I/7*, Köln.

NEUMANN, Patrick (1992), *Die Steuerabgrenzung im handelsrechtlichen Jahresabschluß: ein Beitrag zu der systematischen Erfassung, Bewertung und dem Ausweis latenter Steuern in Bilanz, Erfolgsrechnung und Anhang*, Frankfurt am Main.

NEUMANN, Steffen (2009), „Kommentar zu §§ 14, 16 KStG“, in: Gosch (Hrsg.), *Körperschaftsteuergesetz: KStG*, 2. Aufl., München.

NIEHUS, Rudolf J. (1974), „Verrechnung des Steueraufwands in der Handelsbilanz bei selbständiger Steuerbilanz“, in: *WPg 1974*, S. 28-33 und 240.

NIEHUS, Rudolf J. (2005), „Die Equity-Bewertung, 36. ErgL.“, in: von Wysocki / Schulze-Osterloh / Hennrichs / Kuhner (Hrsg.), *HdJ, Abt. V/3*, Köln.

NIEHUS, Ulrich / WILKE, Helmuth (2010), *Die Besteuerung der Personengesellschaften*, 5. Aufl., Stuttgart.

NIEMEYER, Markus / FROITZHEIM, Aurelia (2011), „Praxisfragen nach Aufgabe der umgekehrten Maßgeblichkeit“, in: *DStR 2011*, S. 538-540.

OLBING, Klaus (2008), „Kommentar zu §§ 14, 16 KStG“, in: Streck (Hrsg.), *Körperschaftsteuergesetz: KStG*, 7. Aufl., München.

OLDRICH, Thomas (1992), *Die wirtschaftliche Lage der Kapitalgesellschaft. Prüfung und Berichterstattung im Rahmen der Abschlußprüfung*, Düsseldorf.

ORDELHEIDE, Dieter (1998), „Bedeutung und Wahrung des Kongruenzprinzips ("clean surplus") im internationalen Rechnungswesen“, in: Matschke / Schildbach (Hrsg.), *Unternehmensberatung und Wirtschaftsprüfung. FS Sieben*, Stuttgart, S. 515-530.

OSER, Peter (2008), „Konzernrechnungslegung nach dem HGB idF des BilMoG – auf Augenhöhe mit den IFRS!“, in: *DK 2008*, S. 106-115.

OSER, Peter / ROß, Norbert / WADER, Dominic / DROGEMÜLLER, Steffen (2009), „Änderungen des Bilanzrechts durch das Bilanzrechtsmodernisierungsgesetz (BilMoG)“, in: *WPg 2009*, S. 573-583.

OSER, Peter / ROß, Norbert / WADER, Dominic / DRÖGEMÜLLER, Steffen (2008), „Eckpunkte des Regierungsentwurfs zum Bilanzrechtsmodernisierungsgesetz (BilMoG)“, in: *WPg 2008*, S. 675-694.

OSSADNIK, Wolfgang (1994), „Zur Diskussion um den "negativen Geschäftswert"“, in: *BB 1994*, S. 747-752.

OTT, Hans (2009), „Bilanzrechtsmodernisierungsgesetz - Ausgewählte Problembereiche der Berücksichtigung latenter Steuern“, in: *StuB 2009*, S. 623-624.

PAPST, Jochen (1991), „Latente Steuern in Jahresabschlüssen der Wohnungsunternehmen. Erfordernis zur Bildung einer Rückstellung für latente Steuern“, in: *Die Wohnungswirtschaft 1991*, S. 448-454.

PAWELZIK, Kai Udo (2006), „Latente Steuern auf Goodwilldifferenzen bei der Konsolidierung von Personengesellschaften nach IFRS“, in: *KoR 2006*, S. 13-19.

PAWELZIK, Kai Udo (2012), „Abschnitt XVII. Latente Steuern (IAS 12)“, in: Heuser / Theile (Hrsg.), *IFRS Handbuch*, 5. Aufl., Köln, S. 728-772.

PEAT, MARWICK, MITCHELL & CO. (1987), *Bilanzrichtlinien-Gesetz. Der Leitfaden für den neuen Jahresabschluß*, 2. Aufl., München.

PELLENS, Bernhard / FÜLBIER, Rolf Uwe / GASSEN, Joachim / SELLHORN, Thorsten (2008), *Internationale Rechnungslegung. IFRS 1 bis 8, IAS 1 bis 41, IFRIC-Interpretationen, Standardentwürfe. Mit Beispielen, Aufgaben und Fallstudie*, 7. Aufl., Stuttgart.

PETERSEN, Karl (2011), „Anwendungsfragen der Steuerabgrenzung im Jahresabschluss“, in: *WPg 2011*, S. 255-263.

PETERSEN, Karl / ZWIRNER, Christian (2009), „§ 274 HGB. Latente Steuern“, in: Petersen / Zwirner (Hrsg.), *BilMoG*, München, S. 478-495.

PETERSEN, Karl / ZWIRNER, Christian (2010), „Kommentar zu § 274 HGB“, in: Petersen / Zwirner / Brösel (Hrsg.), *Systematischer Praxiskommentar Bilanzrecht*, Köln.

PETERSEN, Karl / ZWIRNER, Christian / BUSCH, Julia (2010), „Kommentar zu § 306 HGB“, in: Petersen / Zwirner / Brösel (Hrsg.), *Systematischer Praxiskommentar Bilanzrecht*, Köln.

PETERSEN, Karl / ZWIRNER, Christian / FROSCHHAMMER, Matthias (2010), „Funktionsweise und Problembereiche der im Rahmen des BilMoG neu eingeführten außerbilanziellen Ausschüttungssperre“, in: *KoR 2010*, S. 334-341.

PFAFF, Dieter / STEFANI, Ulrike (2002), „Ertragslage“, in: Ballwieser / Coenenberg / von Wysocki (Hrsg.), *HWRP*, 3. Aufl., Stuttgart.

PFITZER, Norbert / OSER, Peter / LAUER, Peter (2011), „Kap 2. Zwecke des handelsrechtlichen Jahresabschlusses, 12. ErgL.“, in: Küting / Pfitzer / Weber (Hrsg.), *HdR-EA*, 5. Aufl., Stuttgart.

PITTROFF, Esther / SCHMIDT, Matthias / SIEGEL, Theodor (2011), „B 161. Allgemeine Bewertungsgrundsätze, 36. ErgL.“, in: Castan / Böcking / Heymann / Pfitzer / Scheffler (Hrsg.), *BeckHdR*, München.

PRICE WATERHOUSE (1992), *FAS 109: The Newest Accounting for Income Taxes*, New York.

PRINZ, Ulrich (2011), „Kommentar zu §§ 274, 274a HGB“, in: Claussen / Scherrer (Hrsg.), *Kölner Kommentar zum Rechnungslegungsrecht*, Köln, S. 753-779.

PRINZ, Ulrich / RUBERG, Lars (2009), „Latente Steuern nach dem BilMoG - Grundkonzept, Bedeutungswandel, erste Anwendungsfragen“, in: *DK 2009*, S. 343-354.

PRYSTAWIK, Oliver / SCHAUF, Thorsten (2011), „Steuerliche Anhangangaben nach HGB - was ist erforderlich?“, in: *DB 2011*, S. 313-318.

PUSECKER, Dagmar / SCHRUFF, Lothar (1996), „Anschaffungswertprinzip und "negativer Geschäftswert"“, in: *BB 1996*, S. 735-742.

RABENECK, Jasmin / REICHERT, Gudrun (2002), „Latente Steuern im Einzelabschluss (Teil 1 und 2)“, in: *DStR 2002*, S. 1366-1372; 1409-1416.

RADTKE, Henning (2006), „Kommentar zu § 283b StGB“, in: Joecks / Miebach (Hrsg.), *Münchener Kommentar zum StGB*, München.

RÄTHE DES GERICHTSHOFES (HRSG.) (1874), *Entscheidungen des Reichsoberhandelsgerichts (ROHG-E), Band 12*, Erlangen.

REINER, Günter (2008), „Kommentar zu § 274 HGB“, in: Schmidt (Hrsg.), *Münchener Kommentar zum HGB*, 2. Aufl., München, S. 530-550.

REUTHER, Frank / FINK, Christian (2010), „Besonderheiten der Bilanzierung in Familienunternehmen“, in: *BB 2010*, S. 363-367.

RICHTER, Lutz (2010), „Die Maßgeblichkeit der handelsrechtlichen Grundsätze ordnungsmäßiger Buchführung für die steuerliche Gewinnermittlung. Anmerkungen zum BMF-Schreiben vom 12.3.2010“, in: *GmbHR 2010*, S. 505-512.

RICHTER, Martin (1990), „Die Bilanzierungshilfen, Juni 1990“, in: von Wysocki / Schulze-Osterloh / Hennrichs / Kuhner (Hrsg.), *HDJ Abt. II/9*, Köln.

RIEGER, Wilhelm (1964), *Einführung in die Privatwirtschaftslehre*, 3. Aufl., Erlangen.

RIESE, Joachim (2007), „C 470. Aufwands- und Ertragskonsolidierung, 28. ErgL.“, in: Castan / Böcking / Heymann / Pfitzer / Scheffler (Hrsg.), *BeckHdR*, München.

RING, Stephan (2003), „Die Behandlung von Sonderbilanzen bei der Ermittlung latenter Steuern nach IAS 12“, in: *FR 2003*, S. 1053-1056.

RÖDDER, Thomas (2008/2009), „BilMoG und steuerliche Gewinnermittlung“, in: *StbJb 2008/2009*, S. 225-241.

RÖDDER, Thomas / STANGL, Ingo (2007), „Zur geplanten Zinsschranke“, in: *DB 2007*, S. 479-485.

ROSE, Gerd (1973), *Die Steuerbelastung der Unternehmung. Grundzüge der Teilsteuerrechnung*, Wiesbaden.

ROSER, Frank (2009), „Kommentar zu § 23 KStG“, in: Gosch (Hrsg.), *Körperschaftsteuergesetz: KStG*, 2. Aufl., München.

RUBERG, Lars (2009), „Aktuelle Entwicklungen im Bereich des Tax Accounting“, in: *Ubg 2009*, S. 863-874.

RUBERG, Lars (2011), „Werthaltigkeitsnachweis aktiver latenter Steuern auf Verlustvorträge anhand von Passivlatenzen“, in: *Ubg 2011*, S. 204-209.

RÜCKLE, Dieter (1984), „Externe Prognosen und Prognoseprüfung“, in: *DB 1984*, S. 57-69.

RUHNKE, Klaus / SCHMIDT, Martin / SEIDEL, Thorsten (2005), „Ergebnisneutrale oder ergebniswirksame Auflösung zuvor ergebnisneutral gebildeter latenter Steuern nach IFRS?“, in: *KoR 2005*, S. 82-88.

SAUER, Otto (1974), „Negativer Geschäftswert in der Steuerbilanz?“, in: *FR 1974*, S. 125-128.

SCHÄFER, Heiko / SUERMANN, Hendrik (2010), „Ansatz aktiver latenter Steuern nach IAS 12“, in: *DB 2010*, S. 2742-2750.

SCHÄFER, Wolf (1977), *Grundsätze ordnungsmäßiger Bilanzierung für Forderungen (Beiträge zu den Grundsätzen ordnungsmäßiger Bilanzierung. Schriften der Schmalenbach-Gesellschaft Band 3)*, Düsseldorf.

SCHÄFFELER, Ursula (2000), *Latente Steuern nach US-GAAP für deutsche Unternehmen (Betriebswirtschaftliche Studien, Band 49)*, Frankfurt am Main.

SCHÄFFELER, Ursula (2006), „Ermittlung aktiver latenter Steuern aus steuerlichen Verlustvorträgen“, in: *IRZ 2006*, S. 153-160.

SCHEFFLER, Eberhard (2010a), „B 233. Rückstellungen, 32. ErgL.“, in: Castan / Böcking / Heymann / Pfitzer / Scheffler (Hrsg.), *BeckHdR*, München.

SCHEFFLER, Wolfram (2010), *Besteuerung von Unternehmen. Band III*, Heidelberg.

SCHEFFLER, Wolfram (2011), *Besteuerung von Unternehmen. Band II*, 7. Aufl., Heidelberg.

SCHEFFLER, Wolfram (2011a), *Das Maßgeblichkeitsprinzip nach dem Bilanzrechtsmodernisierungsgesetz - Bestandsaufnahme nach Auffassung der Finanzverwaltung und Alternativen zum Maßgeblichkeitsprinzip (IFSt-Schrift Nr. 474)*, Berlin.

SCHEFFLER, Wolfram (2012), *Besteuerung von Unternehmen. Band I*, 12. Aufl., Heidelberg.

SCHENKE, Ralf / RISSE, Markus (2009), „Das Maßgeblichkeitsprinzip nach dem Bilanzrechtsmodernisierungsgesetz“, in: *DB 2009*, S. 1957-1959.

SCHERRER, Gerhard (1986), „Kommentar zu § 306 HGB“, in: Hofbauer / Kupsch / Scherrer / Grewe / Kirsch (Hrsg.), *BOHR*, 2. Aufl., Bonn.

SCHERRER, Gerhard (1986b), „Kommentar zu § 301 HGB“, in: Hofbauer / Kupsch / Scherrer / Grewe / Kirsch (Hrsg.), *BOHR*, 2. Aufl., Bonn.

SCHERRER, Gerhard (2010), „Kommentar zu § 306 HGB“, in: Claussen / Scherrer (Hrsg.), *Kölner Kommentar zum Rechnungslegungsrecht*, Köln.

SCHERRER, Gerhard / HENI, Bernhard (2009), *Liquidationsrechnungslegung*, 3. Aufl., Düsseldorf.

SCHICK, Rainer (2008), „Kommentar zu IAS 12, Stand: Juli 2008“, in: Hennrichs / Kleindiek / Watrin (Hrsg.), *Münchener Kommentar Bilanzrecht*, München.

SCHILDBACH, Thomas (1998), „Latente Steuern auf permanente Differenzen und andere Kuriositäten - Ein Blick in das gelobte Land jenseits der Maßgeblichkeit“, in: *WPg 1998*, S. 939-947.

SCHILDBACH, Thomas (1999), „Externe Rechnungslegung und Kongruenz - Ursache für die Unterlegenheit deutscher verglichen mit angelsächsischer Bilanzierung?“, in: *DB 1999*, S. 1813-1820.

SCHILDBACH, Thomas (2008), „Dunkle Seiten der Vorsicht bei Licht besehen“, in: *BFuP 2008*, S. 449-463.

SCHILDBACH, Thomas (2008a), *Der Konzernabschluss nach HGB, IFRS und US-GAAP*, 7. Aufl., München.

SCHILDBACH, Thomas (2009), *Der handelsrechtliche Jahresabschluss*, 9. Aufl., Herne.

SCHINDLER, Joachim (2011), „Bilanzierung von latenten Steuern bei Umlageverträgen im Rahmen von Organschaftsverhältnissen nach dem BilMoG“, in: *BFuP 2011*, S. 329-344.

SCHIRM, Manfred (1966), „Die Maßgeblichkeit der Einzelbilanzen für die Konzernbilanz nach dem AktG 1965“, in: *DB 1966*, S. 1573-1575.

SCHMALENBACH, Eugen (1962), *Dynamische Bilanz*, bearbeitet von Bauer, 13. Aufl., Köln.

SCHMIDT, Martin (2009), „Bewertungseinheiten nach dem BilMoG“, in: *DB 2009*, S. 882-886.

SCHNEELOCH, Dieter (2008), *Betriebswirtschaftliche Steuerlehre: Band I Besteuerung*, 5. Aufl., München.

SCHNEELOCH, Dieter (2009), *Betriebswirtschaftliche Steuerlehre: Band II Betriebliche Steuerpolitik*, 3. Aufl., München.

SCHNEIDER, Dieter (2008), „Wider Zahlengläubigkeit bei der Informationsfunktion des Jahresabschlusses“, in: Wagner / Schildbach / Schneider (Hrsg.), *Private und öffentliche Rechnungslegung. FS Streim*, Wiesbaden, S. 325-336.

SCHNICKE, Christian / FISCHER, Norbert (1995), „Kommentar zu § 306 HGB“, in: Budde / Clemm / Ellrott / Förschle / Schnicke (Hrsg.), *Beck'scher Bilanzkommentar*, 3. Aufl., München, S. 1580-1594.

SCHREIBER, Ulrich (1986), „Aufwendungen und Erträge des Geschäftsjahrs“, in: Leffson / Rückle / Großfeld (Hrsg.), *HuR*, Köln, S. 58-68.

SCHREIBER, Ulrich (1999), „Rechnungslegung im Einzelabschluß nach internationalen Grundsätzen?“, in: Kleineidam (Hrsg.), *Unternehmenspolitik und internationale Besteuerung. FS Fischer*, Berlin, S. 879-912.

SCHRUFF, Wienand (1984), *Einflüsse der 7. EG-Richtlinie auf die Aussagefähigkeit des Konzernabschlusses (Betriebswirtschaftliche Studien Bd. 46)*, Berlin.

SCHULZ-DANSO, Martin (2009), „§ 25 Ertragsteuern“, in: Bohl / Riese / Schlüter (Hrsg.), *Beck'sches IFRS-Handbuch*, 3. Aufl., München.

SCHULZE-OSTERLOH, Joachim (1991), „Handelsrechtliche Ergänzungsbilanzen der Gesellschafter einer Personengesellschaft“, in: *ZGR 1991*, S. 488-516.

SCHULZE-OSTERLOH, Joachim (2005), „Die Unentziehbarkeit als Voraussetzung einer Verbindlichkeitsrückstellung“, in: Schneider / Rückle / Wagner / Küpper (Hrsg.), *Kritisches zur Rechnungslegung und Unternehmensbesteuerung. FS Siegel*, S. 185-200.

SCHULZE-OSTERLOH, Joachim (2006), „Kommentar zu § 42 GmbHG“, in: Fastrich / Hueck / Noack / Servatius / Schulze-Osterloh / Zöllner (Hrsg.), *Baumbach/Hueck GmbHG*, 18. Aufl., München, S. 875-1205.

SCHULZE-OSTERLOH, Joachim (2008), „Ausgewählte Änderungen des Jahresabschlusses nach dem Referentenentwurf eines Bilanzrechtsmodernisierungsgesetzes“, in: *DStR 2008*, S. 63-73.

SCHULZE-OSTERLOH, Joachim (2011), „Handelsrechtliche GoB und steuerliche Gewinnermittlung“, in: *DStR 2011*, S. 534-537.

SEICHT, Gerhard (1982), *Bilanztheorien*, Würzburg / Wien.

SELCHERT, Friedrich W. (1994), „Latente Steuern in der Konzernabschlußpolitik“, in: *DStR 1994*, S. 34-40.

SENGER, Thomas / BRUNE, Jens Wilfried (2009), „§ 35 Vollkonsolidierung“, in: Bohl / Riese / Schlüter (Hrsg.), *Beck'sches IFRS-Handbuch*, 3. Aufl., München.

SIEGEL, Daniel (2011), *Die Bilanzierung latenter Steuern im handelsrechtlichen Jahresabschluss nach § 274 HGB (Schriftenreihe: Rechnungslegung und Wirtschaftsprüfung Bd. 31)*, Lohmar.

SIEGEL, Theodor (1984), „Probleme latenter Steuern im Entwurf des Bilanzrichtlinie-Gesetz“, in: *BB 1984*, S. 1909-1915.

SIEGEL, Theodor (1986), „Walhrecht“, in: Großfeld / Leffson / Rückle (Hrsg.), *HuR*, Köln, S. 417-427.

SIEGEL, Theodor (1986), „Zur Bilanzierung latenter Steuern nach § 274 HGB“, in: *DStR 1986*, S. 587-594.

SIEGEL, Theodor (1987), „Latente Steuern: Konzeptionsprobleme und Anwendungsfragen zur Bilanzierung nach § 274 HGB“, in: *ZfB-Ergänzungsheft 1 / 1987*, S. 137-174.

SIEGEL, Theodor (2008), „Normierung der Rechnungslegung und "Bilanzrechtsmodernisierung"“, in: Wagner / Schildbach / Schneider (Hrsg.), *Private und öffentliche Rechnungslegung. FS Streim*, Wiesbaden, S. 337-368.

SIEGEL, Theodor / BAREIS, Peter (1993), „Der "negative Geschäftswert" - eine Schimäre als Steuersparmodell?“, in: *BB 1993*, S. 1477-1485.

SIGLER, Wolfgang (2011), „Zum Zeitpunkt der Passivierung von Rückstellungen. Zugleich eine Anmerkung zu FG Niedersachsen v. 18.12.2008, 10 K 120/04, DStRE 2009, 972“, in: *DStR 2011*, S. 1478-1482.

SIMON, Herman Veit (1899), *Die Bilanzen der Aktiengesellschaften und der Kommanditgesellschaft auf Aktien*, 3. Aufl., Berlin.

SKOLUDA, Stefanie / JANITSCHKE, Michael (2011), „Was bringt der Entwurf einer Neufassung des IDW RS HFA 7? Neuerungen in der handelsrechtlichen Rechnungslegung bei Personenhandelsgesellschaften", in: *StuB 2011*, S. 363-369.

SPANHEIMER, Jürgen / SIMLACHER, Alfred (2010), „Kommentar zu § 274 HGB, 8. ErgL.", in: Küting / Pfitzer / Weber (Hrsg.), *HdR-EA*, 5. Aufl., Stuttgart.

STOLLENWERK, Arnd / SCHERFF, Susanne (2009), „Latente Steuern im Einzelabschluss nach BilMoG. Insbesondere Anwendung für die GmbH & Co. KG", in: *GmbH-StB 2009*, S. 196-200.

STREIM, Hannes (2000), „Die Vermittlung von entscheidungsnützlichen Informationen durch Bilanz und GuV - Ein nicht lösbares Versprechen der internationalen Standardsetter", in: *BFuP 2000*, S. 111-131.

STREIM, Hannes / BIEKER, Marcus (2009), „Die Bilanzierung latenter Steuern im HGB-Einzelabschluss nach dem BilMoG", in: Egner / Henselmann / Schmidt (Hrsg.), *Steuern und Rechnungslegung. FS Sigloch*, Aachen, S. 797-825.

STUHRMANN, Gerd (2010), „Kommentar zu § 7 InvZulG 2010, 105. ErgL.", in: Heuermann / Brandis (Hrsg.), *Blümlich*, München.

STÜTZEL, Wolfgang (1967), „Bemerkungen zur Bilanztheorie", in: *ZfB 1967*, S. 314-340.

TER VEHN, Albert (1929), „Die Entwicklung der Bilanzauffassungen bis zum ADHGB", in: *ZfB Sonderheft 5 / 1929*, S. 1-52.

TERTEL, Hans-Joachim (1990), „Zur Behandlung öffentlicher Investitionszuschüsse und Investitionszulagen im Jahresabschluß einer Kapitalgesellschaft (Teil 1 und Teil 2)", in: *DStR 1990*, S. 17-25; 71-74.

THEILE, Carsten / PAWELZIK, Kai Udo (2004), „Fair Value-Beteiligungsbuchwerte als Grundlage der Erstkonsolidierung nach IAS/IFRS?", in: *KoR 2004*, S. 94-100.

THIELE, Stefan (2002), „Kommentar zu § 246 HGB, Grundwerk“, in: Baetge / Kirsch / Thiele (Hrsg.), *Bilanzrecht*, Bonn / Berlin.

THIELE, Stefan / ECKERT, Tim (2008), „Kommentar zu IAS 12, Stand: Februar 2008“, in: Thiele / Keitz / Brücks (Hrsg.), *Internationales Bilanzrecht*, Bonn.

THIELE, Stefan / KAHLING, Dieter (2002), „Kommentar zu § 253 HGB, Grundwerk“, in: Baetge / Kirsch / Thiele (Hrsg.), *Bilanzrecht*, Bonn / Berlin.

THIELE, Stefan / SPELLBRINK, Jörn / ZIESEMER, Stefan (2002), „Einführung zu "A. Rechnungslegung im Einzelabschluss", Grundwerk“, in: Baetge / Kirsch / Thiele (Hrsg.), *Bilanzrecht*, Bonn / Berlin.

THOMAS, Ingo (2011), „Kommentar zu § 285 HGB“, in: Heidel / Schall (Hrsg.), *Handelsgesetzbuch*, Baden-Baden, S. 1706-1740.

TIEDCHEN, Susanne (1991), *Der Vermögensgegenstand im Handelsbilanzrecht (Schriftenreihe Rechtsordnung und Steuerwesen Band 17)*, Köln.

TIEDCHEN, Susanne (2006), „Posten der aktiven und passiven Rechnungsabgrenzung, 37. ErgL.“, in: von Wysocki / Schulze-Osterloh / Hennrichs / Kuhner (Hrsg.), *HDJ Abt. II/11*, Köln.

TRÜTZSCHLER, Klaus (2010), „Kommentar zu § 250 HGB, 5. ErgL.“, in: Küting / Weber (Hrsg.), *HdR-EA*, 5. Aufl., Stuttgart.

VAN HALL, Georg / KESSLER, Harald (2009), „Kapitel 1, Abschn. 8, Latente Steuern“, in: Kessler / Leinen / Strickmann (Hrsg.), *Handbuch BilMoG. Der praktische Leitfaden zum Bilanzrechtsmodernisierungsgesetz*, Freiburg, S. 385-414.

VAN HALL, Georg / KESSLER, Harald (2010), „Kapitel 2, Abschn. 8, Latente Steuern“, in: Kessler / Leinen / Strickmann (Hrsg.), *Handbuch BilMoG. Der praktische Leitfaden zum Bilanzrechtsmodernisierungsgesetz*, 2. Aufl., Freiburg, S. 465-500.

VINKEN, Horst / SEEWALD, Hans-Christoph / KORTH, Michael / DEHLER, Manfred (2009), *BilMoG. Bilanzrechtsmodernisierungsgesetz Praxiskommentar für Steuerberater*, Berlin.

VLASIC, Bill / BUNKLEY, Nick (01.06.2009), „Obama Is Upbeat for G.M.'s Future", in: *The New York Times*, S. A1.

VON EITZEN, Bernd / DAHLKE, Jürgen (2008), *Bilanzierung von Steuerpositionen nach IFRS. Latente Steuern im Einzel- und Konzernabschluss, Steuerrisiken, Zwischenberichterstattung*, Stuttgart.

VON EITZEN, Bernd / HELMS, Svenia (2002), „Aktive latente Steuern auf steuerliche Verlustvorträge nach US-GAAP - Anwendungsbesonderheiten für deutsche Unternehmen", in: *BB 2002*, S. 823-828.

VON WYSOCKI, Klaus (1987), „Fragen zur passiven Steuerabgrenzung nach § 274 Abs. 1 HGB", in: *Zfbf 1987*, S. 829-839.

VON WYSOCKI, Klaus / WOHLGEMUTH, Michael (1996), *Konzernrechnungslegung*, 4. Aufl., Düsseldorf.

WATRIN, Christoph / HOEHNE, Felix / LAMMERT, Joachim (2008), „Kommentar zu IAS 27, Stand: Juli 2008", in: Hennrichs / Kleindiek / Watrin (Hrsg.), *Münchener Kommentar Bilanzrecht*, München.

WEBER-GRELLET, Heinrich (2012), „Kommentar zu § 5 EStG", in: Drenseck (Hrsg.), *Schmidt EStG*, begr. v. Schmidt, 31. Aufl., München.

WEHRHEIM, Michael / ADRIAN, Gerrit (2003), „Ebenen und Zeiträume der latenten Steuerabgrenzung in IAS- und HGB-Abschlüssen bei organschaftlich verbundenen Unternehmen", in: *WPg 2003*, S. 1058-1062.

WEHRHEIM, Michael / FROSS, Ingo (2009), „Erosion handelsrechtlicher GoB durch das Bilanzrechtsmodernisierungsgesetz", in: *ZfB 2009*, S. 71-109.

WEHRHEIM, Michael / FROSS, Ingo (2010), „Wider die Aushöhlung des Maßgeblichkeitsprinzips", in: *StuW 2010*, S. 195-203.

WEHRHEIM, Michael / RUPP, Dominik (2009), „Zum Geltungsbereich der Ausschüttungssperre des § 268 Abs. 8 HGB im Regierungsentwurf des BilMoG", in: *DB 2009*, S. 356-358.

WEIDMANN, Matthias (2011), „Nur steuerlich zulässige Rücklagen und außerbilanzielle Korrekturen im Konzept der latenten Steuern des § 274 Abs. 1 HGB", in: *DStR 2011*, S. 2108-2114.

WEIßENBERGER, Barbara E. (2008), „Kommentar zu § 306 HGB", in: Schmidt (Hrsg.), *Münchener Kommentar zum HGB*, 2. Aufl., München, S. 1089-1123.

WENDHOLT, Wolfgang / WESEMANN, Michael (2009), „Zur Umsetzung der HGB-Modernisierung durch das BilMoG: Bilanzierung von latenten Steuern im Einzel- und Konzernabschluss", in: *Beilage 5 zu DB 23 / 2009*, S. 64-76.

WENDLANDT, Klaus / VOGLER, Gerlinde (2001), „Latente Steuern nach E-DRS 12 im Vergleich mit IAS, US-GAAP und bisheriger Bilanzierung nach HGB sowie Kritik an E-DRS 12", in: *KoR 2001*, S. 244-254.

WIEDMANN, Harald (2003), *Bilanzrecht. Kommentar zu den §§ 238 bis 342a HGB*, 2. Aufl., München.

WIELENBERG, Stefan (2009), „Ausschüttungsbegrenzung und liquidationsfinanzierte Ausschüttungen - wie sinnvoll ist vorsichtige Rechnungslegung?", in: *zfbf 2009 (Februarausgabe)*, S. 2-21.

WIENKEN, Robert (2003), *Latente Steuern in Unternehmenszusammenschlüssen nach US-GAAP*, Frankfurt u.a..

WINKELJOHANN, Norbert / BUCHHOLZ, Stephan (2012), „Überleitung von der Handelsbilanz zur Steuerbilanz. Exkurs zur Kommentierung von § 274 HGB", in: Ellrott / Förschle / Kozikowski / Winkeljohann / Grottel / Schmidt (Hrsg.), *Beck'scher Bilanzkommentar*, 8. Aufl., München.

WINKELJOHANN, Norbert / BÜSSOW, Thomas (2012), „Kommentar zu § 252 HGB“, in: Ellrott / Förschle / Kozikowski / Winkeljohann / Grottel / Schmidt (Hrsg.), *Beck'scher Bilanzkommentar*, 8. Aufl., München.

WINKELJOHANN, Norbert / PHILIPPS, Holger (2012), „Kommentar zu § 242 HGB“, in: Ellrott / Förschle / Kozikowski / Winkeljohann / Grottel / Schmidt (Hrsg.), *Beck'scher Bilanzkommentar*, 8. Aufl., München.

WINNEFELD, Robert (2006), *Bilanz-Handbuch*, 4. Aufl., München.

WOHLGEMUTH, Michael (2005), „Kommentar zu § 253 HGB, 32. ErgL.“, in: Hofbauer / Kupsch / Scherrer / Grewe / Kirsch (Hrsg.), *BOHR*, 2. Aufl., Bonn.

WOHLGEMUTH, Michael (2008), „Die Schuldenkonsolidierung, 44. ErgL.“, in: von Wysocki / Schulze-Osterloh / Hennrichs / Kuhner (Hrsg.), *HdJ, Abt. V/4*, Köln.

WOLLMERT, Peter (1995), „Gegenwärtige und künftige Behandlung latenter Steuern im IASC-Abschluß“, in: Dörner / Wollmert (Hrsg.), *IASC-Rechnungslegung*, Düsseldorf, S. 83-98.

WOTSCHOFSKY, Stefan / HELLER, Silke (2002), „Latente Steuern im Konzernabschluss“, in: *IStR 2002*, S. 819-824.

WP-HANDBUCH BD. 1 (2006), *Wirtschaftsprüfung, Rechnungslegung, Beratung*, hrsg. v. IDW, 13. Aufl., Düsseldorf.

WP-HANDBUCH BD. 2 (2008), *Wirtschaftsprüfung, Rechnungslegung, Beratung*, hrsg. v. IDW, 13. Aufl., Düsseldorf.

WREDE, Friedrich (1990), „Beteiligungen an Personenhandelsgesellschaften in der Handelsbilanz und der Steuerbilanz“, in: *FR 1990*, S. 293-302.

WÜNNEMANN, Monika (2008), „Gewährung von Investitionszulage nach dem Investitionszulagengesetz 2007 - aktuelles Schreiben vom 8.5.2008“, in: *DStR 2008*, S. 1363-1367.

WÜSTEMANN, Jens / BISCHOF, Jannis / KIERZECK, Sonja (2007), „International Financial Reporting Standards: Bedeutung und Systembildung der internationalen Rechnungslegungsregeln, 41. ErgL.“, in: von Wysocki / Schulze-Osterloh / Hennrichs / Kuhner (Hrsg.), *HDJ Abt. I/3*, Köln.

ZIMMERT, Peter (2010), „Latente Steuern nach BilMoG - Gesetzeslücke bei Inanspruchnahme des § 7g EStG“, in: *DStR 2010*, S. 826-827.

ZÜLCH, Henning / HOFFMANN, Sebastian (2010), „Probleme und mögliche Lösungsansätze der "neuen" Ausschüttungssperre nach § 268 Abs. 8 HGB“, in: *DB 2010*, S. 909-912.

ZÜLCH, Henning / LIENAU, Achim (2004), „Die Bedeutung der Steuerabgrenzung für die fair-value-Bilanzierung nicht-finanzieller Vermögenswerte nach den Rechnungslegungsvorschriften des IASB“, in: *WPg 2004*, S. 565-576.

ZWIRNER, Christian (2010), „Latente Steuern (DRS 18)“, in: *StuB 2010*, S. 570-578.

ZWIRNER, Christian / PETERSEN, Karl / KÖNIG, Beate (2012), „Erweiterung der handelsrechtlichen Berichtspflichten - Relevanz des § 264 Abs. 1 Satz 2 HGB und seine Konsequenzen für den Jahresabschluss“, in: *DB 2012*, S. 61-68.

Verzeichnis der Gesetze, Parlamentaria, Schreiben usw.

Abgabenordnung in der Fassung der Bekanntmachung v. 01.10.2002, BGBl. I, S. 3866; 2003 I, S. 61, zuletzt geändert durch Gesetz v. 22.12.2011, BGBl. I, S. 3044 (zitiert als: AO).

Aktiengesetz v. 06.09.1965, BGBl. I, S. 1089, zuletzt geändert durch Gesetz v. 22.12.2011, BGBl. I, S. 3044 (zitiert als: AktG).

Außensteuergesetz v. 08.09.1972, BGBl. I, S. 1713, zuletzt geändert durch Gesetz v. 08.12.2010, BGBl. I, S. 1768 (zitiert als: AStG).

Betriebsverfassungsgesetz in der Fassung der Bekanntmachung v. 25.09.2001, BGBl. I, S. 2518, zuletzt geändert durch Gesetz v. 29.07.2009, BGBl. I, S. 2424 (zitiert als: BetrVG).

BMF (1995), „BMF-Schreiben vom 15.03.1995. IV B 2-S 2133-5/95, Voraussetzung der "bestimmten Zeit" bei der Bildung von Rechnungsabgrenzungsposten“, in: *DStR 1995*, S. 491.

BMF (2010), „BMF-Schreiben vom 14.01.2010. IV C 2 - S 2770/09/10002. Steuerliche Anerkennung einer Organschaft nach Änderung des § 301 AktG und des § 249 HGB durch das Gesetz zur Modernisierung des Bilanzrechts“, in: *BStBl. I 2010*, S. 65.

BMF (2010a), „BMF-Schreiben vom 12.03.2010. IV C 6 - S 2133/09/10001. Maßgeblichkeit der handelsrechtlichen Grundsätze ordnungsmäßiger Buchführung für die steuerliche Gewinnermittlung“, in: *BStBl. I 2010*, S. 239 ff.

BMJ (8.11.2007), *Referentenentwurf eines Gesetzes zur Modernisierung des Bilanzrechts (Bilanzrechtsmodernisierungsgesetz - BilMoG)*, abrufbar unter: http://www.wpk.de/pdf/BMJ_Referentenentwurf_BilMoG.pdf, abgerufen am 22.03.2012.

BR-DRUCKS. 344/08 (23.5.2008), *Gesetzentwurf der Bundesregierung - Entwurf eines Gesetzes zur Modernisierung des Bilanzrechts (Bilanzrechtsmodernisierungsgesetz-BilMoG)*, abrufbar unter:http://dipbt.bundestag.de/dip21/brd/2008/0344-08.pdf, abgerufen am 22.03.2012.

BT-DRUCKS. 10/4268 (18.11.1985), *Beschlussempfehlung und Bericht des Rechtsausschusses (6. Ausschuss) zu Drucksachen 10/317 und 10/3440*, abrufbar unter: http://dipbt.bundestag.de/doc/btd/10/042/1004268.pdf, abgerufen am 22.03. 2012.

BT-DRUCKS. 16/10067 (30.07.2008), *Gesetzentwurf der Bundesregierung. Entwurf eines Gesetzes zur Modernisierung des Bilanzrechts (Bilanzrechtsmodernisierungsgesetz-BilMoG)*, abrufbar unter: http://dipbt.bundestag.de/dip21 /btd/16/100/1610067.pdf, abgerufen am 22.03.2012.

BT-DRUCKS. 16/12407 (24.03.2009), *Beschlussempfehlung und Bericht des Rechtsausschusses (6. Ausschuss) zu dem Gesetzentwurf der Bundesregierung - Drucksache 16/10067*, abrufbar unter: http://dipbt.bundestag.de/dip21/btd/ 16/124/1612407.pdf, abgerufen am 22.03.2012.

BT-DRUCKS. 16/4841 (27.03.2007), *Gesetzentwurf der Fraktionen der CDU/CSU und SPD. Entwurf eines Unternehmensteuerreformgesetzes 2008*, abrufbar unter: http://dipbt.bundestag.de/dip21/btd/16/048/1604841.pdf, abgerufen am 22.03. 2012.

BUNDESRAT (04.07.2008), *Stellungnahme des Bundesrates zum Entwurf eines Gesetzes zur Modernisierung des Bilanzrechts (Anlage 3 zu BT-Drucks. 16/10067)*, abrufbar unter: http://dipbt.bundestag.de/dip21/btd/16/100/1610067.pdf, abgerufen am 22.03.2012.

BUNDESREGIERUNG (30.07.2008), *Gegenäußerung der Bundesregierung zur Stellungnahme des Bundesrates zum Entwurf eines Gesetzes zur Modernisierung des Bilanzrechts (Anlage 4 zu BT-Drucks. 16/10067)*, abrufbar unter: http://dipbt.bundestag.de/dip21/btd/16/100/1610067.pdf, abgerufen am 22.03. 2012.

Einführungsgesetz zum Handelsgesetzbuch in der im BGBl. III, Gliederungsnummer 4101-1, veröffentlichten bereinigten Fassung, zuletzt geändert durch Gesetz v. 22.12.2011, BGBl. I, S. 3044 (zitiert als: EG-HGB).

Einkommensteuergesetz in der Fassung der Bekanntmachung v. 8.10.2009, BGBl. I, S. 3366, 3862, zuletzt geändert durch Gesetz v. 20.12.2011, BGBl. I, S. 2854 (zitiert als: EStG).

Genossenschaftsgesetz in der Fassung der Bekanntmachung v. 16.10.2006, BGBl. I, S. 2230, zuletzt geändert durch Gesetz v. 25.05.2009, BGBl. I, S. 1102 (zitiert als: GenG).

Gesetz betreffend die Gesellschaften mit beschränkter Haftung in der im BGBl. III, Gliederungsnummer 4123-1, veröffentlichten bereinigten Fassung, zuletzt geändert durch Gesetz v. 22.12.2011, BGBl. I, S. 3044 (zitiert als: GmbHG).

Gesetz über Aktiengesellschaften und Kommanditgesellschaften auf Aktien (Aktiengesetz) v. 30.01.1937, RGBl. I, S. 107-165 (zitiert als: AktG 1937).

Gesetz über die Rechnungslegung von bestimmten Unternehmen und Konzernen (Publizitätsgesetz) v. 15.08.1969, BGBl. I, S. 1189, zuletzt geändert durch Gesetz v. 22.12.2011, BGBl. I, S. 3044 (zitiert als: PublG).

Gesetz zur Beschleunigung des Wirtschaftswachstums (Wachstumsbeschleunigungsgesetz) v. 22.12.2009, BGBl. I, S. 3950 (zitiert als: WachsBeschlG).

Gesetz zur Durchführung der Vierten, Siebenten und Achten Richtlinie des Rates der Europäischen Gemeinschaften zur Koordinierung des Gesellschaftsrechts (Bilanzrichtlinien-Gesetz - BiRiLiG) v. 19.12.1985, BGBl. I, S. 2355 (zitiert als: BiRiLiG).

Gesetz zur Modernisierung des Bilanzrechts (Bilanzrechtsmodernisierungsgesetz - BilMoG) v. 25.09.2009, BGBl. I, S. 1102 (zitiert als: BilMoG).

Gewerbesteuergesetz in der Fassung der Bekanntmachung v. 15.10.2002, BGBl. I, S. 4167, zuletzt geändert durch Gesetz v. 7.12.2011, BGBl. I, S. 2592 (zitiert als: GewStG).

Grundgesetz für die Bundesrepublik Deutschland in der im BGBl. III, Gliederungsnummer 100-1, veröffentlichten bereinigten Fassung, zuletzt geändert durch Gesetz v. 21.07.2010, BGBl. I, S. 944 (zitiert als: GG).

Handelsgesetzbuch v. 10.05.1987, RGBl. 1897, S. 219-436, zuletzt geändert durch Gesetz v. 22.12.2011, BGBl. I, S. 3044 (zitiert als: HGB bzw. HGB n.F.).

Handelsgesetzbuch v. 10.05.1987, RGBl. 1897, S. 219-436, zuletzt geändert durch Gesetz v. 17.12.2008, BGBl. I, S. 2586 (zitiert als: HGB a.F.).

IFRS-Texte, Deutsch-Englisch, Textausgabe der im EU-Amtsblatt veröffentlichten internationalen Rechnungslegungsstandards IFRS/IAS sowie der nationalen Rechnungslegungsvorschriften aus HGB, AktG, GmbHG, PublG, EStG und GenG, hrsg. von BOHL, 7. ErgL., Stand: 01.08.2011, München.

Internal Revenue Code v. 22.10.1986 (Einkommensteuergesetz der USA), abrufbar unter: http://www.law.cornell.edu/uscode/text/26, abgerufen am 05.03.2012 (zitiert als: IRC).

Investitionszulagengesetz 2010 v. 07.12.2008, BGBl. I, S. 2350, zuletzt geändert durch Gesetz v. 22.12.2009, BGBl. I, S. 3950 (zitiert als: InvZulG 2010).

Körperschaftsteuergesetz in der Fassung der Bekanntmachung v. 15.10.2002, BGBl. I, S. 4144, zuletzt geändert durch Gesetz v. 07.12.2011, BGBl. I, S. 2592 (zitiert als: KStG).

OHNE AUTOR (1891), *Stenographische Berichte über die Verhandlungen der durch die allerhöchste Verordnung vom 21. Oktober 1890 einberufenen beiden Häuser des Landtages der Monarchie, Haus der Abgeordneten, 2 Bände*, Berlin.

RECHTSAUSSCHUSS DES BT (17.12.2008), *Redigiertes Wortprotokoll der 122. Sitzung des Rechtsausschusses (Öffentliche Anhörung)*, abrufbar unter: http://www.ertragsteuerrecht.de/media/Protokoll_2008-12-17.pdf, abgerufen am 22.03.2012.

Solidaritätszuschlaggesetz 1995 in der Fassung der Bekanntmachung v. 15.10.2002, BGBl. I, S. 4130, zuletzt geändert durch Gesetz v. 07.12.2011, BGBl. I, S. 2592 (zitiert als: SolZG).

Steuerrichtlinien. Textsammlung der Richtlinien des Bundes zum Steuerrecht mit Verweisungen und Sachverzeichnissen, hrsg. v. Verlag C.H. Beck, 142. ErgL., April 2012 (zitiert als: EStR, KStR, GewStR usw.).

Strafgesetzbuch in der Fassung der Bekanntmachung v. 13.11.1998, BGBl. I, S. 3322, zuletzt geändert durch Gesetz v. 24.02.2012, BGBl. I, S. 212 (zitiert als: StGB).

Umwandlungsgesetz v. 28.10.1994, BGBl. I, S. 3210; 1995 I S. 428, zuletzt geändert durch Gesetz v. 22.12.2011, BGBl. I, S. 3044 (zitiert als: UmwG).

Umwandlungssteuergesetz in der Fassung der Bekanntmachung v. 15.10.2002, BGBl. I, S. 4133; 2003 I S. 738, zuletzt geändert durch Gesetz v. 16.05.2003, BGBl. I, S. 660 (zitiert als: UmwStG).

Unternehmensteuerreformgesetz 2008 v. 14.08.2007, BGBl. I, S. 1912 (zitiert als: UntStRefG 2008).

Verordnung (EG) Nr. 2157/2001 des Rates v. 08.10.2001 über das Statut der Europäischen Gesellschaft (SE), ABl. Nr. L 294, S. 1, zuletzt geändert durch Änderungsverordnung v. 20.11.2006, ABl. Nr. L 363, S. 1 (zitiert als: SE-VO).

Wertpapierhandelsgesetz in der Fassung der Bekanntmachung v. 09.09.1998, BGBl. I, S. 2708, zuletzt geändert durch Gesetz v. 22.12.2011, BGBl. I, S. 3044 (zitiert als: WpHG).

Zivilprozessordnung in der Fassung der Bekanntmachung v. 05.12.2005, BGBl. I, S. 3202, 2006 I, S. 431, 2007 I, S. 1781, zuletzt geändert durch Gesetz v. 22.12.2011, BGBl. I, S. 3044 (zitiert als: ZPO).

Rechtsprechungsverzeichnis

Gericht	Datum	Aktenzeichen	Fundstelle
EuGH	Urt. v. 27.06.1996	C-234/94	DB 1996, S. 1400.
BFH	Urt. v. 31.05.1967	I 208/63	BB 1967, S. 1155.
BFH	Urt. v. 11.07.1973	I R 126/71	BStBl. II 1974, S. 50.
BFH	Urt. v. 30.01.1974	IV R 109/73	BStBl. II 1974, S. 352.
BFH	Urt. v. 26.02.1975	I R 72/703	BStBl. II 1976, S. 12.
BFH	Urt. v. 19.02.1981	IV R 41/78	BStBl. II 1981, S. 730.
BFH	Urt. v. 01.08.1984	I R 88/80	BStBl. II 1985, S. 44.
BFH	Urt. v. 23.10. 1985	I R 227/81	BStBl. II 1992, S. 600.
BFH	Urt. v. 28.06.1989	I R 86/85	BStBl. II 1990, S. 550.
BFH	Urt. v. 25.08.1989	III R 95/87	BStBl. II 1989, S. 893.
BFH	Urt. v. 10.12.1992	XI R 34/91	BStBl. II 1994, S. 158.
BFH	Urt. v. 09.12.1993	IV R 130/91	BStBl. II 1995, S. 202.
BFH	Urt. v. 21.04.1994	IV R 70/72	BStBl. II 1994, S. 745.
BFH	Urt. v. 25.10.1994	VIII R 65/91	BStBl. II 1995, S. 312.
BFH	Urt. v. 17.12.1998	IV R 21/97	BStBl. II 2000, S. 116.
BFH	B. v. 07.08.2000	GrS 2/99	BStBl. II 2000, S. 632.

BFH	Urt. v. 23.01.2001	VIII R 12/99	BStBl. II 2001, S. 825.
BFH	Urt. v. 30.04.2003	I R 102/01	BStBl. II 2004, S. 804.
BFH	Urt. v. 07.02.2007	I R 15/06	BStBl. II 2008, S. 340.
BFH	Urt. v. 21.08.2007	I R 74/06	BStBl. II 2008, S. 277.
BFH	Urt. v. 08.09.2011	IV R 5/09	DStR 2011, S. 2186.

BGH	Urt. v. 28.01.1991	II ZR 20/90	DB 1991, S. 962.
BGH	Urt. v. 29.03.1996	II ZR 263/94	BB 1996, S. 1105.
BGH	Urt. v. 12.01.1998	II ZR 82/93	WPg 1998, S. 375.

FG Hessen	Urt. v. 06.11.2008	9 K 2244/04	DStRE 2010, S. 329.
FG Nieder-sachsen	Urt. v. 18.12.2008	10 K 120/04	DStRE 2009, S. 972.

ROHG	Urt. v. 03.12.1873	934/73	ROHG-E Bd. 12, S. 15-23.

Stichwortverzeichnis

C

D

E

F

G

H

I

J

K

L

M

N

O

P

Q

R

S

T

U

V

W

X, Y, Z

Persönliche Notizen

Persönliche Notizen

PERSÖNLICHE NOTIZEN

Persönliche Notizen

Persönliche Notizen